AF400439

Stefan Hesse

Industrieroboterpraxis

Stefan Hesse

Industrieroboterpraxis

Automatisierte Handhabung in der Fertigung

Mit 529 Abbildungen

Die Deutsche Bibliothek – CIP-Einheitsaufnahme

Hesse, Stefan:
Industrieroboterpraxis: automatisierte Handhabung in der Fertigung /
Stefan Hesse. - Braunschweig; Wiesbaden: Vieweg, 1998
    ISBN 978-3-322-88982-9   ISBN 978-3-322-88981-2 (eBook)
    DOI 10.1007/978-3-322-88981-2

Vorwort

Für eine Industriegesellschaft hat die Produktionstechnik eine Schlüsselstellung. Hierbei ist der Industrieroboter mit eingeschlossen und hat wesentlich zur Automatisierung von Handhabungsoperationen beigetragen.

Während der erste Einsatz eines freiprogrammierbaren Roboters im Jahre 1961 kaum für Aufsehen sorgte und nur wenige Menschen berührte, sind es heute sehr viele, deren Aufgabe darin besteht, die Bewegungsmaschine „Roboter" in die Fertigung zu integrieren. Das erfordert gerade von den Projektierern und Einsatzvorbereitern ein interdisziplinäres Fachwissen, wie es bisher kaum erforderlich war. Dieses Buch soll deshalb mit dazu beitragen, die im Detail wie in der Gesamtlösung oft schwierigen Fragen zu lösen, die sich auftun, wenn werkstück- und werkzeugführende Roboter zum Einsatz kommen sollen. Vor allem sind Betrachtungen im Rahmen eines Gesamtsystems kaum noch zu umgehen, weil sich daraus interessante Synergie-Effekte erreichen lassen. In diesem Sinne soll das Buch bisherige Literatur ergänzen und vor allem dem Praktiker mit Ratschlägen helfen. Es soll zeigen, wie der Roboter aufgebaut ist, was er zu leisten im Stande ist, welche Möglichkeiten jeweils bestehen, um die so wichtigen Detaillösungen zu gestalten und es soll über Realisiertes informieren. Es werden aber auch einige ältere oder noch nicht etablierte und ungewöhnliche Lösungen als Anregung mit auf den Weg gegeben.

Der Vieweg Verlag gehörte mit zu denen, die bereits 1981 ein erfolgreiches „Handbuch Industrieroboter" herausgebracht haben. In Fortsetzung dieser Tradition wurde für diese Neubearbeitung der Titel beibehalten. Das Buch soll Aufklärungsarbeit leisten, zum Nachlesen und Nachschlagen dienen und damit eine Hilfe bei der täglichen Arbeit im technischen Bereich sein.

Plauen, Juni 1998   Stefan Hesse

Inhaltsverzeichnis

1   Einführung

1.1   Geschichtlicher Rückblick

Mit der Computerisierung vollzieht sich eine Entwicklung, durch die eine abstrakte Idee, nämlich der Traum der Menschheit von „klugen" Maschinen, erstmals eine dauerhafte Realisierungsform erhält. Erst mit dem Computer war es möglich, Steuerungen für NC-Maschinen und Industrieroboter herzustellen, die ausreichend zuverlässig waren und die die freie Programmierbarkeit von Maschinen erlaubten.

Daß sich etwas von allein bewegen und dabei nützliche Arbeit verrichten sollte, ist bereits dem griechischen Naturphilosophen Aristoteles (384-322 v.u.Z.) in den Sinn gekommen:

„Denn freilich, wenn jedes Werkzeug auf erhaltende Weise oder gar den Befehl im voraus erratend seine Verrichtung wahrnehmen könnte, wenn so auch das Weberschiff von selbst webte und der Zitterschläger von selber spielte, dann allerdings brauchten die Meister keine Gesellen und die Herren keine Knechte."

Das war zu Zeiten Aristoteles reine Utopie. Im Geist des 19. Jahrhunderts läßt ein Jules Verne (1828-1905) durch seine Helden die Hoffnung ausdrücken, daß der technische Fortschritt den materiellen Wohlstand fördern und die Nationen näher aneinanderrücken möge. Sein Landsmann, der „Dichter des Grauens", Villier de l'Isle-Adam, läßt gar den amerikanischen Erfinder Edison „Die Eva der Zukunft" (1886), eine Roboterin, erschaffen. Er empfiehlt in seinem Buch diese Menschmaschine aus nichtrostendem Stahl zu fertigen und die Gelenke mit Rosenöl zu schmieren – ein Teelöffel je Monat.

Mitte der fünfziger Jahre war man ziemlich begeistert vom automatischen Fabrikbetrieb. So wurden 1954 in den USA Motorkolben von der Firma Pontiac vollautomatisch gefertigt. Ein leitender Angestellter äußerte 1955 auf einem Kongreß [1] in der Beschreibung starrer automatischer Maschinerie „...wird das Wort „Roboter" tausende von Malen gebraucht und ich nehme an, daß Sie es so oft gehört haben, daß es Ihnen ganz schlecht davon geworden ist. Trotzdem muß ich feststellen, daß ich selber niemals einen Roboter gesehen habe. Ich kenne niemand, der jemals einen gesehen hat und ich weiß weder von einem Ingenieur noch von einer Firma, welche die Absicht haben, einen zu konstruieren." Doch es gab solche Konstrukteure: In den USA meldete G. Devol ein Patent für eine Handhabemaschine zur „Programmierten Artikelübergabe" an und fast zeitgleich in Großbritannien der Brite C.W. Kenward für ein zweiarmiges Robotergerät.

Die Industrieroboter entwickelten sich nach Anleihen aus zwei verschiedenen Gebieten. Das sind zum einen die Teleoperatoren und zum anderen die NC-Werkzeugmaschinen. Um radioaktives Material aus der Ferne handhaben zu können, wurden in den späten 40er-Jahren die Master-Slave-Manipulatoren entwickelt. Das Bild 1-1 zeigt die Situation, die zu bewältigen war. Es entstand eine Kopiersteuerung, bei der der Operateur unter Auswertung visueller, auditiver, taktiler, positioneller und kraftmäßiger Rückkopplungen seine Steueraktionen einrichtet. Eine Programmierung gibt es hier aber nicht. Mit der NC-Maschine wurde jedoch das Prinzip der Freiprogrammierbarkeit von Bewegungsabläufen geschaffen.

So entstanden um 1958 bei AMF (USA) der erste Versatran-Roboter und 1959 der „Unimate" bei der Firma Unimation (USA). Der Name UNIMATE ist ein Kunstwort aus Universal und Automation. Man bezeichnete sie als Universaltransportgerät oder UTD (universal transfer device). Die Bezeichnung Industrieroboter wurde erst später eingeführt. Im Jahre 1959 installierte General Motors als erste Großfirma ein Unimate-Testmodell in seinem Preßwerk in Turnstead [2]. Weitere Bestellungen ließen dann aber bis 1961 auf sich warten.

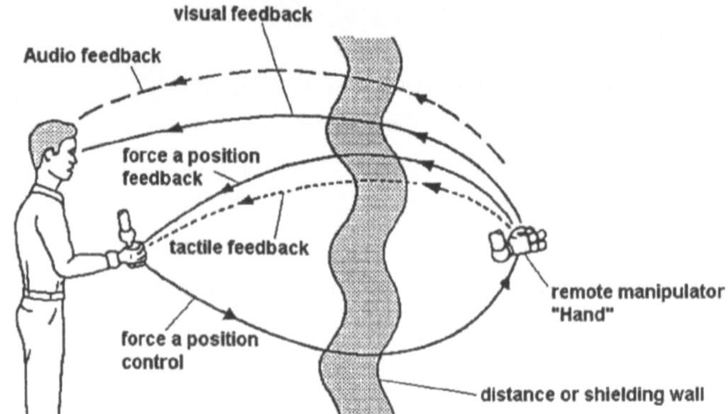

Bild 1-1
Prinzip der Master-Slave-Technik

Eine frühe Roboterlösung wurde übrigens mit dem „Planetbot" der Firma Planet Corporation (USA) schon 1955 vorgestellt. Das Gerät konnte 25 verschiedene Bewegungen ausführen, wobei Nockenscheiben und Endtaster im Spiel waren, was eine Programmierung langwierig gestaltete. Der Antrieb war hydraulisch.

Eine der ersten Arbeitslinien für das Punktschweißen mit dem Roboter wird in Bild 1-2 dargestellt. Es wurden 26 Roboter vom Typ „Unimate" eingesetzt.

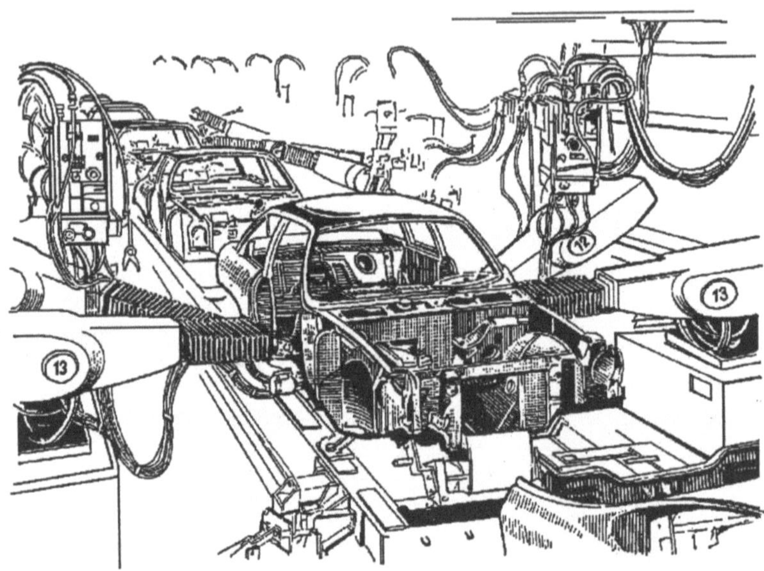

Bild 1-2   Robotisierte Schweißlinie für das Automobil „Vega" in einem Werk von General Motors (1970)

Das Weitergeben der Rohkarosse besorgte ein Förderband. Es wurden Wasserablaufrinnen, Radkästen, Türsäulen und -schwellen angepunktet. Es gelang 75 bis 95% der Schweißvorgänge zu automatisieren. Die Schweißpunkte lagen innerhalb von 1,6 mm zur Soll-Lage. Ein Beispiel für das Positionieren der Karossen in der Arbeitsstation zeigt das Bild 1-3. Die Rohkarossen werden dabei vom Stetigförderer abgehoben und über Indexbohrungen zentriert.

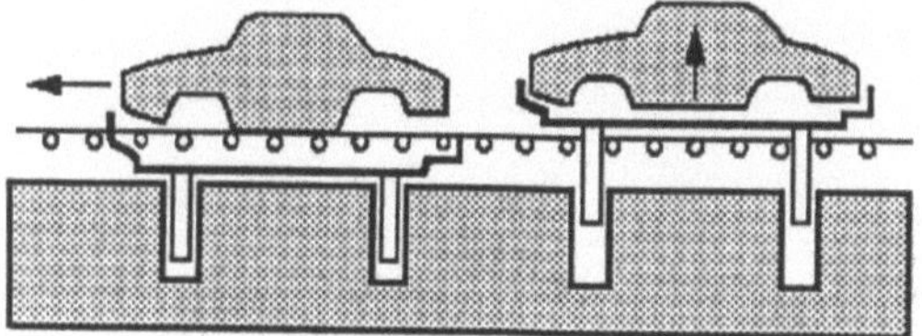

Bild 1-3
Einrichtung zum Positionieren von Rohkarosserien

Aber auch die Schaffung menschenähnlicher Arbeitsmaschinen, ein langgehegter Wunsch so mancher „Projektemacher", war im Gange. So entwickelte in Lörrach (BRD) Prof. Kleinwächter den Teleoperator „Syntelmann", der mobil war und später auch vollautomatisch eingelernte Operationen in der Industrie ausführen sollte. Das Bild 1-4 zeigt eine Studie zum kinematischen Aufbau. Der „Kopf" bestand aus einem Stereo-Sichtsystem, der „Hals" kann motorisch geneigt und der ganze Oberkörper gedreht werden. Jeder Arm enthält 7 (einschließlich Greiferantrieb), jedes Bein 5 Antriebsmotoren.

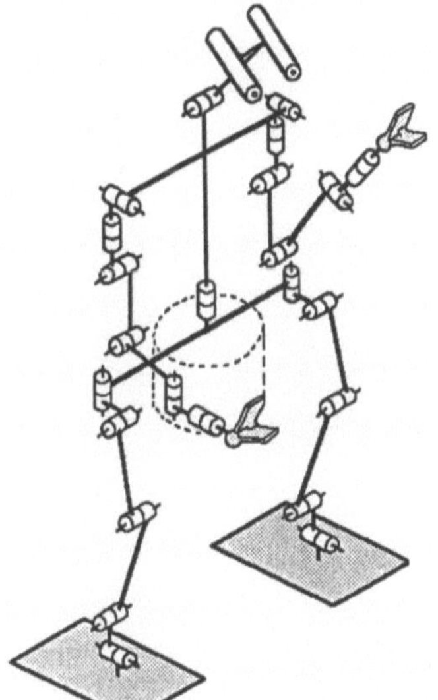

Bild 1-4
Skelettstudie zum anthropomorphen Teleoperator „Syntelmann" (1967)

In der Körpermitte sollte ein Kleincomputer dazu beitragen, den Schwerpunkt des Gerätes stets so auszulenken, daß sicheres Gehen möglich wird. Das wurde aber am Funktionsmuster noch nicht erreicht und auch anstelle von Beinen wurde zunächst eine Radplattform verwendet. Diese Entwicklung wurde 1971 jedoch eingestellt, fand aber bei den Teleoperator-Spezialisten in aller Welt viel Anerkennung (Bild 1-5).

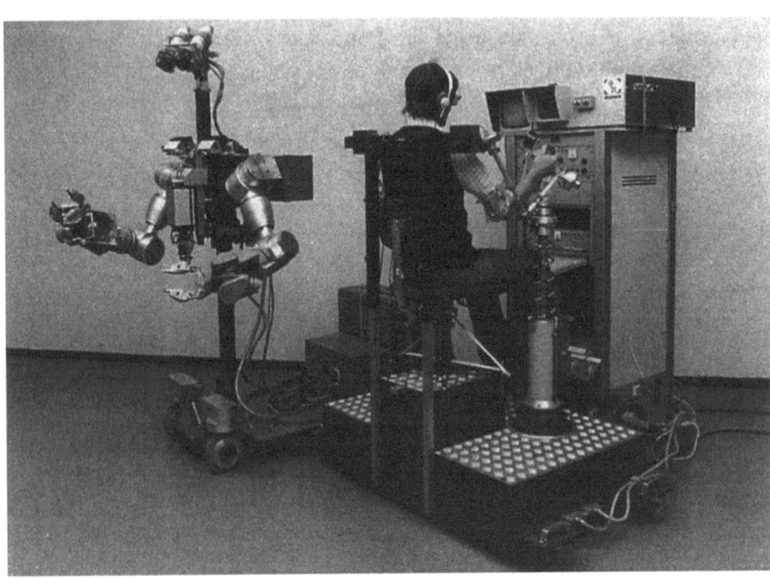

Bild 1-5   Teleoperator „Syntelmann" mit Bedienstand (1969) von Prof. Kleinwächter. Später sollte die Maschine zu einem anthropomorph-tradierten Automat reifen.

Die Realisierung menschenähnlicher Maschinen scheiterte im Grunde genommen am unzulänglichen Informationsfluß zu den mechanisch-energetischen Komponenten und auch an der Vorstellung, daß durch die äußere Form die innere Funktionalität erreichbar sei.

Die Roboter der legendären UNIMATE-Baureihe wurden hydraulisch angetrieben, ebenso auch andere Roboter, wie der in Bild 1-6 dargestellte Industrieroboter T3 von Cincinnati Milacron.

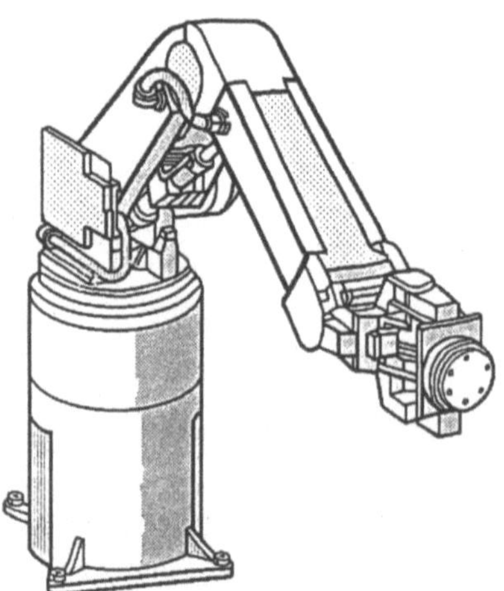

Bild 1-6
Industrieroboter Cincinnati-T3.
Das T3 steht offenbar für den Slogan Tomorrow Tool Today
(Technik von morgen für heute).

Er wurde 1974 entwickelt und benutzte einen Computer als Steuereinrichtung. Man hat ihn 1978 so abgeändert, daß er auch Flugzeugteile bohren und fräsen konnte. Der hydraulische Antrieb sorgte für große Kräfte, hat aber auch entscheidende Nachteile: Man benötigt zusätzlichen Raum für die Hydraulikanlagen und das System hat Lecköl verluste. Deshalb werden heute vor allem elektrische Antriebssysteme eingesetzt. Im Jahre 1974 hat ASEA erstmals einen vollständig elektrisch angetriebenen Roboter (IRb6) mit 6 kg Tragkraft vorgestellt und eingeführt.

Parallel zur Industrierobotertechnik sind etliche Apparate entstanden, die roboterähnlich sind, aber meistens zu den Teleoperatoren gehören. So hat man auch versucht, Laufmaschinen zu entwickeln. Das Interesse war vorwiegend militärischer Art, weil in unwegsamen Gelände die schnellste Fortbewegungsart noch immer Beine sind. Das Bild 1-7 zeigt ein Modell. Es sind aber auch Versuchsgeräte gebaut worden.

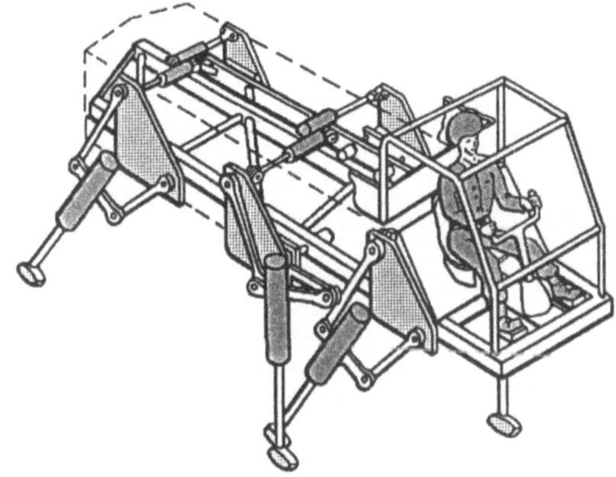

Bild 1-7
Sechsbeinige Laufmaschine.
Man bezeichnet so etwas auch als
Hexapode (Sechsfüßer).

Bei einer Laufmaschine von R. McGee war das Schreitwerk so ausgelegt, daß der Körper immer waagerecht bleibt, wie uneben das Terrain auch sein mag. Man hatte sich an das Verhalten der Weberknechtspinnen angelehnt, die ihr längstes Beinpaar immer auch als Fühler zur Abwägung ihrer nächsten Schritte benutzen. Das bedeutet, die Roboterbeine kraftfühlig auszulegen.

Viel öffentliches Interesse hat der „Canada-Arm" (Bild 1-8) gefunden, ein Master-Slave-Manipulator für die Challenger-Raumfähre. Er kann im Weltraum Nutzlasten von 30 Tonnen bewegen. Der Arm wurde von der kanadischen Firma Spar Aerospace mit einem Aufwand von 100 Millionen Dollar entwickelt. Während eines Fluges im Juni 1983 benutzten die Astronauten den Manipulator, um den Satelliten SPAS-01 zu bergen und für die Rückkehr zur Erde in der Frachtluke des Space-Shuttle zu verstauen.

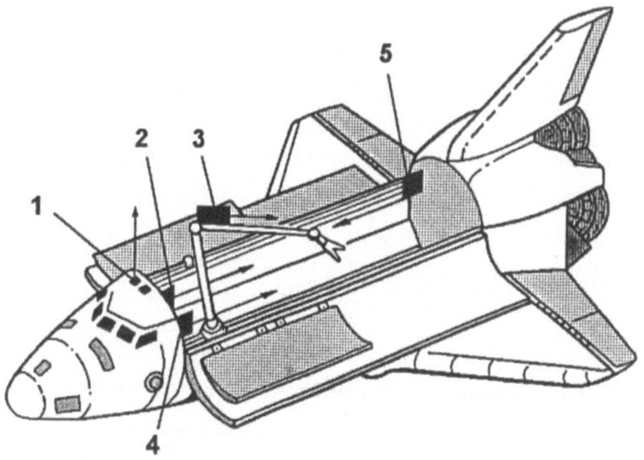

Bild 1-8
Bordgebundener Manipulatorarm (15,2
m Armlänge) mit dem Freiheitsgrad 6 an
einem Raumfahrzeug (Remote Manipulator System)

1 und 2   Fenster für direkte
           Sicht auf den Arm
3 bis 5   Fernsehkamera

Die ersten Industrieroboter, wie z.B. der UNIMATE (Bild 1-9), sind nicht im Ergebnis einer ganz besonderen Erfindung entstanden, auch wenn es Erfinder gegeben hat, sondern durch das Zusammenführen verschiedener technischer Disziplinen. Das sind vor allem die NC-Steuerungstechnik, gepaart mit dem klassischen Maschinenbau. Trotzdem ist eine neue Basistechnologie entstanden, deren Ausnutzung noch keineswegs abgeschlossen ist. Roboter diffundieren allmählich in andere Bereiche, wie z.B. die Entwicklung und der beginnende Einsatz von Servicerobotern zeigen [132].

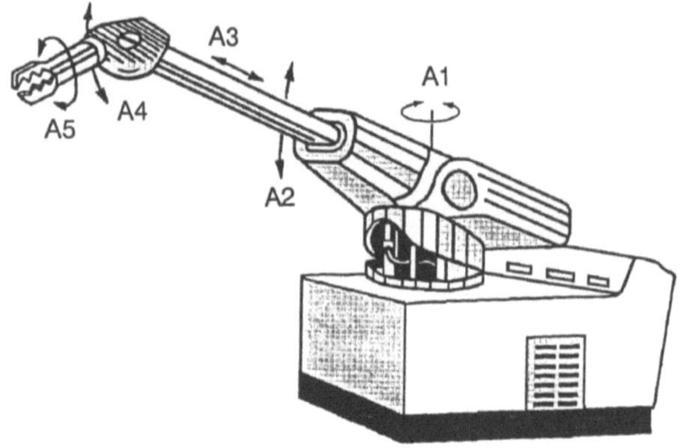

Bild 1-9
Der erste Industrieroboter vom Typ UNIMATE wurde 1959 vorgestellt. Er war das Startmodell der amerikanischen Firma „Unimation".

1.2   Begriffe und Definitionen

Automatisierungstechnik und Robotik sind eng miteinander verknüpft. Industrieroboter sind frei programmierbar und damit auch an wechselnde Arbeitsaufgaben anpaßbar [178, 179].

Was ist nun ein Industrieroboter?

Industrieroboter sind universell einsetzbare Bewegungsautomaten mit mehreren Achsen, deren Bewegungen hinsichtlich Bewegungsfolge und -wegen bzw. -winkeln frei programmierbar und gegebenenfalls sensorgeführt sind. Sie sind mit Greifern, Werkzeugen oder anderen Fertigungsmitteln (allgemein einem Effektor) ausrüstbar und können Handhabungs- und/oder Fertigungsaufgaben ausführen (VDI 2860).

In den USA hat das Robotics Institute of America (RIA) einen Roboter wie folgt definiert:„Ein Industrieroboter ist ein programmierbares, multifunktionales Handhabungsgerät, welches zum Bewegen von Materialien, Teilen, Werkzeugen oder besonderen Vorrichtungen mittels freiprogrammierbarer Bewegungen dient, um eine Vielzahl von Aufgaben erfüllen zu können." Der Begriff „Robotik" (Robotics) wurde 1942 vom Science-fiction-Autor Isaak Asimov (1920-1992) erstmals in der Erzählung „Runaround" verwendet. Das Suffix „-ics" sollte das systematische Studium von Robotern, ihre Konstruktion, Instandhaltung, das Verhalten und die Anwendung zum Ausdruck bringen. Nach P.J. McKerrow gehören zur Robotik:

- Entwurf, Herstellung, Steuerung und Programmierung von Robotern,

- Einsatz von Robotern in Problemlösungen,

- Erforschung von Steuerungsvorgängen, Sensoren und Algorithmen bei Mensch, Tier und Maschine sowie

- Anwendung dieser Erkenntnisse auf die Konstruktion von Robotern.

Gelegentlich werden die Teilsysteme des Roboters auch den wichtigsten Organen des Menschen gegenübergestellt und es wird deshalb von der „Anatomie des Roboters" gesprochen. Zwar geht es nicht um den technischen Nachbau des Menschen, aber die entsprechenden Komponenten müssen sehr wohl vorhanden sein, wie die folgende Gegenüberstellung zeigt:

Mensch		Roboter
Gehirn	⇔	Computer
Sinnesorgan	⇔	Sensoren
Muskeln	⇔	Antriebe, Aktoren
Skelett	⇔	Führungsgetriebe, Mechanik

Manipulatoren sind gesteuerte Bewegungsmaschinen zum Handhaben materieller Objekte auf räumlichen Bahnen nach dem Vorbild des menschlichen Armes (lat. manus = Arm, Hand). Im Englischen wird der Begriff Manipulator allgemeiner verstanden und zwar als mechanisches Gerät zum Bewegen, ohne Berücksichtigung der Art der Steuerung (manuell, automatisch). Eine spezielle Ausführung zweier Manipulatoren sind die Master-Slave-Manipulatoren (Nachführgeräte). Einer, der Masterarm, dient zur Vorgabe (Vorführung) der Bewegungsaktionen, während der zweite entfernt stehende Manipulator der ausführende Slave ist [135]. Für das Hantieren in einer Vakuumkammer mit einem doppelarmigen Master-Slave-Manipulator wird in Bild 1-10 ein Beispiel gezeigt. Zum Arbeiten mit Manipulatoren mit elektrischer Kraftübertragung finden sich in der DIN 25409 (1993) einige Verwendungshinweise.

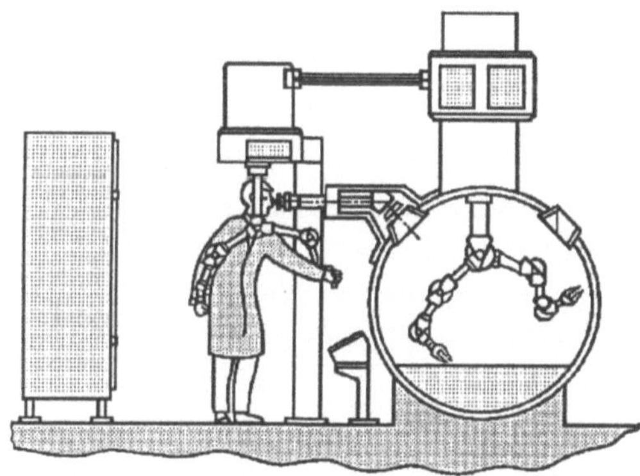

Bild 1-10
Bedienung eines zweiarmigen Master-Slave-Manipulators

Ferngesteuerte Manipulatoren werden als Teleoperatoren bezeichnet. Sie erlauben es dem Menschen in einer bekannten oder unbekannten Umgebung Aufgaben durchzuführen, ohne selbst am Ort des Geschehens anwesend zu sein. In der Praxis gibt es seit Jahren solche Geräte für den Polizeieinsatz (Bild 1-11). Sie werden z.B. für das Entschärfen desolater Munition, dem Öffnen von Gepäckstücken unklaren Inhalts, dem Behandeln terroristischer Sprengladungen und zur Untersuchung unbekannter Räume eingesetzt. Sie können sehr flach sein, damit sie z.B. die Unterseite von Fahrzeugen inspizieren können. Zum Teleoperator gehört immer auch ein Bedienstand, der die Vorortsituation optisch und akustisch widerspiegelt. Der Bedienstand ist oft mobil, wie z.B. im Polizeidienst.

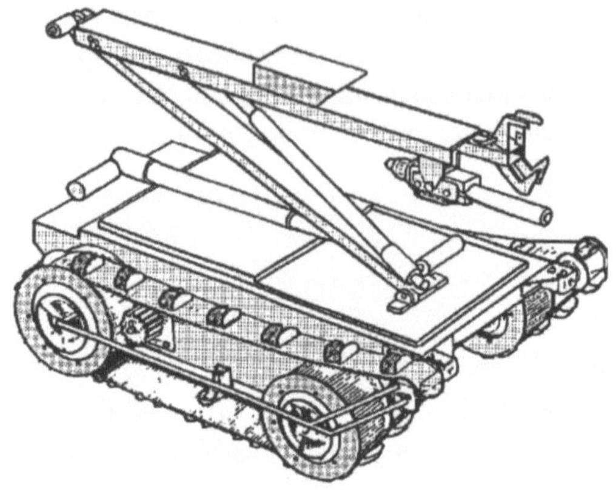

Bild 1-11
Teleoperator für den Polizeieinsatz

Häufig wird auch der Begriff „Achse" verwendet. Das sind geführte, unabhängig voneinander angetriebene Glieder. Es gibt rotatorische Achsen (Drehachsen, D) und translatorische Achsen (Schubachsen, S). Mit den Achsen und ihren Antrieben werden definierte Bewegungen erzeugt. Sie vereinen Antrieb, Führung und meistens auch Weg- bzw. Winkelmeßsysteme.

Industrieroboter lassen sich nach verschiedenen Gesichtspunkten einteilen. Für die Bezeichnungen gibt es aber weltweit verschiedene Ansichten. In Bild 1-12 werden einige Begriffe gegenübergestellt.

Deutschland	Japan	USA
Manipulator Teleoperator	Manual manipulator (direkt vom Menschen gesteuert)	Manual manipulator Teleoperator
Einlegegerät	Fixed sequence robot (fest vorgegebenes Bewegungsmuster; kaum änderbar)	Pick-and-Place-robot Pick-and-Place manipulator
	Variable sequenc robot (Bewegungsmuster "leicht" (mechanisch) veränderbar)	
Industrieroboter (universell einsetzbar, mindestens in 3 Achsen freiprogrammierbar)	Playback robot (freiprogrammierbar durch Vorführen und Abspeichern)	Programmable robot (manipulator)
	Numerically controlled robot (Abläufe (Position, Orientierung, Reihenfolge, Bedingungen) numerisch vorgebbar)	servo-controlled robot computerized robot
	Intelligent robot (Aktionen durch sensorische Wahrnehmung beeinflußbar; trifft selbst Entscheidungen)	sensory-controlled robot intelligent robot

Bild 1-12 Gegenüberstellung von Begriffen in der Handhabungstechnik

Für die Benennung von Industrierobotern ist folgende Einteilung verwendbar:

- Nach der Ortsgebundenheit in stationäre, mobile und autonom-mobile Roboter,

- nach der Variabilität der Hauptfunktion in Universal-, Spezialroboter sowie in prozeßflexible oder prozeßspezifische Roboter,

- nach dem Anwendungsgebiet in Schweißroboter, Farbspritzroboter u.a.,

- nach dem Steuerungsniveau z.B. in programmierbare sowie sensorgeführte adaptive Roboter,

- nach der Bauform in Ständer-, Portal-, Flächenportal- und Anbauroboter,

- nach dem Koordinatensystem in Gelenkarm- und kartesische Roboter sowie

- nach der Art der verwendeten Energie in hydraulische, pneumatische und elektrische Roboter.

International bekannte Roboter mußten übrigens in der Pionierphase zunächst mit hydraulischen Antrieben ausgestattet werden, da elektrische Antriebe damals sowohl im Masse-Leistungsverhältnis der Motoren als auch im Raumbedarf der Steller zu ungünstig lagen. Dabei wurde der Nachteil der größeren Verlustleistung der Hydraulik in Kauf genommen. Heute dominieren die elektrischen Antriebe. Die Pneumatik ist für viele Pick-and-Place Geräte typisch. Es gibt aber auch schnelle freiprogrammierbare Bestückungsroboter, die mit Servopneumatik arbeiten.

Nach der in Bild 1-13 gewählten Gliederung sind Handhabungsroboter solche, die Werkstücke manipulieren, z.B. bei der Maschinenbeschickung. Sie bringen damit keine Wertsteigerung des Produkts hervor. Handhaberoboter sind Hilfsarbeiter. Prozeßroboter verrichten dagegen Facharbeit. Typische Anwendungen sind z.B. Farbspritzen, Schweißen, Schleifen und Entgraten. Montageroboter sind all jene, die ausreichend genau arbeiten und mit Fügewerkzeugen umgehen können.

Anfänglich wurden die Roboterarme nach dem Maßbild des Menschen gestaltet, wie z.B. beim Roboter PUMA (Bild 1-14). Die Notwendigkeit ergab sich vor allem daraus, weil sie in hybriden Montagelinien eingesetzt wurden, die nach menschlichen Erfordernissen gestaltet sind. Danach wurden auch andere kinematische Varianten favorisiert, z.B. der Portalroboter SIGMA von Olivetti für die Schreibmaschinenmontage.

Wesentliches Merkmal der Industrieroboter ist die freie Programmierbarkeit der Bewegungen und ihrer Aufeinanderfolge [133 bis 144]. Programme lassen sich ohne mechanische Eingriffe teilweise oder vollständig verändern. Unterteilt man weiter, dann läßt sich unterscheiden in:

- *Industrieroboter ohne selbsttätige Programmbeeinflussung*

  Eine Veränderung des Programms ist nur durch neue manuell einzugebende Vorgaben möglich.

- *Industrieroboter mit selbsttätiger Programmselektion*

  Die Steuerung kann selbsttätig alternative Programme oder Programmteile bei Bedarf aktivieren, z.B. wenn es die Umgebungsbedingungen erfordern. Innerhalb der Programmteile ist aber keine Variation möglich.

- *Industrieroboter mit selbsttätiger Programmadaption*

  Hierzu sind auch Anpassungen an Prozeß und Umwelt innerhalb des Programmes möglich. Dazu sind Sensoren angebracht, die sich verändernde Bedingungen erfassen. Daraus werden dann Steuersignale generiert. Man kann von einer Sensorführung sprechen.

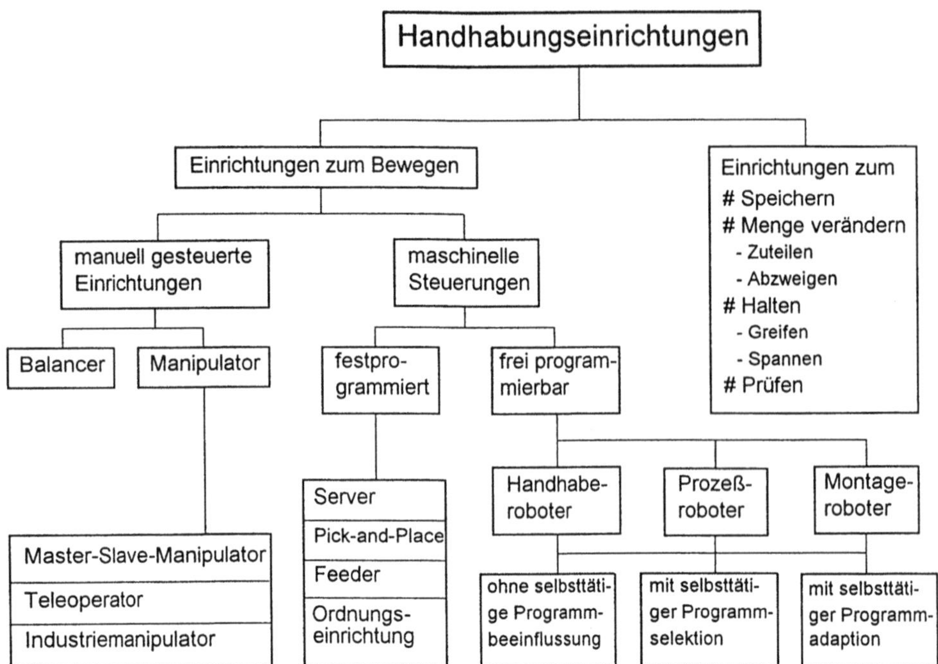

Bild 1-13 Gliederung von Handhabungseinrichtungen. Die Robotik ist ein Teilgebiet der Handhabungstechnik.

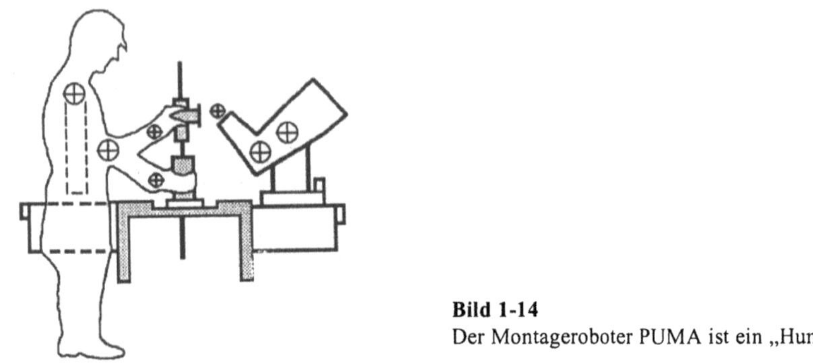

Bild 1-14
Der Montageroboter PUMA ist ein „Human scale robot".

Nicht zu den Industrierobotern gehören die Einlegeeinrichtungen. Sie realisieren ein festes, nur wenig veränderbares Programm. Sie werden auch als Pick-and-Place-Gerät bezeichnet, was bezüglich ihrer Handhabungsaufgabe sehr zutreffend ist.

In der sprachlich-kommunikativen Tätigkeit und in Fachtexten werden viele Begriffe für das Handhaben und für angelagerte ähnliche Funktionen verwendet. Besonders für Einsteiger ist die Begriffsvielfalt verwirrend, noch dazu, wenn fremdsprachige Literatur ausgewertet wird. In Bild 1-15 wird gezeigt, wie man fachlexikalische Einheiten zur Benennung des Handhabens hierarchisch gliedern kann [3]. Man sieht, daß to pick und to place als Komplementärpaar die Endstellen einer Bewegungssequenz kennzeichnen. To pick impliziert ein Organ zum Aufnehmen und Hochheben eines Objekts und to place bedeutet gezieltes Ablegen an einem festgelegten Ort. Um bei Pick-and-Place-Technik die Bewegungen zu verändern ist u.a. der Austausch

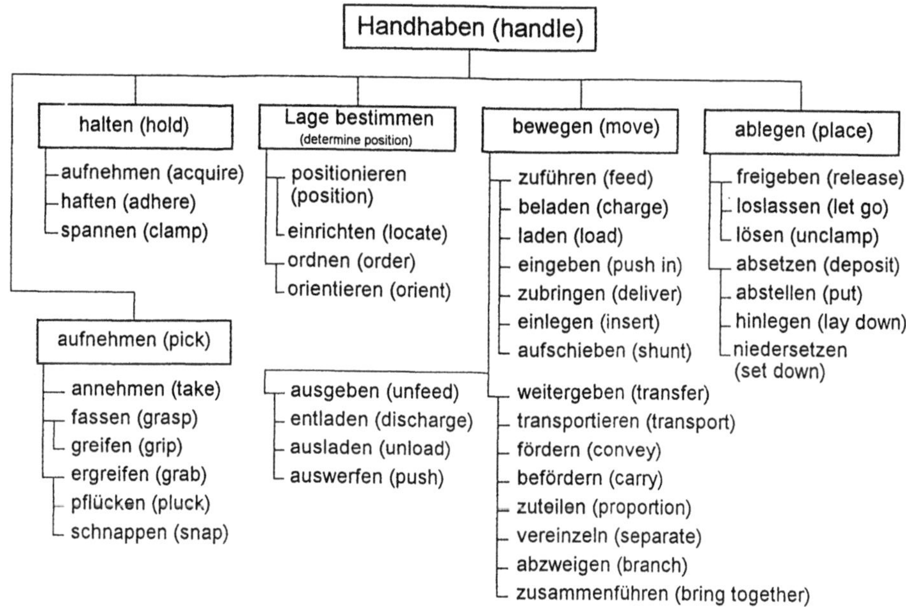

Bild 1-15 Lexemparadigma „Handhabungsoperationen"

von Steuerkurven vorgesehen, also ein manueller Eingriff in die Steuerung. Ein Beispiel wird in Bild 1-16 gezeigt. Als Antriebselement dienen Scheibenkurven. Der Greifer führt geradlinig vertikale und geradlinig horizontale Bewegungen aus. Das Handhabungsgerät ist einzeln einsetzbar, aber auch in Parallelanordnung, z.B. an einer Montagestrecke. Es genügt dann ein einziger Antriebsmotor. Geräte mit Kurvensteuerung arbeiten driftfrei und können im Bewegungsablauf (Geschwindigkeit, Bewegungs- und Rastphasen) durch entsprechende Kurvengestaltung stoß- und ruckfrei gestaltet werden. Die erreichbare Bewegungsvielfalt ist oft viel größer als gemeinhin angenommen wird.

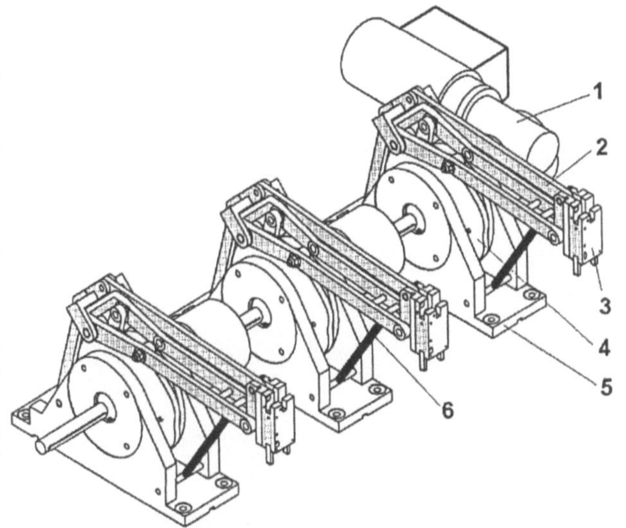

1   Getriebemotor
2   Parallelführungsgestänge
3   Greifer
4   Steuerkurve
5   Gestell
6   Zugfeder

Bild 1-16
Einlegeeinrichtung mit Kurvensteuerung in Parallelschaltung (Intermico/Miksch)

1.3   Einordnung in Produktionssysteme

Steigende Typenvielfalt bei den Erzeugnissen, sinkende Losgrößen und kürzere Produktionszyklen konfrontieren heute jeden Hersteller mit der Perfektion seiner Produktionstechnik. Dazu gehört die Handhabungstechnik als Gesamtgebiet und die Industrierobotertechnik im Speziellen. Nur durch perfekt aufeinander abgestimmte Mechanik und Elektronik, Vernetzung im Informations- und Stofffluß und durch modulare Automatisierungskomponenten kann die Wettbewerbsfähigkeit erhalten werden. Typische Anwendungskonzepte für Industrieroboter sind in Bild 1-17 dargestellt.

Es werden 3 Fälle unterschieden:

- *Einzelmaschinenbeschickung*

  Die Rohteile werden aus einer Bereitstelleinrichtung entnommen und der Maschine zugeführt. Nach der Erfüllung der Arbeitsoperation entnimmt der Roboter das Fertigteil und übergibt es an ein Magazin bzw. an ein Transportband. Der Roboter erledigt Hilfsfunktionen.

- *Verkettung mehrerer Maschinen*

  Die zu bedienenden Maschinen können in Linie, parallel oder kreisförmig angeordnet sein. Zwischen den Maschinen befinden sich jeweils Werkstückspeicher zur zeitlichen Entkopplung der an den Maschinen ablaufenden Aktionen. Es werden aufeinanderfolgende technologische Operationen ausgeführt.

- *Handhabung von Werkzeugen*

  Universal- oder Spezialroboter führen technologische Operationen mit Hilfe von Werkzeugen aus. Ein Teil der erforderlichen Beweglichkeit kann dabei in die Peripherie verlegt sein. Der Roboter erledigt Hauptfunktionen, wie z.B. Fügen, Schweißen, Bohren, Schleifen, Nähen, Kleben u.a. Damit führt er Facharbeit aus.

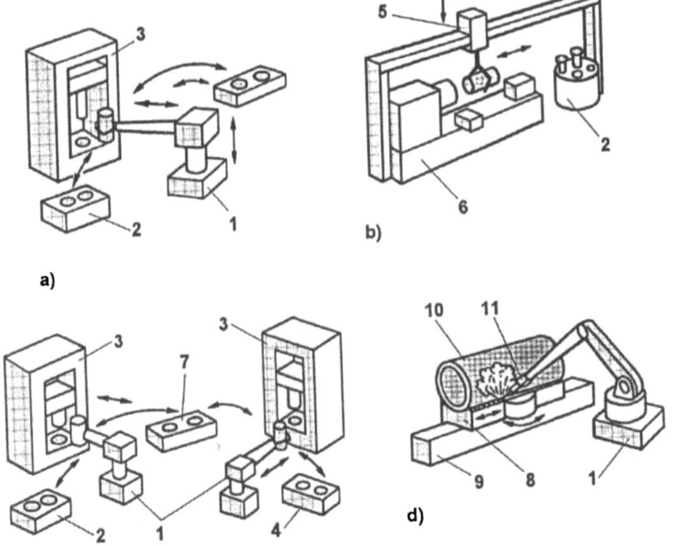

1   Industrieroboter
2   Bereitstellmagazin
3   Presse
4   Fertigteilspeicher
5   Portalroboter
6   Werkzeugmaschine
7   Zwischenspeicher
8   Schweißteilmanipulator
9   Gestell
10 Schweißteil
11 Lichtbogenschweißgerät

Bild 1-17
Klassische Roboteranwendungen

a) Einzelmaschinen bedienen
b) maschinenintegrierte Handhabetechnik
c) Verkettung von Arbeitsvorgängen
d) Werkzeughandhabung

Das allgemeine Konzept einer Roboterarbeitszelle wird in Bild 1-18 gezeigt. Die Arbeit beginnt mit der Formulierung der Arbeitsaufgabe, der Entwicklung einer Lösung mit Einschluß sämtlicher peripherer Bestandteile und Anbindungen an die übergeordneten Material- und Informationsflußsysteme, der Installation, Progammierung und Test der Roboterarbeitszelle. Heute werden für diese Aufgaben grafische Simulationssysteme eingesetzt. Damit kann zunächst die Arbeitsaufgabe am Bildschirm gelöst, erprobt und optimiert werden. Diese Möglichkeit wird in Abschnitt 6.5 behandelt.

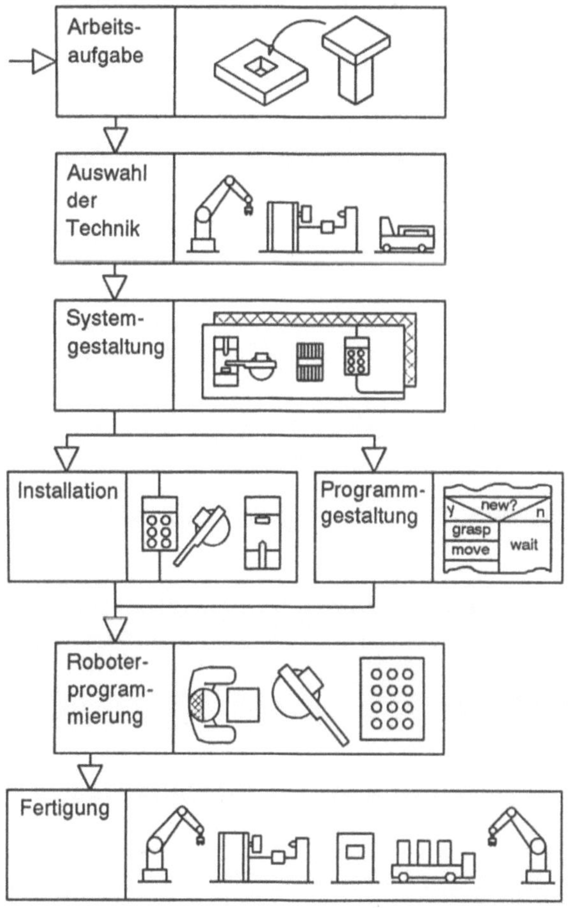

Bild 1-18
Schritte zum Aufbau und zur Programmierung einer Roboterarbeitszelle

Typisch für derartige Roboterzellen ist die Steuerungsstruktur mit einer meist auch auf verschiedene Rechnersysteme aufgeteilten Funktionshierarchie. Auf der untersten Steuerungsebene finden sich die Gerätesteuerungen (RC-Controller, SPS), die jeweils eine Robotereinheit oder auch mehrere Einzelachsen steuern. Darüber gelagert ist die Ebene der Zellensteuerung, die Koordinierungsfunktionen, Aufgaben der Steuerdatenhaltung und -verteilung sowie auch bei entsprechenden Zellenkonfigurationen Scheduling und Dispatching-Aufgaben übernimmt. Aufgaben zunehmend dispositiver Art fallen der darüber gelagerten Fertigungssystem-Steuerung zu, die die Zellensteuerungen mit Aufträgen versorgt und die Anbindung an die übergeordneten Strukturen herstellt.

Die Automatisierung mit Robotern erfordert Systemdenken, einen ganzheitlichen Ansatz, der bei komplexen Robotereinsatz von der Produktionsaufgabe bis zum Fabrik-Layout reichen sollte. Wesentlich ist dabei ein Denken in Produktionstechnik. Erst das Verständnis von zielwirksamer und ergebnisbeeinflussender Wechselwirkung zwischen technologischer Aufgabe, technischen Komponenten und organisatorischer Struktur einer modernen Fabrik verhilft zum richtigen Ansatz.

Für den Anwender ist weiterhin wichtig, ob der Arbeitszyklus zeitlich den Erwartungen entspricht. Dazu gibt es Verfahren, die ähnlich wie MTM (Methods Time Measurement, Methoden zur Zeitmessung) aufgebaut sind. Man kann damit arbeiten, ohne schon den Roboter haben zu müssen. Es wird zwischen Last- und Leerfahrten unterschieden. Es gehen Reichweite, Geschwindigkeiten, Wartezeiten, Greiferöffnungs- und -schließzeiten sowie Such- und Ausgleichszeiten in die Berechnung ein. Außerdem besteht ein altbekannter Zusammenhang zwischen der Produktionsstückzahl, der Laufzeit eines Produkts und der Technisierungsstufe. Gemessen an den Kosten je Produkt ergeben sich typische Trendkurven, die in Bild 1-19 dargestellt sind. Man sieht, daß es einen Effektivitätsgewinn in einem bestimmten Stückzahlbereich gibt (schraffiertes Gebiet), wenn man einen Montageroboter (in einer Zellenstruktur) einsetzt. Während die Stückkosten bei der Handmontage unabhängig von der Produktionsmenge stets in gleicher Höhe anfallen, sinken sie bei einer Einzweckautomatisierung stetig. Aber auch hier werden natürlich Roboter- und Pick-and-Place-Geräte eingesetzt, auch wenn sie als Spezialisten arbeiten.

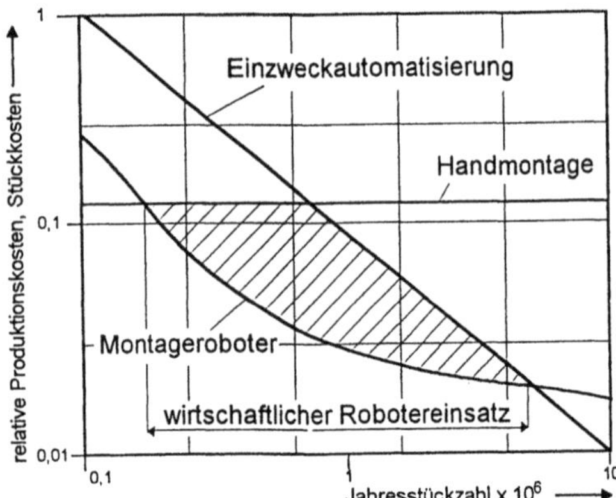

Bild 1-19
Bereiche der Wirtschaftlichkeit für
verschiedene Technisierungsstufen
in der Montage

2 Grundaufbau und Funktion

2.1 Prinzipieller Aufbau

Der Grundaufbau eines Industrieroboters leitet sich aus der allgemeinen Aufgabe ab, einen Körper im Raum durch Schieben und Drehen frei beweglich in eine andere Position und/oder Orientierung gegenüber einem Bezugssystem zu überführen. Dazu müssen die in Bild 2-1 gezeigten Bestandteile koordiniert zusammenwirken.

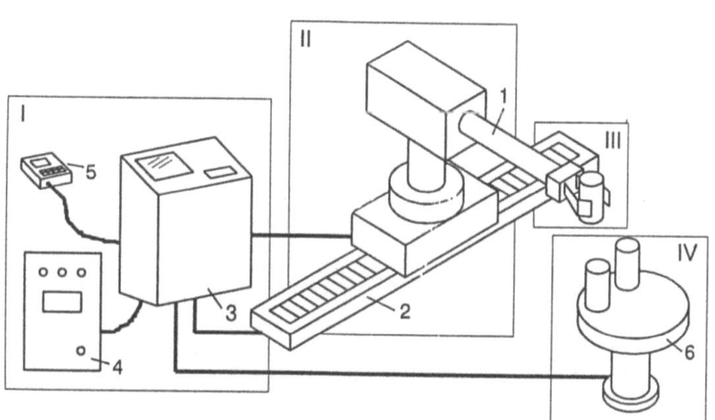

Bild 2-1 Hauptbestandteile eines Robotersystems

Die Aktionen des Roboters werden als Befehl per Programm vorgegeben. Hochentwickelte Roboter verfügen über Sensoren, mit deren Signalen dann eine Anpassung an bestimmte Gegebenheiten selbsttätig möglich ist. Im Laufe der Zeit haben sich einige Grundstrukturen herausgebildet, die je nach Handhabungsaufgabe ausgewählt werden.

Drehgelenke kommen der Beweglichkeit des menschlichen Armes dabei näher als Schubgelenke. Letztere erlauben aber die Realisierung größerer Verfahrwege und eignen sich deshalb besonders gut für die Maschinenbeschickung durch Mehrmaschinenbedienung. Für die Ausführung von Robotern gibt es viele Gesichtspunkte, die zu beachten sind.

Für die Dynamik eines Gelenkarmroboters ist z.B. von Bedeutung, wo die Achsantriebe untergebracht werden. Dezentrale Anordnung an den Gelenken einer offenen Armstruktur bedeutet, daß die nicht geringen Massen der Antriebe laufend mit bewegt werden müssen. Bei zentralen Anordnungen (Bild 2-2) werden diese Massen in Gestellnähe angeordnet und nur wenig bewegt. Das ist dynamisch günstiger, verursacht aber mehr konstruktiven Aufwand, um die Bewegungen über die Gelenke hinweg bis zur Wirkstelle zu leiten. Dafür werden Zugmittel-, Räderoder Koppelgetriebe eingesetzt.

Die mechanische Struktur wird wesentlich von den hintereinander angeordneten Armgliedern in den Grundachsen geprägt. Die Verbindung kann rotatorisch oder translatorisch sein. Vergleicht man die Grundachsen eines Industrieroboters, so ergeben sich folgende Unterschiede:

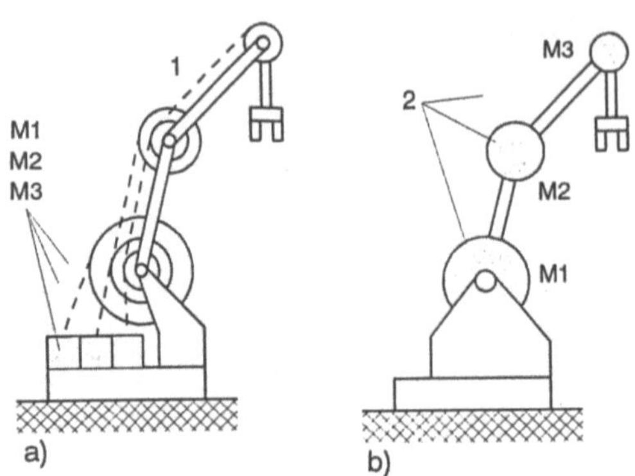

1   Zugmittel
2   Drehgelenkachse
M Antriebsmotor mit Getriebe

Bild 2-2
Struktur von Mehrantriebssystemen

a) zentrale Antriebe
b) dezentrale Antriebe

Rotatorische Grundachsen

Sie ergeben einen großen Arbeitsraum, einen kleinen Kollisionsraum und kleine Stellfläche, spielfreie Gelenkarme, schwingungssteifen Aufbau und hohe Arbeitsgeschwindigkeit.

Translatorische Grundachsen

Die Bewegung kann in kartesischen Raumkoordinaten ohne Koordinatentransformation erfolgen, der baukastenmäßige Aufbau läßt sich leichter realisieren und das gewohnte räumliche Vorstellungsvermögen bleibt erhalten. Allerdings ist die Stellfläche groß und die Geradführungen müssen abgedeckt werden.

Zusammenfassend ist zu sagen, daß der Roboter als Bestandteil einer Wirkzone in den dort zusammenlaufenden Energie-, Informations- und Stofffluß eingebunden ist. Das prinzipielle Zusammenwirken wurde in Bild 2-3 angegeben. Dieses Schema kann allen Industrierobotern zugrunde gelegt werden, wenngleich die technischen Realisierungen sehr unterschiedlich ausfallen können. Das wird in den folgenden Abschnitten gezeigt.

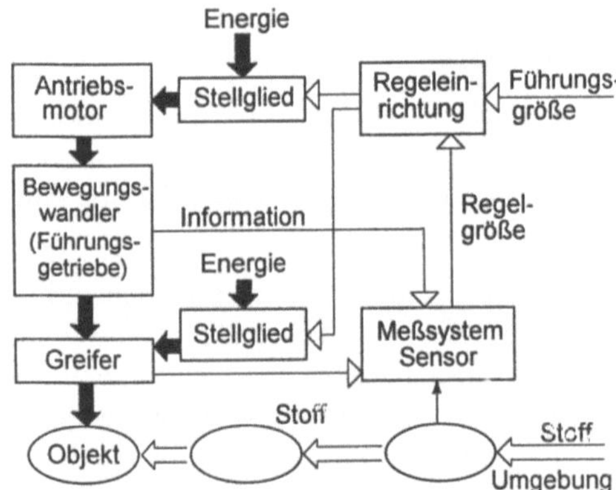

Bild 2-3
Teilsysteme eines Roboters

2.2   Teilsysteme

Ein kompletter Industrieroboter läßt sich in folgende Teilsysteme bzw. Bestandteile auflösen:

- Führungsgetriebe, (Arm, Manipulator). Der Begriff Manipulator wird auch als Synonym für einen Roboterarm verwendet

- Gestell

- Energieversorgung,

- Steuerung und Programmiersysteme,

- Effektor,

- Sensoren,

- Schutzsysteme und

- Datenschnittstellen (Interface).

Das Führungsgetriebe zum Bewegen eines Effektors und das Gestell bilden zusammen die mechanische Struktur eines Roboters. Eingeschlossen sind die erforderlichen pneumatischen, elektrischen oder hydraulischen Antriebe samt Übertragungsgetrieben und Meßeinrichtungen. Die Grund- bzw. Hauptachsen bilden den Hauptarbeitsraum, die Nebenachsen bzw. Greiferachsen den Nebenarbeitsraum, der hauptsächlich zur Orientierung des Effektors an der Wirkstelle dient. Ein Beispiel wird in Bild 2-4 gezeigt. Hier wurde die erste Hauptachse als halbhohes Linienportal (Gestell) ausgebildet. Der Roboter ist damit gut für das Zuführen oder Abstapeln flächi-

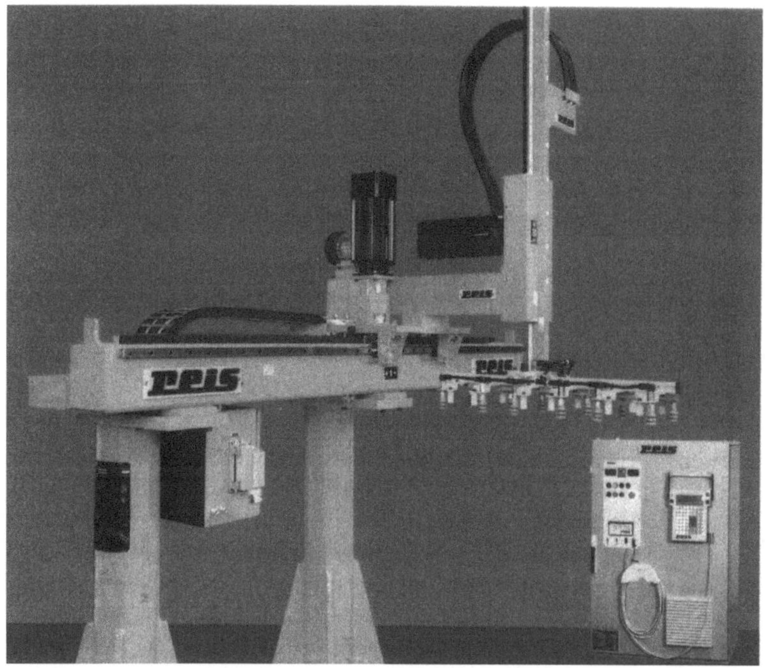

Bild 2-4   Kartesischer Roboter für vorzugsweise Beschickungsaufgaben (REIS)

flächiger Werkstücke, z.B. Blechzuschnitte, geeignet. Als Effektor wurde ein Vielfach-Saugergreifer eingesetzt Das Gestell dient der Ableitung von Gewichtskräften in den Untergrund am Aufstellort und als Basis für den Anbau des Führungsgetriebes. Bei Anbaurobotern kann sich das Gestell auf eine Basisplatte (Konsole) für die Montage an der zu bedienenden Maschine reduzieren.

Die Energieversorgung ist eine elektrische Baugruppe, die elektrischen Strom entsprechender Beschaffenheit bereitstellt oder durch den Betrieb von Druckerzeugern den fluidischen Betriebsdruck hervorbringt.

Ein Industrieroboter mit hydraulischen Achsen hat meistens in den einzelnen Aktoren einen sehr unterschiedlichen Druckstrombedarf. Man ermittelt dann über ein Ölstrom-Zeit-Diagramm für einen typischen Arbeitsablauf den durchschnittlichen Ölstromverbrauch und legt danach die Pumpe und die Druckspeicher aus.

Die Steuerung gibt die Bewegungen vor, die per Programmierung eingegeben wurden und kontrolliert ihre Ausführung. Es gibt verschiedene Arten der Steuerung, die man allgemein in Punkt-zu-Punktsteuerung (PTP) und Bahnsteuerung (CP) unterscheiden kann. Bei PTP (point-to-point) bewegen sich die einzelnen Achsen unabhängig voneinander, bei CP (coutinuous path) ist eine funktionale Abhängigkeit der Achsen vorhanden, um eine vorgegebene Bahn (Trajektorie) zu erreichen. Die Steuerung ist über Datenschnittstellen mit der Umgebung verbunden, wie es Bild 2-5 zeigt.

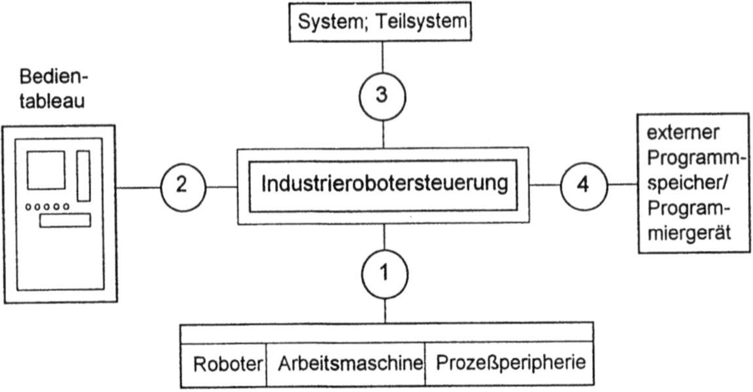

1 Prozeßschnittstelle,   3 System- bzw. Teilsystemschnittstelle,
2 Bedienschnittstelle,   4 Schnittstelle zu externen Speichern und Programmiergeräten

Bild 2-5 Schnittstellen von Industrierobotersteuerungen

Bei der Prozeßschnittstelle kommen Eingangssignale wie z.B. digitale, analoge Signale und solche von Wegmeßsystemen in Betracht und als Ausgang z.B. Signale zur Ansteuerung von Antrieben und Regelkreisen. Bedienschnittstellen dienen der Kommunikation des Bedieners mit dem System. Es wird eine größere Zahl digitaler Eingabe- und Ausgabesignale in einem niedrigen Leistungspegel ausgetauscht. Die Systemschnittstelle wird dann gebraucht, wenn die Robotersteuerung Teil einer komplexen Anlage ist und ein Datenverkehr zu übergeordneten Steuerungen aufrecht zu erhalten ist. Die auszutauschenden Informationen können in eine serielle Folge digitaler Signale umgewandelt und dann z.B. über mittlere Entfernungen auf einer Zweidrahtleitung übertragen werden. Eine Schnittstelle zu externen Datenspeichern dient der Archivierung von Programmen oder auch der Übertragung von Daten, die extern erzeugt werden.

Effektoren sind Greifer, Werkzeuge, Meßmittel usw., die vom Führungsgetriebe programmgemäß im Raum bewegt werden. Der richtige Greifer ist für den Anwender ganz entscheidend, weil dadurch die Zykluszeit, der Bewegungsablauf und letztlich der Effektor abhängt, wegen dem der Roboter überhaupt angeschafft werden soll. So kann es z.B. ein bedeutender Vorteil sein, wenn man mehrere Werkstücke gleichzeitig greift, wie man es in Bild 2-6 sieht. Bei schnellen Verpackungsvorgängen geht es oft gar nicht anders.

Zu den Effektoren zählen auch spezielle Roboterwerkzeuge. Das Sortiment reicht von schnellaufenden Bohrspindeln, über Mehrfachschrauber bis zum 10 kW-Schleifaggregat.

Die sensorische Ausstattung ist natürlich ebenfalls eine Funktion der Aufgabe. Vor allem bei der Montage werden Kraft-Momenten-Sensoren gebraucht, die die erforderliche Kraftfühligkeit ermöglichen. Als roboterexterne Systeme kommen immer mehr Bilderkennungseinrichtungen zum Einsatz. Der Roboter wird dann in die Lage versetzt, auch nach Sicht zu arbeiten.

Schutzsysteme haben schließlich die Aufgabe, den Roboter mit seinem Greifer, die Umwelt, den Bediener und die zu bedienende Maschine vor Schaden zu bewahren. Crash-Situationen können durch Bedien-(Programmier-)fehler, durch Ausfall von Roboterkomponenten und durch unbedachte Veränderungen in der Roboterumgebung entstehen.

Bild 2-6
Gleichzeitiges Greifen von 5 Motorläufern mit einem Backengreifer
(Schunk)

2.3   Kinematische Grundtypen

Die Kinematik hat als Bewegungslehre die Aufgabe, eine Bewegung möglichst einfach und vollständig zu beschreiben. Dazu gehört auch die räumliche Zuordnung nach Folge und Aufbau der Bewegungsachsen zueinander. Die Aneinanderreihung von Achsen ergibt eine Kinematische Kette. Das ist ein abstraktes Strukturbild. Die Vielzahl kinematisch möglicher Strukturen erhält man durch Variation folgender Elemente:

- Art der Bewegung, üblicherweise Dreh- und Linearachsen,

- Anzahl kombinierter Achsen, z.B. 3 Grund-(Haupt-)Achsen und 3 Neben-(Hand-)Achsen,

- Aufeinanderfolge von Dreh-(D) und Schubachsen (S), z.B. DDS oder SSS,

- räumliche Ausrichtung der Achsen, z.B. eine Drehachse 90° gedreht zur ersten Drehachse.

So ergeben sich bei 3 Grundachsen die in Bild 2-7 dargestellten Variationen.

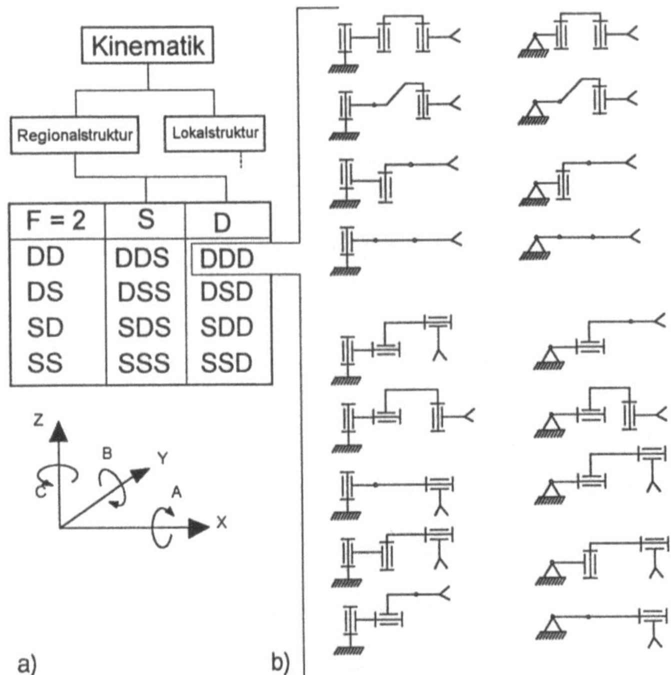

Bild 2-7   Variation der Bewegungsarten Drehen (D) sowie Schieben (S), dargestellt in a) und Variation der Achsenkonfiguration für die Grundstruktur DDD (Bild b)

F = Freiheitsgrad

Kombiniert man für eine solche Variation die Achsen X, Y, Z, A, B, und C, so ergeben sich 27 Kombinationen. Hieraus folgen als Gesamtzahl $27 \cdot 8 = 216$ dreiachsige kinematische Ketten. Bei Berücksichtigung von 6 Achsen kommt man bereits auf 46656 mögliche Kinematikvarianten, von denen allerdings viele aus kinematischen und praktischen Gründen als ungeeignet für die Handhabetechnik ausgesondert werden müssen. Einige erzeugen z.B. keinen Arbeitsraum. Kinematisch günstige dreiachsige Strukturen sind ZCC, CZC, CCZ, ZCY, ZCB, CZB, CCB, ZYC, CYZ, ZBC, CBZ, CBC, ZYB, ZBY, CYB, CBY, CBB, ZYX, CYA. Die Benennung der Achsen wird in Abschnitt 3.1.5 behandelt.

Auf dem Weg von einem Strukturbild zur realen Konstruktion können sich weitere differenzierende Unterschiede herausstellen. So können sich Achsen schneiden, aber sie können auch aneinander vorbeiführen. Was damit gemeint ist, wird in Bild 2-8 gezeigt. Die ausfahrende Schubachse weist den Kreuzungsabstand d gegenüber der Z-Achse auf. Um den Punkt $P1$ zu erreichen, muß in diesem Fall der Arm ausgefahren und gleichzeitig um den Winkel β geschwenkt werden. Das ist bei sich schneidenden Achsen ohne Schwenkbewegung nicht nötig. Folglich sind im Falle Bild 2-8a für das Positionieren zusätzliche Berechnungen erforderlich, was den Aufwand im Programm und in der Steuerung erhöht. Kreuzungsabstände können bei bestimmten technologischen Aufgaben aber auch zweckmäßig sein.

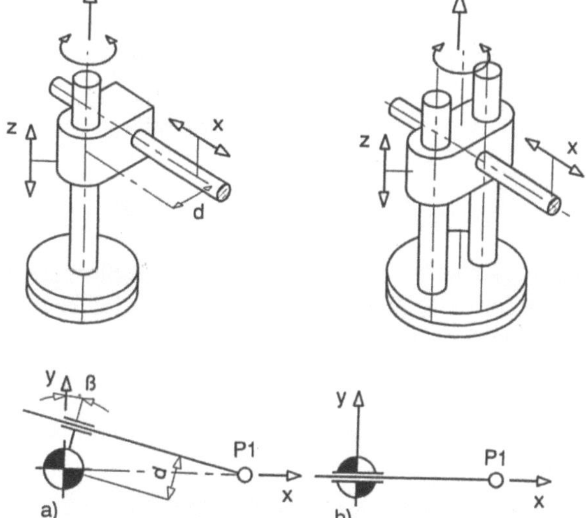

Bild 2-8
Zum Problem des Kreuzungsabstandes

a) Achsen schneiden sich nicht
b) Achsen kreuzen sich

In der Praxis haben sich Grundstrukturen herausgebildet, mit denen die meisten Aufgaben bewältigt werden können. Das sind die in Bild 2-9 aufgeführten 5 Roboterkonfigurationen:

- Roboter in Zylinderkoordinaten-Bauweise,

- Roboter in Polarkoordinaten-Bauweise,

- Kartesische Roboter,

- Roboter vom Typ SCARA und

- Roboter in Winkelkoordinaten-Bauweise.

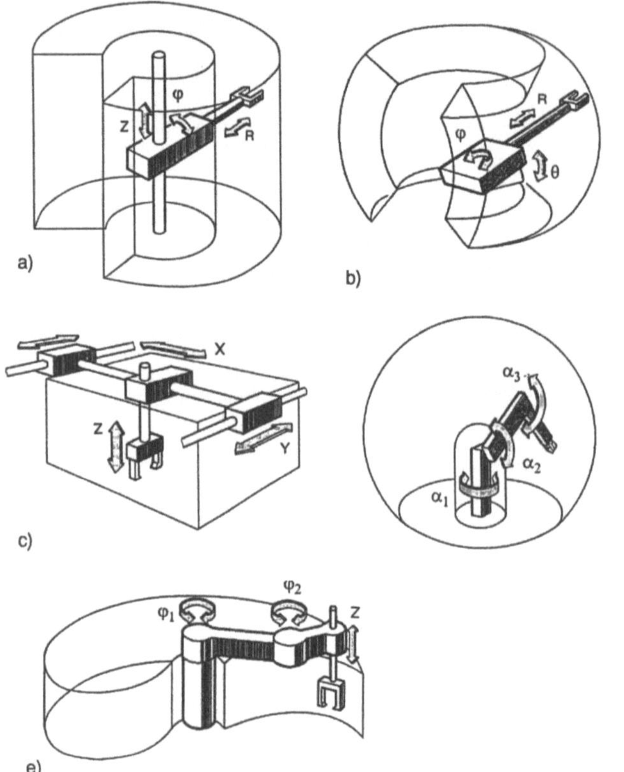

a) Ständerroboter mit der Struktur RTT und mit den Zylinderkoordinaten φ, R, Z. Die Hand fährt horizontal aus. Der Arbeitsraum ist ein Hohlzylinder.

b) Ständerroboter mit der Struktur RRT und mit Kugel- bzw. sphärischen Koordinaten. Der Arbeitsraum besteht aus einem Hohlkugelsegment. Zum waagerechten Ausfahren der Hand ist noch eine Handgelenkachse nötig. Die Polarkoordinaten sind φ, θ, R.

c) Portalroboter mit der Struktur TTT und den kartesischen Koordinaten X, Y, Z. Der Arbeitsraum ist ein Quader. In der Ständervariante ist oft die erste Achse als längere Verfahrachse ausgebildet.

d) Ständerroboter mit der Struktur RRR, beschreibbar mit den Winkelkoordinaten α_1, α_2, α_3. Der Arbeitsraum ist eine abgeplattete Hohlkugel.

e) SCARA-Roboter können z.B. die Struktur RRT aufweisen bei Verwendung von Zylinder-/ Winkelkoordinaten (φ_1, φ_2, Z). Es wird das Prinzip des Faltarmes realisiert.

Bild 2-9   Typische Grundstrukturen von Robotern (R Rotation, T Translation)

Die Wahl der kinematischen Struktur für eine Handhabungseinrichtung hat verschiedene Auswirkungen. Das Bild 2-10 zeigt, welcher Freiraum nötig ist, um überhaupt mit dem Greifer zum Wirkungsort vordringen zu können. Dieses ist aber nur ein Merkmal. Weitere Kriterien zur Beurteilung kinematischer Strukturen sind:

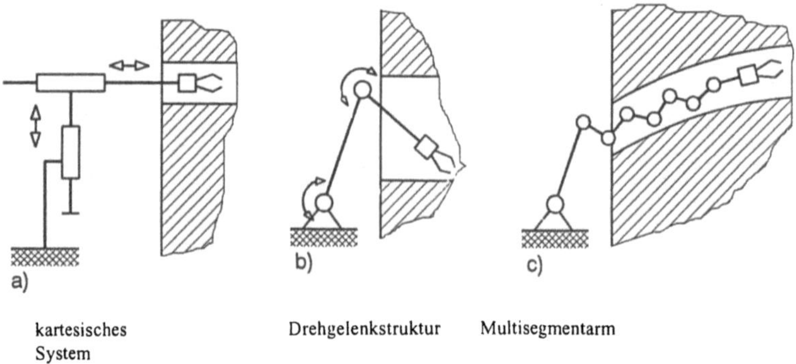

Bild 2-10 Zusammenhang zwischen Roboterkonfiguration und Handhabungsaufgabe

- Welche Arbeitsraumgröße wird ausgebildet (Form, Volumen, Reichweitegrenzen)?

- Ist der Arbeitsraum umfassend nutzbar oder gibt es Kollisionsstellen?

- Reicht die Beweglichkeit aus, um Hindernisse umgehen zu können?

- Läßt sich der Anschlußflansch für Effektoren umfassend räumlich ausrichten?

- Besteht die Möglichkeit, mehrere Arbeitsorgane gleichzeitig zu tragen?

- Führen Gelenkspiele und Durchbiegungen zu nicht akzeptablen Positionierfehlern (Bahngenauigkeit, Steifigkeit)?

- Welche Bahngeschwindigkeiten und -beschleunigungen sind in bestimmten Bahnpunkten erreichbar?

- Entsprechen Wirkungsgrad und Wirtschaftlichkeit den Vorstellungen?

- Welcher Bewegungsraum wird beansprucht?

Arbeitsraum und Kollisionsraum ergeben sich aus den Abmessungen des Roboters, seiner kinematischen Struktur und auch aus der Konstruktion des Armes. Beide Räume ergeben zusammen den Bewegungsraum (Bild 2-11). Er ist gleich oder kleiner als der gerätespezifisch festliegende Bewegungsraum, je nach momentan auszuführender Handhabungsaufgabe.

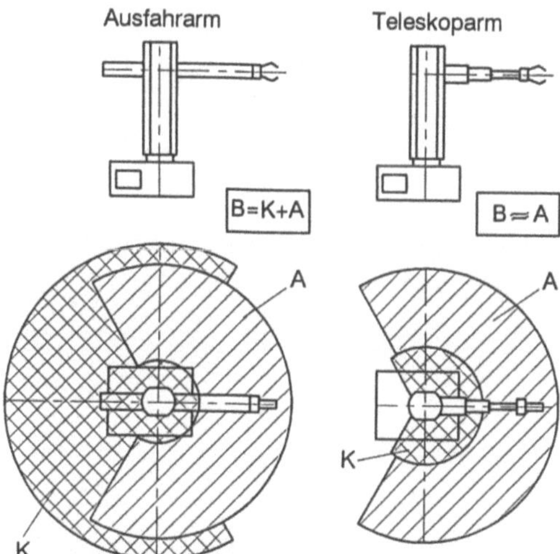

Bild 2-11
Kollisionsraum K und Arbeitsraum A
ergeben den Bewegungsraum B

2.3.1   Kartesische Roboter

Als kartesische Roboter werden jene bezeichnet, deren Hauptachsen (die ersten 3 Achsen) Translationen ausführen, die den kartesischen (rechtwinkligen) Raumkoordinaten entsprechen. Die Bezeichnung „kartesisch" geht auf den französischen Mathematiker und Philosophen R. Descartes (1596-1650) zurück, dessen latinisierter Name Cartesius war. Ein Beispiel ist der in Bild 2-12 gezeigte Portalroboter. Sie werden gelegentlich auch als „Gantry-Robot" bezeichnet (gantry = Kranportal), vor allem bei Linienportalrobotern. Handschwenk- und/ oder -drehachsen können vorhanden sein. Sie müssen nicht zwangläufig auch Linearachsen sein.

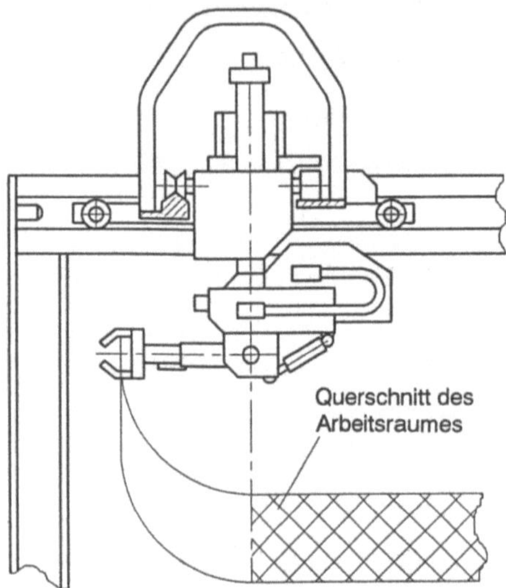

Bild 2-12
Roboter in Kreuzportalbauart

Gerade Bahnen lassen sich mit kartesischen Robotern besonders gut und genau erzeugen, wenn die Bahn parallel zu den Führungen der Hauptachsen verläuft. Bei schrägverlaufenden Bahnen müssen, wie auch bei Drehgelenkrobotern, mehrere Achsen koordiniert verfahren. Die Auflösung des Weges ist wegen der ausschließlichen Linearbewegungen im gesamten Arbeitsraum gleich. Das ist bei Robotern mit Drehgelenken nicht der Fall. Roboter mit kartesischem Koordinatensystem lassen sich auch gut aus Linearmodulen aufbauen.

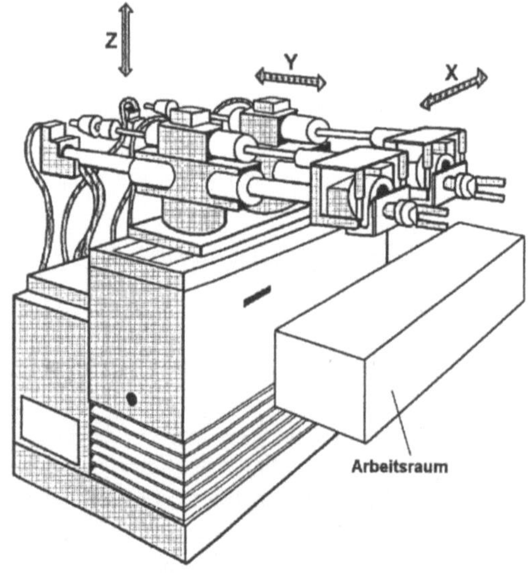

Bild 2-13
Kartesischer Roboter als Doppelarmgerät

Ein typisches Anwendungsfeld von Robotern mit der Grundstruktur SSS ist die Beschickung und Entladung von Maschinen, das Stapeln in Lagerbereichen und auch das Führen von Meßmitteln. Das Bild 2-13 zeigt einen zweiachsigen Schmiederoboter, der die Schmiedestücke greift und von Gravur zu Gravur bewegt. Das fertige Schmiedestück wird dann in ein Abgratwerkzeug außerhalb der Presse oder auf ein Transportband abgelegt. Ein ähnliches Beispiel ist in Bild 9-33 zu sehen.

2.3.2   Drehgelenkstrukturen

Die Grundstruktur DDD realisiert die Makrobewegungen zur Positionierung eines Effektors im Raum durch Drehachsen. Meistens werden dann auch die Mikrobewegungen zur Orientierung des Effektors an der Zielposition durch Schwenken bzw. Drehen realisiert. Die Drehachsen können waagerecht angeordnet sein, dann erhält man einen Senkrechtgelenkarm oder senkrecht, dann ergibt sich ein Waagerechtgelenkarm. Erstere werden oft auch als „Universalroboter" bezeichnet, weil sie für viele Anwendungen verwendet werden können und bei schlankem Aufbau auch bei engen Platzverhältnissen einsetzbar sind. Ein typischer Vertreter wird in Bild 2-14 gezeigt. Er eignet sich u.a. für Schwerlastanwendungen wie Palettieren, Maschinenbeschickung, Wasserstrahlreinigung, Montage und Ausschäumen von Formen.

Nutzlast 120 kg
6 Achsen
AC-Servoantriebe
Wiederholgenauigkeit ± 0,5 mm
Arbeitsradius maximal 2413 mm

Bild 2-14
Drehgelenkroboter S-420
(GMF/Fanuc; Greifer GMG)

Es gibt eine Vielzahl konstruktiver Varianten mit der Grundstruktur DDD. Sie weisen aber alle ein günstiges Verhältnis zwischen Arbeits- und Bauraum auf. Große Reichweite ist ein besonderer Vorteil, wenn umfangreiche periphere Einrichtungen bedient werden müssen. Die senkrechte Bewegungsebene der Roboter mit DDD-Struktur und waagerechter Lage der Achsen erfordert übrigens einen ungleichmäßig wirkenden Lastausgleich des Armes. Das wird in Abschnitt 3.6.10 besprochen. Eine ungewöhnliche Kinematik weist der in Bild 2-15 dargestellte Drehgelenkroboter auf.

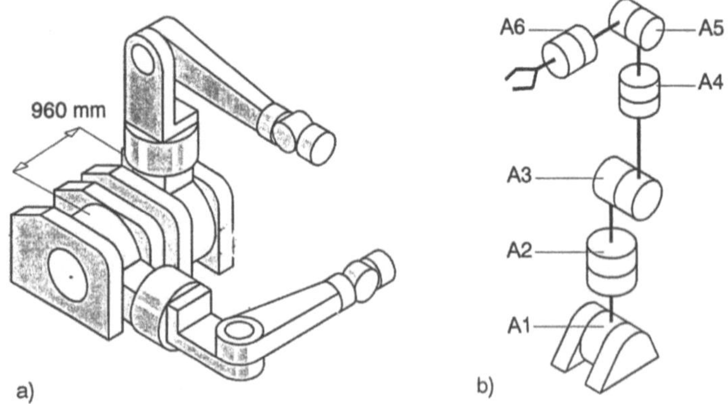

Bild 2-15 Drehgelenkroboter von KUKA mit unkonventioneller erster Achse
a) Prinzipdarstellung von 2 nebeneinander stehenden Robotern
b) kinematisches Ersatzbild

Seine Achse 1 wurde waagerecht angelegt. Damit kann er sich zur Seite neigen. Nebeneinander aufgestellte Roboter dieser Art ermöglichen übergreifendes und simultanes Arbeiten. Der Abstand zwischen den Robotermitten beträgt nur 960 mm. Bei der Einordnung in Arbeitslinien ergibt sich dadurch ein beachtlicher Platzvorteil, weil sich die Arbeitsdichte, z.B. beim Schweißen, erhöht. Das seitliche Neigen kann z.B. ausgenutzt werden, um mit dem Roboterarm in beengte Räume einzudringen. Dazu zeigt Bild 2-16 zur Demonstration das Einlegen eines Ersatzrades in einen PKW.

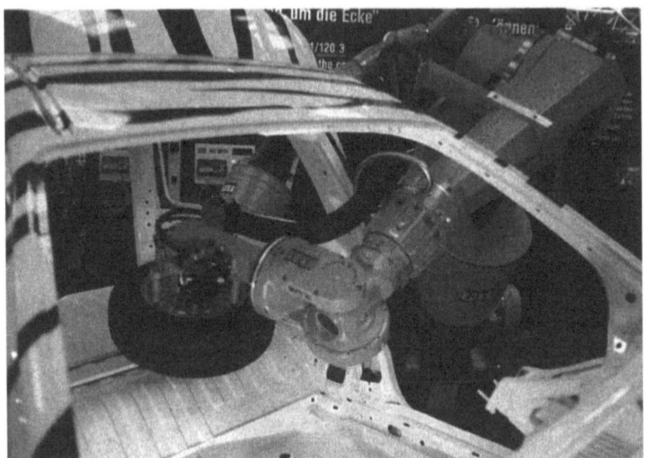

Bild 2-16 Einlegen eines Ersatzrades bei der Automobilmontage (KUKA)

2.3.3   Strukturen vom Typ SCARA

Das sind natürlich auch Drehgelenkstrukturen. Aber sie haben sich in der Industrie einen besonderen Platz erobert und sollen deshalb auch herausgehoben werden. Als SCARA (Selective Compliance Assembly Robot Arm) bezeichnet man einen Waagerechtgelenkarm, der besonders für die senkrechte Montage kleiner Baugruppen geeignet ist. Das Prinzip wurde Anfang der 70er Jahre von Prof. Makino (Yamanashi Universität, Japan) entwickelt, hat sich aber erst in den 80er Jahren durchgesetzt. Der Vorteil dieser Bauart besteht darin, daß er in Fügerichtung eine große Steifigkeit aufweist und deshalb Fügekräfte gut übertragen kann. In der waagerechten Ebene zeigt er sich mit großer „Feinfühligkeit" (Nachgiebigkeit). Das begünstigt das schnelle Finden einer Montageposition (Bild 2-17).

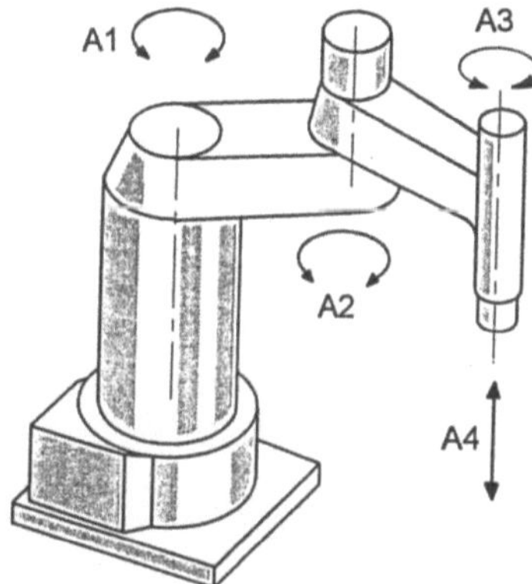

Bild 2-17
Vierachsiger Hochgeschwindigkeitsroboter mit integrierten Direktantrieben für zwei Hauptachsen

Es werden Positioniergenauigkeiten von z.B. ± 0,01 mm und Verfahrgeschwindigkeiten bis 11 m/s erreicht. Die Kinematik führt zu einem eigenartigen Arbeitsraum (Bild 2-18).

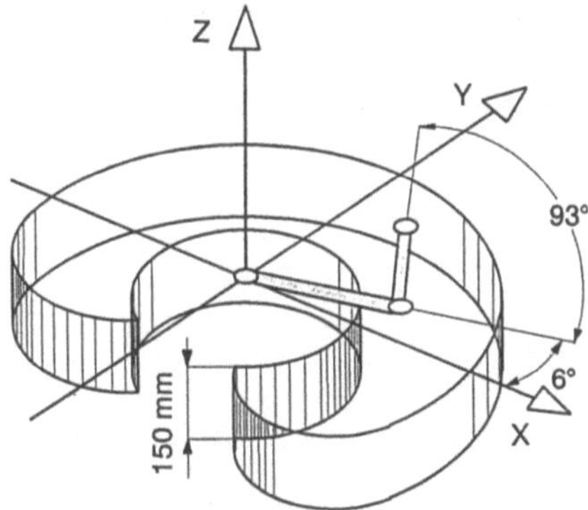

Bild 2-18
Typische Ausprägung des Arbeitsraumes eines SCARAs. Die dargestellte Kontur stellt die Arbeitsraumgrenzen des Roboters IBM 7575 dar.

Es gibt auch doppelarmige SCARAs (Bild 2-19) und auch solche, die zusätzliche senkrechte Bewegungsachsen haben, um Hindernisse besser umfahren zu können (Bild 2-20). Die Anzahl der möglichen Gelenkstellungen, um einen definierten Punkt in der X-Y-Ebene zu erreichen, nimmt zu.

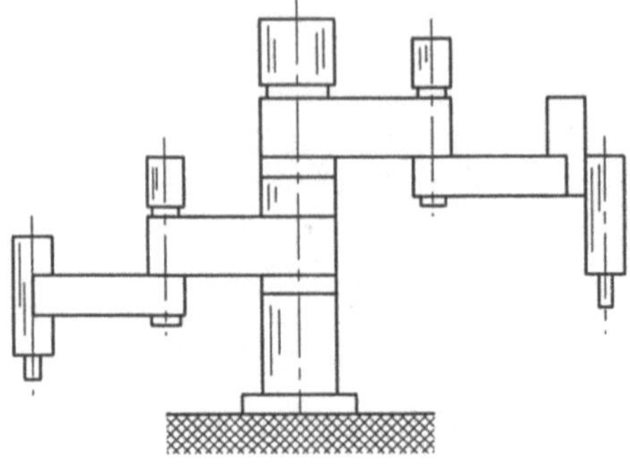

Bild 2-19
Ausführungsbeispiel für einen zweiarmigen SCARA

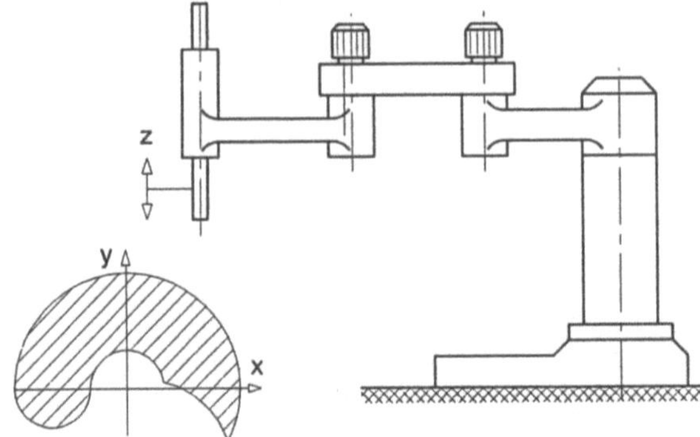

Bild 2-20
Beispiel für einen SCARA mit zusätzli-
cher Beweglichkeit durch eine weitere
Senkrechtachse

Die Hubachse kann auch als 1. Achse vorgesehen werden. Dann entfällt die vertikale Einheit am
Ende der kinematischen Kette, manchmal auch nicht (Bild 2-21). Dieser Roboter verfügt über
zwei translatorische Achsen. Die Achse $A4$ ist eine in sich drehende Achse, mit der Einschraub-
vorgänge erledigt werden können. Das unterstreicht die Bedeutung dieser Struktur für
Montageoperationen, sofern sie senkrecht von oben erfolgen.

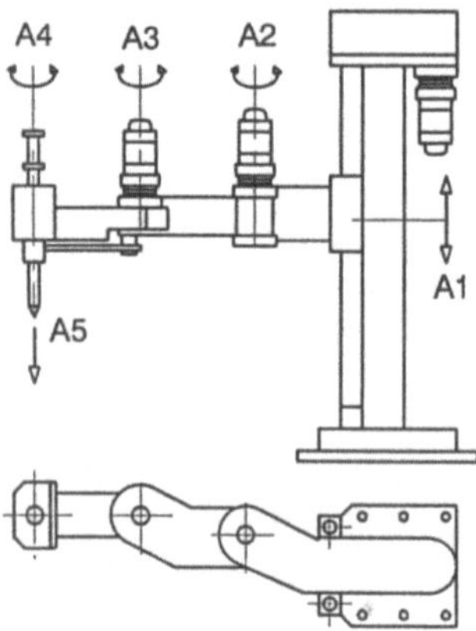

Bild 2-21
SCARA-Roboter mit Hubachse als Achse 1 (Servator, AEG)

Bei SCARA-Robotern verlaufen die Hauptbewegungen in einer horizontalen Ebene. Dadurch sind die statischen Biegebelastungen der Armglieder durch das Eigengewicht und die Nutzlast in allen Armstellungen konstant. Das trägt auch zur Sicherung einer hohen Genauigkeit bei. Oft genügt es, die Achse $A5$ als einfache pneumatische Achse, also nicht numerisch gesteuert, auszuführen. Eine eigenwillige Konfiguration für einen Waagerechtgelenkarm zeigt das Bild 2-22. Der Roboter verfügt über 2 Unterarme. Er ist für Spezialanwendungen gedacht und büßt durch den gemeinsamen Oberarm an Flexibilität erheblich ein. Dafür kann er in 2 Achsrichtungen montieren.

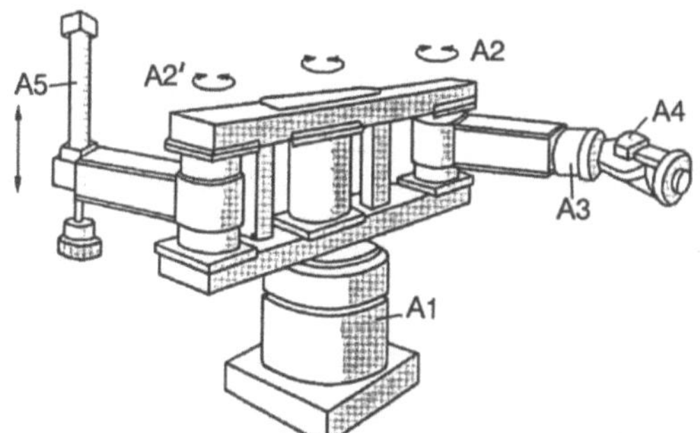

Bild 2-22
Spezieller Waagerecht-Gelenkarm

Die Montage senkrecht von oben, auf die die Kinematik des SCARA-Roboters ausgerichtet ist, erfordert natürlich auch konsequent montagegerecht gestaltete Produkte. Dazu sei auf die Literatur [4 bis 7] hingewiesen. Für komplizierte Montagearbeiten kann es mitunter günstiger sein, einen Senkrechtgelenkarm-Roboter zu verwenden.

2.4   Bauformen

Als Bauform bezeichnet man die Anordnung von Baugruppen in einer Maschine. Bauformen sind das Ergebnis einer Anpassung von Industrierobotertechnik an bestimmte Handhabungsaufgaben, Einsatzbedingungen und Platzverhältnisse. Eine von Anfang an traditionelle Bauform ist der Ständerroboter.

Das Bild 2-23 zeigt stellvertretend für viele ähnliche Ausführungen einen Ständerroboter mit Doppelwinkelhand (siehe dazu auch Bild 3-73). Das Handgelenk zeichnet sich durch eine zweiachsige Winkelverstellung aus. Alle Handachsen schneiden sich in einem Punkt. Dadurch ergibt sich ein Roboter mit Universal-Charakteristik. Für einfache Aufgaben besteht die Gefahr der Überqualifizierung des Roboters.

2.4.1   Portalroboter

Portalroboter laufen auf einem Linien- oder Flächenportal. Die erste bzw. die ersten beiden Achsen sind in der Regel Linearachsen. Weitere Achsen können auch Drehachsen sein. Am Portal kann ein einzelner Roboter laufen, ein mehrarmiger Roboter oder sogar mehrere voneinander unabhängige Roboter (Bild 2-24).

Beim Linienportalroboter mit 2 linearen Hauptachsen entsteht eine Arbeitsfläche, in der ein Effektor positioniert werden kann. Erst bei 3 Hauptachsen wird ein Arbeitsraum ausgebildet

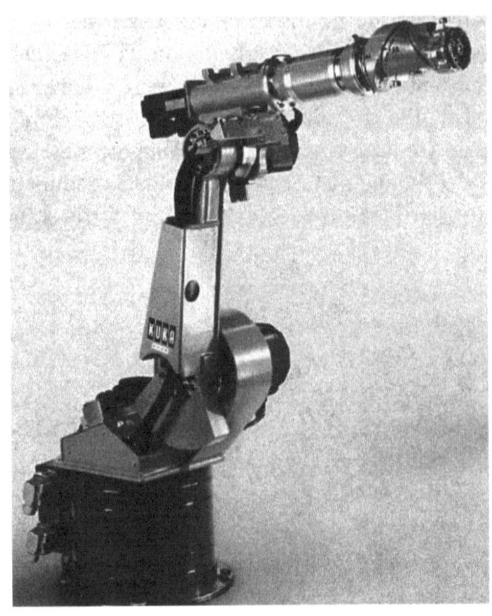

Bild 2-23 Typische Bauform eines modernen Ständerroboters (IR 364/8/10.0; KUKA)
Traglast 10 kg, Wiederholgenauigkeit < ± 0,1 mm

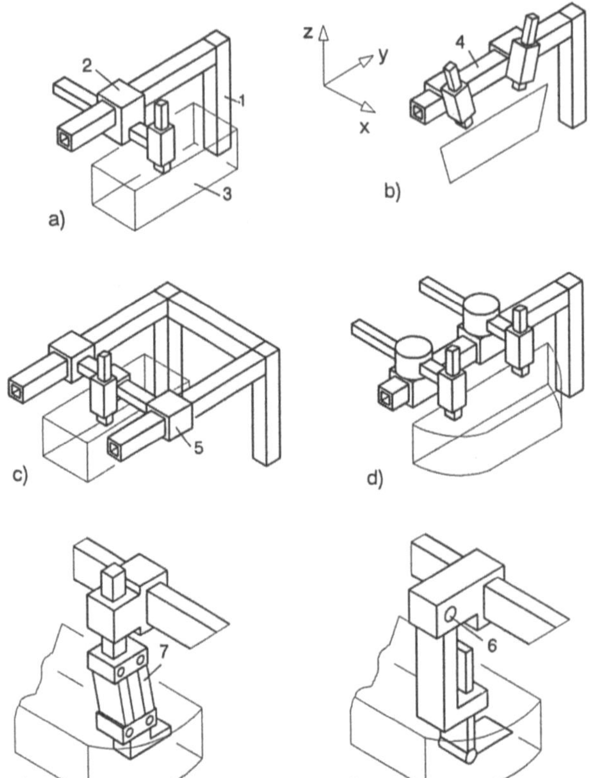

1 Ständer
2 Portalwagen
3 Arbeitsraum
4 Portalbalken
5 Gleichlaufantrieb
6 Schwenkachse
7 Parallelogramm

Bild 2-24
Bauarten von Portalrobotern

a) Linienportalroboter
b) doppelarmiges System
c) Flächenportalroboter
d) Mehrrobotersystem
e) und f) Portalroboter mit
Schwenkarm

(Bild 2-24a). Damit sich das Portalfahrwerk bei Flächenportalen nicht verkantet und ein gutes Laufverhalten erreicht wird, setzt man häufig zwei Motoren ein, je einen auf jeder Seite. Für diese Motoren wird eine elektronische Gleichlaufregelung gebraucht, die von der Steuerung sichergestellt werden muß. Beide Motoren verfahren dann genau gleich und unterschiedliche Reibungen werden ausgeglichen. Dafür müssen die Motoren mit Absolut-Weggebern ausgerüstet sein.

Häufig realisierte Verfahrwege sind bei Flächenportalrobotern 6 bis 12 m, 4 bis 6 m in der anderen Achse und 1 bis 2 m in der Z-Achse. Typische Anwendungen sind die Mehrmaschinenbedienung von Werkzeugmaschinen, Stapel- und Palettierarbeiten in Anliefer- und Lagerbereichen, Schneiden mit Brenner, Plasma-, Laser- oder Wasserstrahl, Schweißen von Großbauteilen und Montieren. Linenportale eignen sich auch gut für die Maschinenbeschickung in Fertigungsstraßen und für die Maschinenverkettung.

Die Beipiele haben gezeigt, daß ein Portalroboter nicht gleichzeitig auch ein kartesischer Roboter sein muß.

Die Hubachse eines Portalroboters benötigt üblicherweise ziemlich viel Freiraum oberhalb des Fahrbalkens. Das ist aus Bild 2-25 gut ersichtlich. Für Werkhallen bereitet das kaum Probleme, wie man sieht. Es gibt aber auch Aufstellorte mit niedriger Deckenhöhe. Dafür eignen sich Scherenarme (siehe Bild 3-42).

Bild 2-25 Linienportalroboter (Liebherr)

Man kennt jedoch auch andere kinematische Lösungen, bei denen in der oberen Hubstellung keine Bauteile nach oben herausstehen. Das Bild 2-26 zeigt das Prinzip. Die *Y*-Achse muß um den Betrag des Hubes verlängert sein, damit an jeder Stelle die Hubbeweglichkeit gesichert ist. Nachteilig ist, daß der Arm nicht in enge Zwischenräume eintauchen kann, weil das Armgestänge beim *Z*-Hub eine bogenförmige Bewegung ausführt. Die Achsen für die *Z*- und *Y*-Bewegung können auch gleichzeitig verfahren werden. Die Lösung ist vor allem für das Be- und Entladen von Maschinen interessant.

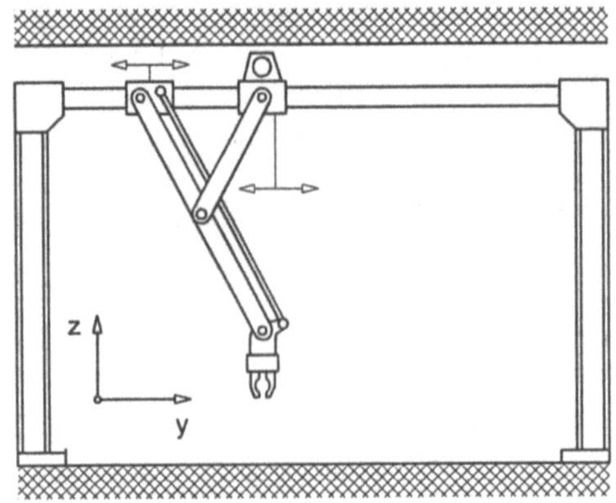

Bild 2-26
Portalroboter, dessen Z-Achse mit einem Geradführungsgetriebe realisiert wird (HLS)

Das Bild 2-27 zeigt eine Portalroboterausführung, bei der Ober- und Unterarm über Spindeln angetrieben werden. Im Beispiel ist ein Linienportal ausreichend, weil der Arm quer zum Fahrbalken schwingen kann und so einen Arbeitsraum aufspannt. Der Oberarm ist als Winkelhebel ausgeführt und am Portalwagen drehbar gelagert.

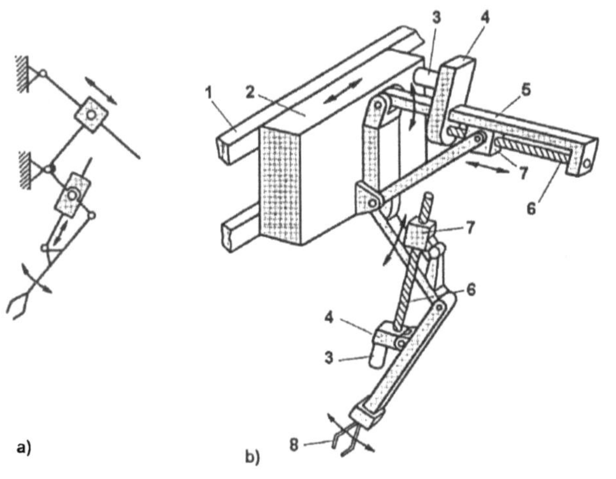

1 Fahrbalken
2 Portalwagen
3 Elektromotor
4 Getriebe
5 Arm
6 Spindel
7 Spindelmutter
8 Greifer

Bild 2-27
Portalroboter in der Struktur SDD

a) kinematisches Schema
b) Ausführungsbeispiel

Einer der Hauptgründe für den Einsatz von Portalrobotern ist die problemlose Anpassung an bestehende Raumverhältnisse. Geht es dann noch um die Handhabung schwerer oder sperriger Werkstücke, dann gibt es zum Portalroboter kaum andere wirtschaftliche Alternativen.

2.4.2   Baukastenroboter

Als Baukastenprinzip bezeichnet man ein Gestaltungsprinzip, das darin besteht, aus einem gegebenen Sortiment von Komponenten mit definierter Teilfunktion zahlreiche verschiedene Maschinenaufbauten vorzunehmen. Die Komponenten heißen Baustein, -einheit oder Modul. Da Automatisierung auch eine Frage der Kosten ist, haben Industrieroboter aus Standardmodulen ebenfalls ihre Berechtigung. Der Hauptvorteil besteht darin, daß das Handhabungssystem nach der Aufgabe maßgeschneidert werden kann. Damit enthält es keine brachliegenden Funktionen. Wie das Bild 2-28 zeigt, sind vom Standsäulenroboter bis zum Portalsystem alle gängigen Konfigurationen möglich.

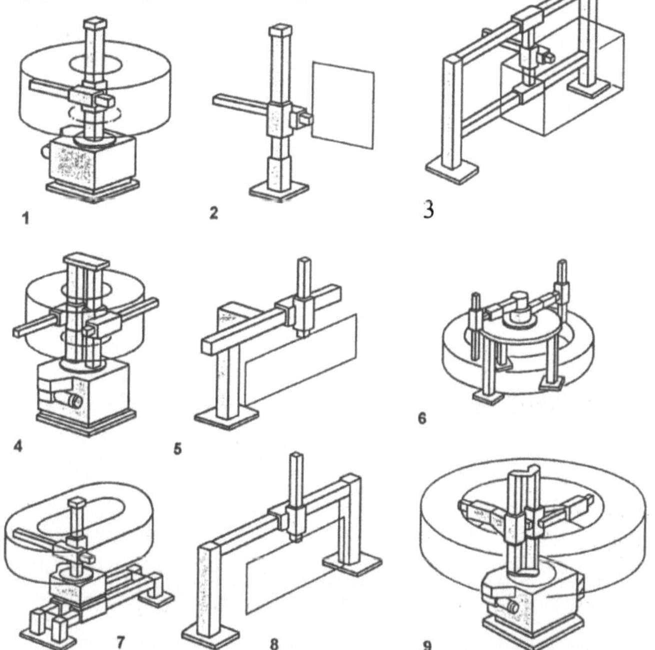

Bild 2-28
Beispiele für Industrieroboter, die aus Baukasteneinheiten aufgebaut wurden (MECANA)

In Bild 2-29 wird der Aufbau von freiprogrammierbaren Robotern gezeigt, deren aktive Baugruppen als Doppelwürfel mit z.B. 70 · 70 mm Kantenlänge gestaltet sind.

Ein Modul enthält nach dem Prinzip der verteilten Intelligenz nicht nur den Gelenkantrieb, sondern auch die Elektronik zur Steuerung von Fahr-, Geschwindigkeits- und Positionskommandos. Jeder Antriebsmodul verfügt über einen Mikrocontroller mit eigenem Betriebssystem. Außerdem ist ein Kommunikationsinterface (CAN) enthalten, über den die serielle Ankopplung an einen Steuerrechner erfolgt.

Ein im Betriebssystem der Antriebsmodule enthaltener Kommandointerpreter empfängt die übertragenen Kommandos, prüft sie auf ihre Gültigkeit und führt sie dann sofort aus. Ein so zusammengebauter Roboter kann z.B. für die Lehre, für Prüfoperationen, zum Schweißen und Handhaben eingesetzt werden. Die Größe bewegt sich im Human-Scale-Bereich. Für die Belastbarkeit und Genauigkeit ist wie bei anderen Robotern auch vor allem die Qualität der eingesetzten Getriebe maßgebend. Viele Koppelstellen beeinträchtigen immer auch die Steifigkeit des Roboters. Das Beispiel soll vor allem den Baukastengedanken und den hohen Grad der Steuerungsintegration nahebringen.

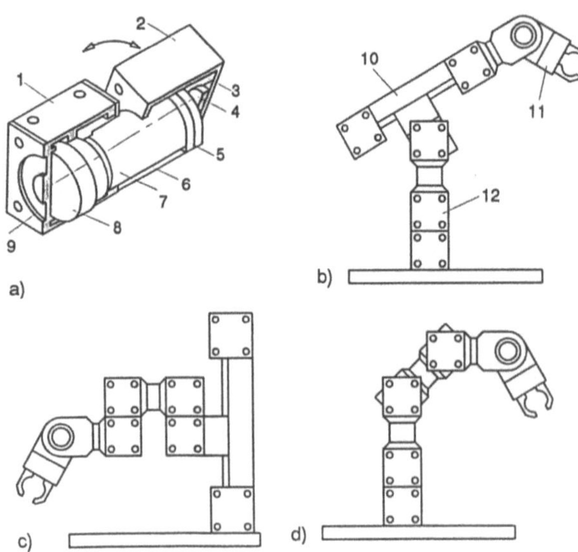

1 Abtrieb
2 Antriebsseite
3 Prozessorplatine
4 Motorbremse
5 inkrementaler Geber
6 Leistungselektronik
7 DC-Motor (DC = direct current motor, Gleichstrommotor)
8 Harmonic-Drive-Getriebe
9 Zentrierabsatz
10 Lineareinheit
11 Greifereinheit
12 Dreheinheit

a) Schnittdarstellung einer Drehachse,
b) Roboter mit sphärischem Arbeitsraum,
c) Roboter in SCARA-Bauart,
d) Roboter mit DDD/D-Struktur,

Bild 2-29 Baukastensystem für Roboter (AMTEC)

2.4.3 Roboter mit großem Arbeitsraum

Bei der Verkettung von Maschinen und bei der Handhabung großer Objekte wird oft eine große Armreichweite gebraucht. Um diese zu bekommen, gibt es verschiedene Möglichkeiten. Man kann zusätzlich eine senkrechte Drehachse einführen (Bild 2-30a), besonders lange Unterarme vorsehen (Bild 2-30b) und auch weitausladende Greifer tragen dazu bei. Sie sind insbesondere bei der Handhabung von großen Blechteilen erforderlich. Auch Armverlängerungen sind bei einigen Robotern möglich. Roboter lassen sich auch auf eine verfahrbare Plattform stellen.

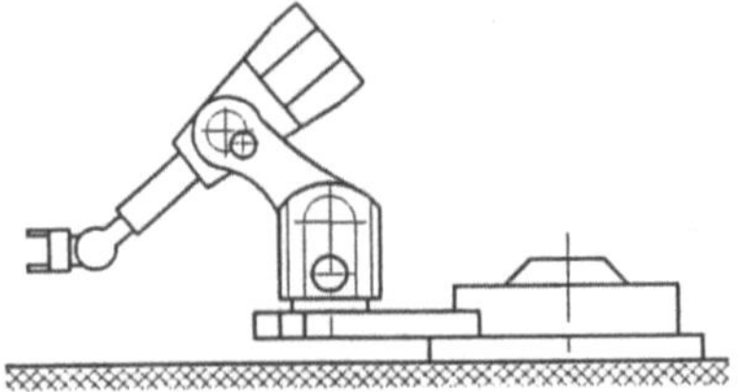

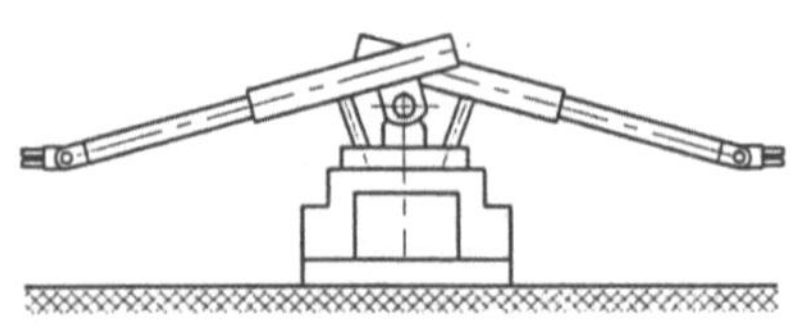

a) Drehgelenkroboter mit 7 Achsen, davon 2 Grundachsen senkrecht (COMAU, KUKA)

b) Doppelarmroboter mit 9 Achsen (BILSING)

Bild 2-30 Industrieroboter großer Reichweite, wie sie besonders in der Umformtechnik gern verwendet werden

Ein Farbspritzroboter kann dann neben dem zu beschichtenden Objekt entlangfahren, weil er sich auf einem Stetigförderer befindet (Bild 2-31). Aber auch eine Waagerechtachse als Achse 1 kann über eine Wippenkonstruktion die Reichweite vergrößern (Bild 2-32).

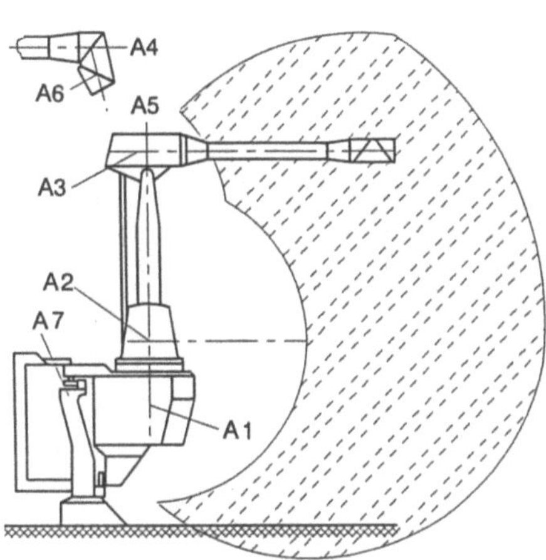

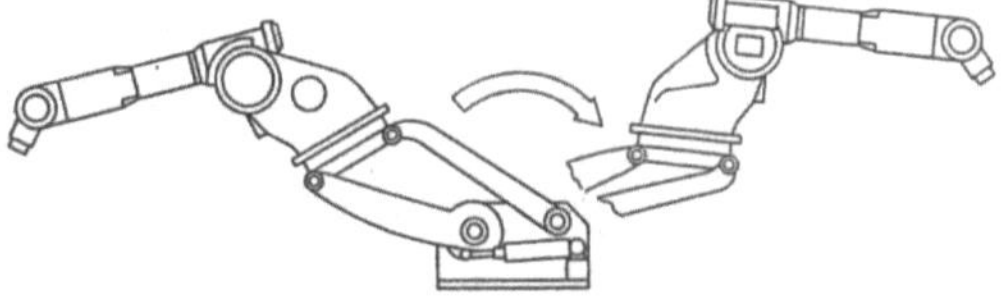

Bild 2-32
Industrieroboter IRB 6400C mit einer Waagerechtachse
als Achse 1 (ABB)

Bild 2-31
Farbspritzroboter TR-5003, der auf einer Schiene
(Achse 7) verfahrbar ist (TRALLFA/ABB)

2.4.4   Parallelroboter

Das Prinzip der Parallelität von Antrieben ist erst in den letzten Jahren wieder in das Bewußtsein
der Techniker gerückt, obwohl es schon lange bekannt ist. Man kann schon mit 3 Flaschenzügen
als Antrieb eine räumliche Positionierung erreichen, wie es Bild 2-33 zeigt.

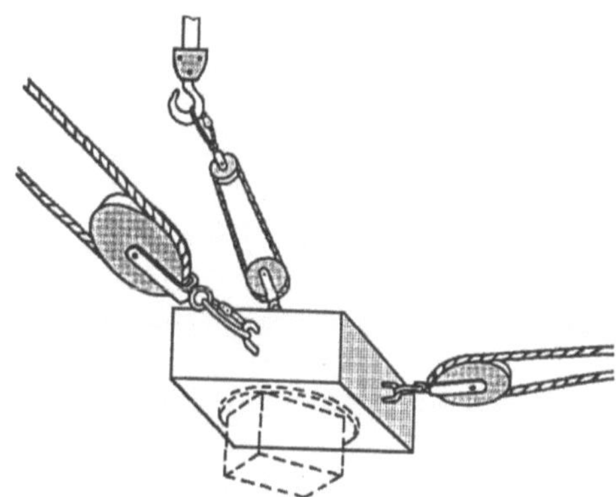

Bild 2-33
Parallele Topologie bei Antrieb mit
Flaschenzügen

In die Robotik umgesetzt, ergibt sich ein Parallelroboter. Für Roboter mit einer solchen Topologie ist typisch, daß alle Antriebe in gleicher Wirkungsrichtung arbeiten. Die räumliche Auslenkung geschieht durch unterschiedliches Ausfahren elektrischer (Spindeltrieb) oder hydraulischer Hubelemente (Arbeitszylinder). Bei gleichsinnigem und gleichschnellem Ausfahren entsteht z.B. eine Bewegung in Z-Richtung. Der Arbeitsraum ist meistens nicht sehr groß, aber für
Montagen z.B. an einer Transferlinie günstig. Teilweise sind enorme Preßkräfte möglich, die ein
„normaler" Senkrechtgelenkarm niemals aufbringen kann (Bild 2-34).

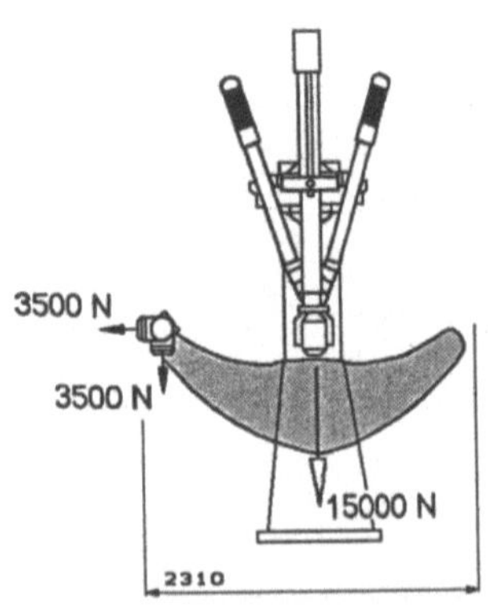

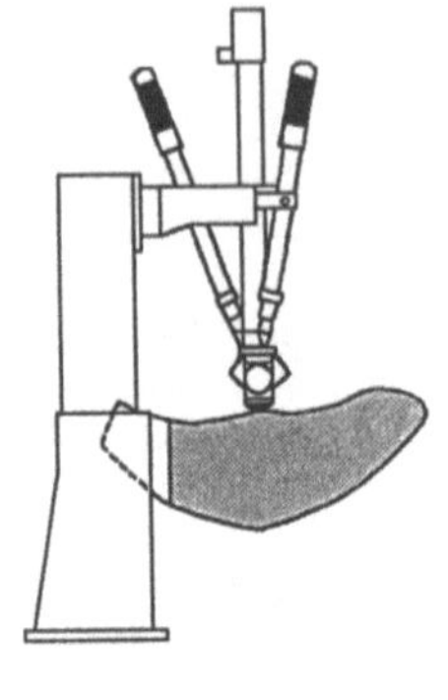

Bild 2-34
Arbeitsraum und Druckkräfte beim
Parallelroboter TRICEPT HP1 (NEOS
AB/COMAU)

Der Roboter TRICEPT wird über Kugelrollspindeln und Harmonic-Drive-Getriebe angetrieben. Die Wiederholgenauigkeit von ± 0,02 mm macht den Roboter auch für Bearbeitungen mit einem abtragenden Werkzeug, z.B. Fräser, tauglich. Hätte man eine sechsachsige Anordnung, wie sie inzwischen für Bearbeitungsmaschinen favorisiert wird, dann spräche man von einem Hexapode-Antrieb. Das hexapodische Prinzip hat man auch schon verwendet, um mit einer solchen Stabkinematik die Werkstückhandhabung an einer Transferpresse im Freiheitsgrad 6 zu bewältigen.

Beim Roboter ARIA-DELTA (Bild 2-35) werden Beschleunigungen bis zu 40 m/s^2 erreicht. Damit sind z.B. Verpackungsleistungen von mehr als 4500 Stück je Stunde möglich. Die Verfahrgeschwindigkeit liegt bei 4 m/s. Der Greiferflansch wird durch eine zentrale, kardanisch aufgehängte Drehachse orientiert. Das ergibt 4 freiprogrammierbare Achsen. Die 4 DC-Motoren mit integriertem Encoder sind fest auf der Grundplatte montiert. Drei Motoren schwenken die Arme, der vierte Motor dreht den Greifer. Es gibt auch Ausführungen, bei denen servopneumatische Zylinder als Antrieb eingesetzt werden. Innerhalb eines Arbeitsraumes von 300 · 300 · 300 mm werden so bis zu 4 Arbeitsspielen in der Sekunde ausgeführt.

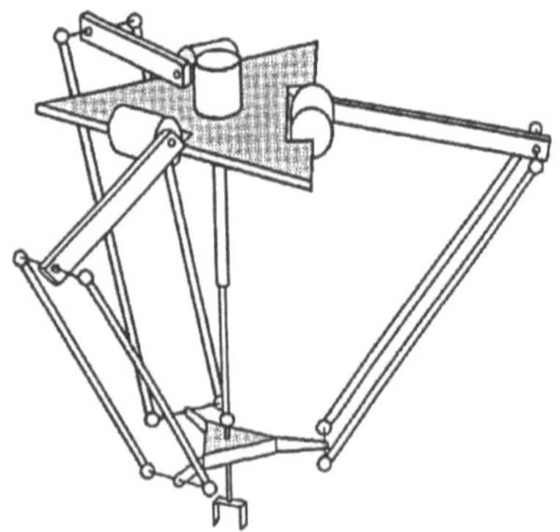

Bild 2-35
Kinematische Struktur des Parallelroboters ARIA-DELTA für
kleine Handhabungsmassen (DEMAUREX)

Das Prinzip des hexapodischen Antriebs kann auch für Mikropositioniereinrichtungen verwendet werden (Bild 2-36). Als Stellantrieb werden Piezo-Stapeltranslatoren verwendet. Eine solche Einheit wird zwischen Greiferflansch und Greifer angebracht. Die Feinverstellung geschieht nach Sensorsignalen, die momentane Achsenfehler zwischen Montagebasisteil und Fügeteil beschreiben.

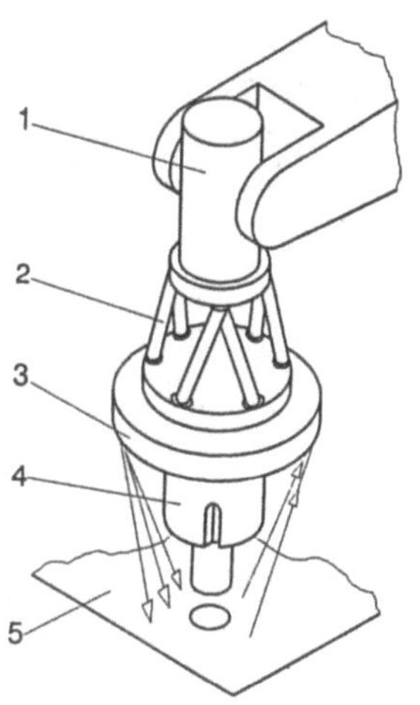

1 Handgelenkachse
2 Stellantrieb
3 Greiferflansch
4 Greifer mit Fügeteil
5 Montagebasisteil

Bild 2-36
Mikropositionierantrieb für die Kleinteilmontage auf der Basis einer sechsachsigen parallelen Struktur.

In Bild 2-37 wird nach [8] ein Parallelroboter gezeigt, bei dem die Bewegung des Greiferflansches über Gelenkarme mit Hilfe von Gewindespindeln übertragen wird. Aus Sicht der Mechanik ist das ein räumlicher Parallelogrammarm. Gleichmäßiges Antreiben aller Motoren ergibt auch hier Heben bzw. Senken in der Z-Achse. Ungleiches Drehen führt zum Verschieben der Greiferplatte in der X-Y-Ebene.

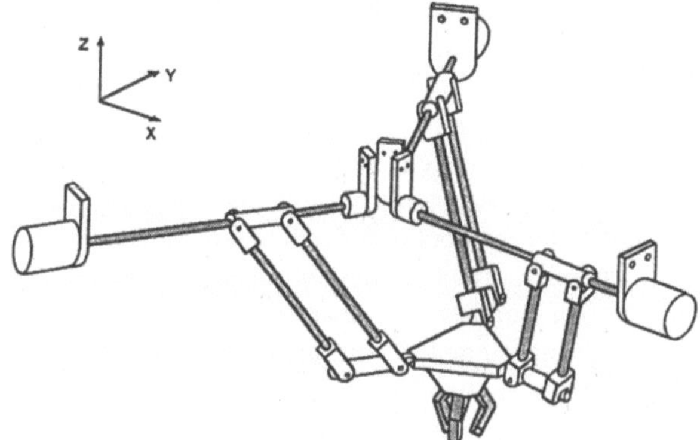

Bild 2-37
Parallelroboter Y-Star

2.4.5   Mobile Roboter

Zu unterscheiden ist in mobile und autonom-mobile Roboter. Letztere sind Fahrzeuge, die frei und ohne ständigen Leitrechnerkontakt navigieren, selbständig Aufträge erledigen und mindestens mit einem Roboterarm ausgerüstet sind. Im Gegensatz zu ortsfesten Robotern können sie sich ohne Benutzung von Schienen aus eigener Kraft bewegen. Sie erkennen mit Hilfe von Sensoren die Umwelt, reagieren darauf in notwendiger Weise und speichern die Umweltdaten. Der größte Teil steuerungsmäßiger Berechnungen hat in Echtzeit zu erfolgen [157 bis 161]. Autonome mobile Roboter sind auch sicherheitstechnisch eine neue Herausforderung. Man muß verlangen, daß Hindernisse umgangen, Personen gewarnt, Befehle auf Zulässigkeit geprüft, das eigene Sicherheitssystem überwacht und Gefahrensituationen gemeistert werden, z.B. die Rückkehr zum Normalbetrieb nach einer Entschärfung der Gefahr.

Mobile Roboter bewegen sich dagegen nicht spurfrei und laufen z.B. auf Schienen. Sie erledigen neben Fahraufträgen auch Handhabungsaufgaben [9, 10] und können energetisch autonom (Batterie) oder abhängig sein (Schleifleitung). Spurgeführte Mobilität muß nicht unbedingt flurgebunden sein. Wie das Bild 2-38 zeigt, kann ein Roboter auch an einer Elektrohängebahn laufen, wobei Weichen und Stichstrecken im Fahrweg enthalten sein können.

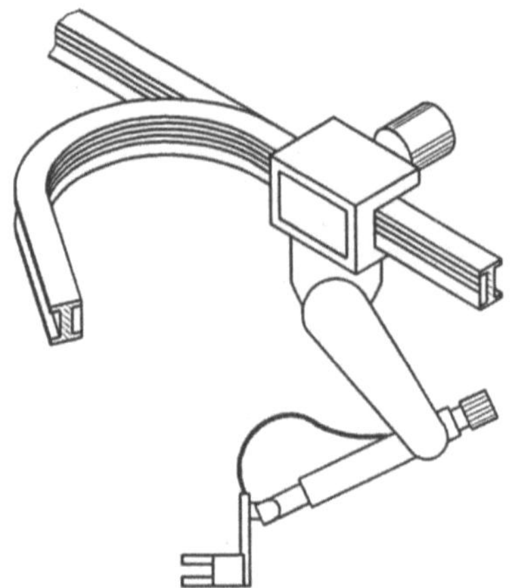

Bild 2-38
Drehgelenkroboter an einer Elektrohängebahn (FABA)

Die Versorgung des Roboters geschieht hier über eine 9-polige Schleifleitungsanlage, weil entsprechend große Fahrwege zu absolvieren sind. Die Übergabe von Daten kann an mehreren festen Übergabepunkten vor sich gehen, z.B. über eine Infrarot-Datenstrecke. Nach jedem Auftrag muß der Roboter allerdings neue Daten „tanken". Es geht aber auch mit einem isolierten Schleifringsystem mit durchaus hoher Datensicherheit im Stillstand oder bei Geschwindigkeiten bis 20 m/s. Dieser Datentransfer kann auch für mehrere im System befindliche Roboter gleichzeitig vorgenommen werden. Ein Schleifleitungssystem ist natürlich auch für bodengebundene Fahrstrecken einsetzbar. Man wird solche Lösungen vor allem bei langzyklischen Arbeitsprozessen vorsehen, wo stationäre Beschickungsroboter in der Regel nicht ausgelastet sind. Ein mobiler Roboter kann die im Maschinenbau traditionelle Mehrmaschinenbedienung übernehmen. Flurgebundene, frei fahrende mobile Roboter kann man in verschiedene Typen einteilen [11]. Aus den Komponenten Handhabungseinheit, Transporteinheit und Speichereinheit lassen sich die in Bild 2-39 schematisch dargestellten Konzepte entwickeln [162].

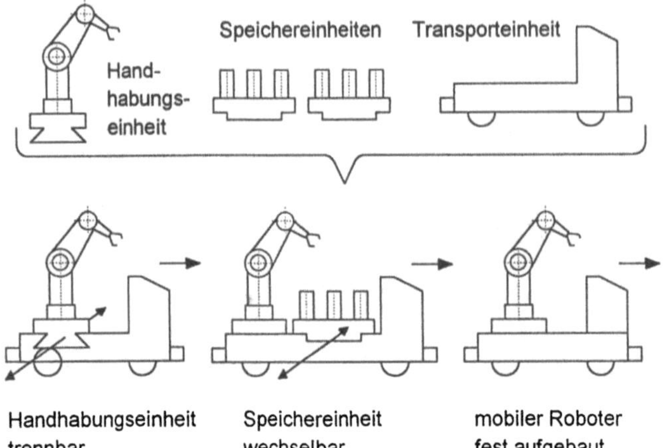

Bild 2-39
Konzepte für mobile Roboter

Die Komponenten sind in unterschiedlicher Weise kombinierbar und ergeben so verschieden nutzbare Ver- bzw. Entsorgungseinheiten. Ein Ausführungsbeispiel wird in Bild 2-40 gezeigt. Der Roboter kann z.B. Pakete oder Platten mit einem Mehrfachsaugergreifer aufnehmen und auf seiner Ladefläche ablegen. Er kann per Leitlinie spurgeführt laufen oder auch frei navigieren (siehe Abschnitt 7.4).

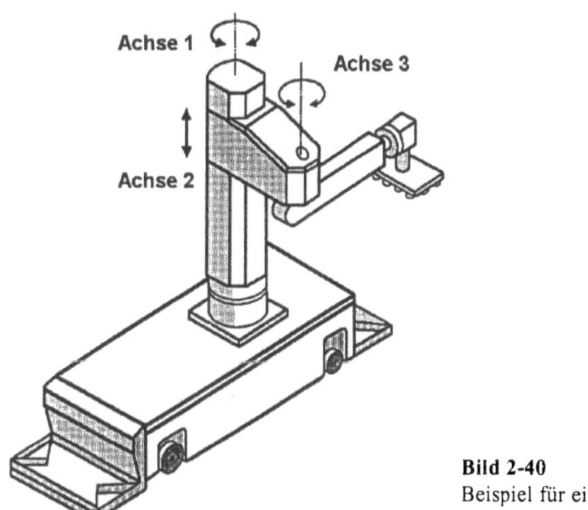

Bild 2-40
Beispiel für einen mobilen Stapelroboter

Mobile Roboter können, wie andere Systeme auch, durch ihren Umsatz an Energie, Stoff und Information beschrieben werden. Das wird in Bild 2-41 schematisch dargestellt. Handelt es sich um eine mobile Handhabungseinheit ohne Mitwirkung am Stofffluß, dann vereinfacht sich die Darstellung.

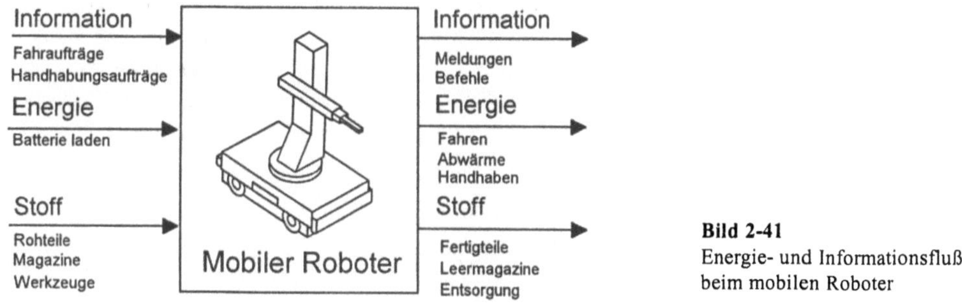

Bild 2-41
Energie- und Informationsfluß
beim mobilen Roboter

Die Energie kann am Einsatzort auch vom Netz kommen, um den Manipulatorarm betreiben zu können. Dazu ist aber je Bedienstelle eine automatische Koppeleinheit erforderlich. Bei Batterie-Technologie stellt die Energieversorgung einen beachtenswerten Kostenfaktor dar. In [11] werden Batteriestromkosten je nach Intensität der Nutzung (Aufladungen pro Jahr) von 2,80 bis 4,60 DM/kWh angegeben.

Ein Überblick über Ausführungsformen und Auslegung von fahrerlosen Transportsystemen wird in der VDI-Richtlinie 2510 (1992) gegeben, zu selbstfahrenden Werkstückträger-Transportsystemen in der VDI 3640 (1985).

Nun zu einer Mobilität ganz anderer Art. Das Bild 2-42 zeigt einen kompakten Unterwasserroboter mit farbtüchtiger TV-Kamera für Tiefen bis 100 Meter. Mit einem Joystick kann er bei einer Geschwindigkeit von 2,5 Knoten an Unterwasserbauwerke herangeführt werden. Es gibt solche Geräte auch mit angebautem Manipulatorarm, mit dem sie an Konstruktionen andocken können, um dort Tätigkeiten zu verrichten. Durch die Fernsteuerung zählen sie eigentlich zu den Teleoperatoren und sind im Sinne der Definition keine Roboter, auch wenn sie gern als solche bezeichnet werden.

Bild 2-42
„Unterwasserroboter" DELTA-100
(QI-Incorporated, Tokio)

2.4.6   Weltraumroboter

Es gibt viele Vorschläge für Telerobotic-Systeme, deren Einsatz im Weltraum erfolgen soll. Nur wenige sind bisher realisiert worden, wie z.B. der Canada-Arm am Space-Shuttle mit seinen fast 16 Meter Reichweite oder der sechsachsige Manipulator, eingebaut in einem Rack des Weltraumlabors SPACELAB im Rahmen einer Weltraummission. Mit letzterem hat man mit einem hochsensorisierten Greifer verschiedene Experimente durchgeführt (ROTEX) und neue Antriebs- und Regelkonzepte sowie Mensch-Maschine-Schnittstellen (Stereobild, 3D-Grafik, Steuerkugel) erprobt.

Das Bild 2-43 zeigt einen Weltraumroboter aus einer Konstruktionsstudie von McDonnel Douglas Aerospace Corporation. Die Ideen gehen in Richtung autonome Roboter, die frei im Weltraum agieren können. Noch ist es aber nicht so weit.

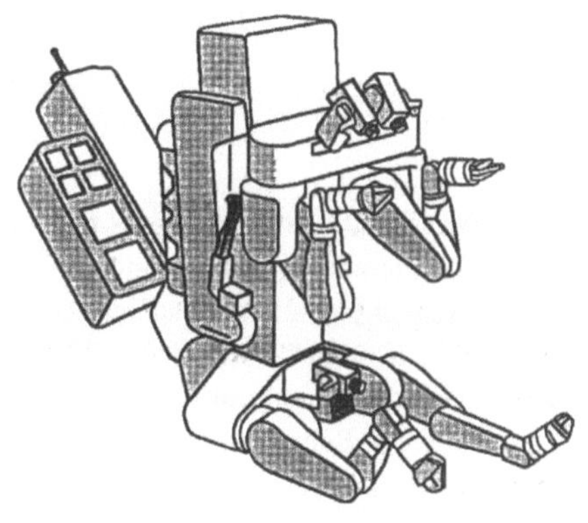

Bild 2-43
Generic Space Robot [12]

Anders ist das bei radgetriebenen Konstrukten, die zur Erkundung der Oberfläche anderer Himmelskörper eingesetzt werden. Das sind dann gewissermaßen mobile Laboratorien mit Greif-/Grabegeräten, um eine Experimentalvorrichtung vor Ort beschicken zu können. Ein Beispiel ist der halbautonome Marsroboter Sojourner (zeitweilig Anwesender). Für das Überleben solcher Teleroboter ist eine bestimmte Eigenintelligenz erforderlich. Wegen der Signallaufzeit kann nicht alles von der Erde aus ferngesteuert werden. Von der NASA stammt auch der Vorschlag eines Labor-Telerobotic-Manipulators METR (Man Equivalent Telerobot), wie in Bild 2-44 gezeigt. Er ist als Dualarm-System gedacht, wobei jeder Arm den Freiheitsgrad 7 besitzt. Die Endeffektorgeschwindigkeit beträgt 1 m/s.

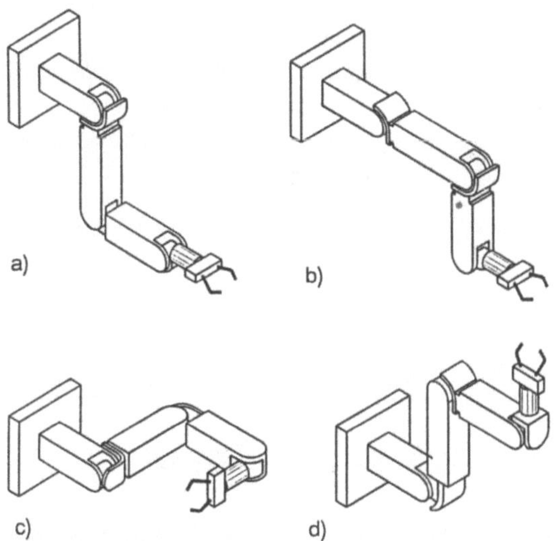

Bild 2-44
Arm des Telerobotic-Systems METR [13]

a) menschenähnliche Stellung
b) Greifen über eine Wand
c) seitliches Greifen
d) Zufassen von unten

3 Führungsgetriebe

Das Führungsgetriebe eines Roboters, oft auch als Greiferführungsgetriebe oder Führungs-maschine bezeichnet, stellt ein komplexes dynamisch und kinematisch verkoppeltes Mehrkörper-system dar. Die einzelnen Glieder werden im allgemeinen angetrieben. Das Ziel besteht darin, einen markanten Körperpunkt, den Arbeitspunkt (TCP), auf einer bestimmten Bahn innerhalb eines Arbeitsraumes zu führen. Das Führungsgetriebe ist eine Kombination von Dreh- und Schub-einheiten. Das können im speziellen auch Hub-, Fahr-, ja sogar Schreiteinheiten sein. Es kommt darauf an, ein solches System mechanisch und kinematisch zu beherrschen. Schnelle Bewegun-gen und auch die verschiedenen Armstellungen wirken sich z.B. auf die Regelgüte aus. Um kompensierend eingreifen zu können, wird zur Regelung das System modellhaft als Bewegungs-gleichung dargestellt. Man gewinnt dazu Gleichungen mit Hilfe des Newton-Eulerischen Trägheitssatzes oder mit dem Energiesatz nach Lagrange. Auf einige Probleme soll eingegan-gen werden.

3.1 Kinematik

Das Arm-Hand-System des Menschen ist technischen Armen bezüglich Beweglichkeit noch deutlich überlegen. Von den drei Grundgelenken (Schulter-, Ellenbogen-, Handgelenk) sind zwei als Kugel- oder Quasi-Kugelgelenk ausgelegt und erlauben damit die gleichzeitige Bewegung um zwei Achsen. Zusätzlich ist das Handgelenk um die Achse zum Ellenbogen in Grenzen drehbar [187]. Das hat man bisher so noch nicht nachgebaut, weil die Kraftübertragung, die Steuerung und die geforderte Genauigkeit nur schwierig erreichbar sind. Deshalb werden einfa-che Scharniergelenke bevorzugt. Je mehr Drehgelenke einer technischen Struktur zugeordnet sind, desto „menschlicher" fallen die Bewegungen aus (Bild 3-1).

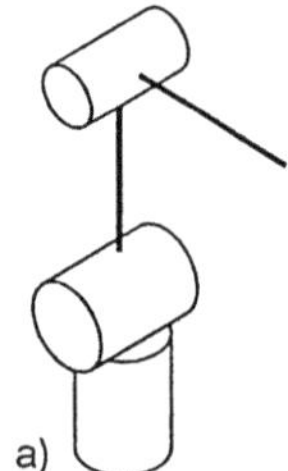
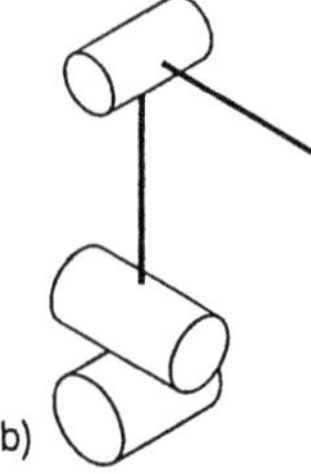

Bild 3-1
Gelenkkombinationen natürlicher „Führungsgetriebe"

a) antropoidic (menschähnlich)
b) anthropomorfic (menschlich)

Durch Gelenke zu einer Folge von Gliedern verbundene Körper ergeben eine Kinematische Kette. Wesentliches Merkmal ist ihre Beweglichkeit. Sie gibt als geometrische Kenngröße die Fähigkeit eines Industrieroboters an, in einem Raum den Endpunkt (Effektor) in eine gewünschte Position und Orientierung zu bringen. Man unterscheidet verschiedene Kinematische Ketten. Für Industrieroboter ist die offene Kinematische Kette typisch (Bild 3-2).

Eine offene verzweigte Kinematische Kette ist z.B. der Mensch mit seinen vier „Ästen" (je 2 Arme, je 2 Beine). Der Status „geschlossene Kinematische Kette" kann sich auch nur zeitweilig einstellen, z.B. im Moment des Fügens eines Bauteils mit dem Basisteil durch einen SCARA-Roboter [151, 152].

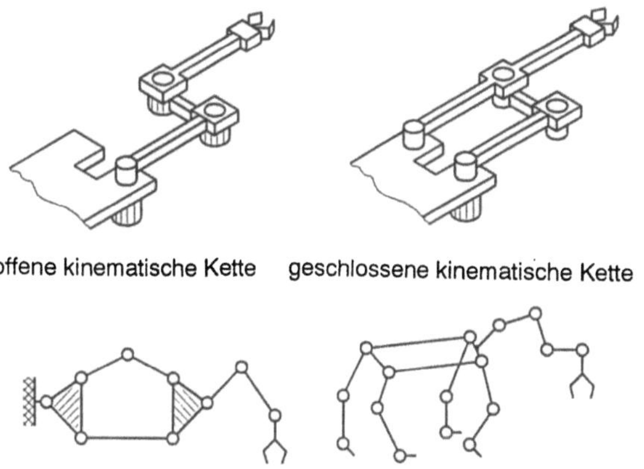

offene kinematische Kette   geschlossene kinematische Kette

teilweise geschlossene Kette   komplexe kinematische Kette

Bild 3-2
Zum Begriff der Kinematischen Kette

3.1.1   Mechanisches Modell

Um einen Effektor auf einer Wunschbahn zu führen, müssen Algorithmen aufgestellt werden, mit deren Hilfe die Steuerung dann die Bahnplanung durchführt. Dabei geht man von Roboterarmen aus, die als Starrkörpersystem betrachtet werden (Bild 3-3). Der Körper S mit der Laufvariablen 0 dient als Inertialsystem (Koordinatensystem, das sich geradlinig mit konstanter Geschwindigkeit bewegt). Der Körper mit der Laufvariablen n trägt das eigentliche Greiforgan. Greifer und Körper sind im Beispiel ein und derselbe starre Körper. Die Körper sind über Gelenke miteinander verbunden. Aus dem mechanischen Modell läßt sich eine mathematische Beschreibung gewinnen. Damit kann man dann die Bewegung des Roboterarms als eine Bewegung repräsentativer Punkte in einem n-dimensionalen Konfigurationenraum darstellen. Als Konfigurationenraum bezeichnet man die Menge aller überhaupt möglichen und zulässigen, d.h. kollisionsfreien Konfigurationen (Lage der Glieder des Führungsgetriebes zueinander) bei einem Roboter.

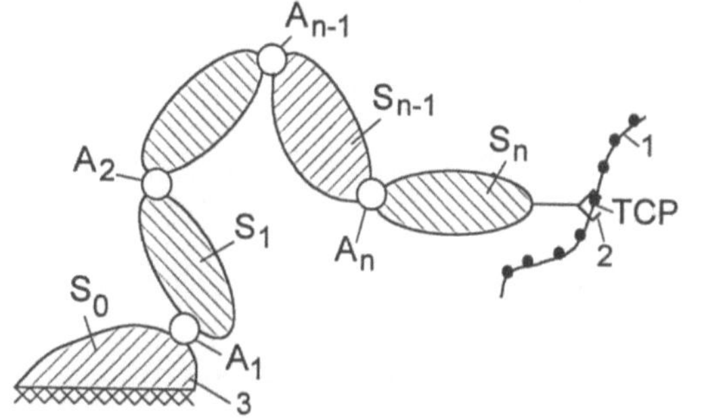

1   vorgegebene Greifertrajektorie
2   Greifer
3   Basis
A_i Gelenk
S_i starrer Körper
TCP Arbeitspunkt

Bild 3-3
Mechanisches Modell eines Roboterarmes

Ein starrer Körper kann im uns umgebenden dreidimensionalen Raum eine Lage einnehmen, die durch 3 Ortskoordinaten und seine Orientierung durch 3 Drehwinkel bestimmt ist. Als freibeweglicher Körper hat er den Freiheitsgrad 6. Durch 3 Verschiebungen und 3 Drehungen kann ein Körper in jede beliebige Lage gebracht werden. Das entspricht einer Kombination von Translation und Rotation. Sie kann auch als Schraubbewegung um eine allgemeine Achse dargestellt werden, mit Schieben parallel um diese Achse (Bild 3-4).

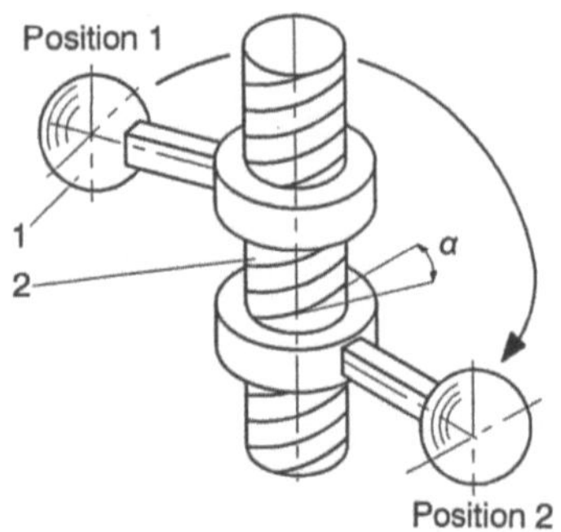

Bild 3-4
Ein Körper kann durch eine Schraubbewegung um eine
allgemeine Raumachse in eine beliebige Position gebracht
werden.

Somit unterscheidet man bei der kinematischen Ausführung von Robotern in die Grund-
bewegungen

- Translation (Schiebung) und

- Rotation (Drehung).

Ein Schraubgelenk wird durch die Gewindesteigung charakterisiert. Ist die Steigung Null, ergibt sich als Sonderfall das „Drehgelenk" und bei einer Steigung von Unendlich erhält man den
Sonderfall „Schubgelenk". Bei diesen 3 Gelenken kann die Lage eines Gliedes relativ zum anderen durch jeweils einen reelen Parameter bestimmt werden, nämlich den Rotationswinkel, die
Vorschublänge und den Schraubweg. Jedes dieser Gelenke hat den Beweglichkeitsgrad $f = 1$.

3.1.2   Dynamik des Roboters

Genaues Bewegen eines Roboters erfordert präzise Steuerung eines jeden Gelenks des Führungsgetriebes. Dazu muß man die Kräfte kennen, die am Gelenk wirken, ebenso die durch die Massen verursachten Trägheitskräfte. Die Trägheit hängt wiederum von der Armstellung ab und
diese ändert sich während der Bewegung ständig. Für ein einzelnes Armstück sind die Wirkungen noch einfach zu bestimmen. Für eine Kinematische Kette mit vielen Gelenken ist das schwierig. Man kann in dynamisches und statisches Verhalten unterscheiden.

Statisches Verhalten:

Gleichgewichtszustände für konstante Eingangsgrößen nach Abklingen der Bewegung (Anfangs-
zustand = Ruhe, d.h. noch keine Bewegung; Endzustand = Ruhe für andere konstante Eingangsgrößen, d.h. keine Bewegung mehr).

Dynamisches Verhalten:

Verhalten während der Bewegung. Die Roboterdynamik befaßt sich also mit der Analyse der
Drehmomente und Kräfte, die auf Grund der Beschleunigung und Abbremsung der Glieder auf
die Gelenke des Führungsgetriebes wirken.

Statisches und dynamisches Verhalten bilden im realen Betrieb eine Einheit und können nur
gedanklich voneinander getrennt werden.

In Bild 3-5 sieht man ein Führungsgetriebe jeweils im statischen und im dynamischen Zustand.
Eine Nutzlast wurde noch nicht eingetragen. Bei statischer Betrachtung unter Berücksichtigung
der Armschwerkräfte müssen die Drehmomente so groß sein, daß sie die Armstücke bewältigen

und trotzdem noch ein nutzbares Drehmoment für den Endeffektor (Greifer mit Werkstück) verbleibt.

Bei schnellen Bewegungen wirken zusätzlich Trägheits-, Coriolis- und Zentrifugalkräfte auf die Gelenke. Werden sie ignoriert, kommt es zu nicht behebbaren Genauigkeitsfehlern. Jedes Gelenk muß in jedem Fall auch auf die Drehmomente der anderen Gelenke der Handhabungseinrichtung reagieren [147, 148].

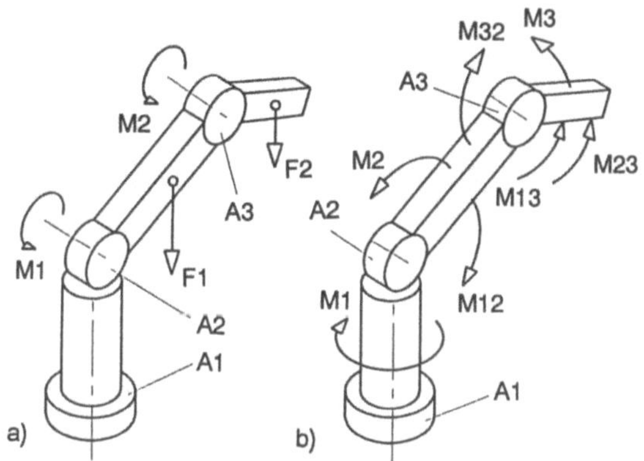

Ai Achse, M1 Drehmoment um Achse 1, M2 Drehmoment um A2, M3 Drehmoment um A3, M12 Einfluß der Zentrifugalkraft von A1 auf A2, M32 durch A2 hervorgerufene Reaktion von M3, M13 Einfluß der Zentrifugalkraft von A1 auf A3, M23 Einfluß von A2 auf A3

Bild 3-5
Kräfte Fi und Drehmomente Mi am Drehgelenkroboter

a) Armschwerkräfte und Drehmomente,
b) dynamische Kräfte und Drehmomente

3.1.3   Singularität

Die Singularität einer Kinematischen Kette bei Knickarmrobotern ist ein lokales Phänomen, das beim praktischen Einsatz von Robotern vorkommt. Es besteht darin, daß es Armstellungen gibt, bei denen eine Effektorbewegung in beliebige Raumrichtungen nicht mehr möglich ist, da sich der Freiheitsgrad der Kinematik reduziert. Das System ist in diesen Stellungen rechnerisch überbestimmt. Dadurch kann es bei der Bahnplanung im kartesischen Arbeitsraum Schwierigkeiten geben, weil die Rücktransformation von z.B. Linearbahnen in die Achswinkelebene nichtvorhersehbare hohe Beschleunigungen einzelner Achsen zur Folge haben kann. Wie das Bild 3-6 (links) zeigt, ist eine Gelenkänderung in Richtung x, um den Effektor zu verschieben, nicht mehr möglich.

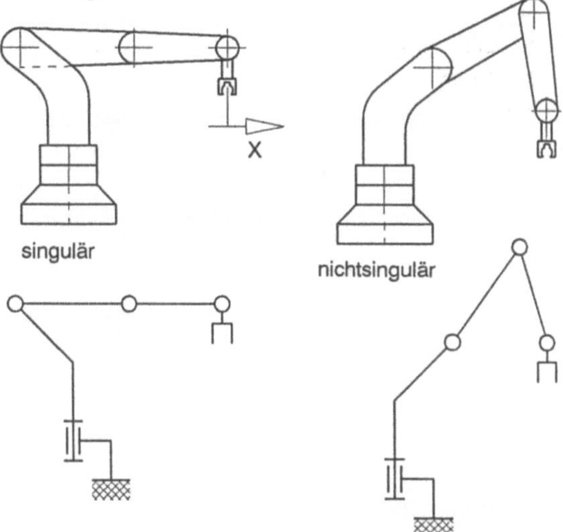

Bild 3-6
Singularität einer Armstellung (Prinzip-Beispiel)

Die Singularität kann an verschiedenen Stellen auftreten, z.B. am Handgelenk und/oder am Ellenbogen. Das Bild 3-7 zeigt singuläre Achsstellungen am Beispiel eines sechsachsigen Knickarmroboters. Die Steuerung hat zu gewährleisten, daß die verschiedenen singulären Gelenkstellungen eines Roboterarmes zügig durchfahren werden. In singulären Stellungen können sich größere Abweichungen von einer vorgegebenen Bahn einstellen und das Gesamtsystem kann auch zu Eigenschwingungen angeregt werden.

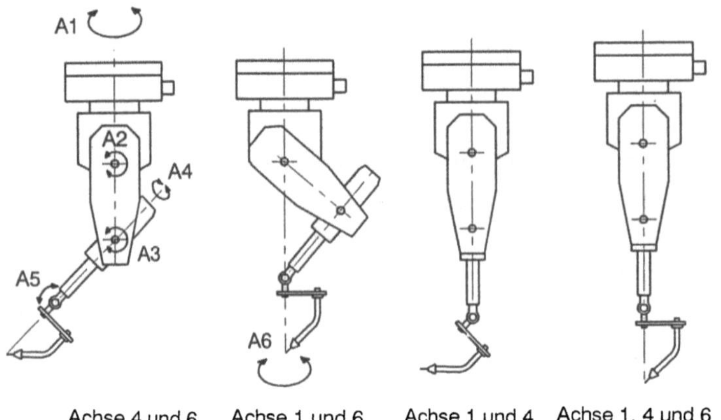

Bild 3-7   Senkrechtgelenkarm mit dem Freiheitsgrad 6 in verschiedenen singulären Achsstellungen

3.1.4   Kinematische Darstellungen

Zur fabrikatunabhängigen Darstellung, für Vergleiche und zur Vereinfachung grafischer kinematischer Schemata wurden Sinnbilder geschaffen (Bild 3-8). Dazu ist erforderlich, sich den Industrieroboter in einer Grundstellung vorzustellen, die dadurch gekennzeichnet ist, daß alle ortsfesten und ortsbeweglichen Achsen parallel bzw. symmetrisch zum Bezugskoordinatensystem ausgerichtet sind.

Das ist ein kartesisches Koordinatensystem mit den horizontalen Achsen X und Y und der vertikalen Achse Z. Ein Beispiel wird in Bild 3-9 gezeigt. Es handelt sich um einen sechsachsigen Industrieroboter, wobei 5 Achsen Drehachsen sind. Danach wäre die Struktur als *6f ZC1C2/ DPE* anzugeben. Haupt- und Nebenachsen werden durch Schrägstrich getrennt bzw. in der grafischen Darstellung durch einen Kasten als Strichpunktlinie kenntlich gemacht. In anderen Ländern werden andere Symbole benutzt, die oft ähnlich sind und ohne weiteres verstanden werden. Mit *6f* wird der Freiheitsgrad eines Handhabungsobjektes angegeben. Er zeigt an, wieviel unabhängig voneinander angetriebene und geführte Achsen zu einer eindeutigen Bewegung des Mechanismus führen.

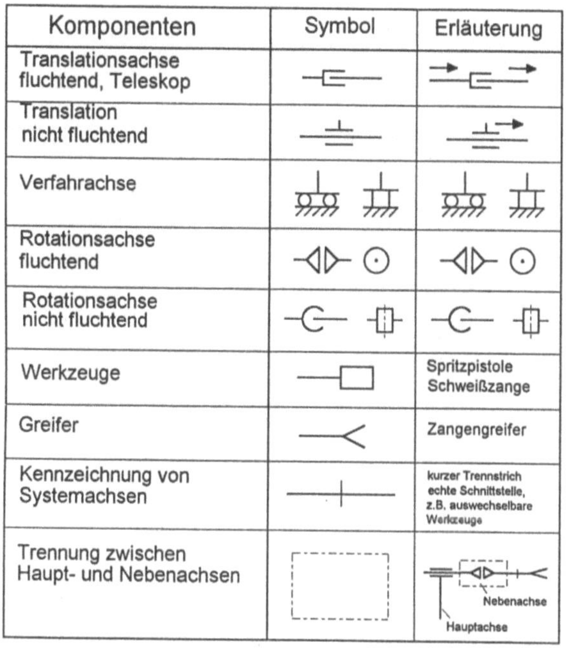

Komponenten
Symbol
Erläuterung
Translationsachse fluchtend, Teleskop
Translation nicht fluchtend
Verfahrachse
Rotationsachse fluchtend
Rotationsachse nicht fluchtend
Werkzeuge
Spritzpistole Schweißzange
Greifer
Zangengreifer
Kennzeichnung von Systemachsen
kurzer Trennstrich echte Schnittstelle, z.B. auswechselbare Werkzeuge
Trennung zwischen Haupt- und Nebenachsen
Nebenachse
Hauptachse

Bild 3-8
Symbolik zur vereinfachten Darstellung des kinematischen Aufbaus (VDI 2861)

C1
1
P
D
5
E
Z
2
C2
3
4
a)
Z
C2
6
E
D
P
C1
Z
ZC1C2/DPE
X
b)

1 Oberarm
2 Unterarm
3 Faltarm
4 Rumpf
5 Handwurzel
6 Nebenachsen

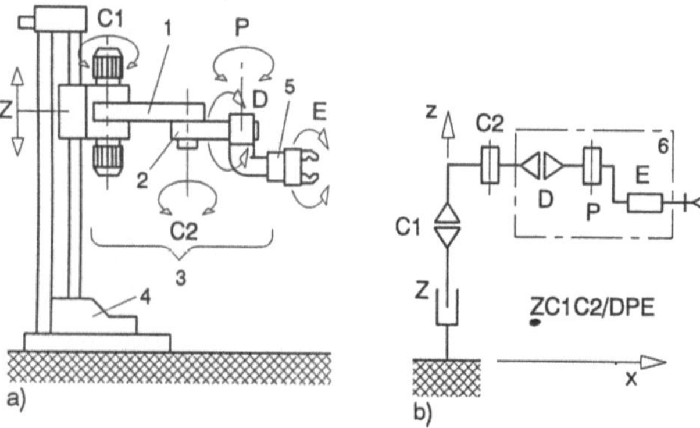

a) reale Ausführung b) Darstellung als Kinematische Kette

Bild 3-9 Industrieroboter und die dazugehörige symbolische Darstellung der Kinematik

3.1.5 Achsenbezeichnungen

Bewegungsachsen müssen mit Adreßbuchstaben bezeichnet werden. Sie dienen zusammen mit den Koordinatensystemen und den Parametern von Bewegungen zur Programmierung eines Roboters. Achsenbezeichnungen sind in der VDI-Richtlinie 2860 (Blatt 1) festgelegt. Das Bild 3-10 zeigt, daß es durchaus verschiedene Möglichkeiten gibt, die Achsen (im Beispiel die Nebenachsen) zu bezeichnen. Zählnummern für die Achsen beginnen bei der Basis. Im Beispiel ist die Verfahrachse *X* die Achse 1.

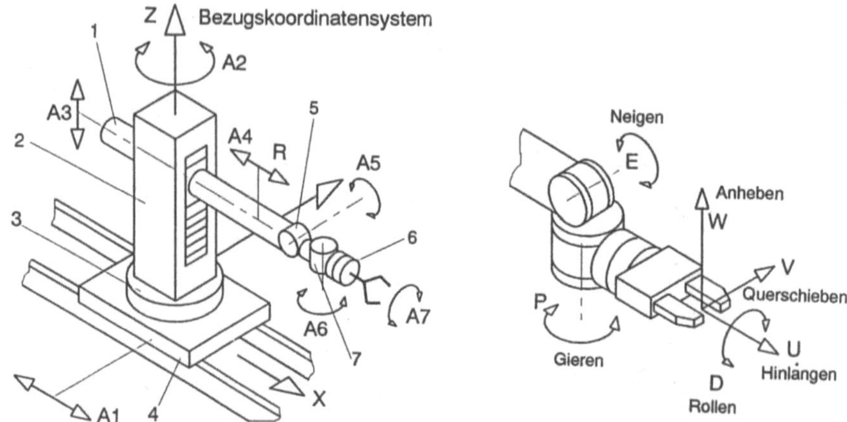

a) Bezeichnung der Nebenachsen in der Reihenfolge   b) Bezeichnung der Nebenachsen parallel zu
    Achse 5, 6 und 7 mit D, E und P X, Y und Z mit D, E und P

Bild 3-10 Achsenbezeichnungen bei einem siebenachsigen Industrieroboter

Allgemein gilt:

- X, Y, Z Hauptlinearachsen jeweils parallel zur 1., 2. oder 3. Achse des Bezugskoordinatensystems

- U, V, W Nebenlinearachsen jeweils parallel zur X-, Y- oder Z-Achse; auch verwendbar für beliebige Linearachsen;

- A, B, C Hauptdrehachsen jeweils parallel zur X-, Y- oder Z-Achse; auch verwendbar für eine andere Drehachse;

- D, E, P Nebendrehachsen, jeweils parallel zur X-, Y- oder Z-Achse; auch verwendbar für beliebige Drehachsen, jedoch vorzugsweise als 1., 2. oder 3. rotatorische Nebenachse;

- Q eine zweite schwenkbare Linearachse (Radialachse);

- R eine schwenkbare Linearachse (Radialachse);

- S, T beliebige Achsen;

- F bis N nicht für Achsenbezeichnungen verwenden; dient als Adreßbuchstabe für Steuerfunktionen,

- O nicht belegen.

Für den Drehsinn gilt nach DIN 66217 Rechtsgängigkeit als positiv. Das wird in Bild 3-11 als Merkhilfe am Beispiel einer Maschinenschraube dargestellt.

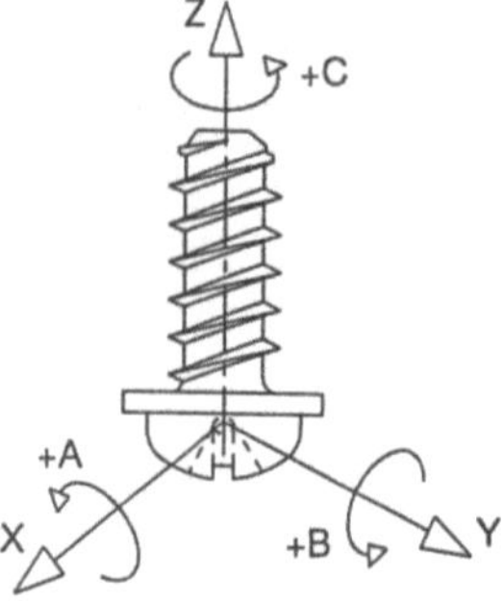

Bild 3-11
Rechtsgewindeschraube als Merkhilfe
für den Drehsinn

3.2 Freiheitsgrad

Es ist zu unterscheiden, ob es um den Freiheitsgrad f eines Körpers im Raum geht oder um den Freiheitsgrad F eines Mechanismus. Ein Körper kann maximal $f = 6$ erreichen, Beweglichkeiten (Schiebungen) in den 3 Raumachsen X, Y und Z sowie 3 Drehungen um diese Achsen. Ein Mechanismus (Führungsgetriebe) kann auch $F > 6$ erreichen. Dann ist er besonders beweglich, z.B. um Objekte zu umgreifen bzw. zu hintergreifen. Um Verwechslungen vorzubeugen, spricht man auch vom Getriebefreiheitsgrad, Laufgrad, Beweglichkeitsgrad oder einfach von der Achsenanzahl. Für den Getriebefreiheitsgrad gilt somit: F = Anzahl der unabhängig voneinander angetriebenen Achsen.

Die zur Lösung einer Aufgabe erforderliche Gesamtbeweglichkeit kann unterschiedlich der Peripherie und der Handhabungseinrichtung zugeordnet werden. Das zeigt Bild 3-12. Man wird in der Peripherie nur dann unabhängige Bewegungsachsen installieren, wenn die Beweglichkeit des Roboters nicht ausreicht, um die Aufgabe zu erledigen.

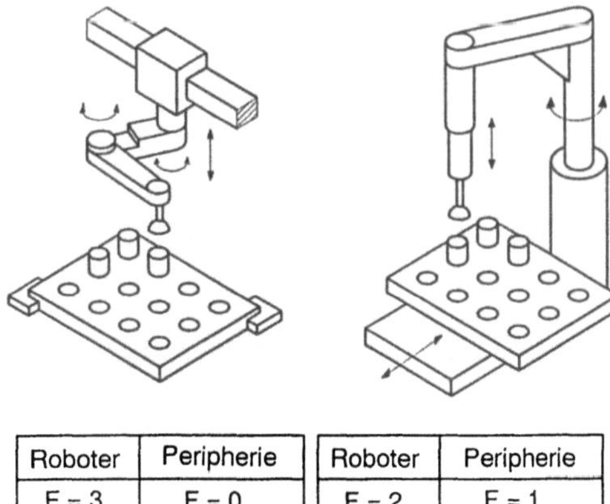

Roboter	Peripherie	Roboter	Peripherie
F = 3	F = 0	F = 2	F = 1

Bild 3-12
Der Getriebefreiheitsgrad läßt sich auf die Handhabungseinrichtung und die Peripherie unterschiedlich verteilen.

Der Getriebefreiheitsgrad einer Struktur wird durch die Anzahl der Glieder n und die Gelenkbeweglichkeiten (Gelenkfreiheitsgrad f) bzw. die Unfreiheiten u der Gelenke bestimmt. Allgemein gilt:

$$F = 6(n - 1) - \sum u$$

Für eine offene Kinematische Kette ergibt sich

$$F = \sum f.$$

Gelenke mit $f = 1$ sind z.B. Drehgelenke. Kugelgelenke kommen auf $f = 3$. Der Zustand $f = 0$ wird verlangt, wenn z.B. ein Greifer ein Werkstück erfaßt hat. Dann sind dem Werkstück alle Freiheiten genommen.

Bei Führungsgetrieben mit offener Kinematischer Kette müssen die Gelenke „aktive" Gelenke sein, also angetriebene. Bei geschlossenen Kinematischen Ketten treten auch „passive" Gelenke auf, in denen nur Stütz- und Reibungskräfte, jedoch keine Arbeit leistenden Antriebskräfte wirken.

Der Getriebefreiheitsgrad gibt allein noch keinen endgültigen Aufschluß über die Lauffähigkeit eines Getriebes und dessen Laufgüte. So liegt bei den sogenannten „übergeschlossenen" Mechanismen nur Beweglichkeit vor, wenn dessen Glieder nach bestimmten Abmessungsvorschriften ausgeführt sind. Übrigens trägt nicht jedes Gelenk f dazu bei, den Getriebefreiheitsgrad F zu erhöhen. Strukturen in der Art einer ausziehbaren Stabantenne haben zwar mehrere Lineargelenke, fahren aber alle in dieselbe Richtung aus und wirken so wie ein einziges Lineargelenk.

3.3   Koordinatensysteme

Koordinaten werden gebraucht, um Handhabungsaktionen für die Steuerung beschreiben zu können. Koordinatensysteme und Bewegungsrichtungen sind in der Norm DIN EN 29787/ISO 9787 (1992) festgelegt. Man kommt aber nicht mit einem Koordinatensystem aus, denn es muß nicht nur der Roboter beschrieben werden, sondern z.B. auch Sensorsysteme, Umgebungen und andere mitbeteiligte Einrichtungen. Bezieht man den Roboterstandpunkt mit ein und legt den Ursprung z.B. in den Fußpunkt des Roboters, so ergibt sich das Basiskoordinatensystem. Durch den unterschiedlichen kinematischen Aufbau ist es zweckmäßig, auch verschiedene Arten von Koordinatensystemen vorzusehen. Die wichtigsten zeigt Bild 3-13.

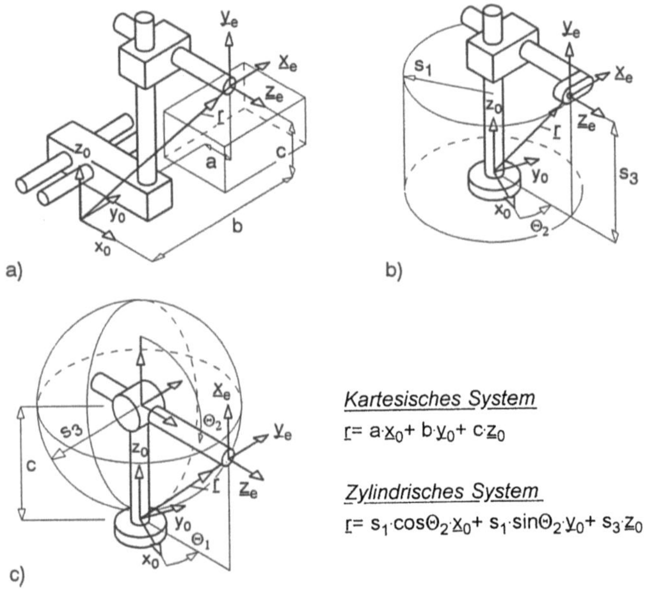

Bild 3-13 Typische Basiskoordinatensysteme für Handhabungsmaschinen
a) kartesisches Koordinatensystem, b) zylindrisches Koordinatensystem,
c) kugeliges Koordinatensystem

Der Vektor r gibt jeweils den Abstand des Greiferflansches (oder eines Werkzeugarbeitspunktes) zum Ursprung des Koordinatensystems an. Er läßt sich mit den angegebenen Gleichungen berechnen. Das Basiskoordinatensystem ist ortsfest. Die Anschaulichkeit ist für Bediener und Programmierer bei kartesischen Koordinaten besonders gut.

Am einfachsten ist die Beschreibung der Winkelstellungen eines Gelenkarmes, um den Ort des Greifers im Raum anzugeben. Wie man in Bild 3-14 sieht, wird für jede Achse ein Winkel angegeben.

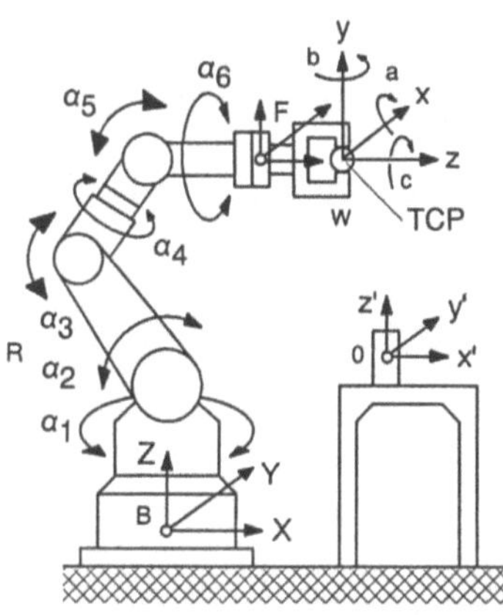

B   Basis- oder Weltkoordinaten
F   Flanschkoordinaten
O   Objektkoordinaten
R   roboterspezifische Koordinaten, Achskoordinaten
W   Werkzeugkoordinaten

Bild 3-14
Koordinatensysteme eines Roboterarbeitsplatzes

Man bezeichnet das System als Achsen- oder Gelenkkoordinatensystem. Dazu muß je Drehgelenk eine Nullstellung definiert sein, sowie die Vorzeichen „Plus" und „Minus" für den posi-
tiven und negativen Winkelbereich. Die Steuerung rechnet (transformiert) die Basiskoordinaten
übrigens immer in Gelenkkoordinaten um. Die Gelenkwinkel beschreiben somit die Armstellung
des Roboters eindeutig. Sie sind für den Bediener aber wenig anschaulich. Sie werden in dieser
Form meistens nur für Meß- und Justierarbeiten am Roboter gebraucht. Es gibt aber noch einen
Sonderfall. Beim Teach-in-Programmieren wird das Führungsgetriebe bewegt, d.h. die Gelenkkoordinaten fallen an und werden gespeichert. Damit der Bediener die Situation im vertrauten
Basiskoordinatensystem entgegennehmen kann, muß eine Umrechnung (Vorwärtstransformation)
in dieses Koordinatensystem erfolgen. Aber auch das Werkstück selbst hat eine Ausrichtung und
Position im Raum. Hat es der Greifer gepackt, dann läßt sich ein Werkzeugkoordinatensystem
formulieren. Befindet sich das Teil in einem Magazin, dann lassen sich Objektkoordinaten angeben. Eine Armstellung, bei der sich alle Achsen in einer Nullstellung befinden, wird auch als
„Home Position" bezeichnet, also eine Wartestellung (Ruheposition). Der Drehgelenkroboter
ist dann, wie es Bild 3-15 zeigt, in seinen Armteilen fluchtend ausgerichtet.

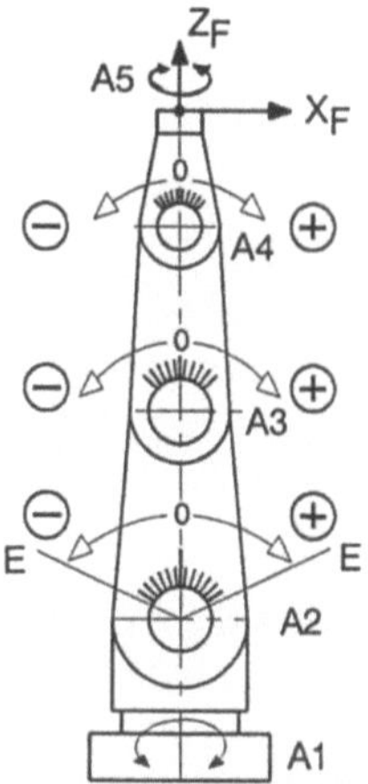

Bild 3-15
Homeposition eines Gelenkarmroboters (Beispiel)
E konstruktiv bedingte Endstellung der Achse

Es gibt auch andere Nullstellungen. Das Roboterhandgelenk endet im Anschlußflansch für die
Effektoren. Diese mechanische Schnittstelle ist in der DIN ISO 9409 genormt (Bild 3-16).

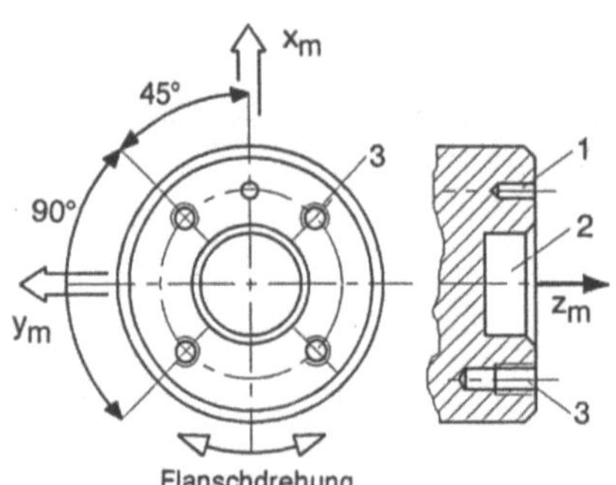

Bild 3-16
Effektoranschlußflansch

In Flanschmitte kann man sich das Flanschkoordinatensystem denken. Die Mitte der Fixierstift-bohrung ist dann am Vektor der x_m-Achse dieses Koordinatensystems auszurichten. Senkrecht zur Darstellungsebene wäre dann die z-Achse angeordnet.

3.4   Arbeitsraum

Der Arbeitsraum eines Industrieroboters ist der Raum, in dem das Arbeitsorgan eine vorge-schriebene technologische Funktion erfüllen kann. Die Größe und Form richtet sich nach struk-turellen, steuerungstechnischen und technologischen Bedingungen. Die Art des Arbeitsraumes (Form) und seine Größe (Volumen) ergibt sich aus

- Anordnung und Aufeinanderfolge von Dreh- und Schubachsen,

- Kreuzungsabständen der Achsen und dem konstruktiven Aufbau, z.B. Gliedlängen,

- konstruktiv zugelassenem Bewegungsbereich je Gelenk,

- konstruktiver Ausführung des Arbeitsorgans, z.B. eine Saugerspinne als Endeffektor und aus den

- möglichen Lagekonfigurationen im Greiferführungsgetriebe.

In Prospektangaben wird der Arbeitsraum üblicherweise bis zum Greiferanschlußflansch ange-geben. Wird der Effektor mit einbezogen, spricht man auch vom Werkzeugarbeitsraum. Zwi-schen TCP und Greiferflansch befindet sich demnach ein variabler Bewegungsraum.

Der Arbeitsraum wird zweckmäßigerweise in einer Schnittebene dargestellt (Bild 3-17), wobei als charakteristischer Punkt der Greiferanschlußflansch betrachtet wird. Im Beispiel ist ein Roboterarm mit 3 horizontalen Drehachsen dargestellt. Die maximal möglichen Bewegungs-winkel sind φ_{32}, φ_{43} und φ_{54}, wenn die Glieder mit 1 (Basis) bis 5 gezählt werden.

Man sieht, daß sich die Arbeitsräume unterscheiden, wenn der Arm völlig gestreckt ist (waage-rechte Greiferhaltung) im Vergleich zur vertikalen Greiferorientierung. Dabei können die Arm-glieder jeweils entweder nach oben oder nach unten durchgeknickt sein. Durch Veränderung der Gliedlängen läßt sich das Verhältnis von Gesamtaktionsraum zu den Arbeitsräumen bei senk-rechter Greiferhaltung sowie die Überdeckung dieser Räume beeinflussen. Hieraus ergeben sich folgende allgemeine Feststellungen:

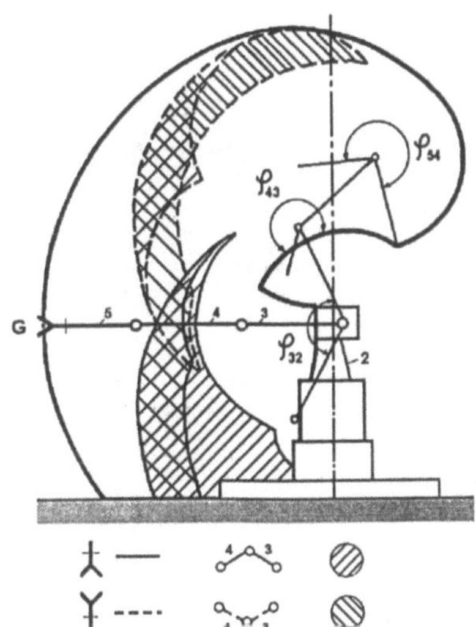

Bild 3-17
Arbeitsraum für vertikale Greiferlagen (Beispiel)

- Die Eignung des Arbeitsraumes eines Roboters läßt sich nur in Verbindung mit der vorgesehenen Arbeitsaufgabe bewerten, d.h. welche technologisch bedingten Lagen des Arbeitsorgans kommen vor.

- Von Bedeutung ist nicht nur die Größe des Arbeitsraumes, sondern auch die Lage, bezogen auf die Roboterstruktur und die Umgebung, wie z.B. den Fußboden.

- Sind mehrere Lagenkonfigurationen möglich, um einen bestimmten Raumpunkt zu erreichen, ist im Sinne einer Optimierung die jeweils günstigste Lagenkonfiguration zu bestimmen. Das ist natürlich nur möglich, wenn sich der Raumpunkt im Überdeckungsbereich zweier Arbeitsräume befindet.

- Außer dem Querschnitt des Arbeitsraumes ist noch der Drehwinkel der Grunddrehachse bzw. der Grundschiebeachse zu berücksichtigen. Erst dann wird ja auch aus der Querschnittsfläche ein Raum.

Der Arbeitsraum wird somit charakterisiert durch Form, Volumen, Reichweite, Bewegungsraum, Art und Aufeinanderfolge der Achsen sowie den Bewegungsmöglichkeiten zum gleichen Raumpunkt. Das Bild 3-18 enthält eine Übersicht über unterschiedliche Formen und Volumina von Arbeitsräumen.

Diese Strukturen werden auch als Regionalstruktur (Grundstruktur) bezeichnet. Von einer Lokalstruktur (Nebenstruktur) spricht man, wenn Handachsen vorhanden sind, die ihrerseits den Effektor in einem kleinen Bewegungsraum agieren lassen. Die Regionalstruktur umfaßt in der Regel die ersten 3 Hauptachsen. Jede Achse liefert einen eindimensionalen Bewegungsbeitrag. Es sind mindestens 3 Bewegungsachsen erforderlich, damit sich ein Arbeitsraum ergibt.

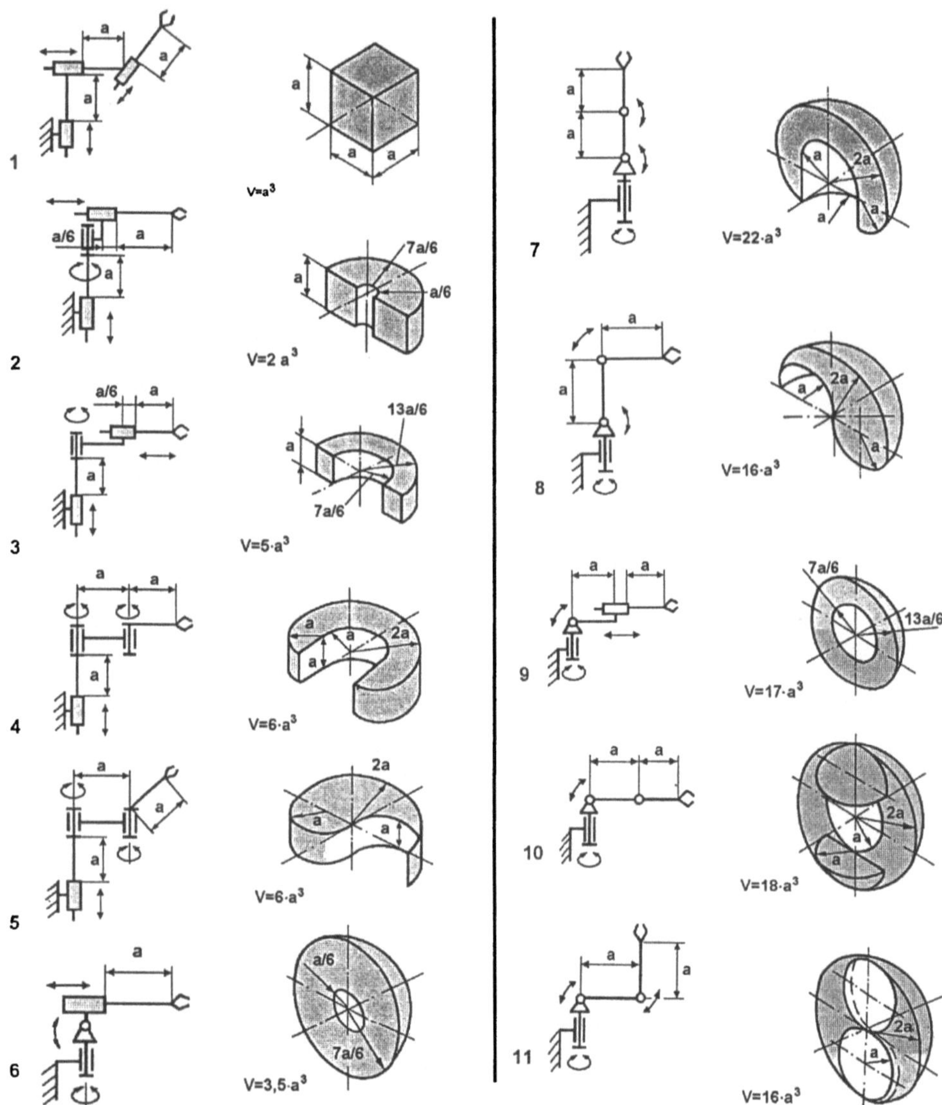

Bild 3-18 Arbeitsraumformen als Ergebnis der kinematischen Struktur

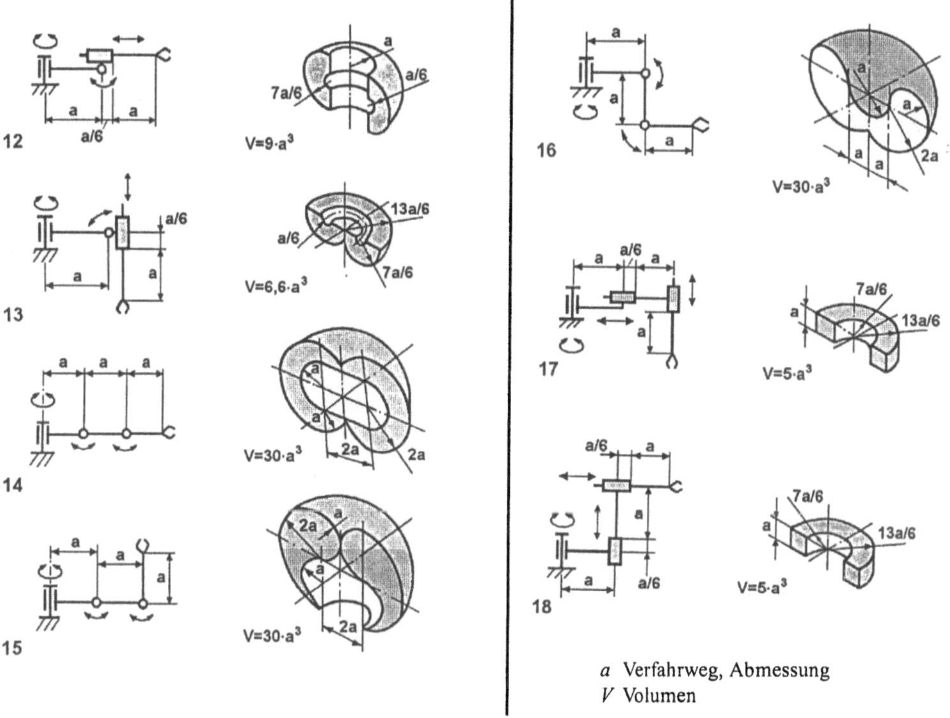

Fortsetzung Bild 3-18   Arbeitsraumformen als Ergebnis der kinematischen Struktur

In der Lokalstruktur finden sich meistens Drehachsen, weil es eine häufige Aufgabe ist, Greifer bzw. Werkzeuge in einer bestimmten Position rotieren zu können. Man sieht das in der schematischen Zeichnung Bild 3-19 recht gut. Diese Lösung wäre ideal, weil sich die Achsen A4 bis A6 in einem Punkt schneiden, der hier gleichzeitig auch der TCP ist. Diese Situation vereinfacht die Koordinatentransformation. Allerdings ist es baulich kaum möglich, eine solche leichte und übersichtliche Handgelenklösung zu realisieren, weil noch die Lager und die Antriebe anzubringen sind.

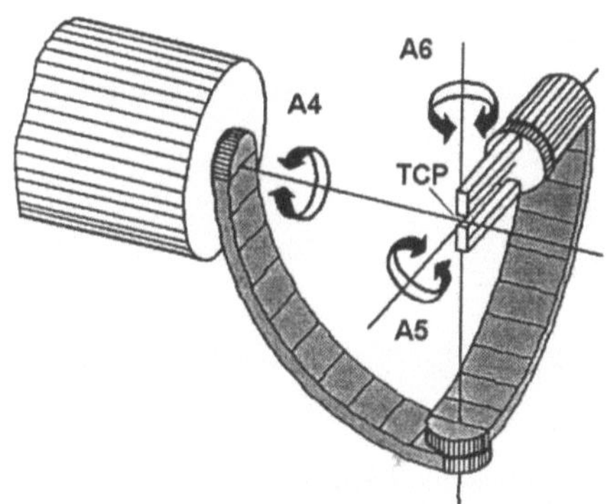

Bild 3-19
Nebenachsen dienen oft der Endeffektor-Orientierung [14]

3.5   Arbeitsgenauigkeit

Der Begriff „Genauigkeit" wird in der Technik vor allem in qualitativem Sinne verwendet. Er umschreibt die Güte, mit der bestimmte Werte physikalischer Größen realisiert, reproduziert oder gemessen werden können. Ihren quantitativen Ausdruck findet diese (positive) Eigenschaft in ihrer Negation, dem Fehler im Sinne von „Ungenauigkeit".

Für die Anwendung von Robotern ist wichtig, wie genau ein programmierter Zielpunkt tatsächlich erreicht wird. Verschiedene Fälle werden in Bild 3-20 vorgestellt.

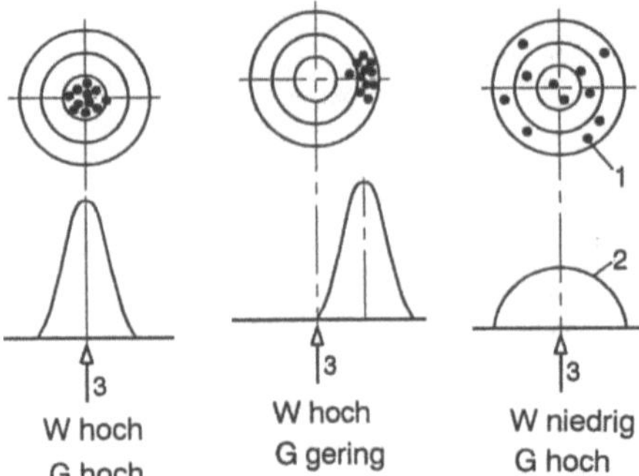

G (Positionier-)Genauigkeit
W Wiederholbarkeit (-genauigkeit)
1 Häufigkeitsverteilung
2 Istposition
3 Zielpunkt, Sollposition

Bild 3-20
Genauigkeitsverhalten bei Punktsteuerung an typischen Beispielen

Bei der Analyse der Arbeitsgenauigkeit eines Industrieroboters zeigen sich verschiedene Fehlerarten, die z.B. beim Positionieren, beim Verfolgen einer Bahn, bei der Wiederholung gleicher Vorgänge, beim Anfahren aus verschiedenen Richtungen oder beim Programmieren ergeben können. Den Anwender interessiert vor allem der Lagefehler, wobei der Begriff „Lage" für Position und Orientierung steht. Der Lagefehler setzt sich aus 6 Komponenten zusammen und zwar aus den Koordinaten des Punktes G (x, y, z) und der Orientierung der Geraden G-g mit den Winkeln φ, ψ, χ. Diese Soll-Lage wird jedoch nicht erreicht, sondern die Istlage der Geraden G'-g' (Bild 3-21). Somit läßt sich der Fehler in der Projektion auf die Ebenen x-y, z-x und z-y sichtbar machen. Er wird durch die Komponenten δx, δy, δz, $\Delta\varphi$, $\Delta\psi$, $\Delta\chi$ beschrieben. Diese Fehler werden durch strukturelle und funktionelle Störeinflüsse hervorgerufen. Solche Einflüsse können sein:

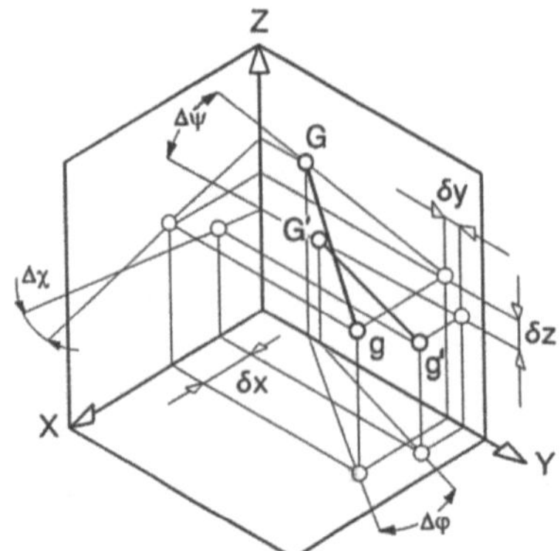

Bild 3-21
Lagefehler eines Arbeitsorgans

- Gelenkspiel im Führungsgetriebe, z.B. Lagerspiel in Drehgelenken,

- elastische Verformungen unter statischer Last, z.B. Schwer- und Prozeßkräfte,

- wechselnde elastische Verformungen bei dynamischer Belastung, z.B. Schwingungen,

- Unterschiede in der Reibung bei verschiedenen Geschwindigkeiten, z.B. Stick-Slip-Effekte,

- Spiele in Übertragungsgetrieben, z.B. Zahnspiel bei Stirnradgetrieben,

- begrenztes Auflösungsvermögen inkrementaler Wegmeßsysteme und

- Temperaturschwankungen in den Strukturelementen.

Die Lagefehler haben teils systematischen, teils zufälligen Charakter und sie wirken sich überdies in jeder Stellung des Arbeitsorgans und bei jeder Konfiguration des Führungsgetriebes verschieden aus. Beim Bahnfahren beeinflussen die genannten Störeinflüsse die Bahntreue, d.h. die realisierte Bahn ist gegenüber der programmierten Bahn verzerrt. Bei Messungen der Positions- und Orientierungsgenauigkeit auf einem Prüfstand können sich z.B. die in Bild 3-22 gezeigten Auswirkungen ergeben.

Meßgröße / Meßparameter	Positions-streubreite	Orientie-rungsstreu-breite	Positio-niergenau-igkeit	Orientie-rungsstreu-breite	Über-schwingen
Meßposition					
Nebenachsstellung					
Geschwindigkeit					
Einfahrrichtung					
Belastung					

Bild 3-22 Einflußgrößen auf das Genauigkeitsverhalten eines Industrieroboters (volles Band = hoch, leeres Band = gering)

3.6   Aufbau von Führungsgetrieben

Als Führungsgetriebe werden hier die hintereinander aufgebauten Armglieder verstanden. Sie sind an einem Ende mit dem Gestell verbunden und tragen am anderen Ende den Effektor (end of arm tooling). Die Armglieder sind über Gelenke miteinander verbunden, die rotatorisch oder translatorisch sein können. Führungsgetriebe prägen das äußere Erscheinungsbild und spiegeln gleichzeitig eine bestimmte Struktur wider. Das Bild 3-23 zeigt ein Beispiel. Die 2., 3. und 4. Achse wird durch wälzgelagerte Lineareinheiten realisiert. Der eigenwillige Aufbau ist besonders dann vorteilhaft, wenn Werkzeugmaschinen zu beschicken sind, z.B. Einstecken eines Werkstücks in die Spannpatrone einer Drehmaschine.

Eine Handdrehachse wäre als 2. Nebenachse eine vorteilhafte Ergänzung, wenn ein Umspannvorgang eines eben bearbeiteten Werkstücks ins Auge gefaßt würde. Das Führungsgetriebe ist auch gut auf den „Handhabungskanal" abgestimmt, also den vorhandenen Freiraum zum Beschicken und Entladen der Spannstelle. Normalerweise ist dieser Bereich für das manuelle Beschicken gedacht. Im weiteren sollen die Bestandteile und typische Ausführungen der Führungsgetriebe behandelt werden.

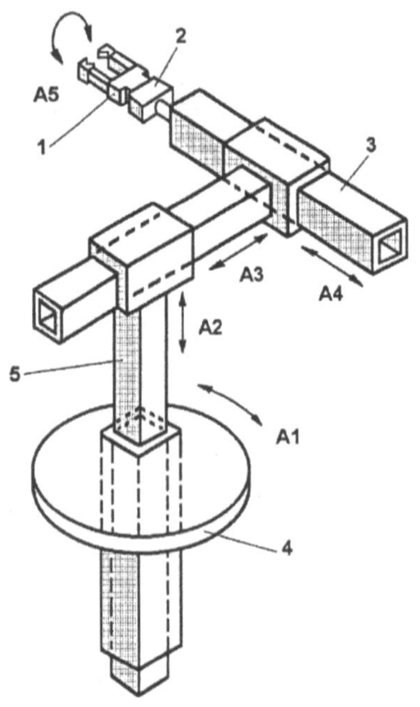

1 Greifer
2 Handdrehachse
3 Lineareinheit
4 Dreheinheit
5 Hubachse

Bild 3-23
Führungsgetriebe eines Beschickungsroboters mit
der Struktur DSSS/D

3.6.1   Gelenke

Getriebe bestehen aus Gelenken und Gliedern. Die Körper bezeichnet man als Glieder, die beweglichen Verbindungsstellen heißen Gelenke. Ein Gelenk besteht aus zwei Elementen, je eines an einem Glied. Reiht man mehrere Glieder gelenkig aneinander, so ergibt sich ein Gebilde, das man Kinematische Kette nennt. Gelenke können unterschiedlich beweglich sein, z.B. drehbeweglich, schiebebeweglich, kugelbeweglich oder schraubenbeweglich. Gelenke vom Typ Kugelgelenk haben den Freiheitsgrad 3, weil das Abtriebsglied in 3 Achsen drehbar ist. Für Roboter sind Gelenke mit Freiheitsgrad 1 typisch. In Bild 3-24 werden die hauptsächlichsten Gelenke gezeigt. Man sieht, daß hier die Achsenrichtung des Ausgangsgliedes zur Unterscheidung herangezogen wurde [15]. Bei Rotationsgelenken bildet die Drehachse einen rechten Winkel mit den Achsen der beiden angeschlossenen Glieder. Beim Torsionsgelenk verlaufen die Achsen parallel zueinander und beim Lineargelenk werden gleitende oder fortschreitende Bewegungen entlang einer Achse zugelassen. Man bezeichnet sie auch als Schub-, Translations- oder prismatische Gelenke.

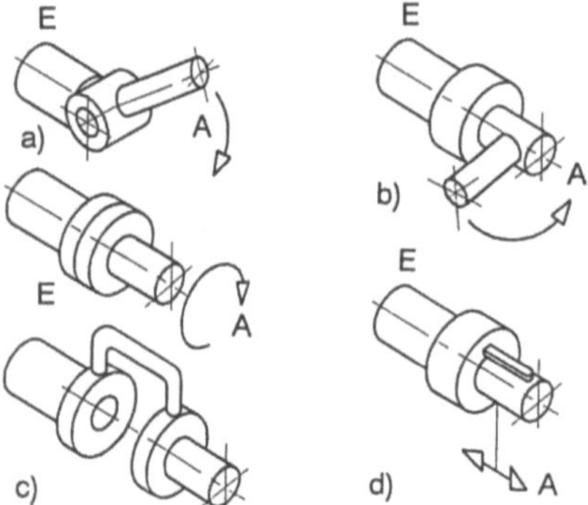

A Ausgang der Bewegung
E Eingang der Bewegung

Bild 3-24
Typische Gelenktypen an einem Roboter

a) Rotationsgelenk
b) Revolvergelenk
c) Torsionsgelenk
d) Lineargelenk,

Die dargestellten Gelenke sind alle vom Freiheitsgrad 1. Das Bild 3-25 zeigt Lösungen mit dem Freiheitsgrad 2. Sie haben aber bisher in Führungsgetrieben mit angetriebenen Armteilen kaum Verwendung gefunden.

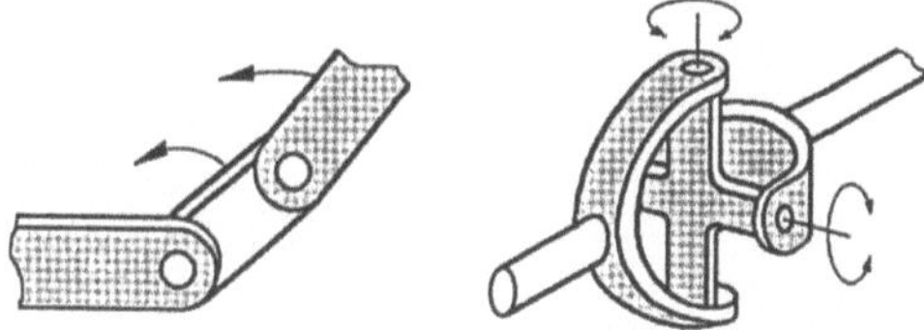

Bild 3-25
Gelenke mit Freiheitsgrad 2

Eine Ausnahme macht hier ein schwedischer Roboter mit Pendelarm (Bild 3-26). Die ersten beiden Drehachsen wurden als Kardangelenk ausgebildet. Den senkrecht hängenden Arm hat man mit dem Masseschwerpunkt in die sich kreuzenden Achsen 1 und 2 gelegt. Das bringt für den Pendelroboter dynamische Vorteile beim Bewegen, was besonders für schnelle Montageoperationen gebraucht wird. Die Zykluszeiten lassen sich weiter abkürzen, wenn ein Revolvergreifer angesetzt wird, der mehrere verschiedene Bauelemente unmittelbar nacheinander aufnehmen und dann gemeinsam zur Fügeposition transportieren kann. Ein anderer Vorteil dieser Bauform besteht darin, daß durch die Art der Gelenkanordnung und durch entsprechende Dimensionierung der Gelenke hohe Fügekräfte und Drehmomente realisiert werden können, besonders bei genau senkrechter Stellung des Lineararmes.

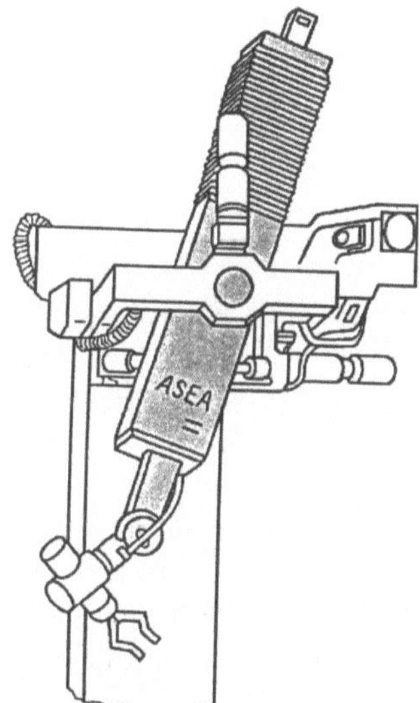

Bild 3-26
Montageroboter (ASEA, Schweden). Der
Lineararm läßt sich in 2 Richtungen um jeweils
± 30° schwenken.

Schiffskompasse werden übrigens auch kardanisch aufgehängt und die Bezeichnung geht auf G. Cardano (1501-1576) zurück, einen italienischen Arzt und Mathematiker.

Alle Gelenke sind mit einem Problem verbunden. Sie funktionieren nur, wenn ein Funktionsspiel zwischen den Gelenkelementen vorhanden ist. Jedes Spiel führt aber zu mehr oder weniger großen Genauigkeitsfehlern am Ende der Kinematischen Kette. Zu diesen Fehlern tragen die Gelenke unterschiedlich bei. Außerdem spielt auch die Armstellung eine Rolle. Bei Berechnungen werden die Gelenkspiele über Verlagerungsvektoren mit berücksichtigt.

Abschließend wird in Bild 3-27 eine Auswahl von Gelenken in Verbindung mit ihren Namen gezeigt [16].

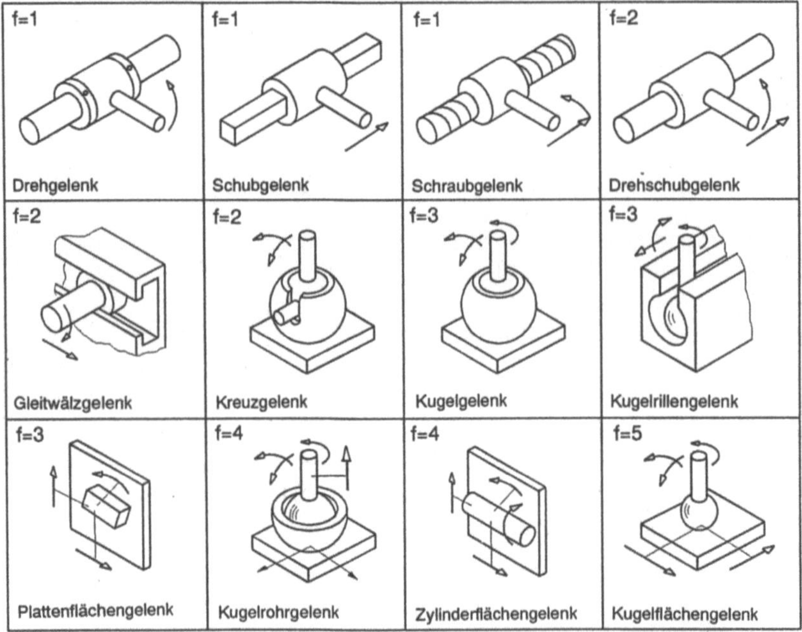

Bild 3-27 Gelenkausführungen mit ihren Bezeichnungen und Angabe der Beweglichkeit f

3.6.2 Gestell

Das Gestell einer Maschine ist das mechanische Grundelement, welches das Führungsgetriebe aufnimmt, aber auch alle Kräfte und Momente in das Bauwerk, z.B. in den Fußboden, ableitet. Es erfüllt also tragende und stützende Funktionen. Gestelle sind ruhende Basisbaugruppen, die in der Konstruktion den Erfordernissen eines sicheren Betriebs angepaßt werden. Typische Gestellbauformen werden in Bild 3-28 gezeigt. Es gibt feste und mobile Ständer, Linien- und Kreuzportale, aber auch Anbauroboter (Konsolgeräte), bei denen das Gestell gewissermaßen zu einer Grundplatte geschrumpft ist. Es wird in diesem Fall das Gestell einer Werkzeugmaschine mit genutzt. Anbauroboter und Arbeitsmaschine bilden dann eine Einheit. Ortsveränderliche Ständer bewegen sich auf einem Führungssystem, welches hochgelegt, flurgebunden oder beide Möglichkeiten nutzend gestaltet sein kann. Die letztgenannte Variante (Bild 3-28/4) hat sich z.B. für Kommissionierroboter bewährt. Der Roboter läuft in engen Regalgassen und holt sich rechts oder links Produkte aus den Regalfächern. Gestelle sollten eine große statische und dynamische Steife aufweisen, damit die elastischen Verformungen und das Schwingungsverhalten die Funktion des Führungsgetriebes nicht nachteilig beeinflussen. Für Handhabungseinrichtungen, die aus Baukastenelementen zusammengestellt werden, sind meistens auch die Gestelle aus dem Baukasten kombinierbar. Dazu werden in Bild 3-29 einige Beispiele gezeigt.

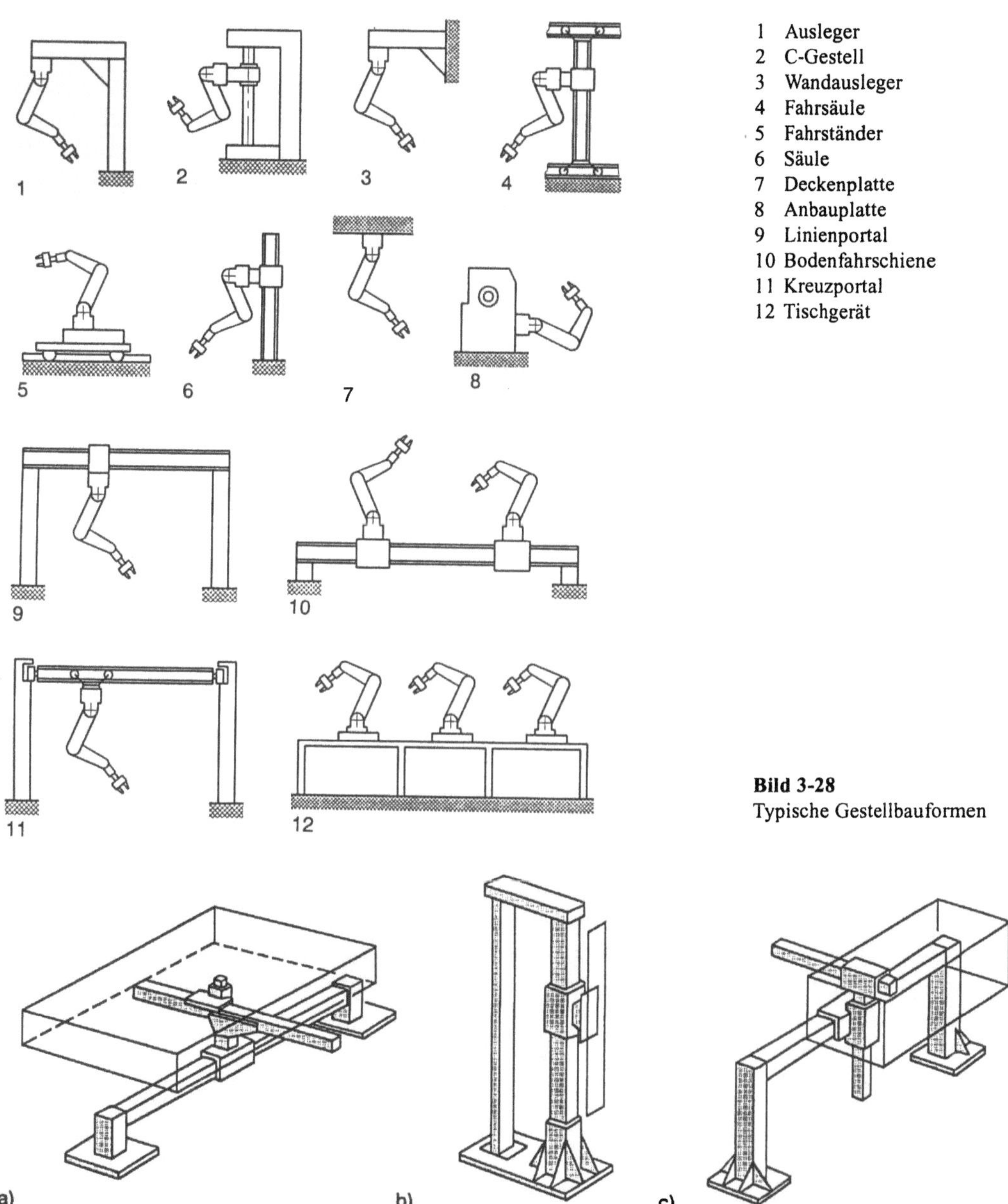

Bild 3-28
Typische Gestellbauformen

Bild 3-29 Gestellbauformen bei Baukastenrobotern (MECANA)
a) bodennaher Portalbalken, b) C-Gestell, c) Linienportal

3.6.3   Lineararme

Lineararme bzw. Lineareinheiten haben gleichhohe Bedeutung für die Gestaltung von Industrierobotern und anderen Automatisierungslösungen [188]. Ihre universelle Verwendbarkeit hängt damit zusammen, daß sie eine Elementarfunktion ausführen. Eine Lineareinheit besteht aus der Führung, dem Schlitten, einem Antrieb, dem Meßsystem und der Steuerung. Alles soll optimal aufeinander abgestimmt sein. der Anwender erwartet für solche Moduln 100 Millionen Bewegungszyklen als Lebensdauer. Ganze Linearachsen hat man inzwischen mit FEM modelliert und dann optimiert. Für Handhabungssysteme reichen meistens Wiederholgenauigkeiten im Bereich von 1 bis 0,1 Millimeter, bei Hublängen zwischen 100 und 1000 Millimeter. In der Montageautomatisierung können die Forderungen auch noch deutlich darunter liegen. Preisliche Unterschiede resultieren aus der Art der Positionierung (freie Positionierbarkeit oder Anfahren weniger Festpositionen) und aus der Qualität des verwendeten Führungssystems (Bild 3-30). Als „Leistung" ist hier eine Zusammenfassung von Tragfähigkeit, Steifigkeit und Führungsgenauigkeit gemeint.

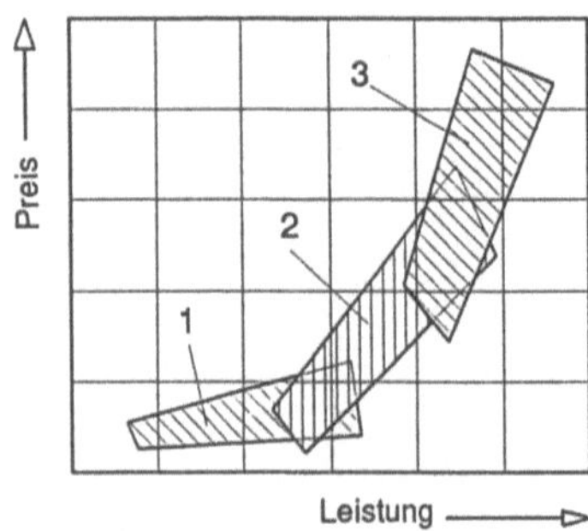

1   Linearkugellager
2   Profilschienenführung
3   Präzisionsführung

Bild 3-30
Tendenz des Preis-Leistungsverhältnis bei Linearführungen

Die technischen Anforderungen an Linearbewegungen unterscheiden sich deutlich in den Verwendungsbereichen Handhabungsachse, Werkzeugmaschine und Hochgenauigkeitsanlage. Beim Handhaben stehen Geschwindigkeit, Beschleunigung und Verfahrweg im Vordergrund. Durch die sehr unterschiedlichen An- und Einbauten in Handhabungssysteme muß auf die zulässigen achsenbezogenen Kraft- und Momentenbelastungen geachtet werden, wie sie in Bild 3-31 angegeben sind.

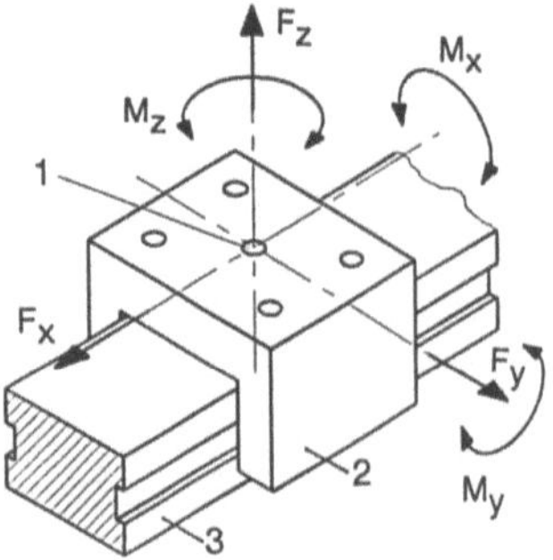

1   Koordinatenursprung
2   Führungswagen
3   Profilschiene

Bild 3-31
Drehmoment- (M) und Kräftebeanspruchung (F)
von Lineareinheiten

Ein vereinfachter Überblick über Lineareinheiten wird in Bild 3-32 gegeben. Nicht mit dargestellt ist eine Unterscheidung in mitfahrende Achsantriebe und traversierende Antriebe (ortsfester Antrieb). Bei Handlingmoduln wie bei Industrierobotern wird die Steifigkeit als Voraussetzung für eine präzise Funktion angesehen. Schon kleine Verformungen einzelner Glieder können dazu führen, daß die erwarteten Greiferpositionen nicht erreicht werden. Dem Prinzip der
Steifigkeit liegt der Gedanke zugrunde, Belastungen zu widerstehen. Die Steifigkeit einer Linear-
führung hängt von der Gestaltung des Tragkörpers, der Tragschiene, den Wälzkörpern (Art,
Anzahl, Kontaktierung) und der Vorspannung des Systems ab.

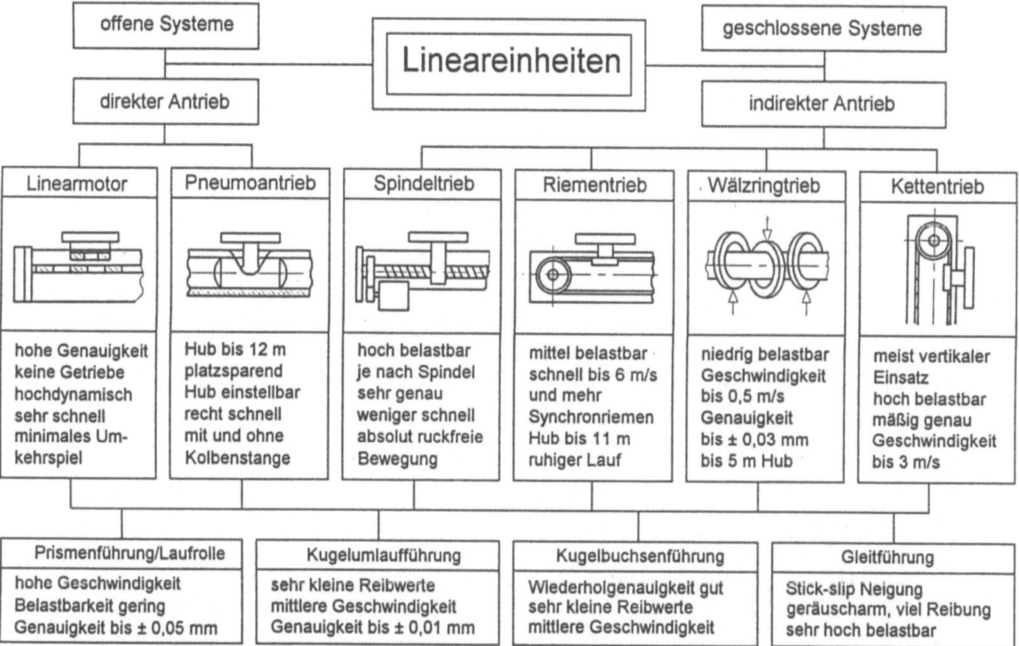

Bild 3-32 Grobgliederung der Linearachsen

Bei offenen Systemen liegen Führungen und Antriebe frei, bei den geschlossenen ist alles im
Trägergehäuse integriert und durch geeignete Vorrichtungen (Faltenbalg, Abdeckband) mehr
oder weniger gut gegen das Eindringen und Austreten von Partikeln geschützt.

Es gibt etliche Untersuchungen und Meinungen, ob kugelgelagerte oder rollengelagerte
Wälzführungen vorteilhafter sind. Kugelführungen eignen sich für geringe bis mittlere Belastungen bei nur mäßigen Anforderungen an die Systemsteife. Sie haben wenig Reibung und
bringen es deshalb auf hohe Geschwindigkeiten. Das ist durchaus im Handlingsbereich zutreffend. Rollenführungen ergeben hohe Präzision, Steifigkeit und Tragfähigkeit.

Für Lineararme werden sowohl Rund- als auch Flachführungen eingesetzt. In Bild 3-33 werden
einige typische Anordnungen von Führungen gezeigt. Bei Einsäulen-Rundführungen macht sich
meistens eine Verdrehsicherung erforderlich. Ineinandersteckbare Profile lassen sich auch zu
Teleskopeinheiten ausbilden. Sie haben allerdings den Nachteil, daß die Ausfahrwege und die
Querschnitte immer kleiner werden und deshalb die Steifigkeit sinkt. Rohrführungen sind masse-
sparend und werden aus nahtlosen Präzisionsstahlrohren oder hartverchromten geschliffenen

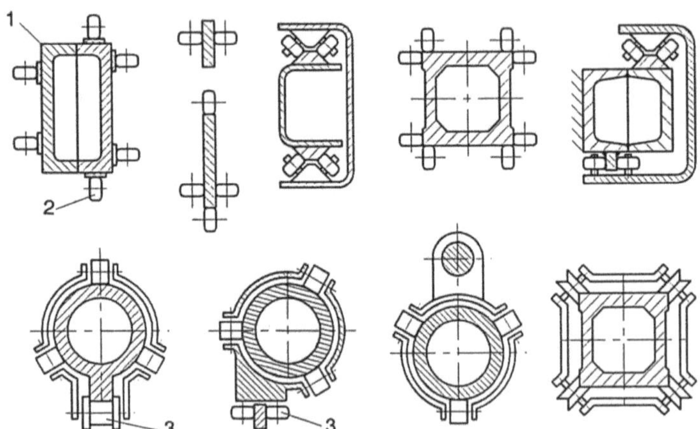

Bild 3-33
Führungen für Lineararme

Stahlrohren aufgebaut. Die gezeigten Beispiele enthalten durchweg berollte Profile. Das hat den Vorteil, daß man bei Lagerung der Rollen auf Exzenterbolzen eine einfache Möglichkeit zur Spieleinstellung hat.

Unter Belastung entstehen Deformationen, die zur Verlagerung des Greifpunktes führen, insbesondere infolge der Durchbiegung. Die Durchbiegung f hängt von der Last, der Abstützung bzw. Kragweite und auch vom Querschnitt des Führungsprofils ab. Das Bild 3-34 zeigt bei gleichen technischen Annahmen die Durchbiegung bei Doppelrund- sowie offenem und geschlossenem Kastenprofil. Wird die einfache Doppelrundführung $f = 1$ gesetzt, so bringt es das geschlossene Kastenprofil nur auf ein Fünftel.

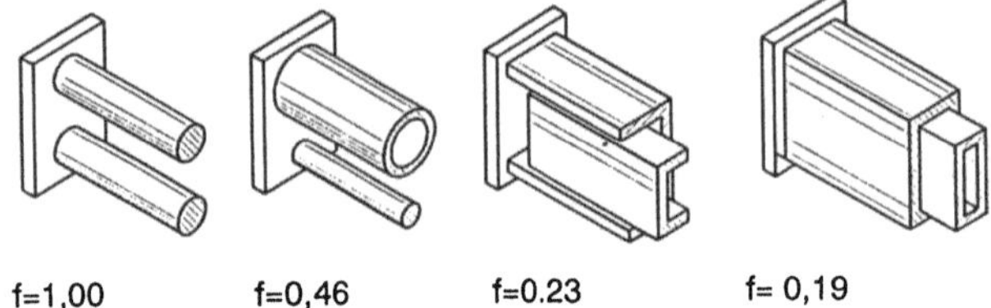

Bild 3-34
Die Durchbiegung unter Last hängt auch vom Führungsprofil ab.

Das Bild 3-35 zeigt vereinfacht, wie sich Verlagerungen des TCP am Greifer auswirken. Sie treten je nach Konfiguration in mehreren Achsen und mit unterschiedlicher Größe auf. Portalachsen verhalten sich anders als die nicht so steifen ausfahrenden Führungen.

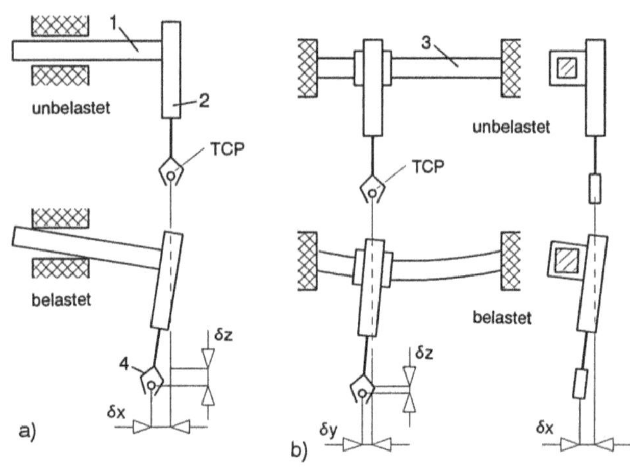

Bild 3-35
Deformationen führen zur Verlagerung des Greifpunktes TCP bei Lineareinheiten

a) einseitig ausfahrend
b) auf Portalbalken verfahrend

Für die erreichbaren Zykluszeiten muß auch das Schwingungsverhalten mit einbezogen werden. Im allgemeinen liegen freie Schwingungen vor, die bei starkem Abbremsen nach kurzer Zeit durch Lagerreibung und durch innere Reibung zur Ruhe kommen. Amplitude und Frequenz der Schwingungen sind von der Geschwindigkeit, der Last und der Auskragung abhängig.

Neben den Varianten zur Geradführung gibt es viele Lösungen für die Übertragung der Bewegung zu den Schlitten. Das Bild 3-36 zeigt zwei Ausführungen. Synchronriemen eignen sich auch gut für Portaleinheiten. Dazu enthält das Bild 3-37 zwei Lösungen im Prinzip. Zu unterscheiden ist in mitfahrende Antriebsmotoren und in stationäre Motoren.

1 Schlitten, Laufwagen
2 Trägerprofil
3 rücklaufender Riemen
4 Spindel
5 Kugelumlaufmutter

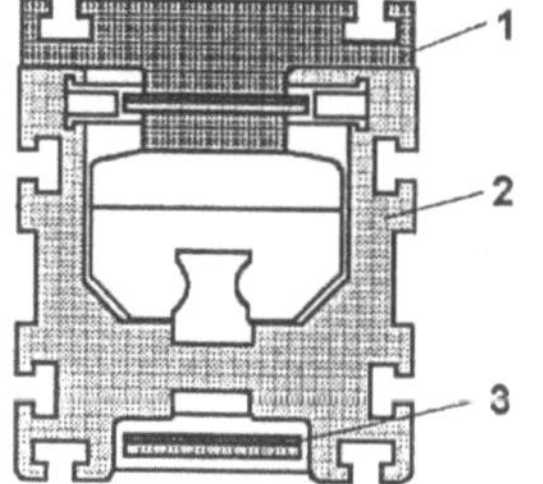
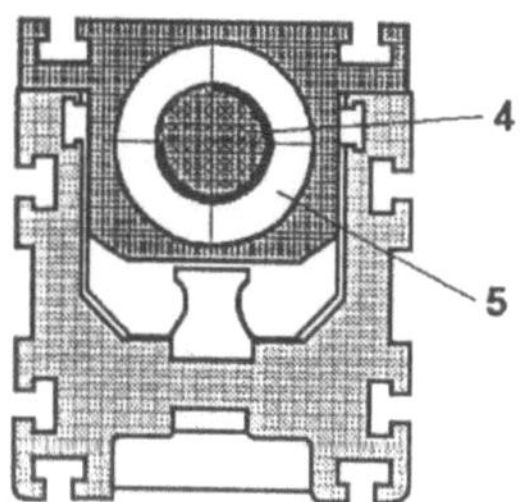

Bild 3-36
Antriebsvarianten für Lineareinheiten auf der
Basis von Leichtmetallprofilen (STAR)

a) Kugelschienenführung
   und Synchronriementrieb

b) Kugelschienenführung
   und Kugelgewindetrieb

1 Motor
2 Synchronriemen
3 Rollenwagen, Schlitten
4 Rollbahnträger
5 Ständer
6 Vertikaleinheit

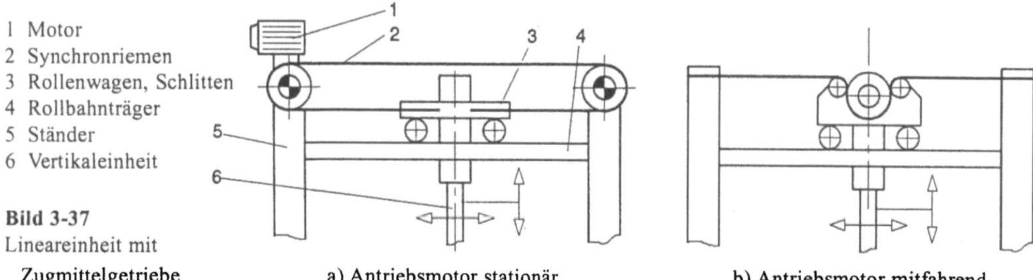

Bild 3-37
Lineareinheit mit
Zugmittelgetriebe

a) Antriebsmotor stationär

b) Antriebsmotor mitfahrend

Die stationäre Variante hat dynamische Vorteile, weil die Motormasse nicht mit bewegt werden muß. Auch die Energiezuführung wird einfacher. Zahnriemen können im Zahnprofil selbstführend sein, so daß sie nicht von selbst vom Antriebs- oder Umlenkrad ablaufen können. Außerdem zeichnen sie sich aus durch:

- Ruhigen Lauf,

- günstiges Masse-Leistungsverhältnis,

- Eignung für relativ große Verfahrwege und

- gute Präzision der Bewegungsübertragung.

3.6.4   Hubeinheiten

Hubeinheiten sind Linearmodule. Sie werden aber auch als erste Achse eines Führungsgetriebes eingesetzt. Sie haben dann bedeutend größere Kräfte aufzunehmen als Vertikaleinheiten, die sich z.B. am Ende einer Kinematischen Kette befinden. In Bild 3-38 wird ein hydraulisch ange-

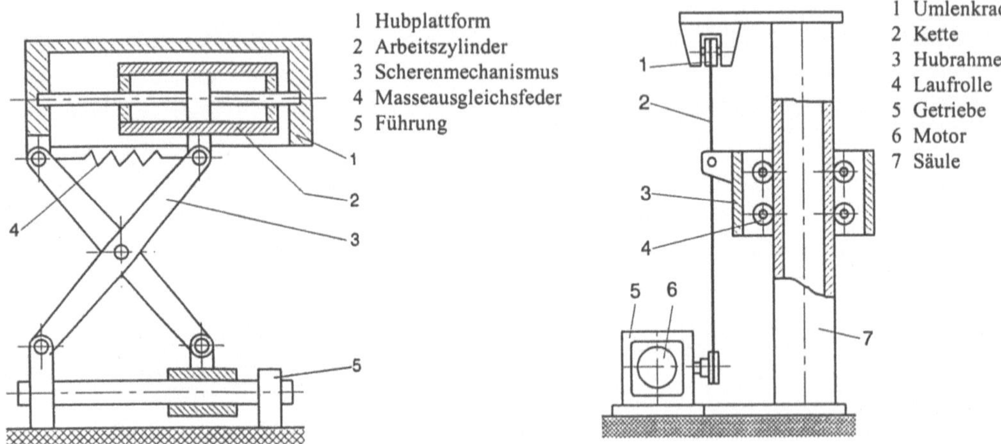

Bild 3-38 Aufbau eines Scherenhub-Moduls   **Bild 3-39** Hubeinheit mit Zugmittel zur Kraftübertragung

triebener Hubtisch gezeigt. Die Grundkonstruktion basiert auf einem Scherenmechanismus. In Ständerausführung zeigt das Bild 3-39 eine andere Lösung.

Ein Tragrahmen bewegt sich auf Laufrollen entlang einer Säule. Die Hubbewegung wird elektromotorisch mit einem Zugmittelgetriebe übertragen. An diese Stelle kann auch ein Zahnstange-Ritzel-Getriebe treten, wobei dann der Motor mitfährt. Die bis zu 4 Säulen können rund oder prismatisch sein. Ausschlaggebend ist die Belastung (Nutzmasse), die zu ertragen ist und die Steife, die trotz Leichtbau erreicht werden soll.

Grundsätzlich sind folgende Forderungen zu erfüllen:

- Große Steife in zwei ebenen Koordinatenrichtungen,

- kleine zu bewegende und zu beschleunigende Massen sowie

- hohe Führungsgenauigkeit über den gesamten Hub.

Das bedeutet, daß ein Masseausgleich notwendig ist und zur Bewegungskultur beiträgt. Das Bild 3-40 zeigt Kompensatoren auf der Basis von Federkraft. Der eigenartige Anbau der Zug- bzw. Druckfeder soll der Federkennlinie entgegenwirken. Damit ergibt sich eine stets gleichgroße Gegenkraft unabhängig von der Hublage.

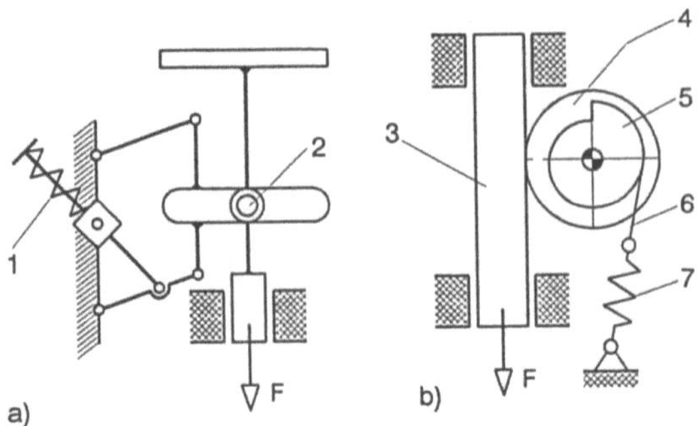

1 Druckfeder
2 Rolle
3 Hubkörper
4 Zahnrad
5 Seilkurve
6 Seil oder Band
7 Zugfeder

Bild 3-40
Masseausgleich bei Vertikaleinheiten

a) Parallelogramm-Mechanik
b) Kurvenmechanik,

Ein Federausgleich wurde auch bei den in Bild 3-41 gezeigten Hubeinheiten eingebaut. Bei der Lösung nach Bild 3-41a wurde die Feder an einer Stelle angelenkt, die einen nur geringen Weg zurücklegt. Beim Hubtisch mit Kastenführung verändert sich die Rollenhebellage im Verlaufe des Hubes und damit auch die Stützkraft der Rolle gegen das Gestell. Das sorgt für den Ausgleich der Federkennlinie.

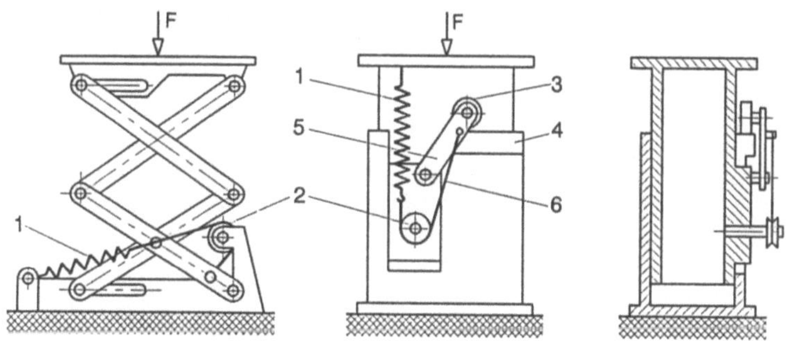

Bild 3-41 Schwerkraftkompensation an Hubeinheiten mit Federkraft [17]

Scherenhubachsen (Bild 3-42) haben den Vorteil, daß sie beim Hub nach oben keinen Freiraum benötigen, wenn sie als hängende stationäre oder mobile Konstruktion verwendet werden. Das ist bei niedrigen Arbeitsräumen ein großer Vorteil. Allerdings ist die Genauigkeit des Mechanismus durch die vielen Gelenkpunkte eingeschränkt. Deshalb werden solche Hubeinheiten vor allem für Arbeiten im Lagerbereich benutzt, insbesondere für das Stapeln und Palettieren von Kleinladungsträgern, Säcken und mittelschweren Gütern. Dafür sind als erste Achse Linien- bzw. Kreuzportale günstig. Sogar Hängekreisförderer sind verwendbar, wenn sehr große Wege im arbeitsfreien Raum über den Maschinen zurückgelegt werden sollen.

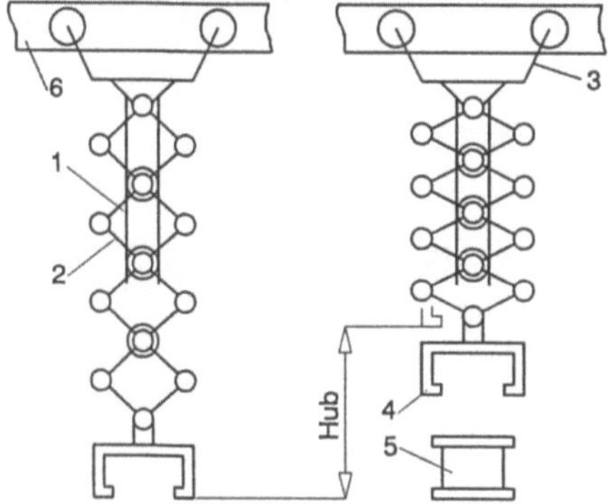

1 Geradführung
2 Scherenarm
3 Fahrwerk
4 Greifeinheit
5 Greifobjekt
6 Hängekreisförderer

Bild 3-42
Scherenarm als Hubeinheit an einem mobilen System

Der Scherenmechanismus wurde auch schon als Achse 2 bei Ständerrobotern eingesetzt. Das sieht man in Bild 3-43 als Beispiel.

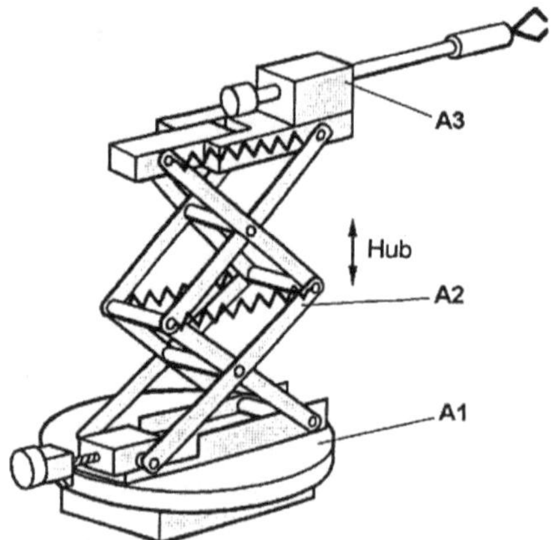

Bild 3-43
Ständerroboter (UNIVERSAL 5, Rußland) mit Scherenhubachse (z-Hub=800 mm)

Für einen Scherenarm lassen sich folgende geometrische Zusammenhänge darstellen:

Die Höhe h eines Scherenelements ergibt sich nach Bild 3-44 aus der Hebellänge l und den von den Hebeln eingeschlossenen Winkeln.

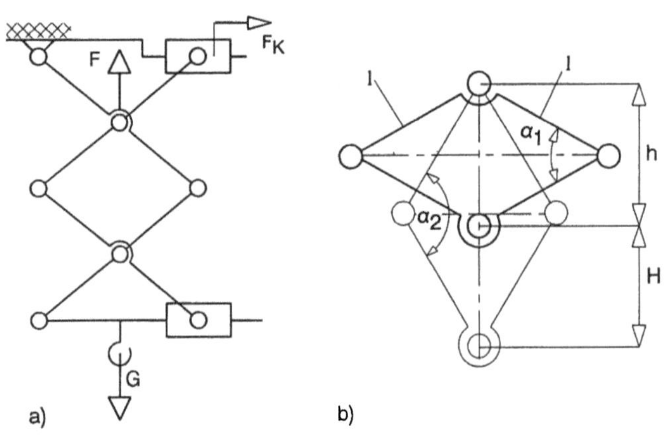

a_1 kleinster Winkel
a_2 maximaler Winkel

Bild 3-44
Berechnungen am Scherenarm

a) Armgetriebe
b) Berechnungsgrößen

Es ergibt sich

$$h^2 = 2 \cdot l^2 (1 - \cos\alpha_1)$$

und für den ausgefahrenen Zustand wird

$$(h + H)^2 = 2 \cdot l^2 (1 - \cos\alpha_2)$$

Setzt man für $\alpha_1 = 180° - \alpha_2$, dann ergibt sich für den erreichbaren Hub

$$H = \sqrt{2 \cdot l^2 (1 - \cos\alpha)} - h$$

Die Größen H und α_1 sind somit die für die Konstruktion bestimmenden Angaben zur Erzeugung der Hubbewegung. Die dazu erforderliche Antriebskraft F_A erhält man aus [17] zu

$$F_A = \frac{2 \cdot n \cdot F_G}{\tan\dfrac{\alpha}{2} \cdot \eta^n}$$

Hierbei bedeuten

n Anzahl der mittleren Scherengelenke

η Wirkungsgrad der Gelenke (0,93...0,95).

Eine technische Alternative zu einer Scherenhubachse wäre eine Achse, die sich gewissermaßen aufrollen läßt. Diese originelle Lösung wird in Bild 3-45 vorgestellt. Die Hubachse besteht aus 4 Lastbändern, die im Rechteck zueinander angeordnet sind. Am Ende tragen sie einen Rahmen, der zur Befestigung eines Lastaufnahmemittels dient, z.B. ein Greifer für Kleinladungsträger.

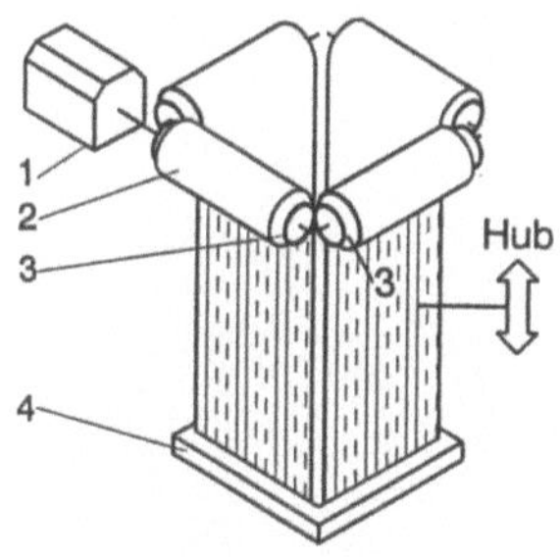

1 Antrieb
2 Hubband aufgewickelt
3 Kegelradgetriebe
4 Rahmen mit Anschlußfläche für
   Greifmittel

Bild 3-45
Hubwerk mit 4 synchron laufenden Hubbändern
(GAEmbH)

Es kann auch eine Handdrehachse angebracht sein. Alle 4 Bandrollen sind über Kegelradgetriebe miteinander gekoppelt, so daß die Bänder gleichmäßig auf- und abgewickelt werden. Die Hubachse hat folgende Vorteile:

■ Kein achsenabhängiger Bauraum nach oben erforderlich.

■ Es lassen sich große Hübe von mehreren Metern einrichten.

■ Die Hubkraft verteilt sich auf 4 Lastbänder.

■ Das System pendelt nicht, weil die Bänder quersteif und im Winkel angeordnet sind.

Diese Hubachse ist ausschließlich für Portalanwendungen geeignet, die mit der Bewegung von Gütern im Lagerbereich befaßt sind.

3.6.5   Drehgelenkarme

Der Drehgelenkarm ist ein Armglied, welches über eine Dreheinheit mit dem Gestell oder einem anderen Armglied verbunden ist, wobei die Dreheinheit einen pneumatischen, hydraulischen oder elektrischen Motor bzw. Getriebemotor enthält. Es entsteht dadurch eine Relativbewegung beider Glieder, die meistens < 360° ist. Die Drehbewegung wird durch ein Meßsystem erfaßt. Bei Drehgelenkarmen ist das Verhältnis von Arbeits- und Kollisionsraum groß. Am

Endeffektor werden hohe Arbeitsgeschwindigkeiten erreicht. Die Konstruktion eines Gelenkarmes ist immer auf die Art des Antriebs abgestimmt. Das Bild 3-46 zeigt einige Beispiele. In
allen Fällen wird die Genauigkeit der Drehbewegung durch das Spiel in den Gelenken sowie
den Antriebssträngen (Übertragungsgetriebe) geprägt. Zahnräder, Zahnstangen, Ketten, Synchronriemen und Wälzschraubgetriebe sollten deshalb von hoher Fertigungsqualität sein. Der Antrieb
über hydraulische Schubkolben, wie in Bild 3-46b gezeigt, ist relativ einfach und kraftvoll.
Aber es kann in extremen Winkellagen zu einer stark variablen Geschwindigkeitsübersetzung
kommen, die möglicherweise in manchen Anwendungsfällen stört.

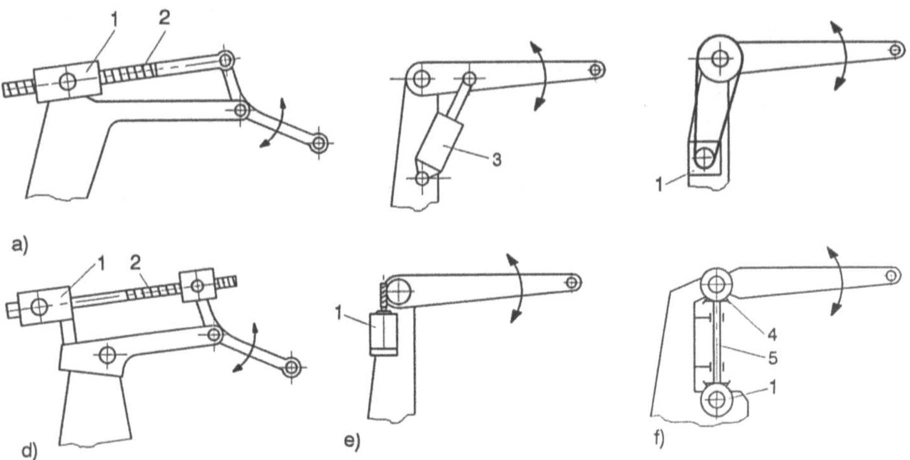

1 Motor, 2 Wälzschraubtrieb, 3 Arbeitszylinder, 4 Kegelradgetriebe, 5 Welle

Bild 3-46 Drehgelenkarme
   a) rotierende Spindelmutter, b) Arbeitszylinder als Drehantrieb, c) Übertragung der Bewegung mit
   Kette oder Synchronriemen, d) Spindeltrieb, e) Schneckengetriebe, f) Kegelradtrieb

Eine dreiachsige Armstruktur zeigt das Bild 3-47. Als Besonderheit wird hier die Fortleitung der
Antriebsbewegung n_1 bis n_3 auf die Armglieder über Zwischenräder durchgeführt. Anstelle der
Zwischenräder können auch Kegelradwellen, Ketten, Seile und Synchronriemen treten.

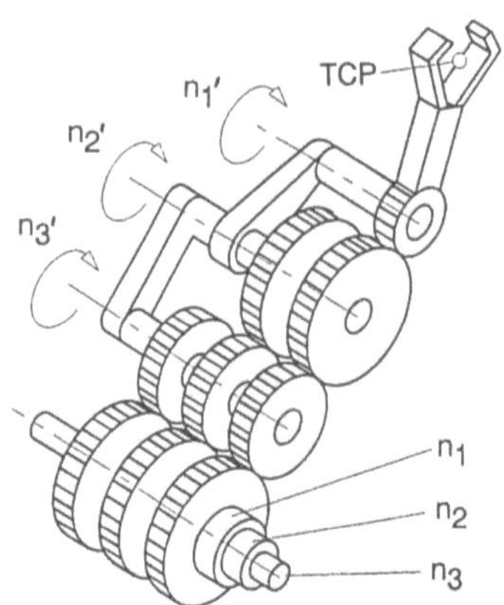

Bild 3-47
Drehgelenkstruktur mit Zwischenradübertragung

Sind viele Bewegungen über eine Welle zu übertragen, dann ist ein Satz ineinanderpassender Hohlwellen erforderlich, wie es Bild 3-48 zeigt.

1 Greifer
2 Drehachse
3 Hohlwelle
4 Kegelrad
Mi Antriebsmotor

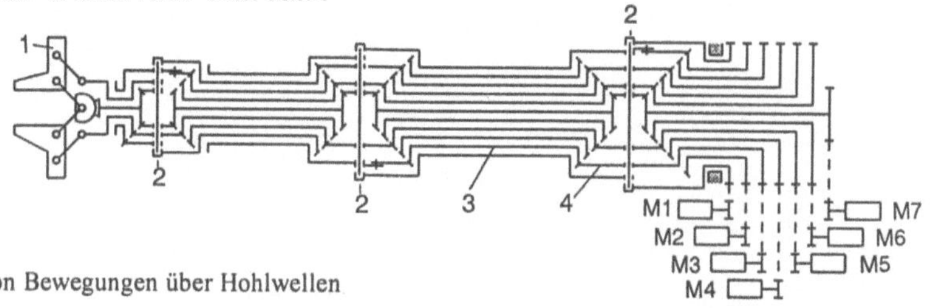

Bild 3-48 Übertragung von Bewegungen über Hohlwellen

So erzeugt der Motor M6 z.B. die Handdrehbewegung und der Motor M7 ist für das Öffnen und Schließen der Greifbacken vorgesehen. Der Arm hat somit den Freiheitsgrad 6. Die Armgehäuse tragen einen Zahnkranz, der die Bewegungen vom Kegelrad übernimmt. Antriebsdrehwinkel können sich bei solchen Konstruktionen gegenseitig beeinflussen. Dann sind für die eine oder andere Achse gleichzeitig Gegendrehungen auszulösen, damit sich die gewünschte Winkelstellung ergibt.

Eine besondere Art von Drehgelenkarmen sind solche mit einem Rüssel-Endstück. Das Bild 3-49 zeigt einen Farbspritzroboter mit $F = 6$. Das Armstück, welches unmittelbar die Spritzpistole trägt, kann in zwei Richtungen geschwenkt werden. Die Zwischenglieder passen sich von selbst den Zwischenstellungen an. Zugseile sorgen für die Ablenkung des Endflansches entsprechend des aufgenommenen Programms [18].

1 Kugelkalotte
2 Seil
3 Seillängenjustierung
4 Anschlußflansch
5 Roboteranschluß-flansch
6 Seilhalterung
7 Spritzdüse
8 Rüsselarmstück

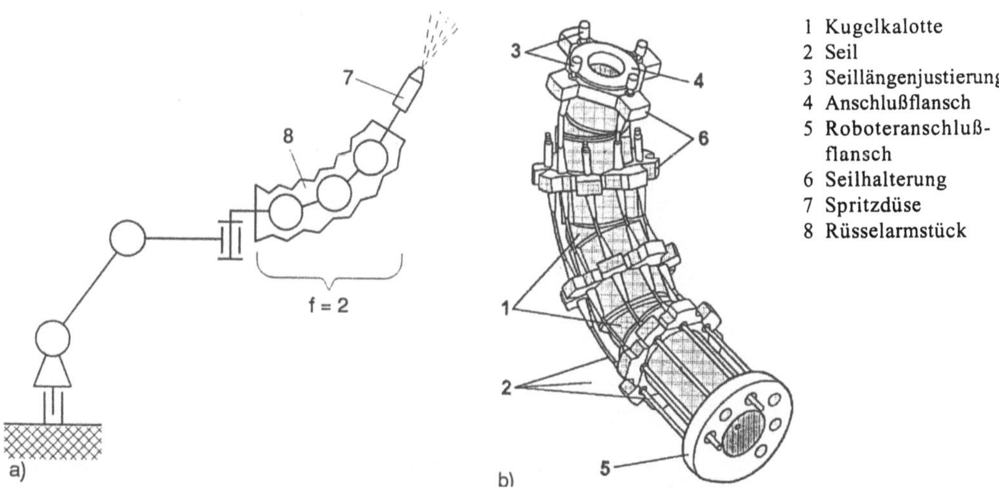

Bild 3-49 Drehgelenkarm eines Farbspritzroboters
a) kinematischer Aufbau, b) Armende mit Zugseilantrieb (ACMA CRIBIER/Renault)

Ebenfalls ungewöhnlich ist der Drehgelenkarm nach Bild 3-50. Als Antrieb dienen hier Gummiwirkglieder, die mit Druckluft arbeiten. Es sind mit nichtdehnbaren Fasern ummantelte Gummikörper, die sich unter Druck aufwölben und dabei kürzer werden. Durch Drucksteuerung lassen sich weiche, geschmeidige Armbewegungen erzeugen.

Bis hierher wurden nur indirekt wirkende Gelenkantriebe vorgestellt, also solche, die ein Übertragungsgetriebe erforderlich machen. Es gibt aber auch Gelenkarme mit Direktantrieb.

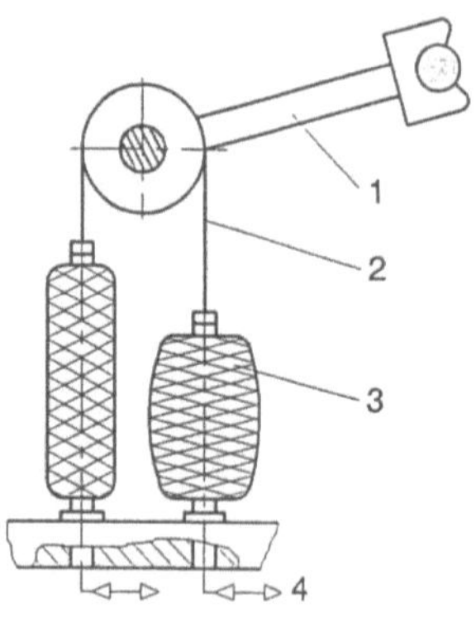

1 Arm mit Greifer
2 Zugmittel zur Kraftübertragung
3 Gummiwirkglied
4 gesteuerte Druckluft

Bild 3-50
Myone als Antrieb einer Handlingseinheit (HITACHI/
BRIDGESTONE)

Hier sitzt der Krafterzeuger, z.B. ein elektrischer Drehmomentmotor, unmittelbar an der Drehachse. Solche Antriebe werden im Abschnitt 4.1.4 behandelt.

Roboter mit Drehgelenkarm können Fügeoperationen mit hohem Kraft- bzw. Drehmomentenbedarf nur unter bestimmten Voraussetzungen ausführen, wenn überhaupt. Einen großen Einfluß haben dabei die Positionen des Fügeortes innerhalb des Arbeitsraumes und die Stellung der Gelenke. Untersuchungen an einem sechsachsigen Gelenkarmroboter haben z.B. ergeben, daß bei vertikaler Fügerichtung (Bild 3-51a) von oben, je nach Position des Fügeortes im Arbeitsraum, die vom Hersteller zugelassene Kraft beim Längspressen um das 6- bis 12-fache überschritten werden kann. Bei einer Gelenkstellung nach Bild 3-51b, d.h. im Beispiel bei raumschräger Krafteinleitung, sind Werte bis zum 23-fachen der Nenntragfähigkeit erreichbar [19].

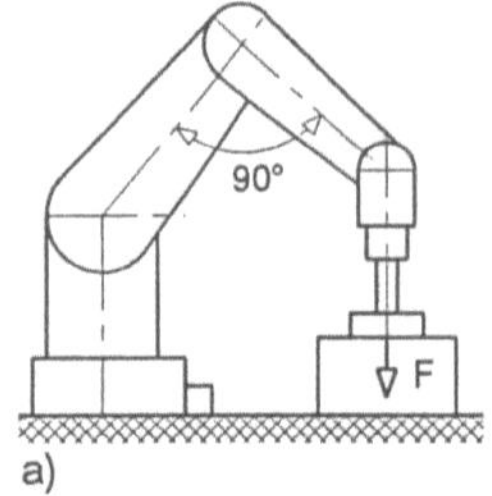

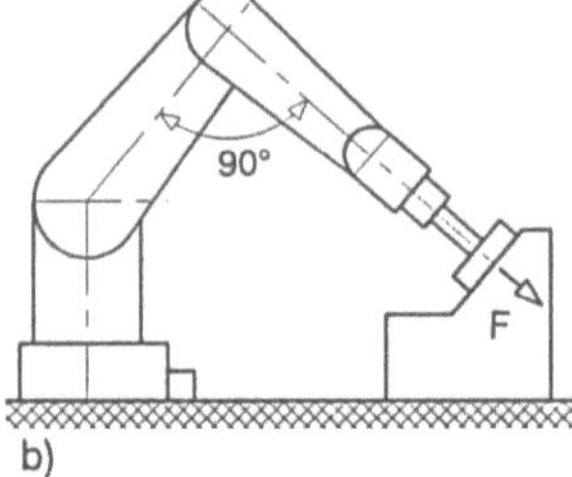

Bild 3-51
Gelenkstellung und Preßkraft

a) geringe Preßkraft,
b) etwas größere Preßkraft möglich

3.6.6 Basisdreheinheiten

Als Turmdreh- oder Basisdreheinheit bezeichnet man Rotationseinheiten, die als 1. Achse eines Industrieroboters benutzt werden, wobei die Drehachse senkrecht verläuft. Die Belastung dieser Einheiten, die im Prinzip ein Drehtisch sind, ist bedeutend größer als die sonstiger Drehgelenke an einem Führungsgetriebe.

Ein einfacher Aufbau mit Stirnradgetrieben wird in Bild 3-52 vorgestellt. Die erforderliche Drehzahlreduzierung wird über mehrere Getriebestufen erreicht. Das ist mit Wellgetrieben (Harmonic Drive) aber eleganter erreichbar.

Dazu zeigt Bild 3-53 einige Varianten, die sich aber nur im Eintrieb der Motorbewegung unterscheiden. Für die Lagerung der Drehscheibe verwendet man gern Dünnringlager. Das sind speziell konstruierte Wälzlager (Rillen-, Vierpunkt-, Schräg-, Kreuzrollenlager) mit gegenüber nor-

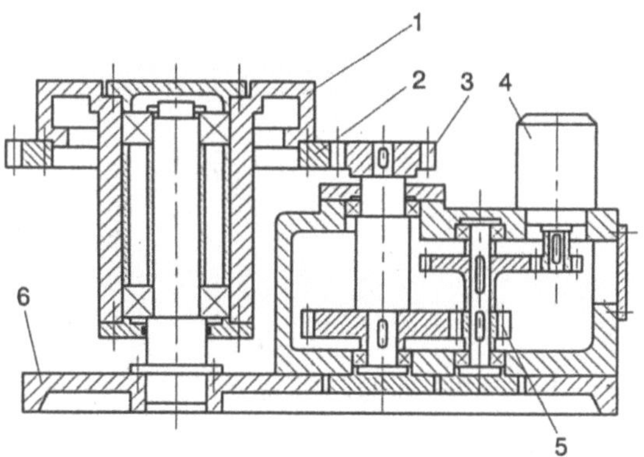

1 Drehtisch
2 Zahnkranz
3 Ritzel
4 Elektromotor
5 Stirnrad-Getriebestufe
6 Gestell

Bild 3-52
Basisdreheinheit

malen Lagern geringerer Masse und kleinem Querschnitt. Die Bohrungsdurchmesser können bis 1000 mm betragen, bei Breiten bis 25 mm. Bedingt durch die große Anzahl von Linienberührungen zeichnen sich die Kreuzrollenlager durch außergewöhnlich hohe Belastbarkeit bei kleinsten Querschnitten aus.

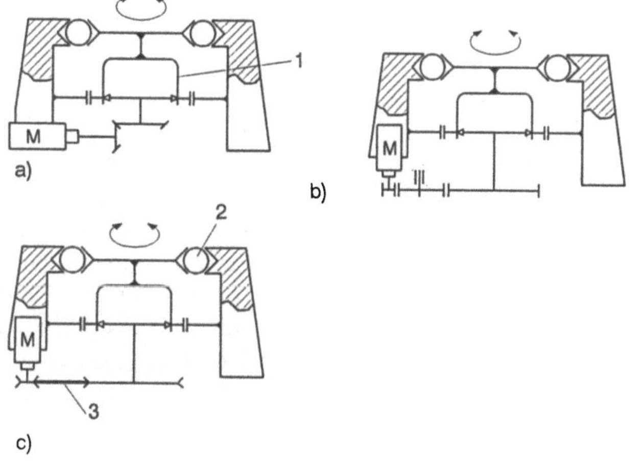

1 Wellgetriebe
2 Wälzlagerung
3 Zahnriemen

Bild 3-53
Antrieb von Basisdreheinheiten

a) Kegelradgetriebe
b) Stirnradgetriebe
c) Zahnriemengetriebe

Vorteilhaft sind in dieser Hinsicht auch Drahtlager in Vierpunktbauweise. Das Bild 3-54 zeigt ein solches Lager in einer Einbauvariante. Man sieht außen den Zahnkranz, in den ein Antriebsritzel eingreift. Das kann z.B. auf einer Servoantriebseinheit, bestehend aus Gleichstrommotor, Wellgetriebe, Tachogenerator und Winkelcodierer, befestigt sein. Von besonderem Vorteil ist auch hier die große innere Öffnung, durch die Leitungen, Wellen usw. hindurchgeführt werden können.

Hydraulische Dreheinheiten mit Schubkolben übertragen ihre Bewegung über ein Zahnstange-Rad-Getriebe, wie es Bild 3-55 zeigt. Ein angekoppeltes Meßsystem liefert die Winkelposition des Drehtisches. Es gibt verschiedene Ausführungen dieses Drehantriebs, insbesondere um Getriebespiel zu vermeiden, weil dieses die Genauigkeit des Endeffektors eines aufgebauten Führungsgetriebes sehr stark beeinflußt.

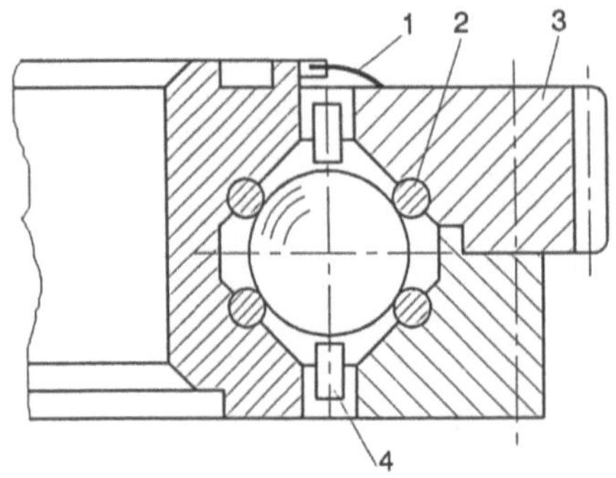

1 Lagerabdichtung
2 Drahtring
3 Zahnkranz
4 Käfig

Bild 3-54
Lagerung einer Drehgestellachse mit Dünnringlager

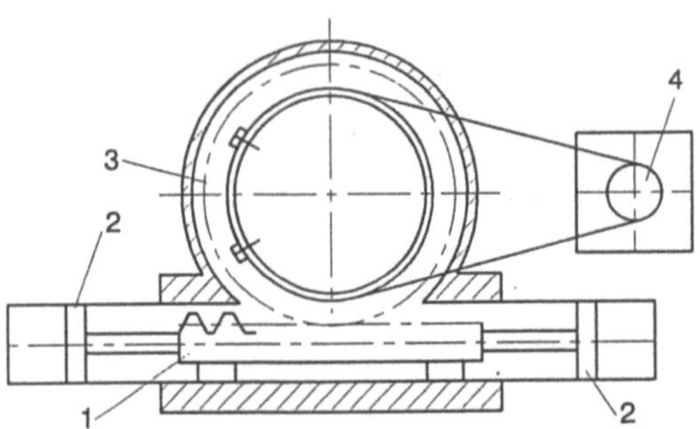

1 Zahnstange
2 Hydrozylinder
3 Zahnrad
4 Meßsystem

Bild 3-55
Hydraulischer Drehtischantrieb

Das kann z.B. durch einen zweiten, entgegenwirkenden Kolbentrieb geschehen oder durch geteilte Zahnstangen, die den Zahn des Rades gewissermaßen einspannen. Im Hydraulikplan (Bild 3-56) erkennt man die Versorgungsgruppe (Motor, Ölpumpe, Druckspeicher), die durch ein Maximaldruckventil abgesichert ist. Der Druckspeicher hilft den beim Beschleunigen auf hohe Geschwindigkeit erforderlichen großen Ölbedarf zu decken. Die Pumpe ist so zu bemessen, daß sie in den Arbeitstakten mit ruhigem Betrieb den Speicher wieder mit Überschuß-Drucköl füllt. Neben dem Richtungs-Wegeventil ist ein weiteres Wegeventil vorgesehen, das zum genauen Einfah-

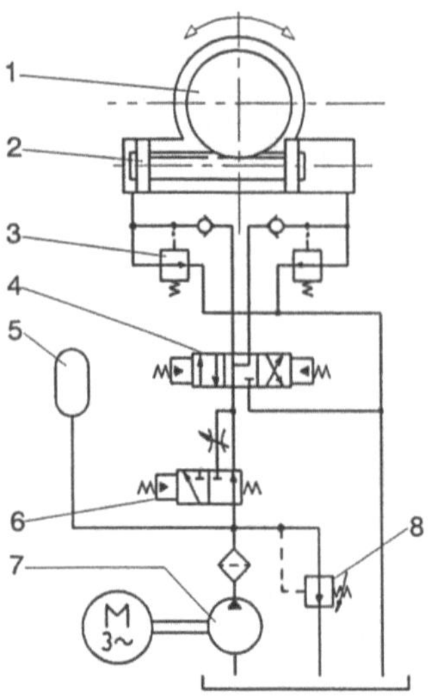

1 Drehantrieb
2 Zylinder
3 Widerstandsventil
4 Richtungsventil
5 Druckspeicher
6 Schleichgangventil
7 Pumpe
8 Maximaldruckventil
8 Pumpe

Bild 3-56
Hydraulik-Schaltplan für eine Roboter-Schwenkachse

ren in die Position den Kreislauf über eine Drossel speist. Dieser Schleichgang muß nicht besonders programmiert werden. Er kann in einem Unterprogramm automatisch an der Stelle „Sollposition minus z.B. 10 mm" aufgerufen werden.

3.6.7 Multisegment-Führungsgetriebe

Man kann die Führungsgetriebe in zwei Klassen einteilen: Solche, deren Anzahl von Bewegungsachsen gerade ausreicht, um eine Raumposition anzufahren und jene, die über zusätzliche, überschüssige Achsen verfügen (Bild 3-57). Ein zusätzliches Gelenk bringt aber nicht in allen Anordnungen einen weiteren Freiheitsgrad. Zwei hintereinandergeschaltete und in gleiche Richtung ausfahrende Linearachsen erhöhen den Freiheitsgrad eines Mechanismus z.B. nicht.

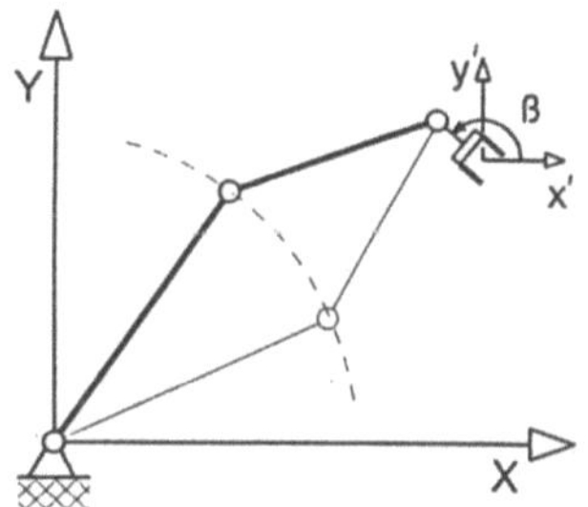

a) ohne überschüssige Achse   b) mit zusätzlicher Achse

Bild 3-57
Zweidimensionale
Handhabungseinrichtung mit
variabler Anzahl von Gelenken

Zusätzliche Achsen, auch mit $F > 6$ können wichtig werden, wenn z.B. Hindernisse umgangen werden müssen. Um eine bestimmte Position und Orientierung des Endeffektors zu erreichen, sind dann verschiedene Armstellungen möglich. Ein Anwendungsfall wird in Bild 3-58 gezeigt. Die Gelenkigkeit des Armes erlaubt das Eindringen in einen Hohlraum, z.B. zum Zweck der Inspektion oder des Beschichtens von Innenflächen.

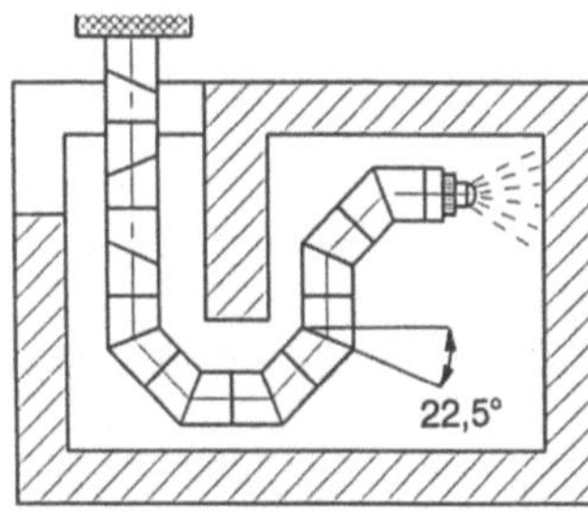

Bild 3-58
Inspektion eines Hohlraumes mit einem Multisegmentarm

Kinematische Redundanz ermöglicht nicht nur viele alternative Gelenkstellungen auf dem Weg zum Ziel, sondern ist auch Voraussetzung für Optimierungsansätze. Steueralgorithmen können bestimmten Randbedingungen folgen, wie z.B. der schnellste, der genaueste oder der energiesparsamste Bewegungsverlauf.

Multisegmentarme sind Führungsgetriebe, meistens für Teleoperatoren, die aus einzeln beweglichen, aneinandergereihten Segmenten bestehen. Vorbild sind natürlich entstandene Lösungen hoher Beweglichkeit, wie Schlangen, Elefantenrüssel und Greifschwänze. Das Prinzip eines solchen Mechanismus, der auch als Active cord mechanism bezeichnet wird, zeigt Bild 3-59. Man ist damit in der Lage, in enge hinterschnittene Räume vorzudringen, insbesondere zu deren Besichtigung. Es werden Geschwindigkeiten von 0,5 m/s erreicht. Die ersten Systeme dieser Art wurden 1976 in Japan entwickelt.

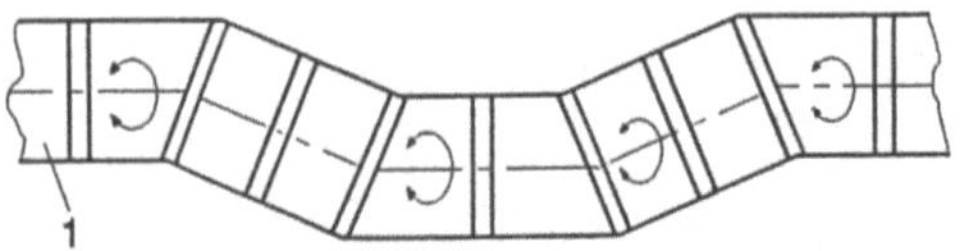

1 Segment
2 Motor
3 Getriebe
4 Zahnkranz

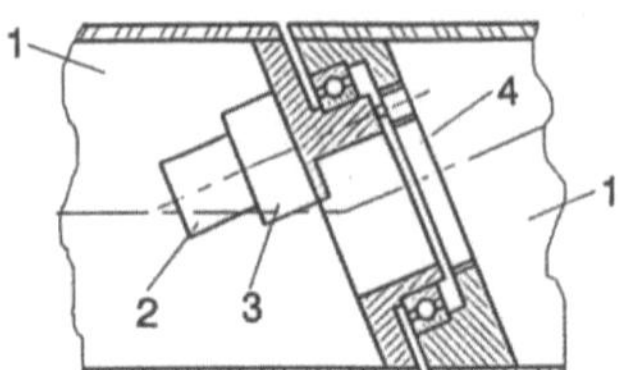

Bild 3-59
Prinzip eines Active Cord Mechanism (ACM)

Ein Beispiel ist der Teleoperator „Oblix", der 1981 fertiggestellt wurde und sowohl flaches als auch hügeliges Gelände kriechend überwinden konnte. Multisegmentarme werden in verkürzter Form z.B. auch als Armstück eines Farbspritzroboters verwendet (siehe dazu Bild 3-49). Roboter mit Multisegment-Standsäule werden als Spine robot bezeichnet (spine = Wirbelsäule, Rückgrat).

Auch bei den Multisegmentarmen sind unterschiedliche Gelenkvarianten möglich, um eine räumliche, schlangenartige Bewegung zu erhalten. Einige Lösungskonzepte sind in Bild 3-60 aufgeführt. Es ist allerdings schwierig, solche Systeme getriebetechnisch (Motor, Getriebe) vorteilhaft auszulegen und die erforderlichen Energie- und Signalleitungen von Segment zu Segment hindurchzuführen.

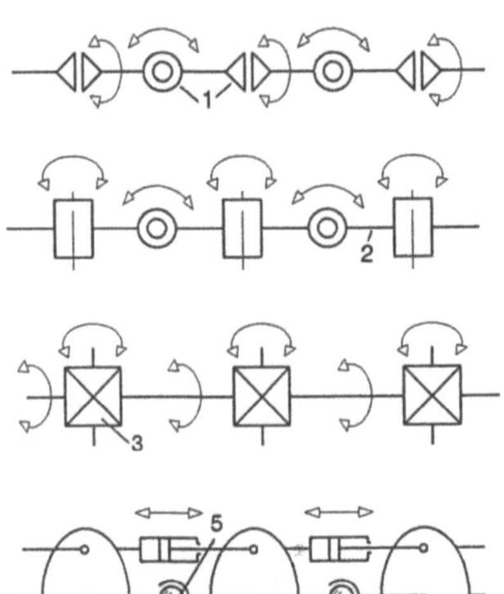

1 Drehgelenk
2 Glied
3 Differentialgetriebe
4 Linearmotor
5 Kugelgelenk

Bild 3-60
Gelenkvarianten für rüsselartige Strukturen

3.6.8   Sonstige Armgestaltungen

Der Gedanke, in der Natur entstandene Konstruktionen in die Technik zu übertragen, wird seit den 20er Jahren verfolgt, als R.H. France den Begriff „Biotechnik" dafür prägte. So wurde eine bewegliche Stütze als geniale Übertragung des Prinzips der Wirbelsäule von Frei Otto vorgeschlagen (Bild 3-61b), die man auch als Hebezeug benutzen könnte [20].

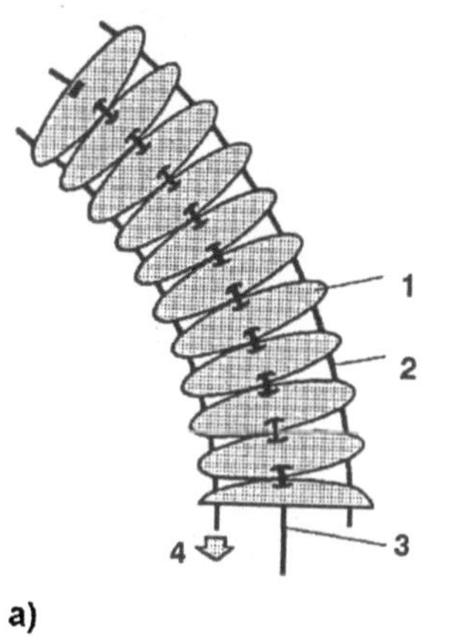
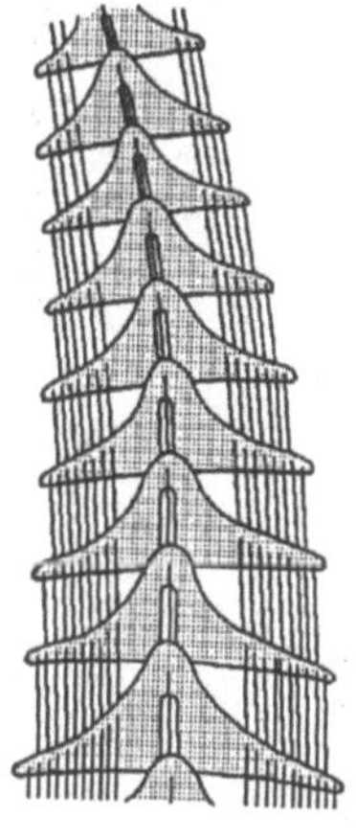

1 Ellipsoidkörper
2 Antriebsseil
3 zentrales Spannseil
4 Zugkraft

Bild 3-61
Hochbewegliche Arme

a) Rüsselarm
b) Hebezeug nach dem Prinzip der
   Wirbelsäule von Frei Otto

Diese Idee wurde mittlerweile in die Robotertechnik übernommen. Schlangenartige Roboter bestehen aus mehreren Armgliedern, die hintereinander gelenkig angeordnet sind (Bild 3-61a). Im Gegensatz zur Konstruktion nach Bild 3-61b lassen sich die „Wirbel" nicht einzeln steuern, sondern sie bewegen sich gleichmäßig und geschmeidig nach einer vorgegebenen Position des Endstücks.

Ein mit Hilfe „pneumatischer Muskeln" bewegter Arm wird in Bild 3-62 gezeigt. Das Prinzip wird bei direktgesteuerten Manipulatoren (Balancer) verwendet. Die Armbewegung wird über den Druck gesteuert, mit dem die pneumatischen Kissen beaufschlagt werden. Die Bewegungen sind weich und federnd. Um ein robotertaugliches Führungsgetriebe handelt es sich aber nicht. Vielleicht taucht diese Lösung einmal im Zusammenhang mit Servicerobotern wieder auf.

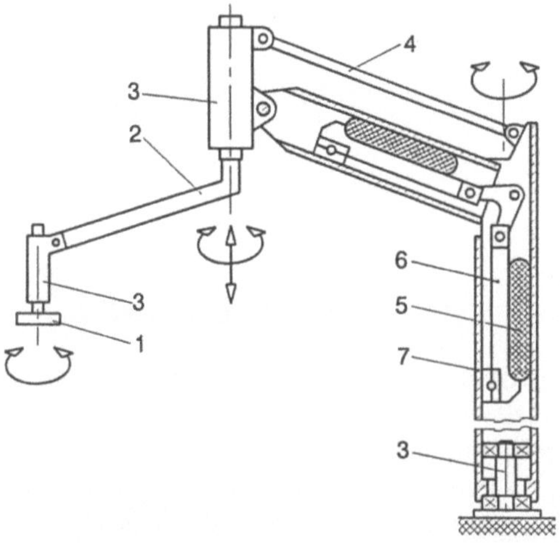

1 Greiferanschlußflansch
2 Unterarm
3 Drehgelenk
4 Koppelstange
5 pneumatisches Kissen
6 Druckleiste
7 Standsäulen-Rohr

Bild 3-62
Innenaufbau des Inner Power Systems [21]

Armbewegungen lassen sich auch durch die Verformung Bourdonscher Röhren unter Druck direkt erzeugen. Das Bild 3-63 zeigt einen zweiachsigen Arm in der ausgefahrenen Stellung. Durch Dosierung des Druckes läßt sich jeder Punkt in der Arbeitsfläche ansteuern. Man kann auch räumlich agierende Führungsgetriebe aufbauen, ebenso Greifermechanismen. Da kein Gelenkabrieb auftritt, ist hier eine gute Brauchbarkeit für Reinraumbetrieb gegeben. Die Wege, die auf diese Weise abgefahren werden können, sind aber relativ klein.

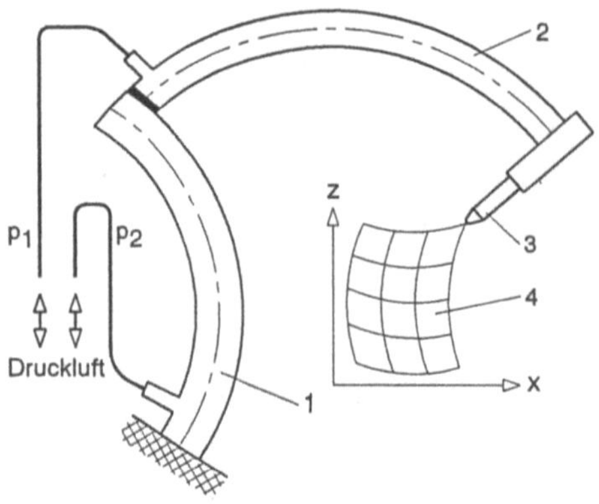

1 Bourdonsche Röhre für die
  Bewegung in Y-Richtung
2 Bourdonsche Röhre als Ausleger
3 Effektor
4 Arbeitsfläche
p Druck

Bild 3-63
Führungsgetriebe mit Materialgelenken

Bei großen Hüben lassen sich Teleskoparme gestalten, z.B. durch ineinanderlaufende Rund- oder Vierkantprofile. Allerdings werden die ausfahrenden Elemente im Querschnitt und im Ausfahrweg immer kleiner, wodurch ihre Steifigkeit sinkt. In Bild 3-64 wird das Prinzip einer Faltstruktur-Einheit gezeigt, die diesen Nachteil nicht aufweist. Man darf hier aber nicht übersehen, daß damit auch der mechanische Aufwand an Gelenken ansteigt. Das Faltprinzip ist übrigens eine aus der Natur übernommene Konstruktion. Ein SCARA-Roboter stellt ebenfalls einen (Waagerecht-)Faltarm dar.

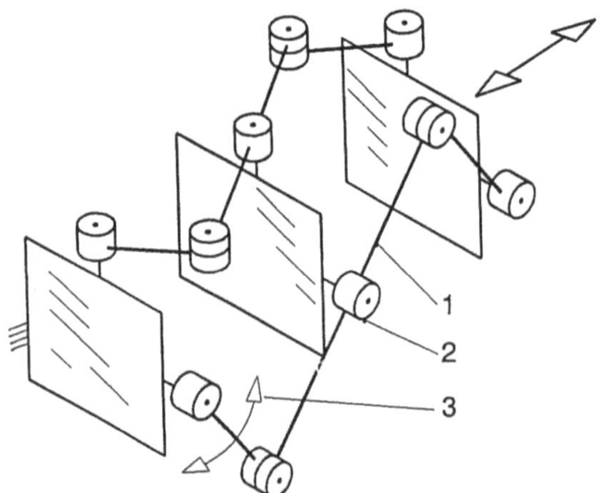

1 Koppelstange
2 Drehgelenk
3 Antriebsbewegung

Bild 3-64
Teleskopartige Faltstruktur [22]

In Bild 3-65 wird ein 5-teiliger Drehgelenkarm gezeigt, der für einen Großroboter zur Reinigung großer Objekte, z.B. Flugzeugrümpfe, entwickelt wurde und der als Endeffektor eine Waschwalze trägt. Für das geordnete Entfalten des Armpakets aus der Transport- in die Arbeitsstellung ist eine feste Reihenfolge einzuhalten. Bei beengten Raumverhältnissen muß das Entfalten außerdem mit Hindernisvermeidung ablaufen.

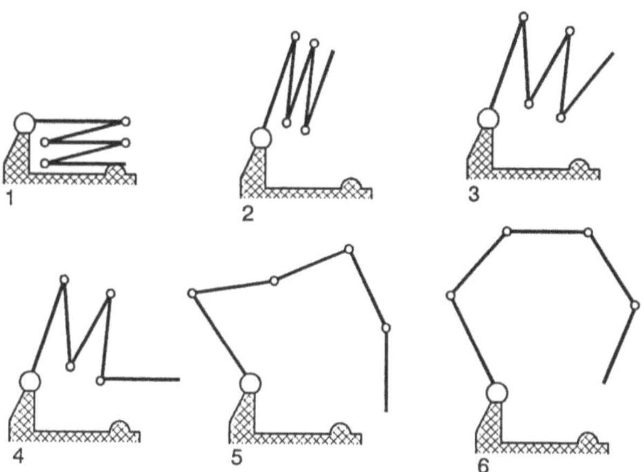

1 Transportstellung
2 Anheben des Armpakets
3 Öffnen des Armpakets
4 und 5 Rekonfigurieren
6 Armendstellung

Bild 3-65
Ausfahren eines Faltarmes (nach Höfer)

Ein ganz anderer Aspekt ist das „Abspecken" von Armstrukturen, d.h ihre massearme Ausführung im Interesse möglichst kleiner Antriebe. So hat man z.B. verschiedene Gitterstrukturen als tragendes Element für Armglieder entwickelt und untersucht [23]. Bei vergleichbaren Eigenschaften kann man damit die Masse gegenüber Standardkonstruktionen auf 1/3 senken. In Richtung Roboterleichtbau zielen auch Versuche, Arme aus kohlefaserverstärktem Kunststoff (CFK) zu gestalten. Es konnten damit erhebliche Verbesserungen in den statischen und dynamischen Eigenschaften der Bauteile nachgewiesen werden. In Bild 3-66 wird der Querschnitt eines solchen Armes in den Eigenschaften einem Arm aus Aluminium gegenübergestellt [25].

Parameter	Al-Arm	CFK-Arm	Armprofil
Armlänge in mm	600	600	
Profilabmessungen in mm	90 x 70 x 5	90 x 70 x 2,5	
Flächenträgheitsmoment I_Y in mm^4	1,69 x 10^4	0,93 x 10^4	
Flächenträgheitsmoment I_X in mm^4	1,13 x 10^4	0,63 x 10^4	
Elastizitätsmodul E in N/mm^2	70000	140000	
Massenträgheitsmoment J_A in kgm^2	0,292	0,095	

Bild 3-66 Technische Daten eines Roboterarms (Modellarm)

Führende Hersteller optimieren Armstrukturen, ja ganze Roboter heute mit Hilfe von FEM (Finite Elemente Modelling). Man zerlegt gedanklich ein gegenständliches Objekt in endlich große, mechanisch-mathematisch definierte Elemente. Diese Elemente sind an diskreten Knotenpunkten miteinander verkoppelt. Dann werden numerische Näherungsverfahren eingesetzt, um die sich ergebenden Veränderungen des Armes (des Roboters) unter Last zu studieren. Als nächstes werden die auftretenden Spannungen mit den zulässigen Werkstoffwerten in Übereinstimmung gebracht. So konnten Steifigkeitsverbesserungen erreicht werden, die bis zu 45% für den Gesamtroboter betrugen.

3.6.9   Nutzung von Baukastenkomponenten

Die Entwicklung von Baukastenkomponenten für Roboter und Pick-and-Place-Geräte hat in den letzten Jahren einen bedeutsamen Aufschwung erfahren, der die Handhabungstechnik gut vorangebracht hat. Deshalb sollen einige ausgewählte Beispiele folgen.

Handhabungseinrichtungen aus Baukastenkomponenten kann man so gestalten, daß nur soviel Funktionsinhalt installiert wird, wie gerade für die ins Auge gefaßte Aufgabe nötig ist. Ausgereifte Systeme enthalten auch Moduln für die Leistungselektronik, die Steuerung und das Zubehör (Schnittstellen, Kabel u.a.). In Bild 3-67 werden stellvertretend 2 Lineargeräte gezeigt. Der Antrieb erfolgt über 3-Phasen-Schrittmotoren. Bei der rechts gezeigten Lösung handelt es sich um traversierende Antriebe. Sie übertragen ihre Bewegungen über ein Zugmittel (z.B. Synchronriemen) und/oder mit Hilfe einer Nutwelle. Die zu bewegende Masse sinkt dadurch erheblich, was der Dynamik des Systems zuträglich ist. Für die Z-Achse kann eine Haltebremse genutzt werden. Der Motor enthält dazu eine elektromagnetische Federdruckbremse. Zum Lösen muß diese nach dem Bestromen des Motors elektrisch erregt werden.

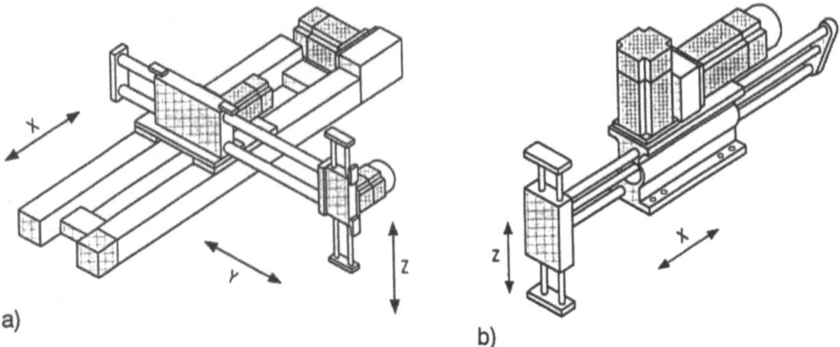

Bild 3-67 Handhabungseinrichtungen aus dem Baukasten (POSITEC, Berger Lahr)

a) Linearpositionierer in Auslegerbauweise mit $F = 3$, b) Lineargerät mit $F = 2$

Die gute Kombinationsfähigkeit wird auch bei den Aufbauten nach Bild 3-68 demonstriert. Das Portalhandling wird typischerweise bei Palettier- bzw. Depalettieraufgaben, bei der Teileentnahme an Spritzgießmaschinen, zur Positionierung von Extruderrohlingen und für Beschickungsaufgaben aller Art angewendet. Bei den Kreuzportallösungen ist die Übertragung der Antriebsbewegung auf die andere Seite über eine Welle verkoppelt. Damit wird auf einfache Art ein Verkanten beim Verfahren verhindert, d.h. eine Gleichlaufregelung entfällt. Bei größeren Tragkräften wird die Hubachse zwischen 2 Lineareinheiten gesetzt, um außermittige Drehmomente besser aufnehmen zu können.

Das Bild 3-69 zeigt, wie man aus Drehmoduln einen Faltarm aufbauen kann. Es werden nur 90°-Stellbewegungen genutzt. Der Portalwagen verfährt dabei im Reihenabstand. Trotzdem läßt sich damit schon ein 4-reihiges Palettenmagazin abarbeiten. Die Dreheinheiten sind in der Regel so aufgebaut, daß man auch noch Zwischenanschläge setzen kann. Wird ein Backengreifer bei der Beispiellösung eingesetzt, dann ist noch die Geometrie an der Greifstelle zu beachten, weil das Werkstück aus verschiedenen Richtungen angefaßt wird. Außerdem wird zum Nachbarwerkstück genügend Freiraum für die Greiferbacken gebraucht. Solche Lösungen sind zwar nicht freiprogrammierbar, also keine Roboter, trotzdem genügt das oft schon, um eine Handhabungsaufgabe erfolgreich zu lösen.

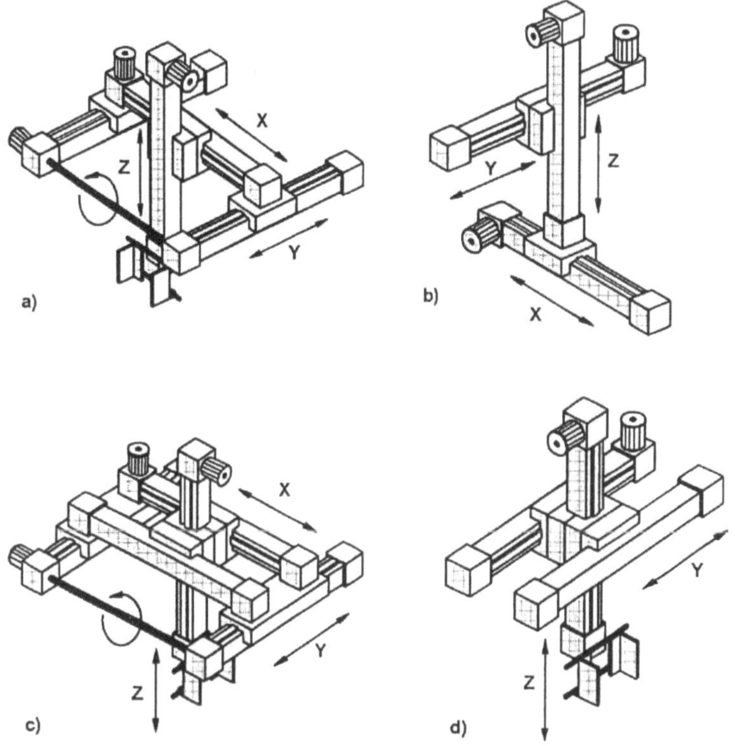

Bild 3-68 Beispiele für die Anwendung von Linearsystemen (ARAU Automation)
a) Kreuzportalroboter, b) kartesischer Roboter, c) Portalroboter, für größere Nutzlasten,
d) Linienportalroboter

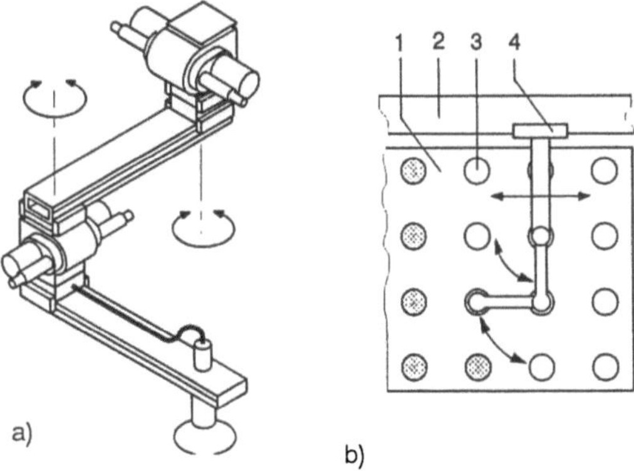

1 Werkstückträgermagazin
2 Portalachse
3 Werkstückspeicherplatz
4 Portalwagen mit
   angebautem Faltarm

Bild 3-69
Faltarmkonstruktion aus Baukastenkomponenten (MONTECH)

a) Armaufbau
b) Abarbeitung eines Flächenmusters

3.6.10 Masseausgleich

Unter der Wirkung der Schwerkraft entstehen durch die Masse des Armes und der Greifobjekte Kräfte, die nach unten wirken und den Arm senken wollen. Für die Antriebe und das kinematische Verhalten ist es günstig, wenn diese Gewichtskräfte kompensiert werden. Dazu werden Massestücke, Federn, pneumatische und hydraulische Zylinder eingebaut. Nach Bild 3-70a soll $F_G \cdot b = G \cdot a$ sein, also Herstellung eines Momentengleichgewichts. Dafür erhält man das Massenträgheitsmoment $J = (F_G \cdot b^2 + G \cdot a^2)/g$.

Federsysteme bringen weniger Masse ein, was günstig ist, erfordern aber besondere konstruktive Maßnahmen für ihre Aufhängung. Manchmal ist das günstig erreichbar, wie das Bild 3-70b zeigt.

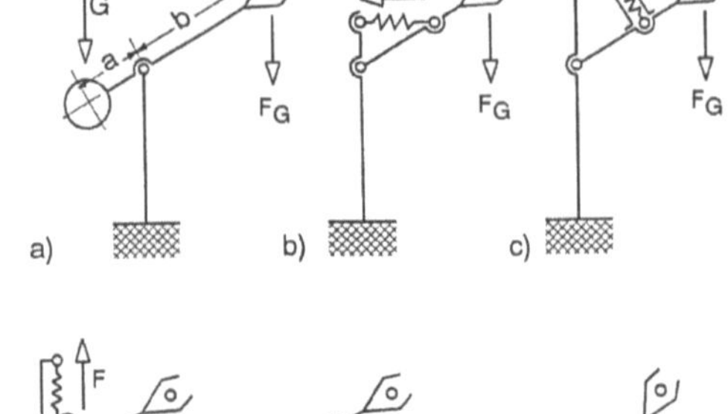
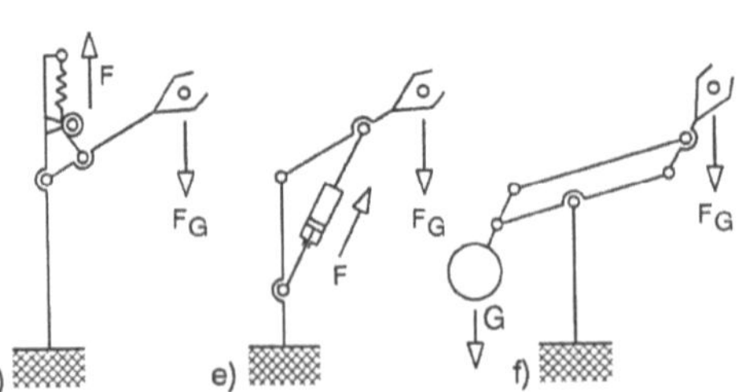

F Ausgleichskraft
G Gewichtskraft
F_G am Greifer wirkende Kraft

Bild 3-70
Verschiedene Möglichkeiten zum Ausgleich von Gewichtskräften des Armes

a) Gegenmasse
b) Federausgleich
c) Federglied
d) Seil-Feder-Kombination
e) Schubkolbenausgleich
f) Gegenmasse und
   Parallelogrammgestänge

Schubkolben können einfach wie eine Gasfeder benutzt werden, man kann sie aber auch gesteuert verwenden. Dann können die Kompensationswirkungen den wirklichen momentanen Verhältnissen am besten angepaßt werden. Die Erfüllung der Forderung nach Masseausgleich des Unterarms ist auch in Bild 3-71a gut zu sehen. Hier hat man die ohnehin notwendigen Antriebe zur Gegenmasse gemacht.

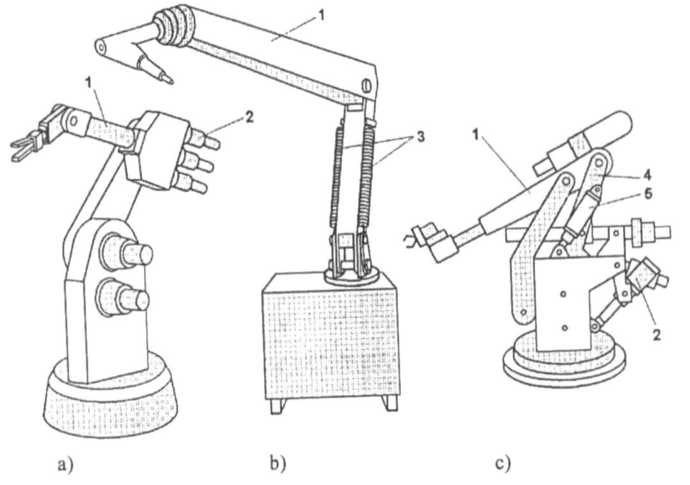

1 Unterarm
2 Antriebsmotor
3 Feder
4 Armgestänge
5 Ausgleichszylinder

Bild 3-71
Realisierungsbeispiele für den Masseausgleich

a) Antriebsmotoren als Gegenmasse
b) Federausgleich am Oberarm
   angebaut
c) Schubkolbenausgleich,

3.6.11 Roboterhandgelenke

Für die Arbeiten, die ein Roboter an der Wirkstelle zu verrichten hat, genügen die ortsverändernden Hauptbewegungen der Grundachsen nicht. Man braucht Nebenachsen, die die Feinposition und die Orientierung des Effektors sicherstellen. Nebenachsen in Nähe des Greifers werden auch als Handgelenkachsen bezeichnet [149]. Es sind meistens Drehachsen. Auch kurzhubige Linearachsen kommen infrage. Die Bewegungsachsen der Roboterhand sollten sich möglichst in einem Punkt schneiden, weil sonst der Rechenaufwand bei der Koordinatentransformation ansteigt.

In Bild 3-72 wird ein Handgelenk mit Drehachsen mit der Struktur DDD gezeigt. Form und Maße des Nebenarbeitsraumes ergeben sich aus den kinematischen Abmessungen der Handgelenk-Kinematik und den zulässigen Drehwinkelbereichen. Für das Schrauben muß die entsprechende Achse endlos drehbar sein. Größere Drehwinkel werden aber oft auch durch Kabel und Leitungen behindert.

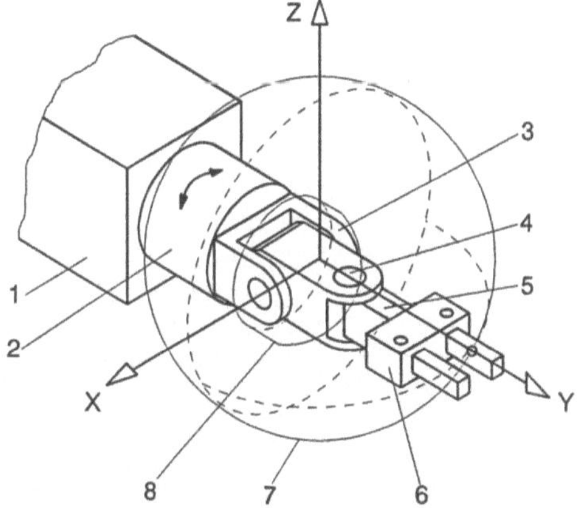

1 Roboterarm
2 Handdrehachse
3 Lager
4 Drehlager für Greifer
5 Anschlußflansch
6 Greifer
7 Nebenarbeitsraumgrenze
8 Innengrenze

Bild 3-72
Aktionsraum, der von den Handachsen erzeugt wird, wenn 3 Nebenachsen vorgesehen sind

Da die Handgelenkachsen einer Prozeßwirkstelle am nächsten kommen, werden sie oft besonders gekapselt. Sie sind dann gegen das Eindringen von Schmutz geschützt und lassen sich auch besser reinigen.

Eine raffinierte Konstruktion ist die in Bild 3-73 gezeigte Doppelwinkelhand.

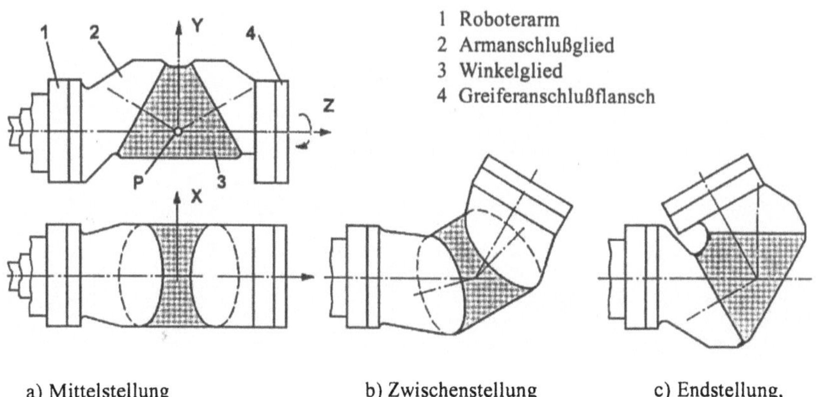

1 Roboterarm
2 Armanschlußglied
3 Winkelglied
4 Greiferanschlußflansch

a) Mittelstellung   b) Zwischenstellung   c) Endstellung,

Bild 3-73 Doppelwinkelhand (KUKA)

Der Eintrieb erfolgt mit 3 schnellaufenden Wellen und die Drehbewegung wird über Kegelräder zu den Wellgetrieben in den Handgelenkachsen geführt. Armanschlußglied und Greiferflanschglied sind über ein Winkelglied miteinander verbunden. Durch entsprechende Drehbewegungen läßt sich der Endeffektor im Raum orientieren, wobei der Greifer sogar etwas rückwärtsgerichtet eingestellt werden kann. Getriebemäßig sind die Bewegungen miteinander verkoppelt, so daß der Steuerrechner alle 3 Antriebe ansprechen muß, wenn sich der Endeffektor um eine durch P laufende Achse drehen soll.

Die Übertragung der Bewegungen bis zum Effektor geschieht über Radgetriebe, Differential-(Ausgleichs-)Getriebe und Koaxialwellen. Basismechanismus ist oft das Differentialgetriebe, wie es Bild 3-74a zeigt. Das Zahnrad Z_2 befindet sich als Satellit auf der Achse des Drehgehäuses. Bewegungsein- oder -ausgang können die Wellen 1, 2 oder 3 mit den Winkelgeschwindigkeiten ω_1 bis ω_2 sein. Ein Differentialgetriebe ist somit ein Räderwerk, das mittels zweier Drehungen eine dritte erzeugt, die der Differenz bzw. der Summe dieser beiden Drehungen proportional ist. Verbindet man das Satellitenrad Z_2 mit dem Greifer, dann führt die Hand eine Schwenkbewegung mit ω_4 aus (Bild 3-74b).

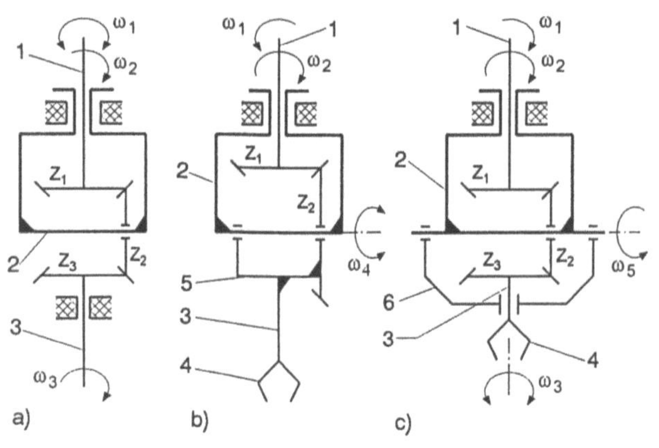

1 und 3 Antriebs-, Abtriebswelle
2 Koaxialgehäuse für Satellitenrad
4 Greifer
5 Greiferflansch
6 Drehgehäuse
Z_i Kegelrad

ω_i Winkelgeschwindigkeit

Bild 3-74
Ausgleichsgetriebe an Handgelenkstrukturen
a) Prinzip des Differentials
b) Handschwenken und -drehen
c) dreiachsiges Handgelenk

Es besteht folgender Zusammenhang:

$$\omega_1 = (\omega_4 \cdot Z_2/Z_1) + \omega_2$$

Man erhält 3 Handachsenbewegungen, wenn wie in Bild 3-74c gezeigt, 3 Antriebsbewegungen mit w_1, w_2 und w_5 eingeleitet werden. Auch hier bedingen die Übertragungsgetriebe eine Abhängigkeit der Achsendrehungen voneinander. Es ergibt sich für Bild 3-74c:

- Handdrehen: $\omega_3 = \omega_1 \cdot Z_1/Z_3$ wobei $\omega_5 = 0$ und das Drehgehäuse 6 stillsteht;

- Handschwenken: $\omega_1 = -\omega_5 \cdot Z_2/Z_1$ wobei $\omega_2 = 0$ und $\omega_3 = 0$ sind;

- Handdrehen und -schwenken: $\omega_1 = (-\omega_3 \cdot Z_3/Z_1) - (\omega_5 \cdot Z_2/Z_1)$, wobei $\omega_2 = 0$ ist;

- gleichzeitig 3 Bewegungen: $\omega_1 = (-\omega_3 \cdot Z_3/Z_1) - (\omega_5 \cdot Z_2/Z_1) + \omega_2$.

Diese Beziehungen lassen sich zu einer Entkopplungsmatrix formen, die von der Steuerung benutzt wird, um die Handachsenantriebe aufgabengemäß anzusteuern. Die beschriebenen Handgelenkachsen entsprechen in der Struktur dem Schema nach Bild 3-75a.

Es ist aber auch möglich, die Bewegungen quasi hardwareseitig zu entkoppeln, indem ein Ausgleichsgetriebe zwischengeschaltet wird (Bild 3-75b). Jede der 3 Drehbewegungen wird dann jeweils nur von einem Antriebsmotor erledigt. Ein solches Getriebe wird in Bild 3-76 dargestellt. Die Hand hat die Struktur DDD, also 3 Drehachsen mit den Winkelgeschwindigkeiten ω_1 bis ω_3. Soll sich beispielsweise die Koaxialwelle (4) mit der Geschwindigkeit ω_2 relativ zum Gehäuse (3) drehen, dann rollt auch Rad Z_5 auf Rad Z_4 ab, was eine nicht beabsichtigte Greiferrotation (ω_1) hervorrufen würde. Um das zu vermeiden, muß sich Rad Z_4 bei eingeschaltetem Motor M2 synchron mit der Koaxialwelle (4) drehen. Dazu muß das Rad Z_1 mit dem Rad Z_4 verkoppelt sein, bei gleichgroßem Übersetzungsverhältnis. Über Differentialgetriebe wird erreicht, daß sich Z_1 und Z_4 synchron drehen, wobei die Motoren M1 und M3 stillstehen.

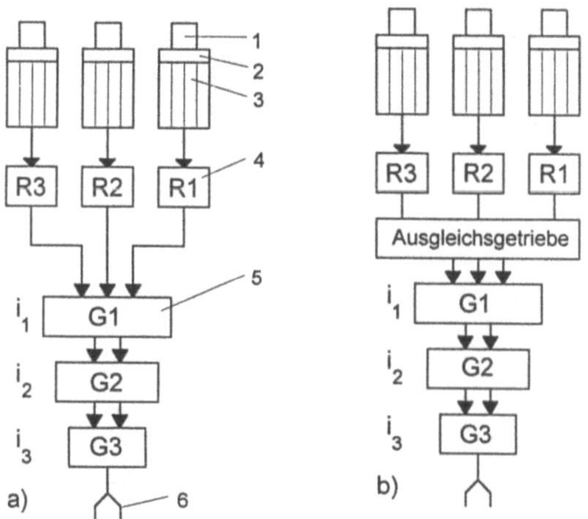

1 Winkelmeßsystem
2 Tachogenerator
3 Motor
4 Reduziergetriebe
5 ergänzende Getriebestufe
6 Greifer,
i_i Übersetzungsverhältnis

Bild 3-75
Prinzipielle Struktur von Handgelenkachsen aus der Sicht der Bewegungsverkopplung

a) verkoppelte Bewegungen
b) entkoppelte Bewegungen

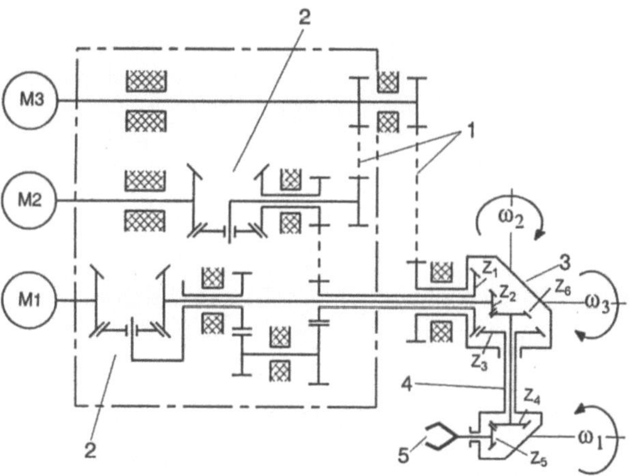

1 Zahnriemenübersetzung
2 Ausgleichsgetriebe
3 Gehäuse
4 Koaxialwelle
5 Greifer
M Antriebsmotor
i Übersetzungsverhältnis
ω Winkelgeschwindigkeit
Z Zähnezahl

Bild 3-76
Differentialgetriebe zum Antrieb einer Roboterhand

3.7   Fahrwerke

Fahrwerke dienen dem freien Verfahren von Roboterplattformen. Dazu zählen Räder- und Raupenfahrwerke. Die Räder können „normal" sein, aber auch Spezialräder werden eingesetzt. Spezialräder sind meistens Mehrrichtungsräder, wie das Blumrich- oder das Mecanum-Rad (Bild 3-77). Am Radumfang sind tangential nicht angetriebene Rollen gerade oder schräg angeordnet. Dadurch rollen die Räder auch quer zur Geradeausrichtung.

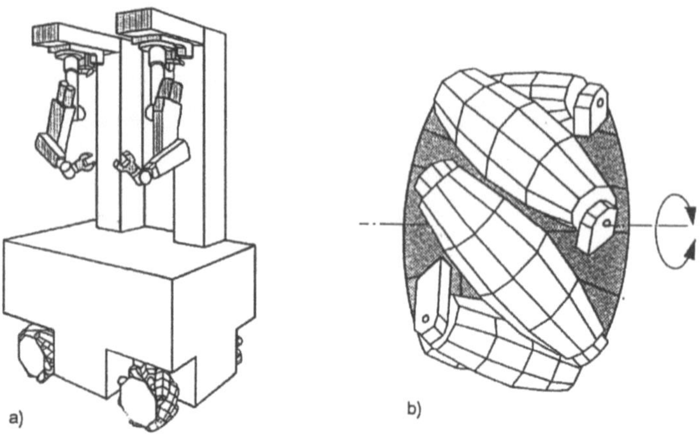

Bild 3-77 Autonomer mobiler Montageroboter mit Mecanum-Rädern (nach Rembold)
            a) Montageroboter, b) Mecanum-Rad

Das Mecanum-Rad besteht aus 8 unter einem Winkel von 45° am Umfang einer Felge befestigten antriebslosen Polyurethanrollen. Dreht sich die Felge, wandert die Kontaktfläche (im Idealfall ein Berührungspunkt) einer mit dem Boden in Berührung stehenden Rolle von deren äußerem zu deren innerem Ende (Abwälztrajektorie). Dabei wechselt sie ohne Unterbrechung auf die in Drehrichtung folgende nächste Rolle über.

Es können 4 Betriebszustände unterschieden werden:

- Alle Räder rotieren mit gleicher Drehrichtung und -geschwindigkeit = Vorwärtsbewegung in X-Richtung;

- Beide Räder auf einer Fahrzeugseite bewegen sich in unterschiedlichem Drehsinn zueinander, die der gegenüberliegenden Seite gegensinnig, aber mit jeweils gleichem Geschwindigkeitsbetrag = Bewegung in Y-Richtung;

- Die vorderen Räder drehen sich gegensinnig und die Hinterräder drehen sich gleichsinnig, dazu mit gleichem Geschwindigkeitsbetrag = Drehung um die Z-Achse. Das bedeutet Drehen „auf der Stelle".

- Kombiniertes Ansteuern der Räder bei Variation aller Ansteuerungsparameter = beliebige ebene Fahrlinie.

Die Räder werden also einzeln angesteuert und die Verfahrrichtungen ergeben sich durch unterschiedliche Drehsinne und Drehzahlen. Das wird in Bild 3-78 am Beispiel einer rollenden Plattform mit „normalen" Rädern angedeutet.

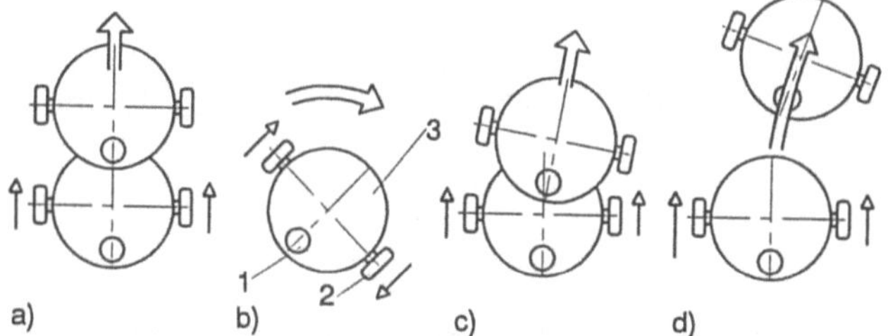

1 Stützrad
2 Antriebsrad
3 Plattform

Bild 3-78 Plattform mit 2 unabhängig ansteuerbaren Antriebsrädern (Draufsicht)
    a) Geradeausfahrt, b) Drehen auf der Stelle, c) Bogenfahrt, d) Bogenfahrt mit großem Radius

Fahrsysteme unterscheiden sich nach der Anzahl und Anordnung der Räder, ihrer Lenkung und den Radtypen. Einige Möglichkeiten der Lenkung werden in Bild 3-79 aufgezeigt.

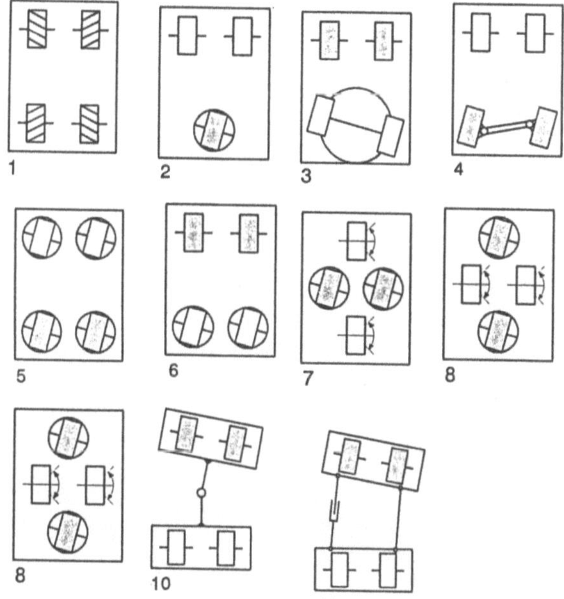

1 Mecanum-Rad
2 lenkbares angetriebenes
   Spornrad (Dreieckanordnung)
3 Drehschemellenkung, Antrieb
   über Starr-Räder
4 Achsschenkellenkung
5 Allradlenkung
6 Einzelradlenkung
7 und 8 Differentiallenkung
   (rautenförmige Radanordnung),
   Lenkrollen angetrieben
9 Allradlenkung bei
   rautenförmiger Radanordnung
10 geteiltes Chassis mit
   Mitteldrehachse
11 geteiltes Chassis mit Schubachse

Bild 3-79
Lenkung von Radsystemen für
mobile Roboter (Beispiele)

Die Plattformen können rechteckig, rund und dreieckig ausgeführt werden (Bild 3-80). Bei einer Bewertung muß man an die oft beengten Raumverhältnisse in der Fertigung denken. Des-

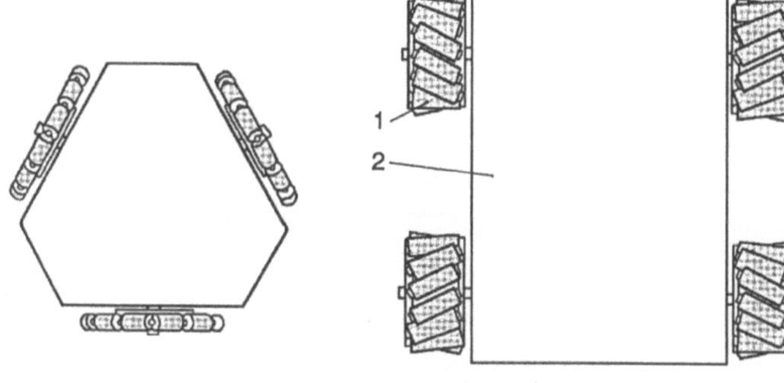

a) Plattform mit
   Blumrich-Rädern

b) Plattform mit
   Mecanum-Rädern

Bild 3-80
Plattformen mit 3 und 4
unabhängig ansteuerbaren
Antriebsrädern

halb soll der Kurvenradius klein sein (Lenkeinschlag), besser noch, wenn Schräg- und Querfahrt aus dem Stand möglich sind. Weitere Bewertungspunkte für Fahreinheiten sind Geschwindigkeit, Steigfähigkcit, Kippsicherheit und die integrierten Schutzsysteme, wie Not-Stopp-Bügel oder berührungslos arbeitende Sensoren. Bei der Planung von Fahrwegen ist zu beachten, daß die beanspruchte Fläche größer ist als die bloße Projektion des Fahrzeugs auf die Grundfläche. Die Hüllfläche hängt von der Fahrzeuggeometrie sowie von der Lage des Führungs- und Folgepunktes ab. Für den Folgepunkt (Hinterteil des Fahrzeugs) kann sich z.B. eine Schleppbewegung ergeben. Typische Lenkverhalten sind:

- Vorn gelenkt, hinten starr;

- vorn gelenkt, hinten gegengelenkt;

- vorn starr, hinten gelenkt und

- vorn und hinten geführt.

Fortbewegungseinrichtungen für eine rollende Bewegung werden allgemein als Lokomotoren bezeichnet und bei Schreitbewegungen spricht man von Pedipulatoren. Letztere werden im nächsten Abschnitt besprochen.

3.8 Laufwerke

Autonomes Laufen von Apparaten wird schon lange probeweise untersucht. Heute studiert man an insektenartigen Robotern die Fortbewegung. Die Beine werden nicht mehr zentral gesteuert, sondern sind in eine hierarchische Regelung eingebunden, d.h. es existieren mehrere Ebenen mit Entscheidungsfunktion. Das bedingt je Bein einen Prozeßrechner. In der oberen Ebene wird informiert, was die Nachbarbeine gerade ausführen. Vierbeiner verhalten sich völlig anders als Sechsbeiner. Erstere sind schneller, Laufmaschinen mit 2 Beinen sind wendiger, aber schwieriger im Gleichgewicht zu halten [190, 191].

Laufwerke sind auch in der mechanischen Ausführung anspruchsvoll. Bild 3-81 zeigt ein Beispiel, wobei der Fuß in mehreren Achsen gesteuerte Bewegungen ausführt.

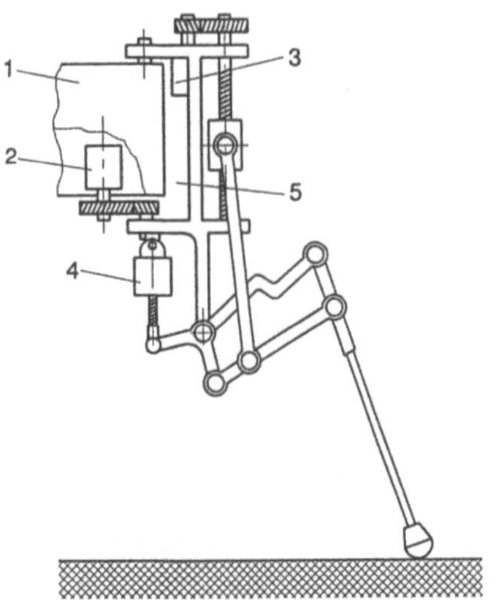

1 Grundkörper
2 Antrieb für Beindrehung
3 Vertikalantrieb
4 Antrieb für Unterschenkelbewegung
5 Oberschenkelkonstruktion

Bild 3-81
Beinkonstruktion eines Schreitroboters

Nahezu alle bekannten Konstruktionen befinden sich aber noch im Laborstadium oder sind nie darüber hinaus gekommen.

Ein Beispiel für einen Roboter nichtkonventioneller Bauart, der sich schreitend vorwärtsbewegt, ist der in Bild 3-82 dargestellte Inspektionsroboter RM3 für den Unterwassereinsatz oder für Arbeiten an vertikalen Flächen. Er wird wahlweise mit Saug- oder Magnetfüßen ausgestattet, die mit Hilfe von 6 Hydraulikzylindern (70 bar) in Bewegung gesetzt werden. Er kann 150 m/h Geschwindigkeit entwickeln und eine Fläche von 5000 m² pro Tag besichtigen. Werden Werkzeuge angebaut, kann er auch Farbe auftragen, schleifen oder Röntgenstrahluntersuchungen ausführen. Das äußere Stützbein ist drehbar an der Kapsel befestigt, so daß Richtungswechsel vorgenommen werden können. Insgesamt sind 12 Füße vorhanden, 2 je Stützbein, 4 an der Mittelstütze. Die „Hinterbeine" (4) sind doppelt ausgebildet, was in der Darstellung nicht zu sehen ist.

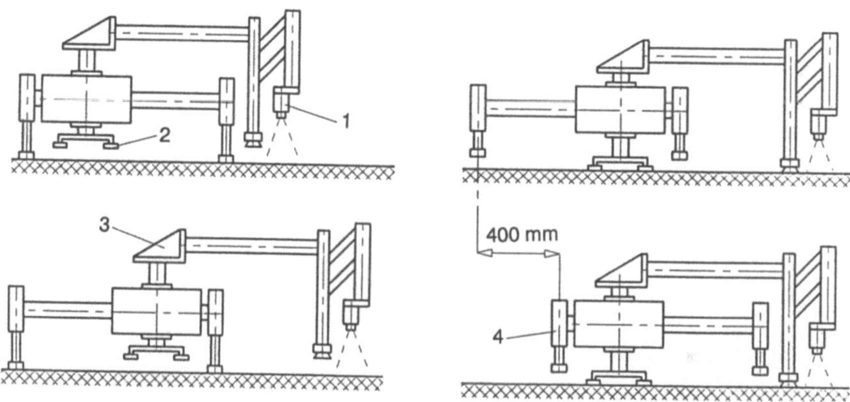

Bild 3-82 Fortbewegung des Inspektionsroboters Marine Robot RM3
(1984, Todd Pacific Shipyards Corporation, California)
1 Kamera oder Werkzeug, 2 drehbare Mittelstütze, 3 Dreharm, 4 Stützbein, Freiheitsgrad $F = 5$,
Masse 93 kg

Dieses Beispiel soll stellvertretend für viele ähnliche Projekte stehen, die immer wieder entstehen und die wohl eher in das Gebiet der Serviceroboter fallen.

Eine Sonderform der Fortbewegung, die bisher nur für wissenschaftliche Zwecke interessierte, ist das einbeinige Hüpfen. Durch entsprechende Landepunktkorrekturen kann die Maschine selbständig im 3D-Raum das (dynamische) Gleichgewicht halten, solange sie in hüpfender Bewegung verbleibt. Statisches Verharren ist nicht möglich. Der Aufbau des Apparates ist in Bild 3-83 zu sehen. Eine Anwendung könnte man sich vielleicht im Rettungswesen, in der Militärtechnik und bei Weltraummissionen vorstellen [180].

Es gibt verschiedene Entwicklungen von roboterähnlichen Maschinen bzw. Teleoperatoren, die sich an senkrechten Wänden halten und kletternd bewegen können. In Japan dachte man dabei vor allem an die Außenhautreinigung von Hochhäusern und im Schiffbau an die Behandlung von Schiffsrümpfen im Trockendock. Eine deutsche Klettermaschine wird in Bild 3-84 vorgestellt.

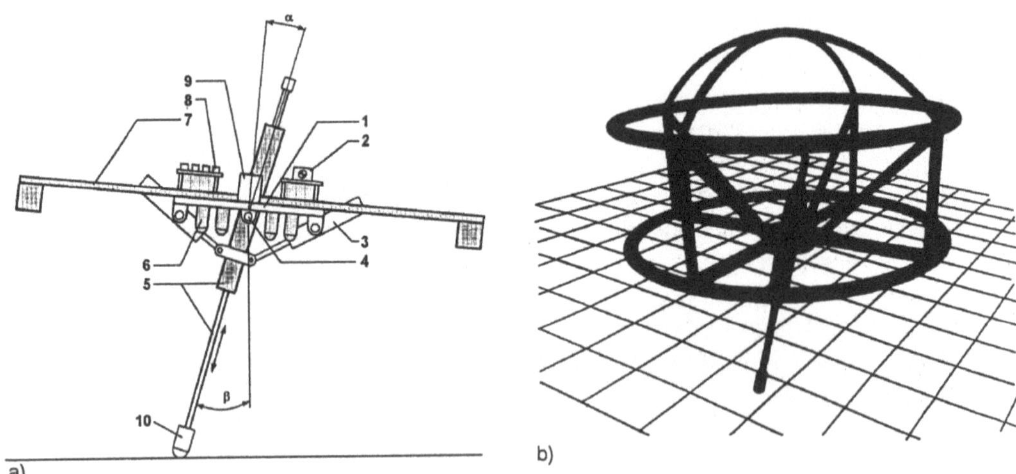

Bild 3-83 Pogoroboter von M.H. Raibart (1983, Carnegie-Mellon-Universität)

a) Außenansicht, b) Simulationsbild

1 Grundplatte, 2 Gyroskop, 3 Hüfte-Antrieb, 4 Hüftgelenk, 5 Bein, 6 Druckluft-Steuerventil, 7 Balance-Ring, 8 Elektronik-Interface, 9 Servoventil, 10 Fuß

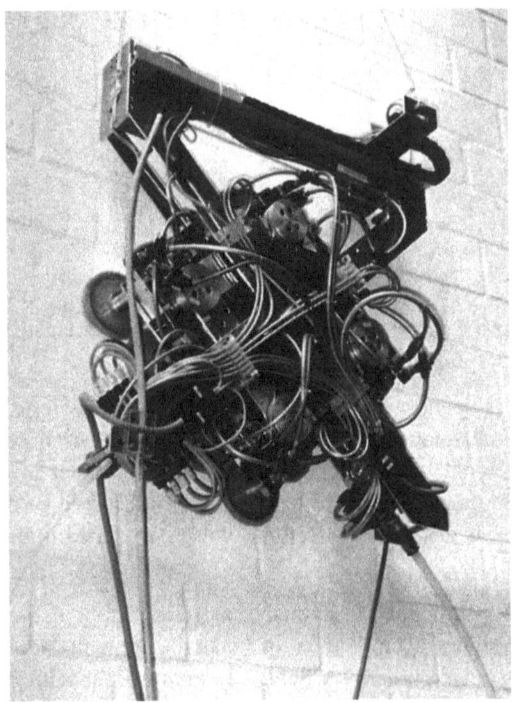

Bild 3-84 Klettermaschine RoSy mit einer Nutzlast von 25 kg (1996, YBERLE)

Werkzeugtragender Teil ist die an der Oberseite erkennbare Lineareinheit. Es lassen sich Prüfgeräte anbauen, die dann z.B. im Ultraschallbereich während einer Querbewegung z.B. Mauerwerk untersuchen. Ebenso können Farbspritzpistolen angebaut werden, die dann Großgemälde an Hausfassaden anbringen. Die Wand kann geneigt sein, auch das Arbeiten an der Decke ist möglich. Das Schreitwerk ist aus Bild 3-85 erkennbar.

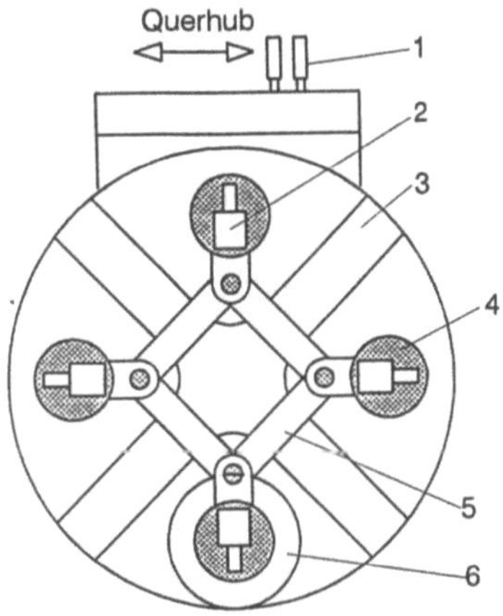

1 Effektor
2 Fußhubeinheit
3 Werkzeugplattform
4 Saugteller
5 Fuß-Stelleinheit
6 Fuß

Bild 3-85
Anordnung des Schreitwerkes bei der transputergesteuerten Klettermaschine RoSy (Yberle)

Saugnäpfe halten die Maschine an der Wand. Drei dieser Sauger sind jeweils zu einem Fuß zusammengefaßt, von denen 4 vorhanden sind. Die Saugluft wird mit Ejektoren aus Druckluft erzeugt. Die Füße können einzeln abgehoben und seitlich oder vertikal gesetzt werden. Auch ein Drehen ist möglich. Man darf nicht übersehen, daß solche Apparate auch über eine wirksame Absturzsicherung verfügen müssen.

Je mehr Beine bei einer Laufmaschine vorhanden sind, desto mehr Schrittvarianten sind möglich und desto größer ist auch die Stabilitätsreserve. Zweibeiniges Schreiten ist statisch instabil, dynamisch aber stabil. Das Gleichgewicht bleibt durch ständige Schwerpunktverlagerung erhalten. Die Nachahmung dynamischer Stabilität ist aber schwierig. Für Laufroboter werden heute Sechsbeiner als günstige Konstruktion angesehen. Drei Beine bleiben dabei ständig am Boden und bilden ein Stützdreieck, in dem sich der Masseschwerpunkt des Roboters befindet. Zur Optimierung solcher Konstruktionen befaßt sich die Wissenschaft auch mit den Gangarten von Tieren, z.B. der Stabheuschrecke [24]. Es hat sich gezeigt, daß diese Tiere nicht nur im erwähnten Tripo-Gang (3 Standbeine) laufen können, sondern auch eine erheblich kompliziertere Gangart beherrschen – den Tetrapode-Gang. Es befinden sich dann stets 4 Füße am Boden. Diese Gangart wurde in Bild 3-86 als Laufdiagramm notiert. Jede Spur stellt den Bewegungsablauf für ein Bein dar. Von Interesse ist natürlich auch der Informationsfluß zur Koordinierung der Bewegungen [105, 106]. Für die Steuerung verwendet man das Prinzip der „dezentralen Intelligenz", wie in der Natur.

Bein links 1											
Bein links 2											
Bein links 3											
Bein rechts 1											
Bein rechts 2											
Bein rechts 3											

Stehen   Bein schwingen   Zeit ⟶

Bild 3-86
Laufdiagramm der Stabheuschrecke Carausis morosus für die Tetrapode-Gangart

4 Antriebe

Die Achsenantriebe bestimmen neben der mechanischen Ausführung und der Kinematik ganz wesentlich das Verhalten von Industrierobotern hinsichtlich Dynamik und Genauigkeit. Robotergerechte Antriebe zeichnen sich durch kleines Trägheitsmoment, hohes Impulsdrehmoment und großen Drehzahlstellbereich aus, mit dem Ziel hohe Bahngeschwindigkeiten bei kleiner Verstellzeit zu erreichen. Natürlich sollen auch Eigenmasse und Volumen klein sein.

Man unterscheidet Antriebe nach der Energieart und danach, ob sie direkt oder indirekt wirken. Indirekt bedeutet, daß zwischen Krafterzeuger und bewegtem Teil ein Getriebe zwischengeschaltet ist. Fast alle Elektromotor-Antriebe wirken indirekt. Fehlen mechanische Übertragungsglieder, dann liegt ein direkter Antrieb vor. Typisch sind hier fluidische Antriebe.

4.1 Antriebsarten

Nach der eingesetzten Energieart unterscheidet man:

- Elektromotorische Antriebe,

- hydraulische Antriebe und

- pneumatische Servoantriebe.

Außerdem kann man verschiedene Bauformen vorfinden, die meistens bestimmten Anforderungen der Praxis angepaßt wurden. Ganz wesentlich ist auch, ob sich die Achsantriebe vorteilhaft in die Führungsgetriebe einordnen lassen. Heute dominieren bei den Industrierobotern elektrische Antriebe. Für Pick-and-Place-Geräte ist nach wie vor der pneumatische Antrieb erfolgreich. In einigen Fällen wird auch Servopneumatik eingesetzt. Dadurch wird eine pneumatische Linearachse freiprogrammierbar.

Das Bild 4-1 zeigt schematisch den Aufbau eines Achsgelenks. Es verbindet zwei aufeinanderfolgende Achsen elektromechanisch über einen Gleichstrommotor und ein Getriebe. Die Winkellage der Achsen zueinander wird mit Hilfe eines Winkelmeßsystems bestimmt.

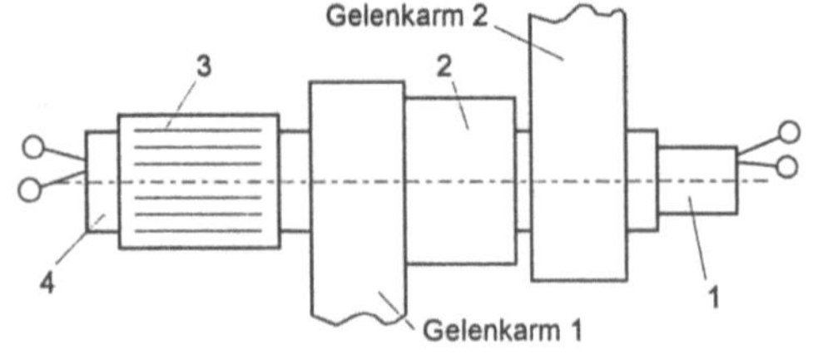

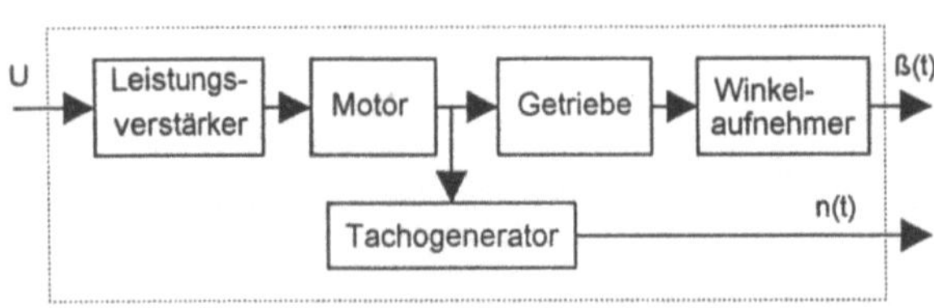

Bild 4-1
Aufbau eines Achsantriebes

Die Drehzahl n des Motors überwacht ein Tachogenerator. Eine Leistungsverstärkerstufe versorgt ihn mit der erforderlichen Klemmenspannung U. Gegenüber CNC-Werkzeugmaschinen werden bei Handhabungseinrichtungen andere Anforderungen an die Antriebe gestellt. Zusammen mit geeigneten Steuerungen geht es um schnelles ruckarmes Anfahren und Bremsen sowie um gutes Anpassen an sich ständig ändernde Belastungen, die sich durch verschiedene Armstellungen und wechselnde Handhabungsmassen ergeben. Der typische Kenngrößenverlauf einer Antriebsachse wird in Bild 4-2 gezeigt.

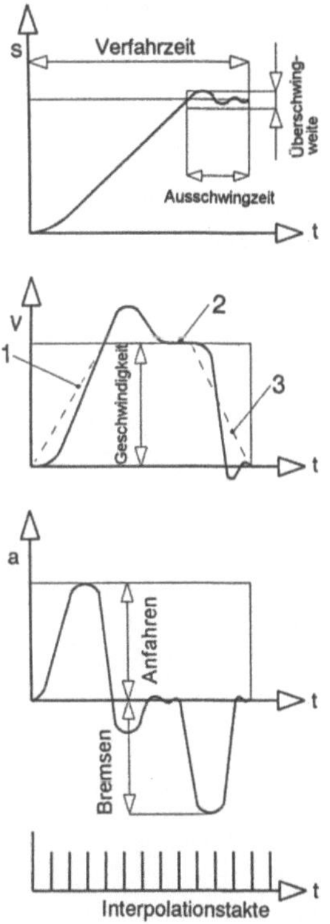

1 Beschleunigungsrampe
2 Dachgeschwindigkeit
3 Bremsrampe
a Beschleunigung
s Weg (Verfahrweg, -winkel)
t Zeit
v Geschwindigkeit

Bild 4-2
Typischer Kenngrößenverlauf

Besonders im Positionierbetrieb werden höchste Anforderungen an den Antrieb gestellt. Dieser charakteristische Fall wird in Bild 4-3 gezeigt. Die Zeit t_z für einen bestimmten Bewegungs-

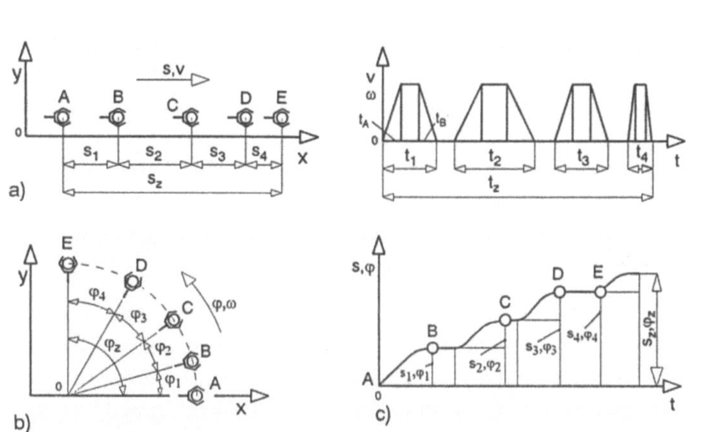

t Zeit
t_z Zykluszeit
s_z Zyklusweg
v Geschwindigkeit
φ_z Zykluswinkel
ω Winkel-
geschwindigkeit

Bild 4-3
Positionierbetrieb eines
Antriebs

a) Linearbewegung mit
Weg s
b) Drehbewegung mit
Winkel φ
c) Weg- und Geschwin-
digkeitsverlauf

zyklus setzt sich aus den einzelnen Positionierzeiten t_i, die die Anlauf- und Bremszeiten (t_A, t_B) enthalten, und den Verweilzeiten in der Position zusammen. Man sieht, daß bei der Auswahl elcktrischer Antriebe die Dynamik eine große Rolle spielt. Neben kurzen Verfahrzeiten soll die Position ohne Überschwingen und ohne langes Ausschwingen am Ziel erreicht werden. Günstiges Beschleunigungs- und Bremsvermögen ist z.B. für Punktschweißroboter eine typische Anforderung.

4.1.1   Elektrischer Servoantrieb

Der erste vollelektrisch angetriebene Roboter wurde 1974 in Europa von der Firma ASEA auf den Markt gebracht. Von da an beginnt der Siegeszug des elektrischen Servoantriebs im Roboterbau.

Als Servomotor werden exakt steuerbare Elektromotoren für das Positionieren bezeichnet. Er muß rasch beschleunigen und bremsen. Ein nachgeschaltetes Untersetzungsgetriebe erzeugt das entsprechende Drehmoment für die Bewegung der Schwenk-, Dreh- und Schubglieder des Roboters.

In Bild 4-4 wird eine Gliederung der Servomotoren vorgenommen. Es gibt außerdem verschiedene Bauweisen, Baureihen mit dem Nenndauerdrehmoment als Stufungs-Kenngröße sowie Komplettierungsbaugruppen. Dazu zählen Aufstecktachogeneratoren als Drehzahlmeßsystem, integrierte Haltebremsen und direkt arbeitende Winkelmeßsysteme. Für den Motorschutz ist ein Thermistor eingebaut. Auch die Kombination mit einem Getriebe, z.B. einem Planetengetriebe, ist marktgängig. Damit ergibt sich ein Achsantrieb, der sofort einbaufertig ist.

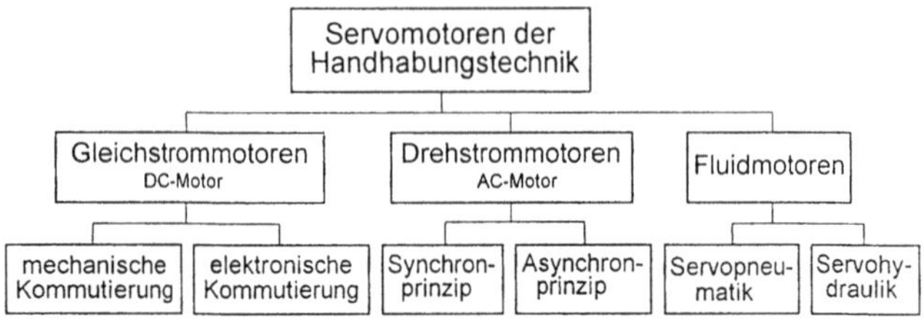

Bild 4-4   Gliederung der Servomotoren

Motoren mit Bürstenkollektor sind wartungsbedürftig. Deshalb werden immer mehr bürstenlose DC-Servomotoren eingesetzt. Sie sind umgekehrt konstruiert wie die DC-Kollektormotoren. Der Rotor ist als Permanentmagnet aufgebaut, während die meist dreiphasige Wicklung den umgebenden Stator bildet. Die entsprechend bestromten Statorwicklungen erzeugen ein Magnetfeld, an dem sich der Rotor ausrichtet. Durch zyklisches Umschalten (Kommutieren) der Statorwicklungen entsprechend der Rotorlage wird ein Drehfeld erzeugt, dem der Rotor folgt. Der momentane Drehwinkel wird von einem Rotorlagegeber (Hallsensoren) erfaßt. Für dynamisches Regeln wird außerdem noch die Umdrehungsgeschwindigkeit benötigt.

Ein vollständiger elektrischer Servoantrieb wird in Bild 4-5 gezeigt [26]. Die Hauptkomponenten sind die Arbeitsmaschine, z.B. eine Positionierachse mit den dazugehörigen Übersetzungsgliedern (Getriebe), der Servoverstärker als schaltend arbeitender Steller für den 4-Quadrantenbetrieb, der Stromregelkreis mit den Stromsensoren, der Drehzahlregelkreis mit

1 Roboterarm, Verfahrachse u.ä.	7 Tachogenerator	M Motor
2 Servoverstärker	8 Antriebsmotor	Pos Position
3 Stromregler	n Drehzahl	I Strom
4 Drehzahlregler	Ref Referenzwert, Sollwert	
5 Lageregler	aktuell Istwert	
6 indirektes Wegmeßsystem		

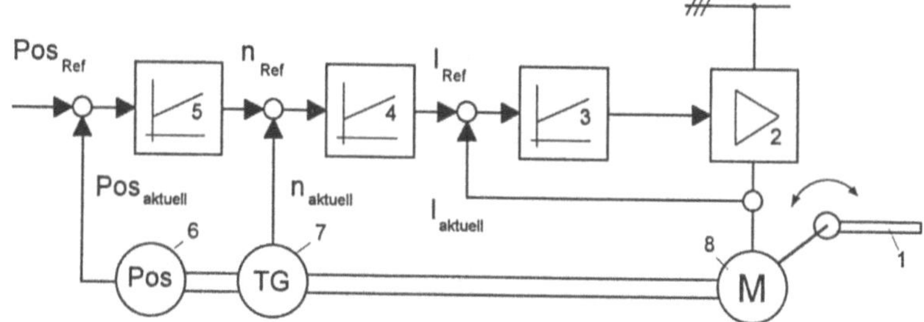

Bild 4-5   Struktur elektrischer Servoantriebe

dem Drehzahlmesser, der Lageregelkreis mit den entsprechenden Weg- bzw. Winkelmeßsensoren und der Antriebsmotor. Je nach Anforderung ist das eine Gleichstrom-, Synchron- oder Asynchronmaschine.

Moderne Servoantriebe werden in AC-Servotechnik unter Verwendung von Drehstrommotoren realisiert. Wegen der besseren Ansteuerbarkeit erhalten die Synchronmaschinen oft den Vorzug. Sie sind z.B. als Zylinderläufer ausgeführt und besitzen einen permanenterregten Rotor mit Seltenerd-Magneten, welcher mit 2-, 3- oder 4-Polpaaren ausgestattet werden kann. Außen liegt der Stator mit einer dreiphasigen Wicklung in Stern- oder Dreieckschaltung (Bild 4-6). Je nach Ansteuerungsverfahren ergeben sich block- oder sinusförmige Ströme in den Ständerwicklungen.

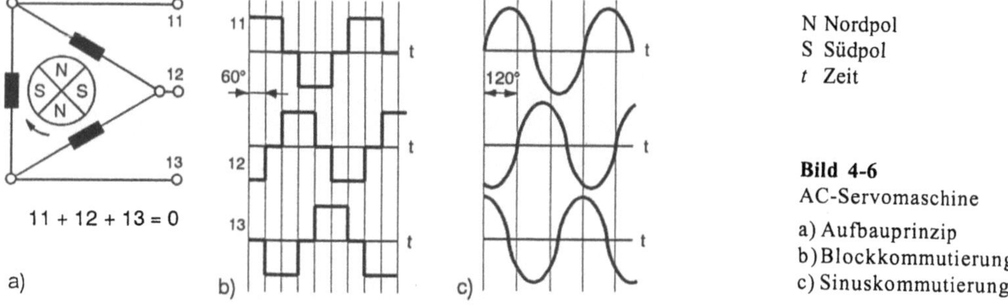

N Nordpol
S Südpol
t Zeit

Bild 4-6
AC-Servomaschine

a) Aufbauprinzip
b) Blockkommutierung
c) Sinuskommutierung

Typische Bauformen von Gleichstromstellmotoren sind Schlank-, bzw. Stabanker-, Kurz-, Hohl- bzw. Glockenläufer- und Scheibenläufermotoren (Bild 4-7). Es gibt sie jeweils mit mechanischer oder elektronischer Kommutierung. Letztere arbeiten bürstenlos, womit der mechanische Stromwender mit allen seinen Nachteilen entfällt. Der Scheibenläufermotor baut von allen Motoren am kürzesten, weil sein Rotor lediglich aus einer Scheibe mit vergleichsweise großem Durchmesser besteht. Er läßt sich in weiten Drehzahlgrenzen regeln und läuft auch bei kleinen Drehzahlen unter 1 U/min noch exakt rund. Die Wärmeabfuhr des Wicklungskupfers kann bei höchster Belastung oder Überlastung zum Problem werden, was bis zum Verwerfen des Scheibenläufers führen kann.

Drehstrommotoren sind an sich nicht so gut regelbar wie Gleichstrommotoren, weil durch prinzipbedingte elektrische Abhängigkeiten das Drehmoment von der Drehzahl abhängt. Zur

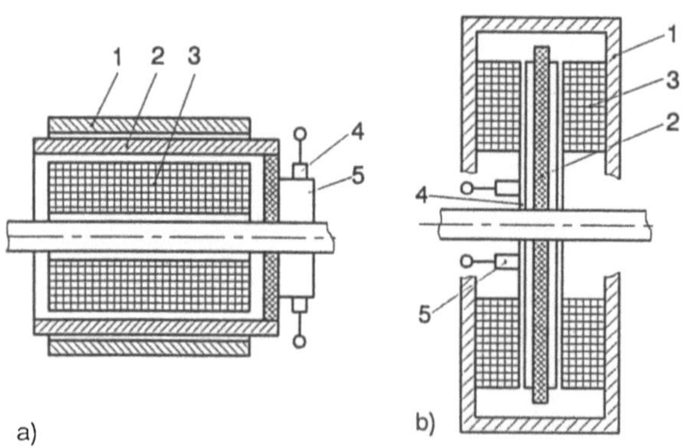

1 Gehäuse
2 Wicklung
3 Dauermagnet
4 Kommutator
5 Bürstenhalter mit Bürste

Bild 4-7
Sonderbauformen von
Gleichstromstellmotoren
(schematisch)

a) Hohl- oder Glockenläufer
b) Scheibenläufermotor

Verbesserung des Regelverhaltens wird der Motor mit einer Spannung gespeist, deren Größe, Frequenz und Phasenlage von der gewünschten Drehzahl sowie der augenblicklichen Stellung und Geschwindigkeit des Rotors abhängig ist. Gesteuert wird das von einem schon erwähnten Rotorlagegeber. Geräte für die Umwandlung der Netzspannung in eine Spannung variabler Größe, Frequenz und Phasenlage nennt man Umrichter.

Das Bild 4-8 zeigt einen Umrichterantrieb im Schema, der mit Pulsmodulation arbeitet und deswegen Pulsumrichter genannt wird. Im Wechselrichter wird die Spannung entsprechend dem Drehzahlsollwert und dem Signal vom Rotorlagegeber in Impulse verwandelt, deren Effektivwert der erforderlichen Sinusspannung entspricht.

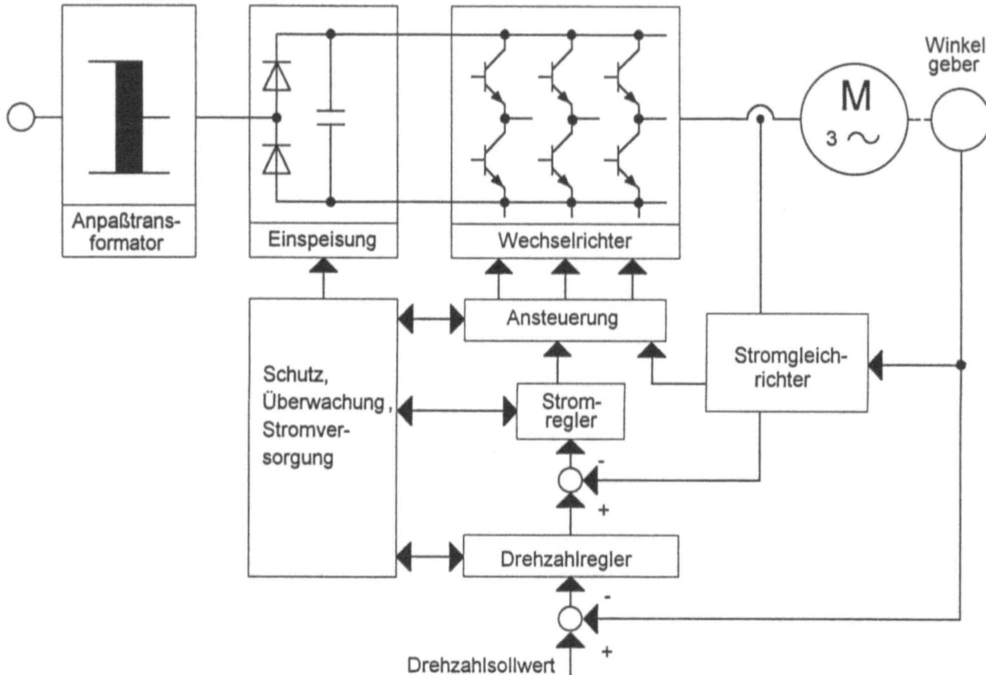

Bild 4-8   Prinzipschema eines regelbaren Drehstromantriebes (Siemens)

Für die Fixierung des Führungsgetriebes in einer Position zwischen den Bewegungsphasen, wie z.B. während des Ablaufs einer Punktschweißoperation, oder zum Halten des Roboterarmes im ausgeschalteten Zustand, baut man Bremsen in den Antrieb ein. Man setzt sie dort in den Getriebezug, wo das Drehmoment klein und die Drehzahl groß ist, am besten direkt an die Motorwelle, wie man es in Bild 4-9 sieht.

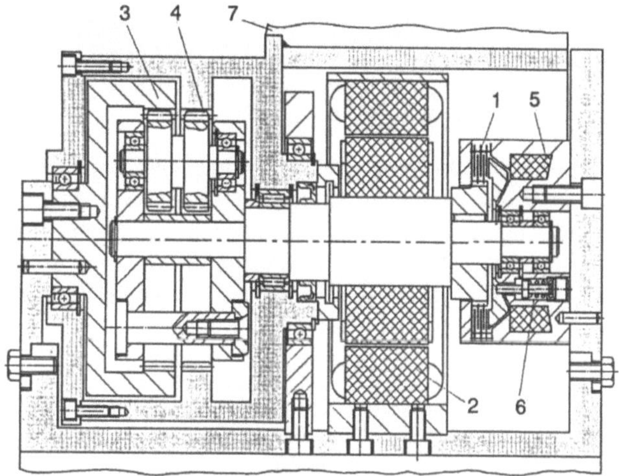

1 Lamellenpaket
2 Motor
3 Sonnenrad
4 Planetenrad
5 Magnetwicklung
6 gefederter Druckbolzen
7 Armende

Bild 4-9
Integrierter Gelenkantrieb mit zweistufigem Planetentrieb und Lamellenbremse [27]

Ein Elektromagnet hält die Bremslamellen offen. Wird der Strom abgeschaltet, wirken die Druckbolzen infolge Federkraft auf das Lamellenpaket und erzeugen die Bremswirkung. Anstelle der Druckfedern können auch Permanentmagnete eingesetzt werden. Im stromlosen Zustand wird dann das Magnetfeld der Permamentmagneten zur Erzeugung der Anpreßkraft einer Ankerscheibe gegen eine feststehende Reibfläche genutzt. Wird eine Spule mit Strom beaufschlagt, entsteht ein Gegenfeld und hebt die Bremswirkung auf. Eingebaute Federn sorgen für das restmomentfreie Trennen der Reibflächen. Typische Schaltzeiten liegen im Bereich von 10 bis 40 Millisekunden. Havarie- und Haltebremsen, die im Stillstand einen Arm fixieren sollen, sind nur notwendig, wenn der Getriebezug nicht selbsthemmend ist.

Moderne Antriebe vereinen also Motor, Tachogenerator, Drehgeber und massearme Bremse in einer Einheit. Das ist in Bild 4-10 im Schema zu sehen. Für den Motorschutz ist ein Thermistor vorgesehen. Der Resolver wurde über eine Zahnradstufe angekoppelt.

1 Motor
2 Kaltleiterfühler für den Motorschutz
3 Haltebremse

4 Zahnradübersetzung
5 Gleichstrom-Aufstecktachometer
6 Wellrohrkupplung

7 inkrementaler Winkelgeber
8 Getrieberesolver

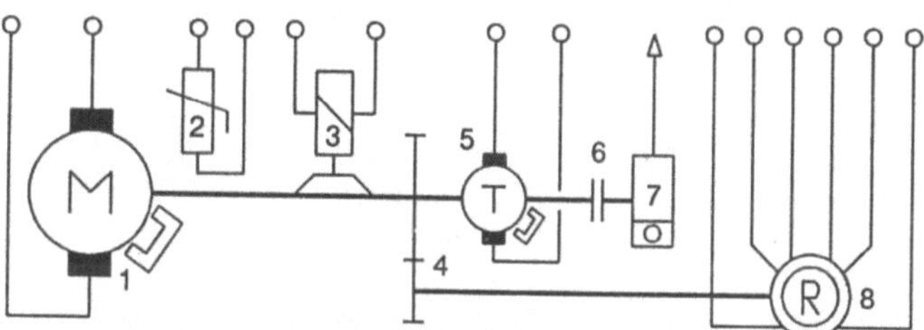

Bild 4-10
Gleichstromstelleinheit mit Haltebremse

4.1.2   Elektrischer Schrittmotorantrieb

Ein Schrittmotor wandelt ein elektrisches Signal, das in Form einzelner Impulse vorliegt, in eine Drehbewegung mit definiertem Winkel, den sogenannten Schritten, um. Die Größe der Schritte und damit die Auflösung des Motors (Schritte je Umdrehung) ist konstruktiv festgelegt und von der Anzahl der Statorwicklungen abhängig. Es sind zwei Schrittmotorarten in Gebrauch: Der 2-Phasen- und der 5-Phasen-Schrittmotor. Beim 2-Phasen-Motor besteht der Stator aus Polpaaren mit entsprechend verzahnten Polen und löst eine Motorumdrehung in 200 Schritte auf (Winkelauflösung = 1,8°). Beim 5-Phasen-System mit seinen 5 Polpaaren erreicht man 0,72° Auflösung. Der Luftspalt zwischen Rotor und Stator liegt bei etwa 0,1 mm.

Das Bild 4-11 zeigt das Funktionsprinzip eines Zwei-Phasen-Schrittmotors. Schaltet man in den Phasen abwechselnd und mit wechselnder Flußrichtung den Strom ein und aus, so erzeugt man ein sich mit 90° schrittweise drehendes Magnetfeld, dem der permanentmagnetische Rotor folgt. Wenn man zwischen den 90°-Positionen beide Phasen nach einem bestimmten System einschaltet, erzeugt man ein sich um 45°-Schritte drehendes Feld. Das wird als Halbschrittbetrieb bezeichnet (Bestromungsmuster dazu siehe Bild 4-11b).

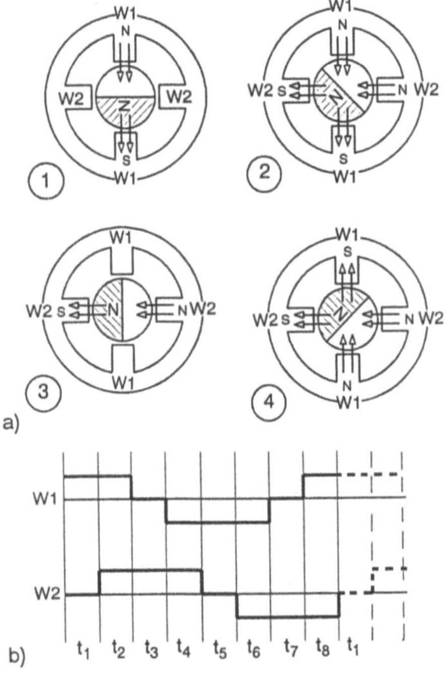

W Wicklung
N Nordpol
S Südpol
t Zeit

Bild 4-11
2-Phasen-Schrittmotor

a) Wirkprinzip als Ablauffolge
b) Bestromungsmuster

Die genannte Auflösung ist natürlich noch zu grob. Deshalb werden die Stator-Hauptpole kammartig ausgeführt, wie es Bild 4-12 zeigt.

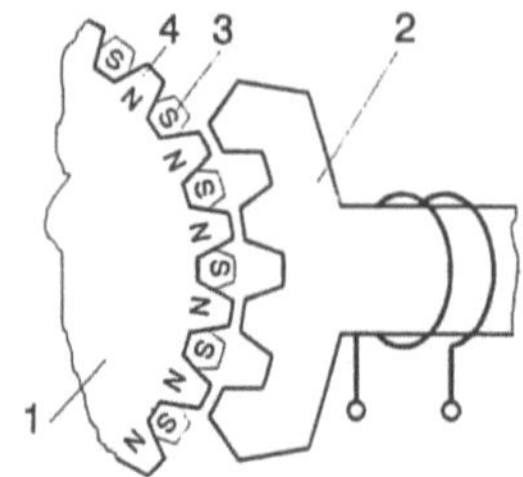

1 Rotor
2 Hauptpol
3 hinterer Rotorpolschuh
4 vorderer Rotorpolschuh

Bild 4-12
Kammartige Pole im Schrittmotor

Beim 5-Phasen-Motor sind das z.B. 4 Pole je Hauptpol. Der Rotor ist in axialer Richtung magnetisiert und trägt 2 mit je 50 Zähnen versehene Polschuhe. Diese Polschuhe sind zueinander elektrisch um 90° (halbe Zahnteilung) versetzt. Das Prinzip einer Schrittmotoransteuerung wird in Bild 4-13 gezeigt. Daraus ist u.a. zu ersehen, daß Schrittmotoren ohne Lagerückmeldung arbeiten, also in offener Steuerkette betrieben werden.

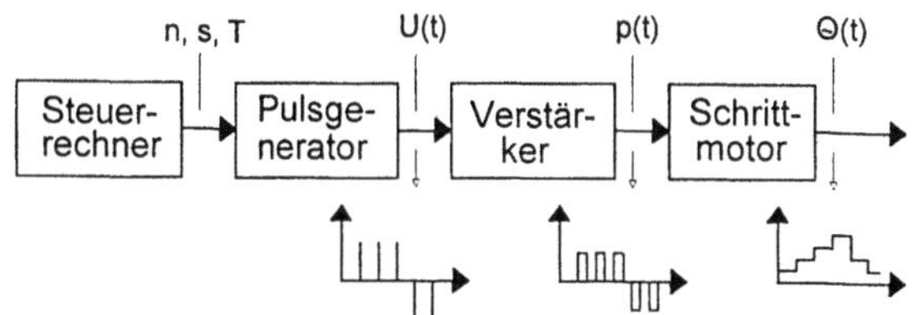

n Pulszahl $p(t)$ Stellsignal
s Richtung t Zeit
T Übergangszeit $\Theta(t)$ Lagewinkel der
$U(t)$ Steuerimpuls   Antriebsachse

Bild 4-13
Prinzip einer Schrittmotorsteuerung

Das macht den Antrieb einfach, birgt aber auch die Gefahr in sich, daß bei zu hoher Ansteuerfrequenz oder Last Fehler entstehen können, weil der Motor dann Schritte „verschluckt". Man kann den Motor aber auch um ein Wegmeßsystem ergänzen und dann in einen Lageregelkreis einbinden. Schrittmotorantriebe werden für Klein- und Lehrroboter verwendet, auch für Baukastenmodule, die dann zu Pick-and-Place Geräten zusammengesetzt werden. Es gibt aber auch Hochmomentmotoren die nach dem Prinzip des Schrittmotors arbeiten. Sie werden als Direktantrieb auch bei Robotern eingesetzt, z.B. beim amerikanischen Roboter ADEPT.

4.1.3 Hohlwellenantrieb

Der Hohlwellenantrieb ist ein Elektroantrieb, der durch seine besondere Bauform Anwenderwünsche erfüllt. Drehgelenke sind in der Regel kompakte Baugruppen, so daß es schwierig ist, Kabel, Spindeln und Leitungen über die Gelenke hinwegzuführen. Um das zu erleichtern, hat man Hohlwellenantriebe geschaffen. Eine solche Antriebseinheit besteht aus einem Wellgetriebe (Harmonic Drive), Lagerungen, bürstenlosen AC-Motor, Bremse und Drehimpulsgeber. Die Getriebeuntersetzung kann z.B. 1:50 oder 1:160 betragen, bei maximalen Drehmomenten von 180 bis 1840 Nm. Der Hohlwellendurchmesser kann bis zu 30 % des Außendurchmessers betragen. Bei den in Bild 4-14 gezeigten Anwendungsfall handelt es sich um das Arm-

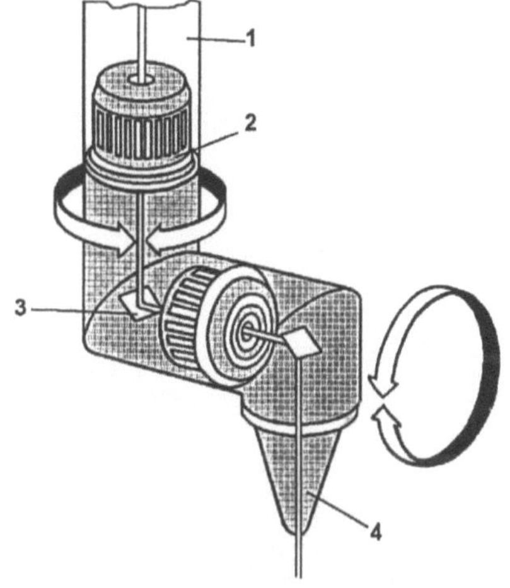

1 Roboterarm
2 Hohlwellenantrieb
3 Spiegel
4 Fokussieroptik

Bild 4-14
Laserroboter mit Strahlführung durch die Hohlwellenantriebe hindurch
(HARMONIC DRIVE)

ende eines Laser-Schneidroboters. Der Strahl kann in Armmitte über ein Spiegelsystem durch die Hohlwellen geführt werden.

Werden alternativ Schneckengetriebe mit zentrischem Hohlraum im Schneckenrad verwendet, dann muß das Getriebe verspannt werden, damit eine ausreichend präzise Funktion gewährleistet wird. Verspannen bedeutet aber stets erhöhte Reibung, mehr Verschleiß und zusätzliche Erwärmung. Gleichzeitig leidet darunter der Wirkungsgrad. Es werden auch noch andere Getriebe in Hohlwellenausführung angeboten (siehe dazu Bild 4-34).

4.1.4   Elektrischer Direktantrieb

Bei Direktantrieben gibt es im Antriebsstrang keine Getriebe zur Drehzahlreduzierung und Drehmomentanpassung zwischen bewegter Roboterkomponente und Motor. Dadurch werden im Antriebsstrang die durch Getriebe verursachten Nachteile wie Lose bzw. Reibungsumkehrspanne, Übertragungsfehler, Getriebefehler, Getriebeelastizität und zusätzliche Trägheitsmomente vermieden. Als Motor kommen Drehmomentmotoren (Torque-Motor) oder Linearmotoren infrage. Drehmomentmotoren müssen ein hohes Drehmoment aufbringen und haben deshalb eine hohe Polzahl (bis zu 50). Dadurch werden Durchmesser und Masse groß, bei relativ kurzer Bauweise. Sie können direkt in die Drehgelenke von Führungsgetrieben eingebaut werden, was zur Vereinfachung der Roboterkonstruktion beiträgt. Roboter der Firma ADEPT werden seit 1983 mit einem Direktantrieb ausgestattet.

Für die Translation lassen sich Drehstromlinearmotoren verwenden, z.B. als Achse 1 (Verfahreinheit). In Bild 4-15 wird der prinzipielle Aufbau einer solchen Lineareinheit gezeigt. Zwischen den Statorpaketen befindet sich das verschiebbare Sekundärteil aus Aluminium oder Kupfer. Linearmotoren zeichnen sich durch einfachsten Aufbau aus. Die Zugkraft kann durch Variation der Motorspannung verändert werden.

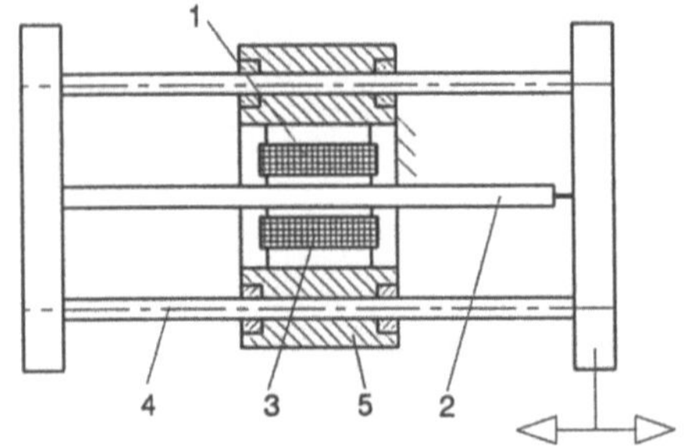

1 Stator 1
2 Sekundärteil
3 Stator 2
4 Führung
5 Gestell

Bild 4-15
Lineareinheit mit Drehstromlinearmotor in Doppelstatorbauweise

Die Anfahrzugkraft F_a folgt etwa der Beziehung

$$F_a / F_{aUn} \approx (U / U_n)^2$$

wobei U Spannung, U_n Nennspannung und F_{aUn} die Zugkraft bei Nennspannung sind.

Eine andere Variante zeigt das Bild 4-16. Für die Geradführung können Linearkugellager, Profilschienen, aerostatische und hydrostatische Lagerungen eingesetzt werden. Der erforderliche Bauraum ist klein, die Vorschubkräfte und die Verfahrgeschwindigkeiten sind groß. Der Motor läßt sich genau positionieren und der Schleppabstand ist gering.

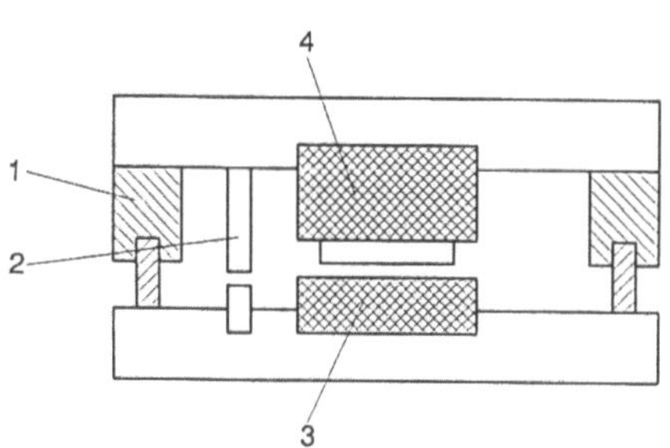

1 Führung   3 Sekundärteil
2 Meßsystem   4 Primärteil

Bild 4-16
Aufbauschema eines Führungssystems mit Linearmotor

Ein „Flächenroboter" läßt sich gestalten, wenn ein Flächenmotor auf der Basis des elektrischen Linearmotors verwendet wird. Das ist ein Motor, bei dem der Stator mit orthogonal gekreuzten Nuten versehen wurde und dem Läufer ein zweites Spulensystem im 90°-Winkel zugeordnet ist. Es entsteht also ein 2D-Linearmotor. Das Prinzip erkennt man aus Bild 4-17. Die Lauffläche kann z.B. 20 m^2 betragen und es können sich darauf mehrere Läufer unabhängig voneinander bewegen. Der Läufer mit angebautem Roboterarm kann hängend betrieben werden, wobei während des Verfahrens ein Druckluftfilm für Berührungsfreiheit sorgt. Eine Ausführungsvariante ist z.B. der Roboter MEGA (Bild 4-23).

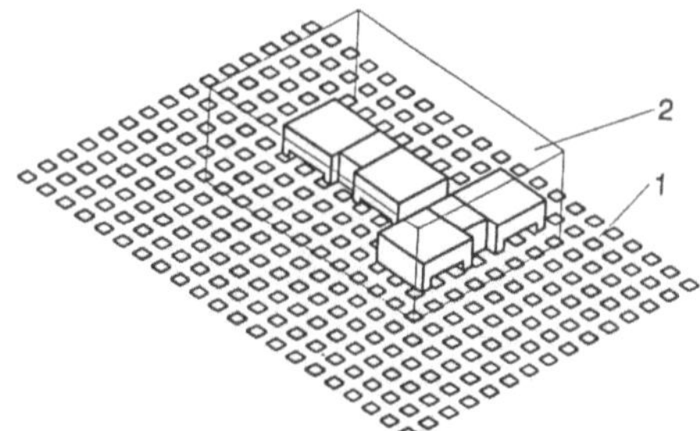

1 Lauffläche, Stator
2 Läufer (2D)

Bild 4-17
2D-Linearmotor

4.1.5 Schubkolbenantrieb

Schubkolbenantriebe sind fluidische Direktantriebe. Das Bild 4-18 zeigt eine typische Lineareinheit mit Scheibenkolben. An dessen Stelle lassen sich auch 2 Tauchkolben einsetzen. Es gibt auch Baueinheiten, bei denen die Schubbewegung über ein Zahnstange-Ritzel-Getriebe umgesetzt wird, so daß sich ein Drehantrieb ergibt (siehe dazu Bild 3-55). Das wäre dann allerdings kein Direktantrieb mehr.

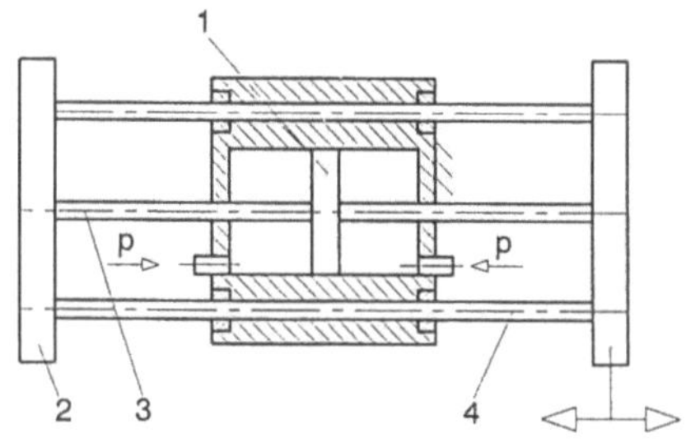

1 Kolben   4 Führung
2 Anschlußplatte p Druck
3 Kolbenstange

Bild 4-18
Schubkolbenantrieb

Für große Hublängen (je nach Kolbendurchmesser bis 12 m) gibt es kolbenstangenlose Druckluftzylinder, die aber vor allem im Pick-and-Place Bereich Anwendung finden. Freiprogrammierbare Pneumatikachsen sind durch Servopneumatik erreichbar [97, 98]. Das ist in erster Linie eine Frage der Lageregelung. Das Prinzip einer solchen Steuerung wird im Abschnitt 6.2.2 (Bild 6-13) gezeigt.

Zum Halten der Kolbenstange in einer definierten Position sind verschiedene Bremskonstruktionen möglich. Es gibt anzubauende Bremsen, aber auch in den Schubkolbenantrieb integrierte Bremsen. In Bild 4-19 werden zwei Konstruktionen gezeigt. Beide arbeiten mit pneumatischer Klemmkrafterzeugung. Es sind auch elektromagnetische Bremsen bekannt. Gebremst wird mit Federkraft, das Lüften der Bremse geschieht durch Einschalten des Magneten.

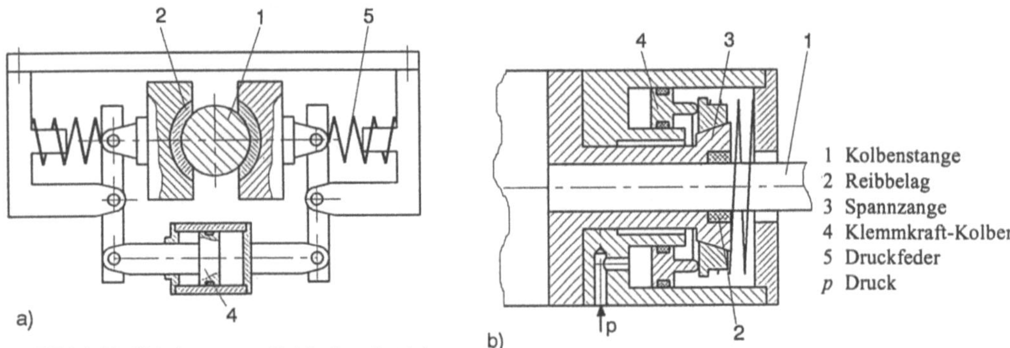

Bild 4-19 Haltebremse an fluidischen Antrieben
a) Backenbremse, b) Zangenbremse

Bei Farbspritzanwendungen wird der hydraulische Antrieb den elektrischen oder pneumatischen Antrieben vorgezogen. Beim elektrischen Antrieb besteht die Gefahr, daß ein Funke der Elektromotoren das in der Spritzkabine entstehende Farbgas entzündet. Pneumatisch erzeugte Antriebsbewegungen wären für das Farbspritzen wenig geeignet, da sie zu ruckartig ablaufen. Hydraulische Antriebe sind aufwendiger als pneumatische Systeme. Sie werden jedoch bereits seit den Anfängen der Robotertechnik eingesetzt, weil die Servohydraulik gut erprobt war, die stufenlose Geschwindigkeitsregelung beherrscht wurde und beliebige Zwischenpositionen erreichbar sind [42]. Das Schema eines hydraulischen Linearantriebes zeigt das Bild 4-20.

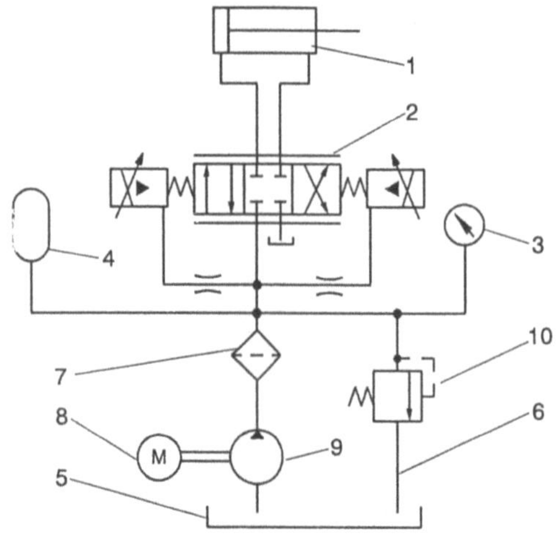

1   Arbeitszylinder
2   Servoventil
3   Druckanzeige
4   Druckspeicher
5   Ölbehälter
6   Rücklaufleitung
7   Saugleitung mit Filter
8   Pumpenmotor
9   Pumpe
10 Maximaldruckventil

Bild 4-20
Hydraulikkreislauf einer Lineareinheit

Durch die große Energiedichte und die kompakte Bauweise besitzen hydraulische Antriebe hohe Leistungsreserven. Bei hohem Öldruck und günstigen Leistungskonfigurationen werden große Kräfte und Momente erzielt. Der Druckspeicher hilft den großen Ölbedarf zu decken, wenn kurzzeitig auf hohe Geschwindigkeit beschleunigt wird. Nachteile sind:

- Leckage, Umweltbelastung, Temperaturabhängigkeit (Ölerwärmung), nicht konstantes Betriebsverhalten bei Austausch von Baugruppen,

- keine guten Reaktionszeiten und keine hohen Positionier- bzw. Wiederholgenauigkeiten durch Ölviskosität,

- Lärm und Temperaturbelastung bei der Druckölerzeugung,

- hoher Energieeinsatz und damit ungünstige Energiebilanz; zusätzlicher Platzbedarf für Hydraulikaggregat.

Aus diesen Mängeln erwuchs die Bevorzugung der servoelektrischen Antriebe. Bereits 1989 waren ¾ aller Industrieroboter mit elektrischen Antrieben ausgestattet. Beim Austausch von Teilen ist eine Nachjustage der Steuerung nicht erforderlich. Außerdem gibt es gute Möglichkeiten, Elektroantriebe in Überwachungssysteme einzubeziehen. Dafür muß man gegenüber der Hydraulik als Nachteil höhere Kosten durch teure Übertragungsgetriebe und bei größeren Traglasten einen statischen Masseausgleich in Kauf nehmen.

4.1.6   Drehkolbenantrieb

Hydraulische und pneumatische Drehkolbenmotoren erzeugen auf direktem Weg Drehbewegungen kleiner als 360°. Bei Drehkolben mit 2 Flügeln halbiert sich der konstruktiv mögliche Winkel nochmals, dafür ist das erreichbare Drehmoment entsprechend größer. Druck und Fläche des Flügels sind für die Kraft maßgebend, die am Flügel entsteht. Die Anwendung des Drehkolbenantriebs (Bild 4-21) liegt vor allem bei Pick-and-Place-Einheiten mit fest vorgegebenem Winkel. Sie werden auch als Handgelenkachsen eingesetzt, wenn der Drehwinkel nicht freiprogrammierbar sein muß, insbesondere bei Handhabungseinrichtungen, die für das Beschicken von Maschinen vorgesehen sind.

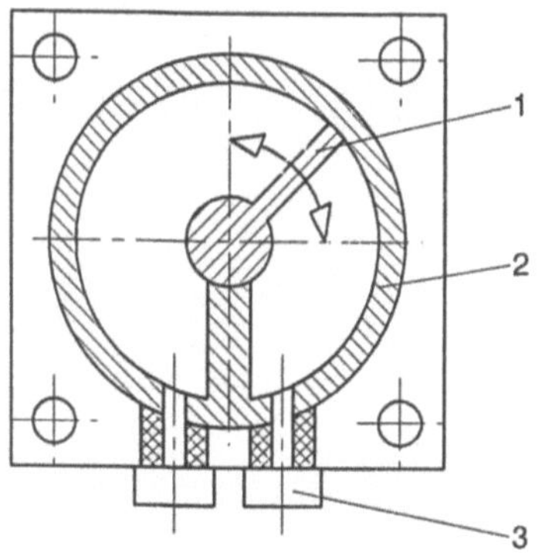

1 Drehkolben
2 Gehäuse
3 Fluidanschluß

Bild 4-21
Drehkolbenantrieb

Wird ein Winkelmeßsystem angesetzt, dann läßt sich auch der Drehkolbenantrieb in einen Lageregelkreis einbinden, wie es in Bild 4-22 zu sehen ist. Der Vergleicher bildet aus der Regelabweichung (Soll minus Ist) ein Stellsignal, das verstärkt wird und die Verstellung des Drehkolbens solange bewirkt, bis die Regelabweichung zu Null geworden ist. Das Koinzidenzsignal (Soll minus Ist = Null) veranlaßt den Abfall des Stellventils im Hydraulikkreis und bringt den Drehkolben sofort zum Stehen.

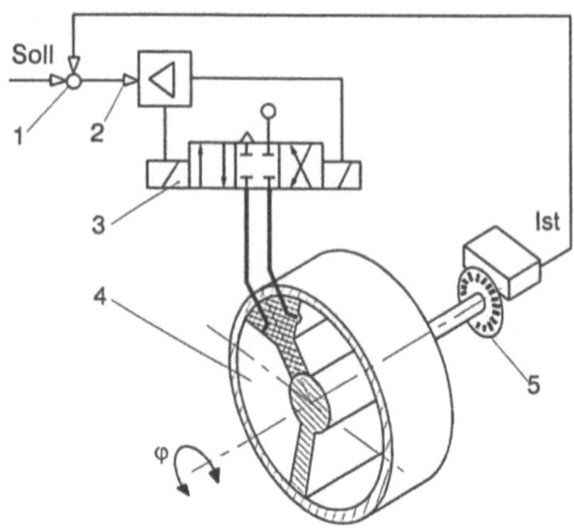

1 Vergleicher
2 Stellsignal
3 Stellventil
4 Drehkolbenantrieb
5 Wegmeßsystem

Bild 4-22
Drehkolbenantrieb im Lageregelkreis

4.1.7   Sonderantriebe

Ein außergewöhnliches Robotersystem für die Kleinteilmontage wird in Bild 4-23 dargestellt. Es ist des Mehrrobotersystem MEGA (Multiple Enhanced Gantry Arms), bei dem sich mehrere einzelne Roboterköpfe hängend über einer Arbeitsfläche bewegen, um z.B. Montageoperationen auszuführen. Die Roboterköpfe gleiten dabei auf einem Luftkissen von 0,01 mm Dicke und werden durch eine Serie starker elektronisch getakteter Elektromagnete auf dem fotochemisch geätzten Raster der Arbeitsfläche schwebend gehalten. Es handelt sich um einen linearen Direktantrieb, bei dem Erfahrungen aus der Weltraumtechnik ausgenutzt wurden. Werden mehrere Köpfe betrieben, so lassen sich diese einzeln programmieren. Die Systemsoftware koordiniert und optimiert die kollisionsfreie Bewegung aller Köpfe automatisch. Mit dem Sy-

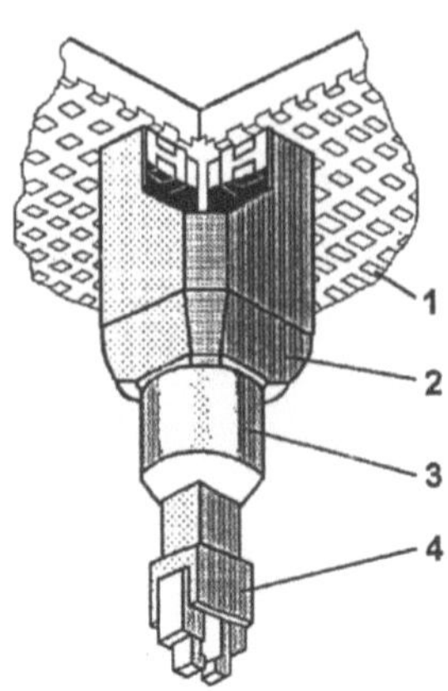

1 im Raster geätzte Grundplatte
2 Roboterkopf
3 Dreheinheit
4 Greifer

Bild 4-23
Robotersystem MEGA (AFAG)

stem ist eine hohe Montageleistung je Flächeneinheit erreichbar. Wichtige technische Daten sind: Verfahrgeschwindigkeit $v = 2{,}5$ m/s, Eigenmasse des Kopfes $m = 5$ kg, Nutzlast $N = 5$ kg, Wiederholgenauigkeit bei konstanter Temperatur 0,025 mm. Leider haben sich solche Lösungen bisher nicht durchgesetzt.

Eine originelle Lösung für einen Roboter, der sich ebenfalls in mehreren Richtungen bewegen kann, ist der Square Shaped Robot (SSR), ein Labormuster [28]. Er kann sich auf ferromagnetischen Oberflächen bewegen und hält sich dabei mit Elektromagneten fest (Bild 4-24). Linearaktoren führen einen kurzen Schritt von z.B. 6 mm aus, wobei die 4 Elektrohaftmagnete in Abstimmung mit den insgesamt 8 Linearantrieben so angesteuert werden, daß die beabsichtigte Bewegung zustande kommt. Schraubenfedern bewirken die Rückstellung der Aktoren, die z.B. ebenfalls magnetisch arbeiten können. Man könnte dafür auch elektrische Schrittmotoren einsetzen, die über Mutter und Spindel Wegschritte erzeugen. Eine solche Plattform könnte eine Inspektionskamera tragen, aber auch Werkzeuge zum Reinigen oder zum Auftragen von Farben auf eiserne Oberflächen.

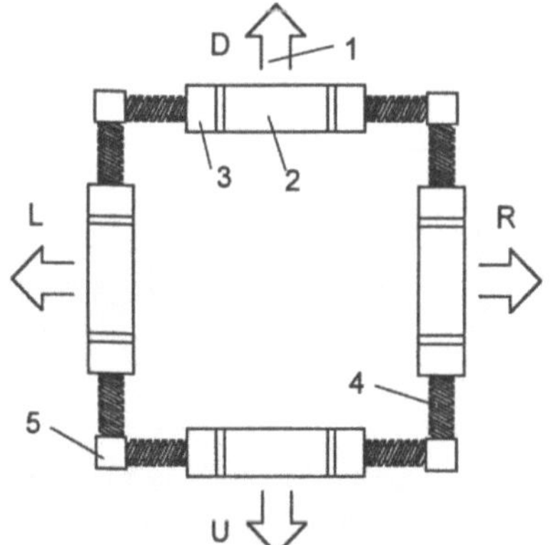

1 mögliche Bewegungsrichtung
2 Elektromagnet
3 Linearantrieb
4 Schraubenfeder
5 Ecklagerblock

Bild 4-24
Prinzip des Roboters SSR (Draufsicht)

4.2   Kraftübertragungssysteme

In der Regel entsteht eine Kraftwirkung nicht unmittelbar dort, wo sie gebraucht wird, außer bei Direktantrieben. Dort reduziert sich das Kraftübertragungssystem auf Kupplung und Flanschanschluß. Ansonsten braucht man Übertragungselemente. Sie haben folgende Aufgaben zu erfüllen:

- Umformung von Bewegungen

  Der Krafterzeuger kann Dreh- oder Schubbewegungen erzeugen. Deshalb kommen zwei Varianten vor: Drehen in Schieben wandeln oder Schieben in Drehen bzw. Schwenken. Auch die Wandlung eines kurzen Antriebshubes in eine größere Hubbewegung gehört dazu.

- Drehzahl und Drehmoment wandeln

  Motorleistung P, Drehmoment M und Drehzahl n sind über folgende Beziehung miteinander verknüpft: $M \cdot n \approx P$. Hohe Motordrehzahlen werden reduziert und das zugunsten eines höheren Drehmoments. Dafür werden die verschiedensten Getriebe eingesetzt.

- Kraftübertragung auf Distanz

Die Grundaufgabe ist die Weiterleitung einer Kraft, z.B. mit Zugmitteln (Seil, Kette, Band, Synchronriemen) oder Stangen und Spindeln. Dem kann auch eine Bewegungsumformung überlagert sein. Es gibt die Varianten Drehen in Drehen, Schieben in Schieben, Drehen in Schieben und Schieben in Drehen, z.B. unter Verwendung von Zahnstange-Ritzel-Getrieben. In welchem Maße Kraftübertragungssysteme nötig werden und welche, hängt von der Antriebsstruktur ab. Es können Einzel- oder Mehrantriebssysteme sein. Erstere kommen nur bei Bewegungsmodulen vor. Mehrantriebssysteme sind für Roboter typisch und können parallel oder seriell in Bezug zum Gestell angeordnet sein [29]. Bei einer Parallelanordnung (Bild 4-25a) der Antriebe sind die Bewegungsformen der einzelnen Wirkelemente konstruktiv festgelegt. Es sind nur Wege bzw. Winkel, Geschwindigkeit und Beschleunigung beeinflußbar. Eine resultierende Bewegung aus der Überlagerung mehrerer Einzelbewegungen gibt es nicht. Das bleibt anderen Kopplungen vorbehalten.

Bei der seriellen Anordnung (Bild 4-25b) kann durch Wegsteuerung die Bahn des Endwirkelements beeinflußt werden. Das Besondere besteht darin, daß alle hinter dem Gestell liegenden Antriebssysteme mitbewegt werden müssen. Kombinierte Antriebsanordnungen, sogenannte Hybridstrukturen, kann es ebenfalls geben, z.B. bei mehrarmigen Robotern oder bei Fingergreifern (Bild 4-25c).

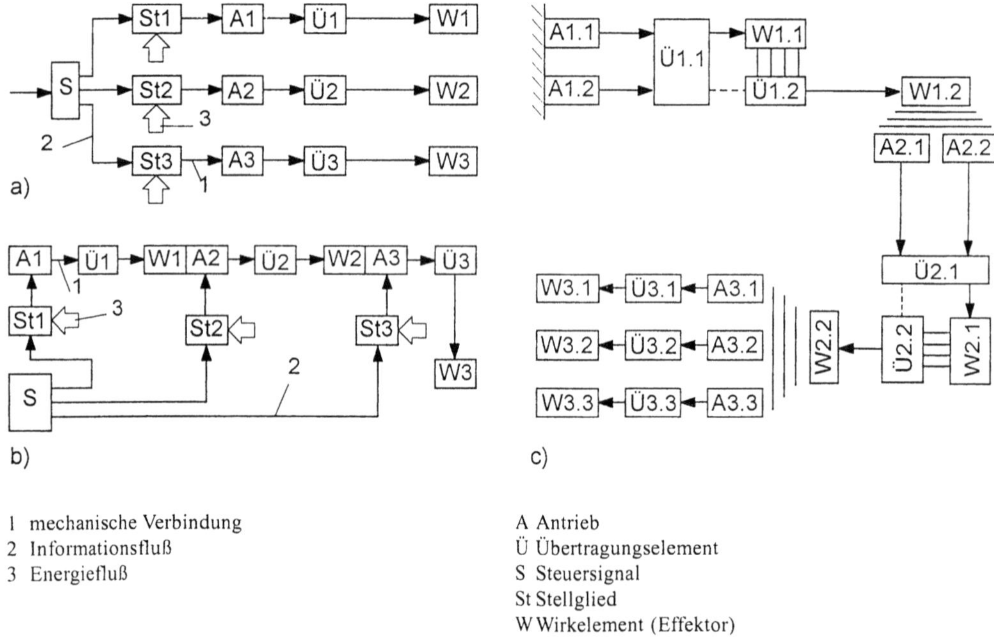

1 mechanische Verbindung
2 Informationsfluß
3 Energiefluß

A Antrieb
Ü Übertragungselement
S Steuersignal
St Stellglied
W Wirkelement (Effektor)

Bild 4-25 Prinzipielle Antriebsstrukturen
    a) parallele Anordnung, b) serielle Anordnung, c) kombinierte Anordnung

Antriebskonzepte sollen sich an möglichst kleinen Massenträgheitsmomenten orientieren. Das auf die Motorwelle reduzierte Massenträgheitsmoment J_{ges} einer Achse ergibt sich aus der Beziehung

$$J_{ges} = J_M + (J_A + J_W)/i^2$$

Es bedeuten:

J_M Trägheitsmoment von Motor mit Getriebe,

J_A Trägheitsmoment des Armgliedes,

J_W Trägheitsmoment sonstiger Massen (Werkstück, Greifer, mitbewegte Antriebe und Gelenke),

i Getriebeübersetzung.

In Bild 4-26 werden zwei charakteristische Antriebskonzepte gezeigt, die sich durch verschiedene Installationen der Motoren M_i unterscheiden [25]. Bei der Bauform I sind alle Antriebe in der Hauptachse plaziert. Das ergibt ein kleines Massenträgheitsmoment des gesamten Armes. Die Bewegungen müssen allerdings über die Gelenke hinweg bis zur Wirkstelle geführt werden. Die Bauform II kommt auf deutlich größere Massen in den einzelnen Achsen A_i, weil die Antriebe dezentral angeordnet sind. Dafür vereinfacht sich die Kraftübertragung. Zum Thema zentrale und dezentrale Antriebe siehe auch Bild 2-2.

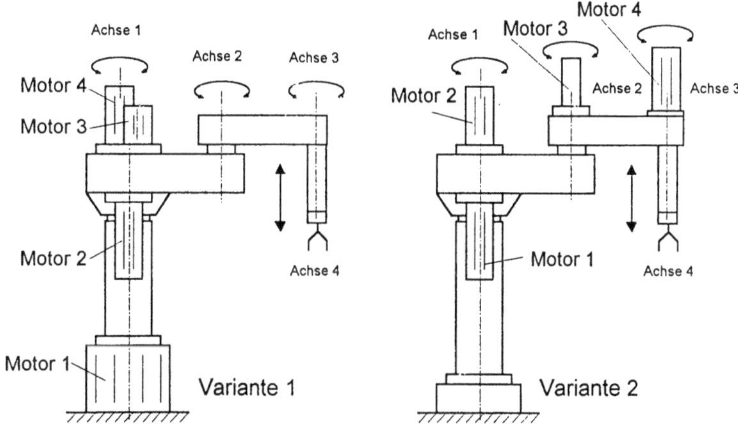

Bild 4-26 Charakteristische Antriebskonzepte für SCARA-Roboter

4.3   Übertragungsgetriebe

In der Regel sind hochtourige Rotorbewegungen eines Elektromotors über Getriebe und ergänzende Strukturelemente in eine für die jeweilige Arbeitsaufgabe günstige Bewegung umzusetzen. Dazu werden verschiedene Getriebearten eingesetzt. Das Bild 4-27 gibt einen Überblick. Diese Getriebe werden in den folgenden Abschnitten kurz besprochen.

Für die Bewältigung von Aufgaben mit großen Genauigkeitsforderungen muß sichergestellt sein, daß auch unter der Hebelwirkung der Roboterarme und bei unterschiedlicher Belastung am Endeffektor ein zulässiger Positionierfehler nicht überschritten wird. Bei kleinen Belastungen mindern Nichtlinearitäten wie Reibung und Spiel die Genauigkeit. Hieraus ergibt sich, daß Robotergetriebe fast immer Sondergetriebe sind. Es wird eine hohe Fertigungsqualität erforderlich, um der Forderung nach Spielfreiheit genügen zu können.

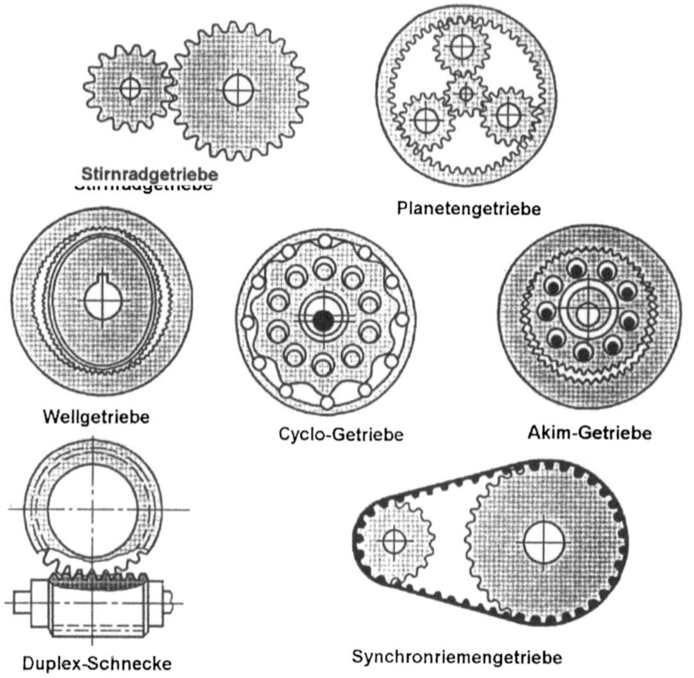

Bild 4-27 Wichtige Getriebe, die in Robotern eingesetzt werden

Die Eigenschaften eines Getriebes wirken auf die Eigenschaften des Roboters. Man kann folgende Zusammenhänge herausstellen [25]:

Getriebe-Beurteilungsaspekt		Roboter-Beurteilungskriterium
Spiel, Steifigkeit, Gleichlauf	⇒	Positionier-, Schwingungsverhalten
Massenträgheitsmoment	⇒	Zykluszeit, Genauigkeit, Schwingungen
Bauvolumen, Masse	⇒	Konstruktion, Genauigkeit, Zykluszeit
Wirkungsgrad	⇒	Zykluszeit, Konstruktion, Schwingungen
Lebensdauer	⇒	Kosten, Genauigkeit
Geräuschbildung	⇒	Arbeitsgeräusch

4.3.1   Stirnradgetriebe

Sie müssen für eine Anwendung im Roboter spielarm gemacht werden. Das erreicht man durch verschiedene Arten des Einstellens oder der Vorspannung mit Federkraft (radiale, axiale, tangentiale Einstellung). Allgemeine Maßnahmen sind genaues Fertigen, Flankenverkupferung, wenige Getriebestufen und große Übersetzung in der letzten Stufe sowie Antrieb über 2 Motoren, wovon einer generatorisch mitläuft und damit eine Gegenkraft erzeugt. Selbsthemmung ist nicht unbedingt gegeben. Schmierung und Kapselung sind erforderlich. Der Wirkungsgrad ist gut. Es sind Übersetzungen bis $i \leq 10$ üblich.

4.3.2   Cyclo-Getriebe

Sie werden innen am Exzenter angetrieben, wenn die Drehzahl reduziert werden soll. Der Exzenter treibt eine Kurvenscheibe an, deren Anzahl an Kurvennestern um eins geringer ist als die Anzahl der Rollen im Außenring. Die Kurvenscheibe stützt sich am Mitnehmerbolzen ab. Beim Abwälzen kommt es zu einer Relativbewegung zwischen Kurvenscheibe und Außenring. Die Mitnehmerbolzen gewährleisten den Kraftfluß zur Abtriebswelle. An- und Abtriebsglieder können vertauscht werden. Es sind Übersetzungen bis $i \leq 119$ in einer Stufe möglich. Weitere Technische Angaben: Drehmomente > 7000 Nm, Verdrehflankenspiel $\leq 1{,}5'$, wenig Verschleiß, sehr guter Wirkungsgrad $\eta = 0{,}99$.

4.3.3   Schneckengetriebe

Bei Schneckengetrieben sind die Maßnahmen zur Spielreduzierung wichtig. Durch besondere Gestaltung der Schnecke kann deren axiale Einstellung bezüglich des Schneckenrades zur Spielreduzierung genutzt werden. Mögliche Varianten sind die geteilte Schnecke, die kegelige Evolventenschnecke und die Schnecke mit zwei Flankensteigungen (Duplexschnecke). In Bild 4-28 werden 2 Ausführungen vorgestellt. Schneckengetriebe sind mechanisch sehr sicher. Selbsthemmung ist gegeben. Schmierung und Kapselung sind erforderlich. Es sind Übersetzungen bis $i \leq 35$ üblich.

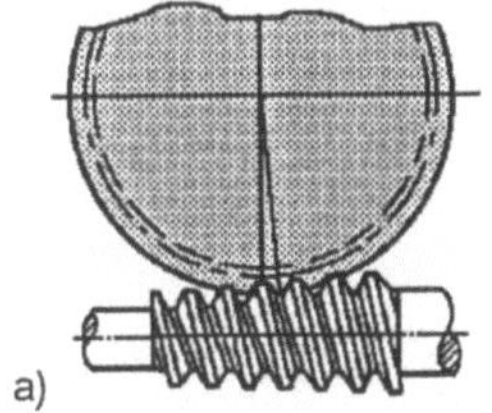

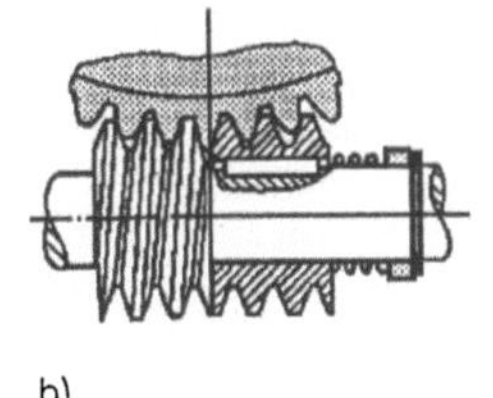

a) kegelige   b) geteilte
   Evolventenschnecke   Schnecke

Bild 4-28
Spielfreie Schneckengetriebe

4.3.4   Wellgetriebe

Das Wellgetriebe, besser bekannt als Harmonic-Drive-Getriebe, hat die Aufgabe, hochtouriges Drehen in kraftvolles langsames Drehen umzusetzen. Das Prinzip besteht darin, daß ein verformbarer Zahnkranz in einem starren, innenverzahnten Ring läuft. Durch Zähnezahlunterschiede von z.B. 2 Zähnen ergibt sich bei einer vollen Umdrehung an der Antriebsseite nur eine geringe Drehung um den Zähnezahlunterschied an der Abtriebsseite (Bild 4-29).

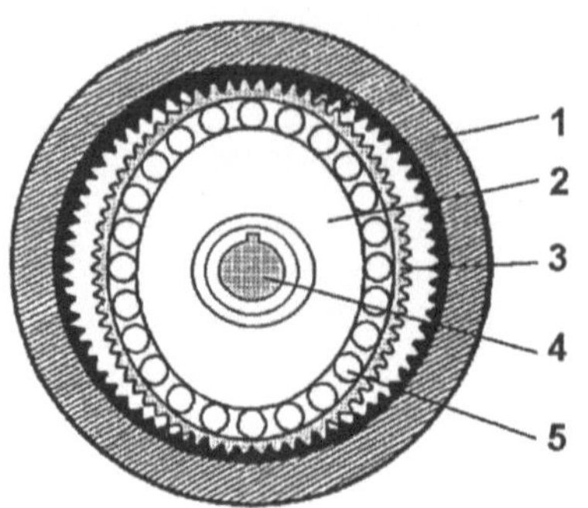

Bild 4-29
Prinzip des Wellgetriebes

Wellgetriebe sind nicht selbsthemmend. Ein Einbaubeispiel ist in Bild 4-30 zu sehen. Die Verwendung beschränkt sich nicht nur auf die Handhabetechnik.

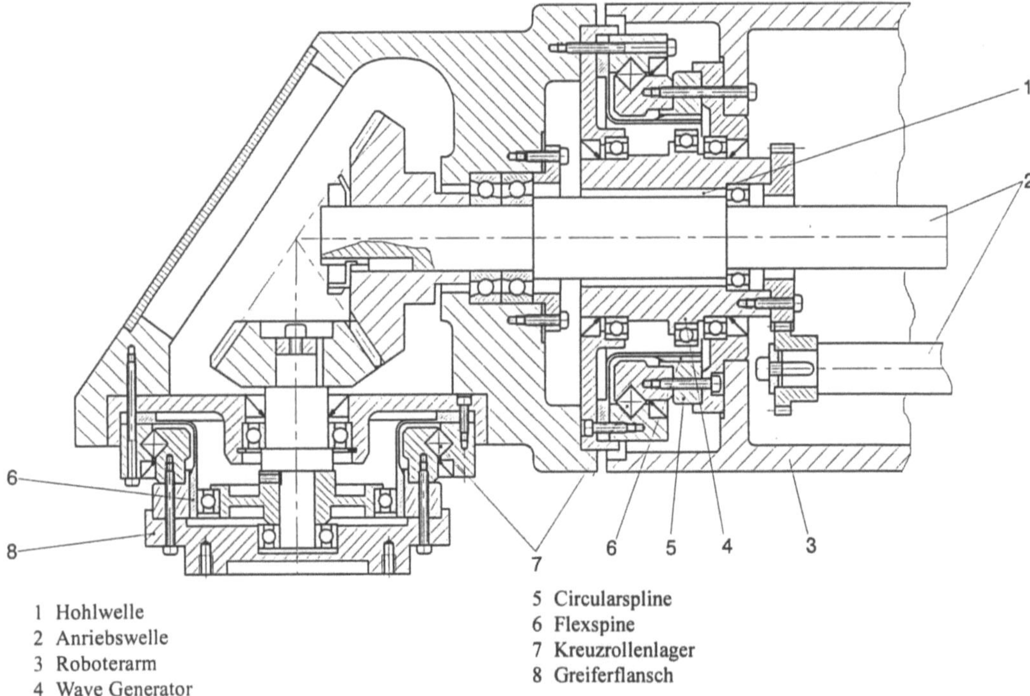

1 Hohlwelle
2 Anriebswelle
3 Roboterarm
4 Wave Generator

5 Circularspline
6 Flexspine
7 Kreuzrollenlager
8 Greiferflansch

Bild 4-30 Einbaubeispiel für ein Wellgetriebe in ein zweiachsiges Roboter-Handgelenk (HARMONIC DRIVE)

Es sind auch Anwendungen bekannt, z.B. für Einzelradantriebe in Mondfahrzeugen oder in Armprothesen als Drehzahlwandler für Handgelenkdrehungen. Vorteilhaft sind kleines Bauvolumen und kleine Masse, geringes Massenträgheitsmoment, geringes Getriebespiel und große Torsionssteife. Allgemein gilt: Übersetzungen $50 \leq i \leq 320$, geringer Zahnverschleiß und Spielfreiheit.

4.3.5   Umlaufrädergetriebe

Ausgangsprinzip dieser Getriebegruppe ist das sogenannte „offene Umlaufrädergetriebe", wie es Bild 4-31a schematisch zeigt. Es besteht aus dem Gestell, dem Steg, dem Sonnenrad und dem Umlaufrad. Vorteilhaft ist die gedrängte Bauart und der koaxiale An- und Abtrieb.

Damit das Bewegungsverhalten zwangläufig wird, muß eines der beiden Räder gegenüber dem Gestell festgesetzt werden. Dadurch ergeben sich 2 grundsätzliche Typen:

- Umlaufrädergetriebe mit festgehaltenem Umlaufrad (Bild 4-31b) und

- Umlaufrädergetriebe mit festgehaltenem Sonnenrad (Bild 4-31c).

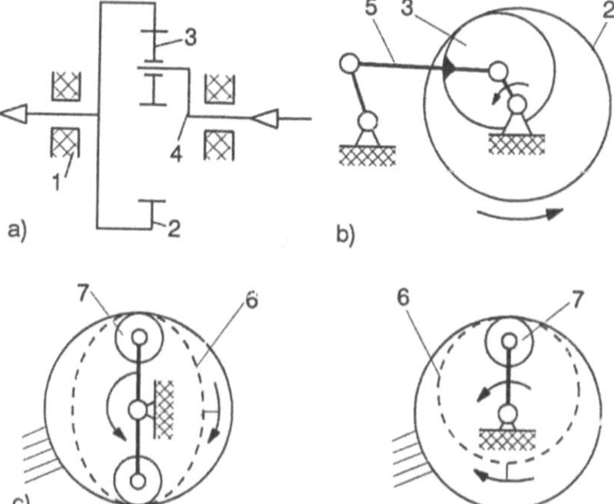

1 Gestell
2 Sonnenrad
3 Umlaufrad
4 Steg
5 Parallel-
  kurbelgetriebe
6 elastischer
  Zahnkranz
7 Andruckrolle

Bild 4-31
Umlaufrädergetriebe

a) offenes Umlaufrädergetriebe
b) Räderkoppelgetriebe
c) Umlaufrädergetriebe mit
   festgehaltenem Sonnenrad,

In der Praxis bereitet eine hohe Eigendrehzahl des Umlaufrades manchmal Schwierigkeiten (Fliehkräfte, Schmierung). Durch entsprechende Dimensionierung der Räder lassen sich jedoch auch kleine Umlaufraddrehzahlen erzielen.

Werden die in Bild 4-31c dargestellten Andruckrollen konstruktiv durch eine elliptische Kurvenscheibe ersetzt, erhält man die typische Bauform eines Wellgetriebes.

Ein mehrstufiges Planetengetriebe wird in Bild 4-32 gezeigt. Allgemein gilt für Planetengetriebe etwa folgende Charakteristik: Übersetzungen bis $i = 174$, Drehmomente bis 600 Nm, Verdrehspiel $\leq 3'$, gutes Stoßaufnahmevermögen.

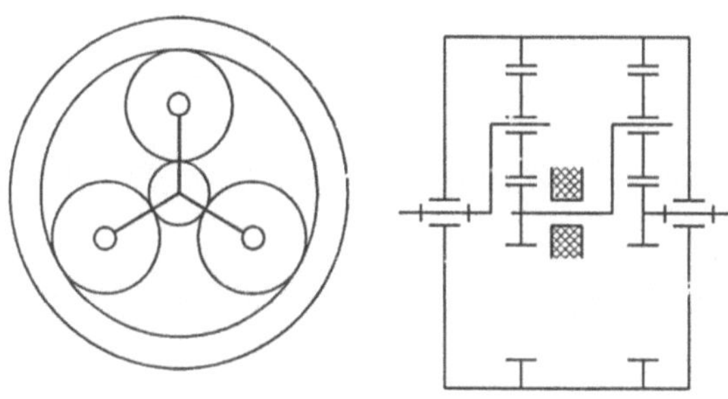

Bild 4-32
Prinzip eines mehrstufigen Planetengetriebes

Eine hohe Übersetzung wird auch bei dem in Bild 4-33 dargestellten Umlaufrädergetriebe erreicht. Es wurde eine zweite Getriebestufe nachgeschaltet. Bekannte Ausführungen verwenden folgende Zähnezahlkombinationen:

$$z_3 = z_5 = z$$

$$z_4 = z - 1$$

$$z_3' = z + 1$$

Das Übersetzungsverhältnis ergibt sich nach Bild 4-33 zu

$$i = \frac{n_{21}}{n_{51}} = 1 / \left(1 - \frac{z_4 \cdot z_3'}{z_3 \cdot z_5} \right) .$$

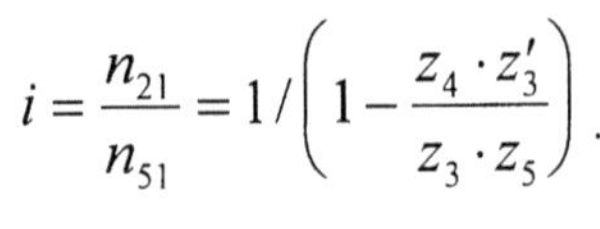

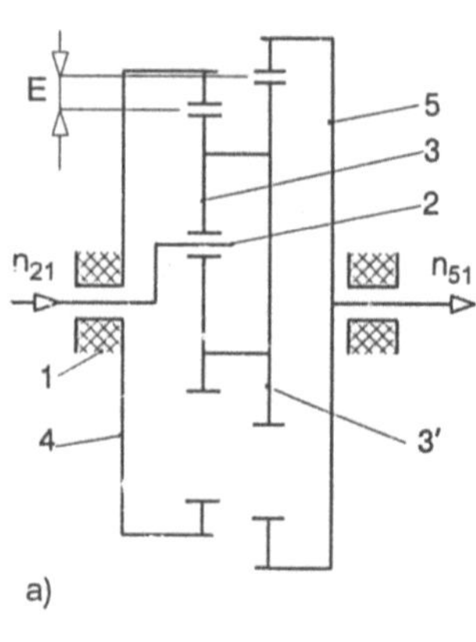

1 Gehäuse	3 Rad
2 Antriebswelle	4 Innenzahnkranz
	5 Abtriebswelle

Bild 4-33 Umlaufrädergetriebe mit einer zweiten Stufe
a) kinematisches Schema, b) konstruktive Ausführung des ACBAR-Getriebes

Ein Planetengetriebe in Wolfrombauart und mit hohler Achse für die Hindurchführung von Leitungen wird in Bild 4-34 vorgestellt. Ein in das Getriebe integriertes Kreuzrollenlager nimmt hohe Kippmomente und Kräfte auf. Eine sonst übliche externe Lagerung ist deshalb nicht erforderlich. Je nach Anwendung kann der Eintrieb bei diesem Robotergetriebe auf verschiedene Art erfolgen, sowohl über das Sonnenrad als auch über die Planetenträger. Man verwendet eine konische Evolventen-Schrägverzahnung, die ein geringes einstellbares Verdrehspiel sowie hohe Positioniergenauigkeit und Laufruhe ergibt. Das Getriebe ist kompakt und kommt mit wenigen Bauteilen aus. Die Nennabtriebsmomente liegen im Bereich von 350 bis 5000 Nm, je nach Baugröße.

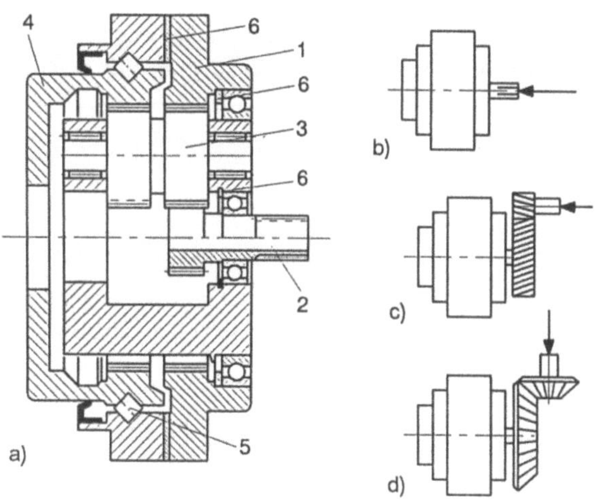

1 Statorhohlrad
2 Sonnenrad-Hohlwelle
3 Stufenplanetenrad
4 Abtriebshohlrad
5 Kreuzrollenlager
6 Einstellscheibe

Bild 4-34
Planetentrieb in Wolfrombauweise
(ZF Friedrichshafen)

a) Schnitt durch das Getriebe
b) Eintrieb über zentrales Sonnenrad
c) Eintrieb über den Planetenträger mit
   Stirnradsatz
d) Eintrieb über den Planetenträger mit
   Kegelradsatz

Eine interessante Variante für ein Planetenrollengetriebe wird in Bild 4-35 gezeigt. Es bildet mit einem Gleichstrommotor eine sehr kompakte Baueinheit, die man als künstlichen Muskel bezeichnen kann. Kernstück ist das Planetenrollengetriebe, bei dem eine Spindel mit einer Gewindesteigung von z.B. nur 0,1 mm ausgefahren wird. Zusammen mit einem Hochleistungsmotor wird ein Kraft-Volumenverhältnis erreicht, wie man es sonst nur bei hydraulischen Systemen vorfindet. Die Spindelmutter hat ein gröberes Gewinde und greift in ebensolche Gewinderillen der Planetenrollen ein. Das Feinrillengewinde der Planetenrollen läuft auf ebensolchem Gewinde der Spindel. Am Umfang der Spindel laufen 6 Planetenrollen.

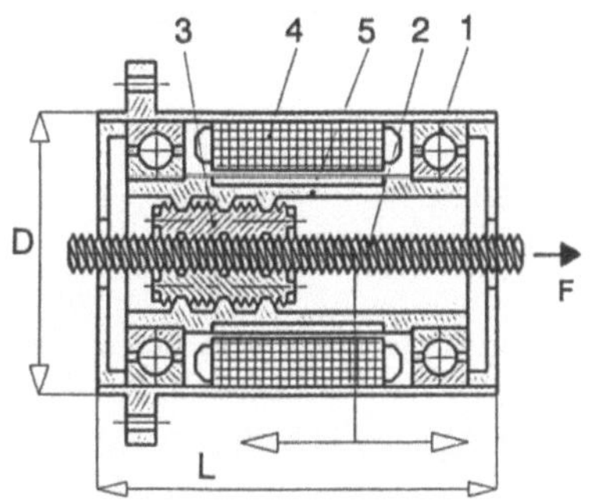

1 Kugellager
2 Spindel
3 Planetenrolle
4 bürstenloser Gleichstrommotor
5 Spindelmutter
$F = 300$ N
$D = 21$ mm
$L = 58$ mm

Bild 4-35
Künstlicher Muskel (WITTENSTEIN)

Ein Anwendungsbeispiel wird in Bild 4-36 gezeigt. Es ist ein Beugefinger für eine Greiferhand. Die Spindel zieht hier über Zugseil oder -band die Fingerglieder in eine gekrümmte Konfigura-

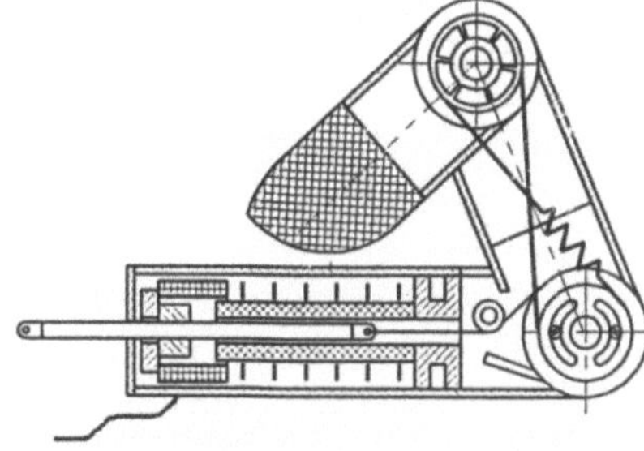

Bild 4-36
Beugefinger mit elektrischem Antrieb und speziellem Planetenrollengetriebe (DLR)

tion. Das letzte Fingerglied bewegt sich gleichmäßig mit und kann nicht extra angesteuert werden. Durch eine eingebaute Feder kann es sich aber an ein Objekt anschmiegen. Mit diesem Beugefinger lassen sich Mehrfingerhände aufbauen, die im Fingerschaft die Motoren aufnehmen können, was bisher wegen der Größe der Antriebsmotoren nicht möglich war.

4.3.6   Schraubgetriebe

Unter Nutzung von Spindel und Mutter wird bei Schraubgetrieben aus einer Drehbewegung eine Schubbewegung erzeugt. In der einfachsten Art entspricht dieses Getriebe der Darstellung in Bild 4-37. Der Weg s ergibt sich aus:

$$s = \varphi \cdot g \cdot T / (2 \cdot \pi) \quad \text{in mm}$$

Es bedeuten:

φ Drehwinkel in Grad

g Gängigkeit des Gewindes, z.B. 2-gängig

T Abstand zweier Gewindegänge in mm, auf dem Mantel gemessen.

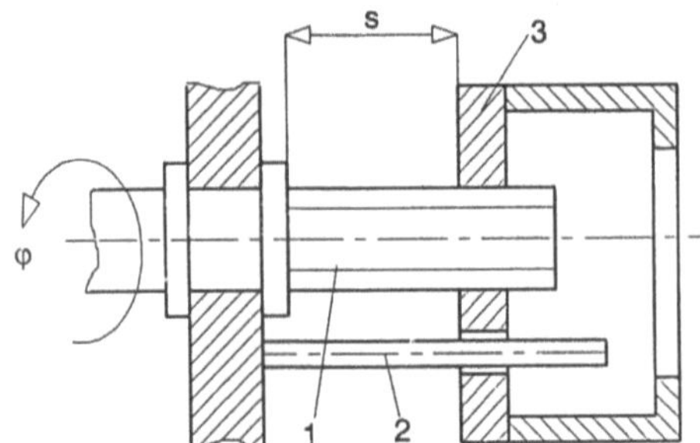

Bild 4-37
Schraubgetriebe

Wegen der geringen Reibung werden heute dafür Kugelschraubtriebe eingesetzt. Diese eignen sich besonders gut auch für die Verstellung kleinster Wege bei kleinen Geschwindigkeiten. Die Steifigkeit ist allerdings geringer als die anderer Schraubtriebe. Außerdem bedarf es Hilfsmittel zur spielarmen bzw. -freien Einstellung. In der kinematischen Zuordnung sind auch Varianten möglich, bei denen der Spindelmutter die erzeugende Bewegung zugedacht wird.

Eine interessante Lösung mit rotierender Mutter, wobei diese axial unverrückbar fest mit dem Rotor des Elektromotors verbunden ist, zeigt das Bild 4-38. Die Spindelsteigung kann z.B. 3 mm sein. Bei 690 U/min ergibt sich dann eine Ausfahrgeschwindigkeit von etwa 35 mm/s.

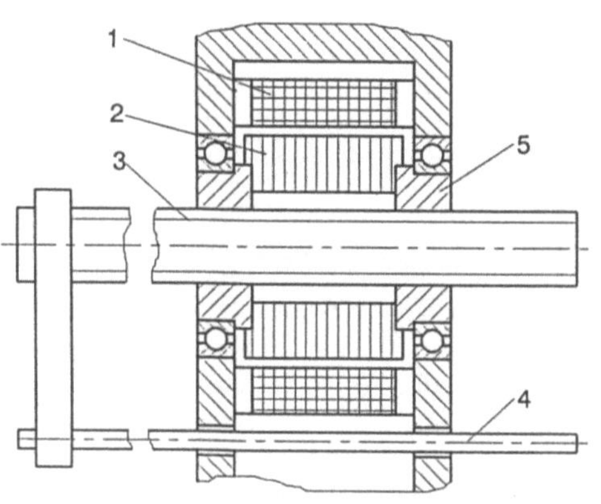

1 Stator
2 Rotor
3 ausfahrende Spindel
4 Verdrehsicherung
5 rotierende Mutter

Bild 4-38
Translationsantrieb mit rotierender Mutter

Zur Ausführung geringer Verschiebebewegungen ist auch das Prinzip der Differentialschraube einsetzbar. Es wird in Bild 4-39 dargestellt.

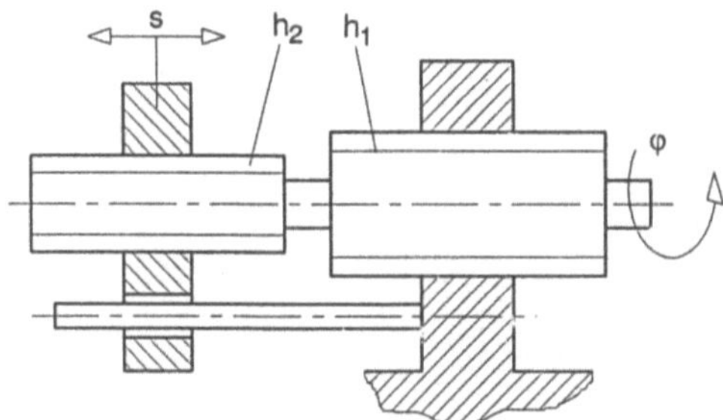

Bild 4-39
Prinzip des Differentialschraubtriebes

Eine Hubverkleinerung, wie sie für kleine Ausrichtbewegungen gebraucht wird, entsteht durch unterschiedliche Steigungen der Gewinde. Die Verschiebung s ergibt sich aus

$$s = \varphi \, (h_1 - h_2) \, / \, (2 \cdot \pi)$$

Sind die Spindelstücke je einmal rechts- und das andere linksgängig, dann addieren sich die Bewegungen und es wird

$$s = \varphi \, (h_1 + h_2) \, / \, (2 \cdot \pi)$$

Schraubgetriebe liegen auch den sogenannten Elektrozylindern zugrunde. Das sind elektromechanische Hubspindeln, wie sie in Bild 4-40 als Beispiel gezeigt werden.

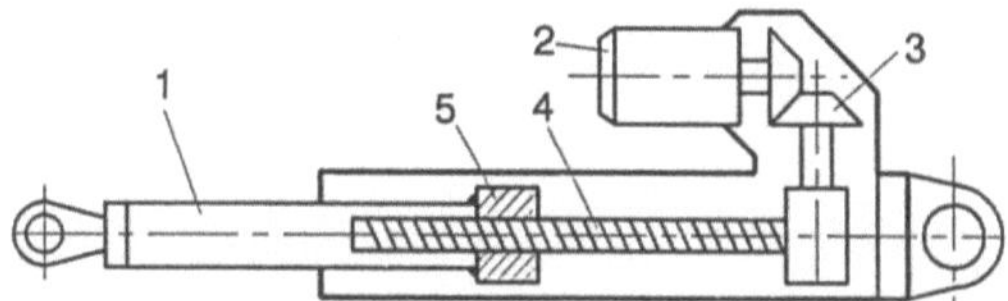

1 Kolben	4 Spiracon-Rollenspindel
2 Motor	5 Spiracon-Mutter
3 Getriebe	

Bild 4-40
Elektromechanische Hubspindel

Man kann damit z.B. Gelenkarme antreiben. Es werden Geschwindigkeiten bis 50 m/min erreicht. Für den Konstrukteur ist es ein großer Vorteil, wenn er auf eine einbaufertige Antriebseinheit zurückgreifen kann.

4.3.7   Parallelführungsgetriebe

Die Achsen eines Führungsgetriebes sind zwar unabhängig voneinander steuerbar, jedoch kann auch eine abhängig erzwungene Bewegung von Ellenbogen- und Handgelenk erwünscht sein. Das ist der Fall, wenn z.B. bei der Montage die Hand mit dem Effektor in jeder Position parallel zu einer Basisfläche orientiert sein muß, also unabhängig von den Stellungen des Ober- und Unterarms. Das Parallelprinzip wird in Bild 4-41 an zwei Beispielen demonstriert.

Bei einer Winkelverstellung des Oberarms wird der Unterarm stets parallel zur Basis gehalten, wenn die Rollen gleiche Radien aufweisen (Bild 4-41a). Das „direkte" Parallelogramm ist eine Viergelenkkonstruktion ABCD mit mehr mechanischer Stabilität aber meistens weniger Beweglichkeit (Bild 4-41b). Mechanische Toleranzen ergeben ohne Nachkorrektur nur eine mäßige Genauigkeit des TCP.

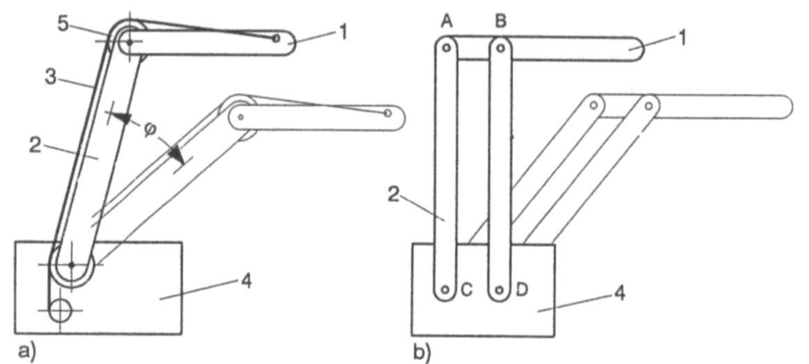

Bild 4-41 Führungsgetriebe nach dem Parallelprinzip

a) Seilkopplung, b) Hebelgetriebe

Wie das Bild 4-42 zeigt, gibt es eine Vielzahl konstruktiver Ausführungen von Parallelogrammgetrieben für das Lastheben, die auch als Pantograph oder Storchschnabel bezeichnet werden. Das allgemeine Prinzip des Pantographen wurde übrigens erstmals von Scheiner ausführlich beschrieben (Scheiner: Pantographice seu ars delineandi res quaslibet per parallelogrammum lineare seu cavum mechanicum mobile, Romae 1631). Parallelogrammarme werden sowohl für Industrieroboter als auch für Balancer (direkt gesteuerte Manipulatoren) verwendet.

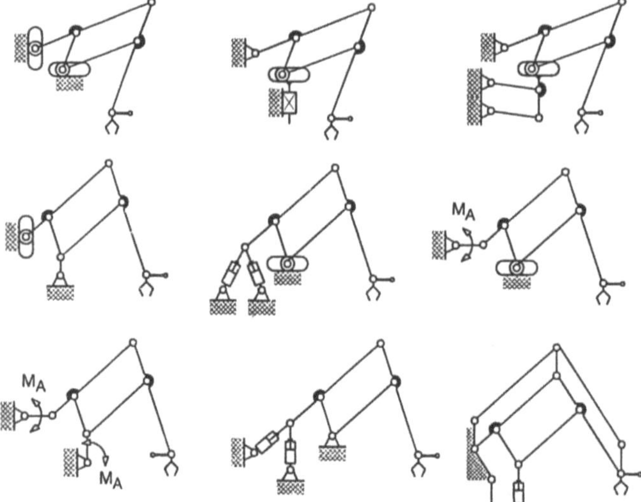

Bild 4-42
Beispiele für Pantographengetriebe
M_A Antriebsmoment

Beim Balancer werden alle Bewegungen manuell ausgeführt, aber die Last wird durch Aktoren gegen die Schwerkraft im Gleichgewicht gehalten, d.h. sie „schwebt". Die Mechanismen können ein oder zwei führende Gelenke aufweisen. Solche mit jeweils 2 unabhängigen Antrieben werden vorzugsweise in dieser Konfiguration für Industrieroboter verwendet, die anderen hauptsächlich für Balancer [21]. Es gibt auch Schreitmaschinen, bei denen man für die Pedipulatoren auf Geradführungsgetriebe in Pantographenart zurückgegriffen hat. Das Bild 4-43 zeigt einen Roboter mit 2 in Serie angeordneten Parallelogrammen. Der Arm wird über Pneumatikglieder ausbalanciert (nicht mit dargestellt). Roboter mit dieser Topologie wurden bis 350 kg Nutzmasse und bis Freiheitsgrad 6 hergestellt. Es werden folgende Parallelogramme gebildet: A1-E1-D1-C1, A0-A1-B1-B0 und für den Antrieb des Unterarms A0-A1-E2-A2. Die Erzeugung von Bahnkurven erfolgt durch Drehstreckung des Mechanismus. Der Steuerungsalgorithmus ist einfach, weil z.B. für eine Bewegung in der X-Achse nur ein Antrieb angesteuert werden muß.

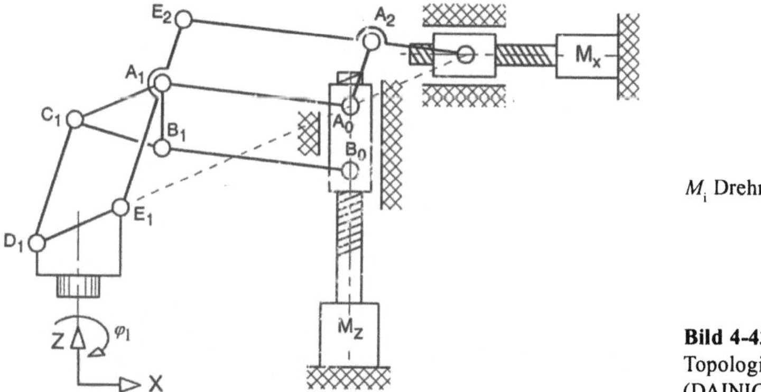

M_i Drehmoment

Bild 4-43
Topologie des Industrieroboters BABOT
(DAINICHIKIKO, Japan 1981)

Der Roboter wird vorzugsweise zum Beschicken von Maschinen und zum Einlegen von Teilen in Vorrichtungen verwendet. Der Bewegungsablauf ist auch für einfache Montagearbeiten typisch. Die Parallelogramm-Konstruktion sichert, daß die Hand stets parallel zur Basisfläche geführt wird. Antriebsmotoren bringen die Drehmomente M_x und M_y auf. Hierbei ist von Vorteil, daß man diese zentral im Gestell anordnen kann.

Das in Bild 4-44 gezeigte Koppelgetriebe hat die Aufgabe, Bewegungen von in Basisnähe angebrachten Antriebsmotoren über Ober- und Unterarm hinweg auf die Hand zu übertragen. Konstruktiv sind diese Getriebe durch lange massive Koppelstangen mit eingeschraubten Koppel-

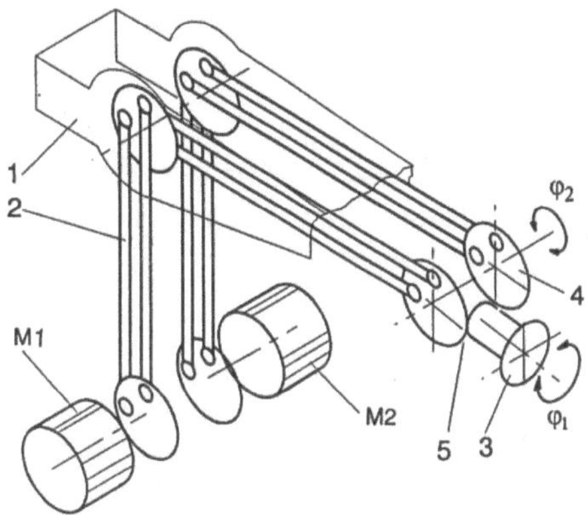

1 Unterarm
2 Koppelstange
3 Greiferflansch
4 Koppelscheibe
5 Kegelradgetriebe
M_i Antriebsmotor

Bild 4-44
Koppelgetriebe für einen Handachsenantrieb (ASEA)

augen gekennzeichnet. Eine einwandfreie Funktion erfordert enge Herstellungstoleranzen, weil sich sonst Verspannungszustände ergeben. Diese Koppelgetriebe mit den an beiden Enden befindlichen Massen (Motor, Getriebe, Nutzmasse) bilden ein verhältnismäßig niederfrequentes Zweimassensystem (vertikale Handbewegung: etwa 12 Hz; Handdrehung: etwa 11 Hz).

Als Koppel bezeichnet man übrigens ein nicht im Gestell gelagertes Glied oder wenigstens ein solches, das eine allgemeine Bewegung ausführt.

Das Parallelführungsprinzip wird auch bei dem in Bild 4-45 vorgestellten Faltarm (Server) angewendet. Er ist auf einfache Beschickungsaufgaben optimiert. Der Arm wurde auf einer Drehscheibe aufgebaut. Er kann ausgefahren werden und die Drehscheibe ist gleichzeitig Hubplattform.

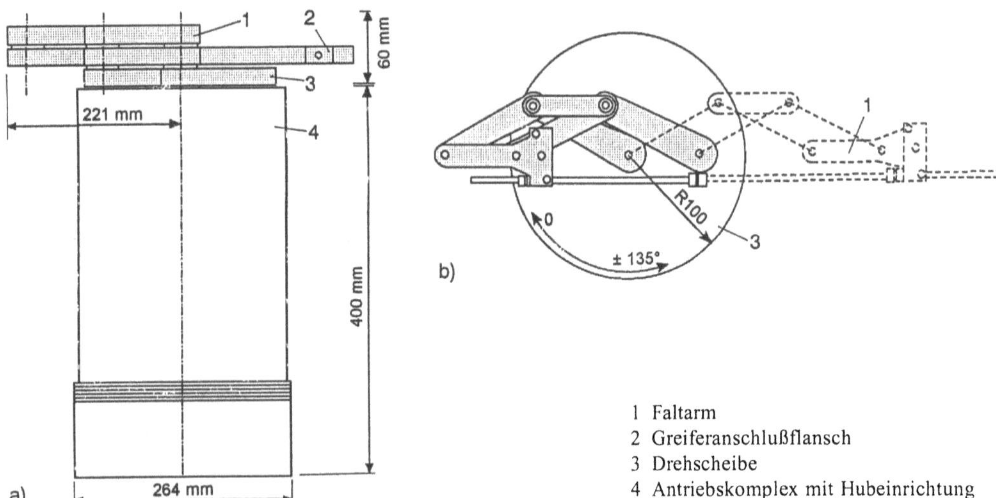

Bild 4-45 Freiprogrammierbarer Waagerecht-Faltarm (BÜHLER)
          a) Seitenansicht, b) Draufsicht

4.3.8   Zahnriemengetriebe

Zahnriemen (Synchronriemen, DIN 7721) bestehen aus abriebfesten Polyurethan und aus hochfesten Stahlcord-Zugträgern. Sie sind maßgenau und geräuscharm, weil man zusätzlich ein Polyamidgewebe aufbringt. Eine Nachlängung der Zugeinlage tritt auch bei Dauerbetrieb nicht ein. Außerdem sind sie massearm und eignen sich auch in der Handhabungstechnik für die Wandlung von Bewegungen. Drehmomentwechsel werden gut vertragen.

Im einfachsten Fall werden die Zahnriemen als Zugmittel eingesetzt, wie man es auch von Kettentrieben kennt. Hierfür sind Portalroboter prädestiniert (Bild 4-46), auch wenn es sich um große Wege handelt (siehe hierzu auch Bild 3-37).

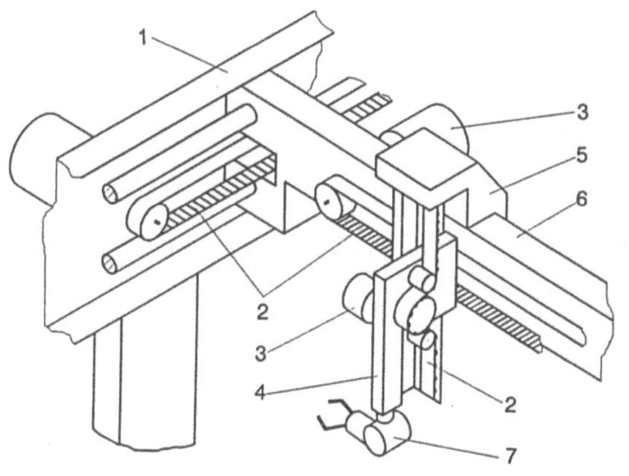

1 Portal
2 Synchronriemen
3 Antriebsmotor
4 Vertikalschlitten
5 Verfahreinheit in
   x-Richtung
6 Portalbrücke
7 Greifer

Bild 4-46
Portalroboter mit Synchronriemen-
getriebe in den ersten 3 Achsen
(BRECO)

Es gibt aber auch Getriebelösungen, bei denen das flexible Zugmittel mit Zahnstange oder Zahnrad kombiniert wird. Beispiele werden in Bild 4-47 vorgestellt. Beim Drehantrieb ergibt sich als Vorteil eine bedeutend größere Eingriffsstrecke als bei einem Stirnradgetriebe. Diese Lösung ist z.B. für eine Basisdreheinheit verwendbar.

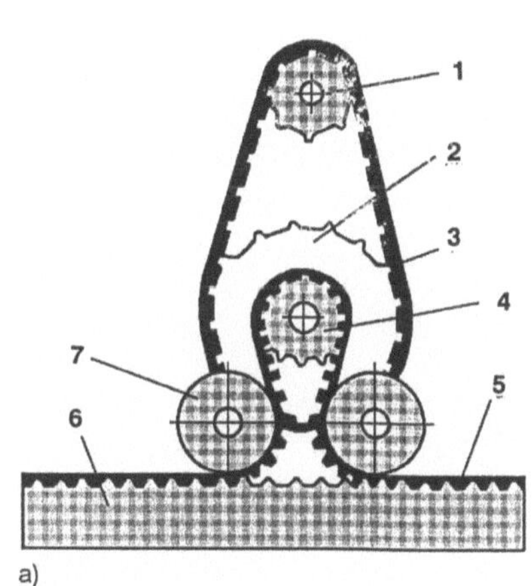

1 Antriebsrad
2 Zahnscheibe bzw.
   Spurzahnscheibe
3 Synchronriemen
4 Abtriebszahnscheibe

5 Synchronriemen für den Linearantrieb
6 Zahnstange
7 Umlenkrad
8 Zahnscheibe als Drehachse

Bild 4-47   Synchronriemengetriebe
        a) zweistufiges Getriebe, b) Drehantrieb, c) Linearantrieb

4.4   Sonstige Übertragungselemente

Weitere Elemente zur Übertragung von Bewegungen sind u.a. Gelenkwellen. Für ihre Verwendung gibt es zwei Gründe: Übertragung der Bewegungen über eine gewisse Distanz und baulich bedingte Gründe, insbesondere die Größe der Motoren. Dazu zeigt Bild 4-48 ein Beispiel. Es geht hier um den Antrieb von Nebenachsen. Die Anordnung der Motoren gestattet, diese gleichzeitig zur statischen Ausbalancierung des Arms gegenüber dem Anschlußpunkt des Armes am Führungsgetriebe (Oberarm) zu nutzen.

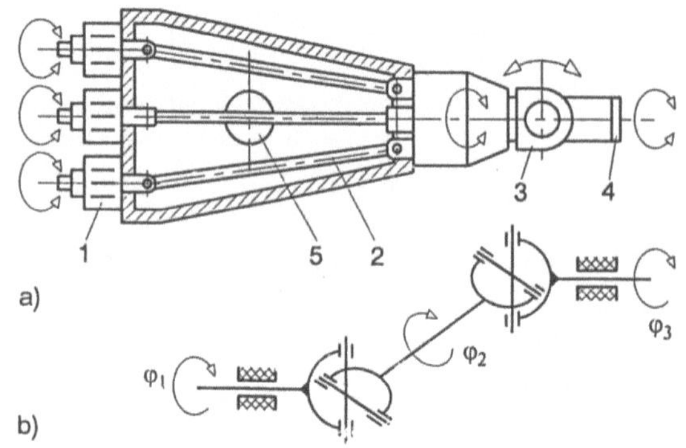

1 Motor
2 Gelenkwelle
3 Handgelenk
4 Anschlußflansch für Greifer
5 Aufnahmepunkt des Unterarms am
   Oberarm

Bild 4-48
Antrieb von Handgelenkachsen über
Gelenkwellen

a) Einbau im Unterarm, b) Prinzip

Weiterhin werden Kupplungen der verschiedensten Art gebraucht und zwar nicht nur für die Übertragung von Antriebsbewegungen, sondern auch für den Anschluß von Wegmeßsystemen. Kupplungen sollen klein, massearm und leicht montierbar sein. Die Umkehrspanne soll klein sein.

In Nebenachsen und bei Greifern findet man gelegentlich auch Bowdenzüge als Übertragungselement, z.B. als Antrieb für Greiferbacken. Das ist in Bild 4-49 zu sehen.

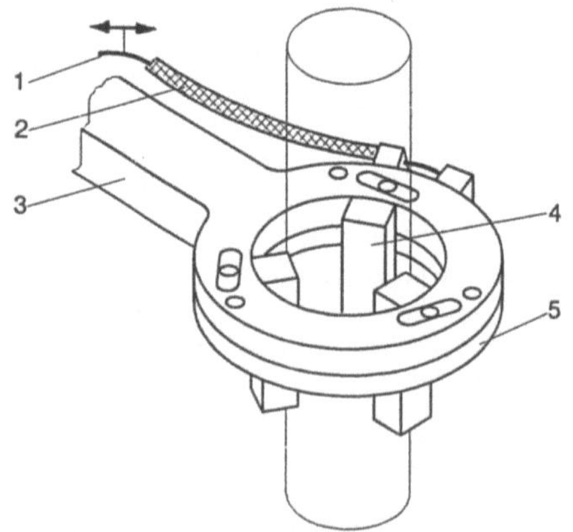

1 Bowdenzugseil
2 Hülle
3 Greifergrundkörper
4 Greiferfinger
5 drehbarer Ring

Bild 4-49
Antrieb von Greiferfingern mit Hilfe eines
Bowdenzuges

Die Greiferfinger schließen bogenförmig nach innen und werden über Zapfen und Kurve angetrieben. Dazu wird ein Ring mit Schrägnuten geschwenkt. Das Öffnen geschieht über den Seilzug, das Schließen besorgt eine Zugfeder.

5 Arbeitsorgane

Arbeitsorgane jedweder Art werden auch als Effektoren bezeichnet, weil sie am Produkt oder in der Umgebung etwas bewirken, also einen Effekt hervorrufen. Da sie am Ende des Führungsgetriebes eines Roboters angebracht sind, bezeichnet man sie auch als Endeffektor oder end of arm tooling. Dazu zählen Greifer, Werkzeuge und Meßzeuge, aber oft auch die außerdem erforderlichen Hilfseinheiten, wie Handgelenkachsen, Wechselsysteme, Fügehilfen, Kollisions-, Überlastschutzeinrichtungen und Sensoreinheiten. In diesen Fällen ist auch der Begriff „Greifsystem" in Gebrauch. Einige Grundlagen zu Greifern für Industrieroboter werden in der VDI-Richtlinie 2740 (1995) dargestellt.

5.1 Grundlegendes über Greifer

Mit Greifen bezeichnet man eine Grundbewegung zum Erfassen und Halten von Handhabeobjekten. Wichtig ist hierbei die Art der Wirkpaarung und die Anzahl der Kontaktebenen zwischen Greiforganen und Objekt. Welche Griffe bei der industriellen Handhabung hauptsächlich zur Anwendung kommen, sieht man in Bild 5-1. Danach kann das Halten durch Kraftfelder erfolgen (Saugluft, Magnetfeld, Adhäsivschicht) oder durch örtlich wirkende Einzelkräfte. Am häufigsten kommt hier das stereomechanische Klemmen vor. Es ist meistens aber kein reines Klemmen, sondern eine Kombination zwischen Kraft- und Formpaarung.

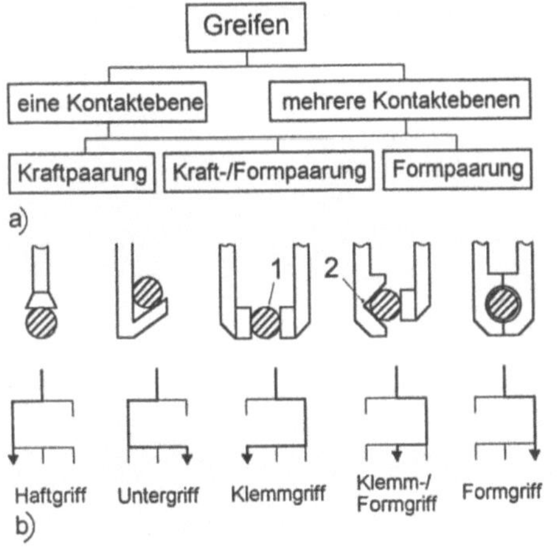

Bild 5-1
Gliederung des technischen Greifens

a) Gliederungsschema
b) Beispiele für Griffvarianten

Beim Untergriff hakt ein Greiforgan (Haken, Gabel) unter das Objekt. Dieses wäre eine Formpaarung, also Halten durch Paaren von Formelementen. Die Formpaarung kann auch vollständig sein (Formgriff). Dann wirken außer der Schwerkraft des Objekts keinerlei Klemmkräfte auf das Teil.

5.1.1   Wirkpaarungen und Auswahl

Allgemein lassen sich folgende Wirkpaarungen benennen (Bild 5-2):

- Kraftpaarung,

- Formpaarung und

- Stoffpaarung.

Kraftpaarung ist reine Reibpaarung und man kann damit erhebliche Greifkräfte erzeugen. Sollen z.B. in der Montage Bauelemente eingepreßt werden, wird man aber die Formpaarung wählen, weil sich dann die Preßkraft besser übertragen läßt und die Klemmkraft klein sein kann. Aus einer Kraftpaarung wird aber auch eine Formpaarung, wenn beim Manipulieren die Hand entsprechend gedreht wird. Bei der Bemessung der Klemmkraft muß also auch die Bewegungsrichtung des Greifers mit beachtet werden. Bei schnellen Handhabebewegungen kann es in bestimmten Phasen gut sein, den Greifer vorher in eine andere Orientierung zu bringen. Die Stoffpaarung wird bisher kaum angewendet. Mit der Entwicklung der Mikromontage wird es hier aber einen Wandel geben, weil sehr kleine und leichte saubere Teile durchaus mit passenden Adhäsivmitteln vorteilhaft angefaßt werden können.

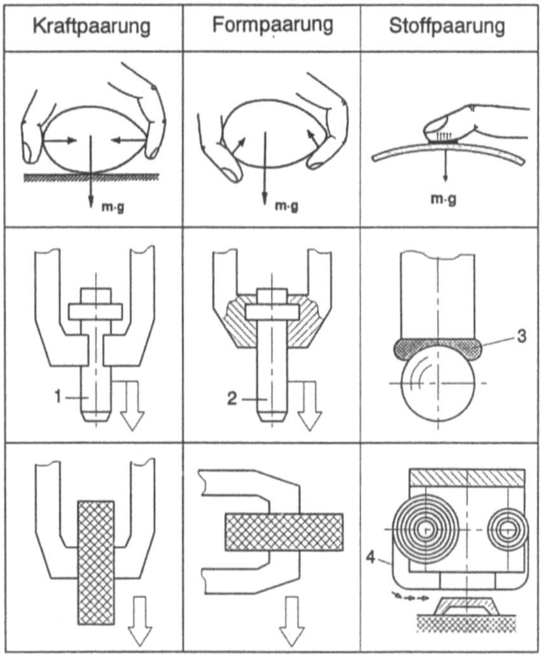

Kraftpaarung	Formpaarung	Stoffpaarung

1 Werkstück
2 Fügeteil
3 Klebstoff, Fett
4 Klebeband

Bild 5-2
Paarungsvarianten zwischen Greiforgan und Objekt

Eine Unterscheidung der mechanischen Greifer kann auch nach der Anzahl der Greiforgane erfolgen in:

- Einfingergreifer,

- Zweifingergreifer und

- Mehrfingergreifer.

Die Finger können ihrem Aufbau nach starr, starr-gelenkig oder elastisch ausgeführt werden. Die Anlage der Greifbacken am Objekt kann man in 1-Punkt-, 2-Punkt- und Mehrpunktberührung unterscheiden. Weiterhin lassen sich die Wirksysteme wie in Bild 5-3 aufgeführt unterscheiden [29]. Bei Greifern mit mechanischem Wirkprinzip kann der Antrieb pneumatisch, elektromechanisch, hydraulisch oder elektromagnetisch ausgeführt sein. Der pneumatische Antrieb ist wegen der Einfachheit sehr verbreitet. Die Greifaufgabe kann eine Kombination mehrerer Wirksysteme erforderlich machen, z.B. Klemmen und Saugen. Damit kann man nacheinander zwei völlig verschiedene Werkstücke anpacken, ohne daß eine Umstellung erforderlich wäre. Man bezeichnet sie als Kombinationsgreifer [30].

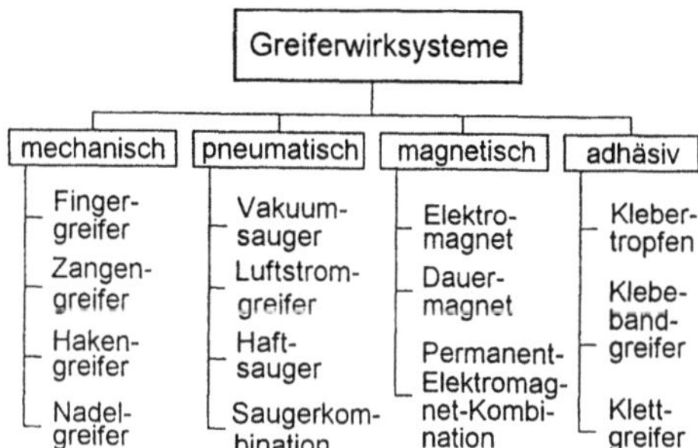

Bild 5-3
Greiferwirksysteme

Wie man beim Greifen eines Objekts vorgeht, wird als Greifstrategie bezeichnet. Das spielt natürlich vor allem dann eine große Rolle, wenn die Werkstücke nur teilgeordnet vorliegen oder ungeordnet sind. Es müssen dann dem Greifen vorauslaufende Aktionen eingeplant werden, wie z.B. das Zurechtschieben des Objekts in eine „feste Ecke". Damit ist dann die Greifposition exakt bekannt. Auch regelrechte Suchprozesse können sich erforderlich machen. In Bild 5-4 werden einige Einflußfaktoren angegeben, die die Greifstrategie beeinflussen.

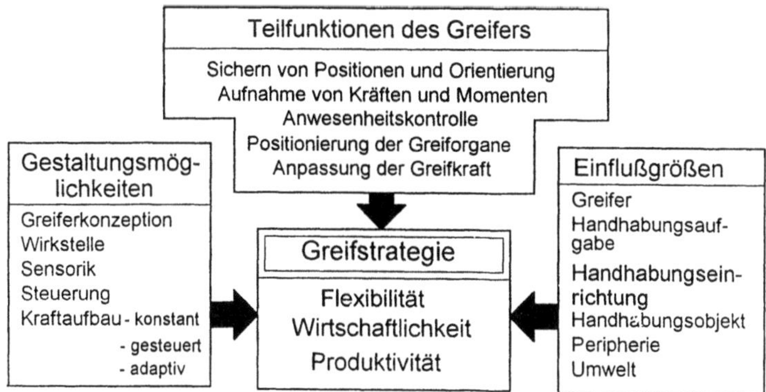

Bild 5-4   Einflüsse auf die Greifstrategie

Die große Vielfalt der Handhabungsaufgaben und -objekte erfordert sowohl komplizierte als auch einfache Greifer. So kann man z.B. mit einfachsten Klemmelementen schon einen Greifer aufbauen (Bild 5-5). Er wird nicht gesteuert und nur auf das Werkstück aufgedrückt. In der Zielposition muß allerdings das Werkstück erst festgehalten werden, ehe sich der Greifer entfernt.

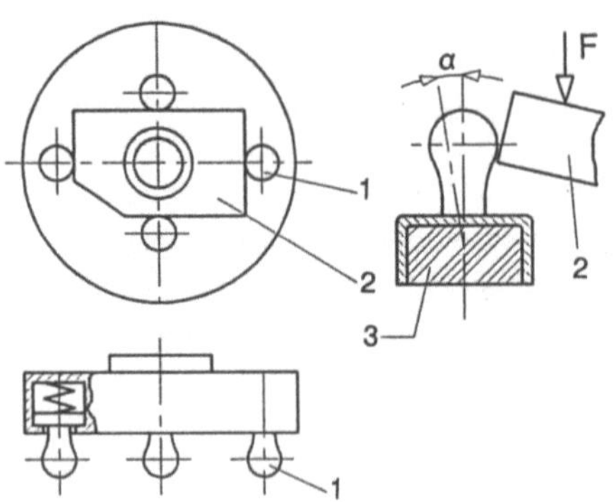

1 Seitendruckstück
2 Werkstück
3 Gummikörper oder
   Schraubenfeder
F Aufdrückkraft

Bild 5-5
Sehr einfacher Greifer unter Verwendung von
Seitendruckstücken (WPR-System)

Für die Auswahl eines Greifers sind seine Eigenschaften und die technischen Daten wichtig. Es ist zu prüfen, welche Greiferbauart verträgt sich mit welcher Klasse von Werkstücken. Für eine erste grobe Orientierung kann die Übersicht in Bild 5-6 verwendet werden. Bei Klemmgreifern kann es zwischen Objekt und Berührungspunkt zu großen Flächenpressungen kommen, die unter Umständen zu Schäden am Greifobjekt führen. Es können Spannmarken zurückbleiben oder auch Einbeulungen an dünnwandigen Hohlteilen. Deshalb muß gelegentlich auf Flächenpressung nachgerechnet werden.

Greifobjekt	Greifertyp	Parallel-greifer	Radial-greifer	Winkel-greifer	3-Punkt-greifer	Sauger-greifer
Masse	0,2 bis 1 kg	■	■	■	■	■
	1 bis 10 kg	■	□	■	■	■
	10 bis 50 kg	◧	□	■	■	■
	> 50 kg	□		■	■	◧
Abmessung	20 bis 50 mm	■	■	■	■	■
	50 bis 300 mm	■	□	■	◧	■
	300 bis 1000 mm	■		■	□	■
	> 1000 mm	■		■		■
Innengriff-Flächen		■		□	■	
Oberfläche	glatt	■	■	■	■	■
	rauh	■	■	■	■	
	porös	■	□	□	□	□
	empfindlich	□			□	■
Rundteile	Scheibe	◧	■		■	■
	Kurzzylinder	■	■	■	■	■
	Welle, Stange	◧		■		
Prismateile	Blockteil	■	■	■		■
	flach/kurz	□	■	□		■
	flach/lang			□		■
Kunststoffe		■	□	□		■
Textilien						□
Folien						◧
Glas		□	◧	◧	◧	■
Steingut		□	◧	◧	◧	□

Bild 5-6   Grobe Zuordnung von Greifobjekt und möglichen Greifertyp (volles Band = gut geeignet, leeres Band = nur bedingt geeignet)

Zu den in Bild 5-6 genannten Greifern gibt es folgende Anmerkungen:

- Parallelgreifer sind Klemmgreifer, deren Greiforgane sich beim Schließen parallel aufeinanderzubewegen. Sie können ein Teil innen oder außen greifen.

- Radialgreifer sind eigentlich Winkelgreifer, d.h. ihre Greiforgane schließen sich bogenförmig. Allerdings können sich die Finger bis zu 180° öffnen.

- Winkelgreifer öffnen ihre Finger bogenförmig, z.B. jeweils um 30°. Jeder Finger schwenkt um einen eigenen Drehpunkt. Beim Scherengreifer, eine Spezialausführung des Winkelgreifers, drehen sich die Finger um einen gemeinsamen Drehpunkt.

- Dreipunktgreifer haben drei Greiforgane, die sich radial zur Greifermitte hin schließen und damit das Werkstück an 3 Punkten halten. Die Finger schließen sich meistens geradlinig, seltener bogenförmig. Von Vorteil ist die Zentrierwirkung beim Greifvorgang.

- Saugergreifer halten ein Werkstück durch Unterdruck. Sie enthalten keine bewegten Teile. Ihre Anwendung beschränkt sich auf glatte, einigermaßen dichte und ebene Objekte.

Wer Greifer auswählt, führt meistens auch Vergleiche mit den Produkten mehrerer Anbieter durch. Was hierbei eine Rolle spielt wurde in der Tabelle 5-1 zusammengestellt.

Kenngrößen eines Greifers zur technischen Charakterisierung	
❶ Typenbezeichnung ______________________________	
❷ Bauart ______________________________	
❸ Baugröße ______________________________	
Primäre Kenngrößen	**Sekundäre Kenngrößen**
→ **Wirkprinzip**	→ **Umweltverhalten** - Reinraumklasse
• mechanisch	• Abluft
• fluidisch	• Abrieb
- Druckluft	→ **Ausführung der Lager und Führungen**
- Saugluft	→ **Baureihenstufung**
• magnetisch	→ **Betriebstemperatur** in Grad
- permanentmagnetisch	→ **Wirkungsweise**
- elektromagnetisch	• einfachwirkend
• adhäsiv	• doppeltwirkend
→ **Greifkraft** in N	→ **Leistungsmasse** in N/Gramm
→ **Greifkraftverlauf**	→ **Massenträgheitsmoment** in kgcm²
• Greifkraftdiagramm	→ **Wiederholgenauigkeit** in mm
→ **Greifhub** je Backe in mm oder Öffnungswinkel in Grad	→ **Betriebsdruckbereich** in bar
→ **Greifweiteneinstellung**	→ **Wartungszyklen**
→ **Tragkraft** max. in N	→ **Einbaulage**
→ **Schließzeit** (Greifzeit) in s	→ **Arbeitsfrequenz** max. in Hz
→ **Öffnungszeit** (Freigabezeit) in s	→ **Energieart** und -verbrauch
→ **Belastungsgrenzwerte**	→ **Greifkraftsicherung** bei Energieausfall
• Kräfte	→ **Greifhubüberwachung**
• Drehmomente	→ **Materialangaben**
• Fingerlänge	→ **Schnittstellenangaben**
→ **Anzahl der Greiforgane**	• mechanisch
→ **Hauptabmessungen** in mm	• fluidisch
→ **Eigenmasse** in kg	• elektrisch
	→ **Nutzungsdauer**

Tabelle 5-1   Kenngrößen für Greifer

Kaufmännische Gesichtspunkte wie Lieferzeit, Preis, Lebensdauer und Garantiezeitraum kommen noch hinzu.

Der erste Schritt zum richtigen Greifer ist die umfassende Kenntnis und Definition der Arbeitsaufgabe, an deren Bewältigung der Greifer mitwirken soll. Bei flexiblen Werkstücksortimenten muß außerdem entschieden werden, ob sich eventuell ein Greiferwechselsystem (manuell, automatisch) lohnt. Für das schrittweise Vorgehen wird in Bild 5-7 ein Algorithmus vorgeschlagen. Für jede Aktivität lassen sich einige typische Fragestellungen angeben. Sie werden anschließend aufgeführt und sollen beim Erkunden der wirklich erforderlichen Eigenschaften helfen.

Relevante Fragestellungen sind:

1   Sind die Objekteigenschaften, insbesondere Masse, Größe, Zerbrechlichkeit und Oberflächengüte ausreichend bekannt?

2   Ist die Zugänglichkeit zum Greifobjekt gewährleistet?

3   Ist die Greifaufgabe bis zum Detail verbindlich festgelegt?

4   Müssen Roh- und Fertigteilgeometrie (Formänderungen beim Arbeitsgang) von einem einzigen Greifer bewältigt werden?

5   Sind alle Arbeitsbedingungen (Druck, Temperatur, Objektzustand, Zykluszeit, Reibungskoeffizient, Masse u.a.) bekannt?

6   Ist das Objekt durch Kraft- und/oder Formschluß zu halten?

7   Ist das Klemm- oder Haftprinzip anzuwenden?

8   Sind die Griff-Flächen (Beachtung verbotener Zonen) vorgegeben?

9   Wird das Werkstück am Masseschwerpunkt gegriffen?

10   Lohnt sich für das Handhaben mehrerer verschiedener Teile ein Greiferwechselsystem?

11   Wird in Richtung der größten Beschleunigungskomponente Formschluß vorgesehen?

12   Entspricht die Greiflage im Magazin der Gebrauchslage in der Maschine?

13   Müssen Prozeßkräfte, wie z.B. beim Fügen, beachtet werden?

14   Sind reibungserhöhende Greifbackenauflagen (Haftbelag, Riffelbacken) zu empfehlen?

15   Sind Greifer und angeschlossene Bewegungseinheiten auf die größten Kräfte und Momente ausgelegt?

16   Erträgt das Werkstück die auftretende Flächenpressung?

17   Verkraftet der Greifer Notabschaltungen aus hoher Geschwindigkeit?

18   Wurde bei der Bemessung der Greifkraft ein Sicherheitsfaktor berücksichtigt?

19   Muß zur Schonung des Werkstücks die Greifkraft exakt begrenzt werden?

20   Ist eine Greifkraftsicherung erforderlich?

21   Empfiehlt sich die Vorschaltung einer Kollisions- und Überlastschutzeinheit?

22   Genügt die erreichbare Greifgenauigkeit den Anforderungen?

23   Entsteht durch die Störkontur des geöffneten Greifers in der Umgebung eine Kollisionsgefahr?

24   Welche Zentrierwirkung (Erfassungs- und Ausrichtbereich) wird vom Greifer erwartet?

25   Welche Ansteuerungsvarianten, z.B. Wegeventilkombination, sind dem Anwender zu empfehlen?

26   Soll die Greifersteuerung erfolgsbestätigt (Anwesenheitskontrolle des Greifobjekts) erfolgen?

27   Sind die Greiferfinger so kurz wie möglich ausgeführt?

28   Muß die Fingerstellung mit Sensoren kontrolliert werden?

29   Empfiehlt sich die Vorschaltung von Fügemechanismen und/oder Kraftsensoren, insbesondere bei Montageoperationen?

30   Sind mehrere Greifbackensätze (Schnellwechsel beachten) vorgesehen?

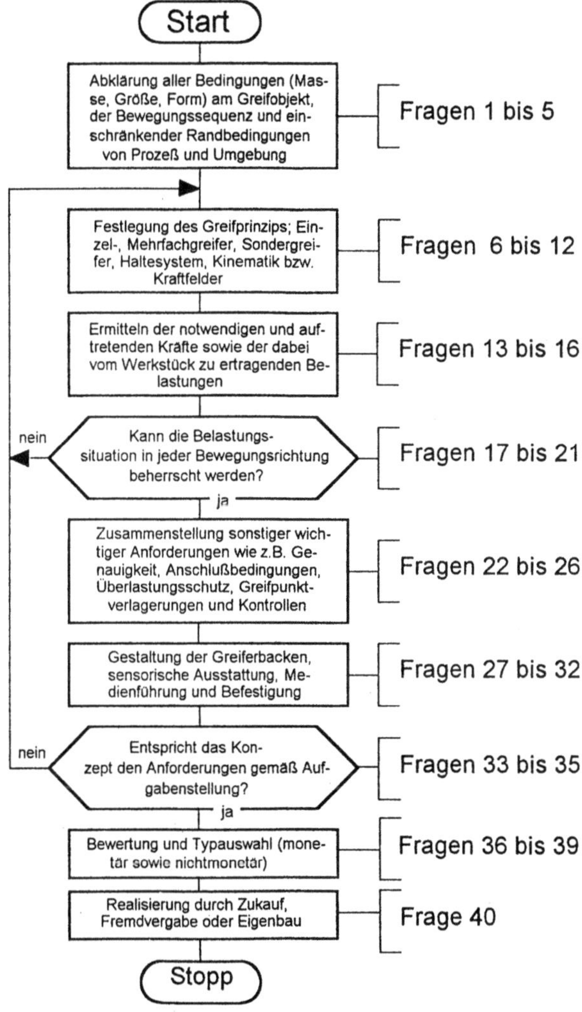

Bild 5-7   Hauptschritte bei der Greiferauswahl

31   Werden Adapterplatten für den Greiferanbau gebraucht?
32   Müssen die Greifbacken Parallelitätsfehler an den Griff-Flächen des Objekts ausgleichen?
33   Ist das erreichbare Zeitregime (Greifen, Bewegen, Lösen) akzeptabel?
34   Genügt die erreichbare Lebensdauer?
35   Werden alle für den Greifer zulässigen Grenzwerte unterschritten?
36   Eignet sich ein Standardgreifer oder muß eine Speziallösung angestrebt werden?
37   Welcher Liefertermin muß eingehalten werden?
38   Welche Garantievorschriften sind zutreffend?
39   Muß über Hilfseinrichtungen (Andrücker, Greifermagazin, u.a.) nachgedacht werden?
40   Ist die Greiferauswahl erfolgreich abgeschlossen oder muß das Problem einem Greiferspezialisten vorgestellt werden?

Greifer von hohem Gebrauchswert zeichnen sich prinzipiell durch folgende Eigenschaften aus:

■ Optimale Anpassung der Greiferstruktur an die geforderten Handhabeoperationen,

■ großer Verstellbereich; Greifmöglichkeit für Teile verschiedener Gestalt und Größe,

■ Sicherheit gegen Verschieben des Objekts,

■ optimale Greifkraft-Weg-Kennlinie; hoher Wirkungsgrad,

■ geringe Anzahl von Gliedern und Gelenken,

■ kleiner Bauraum und geringe Masse,

■ hohe Zuverlässigkeit, einfache Wartung und Servicefreundlichkeit.

Für die Auswahl von Greifern stehen auch Software-Tools zur Verfügung, so z.B. das Greifer-Selektions-Tool für mechanisch wirkende Greifer (FESTO). Man wird dabei vom Rechner geführt und gibt die entsprechenden Daten ein (Bild 5-8):

■ Angaben zum Werkstück,

■ Angaben zum Greiforgan,

■ Angaben zu Bewegungungsrichtungen und Beschleunigungen,

■ Reibungskoeffizient μ zwischen Greifbacke und Werkstück,

■ Angaben zur Greifrichtung (innen-, außengreifend),

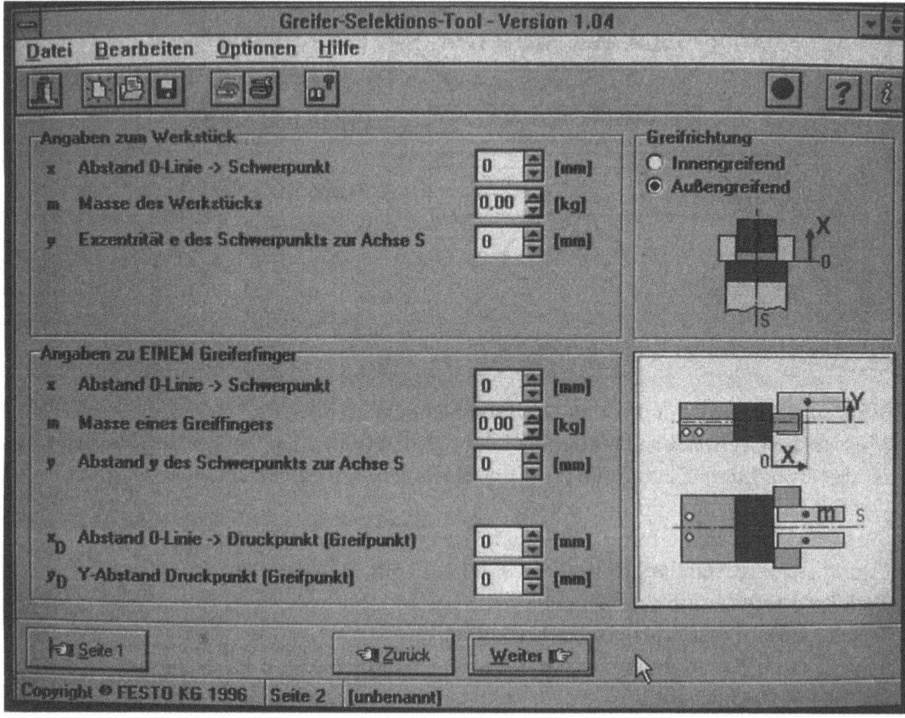

Bild 5-8   Bildschirmmaske zur Greiferauswahl (FESTO)

- Umgebungsbedingungen (Betriebsdruck im Druckluftnetz, Gerätetemperatur) und

- Sicherheitsfaktor.

Im Ergebnis der Sitzung wird eine Greiferbaugröße vorgeschlagen, wobei natürlich nur die technisch-physikalischen Parameter einbezogen sind. Außerdem wird angezeigt, wie die beim jeweiligen Greifer zulässigen Parameter ausgelastet sind.

Bei einem Dreifingergreifer werden dann u.a. folgende Parameter quantifiziert:

- Gesamtmasse (Werkstücke, Greifer, Greifbacken),

- statische Greifkraft bei Reibschluß,

- dynamische Greifkraft bei Reibschluß,

- Abstand x des Schwerpunktes von der Null-Linie (Bild 5-9),

- dynamische Längskraft auf die Greiffinger,

- dynamische Momente längs und quer,

- Schließzeit bei 6 bar Betriebsdruck.

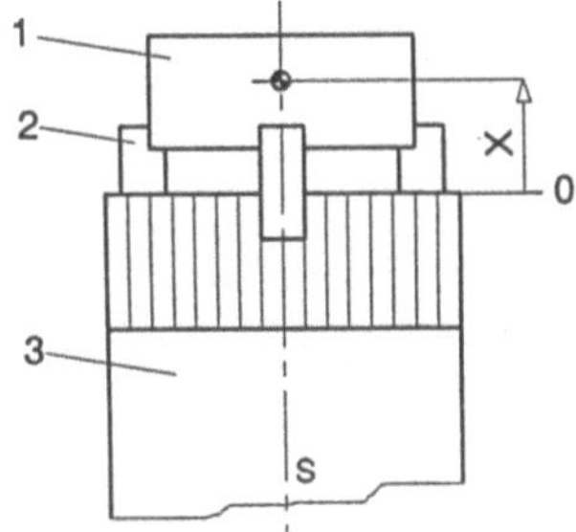

1 Werkstück
2 Greiferfinger
3 Grundgreifer

Bild 5-9
Greifen mit dem Dreifingergreifer

5.1.2   Klemmgreifer

Klemmgreifer halten ein Handhabungsobjekt ausschließlich durch Reibpaarung. Dazu wird über 2, 3 oder noch mehr Greiforgane eine Kraftpaarung aufgebaut. Die Reibpaarung existiert aber oft nur in Richtung der Schwerkraft. In den anderen Achsen kommt dann eine Formpaarung hinzu. In Bild 5-10 ist ein Beispiel dargestellt. Die Haltekraft wird durch eine Feder aufgebracht, das Lösen geschieht über Druckluft.

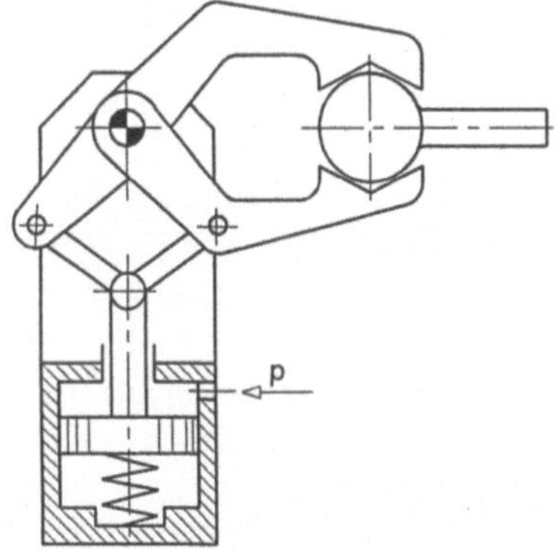

Bild 5-10
Prinzip eines pneumatisch angetriebenen Klemmgreifers

Klemmgreifer lassen sich u.a. in solche einteilen, die selbsthemmend sind und in solche ohne Selbsthemmung (übliche Ausführung). Selbsthemmung ist hierbei jene Eigenschaft, daß sich geschlossene Greifbacken nicht von selbst öffnen, wenn auf das gegriffene Teil z.B. Fliehkräfte außermittig zu den Griffstellen wirken. Der Greifer ist gewissermaßen blockiert. Die Selbsthemmung kann passiv oder aktiv sein. Ein elektromechanisch angetriebener Backengreifer ist selbsthemmend, wenn die Steigung der Antriebsspindel unter Beachtung des Reibungskoeffizienten selbsthemmend ausgelegt ist. Das „Blockieren" geschieht hier aktiv.

In Bild 5-11 werden Greifer mit Rollenkulisse dargestellt. Wird versucht mit einer Kraft F_G die geschlossenen Greifbacken aufzuziehen, dann entsteht am Zapfen eine Hebelkraft F_H. Diese Kraft zerlegt sich in die Komponenten F_{HY} und F_{HX} denn der Antriebsschieber kann sich nur in Richtung der x-Achse bewegen. Die Kraft F_{HX} kann je nach Geometrie des Greiferfingers die Schließkraft verstärken oder schwächen. Eine Verstärkung würde die Greifbacken blockieren, d.h. es liegt Selbsthemmung vor. Der dargestellte Kräfteplan enthält noch nicht die Reibmomente, die in der Hebelachse auftreten und auch keine Reibungskräfte zwischen Rolle und Kulisse.

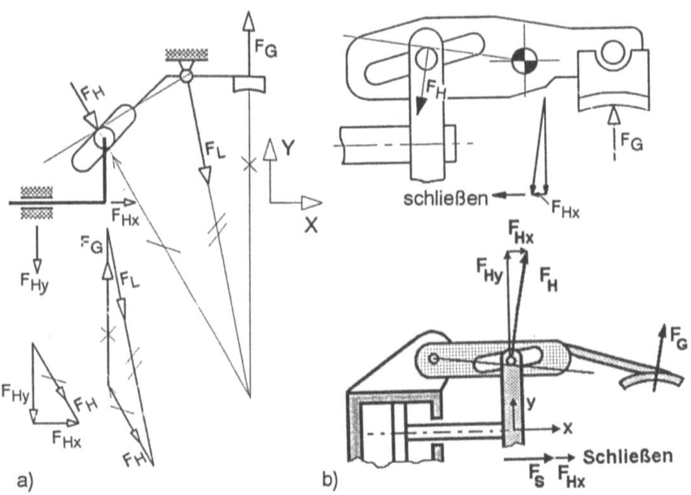

Bild 5-11 Klemmgreifer mit Rollenkulisse

a) Kräfteplan; Es liegt keine Selbsthemmung vor, b) Beispiele für Greifer mit Selbsthemmung

Zum Thema „Kräfte am Greifer" werden in Bild 5-12 für die häufig verwendeten Prismenbacken mit 3-Punkt- bzw. 4-Punkt-Berührung der Greifobjekte die Rechenbeziehungen für die Greifkraft F_G bei Aufwärtsbewegung angegeben. Hierbei werden bezüglich des Griffes drei Varianten unterschieden: Reine Formpaarung, reine Kraftpaarung sowie Formpaarung in Kombination mit der Reibpaarung. Klemmgreifer sind in sehr vielen Konstruktionsvarianten in Gebrauch. Deshalb können hier nur einige ausgewählte Lösungen vorgestellt werden. Weitere Konstruktionen finden sich in [31 bis 35]. Natürlich gibt es auch Anstrengungen, Greifer baukastenmäßig zu gestalten. Dazu zeigt Bild 5-13 ein Beispiel. Grundkörper und Finger sind aus Aluminium gefertigt. Die Aufhängungen für ein weiteres Fingerpaar sind bereits vorhanden, so daß auf einfache Weise auch ein 4-Finger-Greifer gestaltet werden kann. In der Regel wird ein pneumatischer Antrieb verwendet. Der Arbeitszylinder befindet sich zentral im Grundkörper. Es lassen sich aber auch andere Antriebe einbauen. Die werkstückspezifischen Greifbacken fehlen noch. Sie werden im Schienenprofil der Greiffinger befestigt.

	Skizze	Kontaktkräfte	Greifkraft aufwärts
nur Formpaarung	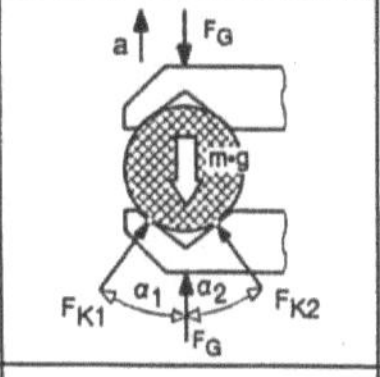	$F_{K1} = \dfrac{m(g+a)\sin\alpha_2}{\sin(\alpha_1 + \alpha_2)}$ $F_{K2} = \dfrac{m(g+a)\sin\alpha_1}{\sin(\alpha_1 + \alpha_2)}$	$F_G = m(g+a)\cdot S$
Form- und Reibpaarung	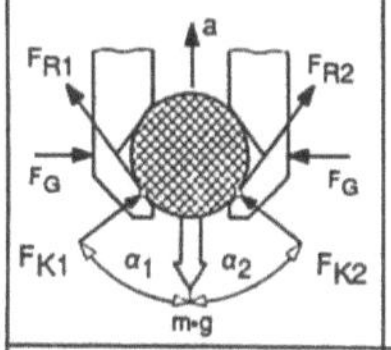	$F_{K1} = \dfrac{m(g+a)}{2\cos\alpha_1}$ $F_{K2} = \dfrac{m(g+a)}{2\cos\alpha_2}$	$F_G = \dfrac{m(g+a)}{2}\tan\alpha\cdot S$
Form- und Reibpaarung	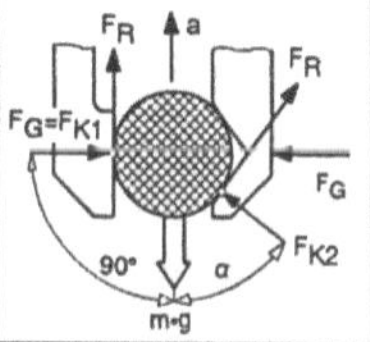	$F_{K1} = m(g+a)\,\tan\alpha_2$ $F_{K2} = \dfrac{m(g+a)}{\cos\alpha_2}$	$F_G = F_{K1}\cdot S$
nur Reibpaarung	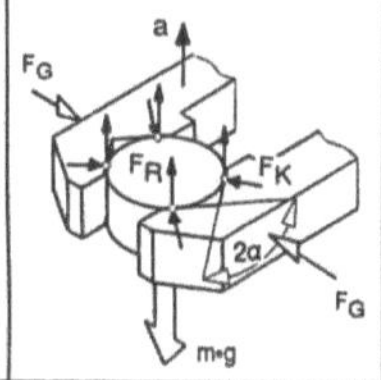	$F_K = \dfrac{m(g+a)}{\mu\cdot 4}$	$F_G = \dfrac{m(g+a)}{2\cdot\mu}\sin\alpha\cdot S$

a	lineare Beschleunigung
g	Erdbeschleunigung
m	Masse
S	Sicherheitsfaktor
μ	Reibungskoeffizient
F_R	Reibungskraft
F_G	Gewichtskraft
F_K	Kontaktkraft

Bild 5-12
Kräfte am Parallelbackengreifer mit Prisma-Auflage für die Werkstücke

Bild 5-13 Greifer aus einem modularen Greiferbaukasten (GMG Modulare Greifersysteme)

In Bild 5-14 wird ein pneumatisch angetriebener Backengreifer gezeigt, der über Zentrierhilfen verfügt. Beim Aufsetzen auf das Werkstück richtet sich dieses nach dem Greifer aus, ehe die Spannbewegung erfolgt. Das Werkstück wird in der Z- und X-Achse ausgerichtet. Das wird benötigt, wenn es anschließend montiert werden soll und deshalb eine genaue Zuordnung zum TCP nötig ist. Die Zentrierhilfen-Platte kann ausgetauscht werden.

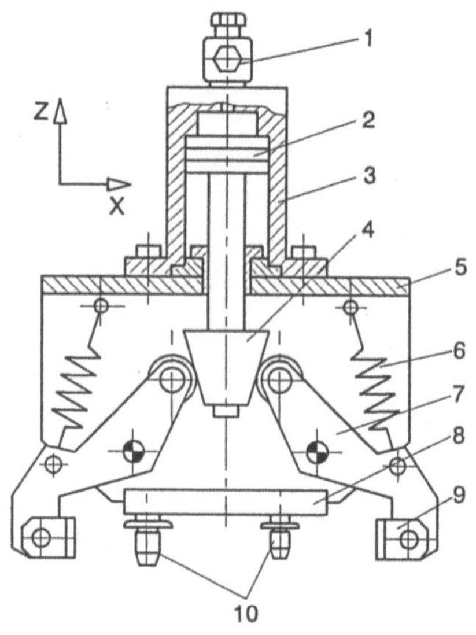

1 Druckluftanschluß
2 Kolben
3 Zylinder
4 Keil
5 Greiferplatte
6 Zugfeder
7 Greiferfinger
8 Aufnahmeplatte
9 Greifbacke
10 Zentrierbolzen

Bild 5-14
Zweifingergreifer mit Zentrierhilfen für das aufzunehmende Werkstück

In Bild 5-15 wird ein Kombinationsgreifer vorgestellt. Er besitzt zwei Paar Greiforgane für den Innengriff, die gemeinsam öffnen und schließen. Einmal werden damit in der Palette magazinierte Werkstücke gegriffen und zur Drehbearbeitung auf eine Futterteildrehmaschine gebracht. Das lange Paar Greiforgane dient zur Manipulation von leeren Paletten. Dazu ist der Palettenboden mit entsprechenden Greiföffnungen zu versehen. Der Vorteil besteht darin, daß man eine längere bedienfreie Zeit erreicht, weil der Roboter in der Lage ist, geleerte Paletten selbst anzufassen und wegzustellen. Dadurch werden die Werkstücke der nächsten Palette des Stapels zugänglich. Es ist ein Spezialgreifer, der für diesen besonderen Zweck zugeschnitten wurde.

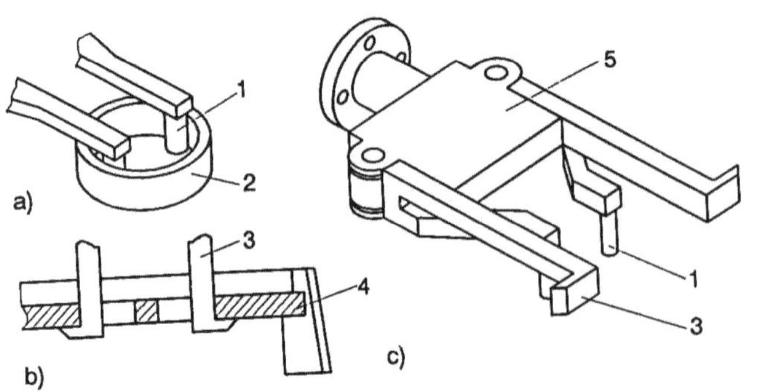

1 Zapfen für Innengriff
2 Werkstück
3 Hakenfinger für Palettengriff
4 Palette
5 Grundgreifer

Bild 5-15
Mechanischer Backengreifer für die Maschinenbeschickung

a) Greifen eines Werkstücks
b) Greifen einer Palette
c) Gesamtansicht

Zunehmende Flexibilitätsanforderungen in der Fertigung verlangen auch Greifer, die insbesondere unterschiedliche Werkstückformen verkraften. Für dieses Problem gibt es viele technische Vorschläge, die aber oft für den rauhen Werkstattbetrieb wenig tauglich sind. Eine Gliederung der Möglichkeiten enthält das Bild 5-16.

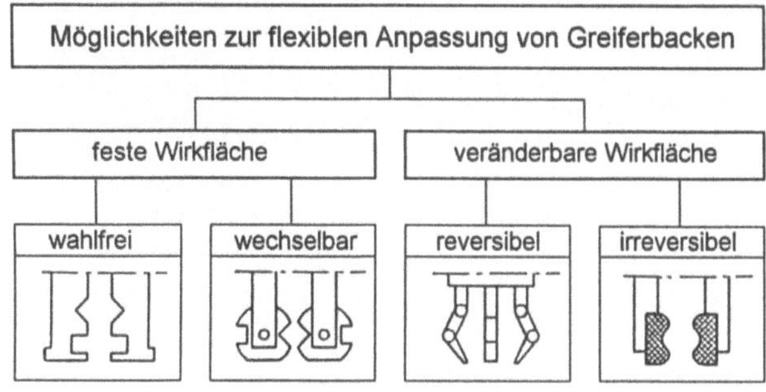

Bild 5-16
Gliederung der formanpaß-
baren Greiferbacken

Wichtigstes Merkmal der Gliederung ist die Art und Weise, wie ein Kontakt zwischen Greifobjekt und Greifbacke hergestellt wird. Typische reversible (rückgängigmachbare) Backenformen sind z.B. Blechlamellen oder pulvergefüllte Beutel, die beim Anlegen von Vakuum das Gebilde stabilisieren und versteifen. Beispiele sieht man in den Bilder 5-17a und b. Irreversibel sind Abformungen vom Greifobjekt, die mit Silikonmasse (weich) oder Knetmasse (Flüssigaluminium) angefertigt werden. Sie werden anschließend ausgehärtet (Bild 5-17c). Diese Möglichkeit ist für komplizierte Griffflächenformen gut geeignet. Die Form läßt sich nicht mehr rückgängig machen.

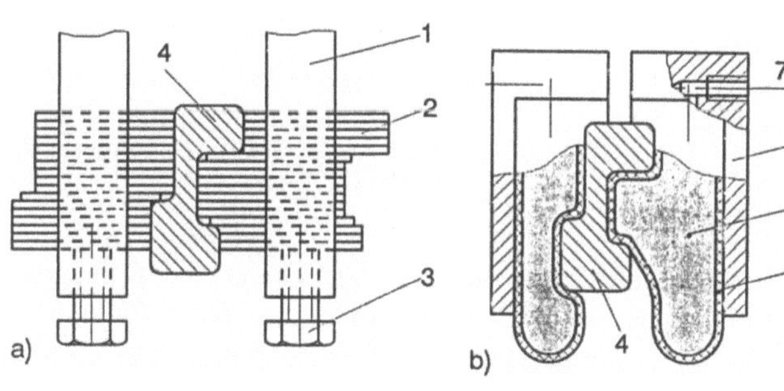

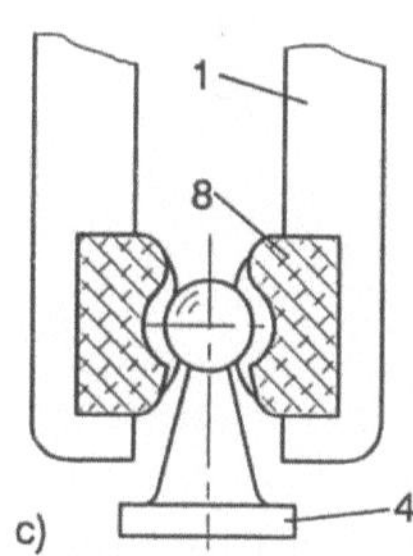

1 Greiferfinger	5 Pulver- oder
2 Lamelle	Granulatfüllung
3 Klemmschraube	6 elastischer Beutel
4 Werkstück	7 Vakuumanschluß
	8 Formstoff

Bild 5-17 Beispiele für Abformgreifer
a) Blechlamellen, b) Pulverbeutel mit Vakuum, steif gemacht, c) Knetmasse

5.1.3   Greifer mit pneumatischem Wirkprinzip

Das pneumatische Wirkprinzip begrenzt sich durchaus nicht nur auf die Aufnahme von eben-
flächigen Teilen mit dem Sauger. Eine gute Anpassung an z.B. gewölbte Blechformteile ist
erreichbar, wenn die Sauger an einstellbaren bzw. kugelbeweglichen Aufnahmen befestigt sind.
Ein Beispiel zeigt das Bild 5-18. Nach der Anpassung werden hier die Kugelgelenke geklemmt.

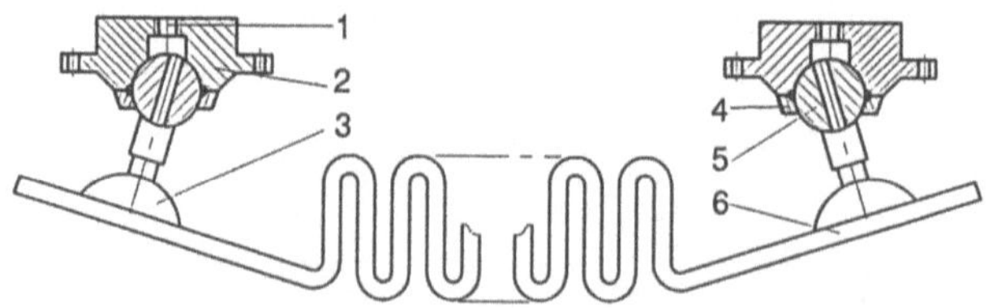

1 Saugluftanschluß
2 Befestigungsflansch
3 Sauger
4 Klemmkalotte
5 Kugelzapfen
6 Werkstück

Bild 5-18 Saugergreifer am Kugelgelenk

Beim Flaschengreifer wird die Formanpassungsfähigkeit eines Kunststoffteils (Gummikörper)
ausgenutzt (Bild 5-19). Wird Druckluft angelegt, verformt sich der Körper derart, daß eine
Kraft-Formpaarung entsteht. Der Flaschenhals wird vollständig umschlossen. Der Innendruck
stützt sich außen gegen ein Metallgehäuse ab.

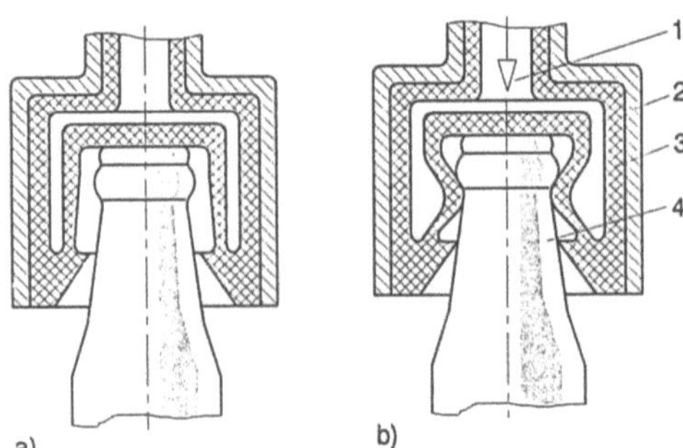

1 Druckluft   3 Formeinsatz
2 Metallgehäuse   aus Gummi
                      4 Greifobjekt

Bild 5-19

Flaschengreifer

a) druckloser Zustand, Greifer sitzt auf
b) Halten nach Druckluftzuschaltung, die
Flasche wird geklemmt

Der Spreizfingergreifer im dritten Beispiel (Bild 5-20) schließt seine Finger, wenn Saugluft
anliegt. Diese wird über eine Venturidüse aus einem Druckluftstrahl gewonnen. Die Greifgenauigkeit ist allerdings durch die Beweglichkeit des Werkstoffs eingeschränkt. Der Greifer
öffnet sich durch die Gummivorspannung. Die Klemmkraft beträgt im geschlossenen Zustand
aber nur 5 N. Insbesondere leichte Flachteile mit empfindlicher Oberfläche lassen sich sehr
werkstückschonend anfassen.

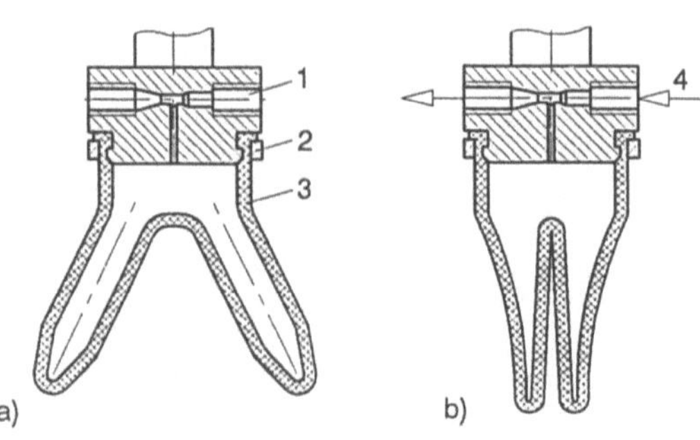

1 Venturidüse   3 Doppelfinger aus
2 Spannring   Neopren
                      4 Druckluftanschluß

Bild 5-20
Spreizfingergreifer (SOMMER)

a) druckloser Zustand
b) Zustand bei Unterdruck

Beim schnellen Bewegen von Werkstücken, die mit einem Sauger aufgenommen wurden, genügt es nicht, nur mit den statischen Kräften zu rechnen. Es sind auch die dynamischen Wirkungen mit einzubeziehen. dadurch ergeben sich resultierende Kräfte, die in ihrer Wirkungslinie beliebig vorkommen können. In Bild 5-21 sind einige Fälle dargestellt, die sich aus der Überlagerung von Verfahrbewegungen ergeben können. Man sieht, daß beim Querverschieben und bei senkrechter Stellung der Saugfläche eine weitere Größe wichtig wird. Es ist der Reibungskoeffizient μ. Bei Glas, Stein und Kunststoff (sauber, trocken) kann man von $\mu = 0,5$ ausgehen. Bei feuchten und öligen Flächen kann er bis auf $\mu = 0,1$ absinken. Es ist ratsam, jeweils Versuche dazu durchzuführen. Bei geölten Blechen kann es Probleme geben. Die Bleche können vom Sauger „wegschwimmen". Die Saugerlippen durchdringen dann den Ölfilm nicht. Statt des Coulombschen Reibungsgesetzes ist dann die Flüssigreibung maßgebend. Ungenügendes Haften kann es übrigens auch geben, wenn das Handhabungsgut porös ist, wie z.B. bei Spanplatten. Dann tritt ein „Durchsaugeeffekt" auf. Es ist dann besser mit größeren Saugerflächen zu arbei-

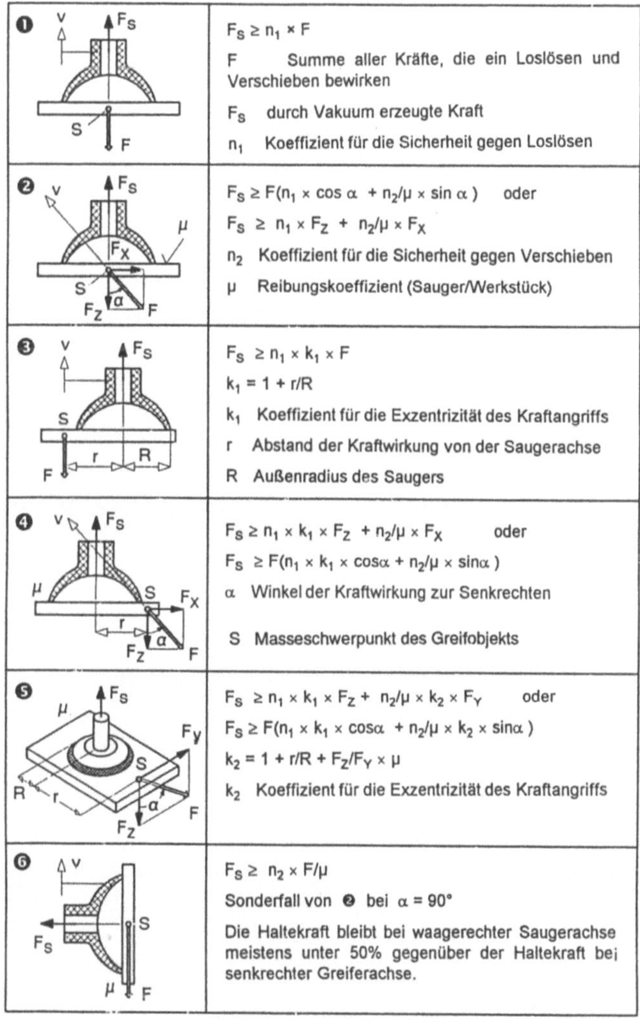

Bild 5-21 Typische Kraftsituationen am Saugergreifer

ten und den Unterdruck kleiner zu halten. Man spricht dann von Niederdruck-Saugergreifern [153, 154].

Aus Sicherheitsgründen werden gelegentlich auch Zweikreis-Vakuumanlagen konzipiert. In Bild 5-22 ist der pneumatische Teil abgebildet. Es sind 2 getrennte Vakuumerzeuger in Aktion und der Kern der Idee besteht darin, daß je Vakuumkreis 3 Sauger „über Kreuz" angeschlossen sind. Fällt eine Pumpe aus, so wird das Werkstück trotzdem noch gehalten. Die Saugerdurchmesser müssen natürlich so gewählt werden, daß 3 Sauger das Werkstück gerade noch halten (geringerer Sicherheitsfaktor, verminderte Robotergeschwindigkeit).

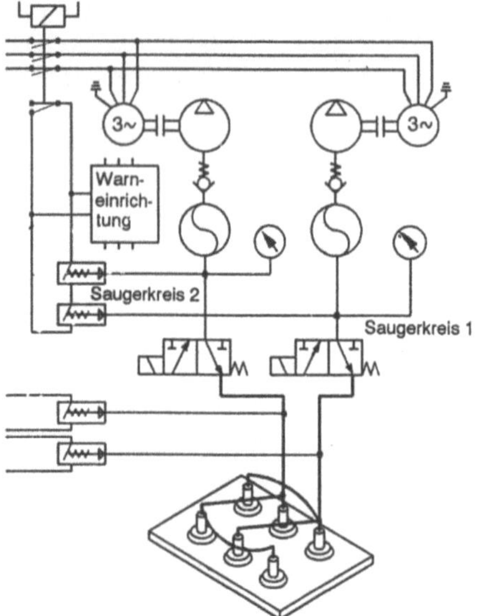

Bild 5-22
Prinzip einer Zweikreis-Vakuumanlage

5.1.4　Gelenkfingergreifer

Die menschliche Hand dient wegen ihrer universellen Einsatzfähigkeit immer wieder als Vorbild für anthropomorphe Fingergreifer. Gelenkfingergreifer sind der Versuch, auf technischem Weg Greiferhände zu erreichen, deren Flexibilität dem natürlichen Vorbild etwas näherkommt. Dabei sind schwierige technische Probleme zu überwinden, insbesondere beim Antrieb der Fingerglieder. Es ist üblich solche Roboterhände nach den Entstehungsorten oder Institutionen zu benennen, wie z.B. Belgrader Hand, Hitachi-Hand, Darmstadt-Hand, Stanford/JPL-Hand, Victory-Enterprices-Hand. Ein Beispiel für ein solches Entwicklungsmuster ist die in Bild 5-23 gezeigte 3-Finger-Hand. Zwei parallelen Gelenkfingern steht ein dritter Finger (Daumen) gegenüber. Die Hand kann anthropomorphe Bewegungen ausführen und auch eine nicht-anthropomorphe Fingerhaltung einnehmen. Der Antrieb geschieht über 12 Sehnen mit mikroprozessorgesteuerten Gleichstromstellmotoren. Die Sehnen laufen in Rohren, die mit Teflon ausgekleidet sind.

Man hat verschiedentlich auch die Griffe untersucht, mit denen der Mensch Objekte anfaßt. Man stellt sich vor, daß Gelenkfingergreifer einmal folgende Griffe ausführen können:

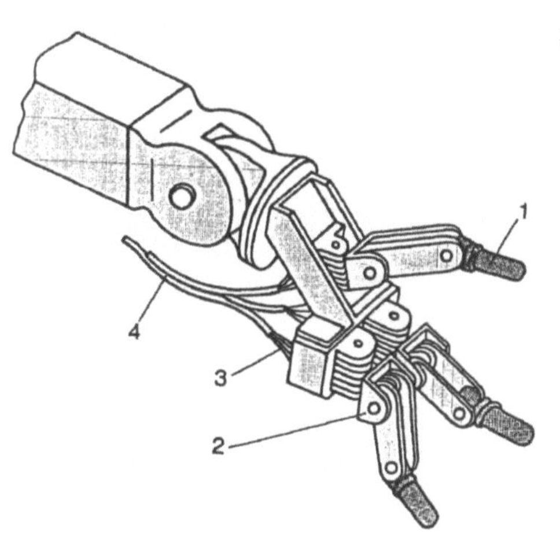

1 Greiforgan
2 Fingergelenk

3 Zugseil für die
   Bewegungsübertragung
   zum Finger
4 Zugseilhülle

Bild 5-23
Stanford/JPL-Hand

- Spitzgriff; Aufnehmen einer Nadel mit 2 „spitzen" Fingern;

- interdigitaler Griff; Halten einer Zigarette zwischen 2 Fingern beim Rauchen;

- tridigitaler Griff; Halten eines Stiftes zwischen Daumen, Zeige- und Mittelfinger;

- tetradigitaler Griff; Halten einer Kugel mit 4 Fingern;

- pentadigitaler Griff; Halten einer dünnen Scheibe mit 5 Fingern.

Einige Beispiele für Gelenkfingerhände sind in Bild 5-24 dargestellt. Die 4-Finger-Hand nach Bild 5-24a wurde in den siebziger Jahren vom Center for Biomedical Design der Universität Utah und dem Labor für Künstliche Intelligenz des Massachusetts Institute of Technology entworfen. Jeder Finger hat den Freiheitsgrad 4, so daß sich ein Gesamtfreiheitsgrad von $F = 16$ ergibt. Das bedeutet, es werden 16 unabhängig steuerbare Antriebe gebraucht. Die Bewegung wird über hochfeste Polymersehnen geleitet. Außerdem ging es um die Integration von Berührungssensoren. Je Fingergelenk waren Sensoren zur Feststellung der jeweiligen Winkelstellung eingebaut.

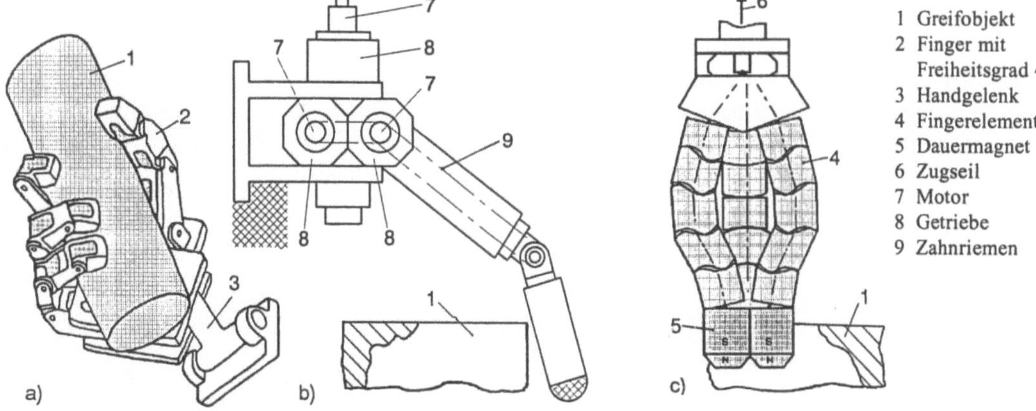

1 Greifobjekt
2 Finger mit
   Freiheitsgrad 4
3 Handgelenk
4 Fingerelement
5 Dauermagnet
6 Zugseil
7 Motor
8 Getriebe
9 Zahnriemen

Bild 5-24 Beispiele für die Ausführung von Fingergreifern
        a) Utah/MIT-Hand, b) Karlsruher Hand, c) einfacher Innengreifer

Die Karlsruher Hand (Bild 5-24b) dient vorerst Forschungszwecken, wie viele andere Gelenkfingergreifer auch. Im Bild wird nur ein einzelner Finger gezeigt.

Für unförmige Innenkonturen ist der in Bild 5-24c gezeigte Greifer gedacht. Durch die Form der Fingerglieder kommt es zum Spreizen der Finger, wenn am Zugseil eine Spannkraft aufgebracht wird. Damit sich die Finger im Ausgangszustand zur Mitte hin schließen, sind am Ende kleine Dauermagnete angebracht. Die Hand ist recht einfach. Man kann die Finger aber nicht einzeln ansteuern.

5.1.5   Textilgreifer

Textile Gebilde können durch Kratzen-, Nadel- und Saugergreifer angefaßt werden. Letzteres geht nur dann, wenn der Stoff ausreichend „dicht" ist, wie z.B. bei schweren Jeansstoffen. Es gibt auch Möglichkeiten, Stoffe elektrostatisch zu halten oder wenn sie angefeuchtet sind auch durch Anfrieren an Haltebleche, die gleichzeitig Kühlbleche sind. Wichtig ist natürlich nicht nur das Halten, sondern auch das schnelle Lösen.

Eine wenig bekannte Möglichkeit ist der Kratzengreifer nach Bild 5-25 [36].

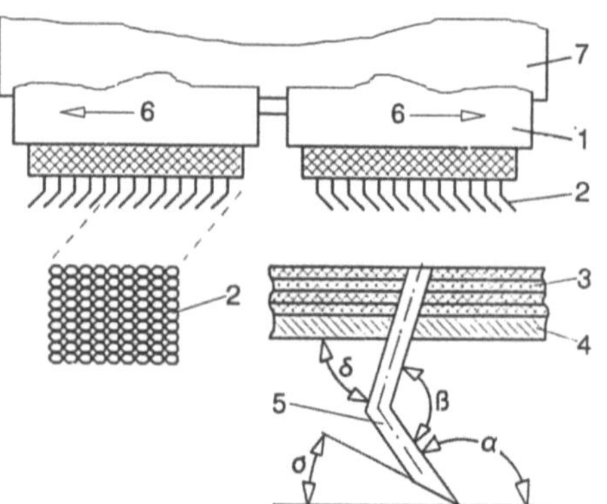

1 Greifbacke, z.B.	5 Zahn, Nadel
maximal 16 mm Hub	6 Verspannbewegung
2 gewinkelte Draht-	α Stechwinkel (100°
borsten	bis 115°)
3 Sechsfach-Baumwoll-	δ Setzwinkel (72°)
gewebe	β Anstellwinkel
4 Kautschuk	(135° bis 150°)
	σ Anschleifwinkel

Bild 5-25
Kratzengreifer

Die Kratze ist in der textilen Fertigung ein weitverbreitetes und in vielen Modifikationen eingesetztes technologisches Werkzeug. Die Häkchen sind gewissermaßen beweglich im Trägermaterial gelagert. Das Greifgut wird nur angestochen und nicht durchstochen. Basisgreifer ist ein Parallelgreifer, der Kratzen trägt. Nach dem Aufsetzen führen die Backen einen Greifhub aus, der dem Innengriff entspricht. Die Drahthäkchen mit einer Stärke von 0,3 bis 0,5 mm tauchen dabei in die Textilstruktur ein. Ein Greifkraftdiagramm wird in Bild 5-26 gezeigt.

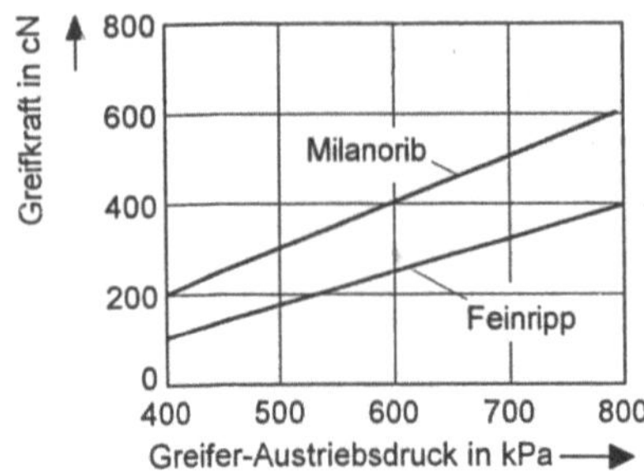

Bild 5-26
Greifkraftdiagramm für einen Kratzengreifer

Nadelgreifer (Stoffgreifer) setzen auf das Material auf und fahren dann in allen Himmelsrichtungen schräg zur Oberfläche viele Nadeln (20 bis 40) aus. Die Nadeln (Durchmesser z.B. 0,69 mm) sind poliert und an der Spitze etwas gerundet, um das textile Material zu schonen. Die Eindringtiefe ist auf Hundertstel-Millimeter genau einstellbar und liegt im Bereich von 0 bis 1 mm.

5.1.6   Magnetgreifer

Man unterscheidet in Permanent- und Elektromagnetgreifer. Permanentmagnetgreifer sind sehr einfach und billig, erfordern aber Zusatzvorrichtungen, die das Lösen des ferromagnetischen Greifobjekts unterstützen. Bei den Ausführungsbeispielen nach Bild 5-27 a und b sind die Magneten gefedert angebracht. Nach Aufnahme eines Teils und Einschalten des Elektromagneten wird die Aufnahmeposition auch magnetisch arretiert. Beim Ablegen wirken die Federn als Werkstückabstreifer.

Zum Schutz gegen eine Doppelblechaufnahme wurde bei der Lösung nach Bild 5-27g ein Stift eingebaut, der das Blech etwas durchwölbt, so daß ein Doppelblech abspringen kann. In Bild 5-27c wird dafür eine andere Lösung gezeigt. Es ist eine Kombination von Magnet und Sauger. Während der Greifphase wirkt nur die Saugluft, um Doppelbleche zu vermeiden. Nach dem Abheben wird der Magnet zugeschaltet, so daß die geplanten Handhabebewegungen mit voller Geschwindigkeit ablaufen können.

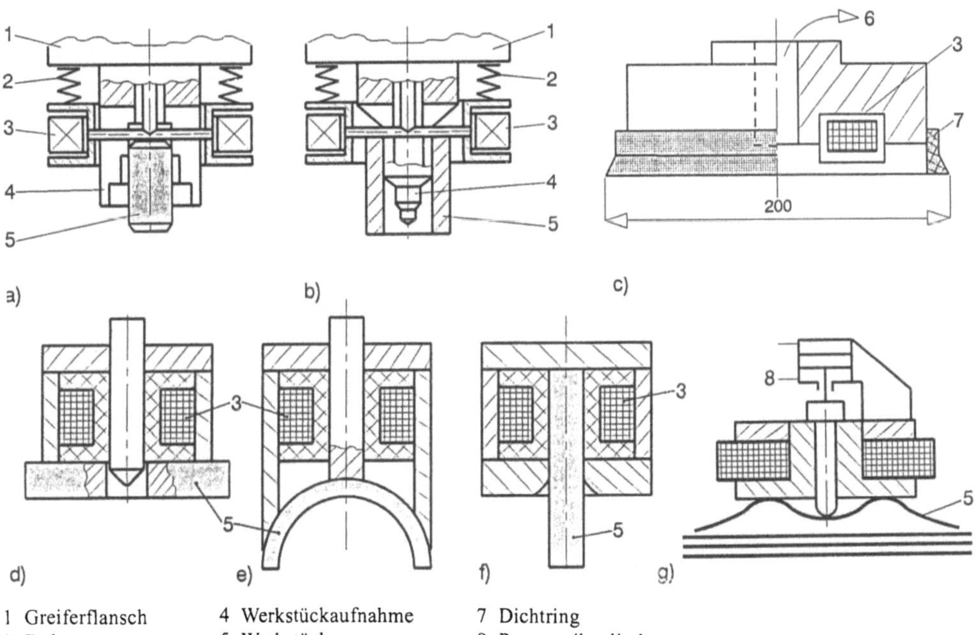

1 Greiferflansch	4 Werkstückaufnahme	7 Dichtring
2 Feder	5 Werkstück	8 Pneumatikzylinder
3 Magnetspule	6 Saugluftanschluß	

Bild 5-27 Elektromagnetgreifer
a) Außengriff, b) Innengriff, c) kombinierter Magnet-Sauger-Greifer, d) Elektromagnet mit Zentrierspitze, e) Polschuhgestaltung für Rundteile, f) magnetischer Zapfengreifer, g) Magnetgreifer mit Durchwölbe- und Abstreifstift

Solche Lösungen sind vor allem auf die Handhabung von Dünnblechen orientiert, was bekanntlich schwierig ist, weil das Magnetfeld auch ein zweites oder drittes Blech mit festhalten kann. Dieses Problem sollen auch die in Bild 5-28 vorgestellten Permanentmagnetgreifer lösen. Allerdings sind hier bewegliche Elemente mit im Spiel. Die Lösung besteht darin, die Feldlinien „verschiebbar" zu machen. Bei der Ausführung nach Bild 5-28c wird der Magnet nur beim Aufnehmen des Bleches genutzt. Während des Haltens bis zur Zielposition wirkt allein das Vakuum als Haltekraft.

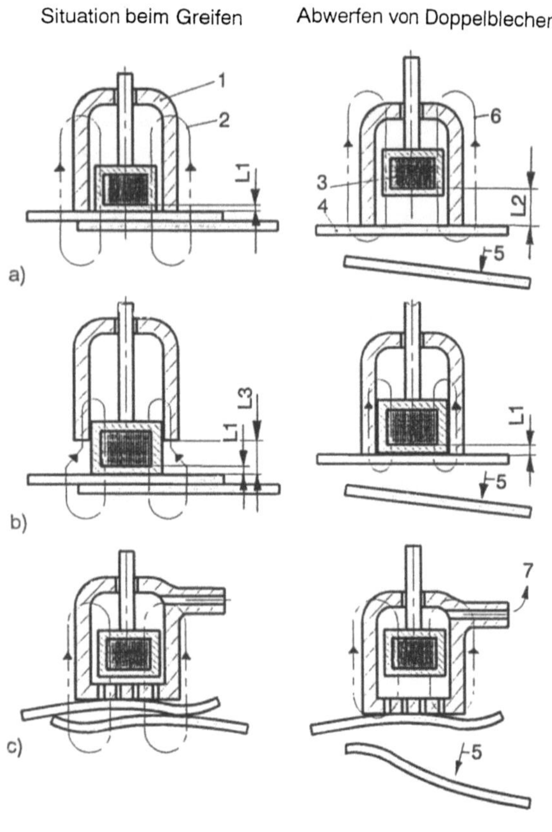

1 Gehäuse
2 Feldlinien
3 Permanentmagnet
4 Werkstück
5 abfallendes Doppelteil
6 Verschiebung der Feldlinien
7 Saugluft
L_i Luftspalt

Bild 5-28
Permanentmagnetgreifer

a) Verschiebung der Feldlinien. Das Gehäuse ist nicht ferromagnetisch
b) Verschiebung der Feldlinien bei ferromagnetischem Gehäuse
c) Kombination von Dauermagnet und Vakuum

Häufig werden auch Permanent-Elektro-Haftmagnete verwendet, wie sie in Bild 5-29 gezeigt werden. Das sind Haftsysteme mit offenem magnetischen Kreis zum Halten von ferromagnetischen Werkstücken sowie einer Erregerwicklung, die im eingeschalteten Zustand

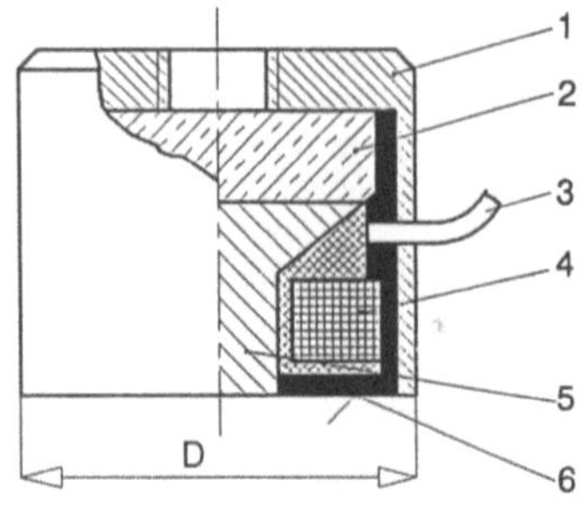

1 Gehäuse, Glocke   5 Weicheisenkern
2 Permanentmagnet   6 magnetische Haftfläche
3 Anschlußleitung $D = 20$ bis 150 mm
4 Erregerwicklung

Bild 5-29
Permanent-Elektro-Haftmagnet (BINDER)

das Permanentmagnetfeld an der Haftfläche neutralisiert und dann das Abnehmen des Werkstücks erlaubt. Damit beim gegriffenen Teil kein Restmagnetismus zurückbleibt, kann man Schaltungen einsetzen, die beim Ablegen ein Gegenfeld aufbauen.

Die maximal erreichbare Haftkraft eines Werkstücks ist abhängig von:

- Größe der Auflagefläche (Kontaktfläche) des Werkstücks,

- Werkstoffeigenschaften,

- Rauhigkeit der Auflagefläche (Luftspalt),

- prozentuale Belegung der magnetischen Haftfläche und

- magnetische Feldstärke des Haftmagneten.

Werkstücke mit verschiedenen magnetischen Kennlinien ergeben bei gleichen Haftmagneten unterschiedliche Haftkräfte. Hierbei ist die Sättigungsinduktion eines Werkstoffes mitbestimmend für die obere Grenze der erreichbaren Haftkraft. Auskunft erteilt das Diagramm in Bild 5-30. Technisch reines Eisen ist mit dem Korrekturfaktor $f_W = 1$ angesetzt. Beimengungen von Kohlenstoff, Chrom, Nickel, Mangan, Molybdän, Kupfer u.a. vermindern die magnetische Leitfähigkeit. Außerdem ist zu beachten, daß auch bei gehärteten Werkstücken eine Haftkraftverminderung eintritt. Je höher der Härtegrad, desto schlechter die magnetische Leitfähigkeit.

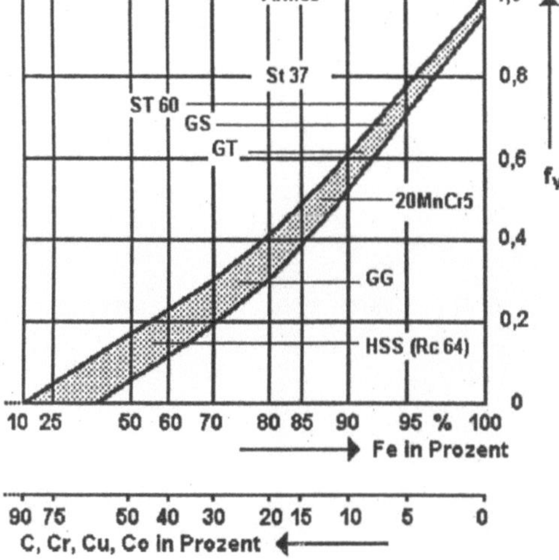

GG Gußeisen   GS Stahlguß
GT Temperguß   St Stahl

Bild 5-30
Abhängigkeit der magnetischen Haftkraft vom Werkstoff

5.1.7   Revolvergreifer

Revolvergreifer sind eine Kombination mehrerer Einzelgreifer mit einer speziellen Handgelenk-Bewegungseinheit. Sie werden hauptsächlich an Montagerobotern verwendet. Die Montageteile werden in Serie von den Einzelgreifern aus der Peripherie entnommen. Der Revolvergreifer wird praktisch mit Teilen geladen. Dann werden die Teile in der Montageposition nacheinander gefügt. Der Vorteil besteht darin, daß sehr unterschiedliche Teile aufgenommen werden können und daß der Revolvergreifer in der Zeit geladen werden kann, in der das Montagebasisteil auf einer Transferstrecke weitertaktet. Somit entfallen einige Roboterleerfahrten. Die Revolverdrehung wird durch einen besonderen Antrieb realisiert oder man nutzt dazu eine Roboterachse (senkrechte Drehachse, Bild 5-31).

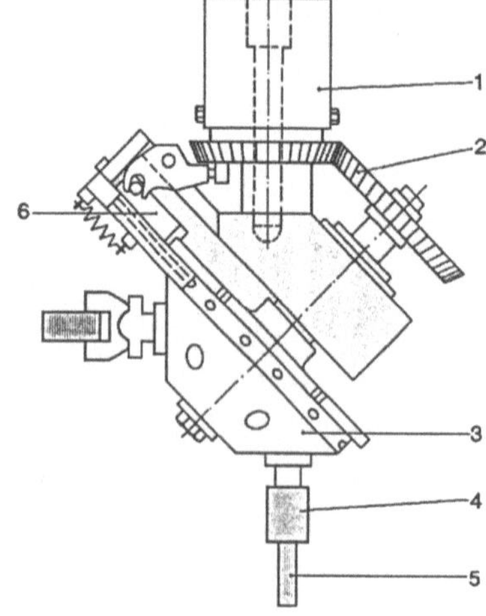

1 Anschlußstück   4 Greifer
2 Kegelradgetriebe   5 Montageteil
3 Kronenrevolver   6 Rastmechanismus

Bild 5-31
Revolvergreifer mit 6 Einzelgreifern (SONY)

Die Handdrehachse wird somit zusätzlich zum Weitertakten des Revolvers verwendet. Dazu dockt kurzzeitig das Kegelrad des Greifers am Kegelrad der Drehachse an.

Bild 5-32 Getriebemontage mit einem Spezialgreifer in Revolverbauart (ABB, SCHUNK)

Je Greifer stehen mehrere Elektro- und Druckluftanschlüsse zur Verfügung. Wann immer möglich, greift man die Teile nicht an der Außenkontur, die sich bei Produktänderungen meistens ändert, sondern innen an Bohrungen oder speziell angebrachten „Greifbohrungen". Wenn sich solche Bohrungen auch in ähnliche Teile oder Teile eines Nachfolgesortiments einbringen lassen, minimiert dieses die Anzahl der notwendigen Greifer bzw. deren Umbau bei einem Modellwechsel.

In Bild 5-32 wird ein Revolversystem gezeigt, das sozusagen zur beweglichen Montagevorrichtung mutiert ist. Es enthält alle Greifer und Werkzeuge, die für eine Getriebemontage gebraucht werden. Die Aufbauplatte ist hier eine senkrechte Scheibe. Auch waagerechte Scheiben sind möglich. Zu beachten ist bei Revolvergreifern stets die recht große Störkontur, die einen bestimmten Platzbedarf an der Fügestelle erforderlich macht. Die Revolvergreifer stellen eine sinnvolle Alternative zur Verwendung von Greiferwechselsystemen dar.

5.1.8   Kombinationsgreifer

Man kombiniert verschiedene Greifer zu einem Greifsystem, wenn damit die Ausführbarkeit mehrerer Greifoperationen erreicht wird. Kombinationsgreifer werden auch gern bei Balancern eingesetzt [21]. Das Beispiel nach Bild 5-33 zeigt die Montage im Greifer selbst, ohne eine externe Fügevorrichtung dafür in Anspruch zu nehmen. Es werden Linsen in eine Fassung eingesetzt. Zuerst wird die Linse in der Peripherie aufgenommen, dann die Fassung mit einem Parallelbackengreifer. Die Linse wird auf dem Weg zur Ablagestelle mit der Fassung gefügt.

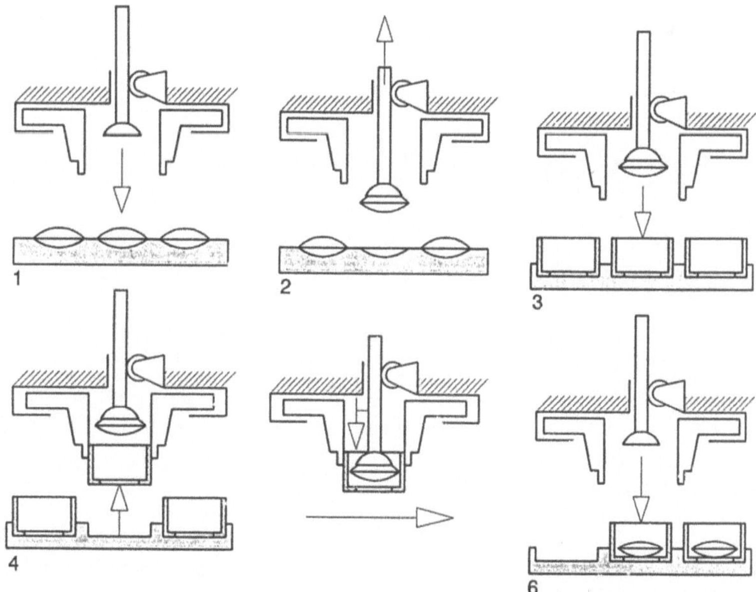

1 Anfahren an das Linsenmagazin
2 Greifen einer Linse mit dem Sauger
3 Anfahren der Paletten mit den Fassungen

4 Greifen einer Linsenfassung
5 Fügen durch Einlegen
6 Ablegen der Baugruppe in einer Arbeitsstation zur
   weiteren Montage

Bild 5-33 Montage von Glaslinsen

Im zweiten Beispiel (Bild 5-34) geht es um die Handhabung von Garnspulen. Diese werden mit einem Dorngreifer innen angepackt und auf der Palette abgesetzt. Außerdem verfügt der Greifer über 4 Sauger, die in eine Parkposition zurückgezogen werden können. Sie werden aktiviert, wenn eine Zwischenlage zu holen und auf der Garnspulenschicht abzulegen ist.

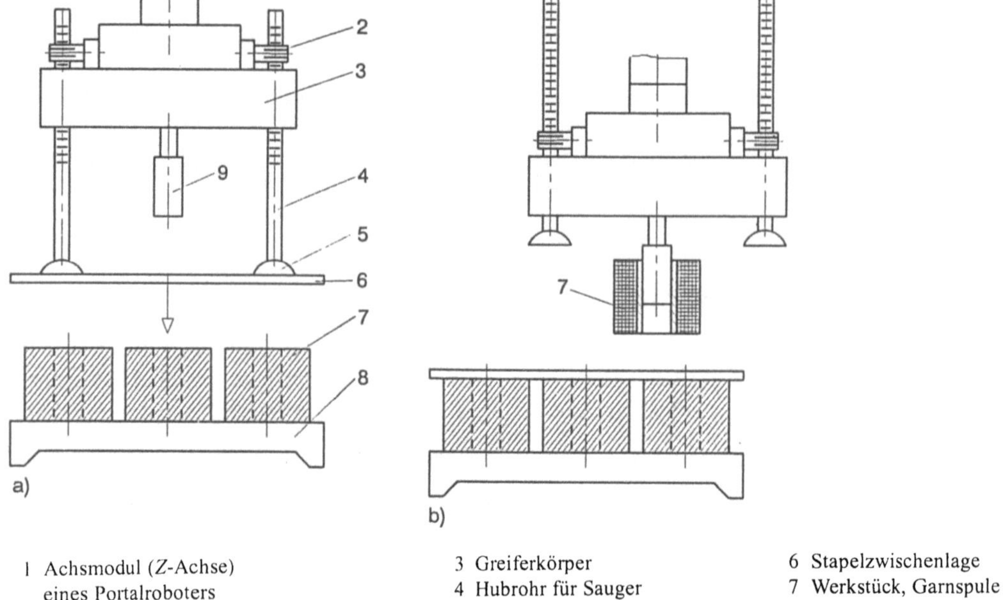

1	Achsmodul (Z-Achse)	3	Greiferkörper	6	Stapelzwischenlage
	eines Portalroboters	4	Hubrohr für Sauger	7	Werkstück, Garnspule
2	Rückhubgetriebe	5	Sauger	8	Palette

Bild 5-34 Stapeln von Garnspulen mit Zwischenlagen

a) Auflegen einer Zwischenlage für die nächste Stapeletage, b) Auflegen einer Garnspule

5.2   Roboterwerkzeuge

Gelegentlich werden Greifer auch als „Werkzeug" bezeichnet. Darum geht es hier aber nicht. Roboterwerkzeuge sind Montage- oder Bearbeitungswerkzeuge, die so ausgeführt wurden, daß sie von einem Roboter problemlos gehandhabt werden können, wie z.B. Kleinschleifmaschinen mit besonders weich aufsetzender Achse, leerlauffeste Meißel- und Schlackenhämmer oder vibrationsgedämpfte Niethämmer. Es können aber auch Bohrspindeln, elektrische Schlachtmesser, Farbspritz- oder Schweißpistolen sein.

Oft benutzte Werkzeuge sind auch Einzel- und Mehrfachschrauber mit und ohne Schraubenzuführung, Löt- und Klebepistolen, Werkzeuge zum Einsetzen von Sicherungsringen und Stiften sowie anderen Verbindungsmitteln, Punktschweißzangen, Mutternschrauber und auch Schlagapparate. In [37] wird ein Schlagapparat vorgestellt, mit dem weit größere Fügekräfte als beim Einpressen mit der Roboterhand erzeugt werden können, ohne daß der handhabende Roboter dabei Schaden nimmt. Das Bild 5-35 zeigt ein solches Fügewerkzeug. Die Wirkung wird durch einen freifliegenden, selbststeuernden Schlagkolben erreicht, der mit Druckluft beaufschlagt wird. Damit lassen sich z.B. Kerbstifte ohne externe Presse eindrücken.

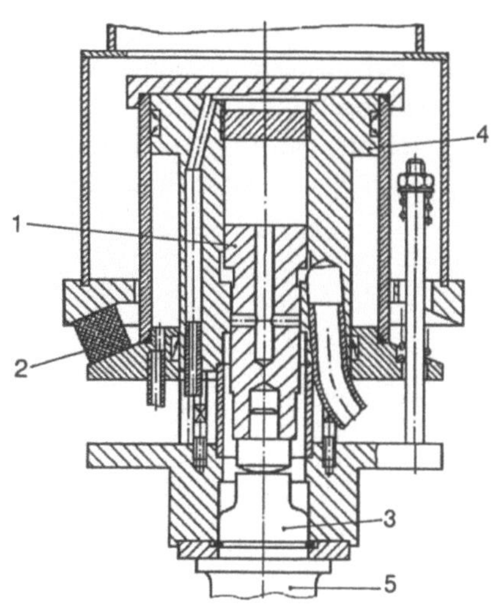

1 Schlagkolben
2 Gummifederelement
3 Schlagstück
4 Vorschubeinheit
5 Greifer zur Aufnahme des Fügeteils

Bild 5-35
Pneumatischer Schlagapparat, befestigt an einem Ausgleichsmechanismus mit Gummifedern

Robotern kann auch das Druckfügen übertragen werden. Es erlaubt als spezifisches Verfahren des Durchsetzfügens das oberflächenschonende Verbinden von Blechteilen ohne Hilfsfügeteile. Dafür hat man spezielle Druckfügezangen entwickelt. Das Zangengewicht liegt bei 30 kg und es werden Fügekräfte bis zu 60 kN entwickelt.

Für flexibel automatisierte Fertigungssysteme kann sogar der Stempel- und Matrizenwechsel automatisch ausgeführt werden. Damit Qualitätsmängel nicht unbemerkt bleiben, hat man ein Überwachungssystem entwickelt, das in die Steuerungssoftware integriert werden kann. Unter Berücksichtigung verschiedener Parameter wird die Umformkraft kontrolliert. Für das komplette Entgraten eines Werkstücks in einer Entgratezelle werden meistens verschiedene Werkzeuge nacheinander eingesetzt. Das sind z.B. Fräs-, Feil- und Schabewerkzeuge verschiedener Abmessung, Rillenbürstmatten für feinste Strukturen, Kantenbänder zum Verschleifen und Verrunden komplexer Kanten und Übergänge, Multischleifbänder und Polierwerkzeuge. Für neue Verbindungsverfahren bzw. -mittel wurden Spezialwerkzeuge entwickelt, wie z.B. das in Bild 5-36 gezeigte Werkzeug für das Clipsen.

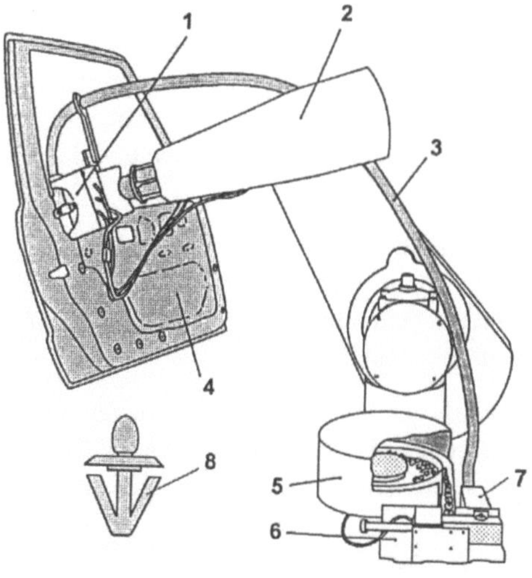

1 Clips-Einsetzwerkzeug
2 Industrieroboter
3 Clipszuführung über einen
   Profilschlauch
4 PKW-Tür
5 Vibrationswendelförderer
6 Zuteiler
7 Zuschießen mit Druckluft
8 Clips, Schnellbefestiger

Bild 5-36
Roboterarbeitsplatz zum Einsetzen von Clipsen [38]

Die Teile werden im Vibrator geordnet, anschließend vereinzelt und mit Druckluft zum Effektor geblasen. Der Zuführschlauch ist nach dem Profil des Schnellbefestigers gestaltet. Das Roboterwerkzeug ist eine kleine pneumatische Fügepresse mit Haltebacken für die Clipse. Sie werden mit Saugluft am Preßstößel gehalten. Die Fügekräfte betragen etwa 150 N. Die Anwesenheit eines Clipses wird kontrolliert. Der Roboter kann mit seinen Handgelenkachsen den Effektor stets lotrecht zur Basisteiloberfläche einstellen.

5.3   Fügemechanismen

Beim elementaren Fügen sind folgende Operationen auszuführen:

- Bereitstellen von Basis- und Fügeelement,

- Zuführen, Positionieren (und Spannen) des Basisteils,

- Zuführen, Positionieren, Orientieren und Fügen des Bauelements, wobei Positions- und Winkelfehler auszugleichen sind, und

- Abtransport der fertigen Montageeinheit.

Von besonderer Bedeutung ist der Ausgleich von Abweichungen. Dazu werden Vorrichtungen zwischen Roboteranschlußflansch und Greifer eingebaut, die man auch als Fügemechanismus bezeichnet. Nach der Funktionsweise werden folgende Arten unterschieden:

- Gesteuerte (aktive) Fügemechanismen,

- ungesteuerte (passive) Fügemechanismen und

- kombinierte Ausführungen.

Größere Verbreitung haben die ungesteuerten Fügemechanismen gefunden, die man auch als kompliente Systeme bezeichnet (compliant = nachgiebig). Das sind passive Komponenten, die die durch taktile Wechselwirkungen zwischen den Fügepartnern verursachten Kräfte zur Erzeugung einer Ausgleichsbewegung ausnutzen. In der einfachsten Form bestehen sie aus zwei starren Körpern zwischen denen mindestens 3 Elastomerkörper, z.B. zylinderförmige Gummifedern so befestigt sind, daß sich ihre Achsen in der Grundfläche des Montageteils schneiden. Für die Funktion sind Einführschrägen wenigstens an einem Montageteil zwingend erforderlich.

Bei aktiven Fügemechanismen wird der zu kompensierende Fehler mit Sensoren gemessen. Danach werden dann vom Roboter oder von Hilfseinrichtungen Korrekturbewegungen ausgeführt. Eine einfache „weiche" Aufhängung des Effektors genügt meistens nicht, um einen Positions- und/oder Winkelausgleich zu erreichen. Sie führt eher zum Verkanten und behindert damit den Fügevorgang.

Die geforderte spezielle Beweglichkeit kann mit verschiedenen kinematischen Elementen erreicht werden. Der Toleranzausgleich kann in Schiebe- und/oder Drehbewegungen bestehen. Einige Beispiele für solche nachgiebigen (komplienten) Elemente werden in Bild 5-37 gezeigt. Die Korrekturbewegungen können exakt oder angenähert ausfallen.

Bei Winkelkorrekturen kann die (scheinbare) Drehachse im Ausgleichssystem liegen oder außerhalb (fern). Für jede Art des Ausgleichs muß ein eigenes Element vorhanden sein. Eine typische Kombination von Translation und Rotation (mit ferner Drehachse) ist der RCC-Mechanismus (Bild 5-38).

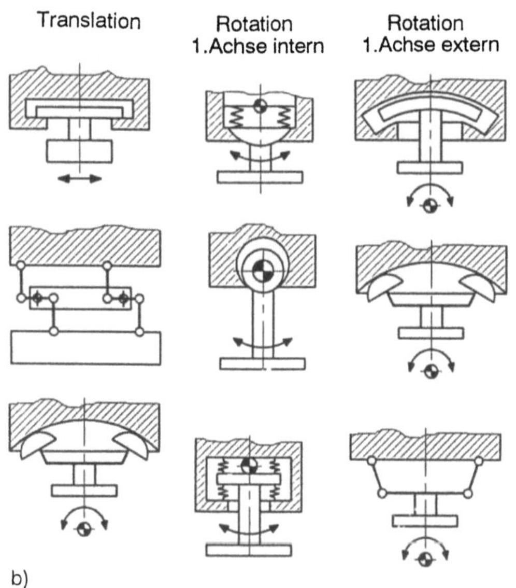

Bild 5-37 Beispiele zur kinematischen Realisierung von komplienten Systemen durch Translation und
Rotation [39]

a) exakte Bewegung, b) angenäherte Bewegung

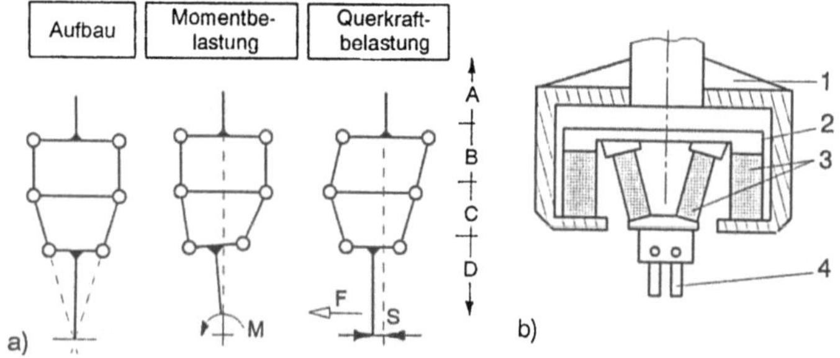

Bild 5-38 Prinzip eines RCC-Mechanismus

a) Wirkprinzip, b) Ausführungsbeispiel

Eine bestimmte Nachgiebigkeit kann auch dem Montagebasisteil vermittelt werden. Dann ist
die Basisteilaufnahme in einer oder in mehreren Achsen beweglich, wie es Bild 5-39 zeigt.
Günstig ist hierbei, wenn im Moment des Fügens ein Druckluftfilm zwischen die entsprechenden Flächen der Vorrichtung gebracht wird, um die Reibung durch „Luftlagerung" weitgehend
abzubauen.

Das Bild 5-40 zeigt einen (patentierten) Fügemechanismus, der mit einer Einpreßeinheit und
einem Spannzangengreifer eine integrale Einheit bildet. Der gesamte Mechanismus ist über
eine nachgiebige Membran mit dem Anschlußflansch des Roboters verbunden. Beim Fügen
entstehen an der Einführschräge Querkräfte, die den Mechanismus nach der Achse des Basisteils ausrichten. Ist dieser Zustand erreicht, dann preßt der Pneumatikzylinder die Buchse in das
Basisteil. Nun kommt der Innenkolben zur Wirkung und schließt die Innenspannzange. Das
Halten des Fügeteils geschieht mit Federkraft.

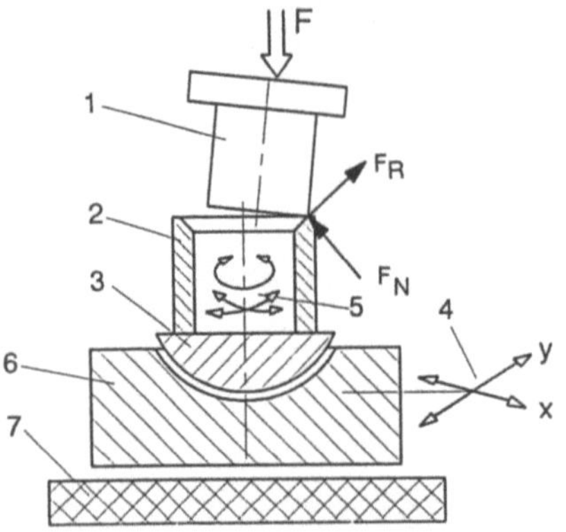

1 Fügeelement
2 Basisteil
3 Winkelausgleich in 3 Achsen
4 Ausgleichsbewegung in der X-Y-Ebene
5 Ausgleichsbewegungen
6 Auflagevorrichtung
7 Basisplatte
F Preßkraft
F_N Normalkraft
F_R Reibungskraft

Bild 5-39
Basisteilaufnahme als ungesteuerter Fügemechanismus

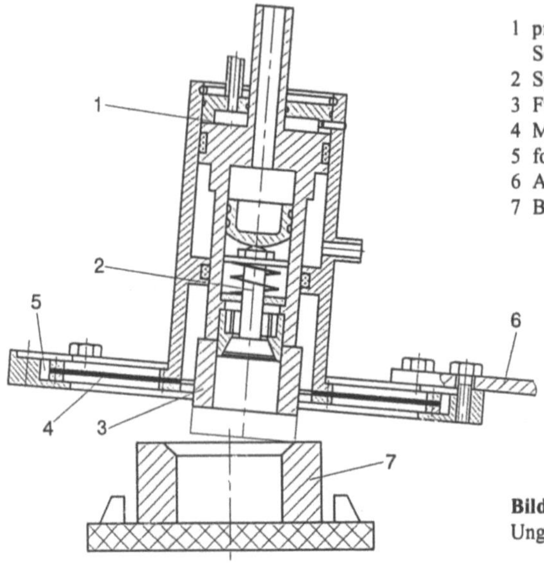

1 pneumatisch angetriebenes formpaariges
   Schubgelenk
2 Spannzangengreifer
3 Fügeteil
4 Materialgelenk (Membran)
5 formpaariges Schubgelenk
6 Anschlußflansch für den Roboterarm
7 Basisteil

Bild 5-40
Ungesteuerter Fügemechanismus [41]

5.4 Wechselsysteme für Effektoren

Wechselsysteme tragen erheblich zur flexiblen Nutzung von Industrierobotern bei. Sie sind die Alternative zu Universal- und Mehrfachgreifsystemen. Man muß also genau überlegen, ob die Anwendungsbedingungen ein Wechselsystem rechtfertigen, denn es ist seinerseits auch ein Kosten- und Störungsfaktor (Bild 5-41). Als Faustregel kann gelten, daß ab 5 geometrischen

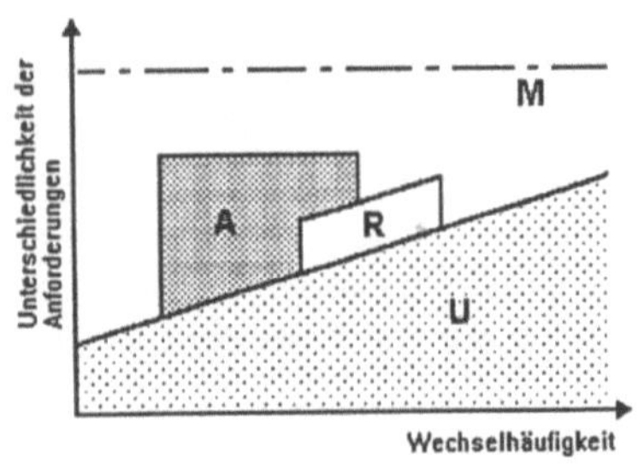

A automatische Wechselsysteme
M manueller Wechsel
R Revolvergreifer
U universelle Greifer bzw. Werkzeuge

Bild 5-41
Einsatzgebiete für Greiferwechselsysteme und alternative Lösungen

Greifobjektvarianten und/oder 1 bis 3 Stunden Fertigungszeit je Los sich der automatische Greiferwechsel bereits lohnt.

Die Wechselsysteme stellen eine Schnittstelle zwischen Greifer und Roboterarm dar. Begriffe und charakteristische Eigenschaften sind in DIN V 24603/ISO 11593 (1993) festgelegt. Sie bestehen aus Ober- und Unterteil und müssen reproduzierbar genau gekoppelt sein, damit die programmierten Positionen auch wirklich erreicht werden. Man kann im wesentlichen 5 verschiedene Funktionsprinzipe unterscheiden, mit allerlei Varianten in den konstruktiven Details (Bild 5-42). Es gibt Systeme, bei denen auch der Roboter beim Wechseln aktiv werden muß, z.B. um eine Renkverbindung (Bajonett) herzustellen.

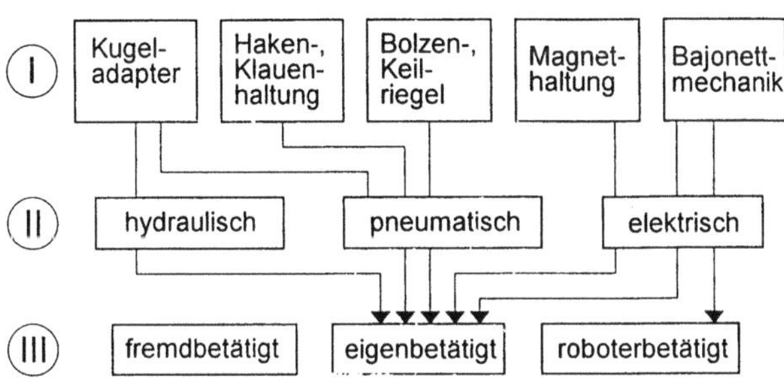

Bild 5-42
Gliederung der Wechselsysteme

Einige Koppelsysteme werden in Bild 5-43 gezeigt. Bei den Funktionsgruppen kann man in Halte-, Zentrier-, Trenn-, Koppelelemente, Trägerkörper und Adapter unterscheiden. Neben der mechanischen Verbindung müssen auch Informations- und Energieleitungen gekoppelt werden. Oft sind getrennte Formelemente für die Grob- und Feinzentrierung vorhanden [40].

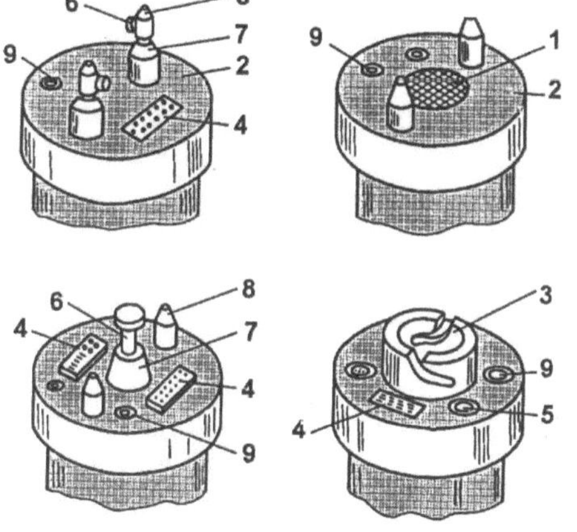

1 Stahlkern
2 Leichtmetall
3 Renkverbindung
4 Steckerleiste
5 Zentrierbohrung
6 Verriegelungselement
7 Zentrierkegel
8 Suchkegel
9 Druckluftanschluß

Bild 5-43
Such-, Zentrier- und Verriegelungselemente für automatische Wechselsysteme

Die Planung von Greiferwechselsystemen teilt sich in 4 Schritte:

- Analyse der Greifaufgabe und Festlegung auf eine optimale Flexibilitätsstufe,

- Integration des Greiferwechselsystems in eine Gesamtanlage,

- Auswahl des Funktionsprinzips und

- Auswahl des optimalen Greiferwechselsystems.

Aus der Analyse der Greifaufgaben erhält man Aussagen über die Art und Anzahl der erforderlichen Effektoren, die Wechselhäufigkeit und das zu bearbeitende Werkstückspektrum. Als Effektor können sowohl Greifer als auch Werkzeuge infrage kommen. Die Werkzeuge können rotierend-spanend, rotierend-schraubend aber auch Spritz-, Löt-, Ausblasluft-, Klebe- und Ölsprühgeräte sein. Die in Bild 5-44 dargestellten Effektoren werden übrigens magnetisch am Roboterflansch gehalten. Sie stecken in Aufnahmen, die in einem Reihen- oder Scheibenmagazin bereitgehalten werden.

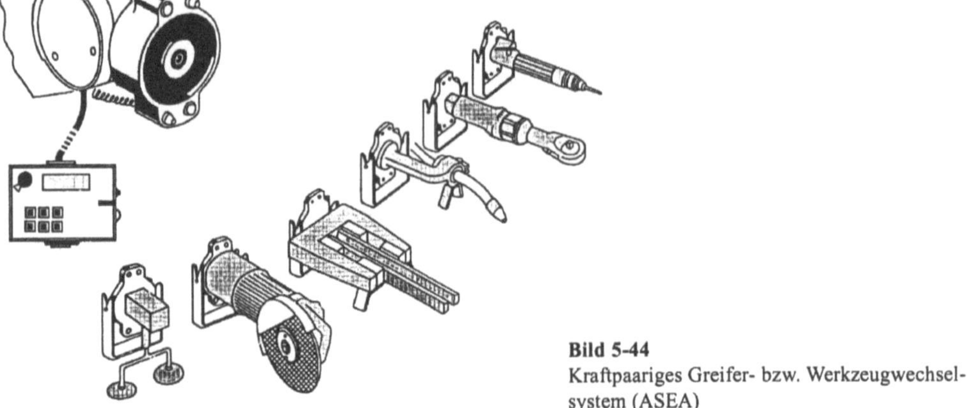

Bild 5-44
Kraftpaariges Greifer- bzw. Werkzeugwechselsystem (ASEA)

Eine Zusammenstellung typischer Koppelelemente für den mechanischen Anschluß wird in Bild 5-45 gegeben. Besonders interessant sind Wechselsysteme mit Kugelhaltung.

Das Greiferwechselsystem ist oft eine zentrale Funktionsgruppe in einer Montagezelle, in der dem Roboter die Aufgabe gestellt ist, einen möglichst großen Arbeitsfortschritt an einem Platz zu erreichen. Der Greiferwechsel ist übrigens auch bei Master-Slave-Manipulatoren, die in den heißen Zellen der Kerntechnik eingesetzt sind, unverzichtbar. Alles was an Werkzeugen in dieser Zelle jemals erforderlich sein wird, muß von Beginn an in der Zelle vorhanden sein und wegen der radioaktiven Belastung auch dort bleiben.

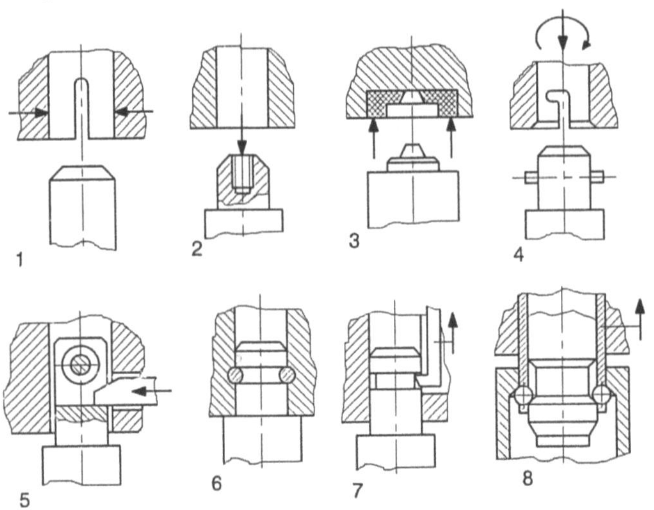

1 Spannzangenprinzip
2 Zugschraube
3 magnetisches Kraftfeld
4 Bajonettmechanik
5 Keilschieber gegen Rolle
6 Querstifte gegen Ringnut
7 Zug- und Halteklinke
8 Kugelhaltung

Bild 5-45
Möglichkeiten zum Festhalten
von Koppelelementen

Beim Lichtbogenschweißen mit dem Industrieroboter wird ein Pistolenhalswechselsystem benötigt. Verschiedene Halsgeometrien sind zur Anpassung an die Schweißteilgeometrien nötig, also der Bauteilzugänglichkeit geschuldet. In den Koppelflansch kann hier auch eine Rauchgasabsaugung mit einbezogen sein, neben den anderen zu koppelnden Anschlüssen. Die Rauchgasabsaugung trägt zur Schadstoffverminderung am Roboterarbeitsplatz bei.

Das Bild 5-46a zeigt eine Hakenverriegelung. Beim Anfahren an das Greifermagazin trifft die Klemmhülse auf Lösestangen. Dadurch wird der Haltemechanismus entriegelt, d.h. die Haken können infolge der Gewichtskräfte des Greifers nach außen schwenken. Dadurch wird der Greifer freigegeben und am Greiferplatz abgesetzt. Die Greifbewegung wird pneumatisch erzeugt. Der einfachwirkende Winkelgreifer wird über die mittige Druckluftleitung versorgt.

Das Bild 5-46b zeigt ein einfaches System mit pneumatisch angetriebenen Verriegelungsbolzen. Die Keilriegel werden beidseitig nach innen ausgefahren. Durch die Keilschräge kommt es auch zum Heranziehen des Losteils gegen das roboterseitige Festteil.

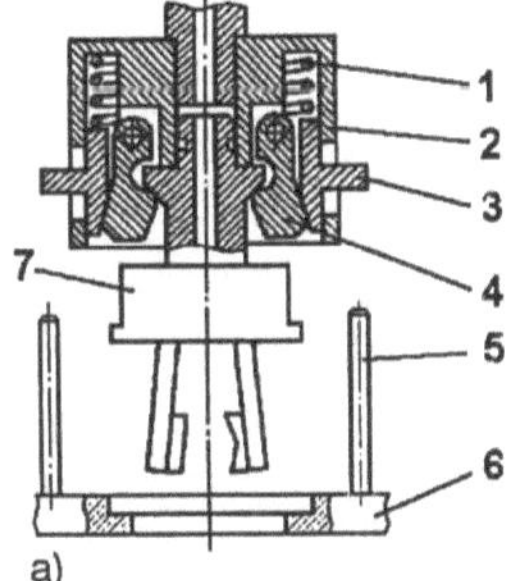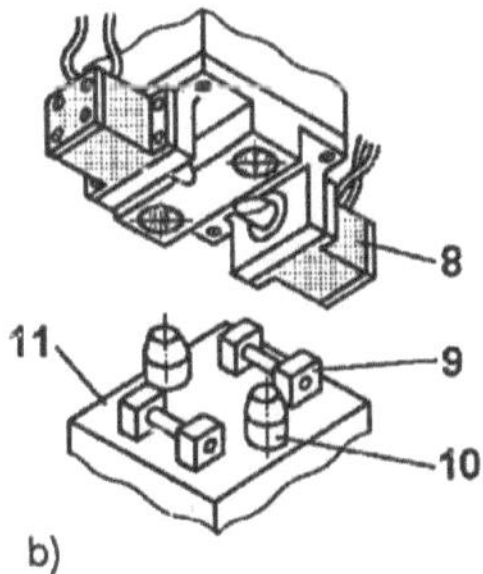

1	Feder
2	roboterseitiges Festteil
3	Klemmhülse
4	Haken
5	Lösestangen
6	Greifermagazin
7	Greifer
8	Druckluftzylinder
9	Verriegelungselement
10	Zentrierbolzen
11	greiferseitiges Losteil

Bild 5-46 Beispiele für einfache Wechselvorrichtungen

   a) Hakenverriegelung, b) Keilriegel

Das Bild 5-47 zeigt das XChange-Wechselsystem [43]. Man sieht, daß die mechanische Verbindung nur eine der erforderlichen Funktionen ist. Es sind auch Koppelelemente für Druckluft, Hochspannung, Elektroenergie und Signale integriert. Bei Punktschweißzangen kann auch die Kopplung von Kühlwasserleitungen notwendig werden. Die Verriegelung geschieht mit Hilfe radial ausfahrender Nocken.

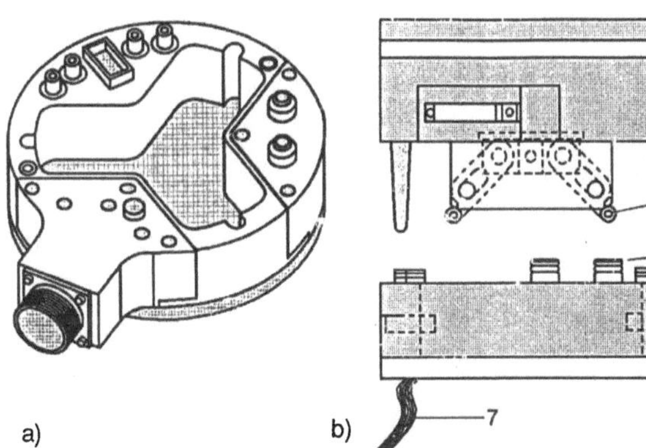

1	Flansch zum Roboterarm
2	Such- und Zentrierstift
3	Arm mit Verriegelungsrolle
4	Koppelelemente für Druckluft, Elektrik und Signale
5	Aussparungen für die Verriegelungsrollen
6	werkzeugseitiger Flansch
7	Leitungen

Bild 5-47 Wechselsystem XChange

a) greiferseitiges Koppelteil, b) Gesamtsystem

Bei dem in Bild 5-48 im Schnitt dargestellten Wechselsystem wurde die schon erwähnte Kugelverriegelung verwendet. Beim Einfahren des Mittelbolzens mit pilzförmigem Absatz kann die Kugel zunächst ausweichen. Erst in der Endphase des Koppelvorganges wird sie nach innen gedrückt und hält damit das Unterteil formpaarig fest. Das Heranziehen des Unterteils beim Koppeln und das Ablegen des Greifers werden durch den Mechanismus unterstützt, so daß weitere externe Hilfsmittel aktiven Charakters nicht erforderlich sind. Auch der Roboter hat keine Kupplungskräfte aufzubringen. Die Verriegelung besorgt ein integrierter Druckluftkolben. Bei Energieausfall bleibt die Verriegelung erhalten. Das roboterseitige Festteil verbleibt ständig am Roboterarm. Werkzeugseitige Losteile werden in entsprechender Anzahl gebraucht und verbleiben am Greifer bzw. am Roboterwerkzeug. Wechselsysteme gibt es nach Baugrößen gestuft, z.B. mit Durchmessern zwischen 50 und 220 mm.

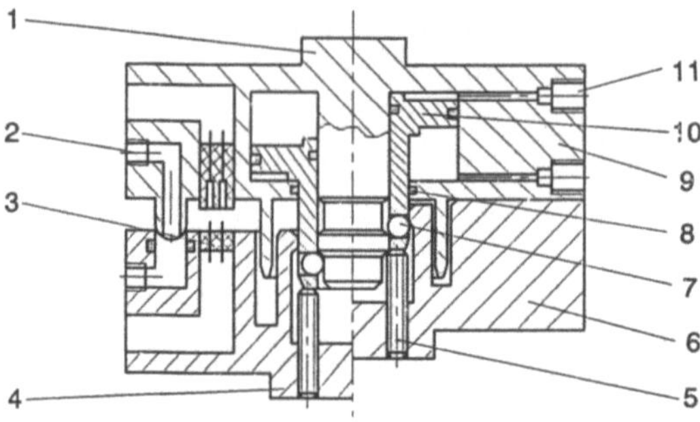

1	Anschlußflansch
2	Druckluftübertragung
3	Signalstecker
4	greiferseitiger Flansch
5	Anschlag
6	Grundkörper, Losteil
7	Kugel
8	Dichtring
9	Grundkörper, Festteil
10	Verriegelungskolben
11	Druckluftanschluß

Bild 5-48 Wechselsystem mit Kugelverriegelung (SOMMER)

Ein anderes Wechselsystem mit Verriegelungshaken wird in Bild 5-49 vorgestellt. Ein Werkzeugwechsel entspricht allgemein dem Grundgedanken eines Fügevorgangs. Bei „Fügebeginn" kommt es zu einer Vorzentrierung von Ober- und Unterteil an den Einführschrägen. Ein Paßstift übernimmt die genaue Drehfixierung und dann koppeln die Steckverbindungen. Ein Druckluftkolben hakt schließlich unter einen Querstift. Damit ergibt sich eine sichere Verbindung von Ober- und Unterteil nach dem Fail-Safe-Prinzip (sicher vor Folgeschäden). Auch bei einer Unterbrechung der Energiezufuhr wird mit dem Fang- und Verriegelungshaken Zuverlässigkeit gewährleistet.

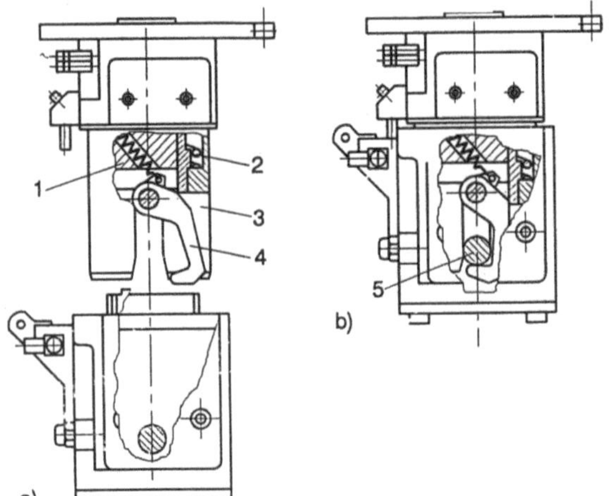

1 Druckluftkolben
2 Druckfeder
3 Seitenschlitz
4 Verriegelungshaken
5 Querbolzen

Bild 5-49
Werkzeugwechselvorrichtung (FEIN)

a) Oberteil gelöst

b) Unterteil gekoppelt

Die Funktionssicherheit von Wechselsystemen hängt wesentlich vom Schließ- und Verriegelungssystem ab. Die Koppelelemente dürfen nicht verschmutzen und nicht korrodieren. Verschleißgefährdete Koppelelemente sollten leicht austauschbar sein.

5.5 Kollisionsschutz

Der Endeffektor, z.B. ein Greifer, befindet sich am Ende eines „Freiarmes" (offene Kinematische Kette) und hat den größten Aktionsradius aller Roboterbestandteile. Damit ist er am ehesten einer Kollisionsgefahr ausgesetzt. Je komplexer und filigraner der Greifer aber ist, desto größer ist auch der Schaden im Falle eines Zusammenstoßes. Deshalb hat man Kollisionsschutzeinrichtungen, auch als Abschaltsicherung bezeichnet, entwickelt. Sie werden bei der Überschreitung einer einstellbaren Belastungsgrenze wirksam. Diese Schutzeinrichtungen werden zwischen Greifer und Roboterarm angebracht. Im einfachsten Fall kann das ein gefederter Mechanismus sein, der den Greifer oder z.B. eine Punktschweißzange „ausrasten" läßt. In diesem Fall befindet sich der Masseschwerpunkt der Zange außerhalb der Achsmitte des Flansches. Dieser Zustand darf noch nicht die Sicherung auslösen. Gleiches gilt für räumliche Bewegungen der Zange, wie es beim Punktschweißen typisch ist. Die in Bild 5-50 dargestellte Überlastsicherung wirkt pneumatisch. Sie enthält eine druckbeaufschlagte Kammer, die sie „steif" hält. Bei Überlastung gibt das System nach, weil dabei die Druckkammer belüftet wird.

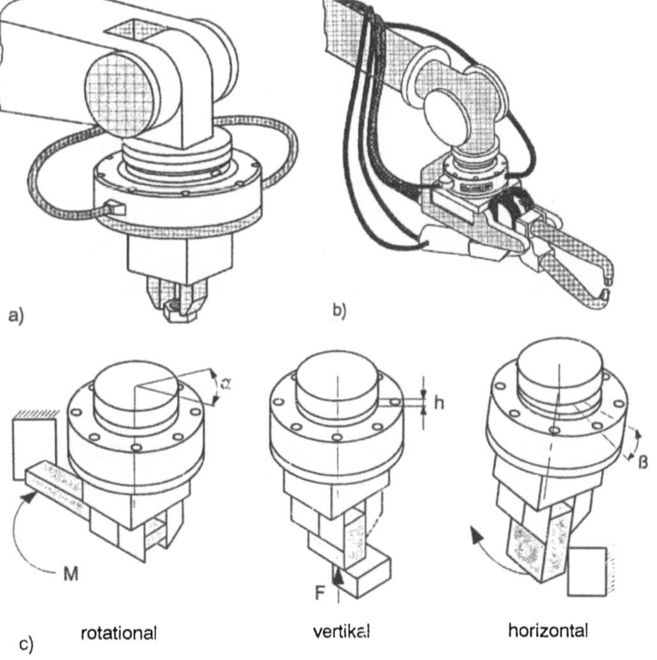

F Anstoßkraft
M Anstoßmoment
h Nachgiebigkeitsstrecke
α und β Nachgiebigkeitswinkel

Bild 5-50
Kollisionsschutz auf pneumatischer Basis (APPLIED ROBOTICS)
a) Parallelbackengreifer als Effektor
b) Punktschweißzange am Kollisionsschutz
c) Arten der Reaktionsfähigkeit

Der Auslösepunkt kann bezüglich axialer Auslenkung, Moment und Drehmoment stufenlos eingestellt werden. Beim Anstoßen eines Schweißbrenners wären außerdem eine Sofortabschaltung des Roboters und Nachlaufpufferung notwendig, ebenso eine selbständige genaue Rückstellung nach der Ursachenklärung. Das „Freifahren nach Kollision" sollte übrigens in betriebsinternen Schulungen geübt werden.

In Bild 5-51 werden noch andere Lösungen vorgestellt. Eine einfache Ausführung ist die mechanische Rastkupplung. Der Normalzustand wird durch eine Druckfeder gesichert, die auf ein Formstück wirkt. Wird ein Hindernis berührt, dann rastet der Greifer nach der dem Hindernis abgewandten Seite aus. Der Greiferanschlußflansch wird aus seiner Null-Lage herausgestoßen. Das Bild 5-51b zeigt eine Abschaltsicherung, die als kombinierbarer Zwischenflansch ausgebildet ist.

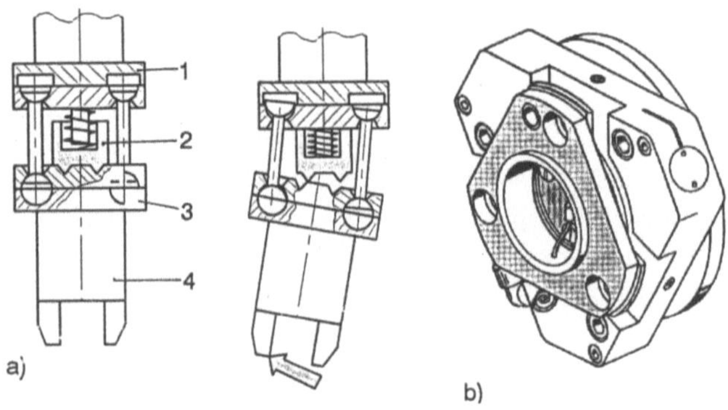

1 Anschlußflansch roboterseitig
2 gefedertes Formstück
3 Greiferanschlußplatte
4 Greifer

Bild 5-51
Kollisionsschutzeinrichtungen

a) Rastmechanik
b) Abschaltsicherung (KUKA)

Im Prinzip kann man folgende Schutzarten unterscheiden:

- Sollbruchstellen,

- Rastkupplungen und

- Abschaltsicherungen.

Bei Sollbruchstellen wird eine definierte Bruchstelle zwischen Roboterarm und Greiferarm geschaffen. Das Bruchstück ist ein gegossenes oder bearbeitetes Bauteil mit definiertem Querschnitt und Bruchverhalten. Der Bruch tritt ein, wenn bei einer Havarie eine bestimmte Kraft, je nach Dimensionierung z.B. der Bruchplatte, überschritten wird. Dadurch erleidet der Effektor weniger Schaden und kann leichter repariert werden. Sollbruchstellen dienen der Schadensbegrenzung.

Abschaltsicherungen können als Zwischenflansch oder umhüllendes Element ausgeführt werden. Sie geben bei einer bestimmten Verlagerung ein Abschaltsignal zur Stillsetzung des Roboters aus. Wie eine Abschaltsicherung wirken auch umhüllende Elemente, mit denen z.B. ein Roboterarm verkleidet ist. Druckempfindliche Schaltkörper lösen bei Berührung ein Not-Stopp-Signal aus. Die Hüllen sind gefedert anzubringen, damit ein Bewegungsnachlauf abgefangen werden kann. Die Energie der Federung wirkt hierbei als zusätzliche Bremsenergie.

Zusammenfassend sind für den Kollisions- und Überlastschutz folgende Eigenschaften erwünscht:

- Schnelle und verzögerungsarme Abschaltreaktion,

- Ansprechempfindlichkeit in möglichst vielen Richtungen (axiale und vertikale Überlast),

- große Wiederholgenauigkeit nach der Rückstellung ohne Neuprogrammierung,

- den Anforderungen anpaßbare Empfindlichkeitseinstellung,

- geringe Masse und

- einfache steuerungsmäßige Einbindung.

6 Steuerung und Programmierung

Die elektronische Steuerung eines Industrieroboters einschließlich der installierten Stell- und Meßtechnik bestimmt ganz entscheidend den Leistungsumfang eines Roboters und damit auch seinen wirtschaftlichen Einsatz [54, 164].

Im Jahre 1961 entfielen 75 % der Kosten eines Roboters auf die Steuerung und das Bedienteil, 25 % auf die mechanische Konstruktion. Heute ist dieses Verhältnis umgekehrt. Gleichzeitig ist die Leistungsfähigkeit der Steuerungen gestiegen. Inzwischen werden auch immer mehr PC zur Steuerung eingesetzt Solche Steuerungen weisen eine offene Architektur auf; eine Vernetzung über Feldbus und Ethernet ist möglich, sogar eine 6D-Maus (Space-Maus) kann im Bedienpaneel als Eingabegerät integriert sein. Dadurch schrumpfen Steuerschränke im Volumen erheblich. Die Anzeigen erfolgen z.B. auf einem 8"-Farbdisplay. Hochleistungsprozessoren und Komponenten aus der Transputertechnik haben geholfen, auch auf der PC-Steuerung zur Echtzeitverarbeitung zu kommen. Servoverstärker einschließlich Lage- und Drehzahlregler werden immer häufiger volldigital ausgeführt.

6.1 Funktionen und Komponenten

6.1.1 Steuerungsbestandteile

Das Bild 6-1 gibt einen schematischen Überblick zum Informationsfluß in einer Robotersteuerung. Allgemein sind folgende Anforderungen zu erfüllen:

- Steuerung bis zu 18 Achsen, unterteilbar auf Subsysteme bzw. synchrone und asynchrone Achsen

- Programmierung in Raum-, Maschinen- oder Greiferkoordinaten,

- Integrierbarkeit von Sensoren zur Bewegungskorrektur und Raumpunktgenerierung,

- Integration von Sichtsystemen mit Signalrückkopplung in die Steuerung,

- Synchronisation der Bewegung mit laufendem Band (line tracking),

- Verschieben und Drehen des Koordinatensystems,

- positionsabhängige Ausgabe von Signalen oder Parameterwerten,

- Anpaßfähigkeit der Programme an eine beliebige Roboterkinematik,

- roboterspezifische Sonderfunktionen, wie z.B. Pendeln oder Override,

- verschiedene Programmierarten,

- Multi-Tasking-Betriebssystem, d.h. das System kann gleichzeitig mehrere Aufgaben erledigen,

- Möglichkeit der Anschaltung an einen Sensor-Aktor-Feldbus.

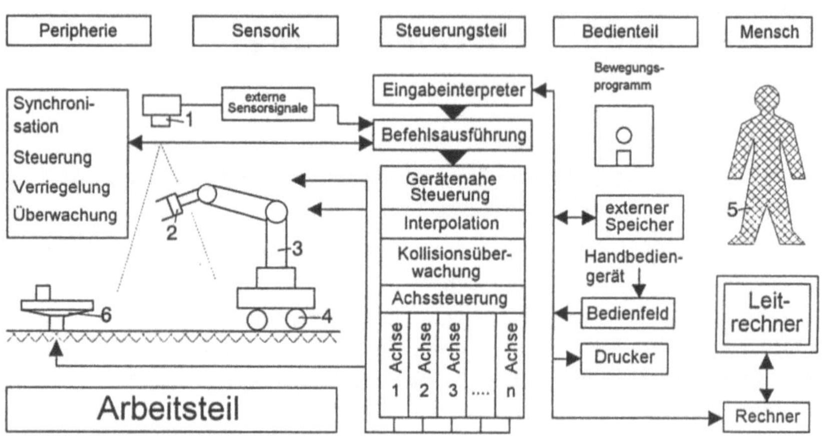

1 Kamerasystem (Beispiel)   4 Verfahrplattform
2 Endeffektor   5 Bediener
3 Kinematische Kette, Führungsgetriebe   6 Drehtisch

Bild 6-1   Grundkonzept und Hauptfunktionen für den Informationsfluß bei einem Industrieroboter

In Bild 6-2 wird eine Systemkonfiguration mit Multi-Tasking-Steuerung für bürstenlose Servo-motoren gezeigt. Die Robotersteuerung kann mehrere Robotertasks für Multiroboteranwendungen und mehrere Peripherietasks für die Peripheriesteuerung abarbeiten. Das Bedienerpaneel enthält einen LCD-Touch Screen, Tipptasten zur Bewegung des Roboters bei einer Teach-in Programmierung, Betriebsartenschalter, abnehmbaren Notaus-Taster und einen integrierten Zustimmungsschalter. Über einen PC lassen sich Anwenderprogramme einspielen oder erarbeitete Ablaufprogramme ausgeben. Automatische Bildverarbeitung läßt sich einbinden. Durch Verwendung absoluter Wegmeßsysteme im Roboter erübrigt sich eine Referenzfahrt nach dem Einschalten. Die Kommunikation erfolgt über einen Feldbus.

Man hat Robotersteuerungen auch schon komplett in die Grunddreheinheit, ja sogar in einen Roboterarm integriert.

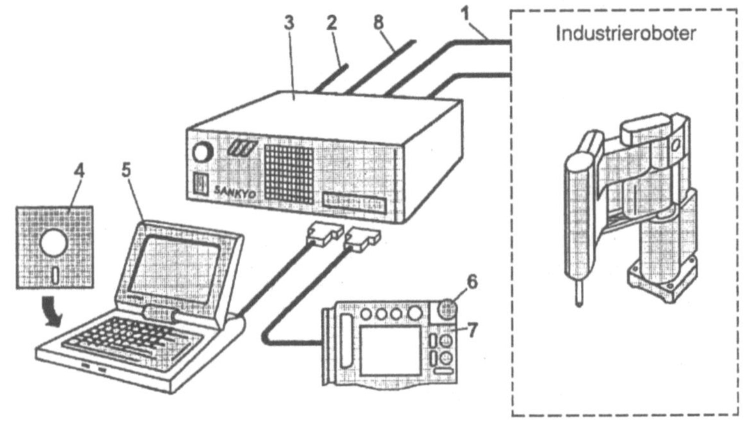

Bild 6-2   Systemkonfiguration eines Roboters (SANKYO)

6.1.2 Betriebs- und Bediensystem

Das Betriebssystem hat die Aufgabe, das innere Zusammenwirken in einer Robotersteuerung mittels entsprechender Software zu organisieren. Dazu gehören Hard- und Softwarekomponenten wie Steuerung (Bewegung, Ablauf, Ein- und Ausgabe), Programmierung (Ablaufprogramm, Betriebsarten, Programmerstellung) und Überwachung sowie Diagnose (Bewegungen, Rechnereinheiten, Betriebsparameter). Das Betriebssystem hat folgende Funktionen sicherzustellen:

- Organisation des zeitlichen und logischen Zusammenwirkens der Komponenten (Betriebsmittel),

- Behandlung von Unterbrechungen (Interrupts),

- Berücksichtigung von Prioritäten,

- Zeitmanagement,

- Datei- sowie Speicherorganisation und -verwaltung,

- Steuerung der Schnittstellen (Input, Output),

- Bereitstellung von Hilfsfunktionen bzw. Programmen.

Das Bediensystem ist die Schnittstelle zwischen Mensch und Roboter und gewährleistet die Ingangsetzung des Roboters und das Einstellen von Betriebsparametern. Zu den wichtigsten Funktionen gehören einerseits das Anzeigen von Zuständen, in denen sich das System gerade befindet oder gebracht wird und das Einstellen der Betriebsart. Betriebsarten sind:

- *Handbetrieb*

  Bewegen eines Roboters über die Richtungsfahrtasten zum Zwecke des Referenzpunktfahrens, des Programmierens und Testens. Die Leistung der Antriebe ist reduziert (Sicherheitsgangart). Der Handbetrieb dient meistens der Vorbereitung des Automatikbetriebs.

- *Referenzpunktfahrt*

  Bei Industrierobotern mit inkrementalen Wegmeßgebern muß eine Synchronisation der Bewegungen zu einem Festpunkt (Referenzpunkt) hergestellt werden. Es wird also für jede Achse der Nullpunkt der Wegmessung festgelegt.

- *Automatikbetrieb*

  Bewegen eines Roboters über eine Starttaste, wobei die Antriebe mit voller Leistung laufen und ein Programm zyklisch abgearbeitet wird. Der Automatikbetrieb kann auch als Test ablaufen. Dann muß meistens die Starttaste während der gesamten Fahrdauer gedrückt sein. Mit Hilfe der Override-Funktion kann die Bewegungsgeschwindigkeit des Roboters sowohl während des Programmlaufs als auch in der Testphase noch verändert werden. Man kann z.B. ein eingelerntes Farbspritzprogramm später mit 120% Geschwindigkeit laufen lassen.

- *Programmieren*

  Erzeugen von Roboterprogrammen durch Eingabe eines Programmtextes (Off-line) oder durch einen Dialog zwischen Bediener und Steuerung (On-line). Das geschieht dann Schritt für Schritt, wobei der Roboter steht.

■ *Diagnosebetrieb*

Auslösen einer Softwareroutine, um eine Hardwarestörung oder einen Programmfehler lokalisieren zu können.

In digitalen Kommunikationssystemen kommt es auf die korrekte Übertragung der Daten an. Man überträgt periodisch einige Zeichen (Befehle). Dann wird untersucht, ob die Zeichen erkannt wurden oder nicht. Sind verstümmelte Informationen angekommen, dann muß die Datenübertragung wiederholt werden. Man nennt diese Verfahrensweise „Handshake-Betrieb". Das allgemeine Flußschema zeigt Bild 6-3. Der Vorgang läuft somit erfolgsbestätigt ab. Die Fortsetzung der Datenübertragung (des Programmablaufs) wird nur dann veranlaßt, wenn der vorhergehende Vorgang erfolgreich abgeschlossen wurde.

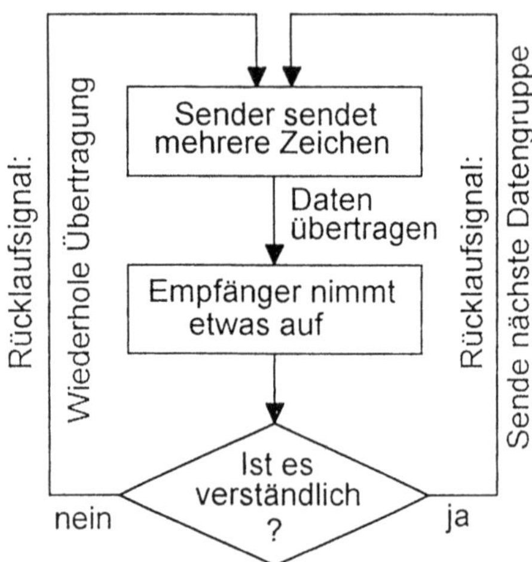

Bild 6-3
Prinzip des „Handshaking"

6.1.3 Überwachung und Diagnose

Industrieroboter sind in der Regel Bestandteile komplexer Fertigungsstrukturen und stellen für diese auch einen Risikofaktor dar. Funktionsstörungen oder gar Havarien können das Gesamtsystem instabil machen und Ausfälle sowie Folgeschäden von beträchtlichem finanziellem Umfang hervorrufen. Hinzu kommt, daß die schnellen und massereichen Bewegungen ein Zerstörungspotential darstellen, wie es bisher in der Fertigung nicht bekannt war. Deshalb müssen vielfältig Vorkehrungen zum Schutz des Menschen, der Arbeitsmittel und der Umgebung getroffen werden. Hieraus erklärt sich auch, daß etwa 50% der Software einer Robotersteuerung direkt oder indirekt zur Betriebssicherheit beiträgt [44].

Überwachung und Diagnose sind funktionelle Bestandteile einer Industrierobotersteuerung. Sie dienen dazu, gefährliche Reaktionen im gesteuerten Prozeß zu vermeiden bzw. eventuellen Schaden zu begrenzen, wenn Fehler oder Störungen auftreten sollten. Reaktionen der Steuerung werden aus dem Fehler selbst, z.B. defektes Bauelement, oder aus Wirkungen des Fehlers, z.B. Nichteinhaltung der Toleranz einer Versorgungsspannung, abgeleitet. Überwachung und Diagnose werden hauptsächlich durch spezielle elektronische Schaltungen, Sensoren und Programme verwirklicht. Man unterscheidet zwischen interner und externer Überwachung.

Die interne Überwachung betrifft die Steuerung selbst, also Beobachtung von Versorgungs-
spannungen (Kontrolle auf Über- und Unterspannung), Temperaturen, Takt- und Programmschleifen. Zur externen Überwachung zählt man die Beobachtung von Roboterbasisfunktionen
und solcher, die den Prozeß oder die periphere Technik betreffen. Wird z.B. eine Zeit T2 > T1,
so schaltet die Überwachungseinrichtung alle von der Störung betroffenen Antriebe aus und
stellt damit den bezüglich Energieinhalt sicheren Zustand her. Spannungsunterbrechungen werden z.B. bei Nennspannung bis zu 8 Millisekunden als zulässig akzeptiert. Ist die Unter-
brechungszeit größer, dann wird abgeschaltet. Auch Meßsysteme (Meßkreiskabel, Plausibili-
tät), Antriebe (Bremsbelastung, Kohlebürsten), Endlagen und Quittierungsvorgänge unterliegen einer Kontrolle. Bei Tachogeneratoren erfolgt eine Prüfung auf Durchgang der Leitungen
(Kabelbruch) und auf Masseschluß. Ein Masseschluß wird auch signalisiert, wenn Fehlerströme
zwischen Antriebsmotor und zugehörigen Anschlußleitungen einerseits und Gestell (Schutz-
leiter) andererseits auftreten. Die Überwachungseinrichtung spricht auch dann an, wenn auf den
Masseleitungen sehr starke Störspannungen liegen und dadurch die Funktion der Drehzahl-
regelkreise in Mitleidenschaft gezogen wird.

Bei der sogenannten I^2t-Überwachung (Bild 6-4) wird die dynamische Strom-Zeit-Fläche beobachtet. Spricht die Überwachung an, dann ist wahrscheinlich der Antriebsmotor defekt und/oder
Teile des Führungsgetriebes des Roboters. Auch der Schleppabstand (Differenz aus der mittleren Istbahn und der programmierten Sollbahn des Arbeitsorgans) wird kontrolliert. Werden dabei bestimmte Grenzen überschritten, dann wird die Bewegung abgebrochen. Die Grenzwerte
können in bestimmten Bewegungssituationen unterschiedlich sein, d.h. es müssen dann verschiedene Grenzen vorgegeben werden.

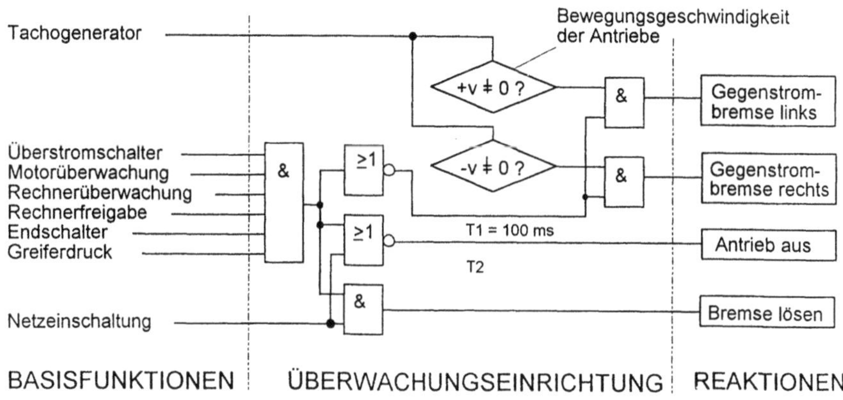

Bild 6-4   Schema einer I^2t-Überwachung

Von besonderem Interesse sind Zusammenstöße. Solche Probleme der Kollisonsüberwachung
werden weiter unten gesondert behandelt.

Unter Diagnose versteht man den Test von Bausteinen und Baugruppen, um dadurch Fehler zu
erkennen, die eine bestimmungsmäßige Funktion verhindern oder beeinträchtigen können. Eine
besondere Form ist die Einschaltdiagnose (Anlaufdiagnose), die beim Einschalten einer Steuerung von selbst abläuft. Erst nach dem Fehlerfreiheit festgestellt wurde, können
Bedienhandlungen ausgeführt werden. Im anderen Fall erscheint auf dem Monitor oder einer
anderen Anzeigeeinheit ein Fehlerausdruck mit Fehlernummer. Über ein Fehlercodeverzeichnis
läßt sich die Fehlerart und der Fehlerort feststellen. Die Diagnoseverfahren können nach Bild 6-5

gegliedert werden [22, 170]. Zyklische Diagnosen werden während des Laufs durchgeführt und müssen schnell ablaufen, weil die zu überprüfenden Bauteile kurzzeitig ihre Funktion nicht ausführen können. Sie kommen deshalb nur für ausgewählte Tests in Frage. Die interne Diagnose betrifft Speichertest, Datenerhalttest, Input/Output-Test, Test von Bausteinfunktionen u.a.

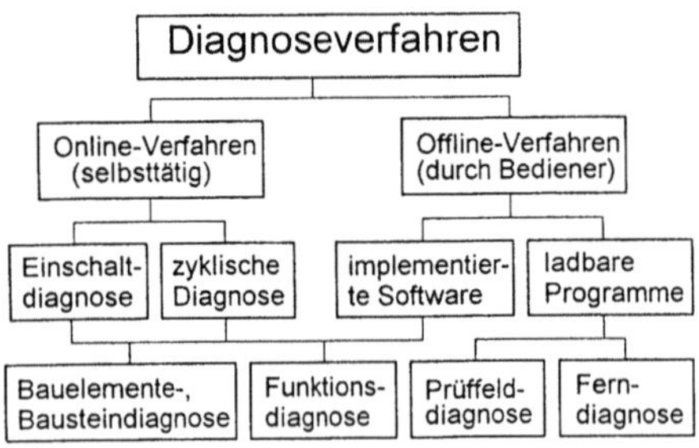

Bild 6-5
Einteilung der Diagnoseverfahren

Verschiedene Hersteller bieten Self-Support Programme an, die den Anwender bei der Wartung, Fehlersuche und Reparatur unterstützen. Auch Ferndiagnose via Internet ist möglich. Sogar Kalibrierhard- und Software sowie ein Trainingskurs kann als Paket übernommen werden.

Eine besondere Form der Off-line Diagnose ist die Ferndiagnose, wie in Bild 6-6 dargestellt. Moderne Steuerungen enthalten dazu ein Diagnose- und Supportsystem. Damit kann prinzipiell das Bedienterminal des Roboters über ein Telefonmodem bedient werden. Das entsprechende Programmpaket wird in die Steuerung integriert. Der Service des Herstellers kann damit per Telefon Programme und Systemdaten abfragen oder überspielen. Auf dem PC wird das Bedien- und Programmiergerät des Roboters dargestellt und zum gleichen Gerät vor Ort parallelgeschaltet. Der Experte hat dann Zugriff auf die gesamte Anlage, soweit sie von der Robotersteuerung kontrolliert wird und kann auch über ein Expertensystem Schlußfolgerungen gewinnen. Die Ferndiagnose kann durch die SPC-Funktion (SPC = Statistical Process Control) unterstützt werden. Es werden also Daten aus dem laufenden Anlagenbetrieb gespeichert und für eine statistische Prozeßkontrolle abrufbereit gehalten. Gerade für die Qualitätssicherung, aber auch für die Produkthaftung gewinnt diese Fähigkeit eine große Bedeutung. Die Instandhaltungsvorgeschichte kann auch Basis für die Aufdeckung von Schwachstellen einer Anlage sein. Die Fernwartung von Industrierobotern ist bisher nur wenig verbreitet.

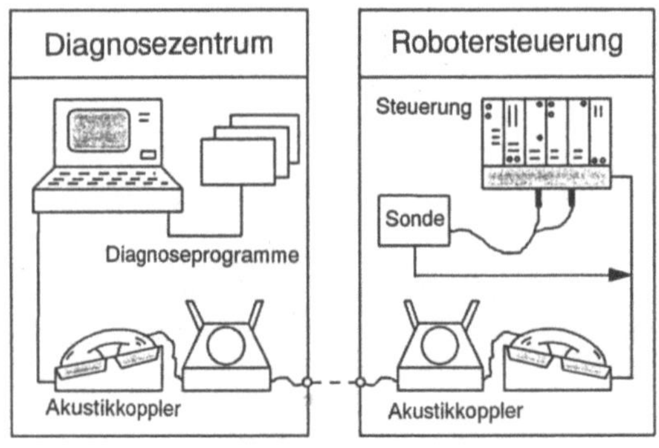

Bild 6-6
Diagnose über die Telefonleitung

6.2   Steuerungsarten

6.2.1   Prinzip der Bewegungssteuerung

Die Anwendbarkeit eines Industrieroboters hängt vor allem von der Tragkraft, der Geschwindigkeit und der Genauigkeit ab, mit der die Handhabungsaufgabe zu erfüllen ist. Die Aufgaben sind aber sehr verschieden. So werden z.B. beim Auftrag von Klebstoffen hohe Geschwindigkeiten bei guter Bahntreue verlangt.

Bewegungen werden vom Programm vorgegeben, bei der Lernprogrammierung auch direkt vom Programmierer, dann von der Bewegungssteuerung umgesetzt und vom kinematischen Teil des Roboters ausgeführt. Das Prinzip wird in Bild 6-7 gezeigt.

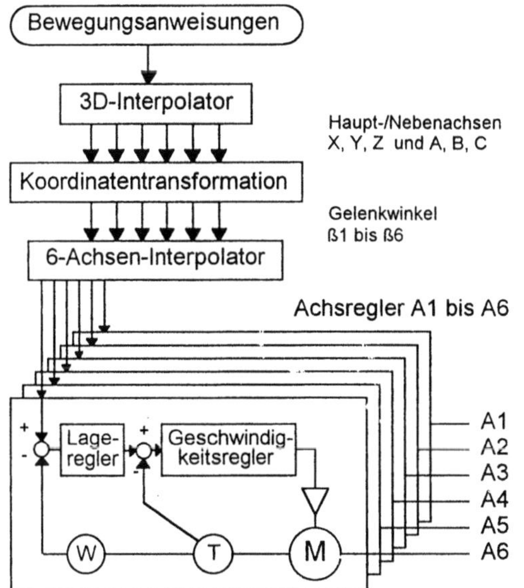

Bild 6-7
Prinzip der Bewegungssteuerung bei einem Industrieroboter mit den Achsen A1 bis A6

Die Interpolation der in den Bewegungsanweisungen enthaltenen Raumkurven wird in kartesischen Koordinaten ausgeführt. Dann werden die interpolierten Bahnpunkte in roboterspezifische Gelenkkoordinaten transformiert. Da die Koordinatentransformation zeitaufwendig ist, wird in kartesischen Koordinaten nur der grobe Bahnverlauf interpoliert. Die Feininterpolation übernimmt dann der Achsinterpolator, der die endgültigen Sollwerte für die Achsen vorgibt. Für jede Achse ist ein Achsregler vorhanden, der mindestens die rückgeführten Geschwindigkeits- und Weg-Istwerte mit den Sollwerten vergleicht und danach den Motor regelt. Die Einbeziehung externer Sensorsignale ist hier noch nicht mit vorgesehen.

Die Bewegungssteuerung bewirkt folgendes: Beim Verfahren in der Art „Punkt-zu-Punkt" soll die Endgeschwindigkeit möglichst schnell erreicht werden. Dann verfährt der Roboter mit dieser Geschwindigkeit, um dann schließlich schnellstmöglich zu bremsen. Das ergibt kurze Zeiten, führt aber zu schlagartigen Beschleunigungen, was die Mechanik stark beansprucht. Man kann das durch Sollwertfilter vermeiden, indem dann sinusähnliche Geschwindigkeitsverläufe vorgegeben werden (Bild 6-8). Plötzliche Beschleunigungsmomente werden so vermieden, jedoch wird etwas mehr Zeit verbraucht. Komfortable Steuerungen lassen entsprechende Rampenverläufe bei der Geschwindigkeit zu.

Traditionell werden Steuerungen in zentraler Struktur ausgeführt. Dann befinden sich Antriebsverstärker, Leistungsversorgung und Steuerung des Roboters in einem Schaltschrank. Je Achse kann mit einer „Nabelschnur" von etwa 20 Leitungen gerechnet werden (Meßsysteme, Sensoren, Motoren). Nachteilig ist nicht nur der Verkabelungsumfang, sondern auch die Gefahr, daß Störfelder mit eingefangen werden und zur Fehlsteuerung führen können.

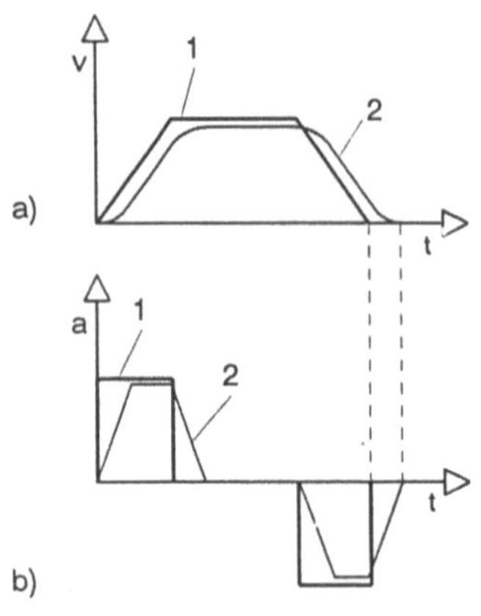

1 Verlauf bei zeitminimaler
  Bewegung
2 weiche, maschinenschonende
  Bewegung
a Beschleunigung
v Geschwindigkeit

Bild 6-8
Bewegungsablauf mit Sollwertfilter

a) Rampenverlauf der Geschwindigkeit
b) Beschleunigungsverlauf

Mit der Auflösung des Roboters in Moduln machte sich auch die Modularisierung der Steuerung erforderlich. So entstehen dezentrale Steuerungsstrukturen, bei denen die Antriebsmodule (Armstück mit Antrieb) über eigene Mikrorechner zur Steuerung und Regelung, sowie Frequenzumrichtung zur Leistungsansteuerung der Motoren enthalten. Jeder Antriebsmodul ist damit an einen Leistungs- und Datenbus angeschlossen. Das Prinzip ist in Bild 6-9 zu sehen [45], siehe hierzu auch Bild 2-29. Vorteile sind:

- Weniger Verkabelungsaufwand durch Buskopplung,

- einfache Gestaltung modulunabhängiger einheitlicher Schnittstellen sowie

- günstige Bedingungen für den Aufbau aufgabenbezogener Handhabungseinrichtungen aus Modulen.

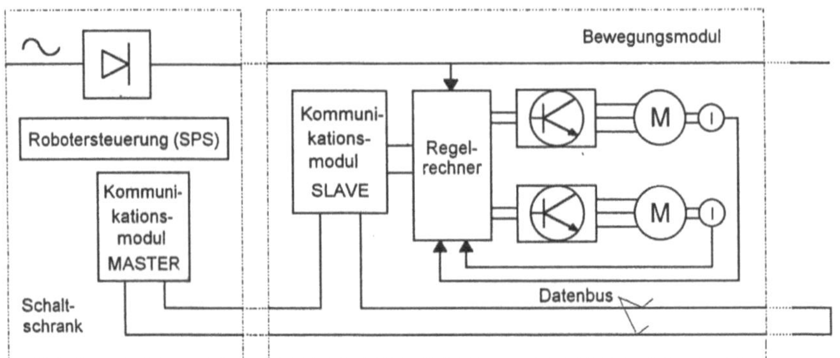

Bild 6-9   Konzept der dezentralen Steuerung von Bewegungsmodulen eines Roboters

6.2.2   Regelungskonzepte

6.2.2.1   Achsregelung

Ein Regelkreis ist eine geschlossene Struktur, bei der immer wieder überprüft wird, ob das gestellte Ziel tatsächlich auch erreicht wurde. Üblich ist heute eine Mehrgrößenregelung, die aus einer Positions-, Geschwindigkeits- und Stromregelung besteht. Die einzelnen Stellgrößen sind auf die definierten Höchstwerte begrenzt. Stellt die Steuerung fest, daß die Istwerte noch nicht den Sollwerten entsprechen, dann liegt eine Regeldifferenz ungleich Null vor und es wird ein Befehl an das Stellglied abgegeben. Dieser „Befehl" wird als Stellgröße bezeichnet. Die Erzeugung einer Stellgröße ist kein einheitlicher Vorgang, sondern hängt vom Zeitverhalten der Regelkreisstruktur ab. Das Zeitverhalten ist der zeitliche Verlauf (die Antwort) des Stellsignals, wenn eine bestimmte Änderung des Eingangssignals vorgenommen wird. Man kann folgende Antworttypen unterscheiden [15, 46 bis 48]:

- Proportionale (P),

- integrale (I) und

- differentiale (D).

Da es auch Kombinationen geben kann, lassen sich Regler mit typischem Verhalten angeben.

- P-Regler: Das Ausgangssignal ändert sich ohne Zeitverzug proportional zum Eingangssignal. Es bleibt aber immer eine Regeldifferenz bestehen.

- I-Regler: Die Geschwindigkeit der Ausgangsgrößenänderung ist proportional der Eingangsgröße. Ist die Regelabweichung klein, steigt die Stellgröße langsam an. Es verbleibt keine Regeldifferenz.

- PI-Regler: Er verbindet die Vorteile des P- und I-Reglers (Schnelligkeit und keine bleibende Regeldifferenz).

- PD-Regler: Selten genutzte Kombination mit nur geringer Genauigkeit. Der D-Anteil sorgt für kräftiges Nachregeln bei starkem Störgrößeneinfluß, der P-Anteil läßt eine Regeldifferenz zu.

- PID-Regler: Der Regler ist schnell und genau. Bei einem Signalsprung zeigt die Stellgröße zunächst PD-Verhalten, dann schwindet der D-Anteil und der I-Anteil wächst als Funktion der Zeit.

Der PID-Regler wird am häufigsten eingesetzt. In modernen Robotersteuerungen wird sein Verhalten durch Berechnungen mit einem Mikrocomputer (fest einprogrammierter Rechenalgorithmus) erzeugt. Man spricht dann vom Digitalregler. Die Signale müssen gegebenenfalls mit einem Analog-Digital-Wandler umgeformt werden.

Die gerade beschriebenen Reglertypen werden in Bild 6-10 mit ihren Sprungantworten zusammengefaßt.

Die meisten Regelungskonzepte gehen von einer Einachsregelung aus. Die gegenseitige Beeinflussung der einzelnen Achsen wird dabei ignoriert bzw. als externe Störung betrachtet. Für „normale" Ansprüche genügt das und es werden gute Ergebnisse erzielt. Das Ritual zur Regelung einer Bewegungsachse geht aus Bild 6-11 hervor. Man sieht, daß mehrere Regelaufgaben

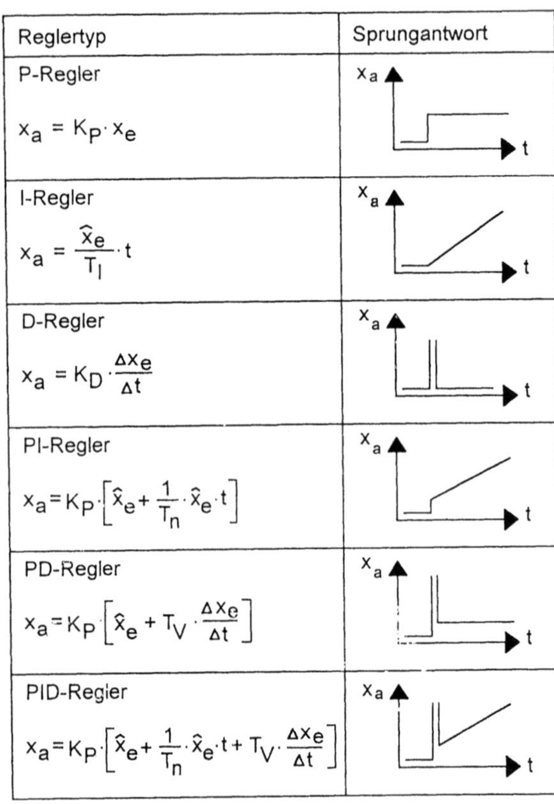

Reglertyp	Sprungantwort
P-Regler $x_a = K_P \cdot x_e$	
I-Regler $x_a = \dfrac{\hat{x}_e}{T_I} \cdot t$	
D-Regler $x_a = K_D \cdot \dfrac{\Delta x_e}{\Delta t}$	
PI-Regler $x_a = K_P \cdot \left[\hat{x}_e + \dfrac{1}{T_n} \cdot \hat{x}_e \cdot t \right]$	
PD-Regler $x_a = K_P \cdot \left[\hat{x}_e + T_V \cdot \dfrac{\Delta x_e}{\Delta t} \right]$	
PID-Regler $x_a = K_P \cdot \left[\hat{x}_e + \dfrac{1}{T_n} \cdot \hat{x}_e \cdot t + T_V \cdot \dfrac{\Delta x_e}{\Delta t} \right]$	

K_P Proportionalbeiwert
K_D Differentialbeiwert
T_I Integrationszeit
T_n Nachstellzeit
T_v Vorhaltezeit
t Zeit
x_t Zeitänderung
x_a Ausgangsgröße
x_e Eingangsgröße
Δx_e Eingangsgrößenänderung

Bild 6-10
Reglertypen mit den Gleichungen der Sprungantwort

miteinander verflochten sind. Sie wird auch als Kaskadenregelung bezeichnet. Der Wegdifferenzanteil wird zunächst über einen Regler der Geschwindigkeitsdifferenz zugeschlagen und dann im Regelglied zu einem neuen Stellmoment weiterverarbeitet. Die inneren Kreise können als P- oder PI-Regler ausgelegt werden.

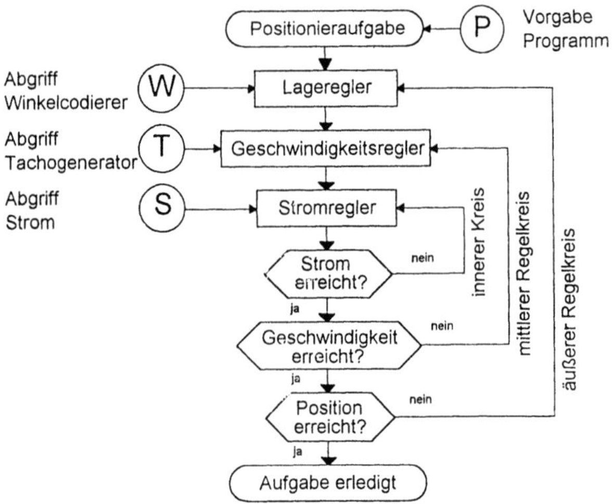

Bild 6-11 Prinzip eines Achsregelvorganges

Bei einer Zustandsregelung wird zusätzlich eine Sollbeschleunigung aufgeschaltet, die das Führungsverhalten der Steuerung verbessern soll. Der Einfluß des Beschleunigungsfaktors läßt sich verändern. Eine Feedback-Regelung (Bild 6-12a) beruht auf einer Entkopplung der einzelnen Achsen und gleichzeitiger Linearisierung des Robotermodells mit Hilfe eines Referenzmodells, das durch seine Bewegungsgleichungen beschrieben wird. Das Referenzmodell liefert dabei die Momentenanteile des Betriebspunktes, die Abweichungen vom realen System werden als Störungen aufgefaßt. Es folgt praktisch nur noch eine Regelung um diesen Betriebspunkt [49]. Da die Feedbackregelung sehr parameterempfindlich ist, genügt hier oft schon die Berücksichtigung der Schwerkrafteinflüsse, um ein deutlich verbessertes Regelverhalten zu erreichen [59, 60, 63].

Das Prinzip der Feedforward-Regelung wird in Bild 6-12b dargestellt. Es beruht auf der Feedback-Regelung, wobei aber das Antriebsmoment aus den Sollgrößen und dem Systemmodell ermittelt und direkt zu dem sich aus der Regeldifferenz ergebendem Moment addiert wird.

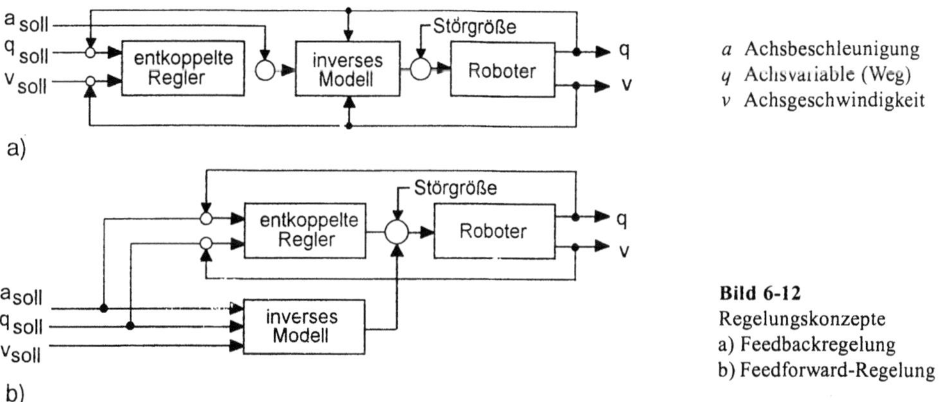

Bild 6-12
Regelungskonzepte
a) Feedbackregelung
b) Feedforward-Regelung

Die Sliding-Mode-Regelung ist ein strukturvariables Regelungskonzept, das davon ausgeht, in dem durch die Regelabweichungsvektoren gebildeten Zustandsraum Schaltebenen einzuführen. Während der Bewegung des Roboters wird nun unendlich oft zwischen diesen Schaltebenen durch das Regelungsgesetz geschaltet, so daß der Roboter exponentiell gegen die gewünschte Endlage strebt. Das Regelungsgesetz führt in diesem „Gleitmode" während des Prozeßverlaufs zu einer Entkopplung und Linearisierung. Damit lassen sich mehrere Gütekriterien miteinander verknüpfen, z.B. zeitoptimales Fahren im Großsignalbereich und überschwingfreies PID-Verhalten im Kleinsignalbereich [50].

Der Entwurf von Roboter-Regelungen wird heute unter Nutzung von Simulationen ausgeführt. Dabei lassen sich verschiedene Konzepte bezüglich ihres Verhaltens untersuchen, insbesondere die Stabilität und das Überschwingverhalten der Regelung bei PTP- und CP-Steuerung sowie bei veränderlichen Nutzlasten (verschiedene Werkstückmassen).

Um pneumatische Linearachsen zur freiprogrammierbaren Bewegungsachse zu machen, bedarf es einer servopneumatischen Regelung. Das Prinzip wird in Bild 6-13 gezeigt. Solche Achsen sind schnell (Beschleunigungsspitzen bis 75 m/s^2 mit 3 kg Nutzlast und einer Beschleunigungsdauer von 70 ms) und man erreicht Wiederholgenauigkeiten von etwa ± 0,01 mm bei einem inkrementalen Wegmeßsystem mit einer Auflösung von 5 µm. Servopneumatische Drehachsen bringen es auf ± 0,1° bei einer Meßsystemauflösung von < 0,05°. Diese Genauigkeiten sind erstaunlich, wenn man bedenkt, daß das Medium Luft stark kompressibel ist und sich deshalb lange Zeit einer Feinregelung von Aktorpositionen entzog. Servopneumatische Achsen werden z.B. mit Erfolg bei Robotern zur Leiterplattenbestückung angewendet.

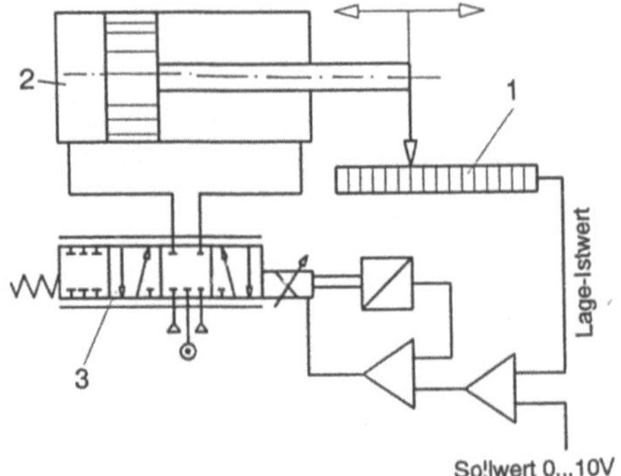

1   Wegmeßsystem
2   Pneumatikzylinder
3   Proportionalventil

Bild 6-13
Prinzip einer servopneumatischen
Lageregelung

6.2.2.2   Gemischte Positions- und Kraftregelung

Bei einigen Werkzeuganwendungen genügt alleiniges Bahnfahren des Roboters nicht. Es wird außerdem eine bestimmte, stets gleichgroße Anpreßkraft verlangt, z.B. wenn ein Industrieroboter auf eine Tafel schreibt (Tafelproblem), wie es Bild 6-14 zeigt. Die Korrektur des Kraftfehlers erfordert eine Aktion sämtlicher Achsen, was zu Positionsfehlern führt. Die Wechselwirkungen unterliegen einer komplizierten Beziehung. Es wird eine gemischte Positions- und Kraftregelung gebraucht, also ein Roboter mit „Tastsinn". Zwischen Effektor und Roboterarm wird ein Kraft-Momenten-Sensor angeordnet. Für eine stabile Steuerung wirkt erschwerend, daß das Kraftsignal sprunghaft sein kann, z.B. beim Anfahren der Tafel (Auftreffpunkt). Die Lösung solcher Kraftregelungsaufgaben spielt u.a. beim Schleifen und Polieren von Freiformflächen eine große Rolle. Die Freiformflächen können auch sehr groß sein, z.B. ein Flugzeugrumpf. Für das Waschen der Außenhaut wurde der Serviceroboter SKYWASH entwickelt, dessen Gelenkarm (11 Achsen) auf eine Reichweite von 26 m kommt. Klassische Arbeiten zur Roboter-Kraftregelung liegen in [51, 52, 163] vor. Über experimentelle Erfahrungen mit neuen Kraftregelgesetzen wird in [53] berichtet.

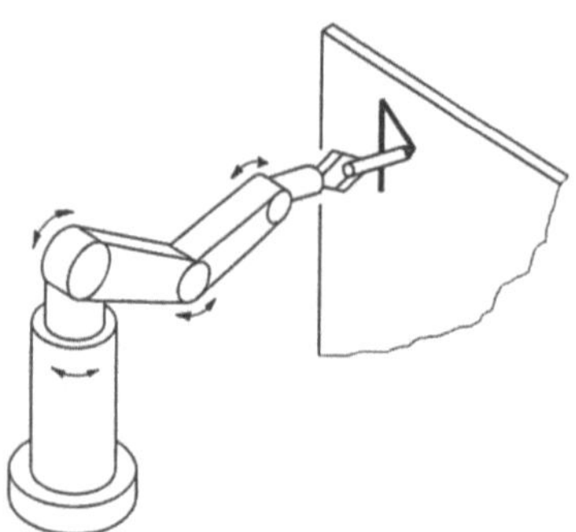

Bild 6-14
Das Tafelproblem. Ein Roboter schreibt
seinen Namen.

6.2.3   Punktsteuerung

Die Punktsteuerung (PTP, Point-to-Point = Punkt zu Punkt) ist die älteste Steuerungsart und sie erlaubt Zielpositionen genau anzufahren, wie z.B. beim Beschicken, Punktschweißen und Palettieren, ohne daß der Weg zum Ziel exakt absolviert wird. Es lassen sich folgende Arten unterscheiden:

- Asynchrone PTP-Steuerung,

- synchrone PTP-Steuerung,

- PTP mit Überschleifen und

- Multipunktsteuerung.

Das Prinzip dieser Steuerungen wird in Bild 6-15 dargestellt. Bei der „reinen" (asynchronen) Punktsteuerung fahren alle Achsen nach einem gemeinsamen Start im Ausgangspunkt P0 los und zwar unabhängig voneinander mit den programmierten Geschwindigkeiten. Da eine Abstimmung der Achsen untereinander fehlt, erreichen sie im allgemeinen den Zielpunkt P1 zu unterschiedlichen Zeiten. Die Achse mit der längsten Laufzeit bestimmt das Ende der Aktion. Die Zielposition wird exakt erreicht, die genaue Bahn auf dem Weg dorthin ist nur grob vorhersehbar.

Bei der Synchron-PTP-Steuerung stimmt die Steuerung die Geschwindigkeiten der beteiligten Achsen auf diejenige Achse (Leitachse) ab, die die längste Laufzeit hat. Dadurch erreicht man, daß die Achsen nicht nur zum gleichen Zeitpunkt starten, sondern ihre Bewegung auch annähernd zur gleichen Zeit beenden. Der Bewegungsablauf wird dadurch etwas gleichmäßiger, was die Mechanik des Roboters schont. Der Bahnverlauf ist trotzdem nicht exakt vorhersagbar, was u.a. auch von der Kinematik des Roboters abhängig ist.

Asynchron- und Synchron-PTP mit Überschleifen wird verwendet, um zeitoptimal zu fahren. Unter „Überschleifen" versteht man eine Funktion, die bewirkt, daß ein programmierter Bahnpunkt vom Arbeitspunkt (Effektor) des Roboters nicht genau angefahren wird, sondern schon vorher zum nächsten programmierten Bahnpunkt (Zielpunkt) abbiegt. So ist bei der Situation nach Bild 6-15c nicht erforderlich, den Punkt P1 genau zu erreichen. Er wurde ja nur gesetzt, um den Arbeitspunkt des Roboters ohne Halt am Hindernis vorbeizuführen. Der Überschleifbereich wird als Kugel vorgegeben, wobei die Größe der Raumkugel programmierbar ist.

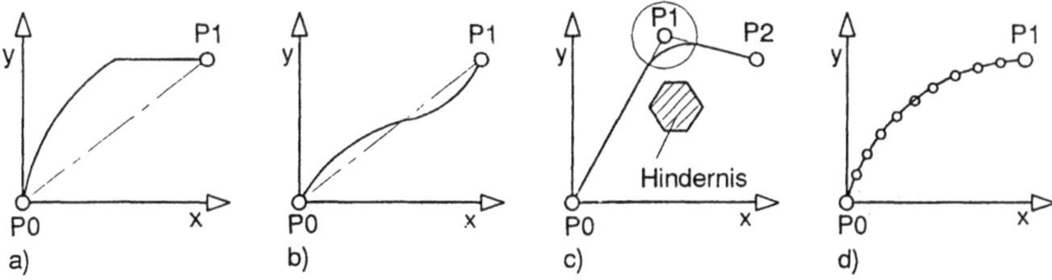

Pi Start- bzw. Zielposition

Bild 6-15 Punktsteuerungsarten
a) Asynchron-PTP, b) Synchron-PTP, c) PTP mit Überschleifen, d) Multipunktsteuerung (MP)

Das Prinzip zeigt Bild 6-16. So kann man bei der Sirotec-Steuerung (Siemens) zwischen Überschleiffaktor 1 bis 9 wählen. Das Überschleifkriterium gilt als erfüllt, wenn der Wegsollwert der letzten Achse die „Raumkugel" erreicht hat (Asynchron-PTP) bzw. wenn die „führende Achse" in die Raumkugel eingedrungen ist und für diese Achse der Bremseinsatzpunkt erreicht ist (Synchron-PTP).

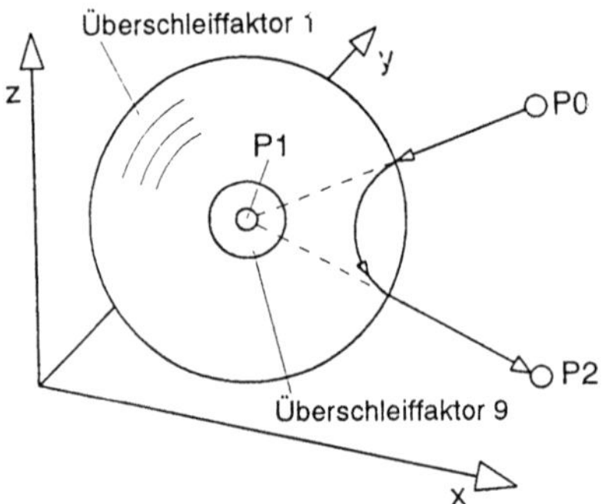

Bild 6-16
Funktion des Überschleifens

Eine Steuerung mit bahnsteuerungsähnlicher Erscheinung ist die Viel- bzw. Multipunktsteuerung. Das wird durch ein sehr enges Setzen der Bahnpunkte erreicht. MP-Steuerungen (MP = Multi point) werden im Playback-Verfahren programmiert. Während einer Vorführ-Programmierphase (Teach-in) gelangen die im zeitlichen Rhythmus abgetasteten und in Digitalgrößen umgewandelten Achspositionen in der Reihenfolge ihres zeitlichen Eintreffens in den Speicher der Steuerung. Die Vielpunktsteuerung wird im Abschnitt 6.2.4 etwas ausführlicher besprochen.

6.2.4   Bahnsteuerung

Bei Bahnsteuerungen (CP-Steuerung; CP = continuous path oder auch controlled path) wird ein charakteristischer Punkt des Endeffektors auf einer vorgegebenen Trajektorie geführt, wobei der Endeffektor in Abhängigkeit von den Bahnkoordinaten orientiert wird. Es muß also ein funktioneller und zeitlicher Zusammenhang zwischen den Koordinaten der einzelnen Antriebe hergestellt werden. Die zeitliche Durchlaufung der Trajektorie erfolgt nach einem bestimmten Programm und hängt u.a. vom vorgegebenen Geschwindigkeitsprofil ab (siehe dazu Bild 6-8). Auch die zulässigen maschinentypischen Grenzwerte für Geschwindigkeit und Beschleunigung spielen eine Rolle. Zur Steuerung des Roboters sind zwei Aufgaben zu lösen:

- Bahninterpolation (linear, zirkular) und

- Koordinatentransformation von kartesischen Koordinaten in Antriebs-(Roboter-) Koordinaten.

Man bezeichnet die feinstufige Berechnung der räumlichen Bahnkurve für Position und Orientierung des Effektors als Interpolation. Der Interpolator ist also eine Recheneinheit, die für den durch die Endpunkte (Stützpunkte) vorgegeben Bahnabschnitt alle noch erforderlichen Zwischenpunkte (Hilfspunkte) ermittelt.

Zwischen den Stützpunkten kann die Verbindung ein Kreisbogen (Zirkularinterpolation), eine Gerade (Linearinterpolation) oder eine besondere Kurve (Parabel oder Polynom höheren Grades) sein (Bild 6-17). Letztere dient vor allem der Bahnglättung in den programmierten

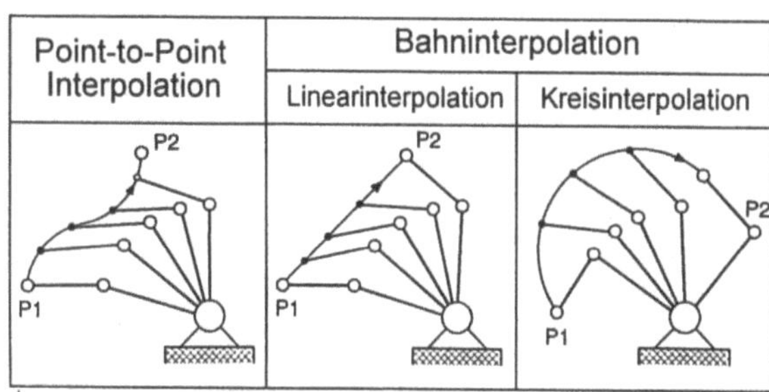

Bild 6-17
Interpolationsarten

Stützpunkten. In der Regel wird die Interpolation in kartesischen Koordinaten vorgenommen. Liegen die Interpolationspunkte eng beieinander, dann wird die Bahn des Endeffektors der gewünschten Idealbahn ziemlich nahe kommen. Bei nur geringen Veränderungen in der Bahnkurve genügen dagegen weiter entfernt gesetzte Punkte. Eine Kreisinterpolation kann z.B. auch erforderlich werden, wenn mit einem kartesischen Roboter per Wasserstrahlschneiden Ronden aus einem Blech geschnitten werden sollen. Dazu werden Kreismittelpunkt und Scheibenradius sowie Startpunkt und Zustelltiefe vorgegeben. Eine ähnliche Aufgabe wird in Bild 6-18 vorgestellt. Die Kreisbewegung entsteht hier durch Überlagerung von zwei Translationen.

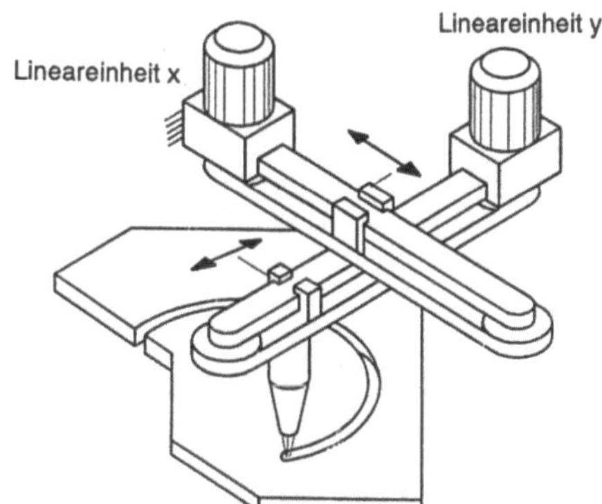

Bild 6-18
Anschauungsbeispiel für die
Anwendung der Kreisinterpolation

Werden vom Interpolator einzelne Weginkremente vorgegeben, liegt eine Wegraster-Interpolation vor. Die Zeitabstände, in denen die Roboterachse jeweils ein Weginkrement zurücklegt, sind unterschiedlich und hängen von der Bahngeometrie sowie der programmierten Geschwindigkeit ab. Als Zeitraster-Interpolation bezeichnet man dagegen eine Verfahrensweise, bei der die Interpolation die jeweiligen Achsenwerte in gleichen Zeitabständen berechnet und vorgibt. Der Interpolationstakt kann z.B. 8 Millisekunden sein.

Jeder Punkt der berechneten Bahn wird durch ein „Frame" beschrieben. Diese Beschreibung ist nicht kontinuierlich, wenn die Interpolation taktweise im Zeitraster erfolgt. Der Abstand der Frames ergibt sich aus der momentanen Geschwindigkeit $v(t)$ des Effektors und der Taktzeit t_i der Interpolation zu $ds(t) = t_i \cdot v(t)$. Um ein bestimmtes Geschwindigkeitsprofil zu bekommen muß daher die aktuelle Geschwindigkeit in jedem Interpolationstakt neu ermittelt werden. Man will einen Geschwindigkeitsverlauf, der zwar die Sollgeschwindigkeit schnell erreicht, aber ein Überschwingen vermeidet und das elastische Führungsgetriebe des Roboters nicht zu Schwingungen anregt. Dazu sind Ruck und Beschleunigung unter Beachtung der zulässigen Größtwerte der Antriebe festzulegen. Verfahren zur Geschwindigkeitsinterpolation sind in [54 bis 58] zu finden. Das Geschwindigkeitsprofil ist durch 7 typische Abschnitte geprägt, wie es Bild 6-19 zeigt. Einer Beschleunigungsphase folgen eine Phase konstanter Geschwindigkeit und schließlich die Bremsphase. Außerdem lassen sich noch Übergänge zwischen den Phasen feststellen.

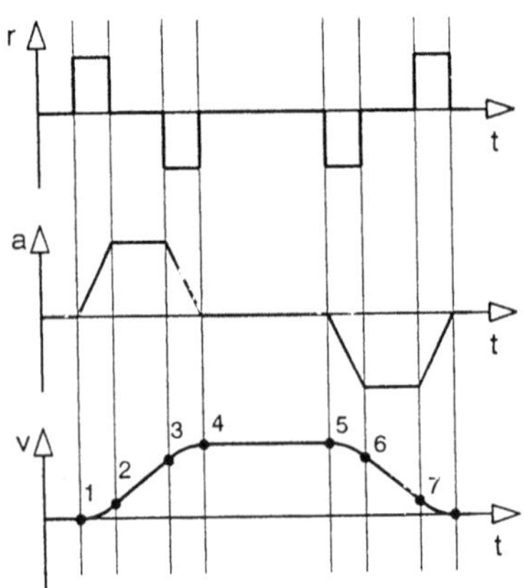

a Beschleunigung
r Achsruck
t Zeit
v Geschwindigkeit

Bild 6-19
Festlegung eines Geschwindigkeitsprofils

Die Bahnpunkte in den Antriebskoordinaten können durch Splines 3. Grades verbunden werden und die im ersten und letzten Intervall der Trajektorie mit Splines 5. Grades. Das geschieht so, daß der Geschwindigkeitsverlauf stetig ist und zu Beginn und Ende der Bewegung ein stetiger Beschleunigungsverlauf erreicht wird. Mittels der Splines werden anschließend die zeitäquidistanten Führungsgrößen berechnet. Damit vermeidet man ruckartiges Verfahren. Die Schwingungsanfälligkeit wird gemindert. Der Energieverbrauch der Antriebsmotore wird optimiert.

Ein „Spline" ist übrigens die englische Bezeichnung für ein biegsames Kurvenlineal, wie es die Bootsbauer und Geologen benutzten, um Schiffsspanten bzw. Höhenlinien zu erzeugen.

Eine weitere Aufgabe ist die Orientierungsinterpolation. Darunter versteht man Handdrehungen entlang einer Bahn. Sie sind aus technologischen Gründen erforderlich. In Bild 6-20a wird dazu eine einfache Bewegungsaufgabe dargestellt. Die Orientierung des Effektors ändert sich vom Startpunkt S_0 zum Zielpunkt S_1 nicht. Die Aufgabe des Interpolators besteht darin, die Hilfspunkte H_i zu berechnen und ausreichend fein vorzugeben. Eine unveränderte Orientierung liegt z.B. beim Längsnahtschweißen vor (Bild 6-20b). Bei räumlich komplizierten Arbeitsaufgaben kann es vorkommen, daß sich die Orientierung z.B. des Schweißbrenners ständig ändern muß, wie man es in Bild 6-20c sieht. Dann müssen für jeden Bahnpunkt auch die Orientierungswinkel berechnet werden. Die Beschreibung der Bahn- und Orientierungsdaten mit Hilfe eines Frames wird in Abschnitt 6.3.2 erläutert.

Mit der Bahnsteuerung lassen sich anspruchsvolle Aufgaben der Werkzeug- und Werkstückhandhabung erledigen, weil positions- und geschwindigkeitsgenaue Bewegungen möglich sind. Dazu zählen u.a. Lichtbogenschweißen, Schneiden mit Wasserstrahl oder Laser, Entgraten, Polieren und Montieren.

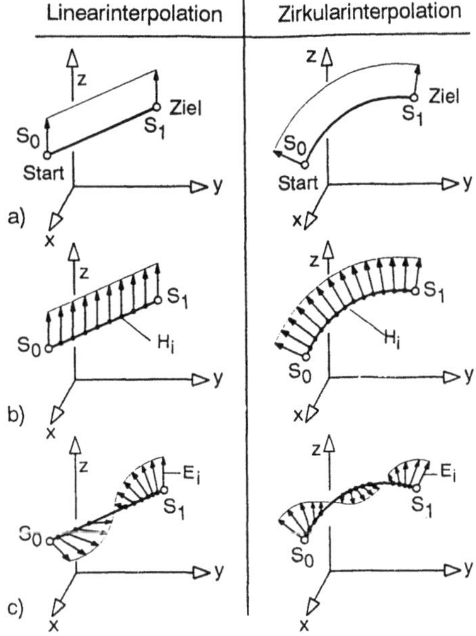

Bild 6-20
Bewegungsbahn eines Endeffektors E_i

a) Bewegungsaufgabe „Gerade oder Bogen fahren"
b) interpolierte Bahn mit Zwischenpunkten (Hilfspunkt H_i)
c) Bahn mit Effektororientierung (Orientierungsinterpolation)

6.2.5   Vielpunktsteuerung

Die Vielpunkt- oder Multipunktsteuerung basiert auf einer dichten Folge programmierter Punkte, wie schon in Bild 6-15d dargestellt. Obwohl eigentlich Punktsteuerung, erweckt sie beim Anwender den Eindruck einer Bahnsteuerung. Da der Funktionszusammenhang durch eine dichte, zeitäquidistante Punktfolge (z.B. 20 Punkte je Sekunde beim Farbspritzen) gebildet wird, können ein Bahninterpolator und die Koordinatentransformation entfallen. Typisch ist, daß die Geschwindigkeit nachträglich verändert und mit externen Einrichtungen synchronisiert werden kann. Die Vielpunktsteuerung wird hauptsächlich dort eingesetzt, wo man die Bahn des Effektors nicht analytisch beschreiben kann, wie z.B. beim Farbspritzen. Die Bewegungen werden deshalb durch Einlernen programmiert, also durch Playback-Programmierung. Dabei geht auch die Erfahrung des Menschen direkt in das Bewegungsprogramm mit ein. Das Vorführen kann mit dem realen Roboter erfolgen, aber auch mit einem kinematisch analogen Phantomgerät (Programmierarm).

Es sind 3 Varianten möglich:

- Führen des Endeffektors unmittelbar in seiner Nähe am realen Roboter mit einem ansetzbaren Griff- und Bedienstück (Bild 6-21a). Die Roboterantriebe sind abgeschaltet und der Arm ist ausbalanciert. Trotzdem ist diese Programmierart anstrengend.

- Führen des Endeffektors, z.B. eine Spritzpistole, die an einem massearmen, leichtgängigen Programmiergerät (Phantom) angebracht ist (Bild 6-21b) und

■ Führen einer Spritzpistole am realen Roboter, aber nicht direkt, sondern durch Bewegungs-
  vorgabe am Phantom (Bild 6-21c), auch als Teach-Roboter bezeichnet (ein kinematisches
  1:1-Modell des realen Roboters).

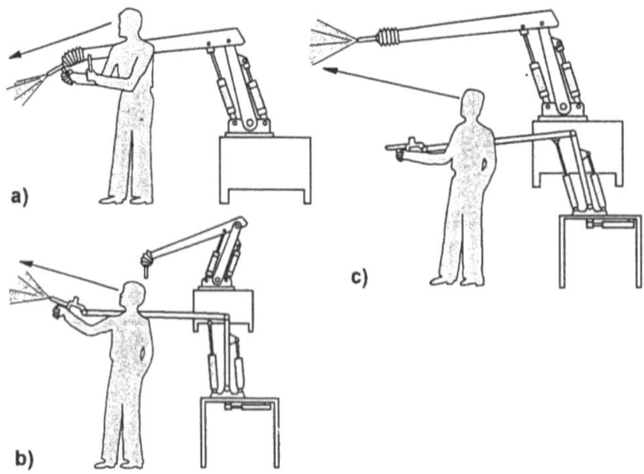

Bild 6-21 Teach-in Programmierung beim Farbspritzen (nach Volmer)
               a) Führen der Spritzpistole am Roboter, b) Führen der Spritzpistole am Programmiergerät
               c) Führen der Spritzpistole am Farbspritzroboter mit Hilfe des Programmiergerätes

Bei dieser Art der Programmierung ist zu beachten, daß der Programmierer ausreichend Freiraum am Programmierort für das Vorführen der Bewegungen zur Verfügung hat. Das Programmieren sollte unter ergonomisch günstigen Bedingungen erfolgen (Bild 6-22). Dazu gehören
auch kleine Kräfte für das Bewegen des Armes und günstige Gestaltung des Handgriffs, denn
während des Vorführens muß auch der Spritzstrahl ein- und ausgeschaltet werden.

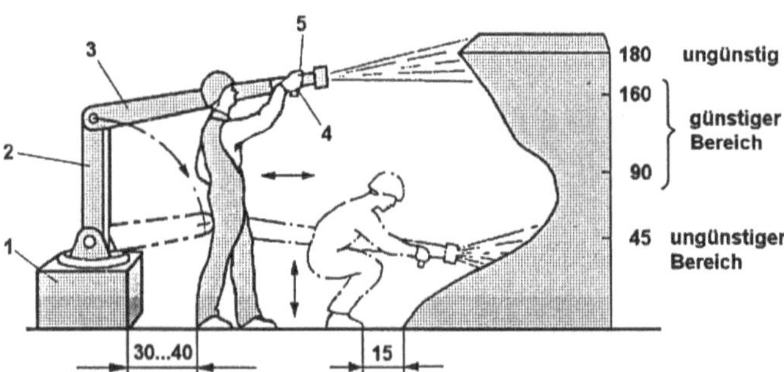

1 Basisdreheinheit   3 Unterarm
2 Oberarm   4 Programmierhandgriff
                                           5 Knopfsteuerung

Bild 6-22 Beispiel für die Wahl ergonomisch günstiger Verhältnisse (Angaben in cm)

Was in einer Vielpunktsteuerung passiert, wird in Bild 6-23 als Signalverarbeitungsvorgang
dargestellt und zwar für eine Bewegungsachse. In der Anlernphase (Teach-in) werden die
Gelenkwinkel gemessen und als Eingangsdaten abgespeichert. In der Wiederholungsphase

(Playback) werden diese Daten in gleicher Reihenfolge aus dem Arbeitsspeicher entnommen und als Analogwert (Sollwert) den Servoreglern der Bewegungsachsen zur Verfügung gestellt. Für technologisch interessante Programmlaufzeiten wird beträchtlicher Speicherplatz gebraucht. Es ist nicht möglich, Teile der so programmierten Bahn nachträglich zu korrigieren. Es muß in einem solchen Fall der ganze Bahnabschnitt neu abgefahren werden. Ein gelungenes Programm wird man archivieren, so daß bei einer Störung das Programm nicht neu aufgenommen werden muß.

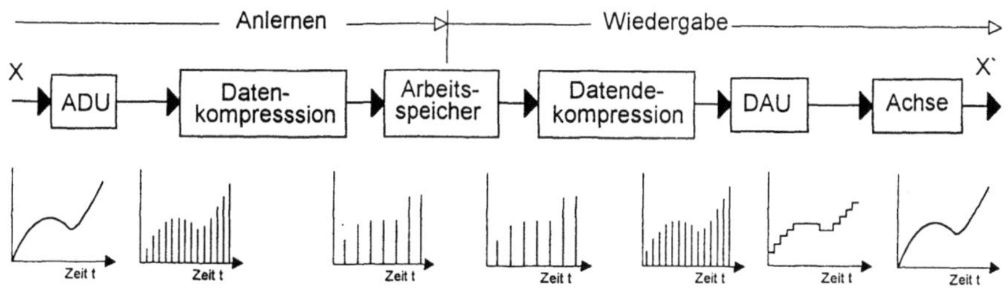

Bild 6-23 Signalverarbeitung in einer Vielpunktsteuerung,
ADU Analog-Digital-Umsetzer, DAU Digital-Analog-Umsetzer

Beim Abfahren der Bahn während des Programmierens gelingen nicht immer „geschmeidige" Bewegungen. Die Bahn ist eher unruhig, wie es in Bild 6-24 dargestellt wurde. Die meisten Steuerungen verfügen über die Möglichkeit, die unbeabsichtigten „Ausrutscher" zu glätten. Im automatischen Betrieb wird dann der Roboter auf ciner geglätteten Bahn geführt.

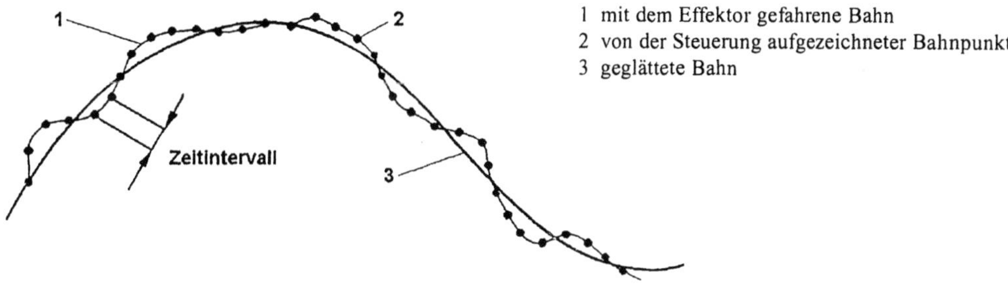

Bild 6-24 Erfassung einer Bahn bei der Vielpunktsteuerung

6.2.6 Bandsynchronisation

Es kommt heute öfters vor, daß Industrieroboter am Fließband arbeiten, d.h. es findet eine Bearbeitung von Objekten während der Bewegung statt. Den Robotern muß somit eine „Mitfahrbewegung" überlagert werden. Das bezeichnet man als Bandsynchronisation (Tracking). Im Stillstand erstellte Programme werden entsprechend der Bewegung des Fließbandes so modifiziert, daß die Arbeitsaufgabe in der Bewegung erfüllt werden kann. Arbeitsaufgaben können z.B. sein:

- Montieren in der Bewegung, z.B. Radanschrauben,

- Beschichten von Teilen am Hängekreisförderer,

- Verpacken von Objekten.

Ein Prinzipbeispiel zeigt das Bild 6-25. Die Ankunft eines Werkstücks wird durch eine Lichtschranke signalisiert (Synchronsignal), die Bandgeschwindigkeit wird ständig von einem Tachogenerator abgefragt. Zur Lösung der Aufgabe ist die Beweglichkeit des Roboters wichtig.

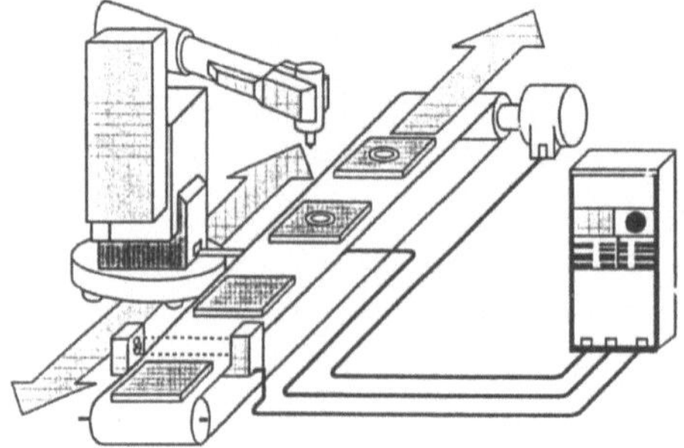

Bild 6-25
Wirkschema für die Bandsynchronisation
eines Industrieroboters

Man unterscheidet zwei Varianten:

- Der Roboter ist mobil (bewegte Basis) und kann kurze Zeit neben dem Band mitfahren, wie in Bild 6-25 gezeigt.

- Der Roboter ist stationär, so daß nur der Arm nachgeführt werden kann.

Im letztgenannten Fall ist zu beachten, daß der „Rahmen", in welchem die Roboterhand mit definierter Orientierung agieren kann, recht begrenzt ist. Der Nachführrahmen („Verfolgungsfenster") ist eine gedachte Umgrenzung. Sie hängt von den zulässigen Drehwinkeln des Hand-Arm-Systems ab (Bild 6-26).

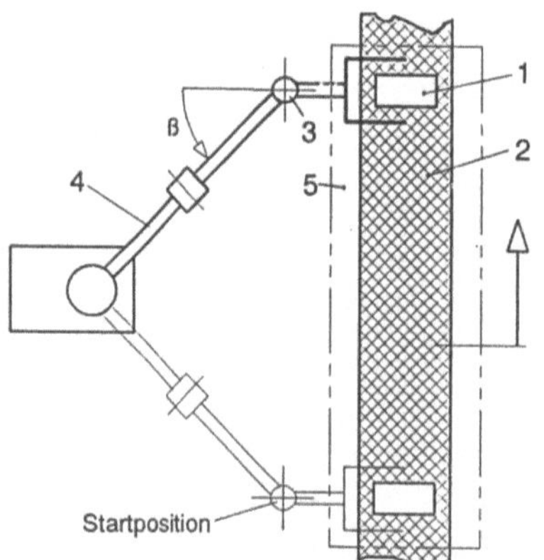

1 Werkstück
2 Förderband
3 Handgelenk
4 Roboterarm
5 Nachführrahmen
β maximaler Handschwenkwinkel

Bild 6-26
Nachführrahmen bei einem
stationären Roboter (Draufsicht)

Das Greifen eines Werkstücks vom Band muß somit innerhalb des Nachführrahmens abgeschlossen sein. Bei beiden Varianten muß der Roboter nach seiner Aktion in einer Leerfahrt zur Startposition zurückkehren. Gleichlauffehler $< \pm 2$ mm werden allgemein angestrebt. Beim Montieren in der Bewegung muß dieser Wert aber deutlich kleiner sein. Die Signalverarbeitung muß dann so schnell sein, daß die Achsen zeitgerecht angesteuert werden.

6.2.7   Pendeln

Bei verschiedenen Anwendungen ist es sinnvoll, den Arbeitspunkt nicht exakt auf einer programmierten Bahn zu führen, sondern die Hauptbewegung noch mit einer Pendel-Querbewegung zu überlagern. Das ist z.B. beim Lichtbogenschweißen anwendbar. Beim Pendelschweißen mit Lichtbogensensor wird der Stromverlauf analysiert (siehe dazu Abschnitt 8.4), so daß daraus Daten für die seitliche Abweichung der Schweißnaht gewonnen werden können, aber auch eine gleichmäßige Füllung unterschiedlich breiter Nahtfugen (durch Regelung der Schweißgeschwindigkeit) möglich ist. Für das Pendeln gibt es verschiedene Pendelfiguren (Bild 6-27), die sich ergeben, wenn an der Steuerung die Parameter variiert werden.

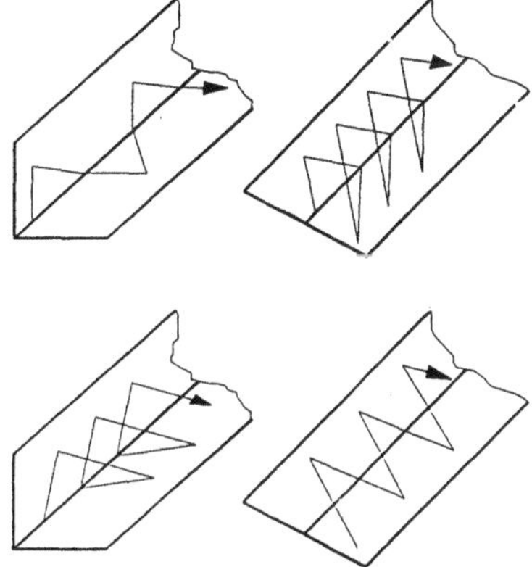

Bild 6-27
Beispiele für Pendelfiguren

So lassen sich z.B. folgende Parameter eingeben (Bild 6-28):

- Pendelamplitude *PA*,

- Pendelweg *PL*,

- Pendelfaktor $PF = TH/TW$,

- Pendelwinkel *KBI* (bei kartesischem Pendeln).

Der Pendelwinkel beschreibt die Erhebung der Pendelfigur aus der *X-Y*-Ebene. *T*W bezeichnet die Zeitdauer für den Richtungswechsel und TH die Pendeldauer. Je größer die Geschwindigkeit senkrecht zur Hauptbewegung (Bahnrichtung) ist, umso größer ist die Frequenz der Pendelbewegung. Die mit dem Pendeln des Schweißbrenners verbundene Verbreiterung der Schweißnaht ist nicht immer erwünscht. Auch liegt die Schweißgeschwindigkeit gegenüber einem ungependelten Prozeß niedriger. Das Pendeln ist z.B. auch für den Klebstoffauftrag interessant. Die Pendelamplitude ermöglicht dann verschieden breite „Klebstoffstreifen".

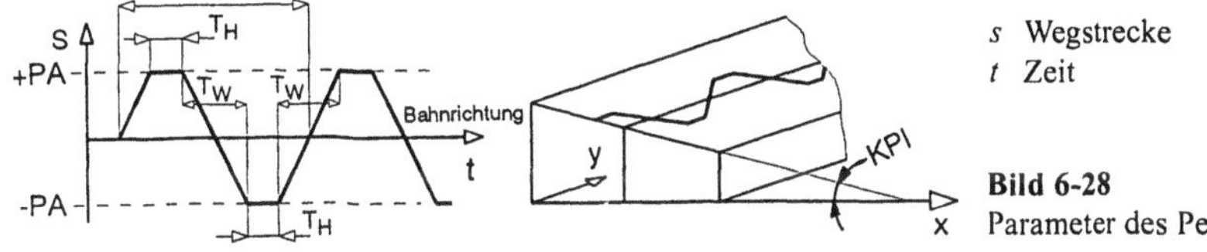

Bild 6-28
Parameter des Pendelbefehls (SIEMENS)

6.2.8   Palettierfunktion

Es wäre eine mühsame Tätigkeit, wollte man das Palettiermuster durch Einlernen aller Palettenpositionen programmieren. Wenn nicht unmöglich, so ist es mindestens aber sehr zeitintensiv. Läßt sich an der Steuerung eine Palettierfunktion aktivieren, dann kann man Ablagemuster auswählen und z.B. interaktiv die Parameter eingeben, die das Muster geometrisch beschreiben. Wie das Bild 6-29 zeigt wird eine Startposition angegeben und an Hand der Variablen (z.B. δx, δy, δz) und der Palettengrößen werden dann über Unterprogramme die jeweils aktuellen Daten für die Greif- und Ablegepositionen generiert. Bei von Lage zu Lage versetzten Mustern muß auch die aktuelle Lage berücksichtigt werden. So hat dann z.B. die 1., 3., 5....Lage andere Greifpositionen als die 2., 4., 6....Lage.

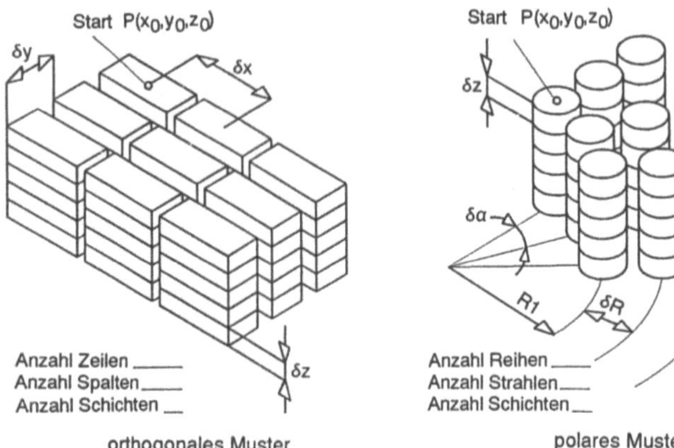

Bild 6-29 Beispiele für Palettiermuster

In Bild 6-30 wird ein Beispiel gezeigt, wie softwaremäßig auch unregelmäßige Palettiermuster unterstützt werden. Das bedeutet, daß ausgehend von einer Bestell-Liste an Hand der tatsächlichen Abmessungen der Packstücke, ihrer Stapelfähigkeit, Masse und Beladerichtung automatisch ein Roboter-Ablaufprogramm generiert wird. Inzwischen wird auch chaotisches Stapeln beherrscht (siehe dazu Bild 9-102).

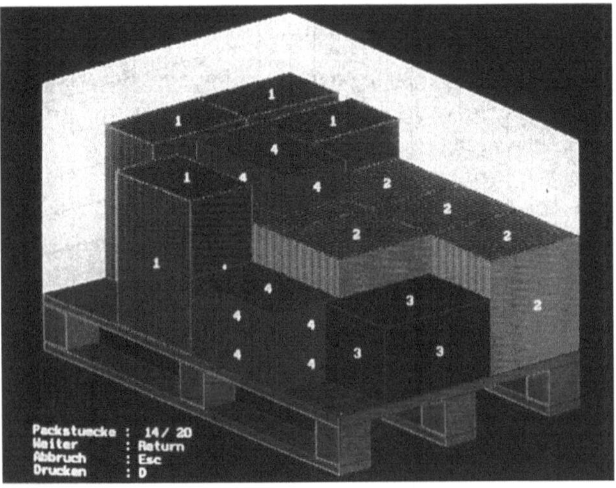

Bild 6-30 Spezielle Softwaremodule ermöglichen die Generierung auch unregelmäßiger Palettiermuster (REIS)

6.2.9   Werkzeugkorrektur

Bei der Bahnprogrammierung bezieht sich der Endpunkt der Kinematischen Kette zunächst auf die Mitte des Greiferanschlußflansches. Es ist das Flanschkoordinatensystem. Der eigentliche Wirkpunkt (TCP) weicht aber davon ab und das muß der Steuerung mitgeteilt werden. Das bezeichnet man auch analog zur CNC-Werkzeugmaschine als Werkzeugkorrektur. So kann ein Schweißroboter mit wechselbaren Brennern ausgestattet sein, die unterschiedlich lange Pistolenhälse haben. Es muß dann nach jedem Brennerwechsel auch der dazugehörige Datensatz für die Korrekturwerte aufgerufen werden (Bild 6-31).

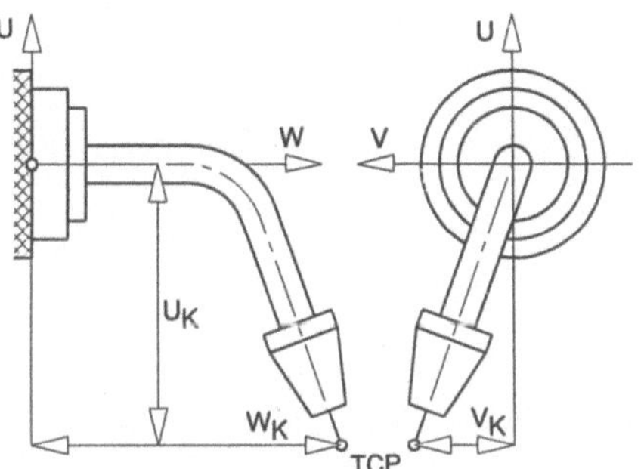

U_K, V_K, W_K Abstand des TCP zum Ursprung des Flanschkoordinatensystems

Bild 6-31
Korrekturangaben am Beispiel eines Schweißbrenners

Ist die Orientierung des Endeffektors für die Ausführung der technologischen Operation von Bedeutung, dann muß auch die vom Flanschkoordinatensystem abweichende Orientierung mit beschrieben werden (Drehwinkel). Die Notwendigkeit zur Werkzeugkorrektur besteht meistens auch bei einem Greiferwechsel. Bei Doppelgreifern existieren sogar mehrere Werkzeugpunkte, wie man es aus Bild 6-32 entnehmen kann.

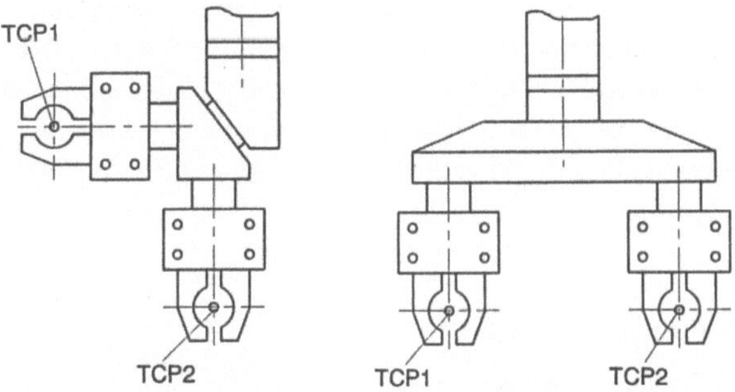

Bild 6-32
Doppelgreifer an Schwenkeinheiten mit jeweils 2 Werkzeugarbeitspunkten

Bei der Programmabarbeitung werden die Werkzeugdaten gemäß Werkzeugkorrekturanweisung für alle in der Folge anzufahrenden Zielpunkte und für alle zu fahrenden Bahnen berücksichtigt.

6.2.10 Neuronale Netze

Für die Steuerung und Programmierung von Robotern gibt es Bemühungen, künstliche Neuronale Netze zu verwenden. Neuronale Netze sind stark vereinfachte Nachbildungen der im menschlichen Gehirn ablaufenden Vorgänge. Sie arbeiten nach den Prinzipien des Konnektionismus (Problemlösung auf der Basis einfacher parallelverarbeitender Prozessoren). Neuronale Netze werden nicht programmiert, sondern für ihre Aufgabe trainiert. Das Bild 6-33 zeigt im Beispiel, wie bereits nach wenigen Näherungsschritten in der Lernphase aus einer ziemlich verzerrten Darstellung dennoch die Ziffer 3 erkannt wird. Vorher wurde das Netzwerk mit verschiedenen Zeichen trainiert.

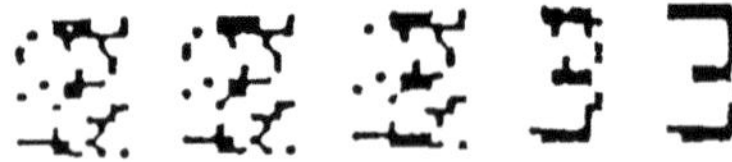

Bild 6-33
Lernphase eines Neuronalen Netzes am Beispiel der Ziffer 3

In der Robotik gibt es folgende Anwendungsbereiche [61, 62]:

- Trajektoriensteuerung für mehrachsige Führungsgetriebe,

- Navigation von autonomen mobilen Robotern, Gehmaschinen und mehrbeinigen Robotern,

- Auge-Hand-Koordinierung, z.B. zur Berechnung von Bahnen zum Ergreifen eines von der Kamera erfaßten Teiles,

- Fusion von Signalen von visuellen und taktilen Sensoren zur Objekterkennung (Erkennung durch Sehen und Fühlen).

Wie im Abschnitt 3.1.2 dargestellt, ist das dynamische Verhalten von mehrteiligen Roboterarmen mit jeweils eigenen Achsantrieben nur mit komplexen Differentialgleichungen beschreibbar. Für solche Systeme ist die Herleitung des inversen Übertragungsverhaltens (Rückwärtstransformation) schwierig und die Anwendung von Neuronalen Netzen erfolgversprechend. Momentan sind es aber vor allem Anwendungen in Verbindung mit der automatischen Bildverarbeitung. Robotik, Sensorik und Neuronale Netze sind übrigens eng verflochtene Gebiete der Forschungen zur Künstlichen Intelligenz. In Zukunft wird auch die Spracherkennung im Zusammenhang mit Robotern dazugehören [165].

Die Vorteile Neuronaler Netze sind:

- Robust gegenüber Störungen oder Rauschen von Eingangsvektoren,

- Fähigkeit zur Selbstanpassung, z.B. bei Veränderungen in der Umwelt,

- einheitliche Struktur, so daß massiv parallele Rechnerarchitekturen eingesetzt werden können, was besonders bei der Steuerung motorischer Aktivitäten unumgänglich ist, wenn Echtzeitverhalten verlangt wird.

6.3   Positions- und Orientierungsbeschreibung

6.3.1   Vektordarstellung

Vektoren sind gerichtete Strecken, die im Raum beliebig zu sich selbst verschoben werden dürfen. Man benutzt sie häufig neben Matrizen (siehe hierzu auch VDI 2739 - Matrizenrechnung) für die Positionsbeschreibung eines Endeffektors. Mit Vektoren lassen sich Raumpunkte, Achsen und Verschiebungen im Raum beschreiben. Es sollen einige Grundlagen dargestellt werden:

- Beschreibung eines Raumpunktes, z.B. des Werkzeugpunktes TCP, mit dem Vektor $\underline{v}$

$$\underline{v} = (v_x, v_y, v_z) = \underline{v}_x + \underline{v}_y + \underline{v}_z = \begin{vmatrix} v_x \\ v_y \\ v_z \end{vmatrix}$$

Ein Beispiel zeigt das Bild 6-34. Die Schweißdrahtspitze (TCP) wird in ihrer räumlichen Position mit dem Vektor $\underline{v}$ beschrieben, wobei v_x, v_y und v_z die Komponenten des Vektors sind.

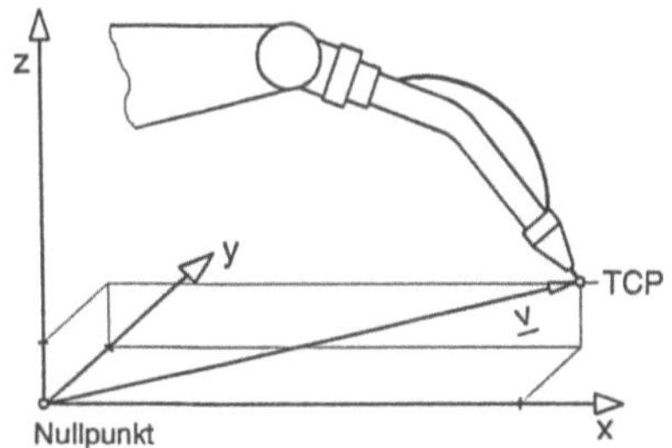

Bild 6-34
Ortsvektor $\underline{v}$ im Basiskoordinatensystem

- Definition der Länge eines Vektors, z.B. zur Abstandsberechnung zwischen Raumpunkten. Der Betrag des Vektors $\underline{a} = (a_x, a_y, a_z)$ wird dann

$$|\underline{a}| = \sqrt{a_x^2 + a_y^2 + a_z^2}$$

Für dreidimensionale Vektoren ist der Betrag von $\underline{a}$ gerade die Länge von $\underline{a}$.

- Die Addition bzw. Subtraktion eines Vektors $\underline{u} + \underline{v}$ oder $\underline{u} - \underline{v}$ entspricht geometrisch einer Parallelverschiebung

$$\underline{u} + \underline{v} = \begin{vmatrix} u_x + v_x \\ u_y + v_y \\ u_z + v_z \end{vmatrix}$$

Diese Operation wird zur Verkettung von Verschiebungen eines Punktes im Raum gebraucht.

- Die Längenänderung eines Vektors $\underline{v}$ repräsentiert die Verschiebung eines Punktes im Raum entlang des Vektors. Der längere (oder kürzere) Vektor $\underline{v}$ ergibt sich aus einer komponentenweise Multiplikation (bzw. Division) mit einer reellen Zahl S.

$$\underline{v} = S \cdot \underline{w} = \begin{vmatrix} S \cdot w_x \\ S \cdot w_y \\ S \cdot w_z \end{vmatrix}$$

Für eine zweidimensionale Darstellung zeigt das Bild 6-35 ein Beispiel.

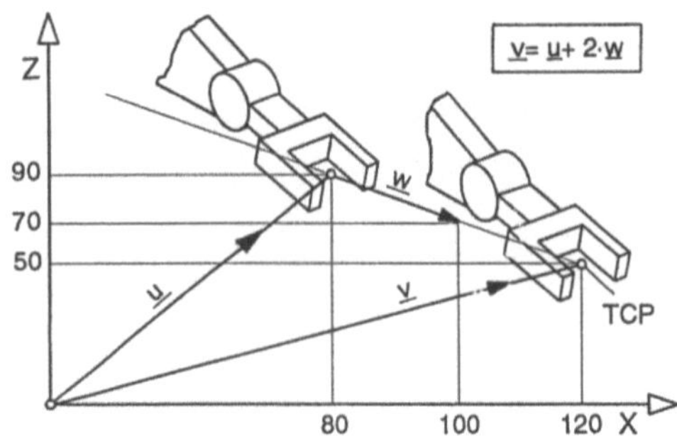

Bild 6-35
Parameterdarstellung einer Geraden

Für die Verschiebung des TCP gilt:

$$\underline{v} = \underline{u} + S \cdot \underline{w}.$$

Somit werden, wenn $S = 2$ ist

$$\underline{u} = (80,0,90)$$

$$\underline{w} = (20,0,-20)$$

$$\underline{v} = \begin{vmatrix} 80 \\ 0 \\ 90 \end{vmatrix} + \begin{vmatrix} 2 \cdot 20 \\ 2 \cdot 0 \\ 2 \cdot -20 \end{vmatrix} = \begin{vmatrix} 120 \\ 0 \\ 50 \end{vmatrix}$$

S gibt hier den Faktor der Streckung oder Schrumpfung des Vektors $\underline{w}$ an.

- Das Skalarprodukt bildet die Vektoren $\underline{u}$, $\underline{v}$ auf einen Skalar $S = \underline{u} \cdot \underline{v}$ ab. Damit sind Längenberechnungen eines Vektors möglich und die Ermittlung des Winkels zwischen 2 Vektoren. Es gilt

$$S = u_x \cdot v_x + u_y \cdot v_y + u_z \cdot v_z.$$

- Das Vektorprodukt (Kreuzprodukt) $\underline{u} \times \underline{v}$ zweier Vektoren $\underline{u}$, $\underline{v}$ ist definiert als Vektor, der sowohl auf $\underline{u}$ wie auf $\underline{v}$ senkrecht steht. Damit läßt sich z.B. die Normalenberechnung einer Ebene ausführen. Es gilt:

$$\underline{u} \times \underline{v} = \begin{vmatrix} u_y \cdot v_z - u_z \cdot v_y \\ u_z \cdot v_x - u_x \cdot v_z \\ u_x \cdot v_y - u_y \cdot v_x \end{vmatrix}$$

6.3.2   Frame-Konzept

Ein Frame (engl.; Rahmen) läßt sich als kartesisches Koordinatensystem interpretieren und es beschreibt z.B. die Position und Orientierung eines relevanten Bezugspunktes am Effektor (TCP). Er kann z.B. zwischen den Backen eines Greifers liegen. Bezogen auf ein Weltkoordinatensystem kann man so die Position des Greifers mit einem Ortsvektor beschreiben (Bild 6-36). Er ist durch seinen Betrag (Länge) und seine Richtung definiert.

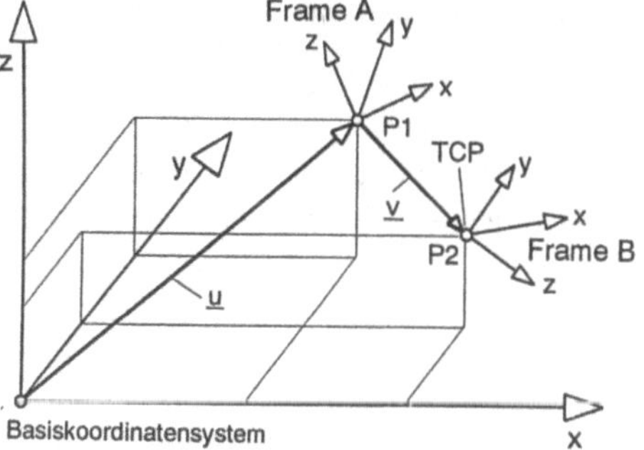

Bild 6.36
Framedarstellung im dreidimensionalen kartesischen Koordinatensystem

Man kann ihn als Spalten- oder Zeilenvektor schreiben:

$$\text{Zeilenvektor} \quad \underline{v}\,(v_x,\, v_y,\, v_z)$$

$$\text{Spaltenvektor} \quad \underline{v} = \begin{vmatrix} v_x \\ v_y \\ v_z \end{vmatrix}$$

Diese Beschreibung reicht aber nicht aus, weil die Orientierung des Greifers nicht mit eingeht. In Bild 6-36 sind $\underline{u}$ der Verschiebevektor bezogen auf das Basiskoordinatensystem und $\underline{v}$ der Verschiebungsvektor bezogen auf das Frame A. Beim Übergang von der Position P1 zur Position P2 erfolgt eine Translation, anschließend sind Rotationen um eine oder mehrere Achsen vorzunehmen, so daß die für das Frame B gewünschte Orientierung erreicht wird. Frames sind somit lokale kartesische Koordinatensysteme. Sie werden aber nicht nur für die Beschreibung der Effektor-Lage gebraucht, sondern auch für andere Komponenten eines Roboterarbeitsplatzes, wie z.B. Werkstückmagazine, Bearbeitungsobjekte, Bahnen (Bahnframe, Schweißbrennerorientierung) oder z.B. Kraft-Sensorsysteme. Dazu zeigt Bild 6-37 einige Beispiele.

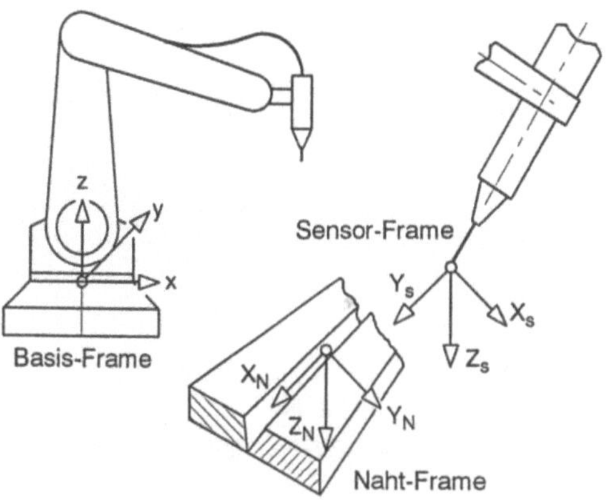

Bild 6-37
Beispiele für lokale Koordinatensysteme

Ein Frame-System hat folgenden Bedingungen zu genügen [64]:

- Das Welt-(World-) oder Basiskoordinatensystem hat kein Bezugsframe.

- Jedes sonstige Frame hat ein Bezugsframe.

- Jedes Frame kann Bezugsframe von beliebig vielen Frames sein.

- Das Frame-System muß als Graph zyklenfrei sein, weil sonst die im Zyklus enthaltenen Frames nicht mehr in Weltkoordinaten umgerechnet werden könnten.

Gegenüber einem ruhend angenommenen Bezugskörper (Basiskoordinatensystem) führt ein betrachteter Körper eine Absolutbewegung aus. Ist der Bezugskörper selbst in Bewegung, so handelt es sich um eine Relativbewegung. Die Verwendung von Frames erleichtert die Programmierung eines Roboters erheblich, da ein Frame bedeutend leichter angegeben werden kann als ein Achskoordinatenvektor des Roboters.

6.3.3   Beschreiben von Drehungen

Es gibt verschiedene Möglichkeiten, Rotationen zu notieren, insbesondere für die Effektor-Orientierung. Zur Herstellung der Deckungsgleichheit zweier kartesischer Koordinatensysteme mit gleichem Ursprung sind in der Regel drei sequentielle Rotationen um drei unterschiedliche Achsen erforderlich. Die Reihenfolge und die Kombination der Matrizenmultiplikationen entsprechen dabei der Reihenfolge der Einzeldrehungen und deren Bezug auf ein Koordinatensystem. In der Praxis werden dazu verschiedene Notationen verwendet, von denen einige kurz beschrieben werden [65].

RPY-Notation

RPY ist eine Abkürzung für Roll (Drehachse), Pitch (Nickachse, Neigen) und Yaw (Gierachse). Die Bezeichnungen sind der Luftfahrt entlehnt (Bild 6-38). Sie werden leider nicht einheitlich verwendet. So findet man bei verschiedenen Herstellern folgende Bezeichnungen (jeweils in der Reihenfolge Neige-, Gier- und Drehbewegung):

- bend/swivel/turn (ASEA)

- pitch/yaw/roll (CINCINNATI MILACRON)

- bend/swing/twist (HITACHI)

- bend/yaw/swivel (UNIMATION).

Mit RPY werden gegenüber einem ortsfesten Koordinatensystem 3 Drehoperationen definiert.

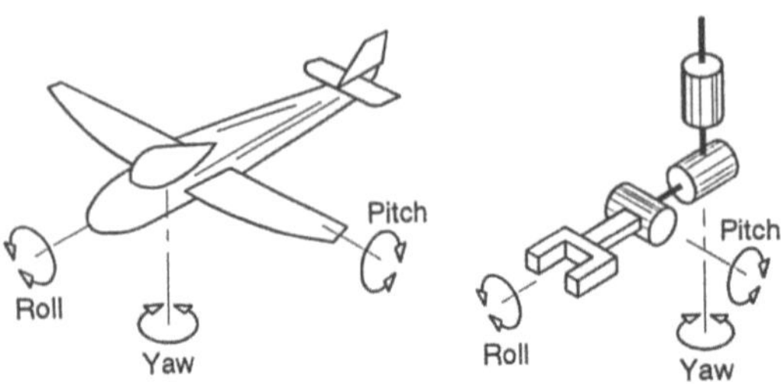

Bild 6-38
Körperfestes Koordinatensystem

Die Drehwinkel α, β und γ stehen für drei nacheinander auszuführende Drehungen um die Achsen *U*, *V* und *W*. Die Reihenfolge dieser Drehungen muß eingehalten werden. In Matrixschreibweise ergibt sich

$$R_{RPY}(\alpha, \beta, \gamma) = Rot(z, y) \cdot Rot(\gamma, \beta) \cdot Rot(x, \alpha)$$

SEQ-Notation

Das bedeutet Sequentielle-Notation. Es ist eine Beschreibungsmöglichkeit der Effektor-Orientierung an einem Industrieroboter, die von den relativen Drehoperationen in Bezug auf das vorausgehende Koordinatensystem ausgeht. Die dazugehörige Rotationsmatrix ergibt sich zu

$$R_{SEQ}(\alpha, \beta, \gamma) = Rot(x, \alpha) \cdot Rot(y, \beta) \cdot Rot(z, \gamma).$$

EULER-Notation

Das ist die Beschreibung einer Drehlage durch die sequentielle Ausführung von Einzeloperationen (Bild 6-39). Es ergibt sich folgende Rotationsmatrix: Die Winkel Alpha, Beta und Gamma definieren drei nacheinander auszuführende Drehungen. Die erste erfolgt um die *Z*-Achse des Greiferkoordinatensystems, die zweite erfolgt um die nunmehr gedrehte *Y'*-Achse und die dritte erfolgt wieder um die mitgedrehte *Z'''*-Achse des Greiferkoordinatensystems. Wichtig ist also die Reihenfolge der Drehungen. Für die EULER-Notation ergibt sich [66]:

$$R_{EULER}(\alpha, \beta, \gamma) = Rot(z, \alpha) \cdot Rot(y, \beta) \cdot Rot(z, \gamma).$$

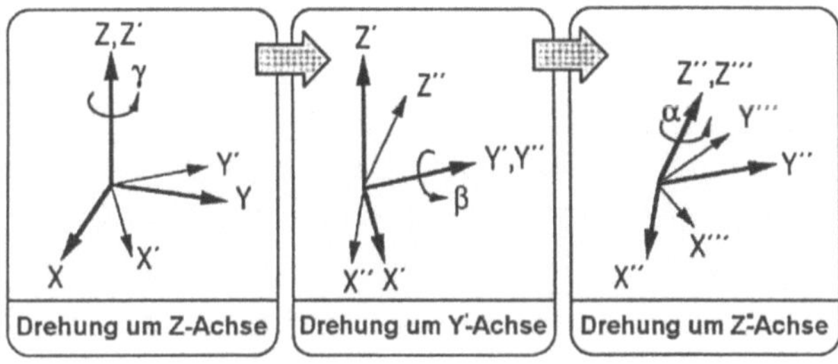

Bild 6-39
EULER-Form einer Drehung

6.3.4   Koordinatentransformation

Sie wird benötigt, um Steuerinformationen, die für kartesische Koordinaten berechnet wurden, in geräteeigene Koordinaten umzurechnen [67, 68]. Es ist anschaulicher im kartesischen Raum „zu denken" als in Roboter-(Achsen-) Koordinaten. Sind die Positionswerte der Dreh- und Schubgelenke vorgegeben, kann die Lage des zu handhabenden Werkzeugs durch Koordinatentransformation „kartesisch" angegeben werden. Es sind folgende Arten von Koordinatentransformationen von Bedeutung (Bild 6-40):

■ *Direkte Koordinatentransformation (Vorwärts-, Hintransformation)*

Sie transformiert Gelenk-(Roboter-)Koordinaten in das kartesische Basissystem. Das wird z.B. für Anzeigen gebraucht und kommt auch bei der Teach-in Programmierung vor, wenn der Anlerner die Armgelenke bewegt und die Werte als Frame sehen möchte. Sie ist auch beim Einrichten und Überprüfen eines Roboters von Bedeutung. Auch Interpolationsvorgänge laufen gewöhnlich in kartesischen Koordinaten ab.

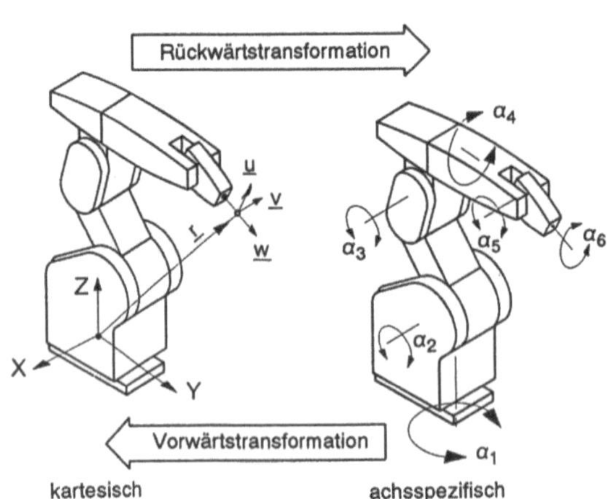

links: Basiskoordinaten
rechts: Achskoordinaten
r Abstandsvektor
u, v, w Orientierungsvektoren

Bild 6-40
Koordinatentransformation

■ *Inverse Koordinatentransformation (Rückwärtstransformation)*

Sie formt die geometrischen Daten, die im kartesischen System vorgegeben wurden, in Gelenkkoordinaten um. Die Rückwärtstransformation ist rechenintensiv und kann zum zeitlichen Engpaß werden [69].

■ *Frametransformation*

Auch Frames müssen gegebenenfalls umgerechnet werden, z.B. wenn mit Kraftsensoren im Handgelenk gearbeitet wird. Dann spannt der Sensor ein Frame auf. Es wird eine inverse Koordinatentransformation vorausgesetzt.

Eine allgemeine Koordinatentransformation besteht aus Rotation und Translation. Ein Koordinatensystem muß in ein anderes überführt werden. Die Transformation wird in Bild 6-41 deutlich gemacht.

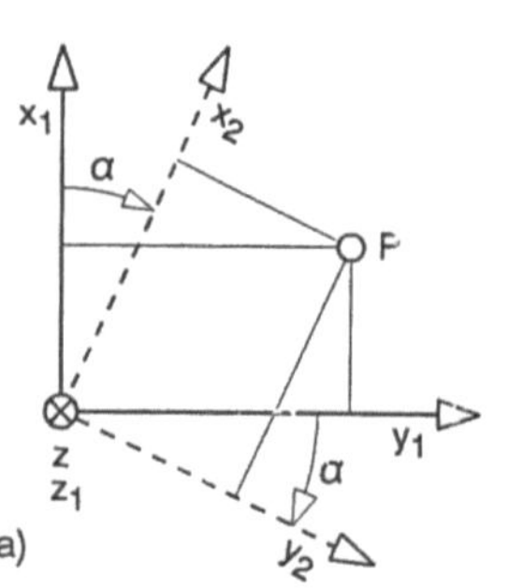

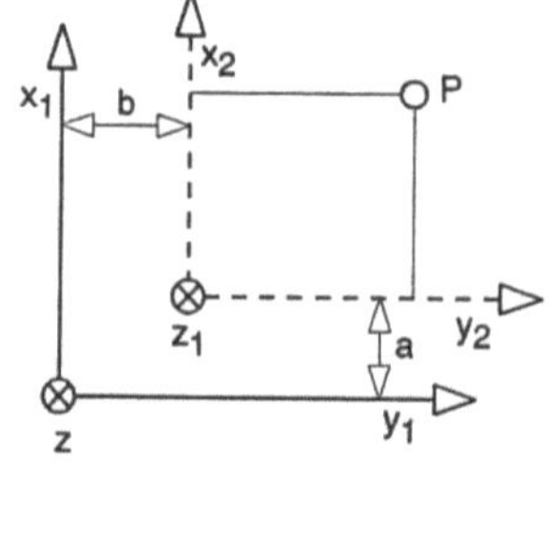

Bild 6-41
Transformationen (Z senkrecht zur Papierebene)

a) Rotation des Bezugssystems
b) Translation des Bezugssystems

Die Drehung kann mit einer Rotationsmatrix beschrieben werden, die Verschiebung als Vektoraddition. Betrachtet man die Rotation um die Z-Achse nach Bild 6-41a, dann sind die Koordinaten von Punkt P in beiden Systemen wie folgt funktional verknüpft:

$$x_1 = x_2 \cdot \cos\alpha - y_2 \cdot \sin\alpha$$
$$y_1 = x_2 \cdot \sin\alpha + y_2 \cdot \cos\alpha$$
$$z_1 = z_2$$

Das läßt sich auch als 3 x 3 Matrix darstellen.

$$R_z = \begin{vmatrix} \cos\alpha & -\sin\alpha & 0 \\ \sin\alpha & \cos\alpha & 0 \\ 0 & 0 & 1 \end{vmatrix}$$

Die Translation wird nach Bild 3-41b durch die folgende Gleichung beschrieben ($Z = 0$):

$$x_1 = x_2 + a$$
$$y_1 = y_2 + b$$
$$z_1 = z_2 + 0$$

Als 1 x 3 Vektor erhält man

$$T = \begin{vmatrix} a \\ b \\ 0 \end{vmatrix}$$

Damit sind für die Transformation zwei völlig verschiedene Operationen erforderlich: Matrizenmultiplikation und Vektoraddition. Das läßt sich durch den Übergang von Gleichungssystemen zu homogenen 4 x 4 Matrizen vereinfachen. Man erweitert eine 3 x 3 Rotationsmatrix um den Translationsvektor zur Transformationsmatrix *TM* (Bild 6-42).

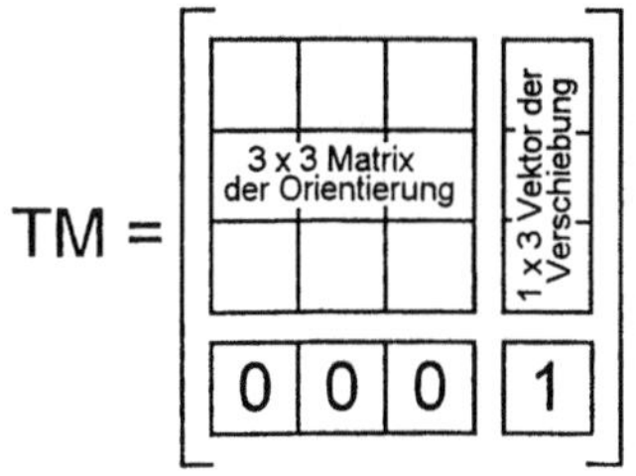

Bild 6-42
Die 4 x 4 Transformationsmatrix
ist eine homogene Matrix zur
Lagebeschreibung.

Die Ergänzung der Matrix um die letzte Zeile (0,0,0,1) verändert ihren Wert nicht, vereinfacht aber die Verrechnung mit anderen Matrizen. Wird ein Koordinatensystem bezüglich des Basiskoordinatensystem lediglich vektoriell um S verschoben, so würde man allgemein gemäß Bild 6-42 folgende Matrix bekommen:

$$TM = T = \begin{vmatrix} 1 & 0 & 0 & S_x \\ 0 & 1 & 0 & S_y \\ 0 & 0 & 1 & S_z \\ 0 & 0 & 0 & 1 \end{vmatrix}$$

Die Rotationsmatrix füllt sich, wenn eine Drehung ausgeführt wird. Dreht man den Winkel α um die X-Achse, dann tritt anstelle der 3 x 3 Identitätsmatrix folgende Drehmatrix:

$$TM = Rx = Rot(ex,\alpha) = \begin{vmatrix} 1 & 0 & 0 & 0 \\ 0 & \cos\alpha & -\sin\alpha & 0 \\ 0 & \sin\alpha & \cos\alpha & 0 \\ 0 & 0 & 0 & 1 \end{vmatrix}$$

Drehungen um die anderen Achsen (Y-Achse mit Winkel β und Z-Achse mit Winkel γ) ergeben folgende Drehmatrizen:

$$TM = Ry = Rot(ey,\beta) = \begin{vmatrix} \cos\beta & 0 & \sin\beta & 0 \\ 0 & 1 & 0 & 0 \\ -\sin\beta & 0 & \cos\beta & 0 \\ 0 & 0 & 0 & 1 \end{vmatrix}$$

$$TM = Rz = Rot(ez,\gamma) = \begin{vmatrix} \cos\gamma & -\sin\gamma & 0 & 0 \\ \sin\gamma & \cos\gamma & 0 & 0 \\ 0 & 0 & 1 & 0 \\ 0 & 0 & 0 & 1 \end{vmatrix}$$

Jetzt resultiert die allgemeine Form der Transformationsmatrix TM aus der Zusammenfassung von Translation und Rotation, wobei kombinierte Drehungen um die kartesischen Achsen X, Y und Z des Bezugskoordinatensystems möglich sind. Es gilt:

$$TM = [T] \cdot [Rx] \cdot [Ry] \cdot [Rz] = [T] \cdot [R].$$

Die Zusammenfassung von Rotation und Translation zu einer 4 x 4 Matrix wird auch für das Denavit-Hartenberg-Verfahren [70] verwendet.

Damit lassen sich Transformationen für eine Kinematische Kette über mehrere Koordinatensysteme hinweg durchführen, indem die DH-Matrizen multipliziert werden. Dieser Vorgang ist durch schnelle Prozessoren zu unterstützen, damit die Koordinatentransformation in Echtzeit erfolgen kann. Die Glieder des Führungsgetriebes werden von der Basis (Achse 1) beginnend in aufsteigender Folge durchnummeriert. Die Basis erhält die Nummer 0. Geschlossene Kinematische Ketten sind jedoch nicht erlaubt. Die Stellungstransformation ist dann durch die Verkettung zweier Schraubungen (Rotation-Translation-Translation-Rotation) gegeben.

Ausführliche Darstellungen zum Thema finden sich in [65, 71].

6.3.5   Bahnplanung

Je nach Bewegungsaufgabe ist dem Roboter der geometrische und zeitliche Verlauf einer Bahn vorzugeben. Bei einer PTP-Steuerung sind die Positionen genau anzufahren, während an den Weg dorthin keine besonderen Genauigkeitsforderungen gestellt werden. Erfordert die Aufgabe genaues Bahnfahren dann muß der gesamte Bahnverlauf des Effektors beschrieben werden, was gewöhnlich in kartesischen Koordinaten erfolgt. Diese Bahn besteht aus einzelnen Bahnelementen, deren Verlauf durch die Angabe von Anfangs- und Endpunkt sowie der Interpolationsart festgelegt wird. Die Interpolationsart gibt an, nach welcher mathematischen Funktion das Bahnelement zu berechnen ist. Der zeitliche Verlauf wird durch die Bahngeschwindigkeit und - beschleunigung vorgegeben

Man plant Bahnen, die einen stoß- und ruckfreien Verlauf aufweisen. Dadurch kann die Bewegungskultur einer Handhabungseinrichtung deutlich verbessert werden.

Ein Stoß tritt an jenen Stellen auf, an denen der Weg s einen Knick, die Geschwindigkeit v einen Sprung und die Beschleunigung a einem Dirac-Impuls entsprechen. Beim Ruck (siehe dazu Bild 6-19) ist die Wegkurve zwar glatt, aber beim Übergang von einem Kurvenabschnitt zum nächsten liegt ein Sprung der Krümmungsradien vor. Dieser verursacht einen Knick im Geschwindigkeitsverlauf und einen Sprung der Beschleunigungen. Eine Beschleunigung von Massen setzt aber die Wirkung von Kräften voraus, welche die Bauteile elastisch deformieren. Ein plötzlicher Kraftwechsel mit Beschleunigungssprung verändert schlagartig die potentielle Energie der mit Elastizität und Masse behafteten Teile, so daß dadurch Schwingungen angeregt werden. Damit kann es zu Geräuschabstrahlungen und Materialschäden kommen. Man orientiert somit bei Robotern auf stetige Weg-Zeit-Kurven bis zur 2. Ableitung. Ruckfrei sind der sinoidale Verlauf oder Verläufe nach dem Potenzgesetz 5. oder höheren Grades.

Das bedeutet exakte Vorgabe des Bahnparameters $s = s(t)$, der Bahngeschwindigkeit $v = \dot{s}(t)$ und des Beschleunigungsverlaufs $a = \ddot{s}(t)$ in den Bahnelementen und an den Bahnelementeübergängen.

Der Verlauf einer Bewegung wird auch als Bewegungsgesetz bezeichnet. Die Bewegung wird von einem Glied i der Kinematischen Kette ausgeführt, deren letztes Glied den Endeffektor trägt. In allgemeiner Form kann man schreiben $q(t)$, $\dot{q}(t)$ und $\ddot{q}(t)$. Bei einer Translation sind das $s(t)$ für den Weg, $v(t)$ für die Geschwindigkeit und $a(t)$ für die Beschleunigung. Bei Rotation gilt analog: $\varphi(t)$, $\omega(t)$ und $\varepsilon(t)$. Welches Bewegungsgesetz man auswählen soll, hängt von folgenden Einflußfaktoren ab:

■ Notwendigkeiten des technologischen Prozesses (Zykluszeit),

■ erforderliches Geschwindigkeitsprofil,

■ dynamische Wirkungen bei wechselnden Belastungen und

■ Positioniergenauigkeit.

In Bild 6-43 werden einige Beispiele für Bewegungsgesetze vorgestellt, wobei von Stillstand zu Stillstand bewegt wird [$q(t)$, $\dot{q}(t)$ und $\ddot{q}(t) = 0$].

Bei leichten und mittleren Industrierobotern, die auch schnell sind, kann eine Sinus-, Kosinus- oder Exponentialfunktion für die Beschleunigung vorgesehen werden (Bild 6-43a bis c). Das ergibt günstige dynamische Bedingungen bei schnellen Zyklen. Bei mittleren und schweren

Robotern mit mäßiger Schnelligkeit kann eine Trapez-, Dreieck- oder Rechteckfunktion für die Beschleunigung gewählt werden (Bild 6-43d bis f). In einzelnen Fällen wird auch aus verschiedenen Verläufen ein Bewegungsverlauf kombiniert, wie in Bild 6-43g zu sehen ist (Montageroboter SKILAM).

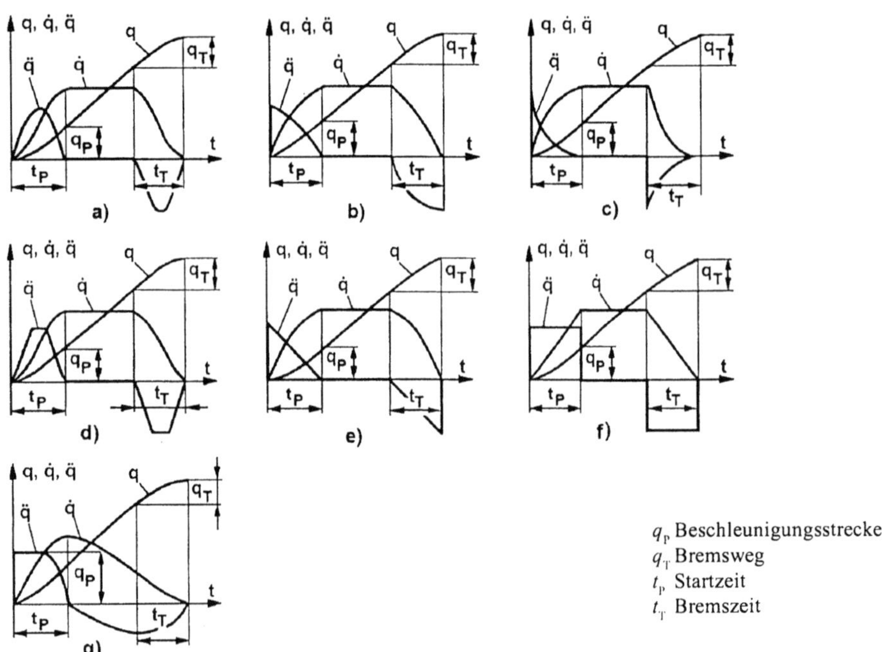

q_P Beschleunigungsstrecke
q_T Bremsweg
t_P Startzeit
t_T Bremszeit

Bild 6-43 Beispiele für verschiedene Bewegungsgesetze für Roboter

Für die Interpolation von Übergängen von einem Bahnelement zum nächsten sind Zirkular- und Splinefunktionen gut geeignet (Bild 6-44). Die Spline-Interpolation ergibt vorteilhaftere Übergänge an den Bahnstützpunkten. Die Bahn kann mit Zwischenstopp in der Bewegung gefahren werden (Stelle I), ohne Zwischenstopps bei den Splines (Stellen II), aber auch ohne Zwischenstopp durch geplantes Überschleifen (Stelle III). Der Radius für die „Überschleifkugel" kann an der Steuerung vorgewählt werden. Das Überschleifen bringt Zeitvorteile und führt auch zu einer gewissen Glättung der Bahn.

Die vorgegebenen geometrischen und kinematischen Daten der Bahn werden in Bewegungsprogrammen zusammengefaßt und von der Steuerung weiterverarbeitet. Die Ablaufsteuerung arbeitet dann schrittweise während der Bewegung der Handhabungseinrichtung die Bewegungsanweisungen ab. Geht es nicht nur um die Bahnpunkte des Effektors, sondern auch

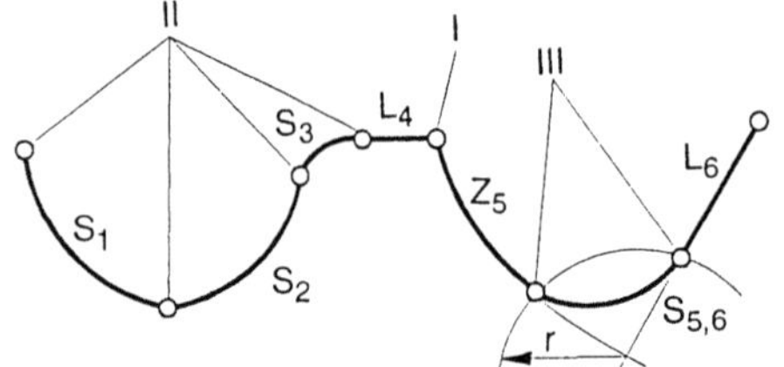

L_i Linearelemente S_i Splineelemente
r Radius der Überschleifkugel Z_i Zirkularelement

Bild 6-44
Bahnelementearten und mögliche
Bahnübergänge [72]

um eine Orientierung, wie es z.B. beim Schweißen oft der Fall ist, dann muß auch der Verlauf der Orientierung entsprechend geplant werden. Das betrifft dann weitere Bewegungsachsen, die gleichzeitig zu aktivieren sind.

Bei der Bahnplanung sind weiterhin Restriktionen (zulässige Höchstgeschwindigkeit, Maximalbeschleunigung, zulässige Wege und Winkel) zu beachten, die sich aus dem Leistungsprofil des Roboters ergeben oder aus den Kenngrößen des zu behandelnden technologischen Prozesses. Einerseits soll das Leistungsangebot des Roboters ausgenutzt werden, andererseits darf es keine Überlastung geben. Dafür wurden verschiedene Verfahren zur Optimierung entwickelt.

Sind die Sollwerte bestimmt, heißt das nicht, daß sie auch im realen Prozeß ohne Einschränkung erreicht werden. Wegen der beim Beschleunigen und Bremsen auftretenden Probleme ist ein Roboter in der Lage, eine große Entfernung in kürzerer Zeit zurückzulegen als eine Folge kleiner Strecken, die in der Summe genauso lang sind (Bild 6-45). Auf Kurzstrecken wird die programmierte Arbeitsgeschwindigkeit nicht erreicht.

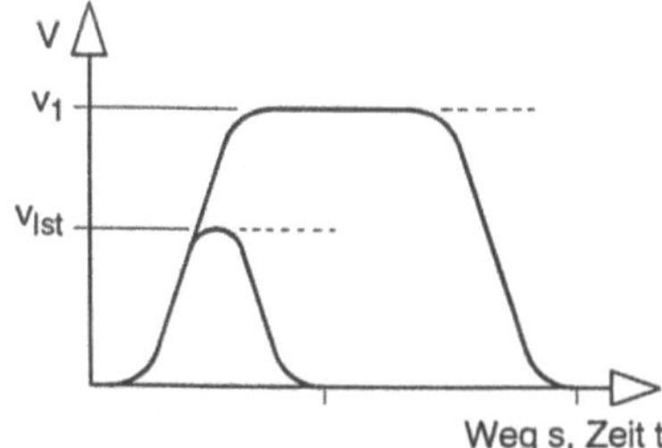

Bild 6-45
Einfluß des Weges s auf die erreichbare
Höchstgeschwindigkeit

Es kommt auch zu Posefehlern, die sich aus inneren und äußeren Kräften sowie Momenten ergeben und auch in thermischen Belastungen ihre Ursache haben können. Diese Fehler müssen kompensiert werden. Zwischen Sollwertgenerierung und Antriebsregelung ist ein entsprechender Kompensationsmodul einzuordnen. Die Korrekturwerte können auf rechenanalytischem oder meßtechnischem Weg bestimmt werden. Mit den korrigierten Werten fährt der Roboter dann virtuelle Sollposen an und der TCP erreicht elastizitätsbedingt und thermisch bedingt die reale (beabsichtigte) Sollpose. Das Bild 6-46 zeigt vereinfacht die zur Wirkung kommenden elastischen Verlagerungen.

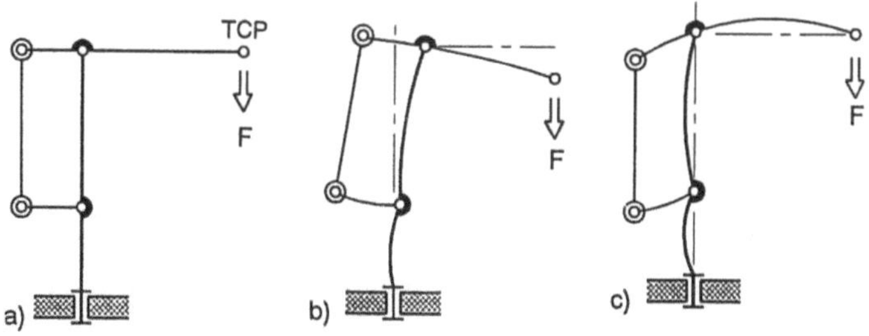

Bild 6-46 Kompensation elastizitätsbedingter Verlagerungen des TCP [72]
     a) ideales starres System, b) elastisches System mit verformtem Führungsgetriebe,
     c) Soll-Lage des TCP nach Korrektur der Ist-Lage

Die thermischen Nachgiebigkeiten sind normalerweise klein. Durch ungleiche Temperaturverteilungen kann es aber zu minimalen Verdrehungen der mechanischen Struktur kommen, die sich durch die Hebelwirkung bis zum TCP erheblich verstärken können. Bei SCARA-Robotern mit Aluminiumarm kann sich der Temperatureinfluß als „Längenwachstum" des Armes auswirken und das Positionierverhalten beeinträchtigen. Aber auch dafür gibt es Kompensationsschaltungen, die die Temperatur-Längenänderungsfunktion mit in Beziehung setzen und den Fehler beim Positionieren mit verrechnen.

Weisen die zu planenden Bahnen eine Symmetrieachse auf, dann läßt sich das Programmieren einer Bahn vereinfachen, wenn die Steuerung die Funktion „Spiegeln" ausführen kann. Ein vorhandenes Bewegungsprogramm-Element wird dann zu einer Spiegelungsebene, die durch 3 Raumpunkte Pi definiert werden kann, als ein zweites Programmelement dargestellt (Bild 6-47). Das vereinfacht die Programmierung symmetrischer Arbeitsfolgen, wie z.B. das Legen einer Klebstoffraupe mit spiegelbildlichen Bahnen.

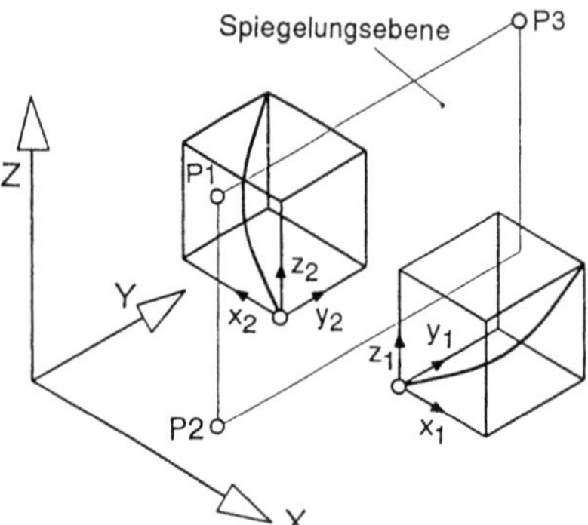

Bild 6-47
Spiegeln von Bewegungen

6.4   Programmierverfahren

Eines der wesentlichsten Probleme für den Einsatz von Robotern ist die Bewegungsprogrammierung. Programmieren ist das Aufbereiten einer vorgegebenen Handlung in eine Datenfolge (Programm), die von der numerischen Steuerung bzw. einem Rechner verstanden wird. Dazu gehört die Eingabe des Programms in die Steuerung. Das soll möglichst wenig Arbeitsaufwand verursachen und das Programm soll leicht korrigierbar und optimierbar sein. Deshalb sind verschiedene technische Mittel erdacht worden, die das Programmieren erleichtern.

6.4.1   Programmieraufgabe

Die Aufgabe besteht darin, den Roboter derart mit Informationen zu versorgen, daß er einen technischen Prozeß nach Vorgaben verwirklicht, z.B. das Schweißen einer Baugruppe. Dabei soll er auch Informationen über Zustände in seiner Umgebung, des Prozesses und des Arbeitsgegenstandes erfassen und im Sinne der Erreichung seines Zieles darauf reagieren. Das Handhabungsprogramm enthält alle Steuerinformationen (Positionen, Orientierungen, Ablauffolge, zeitliche Vorgaben, Kontrollen, Überwachung sowie Kommunikationserfordernisse), die den Industrieroboter zur Ausführung einer konkreten Arbeitsaufgabe befähigen. Der zu realisierende mögliche Programminhalt geht aus der Tabelle 6-1 hervor.

Bestandteil	möglicher Inhalt	Merkmale für Anwender
Programmablauf	Befehle für Bewegungen Befehle für Greiferbetätigung Befehle für Prozeßkommuni- kation und zum Hauptrechner Befehlsverknüpfung Befehlsfolge	notwendige Bestandteile des Handhabungspro- grammes
Wegbedingungen	Sollwerte für Position Sollwerte für Orientierung spezielle Punktmuster Arbeits- oder Zwischenpo- sitionierung	freizügige Gestaltung und Korrigierbarkeit von Ver- fahrwegen über das Hand- habungsprogramm
Bewegungsbedingungen	Bewegungsgeschwindigkeit Verhalten in der Anfahrphase Verhalten beim Positionieren Bewegungsabhängigkeit in den Achsen Interpolationsbedingungen	Sicherstellung des stabilen Bewegungsverhaltens, Bewegungsoptimierung Gewährleistung spezielle Be- wegungsbahnen
Logische Entscheidungen	Programme variabler Struktur Programmdurchlauf abhängig von Prozeß- und Sensorsignalen	notwendig für komplexe Be- dien- und Montageaufgaben Programmauswahl
Überwachung/Diagnose	Funktionsüberwachung Prozeßüberwachung Reaktion auf Störungen Aktionen zur Fernwartung	Erfüllung von Zuverlässig- keits- und Sicherheitsforde- rungen, anspruchsvolle Servicehilfe

Tabelle 6-1   Grundbestandteile von Handhabungsprogrammen

Die erforderlichen Instruktionen werden in Form von Elementaranweisungen vorgegeben. Die wichtigsten Strukturelemente sind in Bild 6-48 aufgeführt. Je nach Aufgabe und Robotertyp werden die Anweisungen in unterschiedlichem Umfang verwendet [73]. Programmanfang und -ende sind Anweisungen organisatorischer Art, während Sensorverarbeitungsinformationen vom Arbeitsprogramm meistens nur ein- oder ausgeschaltet werden, denn die Verarbeitung der Sensordaten geschieht in der Regel in Extraprogrammen. Programmschleifen lösen eine Wiederholung eines bestimmten Programmabschnittes aus. Das kann mit und ohne Bereitstellung von Parametern erfolgen. Dieses wird z.B. gebraucht, wenn von Paletten reihenweise gestapelte Werkstücke abgenommen werden sollen (siehe dazu Bild 6-29). Das Warten in einer definierten Position ist typisch, wenn das Bewegungsprogramm aus technologischen Gründen unterbrochen werden muß, bis die Maschine eine Fertigmeldung ausgibt. Logische Anweisungen werden nötig, wenn Abhängigkeiten zu beachten sind, wie z.B. eine Anwesenheitskontrolle vor einer Greifaktion.

Die Ablaufanweisungen gestatten u.a. auch eine rationelle Programmierung, wenn man ständig wiederkehrende Aktionen als Unterprogramm ausarbeitet. Dazu zeigt Bild 6-49 ein Beispiel. Es handelt sich um die Beschickung einer Rundschalttischmaschine. Das Unterprogramm UP1 verwirklicht die Entnahme eines Werkstücks aus dem Magazin und das Unterprogramm UP2 die Beschickung der Maschine. Universelle Programm-Module, sogenannte Prozeduren, lassen sich jederzeit in neuen Anwendungen einsetzen oder auch an neue Situationen anpassen. Prozeduren werden in einer Bibliothek abgelegt.

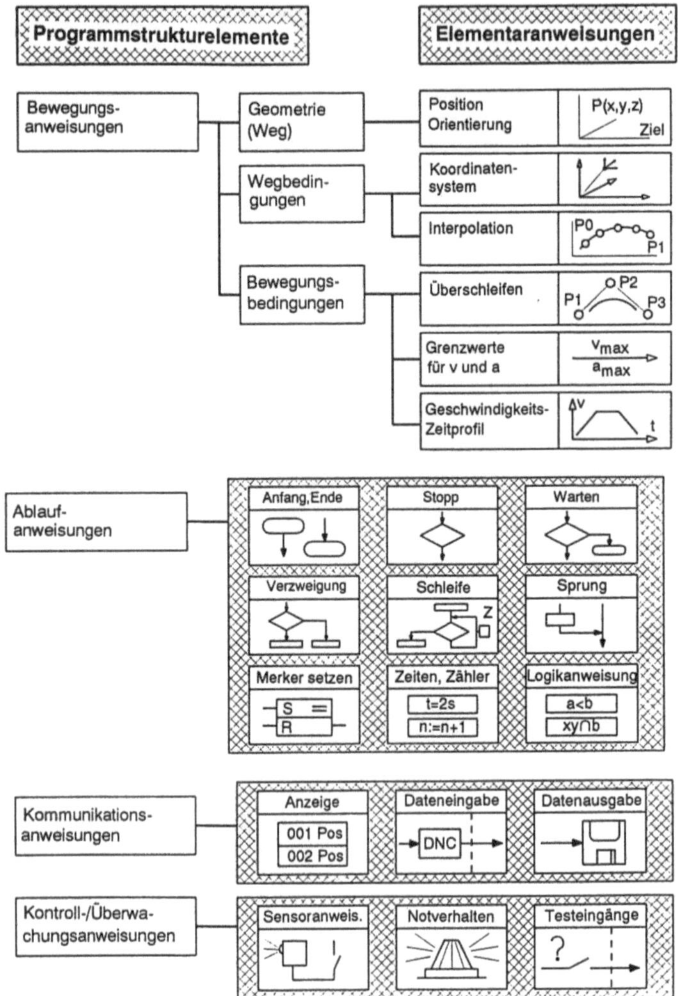

Bild 6-48 Typische Strukturelemente für Arbeitsprogramme

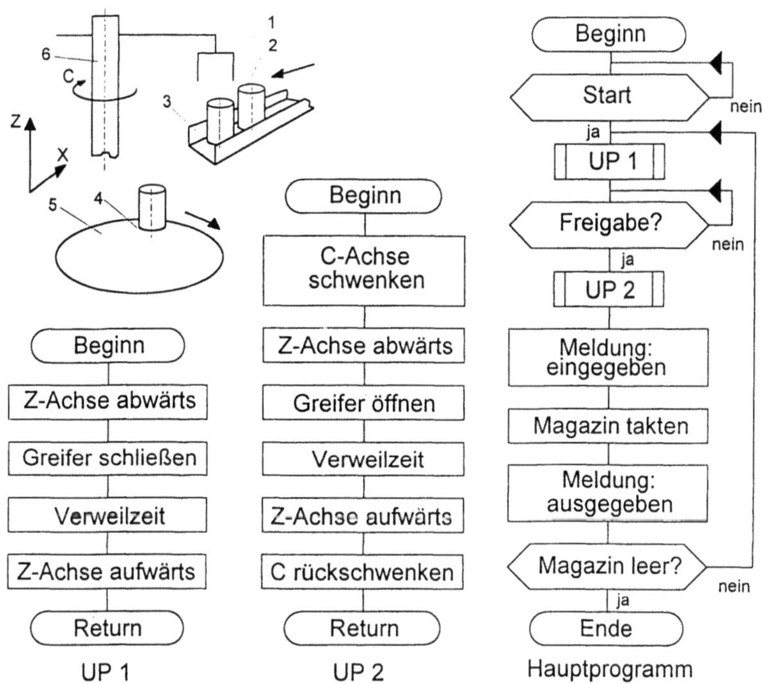

1	Greifer	4	Werkstückspannstelle
2	Werkstück	5	Rundschalttischmaschine
3	Magazin	6	Handhabungseinrichtung
		UP	Unterprogramm

Bild 6-49 Beispiel zur Unterprogrammtechnik

6.4.2   Einteilung der Verfahren

Eine Roboterprogramm-Erstellung kann in die Bewegungs- und Ablaufprogrammierung aufgeteilt werden. Bei der Bewegungsprogrammierung geht es um die Festlegung der Bahnpunkte bzw. Bewegungsabschnitte. Die Ablaufprogrammierung beinhaltet die Verknüpfung von Bewegungsabschnitten, die Definition von Prozeßparametern, Zeiten, Wartepositionen, Geschwindigkeiten, Beschleunigungen und die Kommunikation mit peripheren Einrichtungen [168, 174]. Die Programmierverfahren für Industrieroboter lassen sich wie folgt einteilen:

■ *Online-Verfahren*
  (prozeßgekoppeltes, direktes Programmieren; prozeßnahe Programmierung)

  ⇒ Teach-in Programmierung (Anfahren von Punkten),

  ⇒ Playback-Verfahren (Abfahren einer Bahn; direktes Führen des Roboterarmes vom Bediener),

  ⇒ manuelle Eingabe über Tasten oder Schalter (veraltet).

- *Offline-Verfahren*
  (prozeßentkoppeltes, indirektes Programmieren, prozeßferne Programmierung)

  ⇒ textuelles Programmieren mit Roboterprogrammsprachen,

  ⇒ explizite Programmiersprachen. Sie geben die Arbeitsaufgabe in elementaren Schritten an. Jedes Bewegungselement ist mit einer Anweisung zu beschreiben. Die Programmierung ist roboterorientiert.

  ⇒ implizite Programmiersprachen. Der Arbeitsauftrag wird global formuliert, z.B. in der Art „Stecke Bolzen in Gehäuse". Die Einzelaktionen generiert der Roboter selbst, wozu eine gewisse „Intelligenz" gebraucht wird. Die Programmierung ist aufgabenorientiert.

  ⇒ Teach-in Programmierung mit Phantomarm (siehe Bild 6-21),

  ⇒ interaktive Programmerstellung am Bildschirm mit Grafikunterstützung,

  ⇒ akustische Programmierung (Eingabe in natürlicher Sprache und Spracherkennung).

- *Hybride Programmierverfahren (kombinierte Verfahren, die die Vorteile von Online- und Offline-Verfahren vereinen)*

  Die Geometrieanweisungen (Bahnen oder Positionen) werden nach dem Teach-in Verfahren programmiert, die Ablauf-, Kontroll-, Überwachungs- und Kommunikationsanweisungen werden dagegen in Form eines Codes oder einer Sprache eingegeben.

- *Automatische Programmgenerierung*

  Nach Beschreibung eines Zielzustandes wie etwa „Kasten A ist mit Ständer B verschraubt" erzeugt ein System das dazu erforderliche Programm selbständig. Das erfordert einen Problemlöser, der die Aufgabe in Teilaufgaben zerlegt und daraus die zu programmierenden Aktionen plant und das Programm darstellt. Solche Ansätze spielen bisher nur in der Forschung eine Rolle.

Manuelle direkte Programmierung mit Tasten oder Schaltern ist bis etwa 10^2 Programmschritte noch sinnvoll. Bei der Teach-in Programmierung für z.B. Schweißen, Beschichten und Palettieren werden etwa 104 Programmschritte gespeichert und bei der Verwendung von Programmiersprachen z.B. für Montageabläufe können es mehr als 106 Programmschritte sein.

6.4.3   Online-Programmierung

6.4.3.1   Teach-in Programmierung

Eine häufig benutzte Methode zur Bewegungsprogrammierung ist das Teach-in Programmieren, ein Lernverfahren. Der typische Ablauf ist das Anfahren von Raumpunkten mit anschließendem Speichern der Koordinaten. Der Roboter bewegt sich dabei mit seinen eigenen Antrieben. Die Bewegungen werden per Joystick oder Tastenfeld vorgegeben, gegebenenfalls sogar mit taktiler Rückkopplung, wie es im Schema nach Bild 6-50 zu sehen ist.

Das Verfahren ist sehr anschaulich, weil der Programmierer den direkten Bezug zum Roboter und zur Umgebung hat. Weitere Anweisungen für den Programmablauf werden über alphanumerische Tasten oder Funktionstasten der Steuerung mitgeteilt. Dazu wird das tragbare

Handprogrammiergerät (Bild 6-51) benutzt. Es enthält Zifferntasten, ein Anzeigefeld (Display), Softkeys, Not-Aus-Taste und Zustimmungsschalter (Totmanntaste). Die Softkey-Technik (funktionsvariabel festlegbare Tasten) erlaubt die einfache und schnelle Befehlseingabe ohne alphabetische Tastatur. Die Befehle sind dabei zu Gruppen zusammengefaßt und der Dialog geschieht durch Auf- und Absteigen im Kommandobaum und Auswahl der erforderlichen Befehle und Parameter. Das wird auch als Menütechnik bezeichnet. Handbediengeräte sind über Kabel mit der Steuerung verbunden. Es gibt aber auch kabelfreie Geräte, die mit einer Sicherheits-Funk-Fernsteuerung arbeiten.

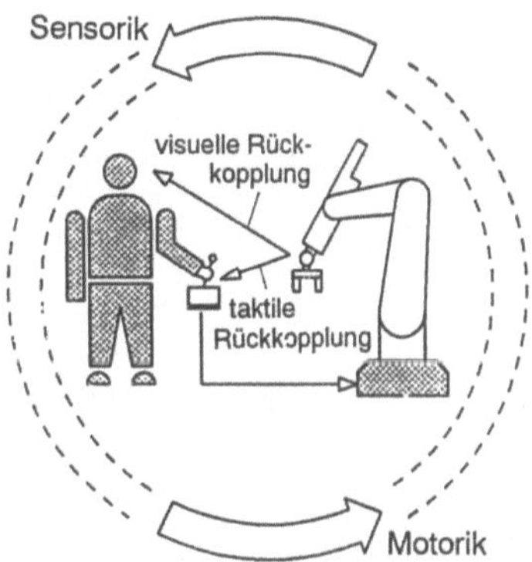

Bild 6-50 Bewegungsführung mit optischer und berührender Rückkopplung zum Bediener (nach Lauffs)

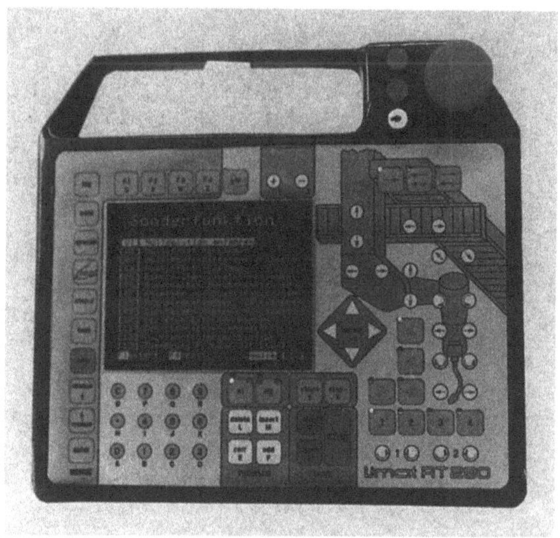

Bild 6-51 Typische Gestaltung eines Handbediengerätes (KEBA, IGM)

Kommandogruppen sind u.a.:

- Teach-in Modus mit Joystickbenutzung

  Roboterbewegung, Basisverfahren, Effektorbewegung,

- Optionen zur Roboterbewegung

  Interpolation, Geschwindigkeit, Überschleifen,

- Hilfsfunktionen

  Ein-/Ausgangssignale, Wartezeiten, Ansteuerung von Peripheriegeräten,

- Programmstrukturierung

  Sprungbefehle, Unterprogramme, logische und arithmetische Operationen,

- Editieren

  Einfügen, Löschen, Kopieren, Überschreiben, Sichern.

Ein Joystick (Steuerknüppel) ersetzt die Richtungsfahrtasten und läßt mit etwas Übung flüssigeres Verfahren während der Programmierphase zu. Zur Positionierung und Orientierung eines sechsachsigen Roboters wären z.B. 12 Richtungsfahrtasten erforderlich. Einige Ausführungen von Steuerknüppeln sind in Bild 6-52 zu sehen. In Bild 6-52a wird ein solcher gezeigt, der sich in zwei orthogonalen Horizontalachsen (Nicken, Drehen) bewegen läßt und bei dem man als 3. Achse den Griff um die eigene Achse drehen kann.

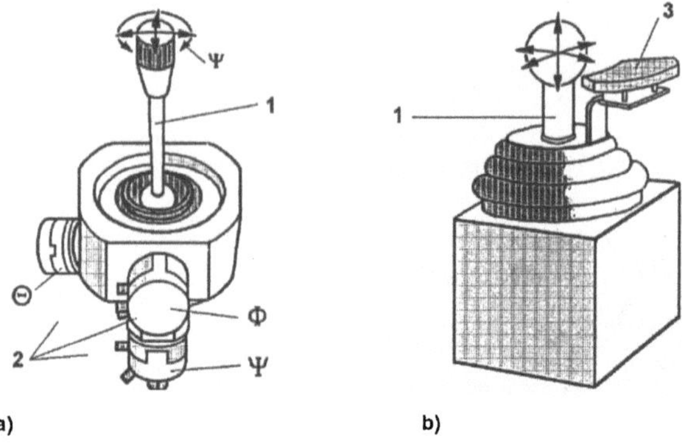

1 Griffstück
2 Winkelaufnehmer
3 Handauflage

Bild 6-52
3D-Steuerknüppel (nach Lauffs)

a) Computer-Joystick
b) Joystick mit Handauflage

Damit könnte man folgende Roboterbewegungen auslösen: Rechts/links, vor/zurück und durch Drehen um den Winkel Ψ auf/ab. Das Steuern der Z-Achse über den Winkel Ψ ist aber gedanklich nicht gut einordenbar, zumindest aber gewöhnungsbedüftig.

Bei der zweiten Ausführung wird die Z-Bewegung deshalb auch sinngemäß durch vertikales Bewegen des Griffels erzeugt. Dabei macht die Handauflage nur die waagerechten Auslenkungen mit. Das verbessert die Entkopplung der 3 Steuerbewegungen. Weitere Ausführungen von Eingabeelementen werden in Bild 6-53 vorgestellt.

Ein 3D-Joystick hat grundsätzlich den Nachteil, daß nicht alle 6 Freiheitsgrade des Roboters gleichzeitig verändert werden können. Daher ist ein Umschalten des Bewegungsmodus an der Steuerung erforderlich. Diesen Nachteil vermeidet ein 6D-Joystick zur simultanen Beeinflussung von bis zu 6 Bewegungskoordinaten. Die auf den Joystick ausgeübten Kräfte und Momen

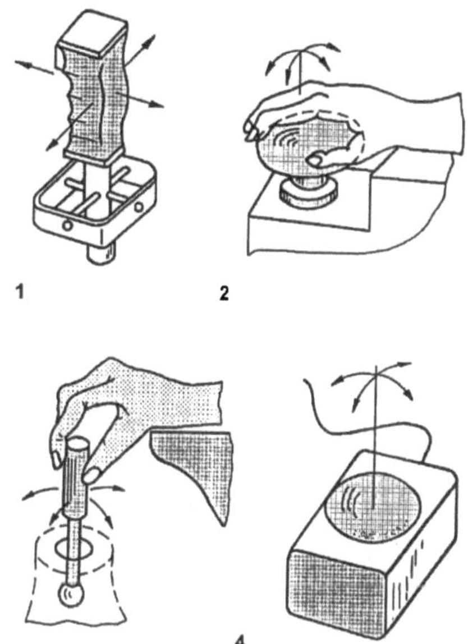

1 Joystick
2 Formstück
3 Mehrkoordinatenschalter
4 Rollkugel

Bild 6-53
Programmeingabe-Elemente

te werden als Richtungs- und Orientierungskommandos umgesetzt. Somit muß auch der Steuerknüppel im Freiheitsgrad 6 bewegbar sein. Das Prinzip wird in Bild 6-54 vorgestellt.

Die Meßwerte, die sich aus der Verschiebung des Steuerknüppels ergeben, werden vom Rechner in Stellsignale umgewandelt. Hat man einen gewünschten Raumpunkt erreicht, werden per Tastendruck die Koordinaten der Armstellung gespeichert.

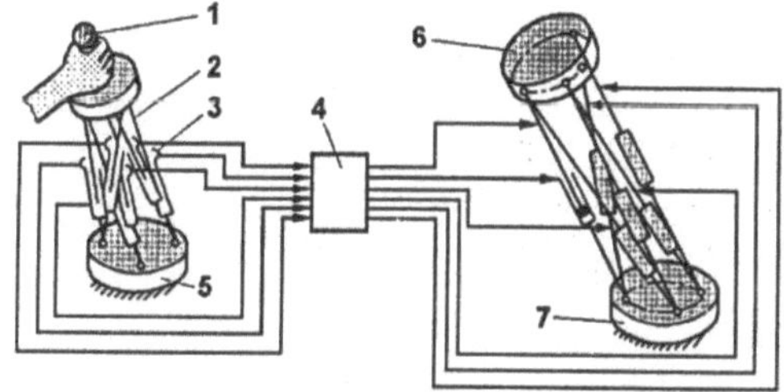

1 Handgriff
2 analoge Stangenstruktur
3 Meßsystem
4 Rechner
5 feste Basis
6 Endeffektorflansch
7 Basisplatte

Bild 6-54 Steuerknüppel zur Führung eines 6-achsigen Roboters (parallele Topologie)

Nachteilig ist bei der Teach-in Programmierung, daß man nur relativ einfache Bewegungsaufgaben programmieren kann. Komplexe Abläufe und solche, bei denen sogar noch externe Sensorsignale einfließen, sind im Teach-in Modus schlecht darzustellen und zu überschauen. Dafür ist die textuelle Programmierung zu verwenden. Solche Programme lassen sich leichter lesen und korrigieren.

Zur Zeiteinsparung und Erleichterung der Teach-in Programmierung von komplizierten Bahnen, z.B. Schweißnahtgeometrien, hat man ein ansteckbares Handprogrammiergerät entwickelt. Es wird in Effektornähe angebracht und enthält einen 6D-Sensor. Damit fährt man die Bahn bzw. ein Punktmuster ab. Daraus formt dann die Steuerung ein ablauffähiges Bewegungsprogramm. Das Prinzip dieses Verfahrens unter Nutzung eines Kraft-Momenten-Sensorsystems wird in Bild 6-55 gezeigt. In der Programmierphase werden die Kräfte und Momente am Sensor über geeignete Anpassungsalgorithmen in die Steuerung eingegeben, welche die Antriebs-motoren der einzelnen Gelenke in Gang setzt. Der empfundene Kraftvektor wird als trans-latorischer Geschwindigkeitsvektor übertragen und der Momentenvektor als Rotationsge-schwindigkeit. Somit wird die Handkraft am Teach-in Gerät in Vektoren gewandelt, die die Position und die Orientierung des Endeffektors beschreiben. Aufgezeichnete Bewegungsabläu-fe lassen sich auch noch nachbearbeiten und auch per Override-Funktion schneller stellen.

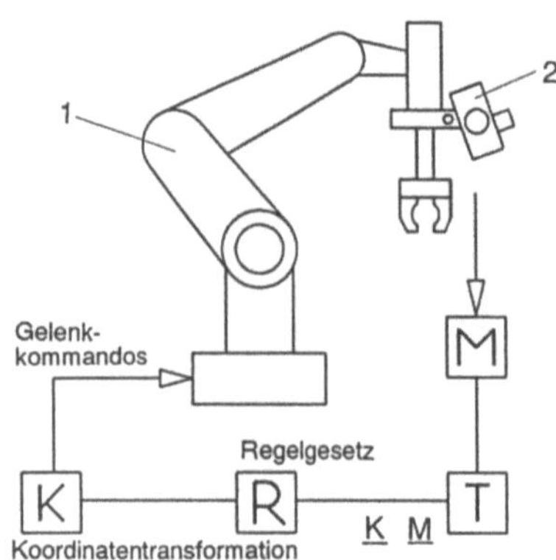

1   Gelenkroboter
2   Teach-in Gerät
M   Multiplikation mit der Sensormatrix
T   Transformation in raumfestes Koordinaten-system
R   Regelgesetz
K   Koordinaten-transformation
$\underline{K}$ Kraftvektor
$\underline{M}$ Momentenvektor

Bild 6-55
Bahnvorgaben mit sensorisiertem, ansteckbaren Teach-in Gerät

In der Regel führt ein Prozeßroboter das Werkzeug und das Werkstück ruht oder es wird wie im Falle der Farbgebung auch gleichmäßig bewegt. Es geht aber auch umgekehrt, d.h. das Werk-zeug, z.B. ein Schweißbrenner, ist fest aufgebaut und der Roboter führt das Werkzeug. Das hat den Vorteil, daß dieses beliebig schwer sein kann. Die Werkstückhandhabung (Aufnehmen, Umgreifen, Ablegen zum Magazinieren) wird vom Roboter erledigt. Im Falle des Schweißens kann das Schweißteil sogar in eine jeweils günstige schweißgerechte Lage gedreht werden. Prinzipiell ist ein solcher Bewegungsablauf auch mit herkömmlichen Steuerungen zu bewälti-gen. Jedoch ergeben sich für die zu programmierende Bahn ziemlich unübersichtliche Verhält-nisse. Wie das Bild 6-56 zeigt, hat die Bahn des Effektors, der an einem definierten Punkt am Teil wirkt, keinerlei Ähnlichkeit mehr mit der Werkstückkontur. Dabei wird vorausgesetzt, daß immer ein definierter Winkel zwischen Werkstückkontur und Effektor einzuhalten ist.

Es gibt Steuerungen, bei denen man dieses Problem durch Teach-in nach der „sichtbaren" Werkstückkontur programmieren kann, aber auch durch Übernahme von CAD-Daten des Werk-stücks [74].

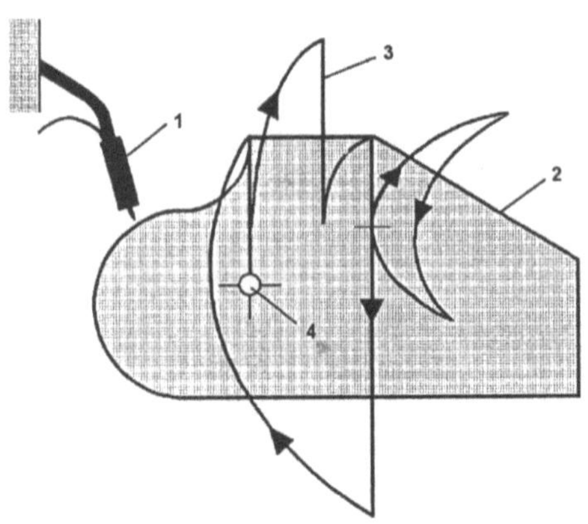

1   ortsfestes Werkzeug
2   Werkstückkontur
3   Bahn der Roboterhand
4   TCP, Position der Hand

Bild 6-56
Bahn des TCP bei werkstückführendem Schweißbetrieb

6.4.3.2   Playback Programmierung

Diese Art der Programmierung ist eine Lernprogrammierung, bei der nach dem Modus „Abfahren einer Bahn" bei gleichzeitiger Speicherung der Bahndaten gearbeitet wird. Die Bahnpunkte werden meistens im festen Zeittakt aufgezeichnet und enthalten Position und Orientierung des Effektors. Das Bewegungsprogramm kann dann beliebig oft abgespielt werden, so daß die Roboterbewegungen Playback (to play back = wiederabspielen) ablaufen können. Das Verfahren wird für komplizierte Bewegungen verwendet, die sich analytisch nicht beschreiben lassen, wie z.B. beim Spritzlackieren.

Beim Programmieren wird der Roboter direkt an einem Handgriff angefaßt und bewegt. Dazu sind die Antriebe und Bremsen abgeschaltet und der Arm ist in Balance. Die direkte Bewegung durch die Muskelkraft des Programmierers, z.B. ein geübter Lackierer, ist nur bei den leichteren Führungsgetrieben möglich. Ein Ausweg ist die Verwendung eines Phantomroboters als Programmierhilfe (siehe dazu Bild 6-21). Wie Handgriff und Bedienbügel zu handhaben sind, geht aus Bild 6-57 hervor. Während des Vorführens wird am Handgriff per Taster auch das Signal „Farbe Ein/Aus" gegeben.

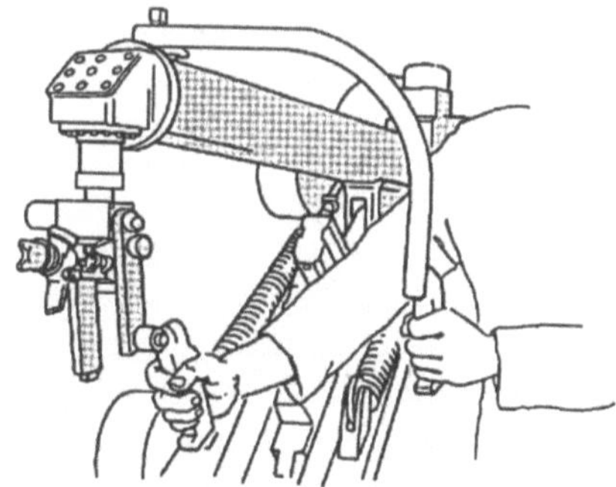

Bild 6-57
Programmieren eines Farbspritzroboters im
Playback-Verfahren

6.4.4   Offline-Programmierung

Mit der Offline-Programmierung wird erreicht, daß ein beträchtlicher Teil der Roboterprogrammierarbeiten von den Produktionslinien weg und hin zur Arbeitsvorbereitung (Büro) verlegt werden kann [150, 167]. Der Programmierer hat z.B. den Roboterarbeitsplatz als Scheinwelt auf dem Bildschirm vor sich (Bild 6-58). Auch das Bedienerpaneel kann dabei mit abgebildet sein.

Die Offline-Programmierung ist in dem Maße interessant geworden, wie preiswerte Programmier- und Simulationssysteme auf den Markt kamen, die außerdem auf den Besitz einer Workstation verzichten. Effiziente Programmiermethoden, die den Stillstand einer Roboterarbeitszelle bei der Umprogrammierung sehr stark verringern, sind inzwischen zum Katalysator neuer Anwendungen geworden.

Der Grad der Ausführbarkeit der Programme am realen System hängt in hohem Maße davon ab, inwieweit der Roboter in seiner Umwelt im Simulationssystem nachgebildet werden kann. Zentrale Bausteine eines Offline-Programmiersystems sind deshalb die Funktionseinheit „Roboterprogrammerzeugung", mit deren Hilfe der Benutzer das Anwenderprogramm erstellt und die Funktionseinheit „Simulationssystem", mit der die Brauchbarkeit des Programms getestet wird

Bild 6-58 Programmieren am Bildschirm mit einem simulierten Modellroboter (WORKSPACE, EUROBTEC)

(Bild 6-59). Dabei kann auch die Zykluszeit bestimmt werden. Beide Funktionseinheiten haben Zugriff zu Datenbanken und Simulationsmodellen. An der Benutzerschnittstelle stehen Funktionen zur Verfügung, die grafisch interaktive und alphanumerische Kommunikation gestatten. Über die Roboterschnittstelle werden die erstellten und getesteten Programme zum realen Roboter übertragen. Damit eine Simulation ablaufen kann ist ein Modell des Roboters und seiner Umgebung erforderlich. Das sind mathematische Beschreibungen und rechnerinterne Darstellungen der äußeren Form und der Kinematik. Außerdem braucht man Algorithmen, die die Anweisungen des Anwenderprogrammes in Roboterbewegungen umsetzen, d.h. die Robotersteuerung modellieren.

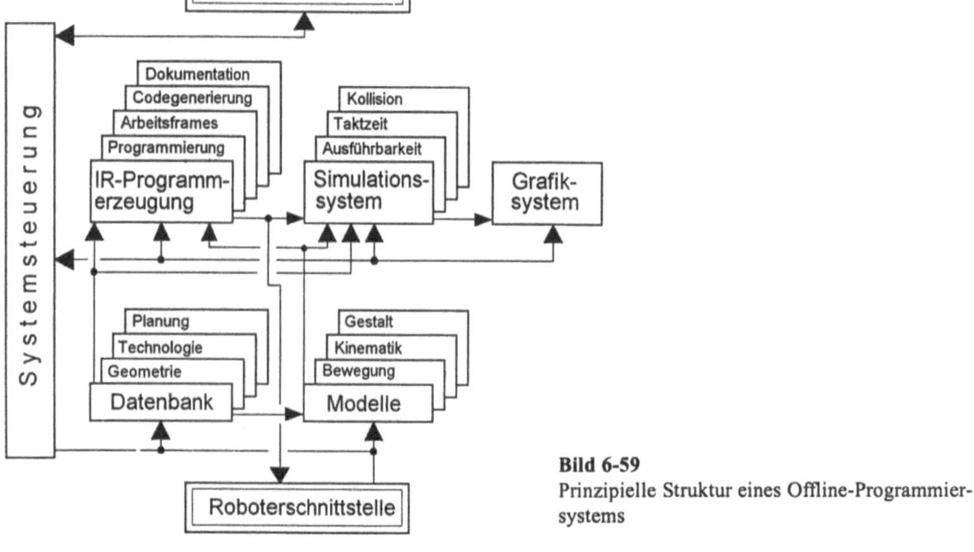

Bild 6-59
Prinzipielle Struktur eines Offline-Programmier-systems

Das wird in Bild 6-60 dargestellt. Ein wesentliches Problem besteht darin, daß in die Simulation Planungsdaten eingehen, die im allgemeinen nicht exakt mit der Wirklichkeit übereinstimmen. Darunter leidet die absolute Positionierbarkeit. Deshalb braucht man eine Kalibrierung sowie Fehlermodelle und meistens auch eine Korrektur der Anwenderprogramme am realen System. Der Umfang hängt wohl auch davon ab, wie gut das dynamische Verhalten bei verschiedenen Armstellungen und Lasten bei der Simulation Berücksichtigung fand. Deshalb wird versucht, den „absolutgenauen" Roboter zu erreichen. Das wäre ein Roboter, bei dem man sämtliche für die Positionierung wichtigen Mängel kennt und steuerungstechnisch kompensiert. Eine Möglichkeit zur Kalibrierung wird in Bild 11-12 gezeigt.

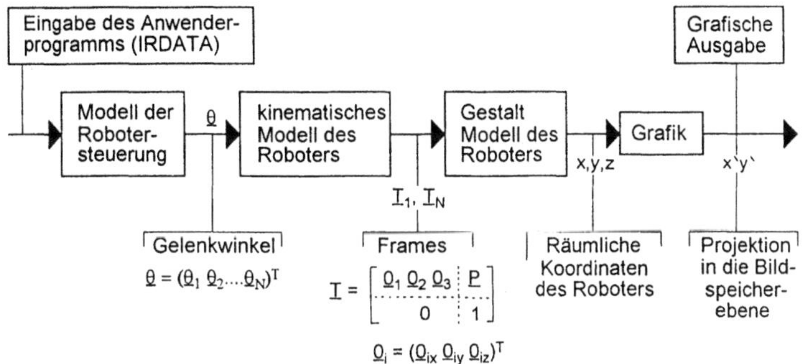

Bild 6-60 Simulation der Bewegung eines Industrieroboters

6.4.4.1   Textuelle Programmierung

Handhabungs- oder technologische Aufgaben werden auf der Basis einer problemorientierten Sprache beschrieben, analog zum Programmieren in höheren Programmiersprachen wie C oder FORTRAN [75]. Symbole beschreiben dabei Operationen und Daten, die in Form von Zeichenketten angegeben werden. Ein wesentlicher Vorteil ist, daß die Programme Offline erstellt werden. Der Zuschnitt auf eine Gruppe zu lösender Aufgaben, z.B. Montageprozesse, wird dabei der Lösung von Aufgaben höheren Komplexitätsgrades besser gerecht.

Die Sprachentwicklung für Roboter begann mit einfachen Codebuchstaben mit zugeordneten Parametern (z.B. SIGLA) und ging über Befehlswortangaben (z.B. RPL, VAL) bis zur textuellen bzw. hybriden Programmierung (z.B. AL, AUTOPASS) und ersten Versuchen zur akustischen Programmierung (DONAU-System). Dabei wird in fast allen Systemen das Teach-in Verfahren zur Wertezuweisung der Bewegungspunkte benutzt, in der Regel in kartesischen Koordinaten. Alle Sprachen enthalten in irgendeiner Form Anweisungen zur Bewegung des Roboters, meist als zentralen Bewegungsbefehl MOVE, und in unterschiedlichem Umfang Anweisungen zu Programmablauf, Arithmetik, Sensoren u.a. Für die meisten Systeme sind Sensoren unverzichtbar, angefangen von einfachen Binärsensoren für Kontakt- und Annäherungssituationen bis zu technischen Sichtsystemen. In den neueren Sprachen wird zur Definition von Positions- und Raumpunkten vor allem das Frame-Konzept verwendet.

Textuelles Programmieren hat folgende Vorteile:

- Das Programm ist leicht lesbar, insbesondere für den Programmierer, der die Sprache beherrscht.

- Das Programm läßt sich gut dokumentieren und leicht ändern.

- Das Programm wird ohne Benutzung eines Roboters erstellt.

- Es lassen sich Sensorinformationen auf einfache Weise einbeziehen.

Nachteilig ist, daß textuelles Programmieren einen qualifizierten Programmierer erfordert. Er muß mit Roboter-Programmiersprachen umgehen können, von denen es mehrere hundert gibt. Trotz verschiedener Ansätze kam es bisher nicht zu einer weltweit standardisierten Robotersprache. Es herrscht ein babylonisches Sprachgewirr. Nahezu jeder Hersteller hat sein eigenes Sprachsystem entwickelt. Nachfolgend erwähnte Sprachen können deshalb nur als Beispiel stehen:

IRL (Industrial Robot Language)

Das ist eine Programmiersprache nach DIN 66312 (1993). Sie erlaubt eine einheitliche, von speziellen Industrierobotern und -steuerungen unabhängige Programmierung. Zielgruppe sind alle Anwender, die in ihren Fertigungsanlagen Industrieroboter einsetzen. Es ist eine höhere Programmiersprache, die in direktem Zusammenhang mit ICR steht.

ICR (Intermediate Code for Robots)

Das ist ein Zwischencode nach ISO/CD 105662.2. Ein mit IRL erzeugter Maschinencode kann mit ICR an die Steuerung eines Industrieroboters übertragen werden.

PLR (Programming Language for Robots)

Das ist eine Roboterhochsprache auf der Basis von IRL (ISO/WD 11513), deren Entwicklung vom Internationalen Normungsausschuß ISO initiiert wurde.

IRDATA (Industrial Robot Data)

Das ist eine „Schnittstellen-Sprache" (DIN 66314; 1994). Sie ist nicht für die direkte Programmierung von Robotern gedacht, sondern soll auf Steuerungsebene einen einheitlichen Code bereitzustellen. Es ist ein systemunabhängiger Standard für die Übertragung von Daten für Robotersteuerungen. Wie das Bild 6-61 zeigt, ist IRDATA ein „Vermittler", mit dem aus verschiedenen Sprachen ein Übergang zu verschiedenen Robotern ermöglicht wird. Die Generierung des IRDATA-Codes ist allerdings noch nicht für alle Sprachen realisiert worden. Die Anweisungen sind weitgehend numerisch codierte Sätze, wie z.B. 006,22190; für Programmstopp oder 002,22200,0,0; für Blockbeginn.

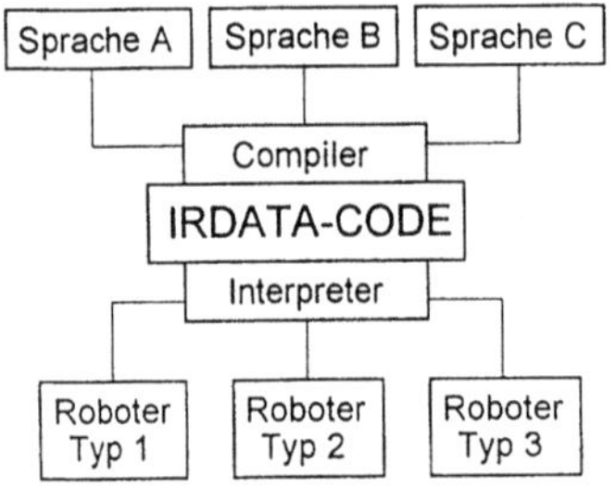

Bild 6-61
Flexibilität durch IRDATA

KAREL

Das ist eine Programmiersprache für GMF-Roboter, die CIM-freundlich ist und 1984 von GMF Robotics (USA) geschaffen wurde. Sie ist an PASCAL angelehnt und erlaubt die Einbeziehung von Bildverarbeitung, fahrerlosen Transportsystemen, verschiedenen Roboterkinematiken, die Offline-Programmerstellung u.a. Der Name KAREL wurde zu Ehren des Schriftstellers Karel Capek gewählt.

BABS (Bewegungs-Ablauf-Programmiersprache)

Die Sprache wurde von der Firma Bosch als explizites textuelles Programmiersystem entwikkelt. Sie lehnt sich an die Sprache IRL an. Es wird im Klartext programmiert, wie z.B. FAHRE NACH POS1 der GREIFER=0. Die Sprache ist weitgehend selbsterklärend und damit leicht erlernbar.

VAL (Vicarm Language; auch Variable Assembly Language)

Die Sprache ist eine verbesserte Version von VAL. Sie ist BASIC-ähnlich strukturiert und erlaubt das Programmieren in kartesischen, werkzeugbezogenen oder Gelenkkoordinaten. Sie war 1979 die erste kommerziell genutzte Roboterprogrammiersprache (für den Roboter PUMA von der Firma UNIMATION).

AML (A Manufacturing Language)

Diese interaktive Programmiersprache wurde von IBM zur Automatisierung von Fertigungsprozessen entwickelt, eingeschlossen Industrieroboter z.B. für Montageaufgaben. Die Sprache ist seit 1982 verfügbar.

ADEPT V+

Programmiersprache und Betriebssystem wurden 1976 für ADEPT-Roboter entwickelt. Technische Daten sind: Gleichzeitiger Ablauf von 7 Benutzerprogrammen, einstellbare Prioritäten, dreidimensionale Feldvariable, Unterprogramme mit Parameterübergabe, Ausnahmenbehandlung, Kontrollstrukturen u.a. Es sind mehr als 400 Kommandos vorhanden. Weitere industriell genutzte Programmiersprachen sind z.B. ARLA (ASEA), DOROB(AEG), HARL (HIRATA), HELP (DEA), ROLF (CLOOS), SIGLA (OLIVETTI), SRCL (SIEMENS).

6.4.4.2   CAD-gestützte Programmierung

Das ist eine Programmierart, bei der CAD-Datenfiles importiert werden. Roboter- und z.B. Punktschweißprogramme werden dann durch die Positionierung von Punkten auf dem Werkstück grafisch erstellt. Gegebenenfalls läßt sich per Software die Punktfolge noch nach der Abarbeitungszeit minimieren und die Bahn auf Kollisionsfreiheit prüfen. Über Translatoren können so erzeugte Programme in die reale Robotersteuerung übertragen werden. Die CAD-Daten werden über eine Schnittstelle eingelesen, wodurch auf dem Bildschirm z.B. ein Volumenmodell visualisiert wird. Auf grafisch interaktivem Weg kann z.B. die Schweißnaht per Maus vorgegeben, manipuliert oder gelöscht werden. Durch Kollisionsprüfung wird festgestellt, ob das Bewegungsprogramm ausführbar ist oder geändert werden muß. In diesem Fall werden vom Programmiersystem Änderungsvorschläge generiert.

6.4.4.3   Makroprogrammierung

Ein Makro ist ein Unterprogramm, das für eine häufig benötigte Befehlsfolge in verkürzter Schreibweise steht. Um Makros für die Roboterprogrammierung nutzen zu können, muß man vorher, bezogen auf definierte technologische Teilaufgaben, Makroelemente festlegen. Für das Lichtbogenschweißen können das z.B. häufig wiederkehrende Konturabschnitte und Kontur- übergänge sein. Jedem Makroelement ist ein Technologiedatensatz zugeordnet [66]. Ein Pro- gramm für die Roboterbewegung wird man dann aus grafisch dargebotenen Makros zusammen- stellen, ergänzt um die Eingabe von Koordinaten oder Daten. Die Arbeitsaufgabe ist also in Teile zu zerlegen, mit Makros zu beschreiben, so daß ein Roboterprogrammtext halbautoma- tisch entsteht. In Bild 6-62 werden Makroelemente gezeigt, die für das Schweißen Kontur- und Orientierungsinformationen beispielhaft enthalten. Soll die Anzahl verschiedener Makros nicht überproportional und damit schlecht handhabbar ansteigen, dann eignet sich die Makropro- grammierung wohl nur für relativ einfache Schweißaufgaben.

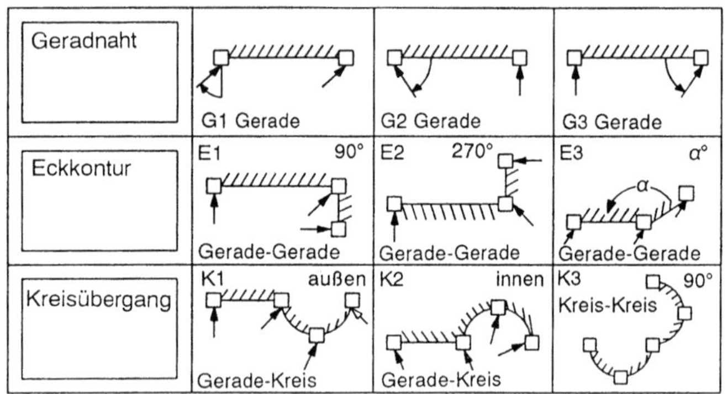

Bild 6-62
Beispiele für die Festlegung von Makroelementen

6.4.4.4   Akustische Programmierung

Bei der akustischen Programmierung erfolgt die Eingabe eines Programmtextes nicht über die Tastatur, sondern mündlich in natürlicher Sprache über ein Mikrofon. Dazu muß die Steuerung über eine schnelle Spracherkennung verfügen, um die Signalverarbeitung in Echtzeit durchfüh- ren zu können. Das System kann auch selbst sprechen, um eine Eingabe zu bestätigen (Quittie- rung des erkannten Befehls) oder gegebenenfalls zu korrigieren. Die Sprachsteuerung kann mit einer Bildverarbeitung ergänzt sein, so daß sich ein audiovisuelles Handhabungssystem ergibt. Programme mit Künstlicher Intelligenz werden dann den steuerungsmäßigen und optisch wahr- nehmbaren Istzustand mit dem angesagten, gewünschten Sollzustand in Übereinstimmung brin- gen. In Bild 6-63 wird die Struktur eines audiovisuellen Systems gezeigt.

Die akustische Programmierung hat folgende Vorteile:

- Komfortabel durch Anpassung an die gewohnte natürliche Kommunikationsform,

- geringere Beanspruchung der visuellen Aufmerksamkeit des Programmierers,

- größere Bewegungsfreiheit (keine Kabelverbindung) des Bedieners am Programmierort und

- Vermeidung von Eingabefehlern im Vergleich zu Tastatureingaben.

Wegen der noch relativ hohen Fehlerrate heutiger Spracherkennungssysteme ist der Einsatz jedoch auf nicht sicherheitsrelevante Funktionen zu beschränken.

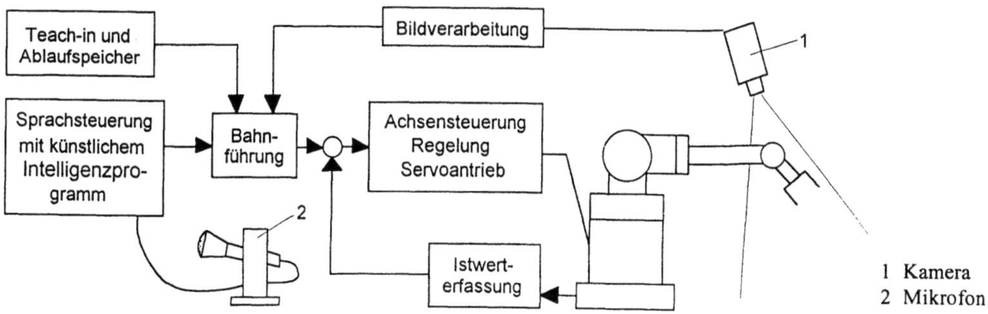

Bild 6-63 Grobstruktur eines audiovisuellen Handhabungssystems

6.5   Roboterzellensimulation

Man kann Roboteranwendungen vorab in ihrer Funktion überprüfen und optimieren, wenn der Roboterarbeitsplatz, d.h. die gesamte Roboterzelle, simuliert wird. In einem Simulationssystem werden die realen Verhältnisse dynamisch nachgestellt. Der Nutzer kann Veränderungen vornehmen und deren Auswirkungen an Hand des Simulationslaufes begutachten und damit auch Fehler vermeiden. Scheinwelten lassen sich mit verschiedenen Systemen erzeugen. Eine Gegenüberstellung enthält das Bild 6-64. Computergrafische Systeme ähneln den Kinosystemen, nur wird dem Betrachter die Situation am Bildschirm vorgespielt und er kann nur in begrenztem Maße eingreifen und Veränderungen vornehmen.

Anwendung / Simulationssysteme \ Kennzeichen	Interaktivität	Universalität	Multimedialität	Immersibilität	Dynamik
Kinosysteme	☐	■	■	■	■
Computergrafische Systeme	◨	■	☐	◨	◨
diskrete Simulationssysteme	◨	■	◨	☐	■
Virtual Reality Systeme	■	■	■	■	■

Bild 6-64
Vergleich unterschiedlicher Systeme zur Darstellung und Simulation von dynamischen Prozessen [76]
Immersibilität = Einbezogensein in die Szene

Virtual Reality Systeme bieten zwei Vorteile:

- Die Wahrnehmung ist „echt" dreidimensional. Der Blickwinkel ist nicht eingeschränkt.

- Der Bediener ist in die Scheinwelt einbezogen und kann sich dort in Echtzeit bewegen. Mit Hilfe eines Datenhandschuhs oder dem Freeflying Joystick kann er interaktiv graphisch virtuelle Objekte manipulieren.

So wurde z.B. vom IPA Stuttgart eine robotergestützte Flaschenabfüllanlage für variable Flaschenformen im Virtual Reality simuliert. Die Simulation in Echtzeit bietet die Möglichkeit, auch Taktzeiten abschätzen zu können, was für realistische Aussagen zur Wirtschaftlichkeit gebraucht wird. Modellierungs- und Steuerungsaufwand (Transputersystem) sind jedoch hoch. Werden synthetische Laufbild-Sequenzen mit Hilfe des Rechners erzeugt, spricht man auch von

Computer-Animation. Um eine Arbeitszelle simulieren zu können, müssen sämtliche Komponenten, die einen Beitrag zu den Roboteraktionen liefern, erfaßt und modelliert werden. Dazu braucht man verschiedene Arten von Modellen. Das sind:

- *Geometriemodell (grafisches Modell)*

Es enthält alle Informationen über äußere Abmessungen der Komponenten und ihre räumliche Zuordnung. Es spiegelt den mechanischen Aufbau der Arbeitszelle wieder.

- *Kinematikmodell*

Es definiert die Bewegungsmöglichkeiten der Komponenten und gibt starre Körper und Gelenke mit ihren Parametern an. Das Kinematikmodell gibt somit auch den Arbeits- und Bewegungsbereich bewegter Strukturen wieder.

- *Dynamikmodell*

Dieses Modell beinhaltet die Bewegungskultur aller definierten Bewegungsachsen, auch die zulässigen Grenzwerte zu Achsruck, Geschwindigkeit und Beschleunigung. Es ist eng mit dem Kinematikmodell verbunden.

- *Funktionsmodell*

Alle logischen, mathematischen und funktionellen Zusammenhänge werden in diesem Modell zusammengefaßt. Dazu gehören auch zeitliche und physikalische Gegebenheiten der realen Zelle sowie werkzeugbedingte Besonderheiten.

Das Modell der Arbeitszelle wird modular gestaltet, damit Bestandteile ausgetauscht werden können, wenn verschiedene Ausrüstungsvarianten zu untersuchen sind. Vom Werkstück genügt in der Regel das Geometriemodell. Aus einer Bibliothek können dazu sowohl Roboter als auch Peripheriekomponenten entnommen und miteinander kombiniert werden. Das wird in Bild 6-65 am Beispiel einer Montagezelle gezeigt. Man sieht, daß Modelle für Roboter, Greifer, Werkzeuge, passive Mechanismen, Sensoren, Handhabungsobjekte, aktive Mechanismen und statische Zellenkomponenten bereitgehalten werden. Peripheriekomponenten sind z.B. wichtig, wenn Kollisionsbetrachtungen anzustellen sind.

Schließlich ist auch die Programmerstellung im Simulationssystem möglich. Sie kann völlig unabhängig von einem Robotertyp erfolgen. Das Programm liegt dann zunächst in einem neutralen Code vor und muß noch in den Code des letztlich eingesetzten Robotertyps umgewandelt werden.

Roboter und Peripheriebestandteile werden vereinfacht dargestellt, z.B. als Drahtmodell. Solche Abbildungen sind aber oft unübersichtlich, weshalb man in Modelldarstellungen die verdeckten Kanten ausblendet, etwa so, wie man es in Bild 6-66 sehen kann, so daß sich Flächenmodelle ergeben.

Zur realitätsnahen Darstellung und zur besseren Abgrenzung gleichartiger Körperflächen lassen sich die Modelle auch farbig und schattiert abbilden. Dazu wird eine fiktive Lichtquelle zur „Ausleuchtung" definiert (Bild 6-67). Zur Reduzierung des Rechenaufwandes wird meistens davon ausgegangen, daß die Körper selbst keine Schatten werfen.

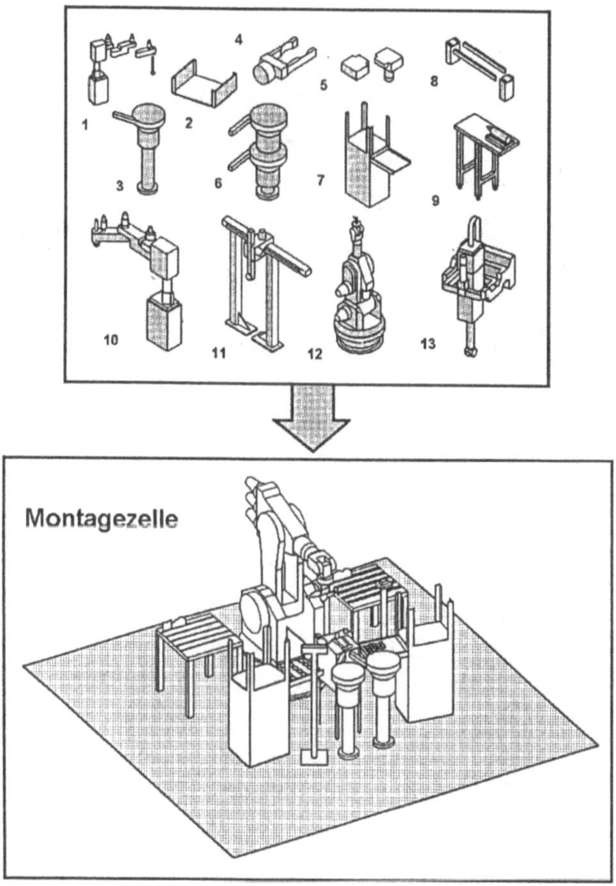

Bild 6-65 Rechnergenerierte Darstellung einer Montagezelle [192]

Sind alle Komponenten in der Zelle arrangiert, kann eine Layoutprüfung durchgeführt werden. Den Anwender interessiert in einem fiktiven Testlauf folgendes:

- Kann der Roboter alle Handhabungspunkte erreichen?

- Gibt es mögliche Kollisionsräume? Können sie umgangen werden? Einige Systeme erlauben z.B. die Bewegungsspur des Endeffektors im dreidimensionalen Raum aufzuzeichnen.

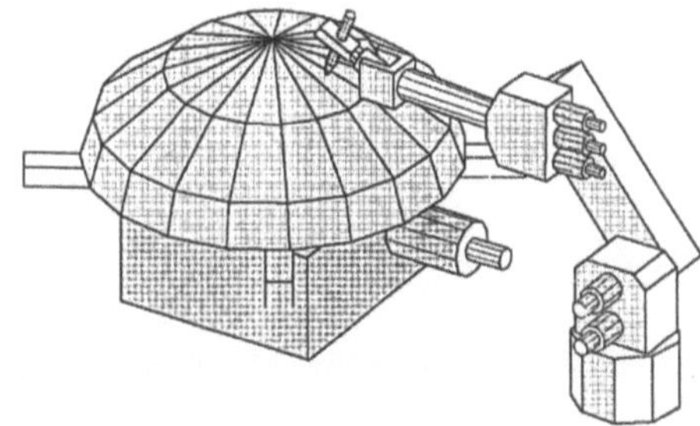

Bild 6-66
Anlagenkonzept unter Nutzung eines Gelenkarmroboters im Stahl- und Behälterbau [77]

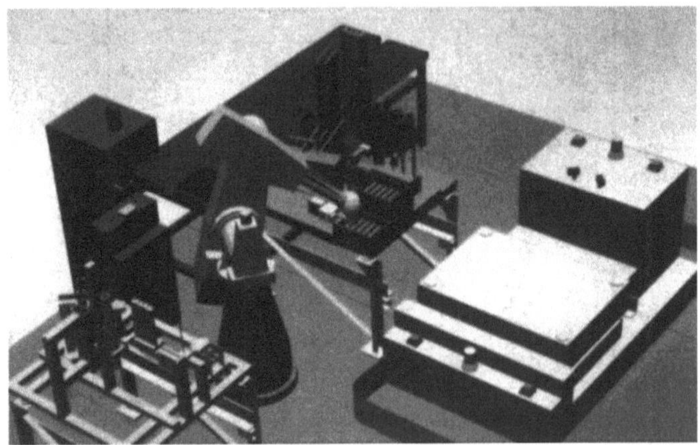

Bild 6-67 Layout einer Roboterarbeitszelle mit Anbindung an ein fahrerloses Transportsystem (iwb München)

- Lassen sich Bewegungen zeitlich abkürzen, indem man Komponenten der Zelle anders anordnet?

- Ist der ins Auge gefaßte Roboter für die Aufgabe günstig oder empfiehlt sich ein Testlauf mit anderen Robotertypen? Manche Systeme bieten hier Bibliotheken mit bis zu 200 marktgängigen Robotern.

- Ist der programmierte Ablauf durchdacht (Reihenfolge der Roboteraktionen) und funktionsfähig oder sind prinzipielle Veränderungen erforderlich? Ist die Funktion auch bei verschiedenen Werkstücken gesichert?

- Werden die angestrebten Zykluszeiten erreicht?

- Bleibt genügend Freiraum für bedienende Personen (Peripheriebetreuung, Programmierer, Wartung)?

- Bleiben die programmierten Bewegungsparameter innerhalb der zulässigen Grenzen (Bewegungsgrenzen der Achsen, Geschwindigkeiten, Beschleunigungen)?

Bei Nachbildung von Steuerungsstrukturen lassen sich Programmanweisungen signaltechnisch verfolgen und auch die Verkettungen von Peripherie- und Sensorsignalen studieren.

6.6   Erkennung von Kollisionsgefahren

Eine Kollision ist eine unzulässige Berührung bewegter Elemente des Roboters (auch Greifer mit aufgenommenem Teil) und stellt einen Havariefall mit mehr oder weniger großen Schäden dar. Im praktischen Betrieb treten solche Ereignisse leider fast immer auf. Sie müssen durch wirkungsvolle Kollisionsüberwachung verhindert werden. Die Aufgabe von Kollisionsüberwachungssystemen besteht somit darin, die Gefahr eines Zusammenstoßes rechtzeitig zu erkennen und zu melden. Das System sollte vorausschauend arbeiten. Das ist jedoch schwierig, weil auch der technische Aufwand vertretbar sein muß. Die Erkennung hat in Echtzeit zu erfolgen.

Kollisionen mit Industrierobotern führen in der Regel zu erheblichen Schäden, die hohe Reparaturkosten und Ausfallzeiten nach sich ziehen können. Besonders gefährdet sind bei einem Crash Handgelenke, Greifer und Greiferfinger, weil dort die größten Verfahrgeschwindigkeiten v auftreten. Aber auch Zusammenstöße bei kleinen Geschwindigkeiten können Schäden hervorrufen, z.B. kann es zu Verformungen und zum Dejustieren kommen. Bleibt das unbemerkt, dann sind schwerwiegende Sekundärfolgen nicht auszuschließen. Allerdings ist die kinetische Energie E_{kin}, die bei einem Aufprall umgesetzt wird, bei kleinen Geschwindigkeiten wesentlich kleiner, denn es gilt

$$E_{kin} = \frac{m}{2}\,v^2 .$$

Im Diagramm Bild 6-68 wird dieser Zusammenhang grafisch dargestellt. Grundsätzlich gilt, daß maximal soviel Energie im bewegten Robotersystem als „Zerstörungsenergie" freiwerden kann, wie vorher durch die Antriebsmotoren bereitgestellt wurde.

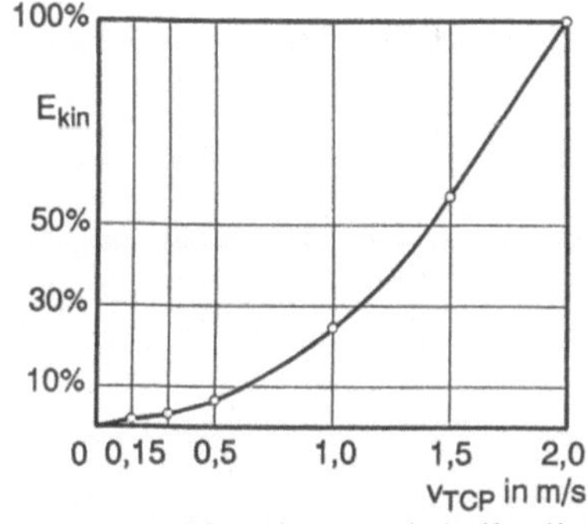

Bild 6-68
Abhängigkeit der kinetischen Energie E_{kin} von der Geschwindigkeit v des TCP bezogen auf eine maximale Verfahrgeschwindigkeit von 2 m/s.

Bei Crash-Situationen wird allerdings ein großer Teil der kinetischen Energie in plastische oder elastische Verformungen umgesetzt, was sich schadensmildernd auswirkt. In [78] wird dieser Ablauf als Feder-Masse-System dargestellt. Das Ersatzschaltbild zweier möglicher Kollisionspartner wird in Bild 6-69 gezeigt. Das Hindernis, z.B. ein Stahlpfosten zur sicherheitsmäßigen

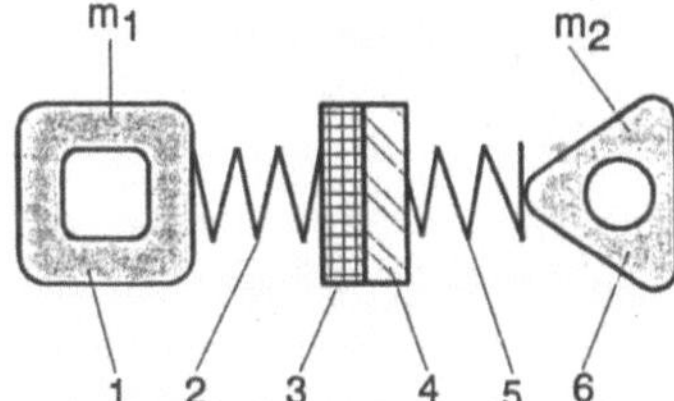

1 Roboterarm
2 Elastizität der
   Roboterbauteile

3 plastische Verformung
   des Roboterarmes
4 plastische Verformung
   des Hindernisses

5 Elastizität des
   Hindernisses
6 Hindernis
m Masse

Bild 6-69
Kollision als Feder-Masse-System

Begrenzung des Schwenkwinkels des Führungsgetriebes, wird beschleunigt und elastisch ausgelenkt. Ein Hindernis wirkt damit wie eine Feder. Als allgemeine physikalische Aussage gilt:

Die Zerstörungen sind umso größer, je kürzer der Bremsweg bei vorgegebener kinetischer Energie ist, d.h. je steifer und unnachgiebiger die Kollisionspartner sind.

Durch welche Fehler werden Kollisionen herbeigeführt? Dafür gibt es viele Ursachen. Besonders in der Überleitungs- und Einführungsphase sind ungewollte Zusammenstöße häufiger zu beobachten. Die Ursachen lassen sich folgenden Gruppen zuordnen:

- *Programmfehler*

Besonders in neuen Programmen können noch Fehler enthalten sein, wie z.B. falsche Wege, falscher Richtungssinn, falsche Aktionen wie z.B Greiferwechsel statt Werkzeugaufnahme.

- *Steuerungsfehler*

Dazu gehören Lesefehler im Meßsystem oder Drifterscheinungen, auch von außen eingestreute Impulse, die bei inkrementalen Meßsystemen zu Zählfehlern führen. Steuerungen sind aber heute weitgehend sicher und führen nicht mehr zum „Ausrasten" eines Roboters.

- *Bedienungsfehler*

Sie kommen am häufigsten vor, beim Programmieren, beim Wiederanlauf nach Unterbrechungen und bei Wartungsarbeiten, wenn die Handhabungsmaschine manuell verfahren wird. Eingabefehler können auch mit nachträglichen Programmveränderungen zusammenhängen.

- *Synchronisationsfehler*

Die Roboteraktionen harmonieren nicht mit den Bewegungen der peripheren Einrichtungen. Das kann auftreten, wenn z.B. aus Gründen der Senkung der Zykluszeit Geschwindigkeiten verändert wurden.

- *Maschinenfehler*

Das sind Fehler, die mit dem Versagen im maschinentechnischen Teil zusammenhängen, wie Bruch von Maschinenelementen, Dejustage von Baugruppen durch gelockerte Verbindungen oder extremer Verschleiß hochbelasteter Bauteile.

- *Bahnfehler*

Sie werden wirksam, wenn nach dem Einrichten mit anderen Geschwindigkeiten gefahren wird. Je größer die Verfahrgeschwindigkeiten, desto größer können die Bahnverzerrungen sein. Sie wirken sich vor allem an Umkehrstellen aus.

- *Objektfehler*

Damit sind Werkstücke gemeint, die außerhalb des Normzustandes liegen, z.B. nicht entfernte Angüsse an einem gegriffenen Gußstück. Auch Greiferfehler können hier mit einbezogen werden, besonders wenn sehr große Teile gegriffen werden und sich im Greifer verlagern.

Zur Erkennung dieser Fehler können sensorische und sensorlose Verfahren eingesetzt werden. Sensorische Verfahren beruhen vor allem auf der Auswertung visuell erfaßter Situationen, der Auswertung von Kraftsignalen sowie akustischer, fluidischer und optischer Näherungssensoren. Bilderkennungssysteme sind jedoch teuer und haben bei komplizierten Auswertungen Zeitprobleme. Die sensorlosen Verfahren berechnen Kollisionsgefahren aus den geometrischen Beziehungen fester und bewegter Maschinenteile, wobei aktuelle Position und Verfahrgeschwindigkeit mit eingehen müssen. Dazu braucht man einen separaten Kollisionsrechner. Um den Rechenaufwand einzudämmen, müssen außerdem noch Vereinfachungen am geometrischen Modell vorgenommen werden.

Die Kollisionsüberwachung mit Kraftsignalen reflektiert unmittelbar das Problem. Es besteht darin, daß nach einer Kollision der Weg versperrt ist. Damit steigt der Schleppfehler an. Die Steuerung versucht nun mit der Kraft aller Antriebe nachzuregeln. Dabei entsteht ein Stromstoß, der den Energieinhalt zusätzlich erhöht und damit die Zerstörungsarbeit. Auf Kraftsensorik beruhende Überwachungssysteme reagieren auf diese Situation, indem sie die Stromzufuhr innerhalb einer Millisekunde unterbrechen und so das unnötige Nachschieben hoher Ströme verhindern.

Eine wesentliche Hilfe zur Gestaltung flexibler Roboterarbeitsplätze wird in zukünftigen Fertigungsstrukturen eine möglichst autonome Planung der Roboterbewegungen nach der Vorgabe von Arbeitszielen sein. Eine solche Vorgabe könnte eine Anweisung sein, wie z.B. „Stecke Rad A am Ort B auf den Zapfen C." Autonome Planung heißt, daß ein Rechner selbständig die gesamte Aktion plant und dazu gehört auch eine kollisionsfreie Bahn, falls eine solche existiert [79, 185, 186].

Um dieses Problem zu lösen, werden verschiedene Forschungen durchgeführt. Man sucht nach Verfahren, die von der Robotersteuerung online vor Ort ausführbar sind, d.h. im Echtzeitbetrieb.

Kollisionsvermeidende Bahnplanung bedarf der Lösung dreier Aufgaben. Das sind:

- Modellierung der Umwelt, eingeschlossen ist der Roboter mit allen wesentlichen umhüllenden Elementen,

- Kollisionserkennung, also das Herausfinden jener Konstellationen, die einen Zusammenprall als unvermeidlich ausweisen und

- Generieren einer verwendungsfähigen kollisionsfreien Bahn, die möglichst noch wegoptimal ist.

Die möglichen Verfahren werden stark von der Art (Feinheit, Prinzip) der Umweltmodelle beeinflußt. Es sollen zwei Arten erklärt werden.

Modellierung mit Hüllformen

Alle Objekte im Arbeitsraum, auch der Roboter, werden durch geometrisch vereinfachte Hüllkörper beschrieben. Bei der Untersuchung der Beziehungen dieser Objekte zueinander werden dann ihre Abstände in drei Dimensionen analytisch bestimmt. Der Rechenaufwand hängt von der Feinheit der modellierten Objekte ab. Würde man jede Fläche, Körperkante und Ecke in die Betrachtung einbeziehen, dann würde sich ein erheblicher Rechenzeitbedarf ergeben.

Ein Beispiel für die Modellierung eines Roboters durch Schutzkörper zeigt Bild 6-70 [9]. Es handelt sich hier um kooperierende Roboter, also solche, die gemeinsam an einer Aufgabe arbeiten. Durch die hohen Verfahrgeschwindigkeiten heutiger Roboter und die doch großen bewegten Massen ergeben sich bei einem Stopp-Signal Anhaltewege bis 300 mm. Dieser Bereich muß vorausschauend beobachtet werden. Das ist erforderlich, weil die Roboteraktionen vorprogrammiert sind und die Bewegungsabläufe faktisch blind ausgeführt werden.

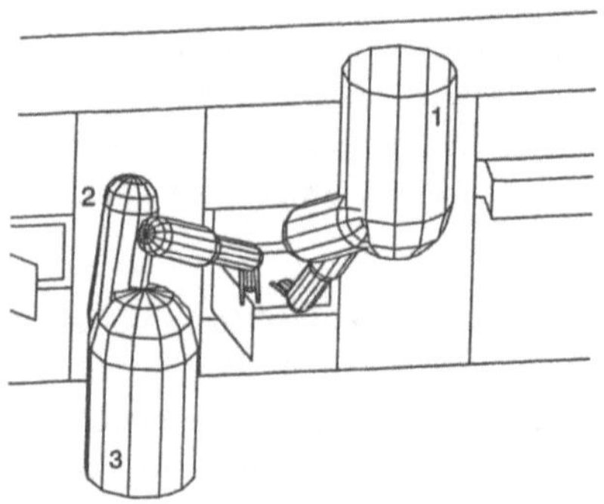

1 Roboter an Deckenlaufschiene
2 Roboter auf Bodenlaufschiene
3 Person, die die Zelle betritt

Bild 6-70
Hüllkörpermodell einer Mehrroboter-
arbeitszelle

Modellierung mit Konfigurationsraum

Der Konfigurationsraum ist der Raum, der sich für Bewegungen des Handwurzelpunktes ergibt,
wenn der Roboterarm alle ihm möglichen Stellungen einnimmt. Umgebende Objekte werden in
diesem Konfigurationsraum markiert. Damit entstehen auch solche Armstellungen, die als ver-
boten gelten müssen, weil sie zur Kollision führen. Da es um ein räumliches Problem geht, teilt
man den Konfigurationsraum in „Raumzellen" ein. Durch Hindernisse „verbotene" Zellen werden in entsprechenden Tabellen rechentechnisch geführt. In [80] wird eine Normzellengröße
von 5 cm Kantenlänge für ausreichend genau gehalten. Im Bild 6-71 wird der Zusammenhang
zwischen Hindernis und Arbeitsraum dargestellt. Die Schnittdarstellung des Arbeitsraumes
zeigt natürlich nur eine „Schicht" von Normzellen.

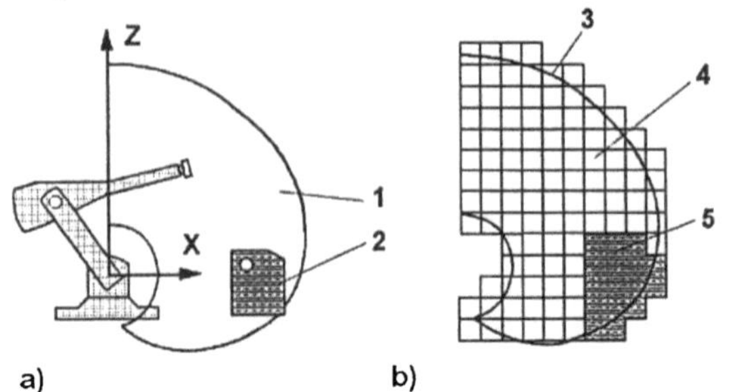

1 Arbeitsraum   4 Normzelle
2 Hindernis   5 verbotene
3 Arbeitsraumgrenze   Normzellen

Bild 6-71
Zusammenhang zwischen Hindernis und nicht
kollisionsfrei erreichbaren Normzellen

a) Arbeitsraum des Roboters
b) Einteilung in Normzellen

Letzte Aktivität ist die Bahnplanung. Es wird zwischen lokalen und globalen Verfahren unterschieden. Globale Verfahren planen eine Gesamtbewegung von A nach B und benutzen dabei
alle vorhandenen Umweltinformationen. Lokale Verfahren beachten nur die Hindernisse, die
sich in der Nähe einer aktuellen Position befinden. Die Idee besteht weiterhin darin, mit Hilfe
der Superposition von abstoßenden Potentialfeldern (Hindernisse) und anziehenden Potentialfeldern auf den Zielpunkt zuzugehen. Diese Potentialfelder sind natürlich nicht physisch vorhanden, sondern nur virtuell für das Berechnungsverfahren. Der Handwurzelpunkt wird somit
auf einem Weg mit günstigstem Potential geführt. Allerdings kann es auch eine Sackgasse oder
ein in der Länge ungünstiger Weg sein. Bei globaler Planung wird dagegen immer der
kürzestmögliche Weg gefunden, weil der Algorithmus darauf abgestimmt ist.

7   Robotermeßsysteme

Für den Betrieb eines Roboters müssen einige Größen (Istzustand), die mit der Bewegung zusammenhängen, gemessen werden. Das sind hauptsächlich Wege, Winkel, Geschwindigkeiten, Zeiten und elektrische Ströme. Die Aufnehmer, die das vor Ort erledigen, werden auch als „innere Sensoren" des Roboters bezeichnet.

7.1   Einteilung

Was zu einer Meßeinrichtung gehört, wird in Bild 7-1 gezeigt. Die Meßgröße ist eine physikalische Größe, deren Wert durch Messen ermittelt werden soll. Der Meßwert entsteht dadurch, daß dem Meßsignal ein Wert in Einheiten der zu messenden Größe zugeordnet wird.

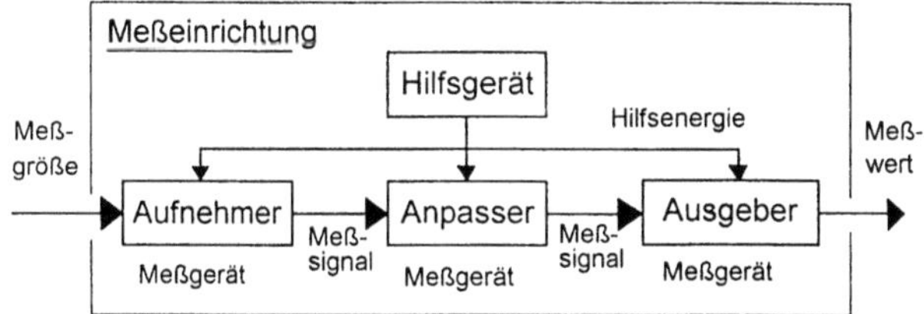

Bild 7-1
Meßeinrichtung (nach VDI 73)

Eine wichtige Einteilung der Verfahren zur Weg- bzw. Winkelmessung ist die nach der Art der Abbildung des Informationsparameters. Man unterscheidet in:

- *Analoge Meßsysteme*

Sie liefern ein stetiges Signal analog zu einer physikalischen Größe. Man teilt sie nochmals in absolute Systeme (Potentiometer, Transsonar) und in phasenzyklisch arbeitende Systeme (Resolver, Inductosyn).

- *Digitale Meßsysteme*

Sie liefern diskrete (also unstetige) Signale als Ja-Nein-Aussage. Man teilt sie in inkrementale und absolut-digitale Systeme ein. Digitale Geber können rotatorisch oder linear arbeiten. Durch die bei Robotern überwiegend verwendeten Drehantriebe werden vor allem runde Maßverkörperungen eingesetzt. Zu den absolut-digitalen Meßsystemen zählen Winkelcodierer und Codelineale. Auch die Multiturn-Drehgeber gehören dazu.

Von absoluten Meßsystemen spricht man, wenn sich das Meßsignal bzw. die Signalfrequenz eindeutig dem Weg zuordnen läßt. Im allgemeinen ist das ein Bezug zu einem feststehenden Nullpunkt. Wiederholen sich dagegen Meßsignale periodisch, wobei die Signale ansonsten unbenannt sind, dann spricht man von inkrementalen Systemen. Sie messen den Weg durch fortlaufendes Mitzählen von kleinsten Wegstrecken, den Inkrementen (Inkrement = Zuwachs einer Größe in einzelnen gleichbleibenden Stufen; ein Wegquant). Das Zählen beginnt von einem

Referenzpunkt aus. Man könnte diese Systeme auch als digital-relativ bezeichnen.

Schließlich werden auch zyklisch-absolute Geber benutzt, deren Besonderheit darin besteht, daß sie nur auf einem kleinen Weg bzw. Winkel absolute Werte liefern, was sich aber laufend wiederholt. Man muß dann die Anzahl der durchlaufenen Zyklen als Weg erfassen plus Weganteil im gerade begonnenem Zyklus.

Unter dem Begriff „pseudo-absolutes Wegmeßsystem" versteht man ein inkrementales Meßsystem, das auf einer Extraspur mehrere Referenzmarken in kurzem Abstand enthält. Beim Einschalten beschränkt sich dann das erforderliche Referenzpunktfahren nur auf einen kurzen Weg, z.B. 20 mm.

Für Positionsmeßsysteme kann fehlertolerantes Verhalten sehr wichtig sein. Störsignale können nämlich durch elektromagnetische Einflüsse oder durch hochfrequente Einkopplungen aus dem Versorgungsnetz hervorgerufen werden. Beide Störbelastungen haben ihren Ursprung in großen, am Industrienetz angeschlossenen elektrischen Verbrauchern. Man versucht dann durch redundante Signalinformationen und Plausibilitätsprüfungen einen angestiegenen Störpegel zu erkennen und entsprechende Warnungen auszugeben. Fehlpositionierungen einer Roboterhand durch verfälschte Meßsignale können beträchtliche Schäden am Roboter und an der zu bedienenden Maschine hervorrufen.

7.2 Weg- und Winkelmeßsysteme

7.2.1 Potentiometer

Präzisionspotentiometer bestehen aus einem Widerstandselement in Drahtwendel- oder Leitplastikausführung, dem Schleifer zum Abgriff des Meßsignals, den Anschlußfahnen, einem Lager, z.B. ein Präzisionskugellager, und dem Gehäuse. Das Meßsignal wird also berührend abgenommen. Es gibt aber auch Ausführungen, die den Drehwinkel mit Hallsensoren bzw. induktiv erfassen und dadurch schleiferlos und hochauflösend arbeiten. Sie bauen klein und können z.B. zur Istwinkel-Erfassung von Handgelenkachsen eingesetzt werden. Es gibt sie auch vollständig dicht gekapselt. Sie sind sehr preiswert. Der Drehwinkel ergibt sich aus einer Spannungsteilerschaltung. Zwischen der Spannung U_S und der Meßgröße s (Weg oder Winkel) besteht ein linearer Zusammenhang (Bild 7-2).

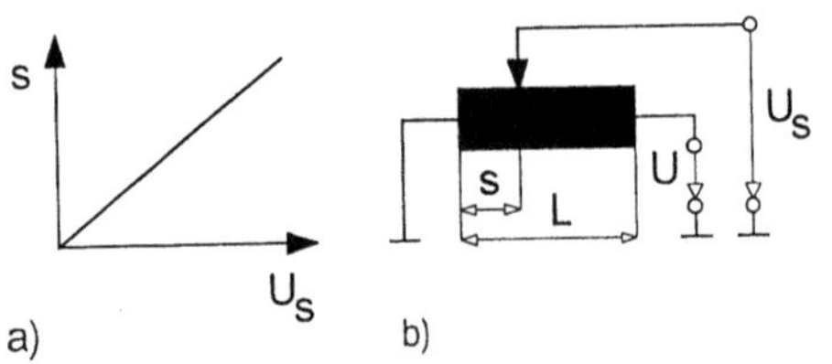

Bild 7-2 Prinzip des Potentiometers
a) Spannungsdiagramm, b) Wirkprinzip

Ein Potentiometer, bei dem ein Feldplattensensor verwendet wird, ist in Bild 7-3 dargestellt. Am Wellenende ist ein Permanentmagnet exzentrisch angeordnet. Ihm gegenüber befindet sich in

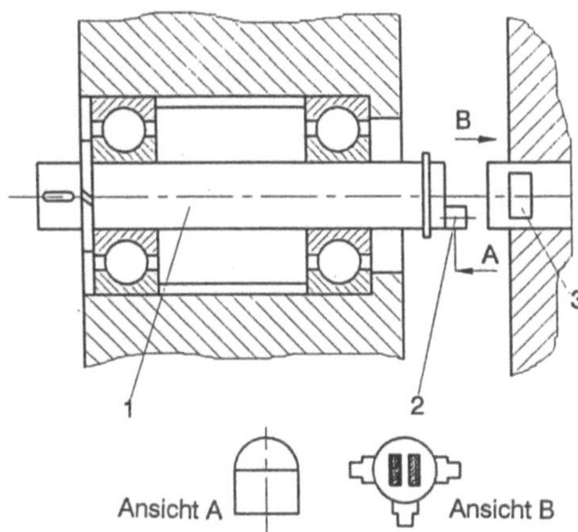

1 Welle
2 Steuermagnet
3 Differential-Feldplatte

Bild 7-3
Kontaktloses Potentiometer

einem offenen Magnetkreis der Differential-Feldplattensensor. Beim Drehen der Welle detektieren die magnetfeldempfindlichen Widerstände eine sinusförmige oszillierende Kraftliniendichte, worauf sie ihren Widerstand ändern. Daraus bestimmt man den Drehwinkel. Man kann diese Potentiometerbauart auch für die Vollumdrehung konzipieren.

7.2.2   Inkrementalgeber

Inkrementalgeber arbeiten optoelektronisch. Eine Scheibe (seltener ein Lineal wie es Bild 7-4 zeigt) ist mit der Drehachse eines Antriebes verbunden und liefert abhängig vom Drehwinkel eine bestimmte Anzahl von Zählimpulsen. Diese werden aufaddiert und ergeben eine Aussage über den zurückgelegten Weg bzw. Winkel. Die Auflösung hängt von der Anzahl der „Striche" (Inkremente) ab, die je Wegeinheit aufgebracht sind. Die Winkelauflösung $\Delta\varphi$ ergibt sich aus

$$\Delta\varphi = 360°/Z$$

wobei Z die je voller Umdrehung vom Meßsystem abgegebene Anzahl von Inkrementen ist.

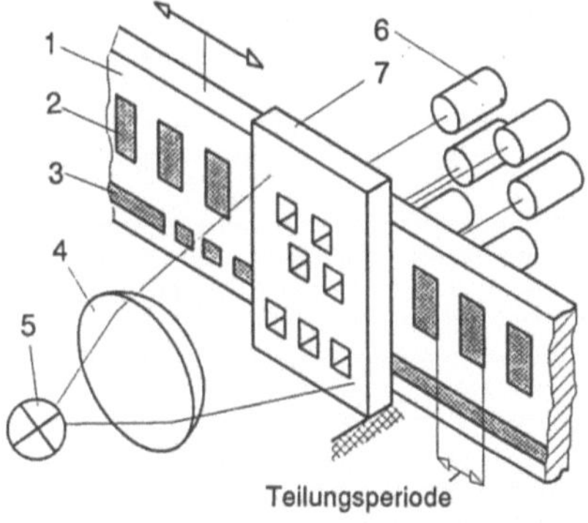

1 Glasmaßstab   5 Lichtquelle
2 Strichgitter   6 Fotoelement
3 Spur mit Referenzmarken   7 Abtastplatte
4 Optik

Bild 7-4
Prinzip der optischen Abtastung
von Strichgittern

Soll auch die Drehrichtung erkannt werden, muß der Geber zweikanalig sein. Solche Geräte sind mit zwei getrennten Sensorsystemen bestückt und generieren die Impulsfolgen Z_1 und Z_2, die um 90° gegeneinander (elektrisch) phasenverschoben sind. Aus der Phasenverschiebung erkennt eine Auswerteschaltung die Dreh- bzw. Verfahrrichtung. Bei dreikanaligen Inkrementalgebern ist noch eine Nullmarke aufgebracht, die je Umdrehung einmal einen Impuls erzeugt. Aus den durch das Meßsystem zur Verfügung gestellten Impulsfolgen kann in der Steuerung eine Impulsverdopplung oder -vervierfachung vorgenommen werden, was einer entsprechenden Erhöhung der Auflösung entspricht (Bild 7-5). Wahres und negiertes Signal ermöglichen die Ausblendung eventuell auftretender Störimpulse in der Meßwertaufbereitung. Der Nullimpuls R dient der Zählernullung. Er kann zusätzlich zum Zählen voller Umdrehungen der Geberscheibe benutzt werden. Damit kann eine Verschleppung eventueller Zählfehler verhindert werden.

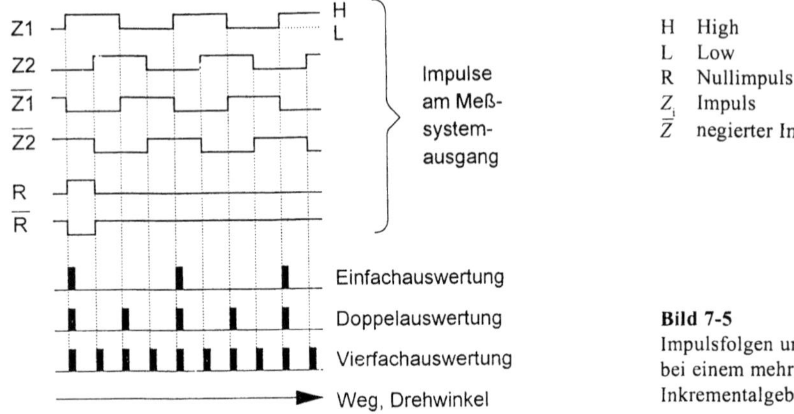

Bild 7-5
Impulsfolgen und deren Auswertung bei einem mehrkanaligen Inkrementalgeber

Für inkrementale Meßsysteme ist typisch, daß beim Einschalten eine Referenzfahrt nötig ist, damit am Referenzpunkt bzw. -schalter die Inkrementzähler auf Null gestellt werden können. Es gibt heute aber auch Lösungen, bei denen bei Spannungsabfall oder Abschaltung der Zählerinhalt abgespeichert wird. Beim Wiedereinschalten werden die gepufferten Daten dann wieder in die Steuerung geladen und das Bewegungsprogramm kann, zumindest aus dieser Sicht, ohne Referenzpunktfahren fortgesetzt werden.

7.2.3 Winkelcodierer

Digitale Absolutwertgeber (Bild 7-6) sind sicher und technisch elegant, aber aufwendiger als inkrementale Drehimpulsgeber. Sie geben sofort beim Einschalten die richtige Position an, weil jeder Winkelstellung ein bestimmtes Codewort zugeordnet ist. Jeder Sensor liest „seine" Codebahn und leitet das entsprechende Ausgangssignal weiter. Zur Codierung wird immer ein Binärcode verwendet, oft der Gray-Code. Bei diesem Code wechselt beim Übergang von einer Position zur nächsten nur auf einem Ausgangskanal das Signal. Verwirrung stiftende Übergangscodes, wie sie beim nicht exakten gleichzeitigen Umschalten mehrerer Ausgänge (Spuren) entstehen würden, sind dadurch ausgeschlossen.

Der Gray-Code (Bild 7-7) ist ein einschrittiger Code. Er muß allerdings in der Meßwertaufbereitung erst in einen rechentechnisch verarbeitbaren Code umgewandelt werden. Das ist beim BCD-Code nicht erforderlich.

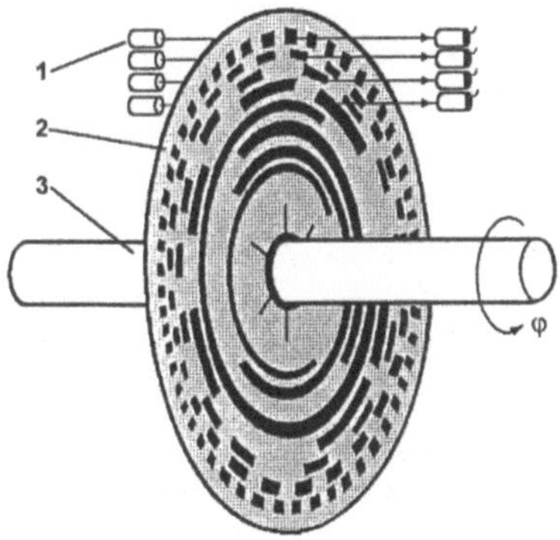

1 optoelektronische Abtasteinheit
2 Codescheibe
3 Antriebswelle

Bild 7-6
Absolutwertgeber (Leseelemente nur
teilweise dargestellt)

BCD = binär codierte Dezimalzahl

Stellen-wert	Gray-Code	Stellen-wert	BCD-Code
0	0 0 0 0	0	0 0 0 0
1	0 0 0 1	1	0 0 0 1
2	0 0 1 1	2	0 0 1 0
3	0 0 1 0	3	0 0 1 1
4	0 1 1 0	4	0 1 0 0
5	0 1 1 1	5	0 1 0 1
6	0 1 0 1	6	0 1 1 0
7	0 1 0 0	7	0 1 1 1
8	1 1 0 0	8	1 0 0 0
9	1 1 0 1	9	1 0 0 1
10	1 1 1 1		1 0 1 0
11	1 1 1 0		1 0 1 1
12	1 0 1 0		1 1 0 0
13	1 0 1 1		1 1 0 1
14	1 0 0 1		1 1 1 0
15	1 0 0 0		1 1 1 1

(Erste Tabelle: Dezimalzahlen; zweite Tabelle: Denärziffern 0–9, dann Pseudo-tetraden 1010–1111)

Bild 7-7
Codes für Winkelcodierer

Die Winkelauflösung $\Delta\varphi$ ergibt sich aus

$$\Delta\varphi = 360°/(2 \cdot n),$$

wobei n die Anzahl der Codespuren ist.

Somit ist $\Delta\varphi$ der kleinste anweisbare Steuerschritt. Ein großer Wert für die abbildbare Zahl von Inkrementen kann durch die Kopplung von mehreren Codescheiben erreicht werden. Sie werden mit Hilfe präziser Übertragungsgetriebe miteinander verkoppelt. Aus einem Singleturn-Codierer wird dann ein Multiturn-Drehgeber. Das Prinzip zeigt Bild 7-8. In der Realität sind die Codescheiben 2 bis 4 satellitenartig um die Scheibe 12 angeordnet, so daß sich trotzdem eine relativ kleine Bauweise ergibt. Die Codescheiben sind gray-codiert. Die Scheibe S1 hat bei einer Umdrehung eine Auflösung von 4096 Schritte (12 Bit Wortbreite entspricht 12 Spuren). Die Scheiben S2 bis S4 tragen jeweils 4 Codespuren ($2^4 = 16$ Schritte). Für das dargestellte Gesamtsystem ergibt sich deshalb folgende maximale Gesamtauflösung:

4096 x 16 x 16 x 16 = 16777216 Schritte (24 Bit = 2^{24})

Neben dem häufig verwendeten Gray-Code gibt es noch andere einschrittige Codes, wie den Tomkins-, den O'Brien- und den Libaw & Craig-Code.

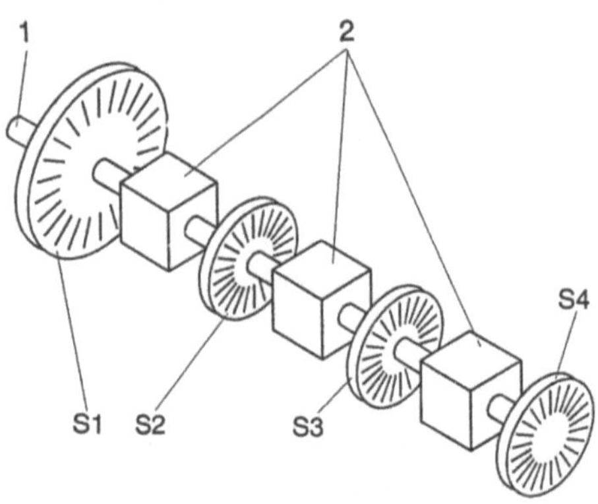

S1 bis S4 Codescheibe
1 Geberwelle
2 Getriebe 1:16

Bild 7-8
Multiturn-Drehgeber (STEGMANN)

7.2.4 Inductosyn

Das Inductosyn (als Scheibe oder Lineal) ist ein robustes und gegen Verschmutzung unempfindliches Wegmeßsystem. Es gestattet über eine frequenz- und phasenselektive Auswertung eine deutliche Trennung von Nutz- und Störsignalen. Es sind Genauigkeiten von ± 2,5 µm oder ± 1 Winkelsekunde und besser erzielbar. Hauptanwendungsgebiet sind die NC-Maschinen.

Das Linearinductosyn besteht aus einem Maßstab (Scale), der über die Länge des Verfahrbereiches einen mäanderförmigen Leiterzug enthält. Nach einem bestimmten Abstand, der als Wellenlänge l bezeichnet wird, kehrt das Leiterzugbild periodisch wieder. Über den Maßstab gleitet ein Läufer (Slider) im Abstand von etwa 0,2 mm, der zwei Leiterzüge enthält, die voneinander einen definierten Abstand von l(n + ¼) haben müssen (n = beliebig ganzzahlig). Die Anzahl der durchlaufenen Wellenlängen muß elektronisch ausgewertet und gezählt werden. Analog verhält es sich bei einem Rundinductosyn (Bild 7-9). Bei einem 360-poligen Rotor sind 180 Leiterzugperioden symmetrisch auf dem Vollkreis angeordnet. Da sich die elektrische Situation nach einem kleinen Winkel wiederholt, spricht man von einem phasenzyklischen Meßsystem. Das trifft auch auf den Resolver zu, der anschließend erklärt wird.

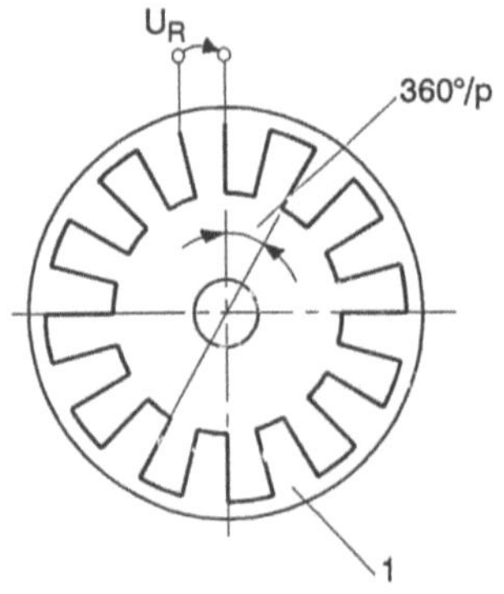

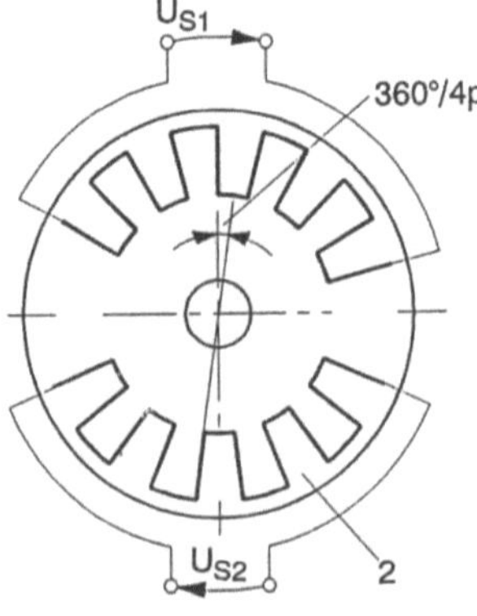

1   Rotor
2   Stator
p Polpaarzahl
U_R Rotorspannung
U_S Statorspannung

Bild 7-9
Leiterzuganordnung beim Rundinductosyn

7.2.5   Resolver

Resolver (to resolve = auflösen) sind spezielle schleifringlose Drehmelder. Beim Phasenansteuerverfahren werden in die zwei geometrisch um 90° versetzt angeordneten Statorwicklungen zwei harmonische, elektrisch um 90° phasenverschobene Ströme gleicher Amplitude eingespeist (Bild 7-10).

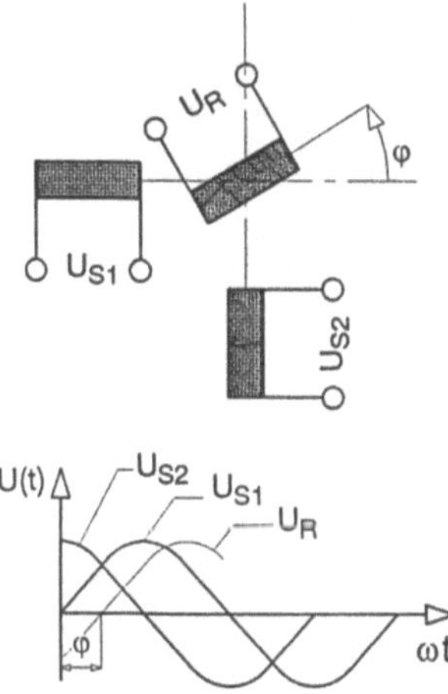

Bild 7-10
Prinzip des Resolvers

In der einphasigen Rotorwicklung ergibt sich abhängig vom Drehwinkel φ die induzierte Rotorspannung $U_R(t)$ zu

$$U_R(t) = U_{S1}(t) \cdot \cos\varphi + U_{S2}(t) \cdot \sin\varphi.$$

Beim Phasenansteuerverfahren werden die Statorwicklungen mit einer Wechselspannung U_{S0} mit einer Drehfrequenz ω_S beaufschlagt und die Statorspannungen sind dann

$$U_{S1}(t) = U_{S0} \cdot \sin \omega t$$

$$U_{S2}(t) = U_{S0} \cdot \cos \omega t.$$

Aus der Phasenverschiebung zwischen $U_R(t)$ und $U_{S1}(t)$ läßt sich dann die Winkelinformation φ gewinnen. Man kann Winkelauflösungen von 10' noch meßtechnisch sinnvoll erfassen, was einer Auflösung von 2000 Impulsen je Umdrehung entspricht. Nach einer Umdrehung wird das Meßergebnis mehrdeutig. Absolutes Wissen ist somit nur innerhalb dieser einen Rotordrehung möglich. Bei Winkeln > 360° sind dann die Nulldurchgänge mitzuzählen, d.h. die Auswertung erfolgt zyklisch-absolut. Man kann auch ein zusätzliches Grobmeßsystem ansetzen. Der Meßwert setzt sich dann aus Grob- und Feinmeßwert zusammen. Da die Meßwerte analog anfallen, wird ein Analog-Digital-Umsetzer notwendig, was übrigens auch für das elektrisch vergleichbare Inductosyn zutrifft.

Resolver haben kleine Abmessungen, einfachen Aufbau und sie sind recht robust. Bei Verwendung von EC-Motoren (EC = electronically commutated motor, elektronisch kommutierter Motor) wird der Resolver auch als Rotorlagegeber verwendet, wobei dann die Wicklungen genau zum Motor eingerichtet sein müssen.

7.2.6 Transsonar

Das Transsonar (Bild 7-11) ist ein berührungsloses Längenmeßsystem mit einer Auflösung bis etwa 0,01 mm. Basis ist ein Wellenleiter aus einer magnetostriktiven Eisen-Nickel-Legierung mit eingezogener stromführender Leitung und Aufnehmerspule, einem mit 4 Magneten besetzten Positionsgeber und der Elektronik. Durch einen Stromimpuls, der durch den elektrischen Leiter geschickt wird, entsteht um den Wellenleiter ein axial gerichtetes rotatives Magnetfeld, das auf das radial gerichtete Permanentmagnetfeld trifft. Diese Überlagerung löst einen Torsionsimpuls durch Magnetostriktion des Wellenleiters aus. Die zurücklaufende Torsionswelle induziert in der Aufnehmerspule ein elektrisches Signal. Die Zeit zwischen der Auslösung des Torsionsimpulses und der Induzierung eines elektrischen Signals ist ein Maß für den Weg. Es ist ein großer Vorteil, daß der verschiebbare Teil keinerlei Leitungsanschlüsse braucht.

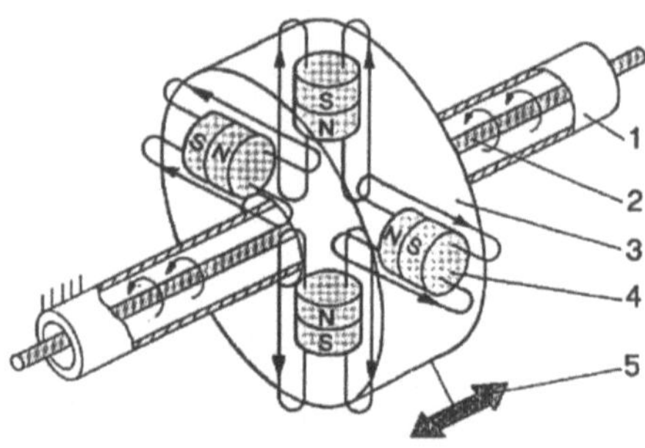

1 Rohr
2 Schallwellenleiter
3 Positionsgeber
4 Permanentmagnet
5 Verschiebung beim
   Positionieren

Bild 7-11
Transsonar

7.3   Geschwindigkeitsmessung

In der Regel ist bei Robotern die Drehgeschwindigkeit der Achsantriebe zu bestimmen. Grundsätzlich läßt sich durch Differentation des Wegsignals ein Geschwindigkeitssignal erzeugen. Allerdings erhält man die Geschwindigkeitsinformation zeitlich erheblich verzögert, weil das Wegsignal selbst erst bearbeitet werden muß. Außerdem kann eine Filterung des Signals notwendig sein, um überlagerte Störspannungssignale auszumerzen. Für die Steuerung schneller Bewegungsabläufe ist deshalb eine unabhängige Geschwindigkeitsmessung erforderlich. Dafür werden Tachogeneratoren eingesetzt, die ein analoges, geschwindigkeitsproportionales Signal ausgeben. Der andere Weg besteht in der Abnahme von Rechtecksignalen der inkrementalen oder digital-absoluten Drehgeber („Digital-Tacho"). In diesem Fall ergibt sich als auflösbare Drehzahl bei der Periodendauermessung

$$n = 60000/(i \cdot t) \qquad \text{in U/min.}$$

Es bedeuten:

i Anzahl der Inkremente je Umdrehung der Drehgeberwelle,

t Dauer eines Meßintervalls (Periodendauer) von Inkrement zu Inkrement in Millisekunden.

Bei der Drehzahlmessung durch Impulszählung werden die Impulse vom Inkremental-Geber in einem Zähler gesammelt. Nach Ablauf der Meßzeit steht der zur Drehzahl proportionale Zählerstand als Mittelwert zur Verfügung. Um einen Quantisierungsfehler möglichst klein zu halten, sollte die Drehzahl hoch sein.

Ein weiteres Verfahren ist die Multiperiodendauermessung, bei der die Periodendauer über mehrere Werte gemittelt wird.

Beim konventionellen Tachogenerator (kleiner Gleichstrommotor, der als Generator mitläuft; Dynamoprinzip) gibt es solche mit Kommutator-Bürste als Übertragungssystem für die induzierten Spannungen und jene, die bürstenlos arbeiten. Bei den bürstenlosen Tachos induziert ein Permanentmagnetrotor in drei Wicklungssystemen drei zeitlich gegeneinander versetzte und sich überlappende Spannungen. Diese werden elektronisch zu einem Ausgangssignal gewandelt.

Tachogeneratoren sind sehr robust und benötigen keine elektrische Hilfsenergie. Hochwertige Tachos haben eine Linearität von 0,1 %. Ein Gleichstromtacho wird durch die Funktion

$$U_0 = K \cdot \omega \quad \text{in V}$$

beschrieben.

Dabei bedeuten:

U_0 Ausgangsspannung am Tachometer in Volt,

K Tachometerkonstante in V·s/rad,

ω Winkelgeschwindigkeit in rad/s.

Es wird eine der Winkelgeschwindigkeit des Rotors proportionale Ausgangsspannung oder ein Ausgangsstrom bereitgestellt. In Bild 7-12 ist das Stromdiagramm eines bürstenlosen Tachogenerators dargestellt. Hieraus ist auch die Drehrichtung erkennbar.

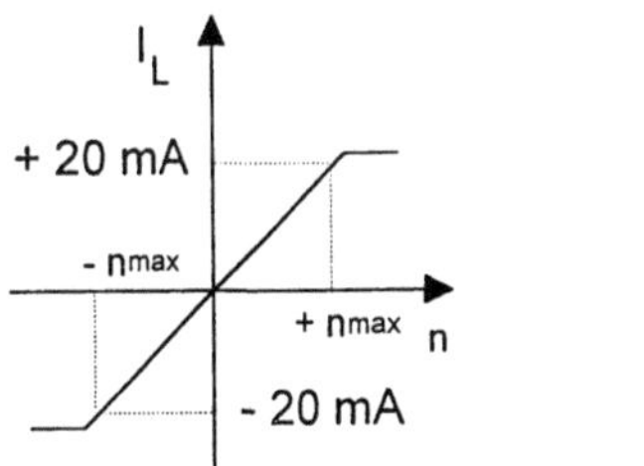

I   Strom
n   Drehzahl

Bild 7-12
Stromdiagramm eines bürstenlosen Tachogenerators

7.4   Leitsysteme und Navigation

Um einen mobilen Roboter an einer Arbeitsstelle zum Einsatz bringen zu können, müssen zwei Aufgaben erfüllt sein:

- Führung bis zum Zielort und

- Feinpositionieren am Zielort.

Die Führung zum Ziel kann mit verschiedenen technischen Lösungen (Führungstechnik) erreicht werden:

Leitspur

Die Führung erfolgt entlang einer Spur. Das kann ein im Fußboden eingebrachter Leitdraht sein, der ein elektromagnetisches Wechselfeld abstrahlt oder ein aufgeklebter optisch crfaßbarer Streifen. Das nachträgliche Auffräsen des Fußbodens, um den Leitdraht zu installieren, ist allerdings ein beachtlicher Kostenfaktor bei der Einführung eines solchen Systems. Außerdem liegt die Spur unveränderbar fest.

Leitspur mit Freifahrtabschnitten

Das System erlaubt dem mobilen Roboter eine bestimmte Strecke, z.B. bis zu 10 m, in freier Fahrt, also ohne Leitdraht, zu fahren. In diesem Fall übernimmt der Bordcomputer die Führung, indem er Raddrehwinkel auswertet. Nach Erledigung einer Aufgabe kehrt das Fahrzeug wieder zum Leitdraht zurück.

Freiprogrammierbare Fahrten

Das System verfügt über ein bordeigenes Navigationssystem. Dazu müssen geeignete Sensoren installiert werden. Die Bestimmung der Fahrzeugposition wird auch als Ortung bezeichnet. Man unterscheidet hier vor allem drei Verfahren: Koppelnavigation, Meldestellen- und Bakenverfahren sowie die Funkortung.

7.4.1 Leitspursysteme

In Bild 7-13 wird der für ein Leitdrahtsystem typische Aufbau gezeigt. Das elektromagnetische Wechselfeld wird durch Sensoren „abgefühlt" und Differenzen im Fahrweg über das Lenkgetriebe ausgeregelt [81]. An bestimmten Stellen werden über zusätzliche Datenübertragungsschleifen Informationen zur Zielfahrt übergeben. Die Informationsübertragung kann aber auch über eine Datenlichtschranke vorgenommen werden.

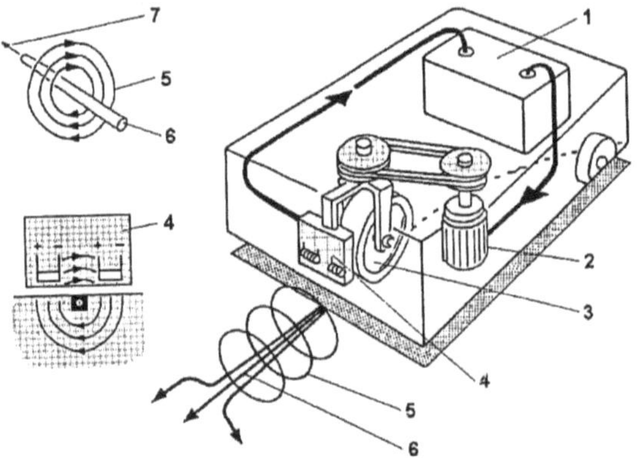

1 Auswerteeinheit
2 Lenkantrieb
3 Lenkrad
4 Antenne
5 Magnetfeld
6 Leiterschleife
7 Stromrichtung

Bild 7-13
Klassische Spurführung mit
Leitdraht

In Bild 7-14 wird eine solche Situation gezeigt. Am Palettenbahnhof nimmt der mobile Roboter die Kommunikation auf. Damit ist auch der Leitrechner ansprechbar.

Bei hochentwickelten Leitdrahtsystemen wird auch die Kommunikation über den Leitdraht abgewickelt. Die Antenne auf dem Fahrzeug empfängt somit auch Signale von der Zentrale. Dazu wird der eigentlichen Leitfrequenz eine um ein mehrfaches höhere Datenübertragungsfrequenz

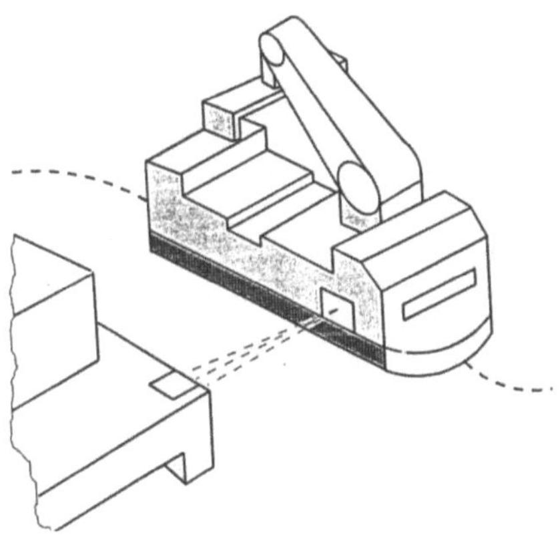

Bild 7-14
Datenaustausch über eine Datenlichtschranke zwischen
festen Lagerplätzen und fahrerlosem Flurförderzeug

überlagert [82]. Das zeigt Bild 7-15. Es wird z.B. mit 5 Leitfrequenzen (f_1 bis f_5 von 5 bis 15 kHz) gearbeitet, die Frequenz zur Datenübertragung beträgt 50 kHz. Die Richtungssteuerung geschieht also mit einem Mehrfachfrequenzsystem. An Kreuzungen, Blockstellen oder Verzweigungen orientiert sich das Fahrzeug an passiven Bodencodierungen, die in den Fußboden eingelassen sind, den sogenannten Respondern („Antworter"). Sie werden vom Fahrzeug aus aktiviert und verfügen selbst über keine Energiezufuhr. Soll das Fahrzeug entlang einer anderen Leitdrahtschleife von der bisherigen Spur aus abbiegen, dann wird eine zweite Frequenz im spitzen Winkel zusätzlich zur in Geradeausrichtung weisenden Frequenz zugeführt. Soll das Fahrzeug abbiegen, wird an der Responderstelle auf Befehl der Zentrale auf die neue Frequenz umgeschaltet. Für Genauhalt-Operationen sind am Fahrzeug Positionierlichtschranken angebracht, die in Verbindung mit Reflektoren an den Einrichtungen der Arbeitsstellen eine Genauigkeit von ± 5 mm sicherstellen. Das Prinzip ist mit dem Aufbau nach Bild 7-14 vergleichbar.

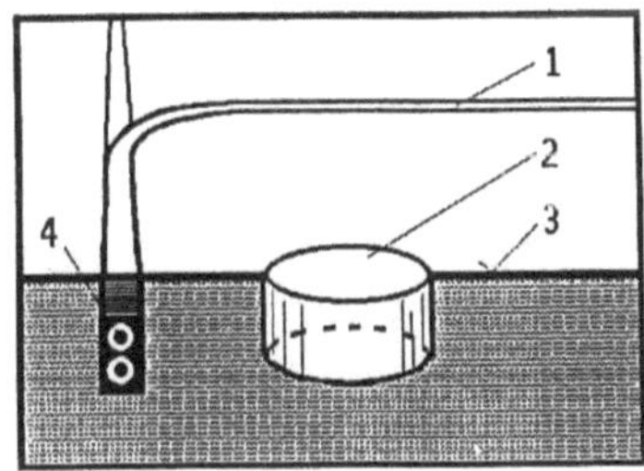

a)

1 Spurführung
2 Responder
3 Fußboden
4 Leitdraht

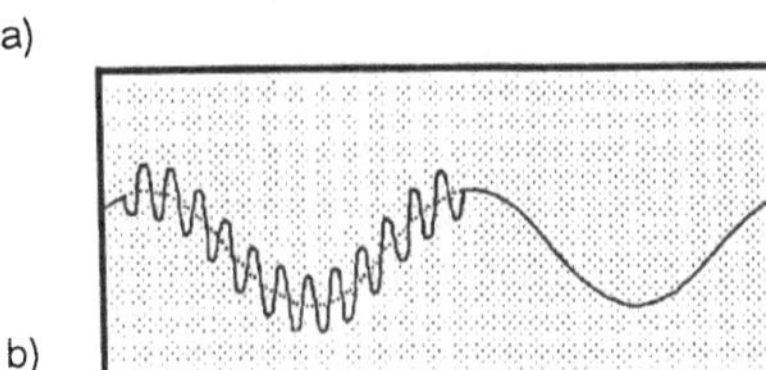

b)

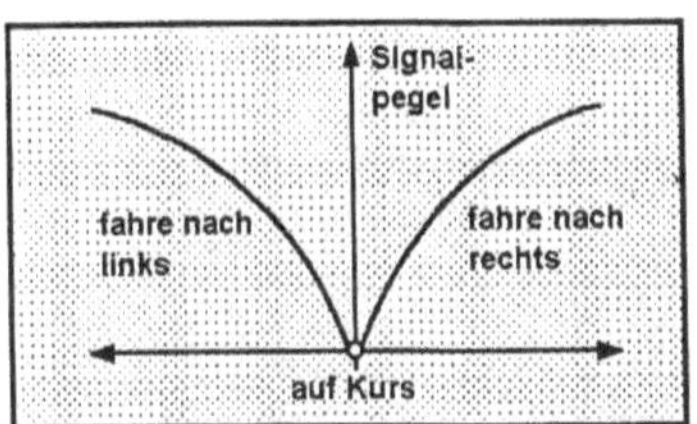

c)

Bild 7-15
Steuerung mit Mehrfrequenzsystem (MANNES-
MANN-DEMAG)

a) Bodenanlage
b) Überlagerung von Leit- und Datenübertragungsfrequenz
c) Fehlersignal bei der Spurführung

Um das Fahrzeug genau auf Spur zu halten, wird das abgestrahlte Wechselfeld sensiert. Daraus wird dann ein Fehlersignal abgeleitet (Bild 7-15c). Bei optischen Systemen wird eine neben der Fahrstrecke laufende Streifenmarkierung verfolgt. Daten werden z.B. mit Infrarot-Lichtstrecken übergeben oder es werden Balkencode-Markierungen abgelesen.

7.4.2 Odometrische Systeme

Ein Odometer ist ein Wegstreckenzähler. Wird eine Bewegung in einer Dimension ausgeführt, dann ergibt sich der zurückgelegte Weg aus dem Integral der Geschwindigkeit über die Zeit, wie es Bild 7-16 zeigt. Bei Bewegungen in 2 Dimensionen sind die Geschwindigkeitsvektoren aneinanderzureihen.

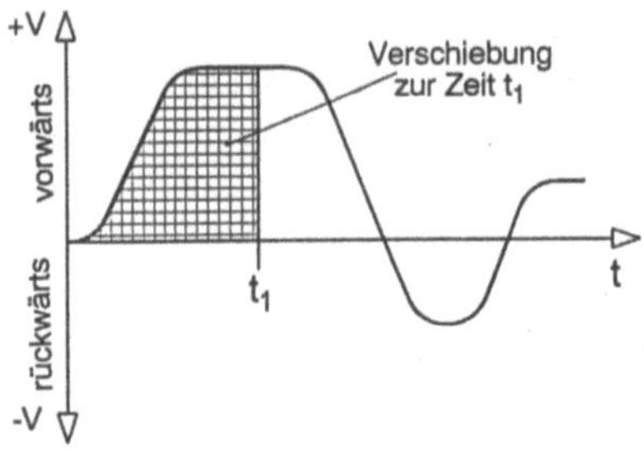

Bild 7-16
Die Verschiebung ist das Integral der Geschwindigkeit über die Zeit *t*.

Bei freifahrendem Roboter kann die aktuelle Position bestimmt werden, indem zu einer Startposition alle weiteren Wegabschnitte gemessen und aufgerechnet werden (Bild 7-17). Damit gilt für die Koordinatenfortschreibung:

$$x = x_0 + \sum S_i \cdot \cos \alpha_i$$

$$y = y_0 + \sum S_i \cdot \sin \alpha_i$$

Die Räder des Fahrzeugs werden dazu mit Drehwinkelgebern ausgestattet. Aus den Unterschieden des zurückgelegten Bogens zwischen linkem und rechtem Rad wird der Fahrtwinkel α_i ermittelt. Allerdings müssen die Meßräder ständig Bodenkontakt haben und dürfen in Kurven nicht radieren, sonst entstehen Meßfehler.

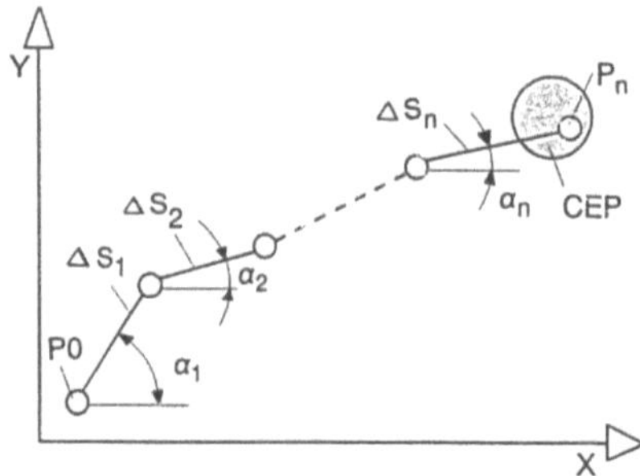

Bild 7-17
Koppelnavigation nach dem Prinzip der vektoriellen Addition von Wegstrecken
CEP circular error probability, Fehlerkreisradius

Das Prinzip der Odometrie wird am Beispiel eines Radfahrzeuges in Bild 7-18 gezeigt. Es werden zwei Positionen dargestellt, die sich auf einer bogenförmigen Fahrt ergeben haben. Es gilt:

$$\Delta\Theta = \frac{1}{E}(\Delta U_{\mathrm{L}} - \Delta U_{\mathrm{R}})\frac{180}{\pi}$$

$$\Delta U_{\mathrm{n}} = \frac{1}{2}(\Delta U_{\mathrm{L}} + \Delta U_{\mathrm{R}})$$

$$x_{\mathrm{n}} = x_{\mathrm{n-1}} + \Delta U_{\mathrm{n}} \cdot \cos\left(\frac{\Theta_{\mathrm{n-1}} + \Theta_{\mathrm{n}}}{2}\right)$$

$$y_{\mathrm{n}} = y_{\mathrm{n-1}} + \Delta U_{\mathrm{n}} \cdot \sin\left(\frac{\Theta_{\mathrm{n-1}} + \Theta_{\mathrm{n}}}{2}\right)$$

Hieraus ergibt sich der neue Standort des Fahrzeuges.

Zur Koppelnavigation, wie sie bei odometrischen Systemem kennzeichnend ist, zählen auch inertielle Meßverfahren. Ihr Prinzip besteht darin, mit einem Sensor die Beschleunigung des Fahrzeugs zu messen und durch zweifache Integration auf den Weg zu schließen. Allerdings muß dazu der Sensor auf einer kreiselstabilisierten Plattform installiert sein. Drehbewegungen dieser Plattform werden als Orientierungsänderung (Fahrtrichtung) interpretiert. Das Verfahren ist auch unter dem Begriff Trägheitsnaviagtion bekannt.

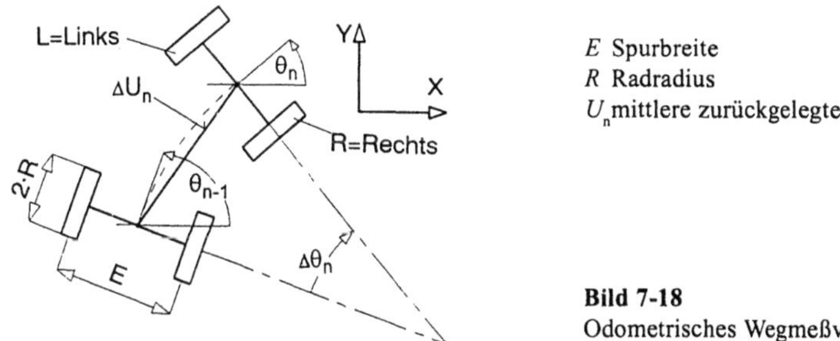

E Spurbreite
R Radradius
U_{n} mittlere zurückgelegte Bogenlänge

Bild 7-18
Odometrisches Wegmeßverfahren

Zur Bestimmung interner Bewegungsgrößen stehen viele Sensoren zur Verfügung, die außerdem noch unterschiedlich kombiniert werden können. Dazu zählen z.B. Inkrementalgeber, Potentiometer, Winkelcodierer und Kreisel (Bild 7-19).

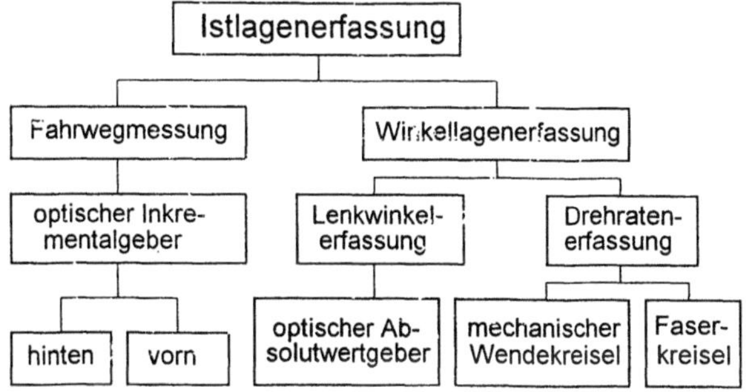

Bild 7-19 Sensorisierung zur Istlagenerfassung von mobilen Robotern

Die Genauigkeit der Sensorsignale bestimmt, in welcher Häufigkeit ein Abgleich mit Stützpunktmessungen (bekannte Umgebungspunkte) erfolgen muß. Koppelnavigation ist immer „driftbehaftet".

7.4.3   Meldestellenverfahren

Bei diesen Verfahren werden kleine Sender oder Induktionsschleifen benutzt, die punkt- oder flächenverteilt im Operationsbereich angebracht sind. Sie strahlen eine Kennung mit Rundumcharakteristik ab, so daß ein Fahrzeug auch zwischen mehreren Baken durch einen Vergleich der Feldstärken auf den Abstand schließen kann.

Eine andere Art der Wegführung ist die Orientierung mit Hilfe eines rundum laufenden Laserstrahls. Die Ausrüstung eines solchen fahrerlosen Fahrzeugs wird in Bild 7-20 gezeigt.

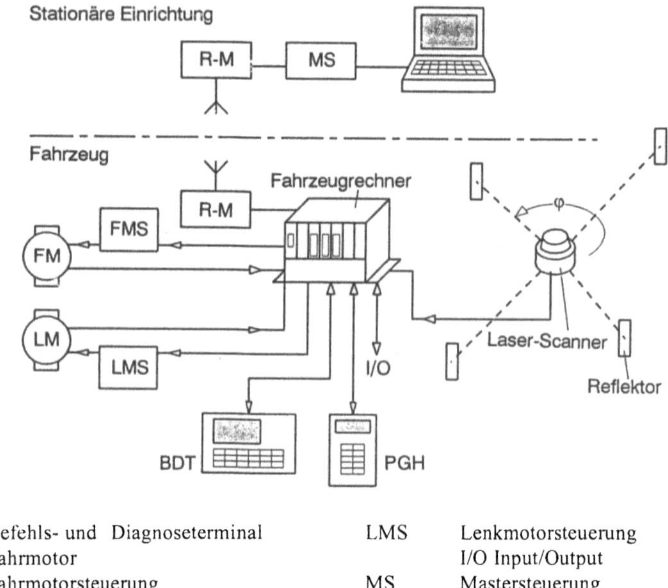

BDT	Befehls- und Diagnoseterminal	LMS	Lenkmotorsteuerung
FM	Fahrmotor		I/O Input/Output
FMS	Fahrmotorsteuerung	MS	Mastersteuerung
LM	Lenkmotor		

Bild 7-20 Systemüberblick über ein fahrerloses Fahrzeug mit Lasernavigation (NETZLER & DAHLGREN)

An den Wänden befinden sich beinahe wahllos angebrachte einfache identische Reflexbandstücke, die einen Laserstrahl zurückwerfen. Aus den Peilwinkeln φ der Reflexsignale wird der momentane Standort errechnet, indem mit einem vorher gespeicherten Streckenlayout verglichen wird. Die Fahrzeuge können frei manövrieren, d.h. ohne physische Leitelemente im Fußboden. Dennoch kann man das Fahrzeug nicht als autonom bezeichnen, weil Reflexelemente nötig sind. Der Datenverkehr zwischen Fahrzeug und Leitstand erfolgt entweder über Funk oder mit Infrarot-Datenstrecke. Die Reflexmarken müssen nicht in Fahrzeugnähe angebracht sein. Es können auch weiter entfernt befindliche Maschinen, Säulen oder Wände bis in 100 m Entfernung benutzt (beklebt) werden. Man wird Reflektoren mehr als unbedingt nötig anbringen. Dann können auch einmal einzelne Marken z.B. durch Personen verdeckt sein, ohne daß das

System die Orientierung verliert. Es müssen jedoch immer mindestens 4 Reflektoren im Sichtbereich sein. Die Positioniergenauigkeit entspricht etwa den Verfahren mit Leitdraht (± 2 bis ± 10 mm). Daten werden dem mobilen Roboter in diesem Fall mit Funkkommunikation übermittelt. Die Übertragung ist hierbei nicht an bestimmte Positionen oder die Einhaltung von Leseabständen gebunden. Der Ursprung der Lasernavigation geht übrigens auf einen „Sternennavigator" zurück, der einst zur Steuerung von Robotern nach dem Sternbild entwickelt wurde.

7.4.4   Funkortung

Verfahren der Funkortung sind Peilung, Hyperbelverfahren und Abstandsmessung. Bei der Peilung wird der Winkel zu Sendern bestimmt. Das erfordert drehbare Antennen, was für mobile Roboter nicht sehr günstig ist. Bei Hyperbelverfahren werden von mehreren Sendern synchrone Signale abgestrahlt. Aus den Laufzeitdifferenzen lassen sich Hyperbelstandlinien identifizieren, von denen der Schnittpunkt mehrerer der Standort des Roboters ist.

7.4.5   Navigation im Magnetfeld

Ein Roboter kann mit einem Magnetometer ausgestattet werden, mit dessen Hilfe er sich im natürlichen Erdmagnetfeld oder einem künstlich aufgebrachten Magnetfeld (Bild 7-21) zurechtfinden kann. Dazu wird die Ausrichtung des Feldes und seine Stärke am jeweiligen Ort bestimmt. Das Erdmagnetfeld ist raumfest. Die Funktion des Magnetkompasses stützt sich ebenfalls auf dieses Feld. Es ist allerdings örtlich begrenzten Störungen unterworfen [14]. Künstlich erzeugte Felder sind zwar gleichmäßiger und stärker, können aber je nach Umgebung auch zu Mißweisungen führen. Möglicherweise ist eine „Magnetfeldkarte" anzulegen, die alle Inhomogenitäten enthält und die zur Positionsbestimmung mit herangezogen wird.

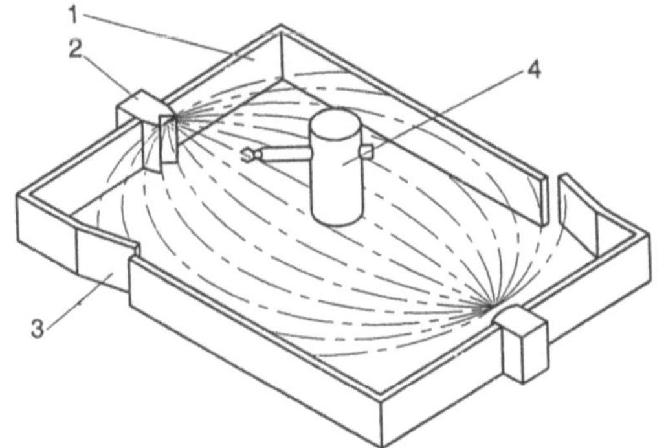

1 Rand des Wirkungsbereiches
2 Magnet
3 Zugang
4 Roboter

Bild 7-21
Roboterführung in einem Magnetfeld

7.4.6   Fehlersituation

Die Zielfahrt eines mobilen Roboters kann nicht im voraus auf alle möglichen Hindernisse und Fehler vorbereitet werden. Es ist eine gewisse Eigenreaktion bei Hindernissen, Überlastung u.ä. notwendig. Es können aber auch nicht mehr auswertbare Signale entstehen. Das Bild 7-22 zeigt ein solches Beispiel [83]. Die Führung wird in diesem Fall durch Ultraschallentfernungsmessung bewältigt. Dabei kann es in Kurven und in verwinkelten Gassen zu Meßfehlern kommen, zu Mehrfachechos und zu nicht nutzbaren Signalen. In solchen Fällen braucht man des-

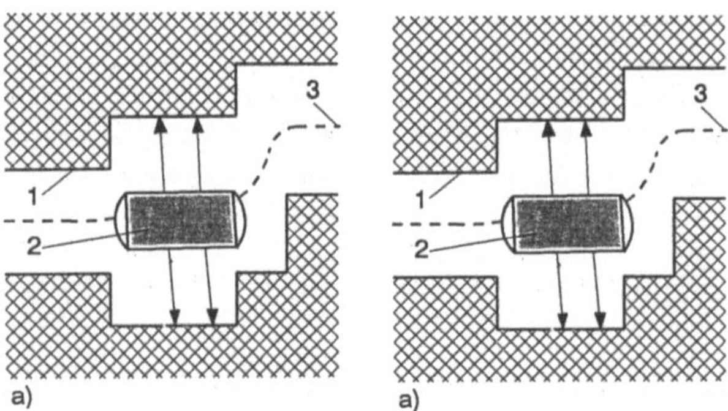

Bild 7-22 Fehlersituation bei sich selbst führenden Fahrzeugen

a) Abweichung von der idealen Fahrlinie durch unkorrigierte Verwendung der Meßsignale
b) nicht auswertbare Echos

halb noch andere Steuerungshilfen. So kann z.B. bei Kurvenfahrt abgeschaltet und nach eingelernten Informationen gefahren werden. Das läuft am Ende auf hierarchisch gegliederte Steuerungen hinaus, die sowohl gespeicherte Umweltmodelle („Umweltkarten"), übermittelte Informationen und über Sensoren selbst festgestellte Informationen für die Realisierung einer Zielfahrt heranziehen.

Ein autonomer mobiler Roboter kann also nur überleben, wenn er über geeignete bewegungsorientierte Funktionen verfügt, wie es Bild 7-23 zeigt. Der Roboter orientiert sich an künstlichen und/oder natürlichen Landmarken. Die Manövrierfähigkeit muß aber auch bei beengten Platzverhältnissen gegeben sein. Das ist technisch recht anspruchsvoll, denkt man nur an wandnahes Fahren, bei dem der Roboter die Wand nicht als Hindernis interpretieren darf. Meistens kommen noch Andockmanöver hinzu, damit der Roboter an einer Bedienstelle Energie übernehmen kann. Außerdem wird bei dieser Gelegenheit das Wegmeßsystem abgeglichen, d.h. Meßfehler werden eliminiert.

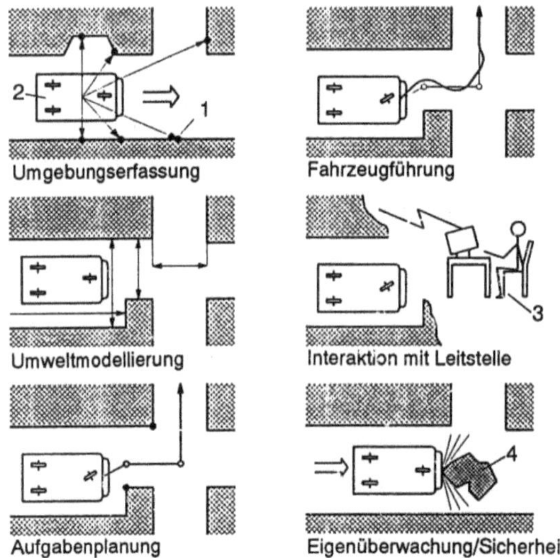

Bild 7-23 Bewegungsorientierte Funktionen eines autonomen, mobilen Roboters

8 Robotersensorik

Die Fähigkeit eines Roboters zur lokalen Adaption ist an äußere Sensoren gebunden, die Informationen aus der Umwelt gewinnen und der Steuerung die Sensorsignale in regelungstechnisch geeigneter Weise zur Verfügung stellen. Sensoren sind Meßwertaufnehmer, die zur Gewinnung von Informationen über Eigenschaften, Zustände oder Vorgänge dienen und hierfür bedeutsame Eingangssignale (Prozeß-, Zustandsdaten) auf geeignete, meist elektrische Ausgangssignale abbilden [84, 193]. Durch Sensorsignale veranlaßte Korrekturen, z.B. der Effektorbahn, unterscheidet man prinzipiell in kummulative und nichtkummulative. Erstere wirken so, daß der Effektor nicht mehr auf seine ursprüngliche Bahn zurückkehrt. Nichtkummulativ bedeutet, daß der Effektor nur solange von der Bahn abweicht, wie Korrekturwerte ungleich Null empfangen werden. Sensorschnittstellen für Fertigungssysteme werden in der DIN 66311 (1992) behandelt.

8.1 Gliederung der Sensoren

Das Prinzip eines Sensors wird in Bild 8-1 dargestellt. Man sieht, daß eine bestimmte Signalverarbeitung vorgenommen werden muß (Vorverarbeitung), ehe die Informationen weitergegeben werden. Die Sensorfunktionen können mittels unterschiedlicher physikalischer Wirkprinzipe zur Primärwandlung realisiert werden.

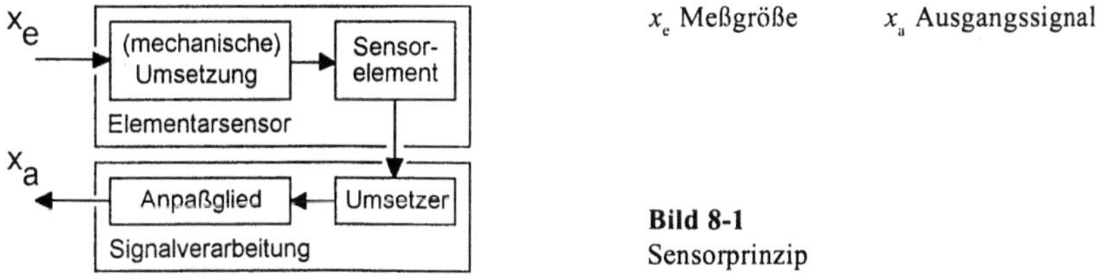

Bild 8-1
Sensorprinzip

Näherungs-, Tast- und Visionssensoren tragen dazu bei, einerseits die Genauigkeitsforderungen an die Kinematik des Roboters sowie an seine mechanische Peripherie zu entschärfen, z.B. durch sensorgeführte Roboterbewegungen, andererseits dienen sie unmittelbar zur Erweiterung der Roboterfähigkeiten für eine Wahrnehmung und Erfassung zu manipulierender Objekte in einer Bearbeitungsszene. Die meisten Annäherungssensoren geben einen Output ab, der der Entfernung von Sensor zum Objekt entspricht. Das geschieht auf zwei Arten: Entweder wächst der Sensoroutput mit dem Abstand oder er sinkt, wenn sich der Abstand vergrößert (Bild 8-2).

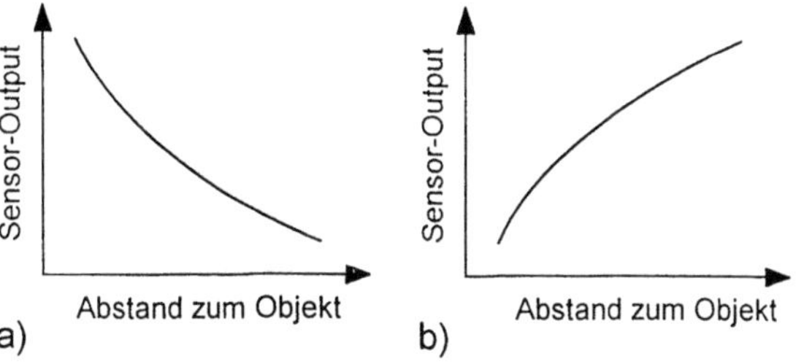

Bild 8-2
Der Output des Näherungssensors spiegelt den Abstand zum Objekt wider.
a) Output sinkt bei Abstandsvergrößerung
b) Output wächst mit zunehmendem Abstand

Eine allgemeine Einteilung der in der Robotik verwendeten Sensoren enthält das Bild 8-3. Von den taktilen Sensoren werden die mechanischen Taster wohl am meisten verwendet. Sie geben nur eine Ja-Nein-Aussage ab. Der physiologische Tastsinn beim Menschen leistet aber mehr. Der Spürsinn der Haut besitzt die Fähigkeit, Strukturen zu erkennen, die mit der Hautoberfläche in Berührung kommen. Die Druckempfindlichkeit spricht auf Kräfte und Drehmomente an.

Prinzip	taktil			elektrisch			optisch/visuell				akustisch		
Sensortyp	mechanischer Taster	Dehnungsmeßstreifen	Meßdose (Piezo)	druckempfindliche Kunststoffstrukturen	induktiver Näherungsschalter	kapazitiver Näherungsschalter	Lichtschranke	Reflexionssensor	Laserscanner	Infrarotsensor	Videosystem	Ultraschallschranke	Ultraschall-Array	Sonar
Signalart digital	●			●	●	●	●	●	●	●	●	●		
Signalart analog	●	●	●								●		●	●

Bild 8-3   Einteilung der Sensoren für die Robotertechnik

Einiges davon sollen die taktilen Sensoren ebenfalls leisten. Sie vermögen folgendes zu erfassen (Bild 8-4):

- Anwesenheit von Objekten, Vollständigkeit,

- Form, Position und Orientierung eines Werkstücks,

- Druck an der Berührungsfläche und Druckverteilung,

- Größe, Ort und Richtung einer Kraft,

- Größe, Ebene und Wirkungssinn eines Drehmoments.

Dazu muß das (nichtelementare) taktile System über eine Berührungsfläche, einen Wandler zur Umsetzung lokaler Kräfte und Drehmomente in elektrische Signale, eine Struktur und eine Informationsschnittstelle verfügen.

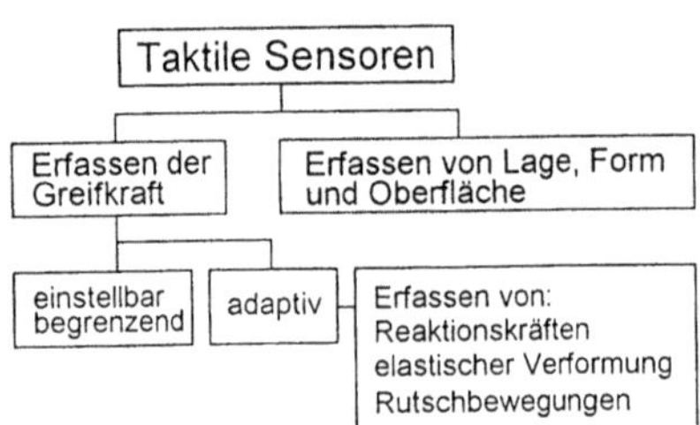

Bild 8-4
Einteilung der taktilen Sensoren

Der Umfang der Sensorisierung richtet sich nach den Erfordernissen des Prozesses. In Bild 8-5 werden ganz grob einige Anforderungsprofile angegeben. Der auszuwählende Sensor muß nach Meßprinzip, Konstruktion und Störübertragungsverhalten möglichst gut zu einer bestimmten Klasse von Einsatzfällen passen. Vor einem besonders schwierigen Problem steht der Roboter (besser: sein Computer), wenn er mit einem Sichtsystem ein Objekt erkennen soll (bin-picking

Anwendung \\ Regelgröße	Position	Orientierung	Geschwindigkeit	Kraft
Beschickung	voll	leer	leer	ca. 1/4
Sortieren	voll	leer	ca. 1/2	leer
Palettieren	voll	ca. 1/3	ca. 1/3	leer
ortsfeste Montage	voll	leer	leer	ca. 1/2
Punktschweißen	voll	ca. 1/3	leer	leer
Naht-Schmelzschweißen	ca. 1/2	ca. 1/3	voll	leer
Brennschneiden	ca. 1/2	leer	voll	leer
Farbauftrag	ca. 1/2	ca. 1/3	voll	leer
Bandmontage	ca. 2/3	leer	voll	leer
Entgraten	ca. 1/2	ca. 2/3	ca. 3/4	voll
Fügen	ca. 1/2	leer	leer	voll
Kommissionieren	voll	ca. 1/2	leer	leer
Kleben	ca. 3/4	ca. 1/2	voll	leer

Bild 8-5

Typische Regelgrößen, die durch die Technologie der Anwendung vorgegeben sind

(volles Feld = sehr wichtig)

problem). Das liegt daran, daß ein Körper aus verschiedenen Blickwinkeln völlig unterschiedliche Ansichten zeigt (Bild 8-6b). Ein zylindrischer Trinkbecher kann eine Rechteck-, Kreis- oder Ovalform abgeben, wobei die Formen der ovalen Enden exakt vom Sichtwinkel abhängen. Für den Zugriff des Roboters auf diesen Becher müssen aus den Ansichten Greifposition und Greiferorientierung abgeleitet werden.

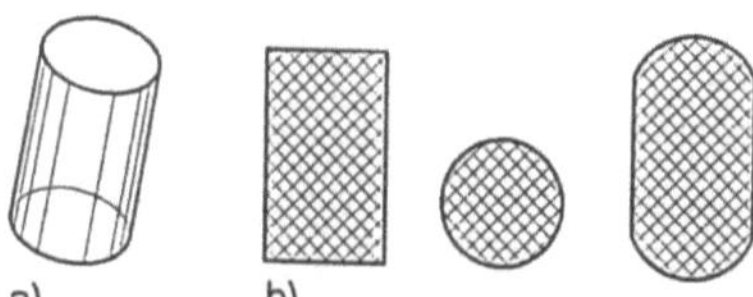

Bild 8-6
Die Erkennung des Objekts ist ein schwieriges Problem.
a) reales Objekt
b) Umrisse aus verschiedenen Perspektiven

8.2   Kraft-Momenten-Sensorik

Kräfte sind Naturerscheinungen und können nicht direkt gemessen werden. Man kann sie aber an ihren Wirkungen erkennen. Ordnet man Verformungskörper im Kraftfluß an, dann kann man aus deren Verformung die Größe einer Kraft ableiten. Ähnlich verhält es sich beim Drehmoment, wo sich im Verformungskörper z.B. der Torsionswinkel unter Last verändert und als Größe eines Drehmomentes genommen werden kann. Damit sind Kraft-Momenten-Sensoren taktile Sensoren und durch einen Verformungskörper geprägt. Für das Messen der Verformungen sind verschiedene Verfahren in Gebrauch. Man kann prinzipiell drei Methoden der Kraftmessung unterscheiden:

- Ermittlung der Kräfte durch Messung der Antriebsströme in den Gelenken. Im Ergebnis erhält man eher Schätzwerte.

- Messung der Kräfte zwischen Roboterarm und Hand mittels Kraftsensoren im Handgelenk. Es sind 3 Kraft- und 3 Momentenkomponenten erfaßbar.

- Messung der von der Roboterhand im Werkstück bzw. der Werkstückauflage erzeugten Reaktionskräfte durch roboterexterne Sensorik.

Eine ursprüngliche Form, die sich heute in vielen abgewandelten Varianten findet, ist der in Bild 8-7 gezeigte Kraft-Momenten-Sensor, mit dessen Verformungskörper von etwa 3 Zoll Durchmesser 6 Komponenten gemessen werden können und zwar alle Kräfte und Momente in bzw. um die Achsen x, y und z. Die Richtungsempfindlichkeit wird durch Freifräsen eines Aluminium-Zylinders an verschiedenen Stellen erreicht. Einen solchen Sensor würde man z.B. zwischen Handgelenk eines Roboters (letzte Achse) und dem Greifer anordnen und in die Steuerung von Montagevorgängen einbinden. Um aus den elektrischen Signalen die einzelnen Kräfte und Momente zu erhalten, erfolgt eine Auflösung über eine Entkopplungsmatrix, die das bauartabhängige lineare Gleichungssystem aus Kraft- und Momentenkomponenten löst.

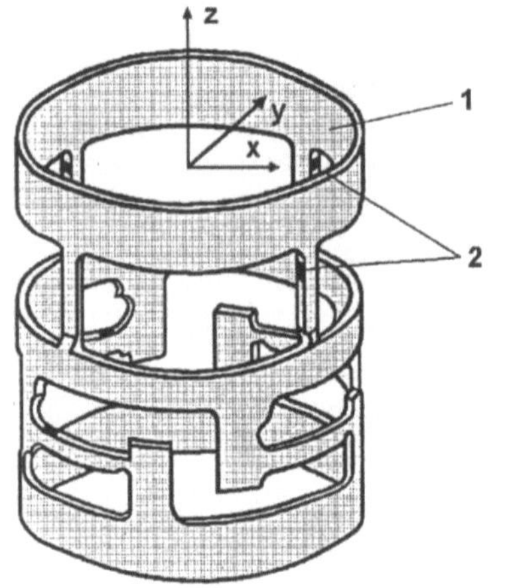

1 Verformungskörper
2 Dehnungsmeßstreifen

Bild 8-7
Sechskomponenten-Sensor zur Kraft-Momenten-Messung
(Stanford Universität)

Anstelle von Dehnungsmeßstreifen gibt es auch Konstruktionen, die piezoelektrische Sensoren verwenden. Auch magnetoresistive und magnetische Meßwandler sind verwendbar. In Bild 8-8 wird der konstruktive Aufbau eines 6-Komponenten-Sensors in Speichenrad-Bauweise gezeigt. Dieser Sensor kann auch in eine Griffkugel eingebaut sein, so daß man ein Eingabegerät erhält.

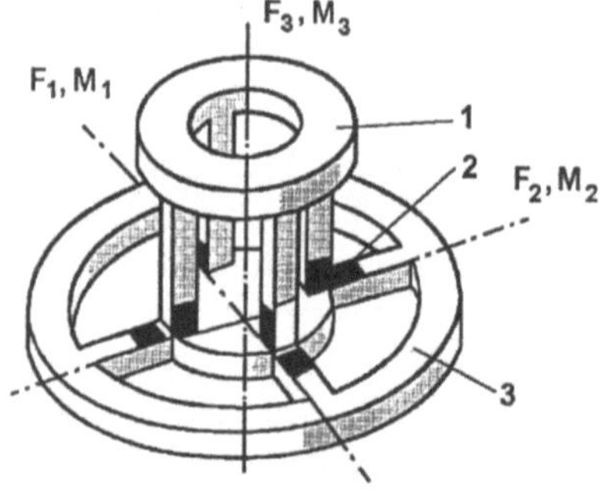

1 Verformungskörper
2 Dehnungsmeßstreifen
3 Basisring
F_i Kraft
M_i Moment

Bild 8-8
Kraft-Momenten-Sensor in Speichenradbauweise (DLR)

Beim Beanspruchen des Sensors werden die Dehnungssensoren mehr oder weniger gedehnt oder gestaucht, wodurch sich ihr elektrischer Widerstand ändert. Es sind 8 Paare von Dehnungsmeßstreifen angebracht. Über eine 6 x 8-Matrix-Vektor-Multiplikation (6 = 3 Kräfte, 3 Momente; 8 = 8 Dehnungen) werden die vom Sensor abgegebenen Signale in Werte für Kräfte und Momente umgewandelt. Das geschieht online im Rechner. Damit werden dann die Dreh- und Schiebeachsen des Roboters angesprochen. Wichtige Abarten von Kraftsensoren sind die passiven RCC- bzw. IRCC-Strukturen, die im Abschnitt 5.3 beschrieben wurden.

8.3   Technische Sichtsysteme

Erste Robotersichtsysteme wurden für die Erkennung von Strukturen beim Transistor-Drahtbonden eingesetzt. Das System lokalisiert visuell den Transistorchip und bondet automatisch feine Golddrähte zwischen die Elektroden des Chips und den Außenanschlußfahnen. Man erreichte Mitte der 70er Jahre Leistungen von 2000 Chips je Stunde. Die Aufgabe bestand darin, die x-y-Koordinaten der Basiselektroden und der Emitterelektrode zu erkennen und die Informationen an die Servosteuerung des Bonders zu leiten. Das Arbeitsgebiet wird dazu von einer TV-Kamera durch ein Mikroskop betrachtet. Mehrere Bonder teilten sich dabei einen Bild-Hardwareprozessor. Heute ist alles weiterentwickelt und fester Bestandteil in der Fertigung integrierter Schaltkreise.

Ein komplexer Einsatz von visuellen Systemen wurde 1977 von HITACHI (Japan) als Versuchszelle aufgebaut. Es war ein Montagesystem für Bodenstaubsauger (Filter einsetzen, Gehäuseteile fügen), bei dem 8 Fernsehkameras und 2 hochbewegliche und umfassend sensorisierte Roboterarme (zusammmen 30 taktile Sensoren) in weniger als 2 Minuten die Aufgabe bewältigten. Ein Greifer enthielt eine Kamera nach dem „Auge-in-Hand-Prinzip". Die Funktionsfähigkeit der Zelle konnte nachgewiesen werden [85]. Die automatische Bilderkennung hat in den letzten Jahren große Fortschritte gemacht und ist auch in der Robotik nicht mehr wegzudenken [181 bis 183, 194]. Eine Grundaufgabe in der Robotik ist das Greifen eines ungeordnet vorliegenden Werkstücks nach Sicht, wie es Bild 8-9 zeigt. Eine Kamera beobachtet das Arbeitsgebiet und liefert ein Bild, das die für erfolgreiches Greifen erforderlichen Angaben enthält. Die Lage kann als Matrix dargestellt werden, wobei der z_0-Wert auf Null gesetzt werden kann, weil die Arbeitstischhöhe bekannt ist. Man erhält

$$T_0{}^K = \begin{vmatrix} \cos\varphi & -\sin\varphi & 0 & x_K \\ \sin\varphi & \cos\varphi & 0 & y_K \\ 0 & 0 & 1 & 0 \\ 0 & 0 & 0 & 1 \end{vmatrix}$$

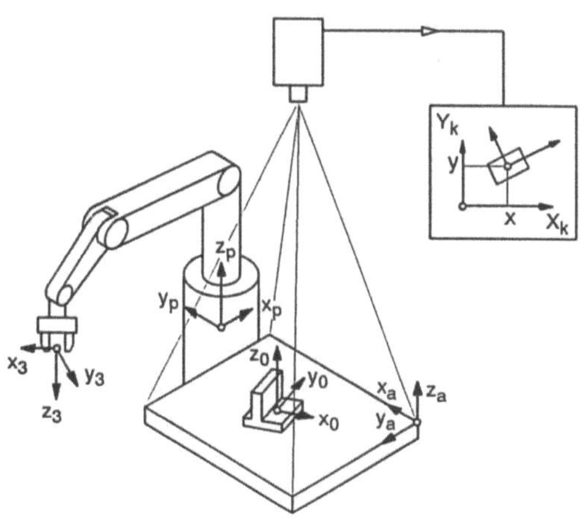

Bild 8-9
Grundaufgabe: Greifen eines ungeordneten Teils nach Sicht.

Im Zusammenhang mit dem Robotereinsatz können folgende visuelle Aufgaben zur Lösung anstehen:

- Identifikation von Werkstücken, die als Sortenmix vorliegen;

- Erfassung von Position und Orientierung (Lage) von Werkstücken, die teil- oder ungeordnet vorliegen;

- Verfolgung der Bahn von Objekten, um diese aus der Bewegung greifen (Handhabung) oder bearbeiten (Fügen) zu können, z.B. auch Farbspritzen am Kreiskettenförderer;

- Qualitätskontrolle durch Geometrieprüfung oder Inspektion von Oberflächen, z.B. Rauheitsmessung;

- Überwachung von Einrichtungen, z.B. Magazinfüllstände, und Räumen (Erkennen von Hindernissen).

Der Aufbau eines Sichtsystems geht aus Bild 8-10 hervor. Durch Fortschritte in der Rechentechnik und leistungsfähige Algorithmen sowie Techniken zur Bilddatenreduktion ist heute das technische Sehen in bestimmtem Umfang möglich. Selbst an schnell bewegten Prüfobjekten lassen sich noch Erkennungsaufgaben zuverlässig durchführen. In der Fertigungstechnik ist auch das ermüdungsfreie Inspizieren nach objektiven Kriterien eine wichtige Aufgabe.

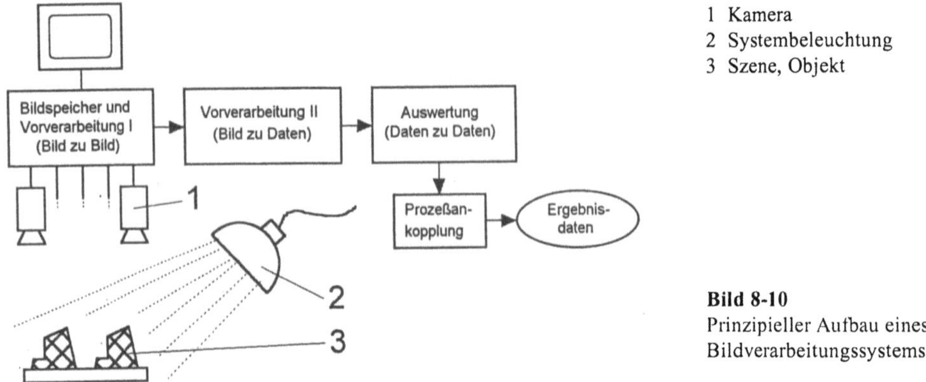

1 Kamera
2 Systembeleuchtung
3 Szene, Objekt

Bild 8-10
Prinzipieller Aufbau eines
Bildverarbeitungssystems

Die Verfahren der 3D-Bildverarbeitung arbeiten in Stufen. Man gewinnt aus dem Grauwertbild einer beobachteten Szene zunächst jene Kanten und Punkte, die schroffe Grauwertübergänge darstellen. Diese Kanten entsprechen ebensolchen eines realen Objekts und/oder Schatten derselben. Teilweise müssen die Kanten noch „repariert" werden, weil sie örtlich gestört sein können. Das Linienbild wird in eine geeignete Datenstruktur gebracht, die als 3D-Szene interpretiert werden kann. Den Linien werden dabei Bedeutungsattribute zugeordnet. Im Arbeitsschritt „Segmentierung" werden Objekte der Szene herausgelöst und im Rechner mit gespeicherten Objektmodellen verglichen. Es handelt sich in der Regel um eine begrenzte Anzahl bekannter Objekte. Deshalb kann man zur Identifizierung der Objekte nach der Methode „Hypothese bilden und Testen" vorgehen. Geometrische Verzerrungen (Parallaxen) während der Bildabtastung können den Erkennungsprozeß erheblich beeinträchtigen. Kamerastandort und optisches System müssen auf die Erkennungsaufgabe abgestimmt sein.

Nicht immer bedarf es einer vollständigen Bildauswertung. Zur Identifizierung von z.B. verschiedenen PKW-Hinterachsen ist man anders vorgegangen. Es genügt, markante Bildstellen zu untersuchen. Das Bild 8-11 zeigt den Schattenriß (Binärbild) und die Meßfenster, die zur Auswertung herangezogen werden. Typisch ist, daß nur eine begrenzte Anzahl bekannter Muster erkannt werden muß. Ein Vergleich mit eingelernten Referenzbildern führt dann zur Identifizierung der jeweiligen Achse bzw. des PKW-Typs. Die Meßfenster lassen sich programmieren. Die Reduzierung einer Szene auf ein Binärbild genügt z.B. auch, um bei der automatischen Radmontage die Drehlage von Automobilfelgen zu erkennen. Dort müssen die Radmitte und die Anschraublöcher erkannt werden [86].

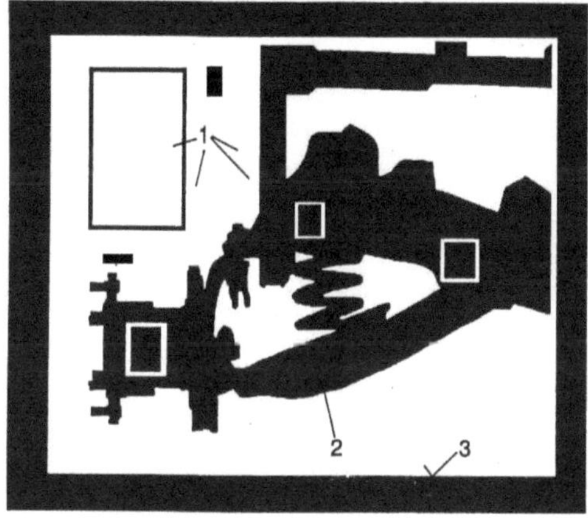

Bild 8-11
Binärbild einer PKW-Achse (VW)

Um dreidimensionale Bilder von Szenen und Objekten erfassen und auswerten zu können, stehen verschiedene Verfahren zur Verfügung, die mehr oder weniger zuverlässig und aufwendig sind. Dazu zählen:

- Stereoskopische Auswertung von 2 Grauwertbildern

    Problematisch ist die Zuordnung korrespondierender Bildpunkte, besonders bei geordneten Objekten mit vielen parallelen Linien. Für die schnelle Erkennung hat man u.a. optische Neurochips entwickelt.

- Beleuchtung der Szene mit strukturiertem Licht durch einen einzelnen Lichtschlitz oder ein Jalousiemuster (Bild 8-12). Nachteilig ist, daß Informationen zwischen den Rasterlinien verloren gehen und die schräge Beleuchtung abgeschattete Bereiche erzeugt. Das Prinzip ist somit nur für relativ einfache geometrische Gebilde verwendbar. Die Abknickpunkte der Rasterlinien repräsentieren Körperkanten.

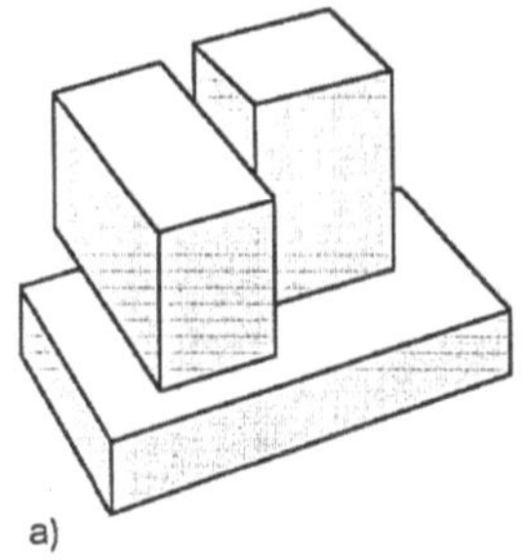
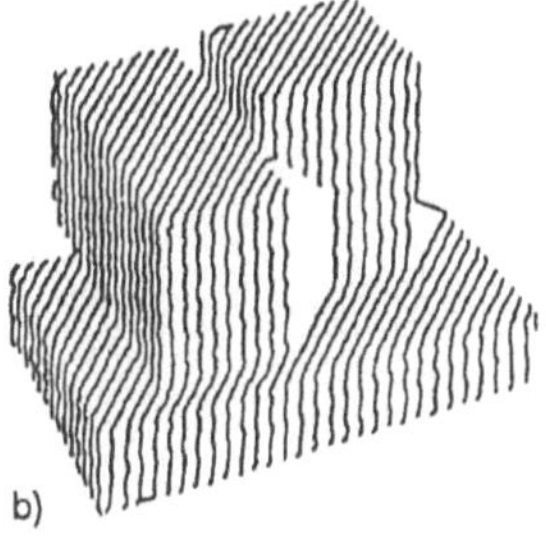

Bild 8-12
Strukturierte Beleuchtung durch schräg projiziertes Lichtschlitzraster

a) Szene
b) Abbild im strukturiertem Licht

- Abtastung einer Szene mit einem Entfernungsmeßsystem auf der Basis eines Laserstrahls und unter Nutzung des Triangulationsverfahrens oder der Laufzeitmessung mit Hilfe von moduliertem Licht. Neben der optischen Abtastung ist mit Einschränkungen auch eine akustische Abtastung (Ultraschall) möglich.

Wie man eine Darstellung nach Bild 8-12b in eine rechnerinterne Darstellung umwandeln kann, wird in Bild 8-13 gezeigt. Solche Verfahren wurden bereits Ende der 60er Jahre von L.G. Roberts, A. Guzman und M. Clowes entwickelt (Guzman-Clowes-Methode). Aus der Objektabbildung vorzugsweise kubischer Welten erhält man die räumliche Kontur eines bzw. mehrerer Körper. Dazu werden typische Eckpunktformen klassifiziert und in einer Matrix untergebracht. Solche Eckpunktformen sind u.a. Gabel (G), Pfeil (P), Spitze (S) und Vielfach (V). Nach einer Numerierung der Ecken läßt sich nun die Matrix ausfüllen (1 = vorhanden, 0 = Merkmal fehlt). Diese Darstellungsweise funktioniert auch, wenn mehrere Objekte abgebildet werden. Da im Beispiel die beiden Gruppen 1 bis 7 und 8 bis 12 keine gemeinsamen Kanten aufweisen, stellen sie zwei verschiedene Objekte dar. Es ist leicht einzusehen, daß ein solches Verfahren wohl nur für relativ einfache geometrische Objekte und wenig anspruchsvolle Szenen sinnvoll zu verwenden ist.

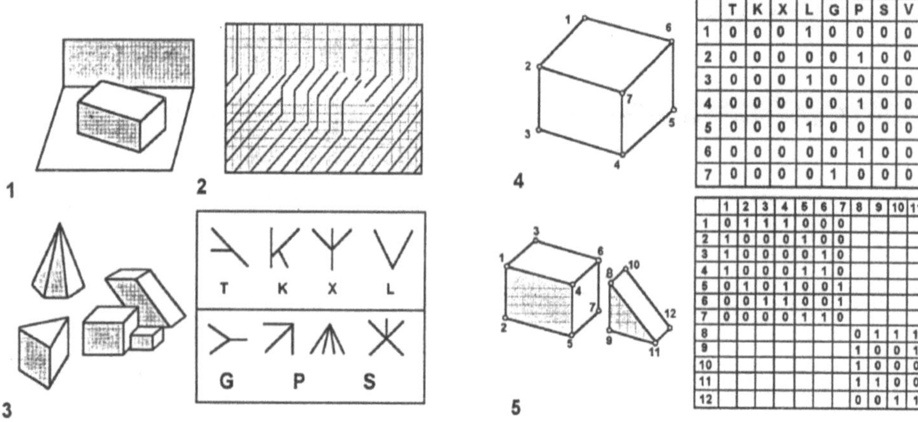

	T	K	X	L	G	P	S	V
1	0	0	0	1	0	0	0	0
2	0	0	0	0	0	1	0	0
3	0	0	0	1	0	0	0	0
4	0	0	0	0	0	1	0	0
5	0	0	0	1	0	0	0	0
6	0	0	0	0	0	1	0	0
7	0	0	0	0	1	0	0	0

	1	2	3	4	5	6	7	8	9	10	11	12
1	0	1	1	1	0	0	0					
2	1	0	0	0	1	0	0					
3	1	0	0	0	0	1	0					
4	1	0	0	0	1	1	0					
5	0	1	0	1	0	0	1					
6	0	0	1	1	0	0	1					
7	0	0	0	0	1	1	0					
8								0	1	1	1	0
9								1	0	0	1	0
10								1	0	0	0	1
11								1	1	0	0	1
12								0	0	1	1	0

1 Szene
2 Objektabbildung
3 Normierung von Körperkanten
4 Beschreibungsbeispiel
5 Beispiel mit mehreren Objekten

Bild 8-13 Auswertung dreidimensionaler Darstellungen im strukturierten Licht mit Hilfe geometrischer Primitive

8.4   Sensoren für das Roboterschweißen

Beim automatisierten Schweißen mit Robotern sind Sensoren aus mehreren Gründen hilfreich und unerläßlich, wobei mit zunehmender Automatisierung auch die Anzahl der eingesetzten Sensoren zunimmt. Gründe für den Sensoreinsatz sind:

- Führung des Handhabungssystems (Schweißbrenner entlang einer Schweißfuge),

- Regelung von Prozeßparametern (Anpassung der Schweißparameter an die sich ändernde Geometrie der Schweißfuge infolge Wärmeeintrag und Verzug),

- Kontrolle der Produktqualität, z.B. Erkennung von Defekten auf der Nahtoberseite.

Sind die Fehler bekannt, kann die Steuerung korrigierend eingreifen. Beim automatisierten Schweißen bestimmt die Einstellung des Schweißstromes sehr stark die Qualität der Schweißnaht.

Die Sensoren für das Lichtbogenschweißen kann man in solche einteilen, die ihre Signale aus geometrischen Gegebenheiten beziehen und solche, die Prozeßgrößen auswerten (Bild 8-14). Auf einige wichtige Sensoren soll nun eingegangen werden.

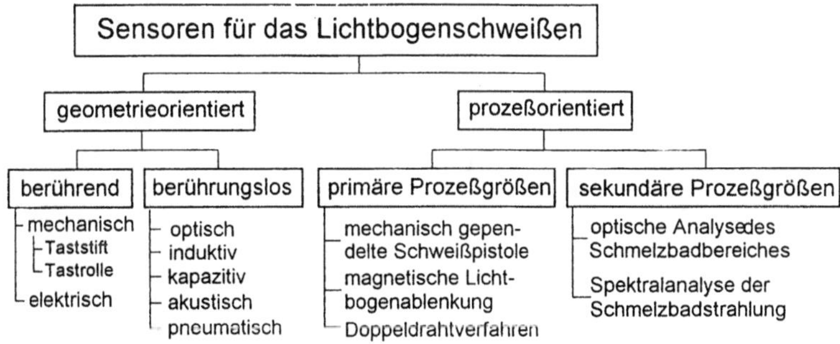

Bild 8-14 Sensoreinteilung für das Roboterschweißen [87]

Das Bild 8-15 zeigt einen Scannersensor, der die Schweißfuge vorauslaufend beobachtet. Reflektiertes Licht gelangt auf eine CCD-Zeile. Durch Triangulation wird der Abstand zwischen Sensor (Brenner) und Objekt bestimmt. Die Scanfrequenz kann z.B. 25 Hz betragen. Auf diese

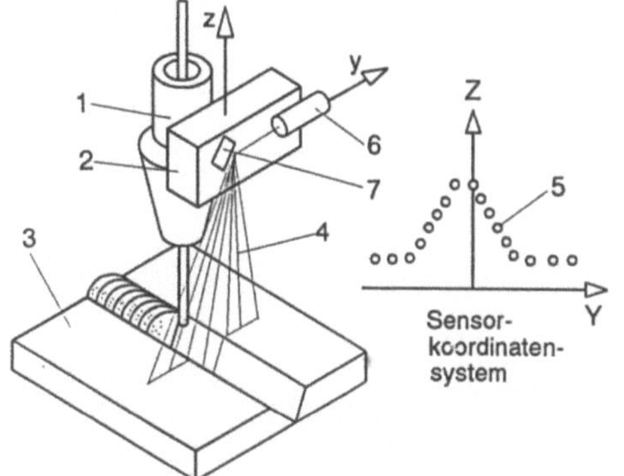

1 Schweißbrenner
2 Sensor
3 Schweißteil
4 Scanbereich
5 Fugenprofil
6 Laserdiode
7 Galvanometer-Scanner

Bild 8-15
Scannersensor

Weise erhält man ein Abbild von Form und Lage der Schweißfuge. Danach wird dann der Roboterarm auf Fugenmitte und Abstand geführt.

Beim Lichtschnittverfahren wird über die zu beobachtende dreidimensionale Szene ein Lichtmuster gelegt, z.B. Streifen wie bei einer Jalousie (Bild 8-16). Das reflektierte Muster bildet sich auf einer CCD-Matrix ab. Untersucht man die Abknickpunkte im Streifenmuster, so ergeben deren Verbindungslinien Objektkanten wieder. Gleichzeitig wird durch Triangulation der Abstand zum Objekt bestimmt. Der Sensor läuft auch hier dem Bearbeitungspunkt voraus. Man hat auch schon mit anderen Lichtmustern experimentiert.

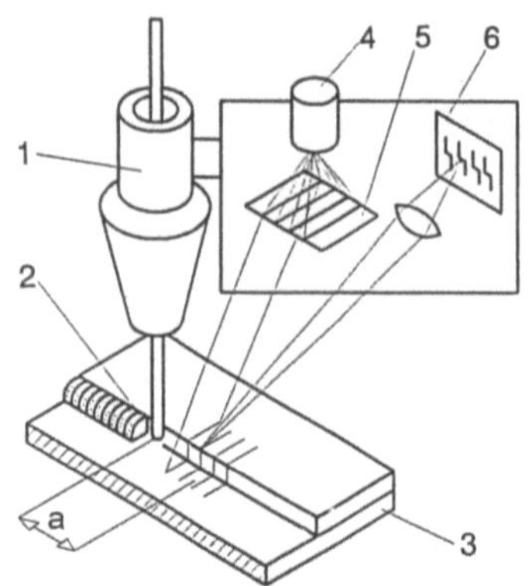

1 Schweißbrenner
2 Bearbeitungspunkt, Drahtende
3 Werkstück mit Schweißnaht
4 Laserdiode
5 Streifenprojektor
6 CCD-Matrix
a Vorlaufabstand

Bild 8-16
Lichtschnittverfahren beim Lichtbogenschweißen

Der Lichtbogensensor erfaßt die Schweißstromstärke und die Lichtbogenspannung. Daraus werden dann Höhen- und Seitenkorrektursignale berechnet. Beim quer zur Schweißfuge pendelnden Lichtbogen werden jeweils in den Umkehrpunkten die Parameter gemessen. Das Prinzip wird in Bild 8-17 gezeigt. Aus der Differenz rechts zu links wird das Seitenkorrektursignal gebildet. Es gilt:

$$I_1 - I_2 = 0$$

Aus einem Vergleich der gemessenen Parameter mit vorprogrammierten Sollwerten I_{Soll} wird das Abstands-(Höhen-)Korrektursignal ermittelt.

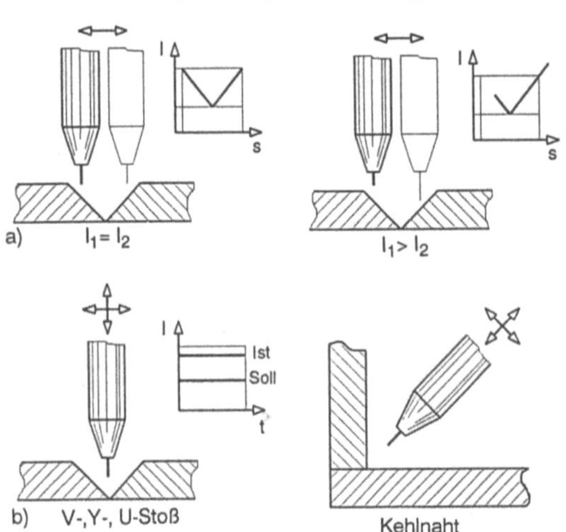

I Stromstärke
t Zeit
s Pendelweg

Bild 8-17
Wirkungsweise eines Lichtbogensensors
a) Symmetrieregelung
b) Höhenregelung

Man rechnet:

$$I_1 + I_2 = 2 \cdot I_{\text{Soll}}$$

Das Verfahren ist auf Nähte mit einer gewissen Mindestflankenhöhe beschränkt. Beim Mehrlagenschweißen mit dem Lichtbogensensor kann man die Daten der ersten Naht speichern. Die Folgelagen werden off-set-programmiert geschweißt.

Zur Ausführung der Pendelbewegung haben geeignete Robotersteuerungen eine Pendelfunktion. Das ermöglicht auch eine Nachrüstung von Robotern, weil keine mechanischen Anbauten erforderlich sind. Der Hauptbewegung wird eine Querbewegung überlagert, wie es in Bild 8-18 zu sehen ist (siehe hierzu auch Abschnitt 6.2.7).

Bild 8-18
Pendeln durch Bewegungsüberlagerung

Es gibt aber auch Bemühungen, ohne mechanisches Pendeln auszukommen. Beim magnetischen Pendeln wird der Lichtbogen durch Magnete abgelenkt, die am Brenner angebracht sind. Der Rechts-Links-Tasteffekt läßt sich auch erreichen, wenn man mit zwei parallel angeordneten Drahtelektroden arbeitet, die aber nicht gependelt werden.

Taktile Sensoren sind sehr einfach und erfassen geometrische Informationen durch Berühren der zu schweißenden Bauteile. Das zeigt Bild 8-19. Die Gasdüse wird zum Meßelement. Das Vermessen geschieht in einem eigenen Arbeitsgang. Aus den Abständen a und b ergibt sich die Lage der Ecke und die programmierte Bahn kann damit in die tatsächlich vorliegende Ausrichtung der Naht transformiert werden.

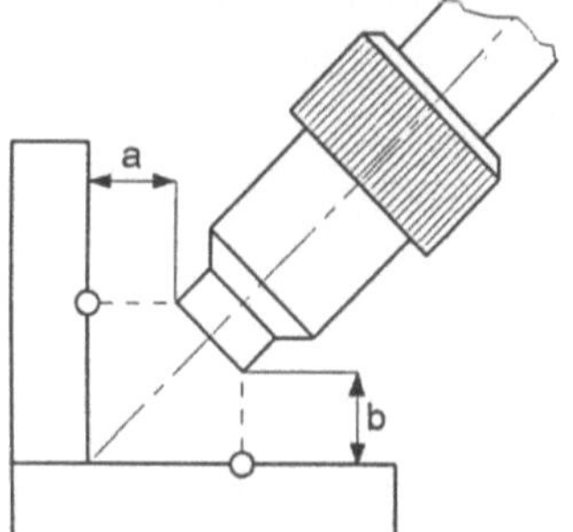

Bild 8-19
Gasdüse als taktiler Sensor

Induktive Sensoren werten die von Wirbelströmen im Werkstück hervorgerufene Dämpfung eines hochfrequenten elektromagnetischen Feldes aus. Wie aus dem Bild 8-20 ersichtlich, können damit Signale für eine Höhen- und Seitenkorrektur gewonnen werden, wenn der Sensor mehrspulig ausgeführt ist. Es sind zwei Verfahrensweisen möglich:

- Messen der Fuge in einem gesonderten Arbeitsgang, also ohne daß geschweißt wird,

- Messen der Fuge in Echtzeit während des Schweißens.

Der letztgenannte Fall erfordert, daß der Sensor im Abstand zur Schweißpistole angebracht ist, also im Verfolgen der Naht vorausläuft. Dieser Vorlauf ist durch die Steuerung zu beachten.

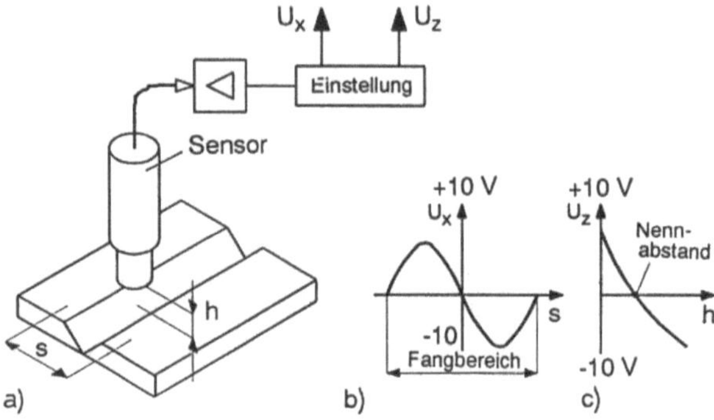

Bild 8-20 Induktiver Sensor

a) Prinzip, b) Signalverlauf Fugenkontur, c) Signalverlauf Abstand

Induktive Sensoren sind preisgünstig. Sie können bei I-, V-, Y- und U-Stoß sowie bei Überlapptstoß, Bördel- und Kehlnaht eingesetzt werden.

8.5 Sensorisierung von Greifern

Für das feinfühlige Manipulieren von Gegenständen ist die Sensorisierung der Hand wichtig. Das Bild 8-21 zeigt ein Beispiel im Schema. Die Außenseite der Greiferfinger ist mit taktilen Flächensensoren belegt. Sie registrieren jede Berührung mit der Umwelt. Das Nahfeld des Greifers wird mit optischen oder akustischen Näherungssensoren beobachtet. Die Greiferinnenbacken sind ebenfalls mit Sensoren ausgerüstet. Sie stellen nicht nur die Anwesenheit eines Objekts fest, sondern können auch Muster grob erkennen, wenn die Sensoren matrixartig angeordnet sind. Soll auch die Greifkraft gemessen werden, sind außerdem Kraftsensoren anzuordnen.

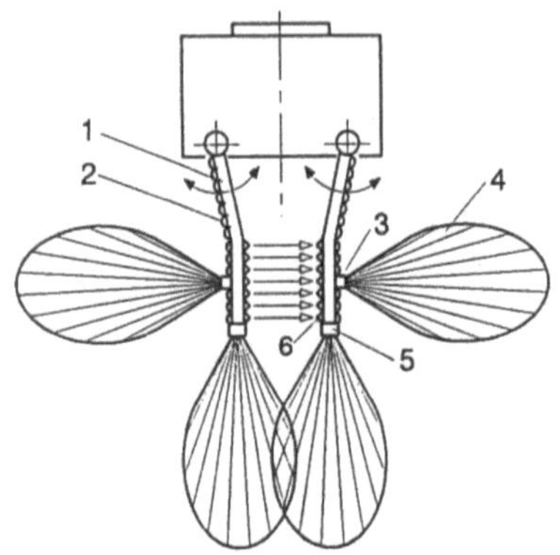

1 Greiffinger
2 taktile Sensorschicht
3 Ultraschall-Näherungssensor
4 Beobachtungsbereich, Schallkeule
5 optischer Näherungssensor
6 optoelektronischer Anwesenheitssensor

Bild 8-21
Sensorisierung von Greifern

Eine Kombination von externen Sensorsystemen und greiferintegrierten Sensoren wird erforderlich, wenn z.B. die Aufgabe gestellt wird, aus einem Haufwerk Werkstücke aufzunehmen. Die dazu anfallenden Sensoraufgaben werden in Bild 8-22 aufgeführt. Es sind zunächst ungeordnete Werkstücke aus einer Werkstückszene zu erkennen, dann wird gegriffen und das Objekt geordnet abgelegt. Besonders erschwerend ist, daß ein erkanntes Werkstück nur dann gegriffen werden kann, wenn auch die Griffstellen für die Greiferbacken, die ja auch eine räumliche Ausdehnung haben, zugänglich sind.

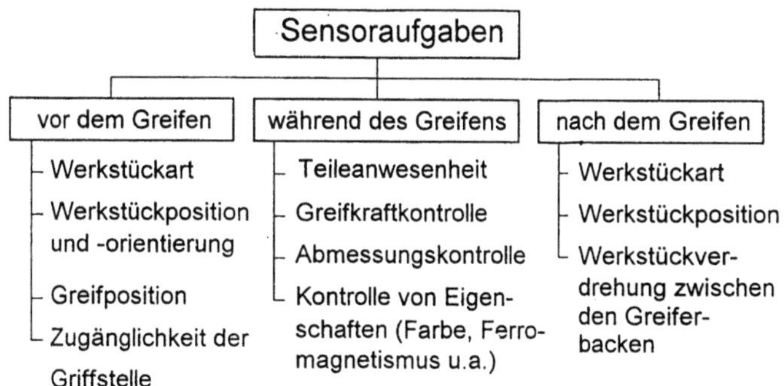

Bild 8-22 Sensoraufgaben beim Handhaben von ungeordnet vorliegenden Werkstücken

Wird eine Szene, wie in Bild 8-23 dargestellt, erkannt, so zeigt sich, daß nur das Werkstück W4 kollisionsfrei angefaßt werden kann. Die Zugängigkeitsbedingungen werden in einer aktuellen Tabelle geführt. Die Greifreihenfolge wird ermittelt, indem nach Spalten gesucht wird, in denen sich ausschließlich zugängliche Greifobjekte befinden. Wurde das Werkstück W4 gegriffen, dann wird es auch in der Tabelle gelöscht. Dadurch ergibt sich W3 als greifbar usw. [88].

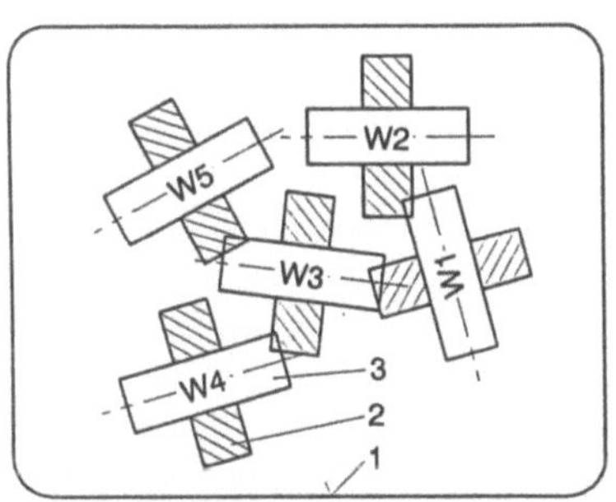

	Greifwerkstück				
	W1	W2	W3	W4	W5
W1	—	●	○	○	○
W2	○	—	○	○	○
W3	●	○	—	○	●
W4	○	○	●	—	○
W5	○	○	○	○	—

(Zeilenbeschriftung: Werkstückumgebung)

1 Sichtfeldbegrenzung
2 Greifbackenprojektion
3 Werkstückprojektion
4 nicht zugänglich
Wi Werkstück

Bild 8-23 Erkennungsfeld-Inhalt und beschreibende Zugänglichkeitsmatrix

Beim automatischen Fügen wäre wünschenswert, wenn sich der Greifer selbst, d.h. mit Hilfe eigener Sensoren, zum Zielpunkt führen könnte. Eine typische Montageaufgabe ist das Problem „Bolzen in Bohrung". Die Anordnung von optischen Sensoren in der Fügeachse wäre günstig, ist aber oft nicht realisierbar, weil sich dort der Greifer befindet [89]. Deshalb hat man andere Konzepte untersucht, von denen in Bild 8-24 einige abgebildet sind. Im Prinzip werden zwei Lösungswege gezeigt:

■ Wegfahren des Sensors, nachdem er das Ziel detektiert und

■ seitlicher „Blick" auf das Zielgebiet, das in Achsmitte liegt.

Bei den Lösungen nach Bild 8-24a und b lassen sich z.B. Positionssensoren (PSD = position sensitive device) verwenden, die 4 lichtempfindliche Quadranten aufweisen (Bild 8-25).

Werden sie gleichmäßig belichtet, so entstehen je Quadrant gleichgroße Fotoströme. Dann befindet sich der Sensor offenbar in Fügeachsmitte. Erzeugen die Fotofelder unterschiedliche Spannungen, dann läßt sich daraus der Positionsfehler errechnen und der Roboterarm kann eine Korrekturbewegung ausführen.

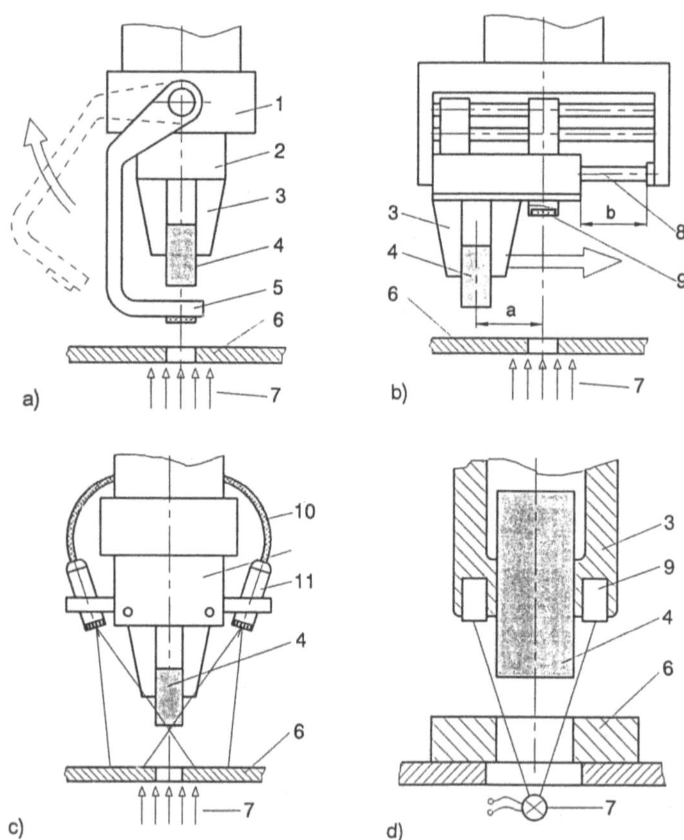

1	Zwischenflansch mit Sensorhalterung	5	Sensor-Haltebügel	9	Positionssensor, z.B.
2	Greifer	6	Basisteil		PSD
3	Greifbacken	7	Beleuchtung	10	Lichtleitkabel
4	Werkstück	8	Kurzhubeinheit für Querbewegung	11	angebauter Sensor

Bild 8-24 Integrationsvarianten von Positionssensoren

a) Schwenkpatte, b) Schiebeachse, c) Außensensor, d) in Greifbacken integrierte Sensoren

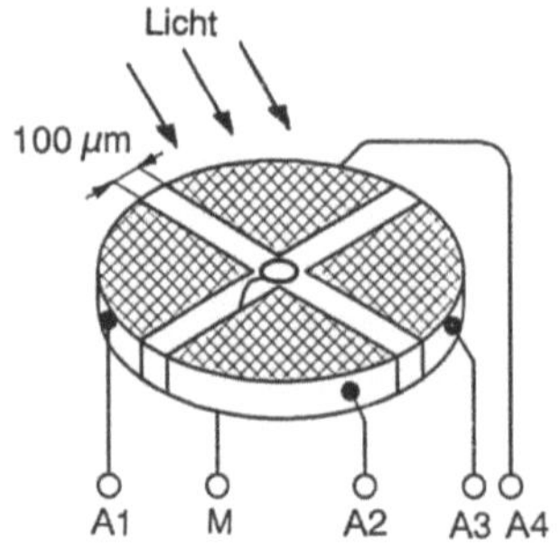

Ai Fotostrom

Bild 8-25
PSD-Sensor im Grundaufbau

Bei den von außen „blickenden" Sensoren ergibt sich die erspähte Zielposition aus der Lichtstärke, die von den Sensoren aufgenommen werden. Allerdings kann jeder Außenanbau die Bewegungsfreiheit des Greifers einschränken.

Deshalb hat man auch Greifer entwickelt, die nach dem „Auge-in-Hand-Prinzip" arbeiten, d.h. im Greiferkern ist eine CCD-Kamera eingebaut. Um die Annäherung an ein Werkstück zu steuern, genügt vielleicht schon optisches Antasten über Lichtwellenleiter, die bis in die Fingerspitzen geführt sind. Das zeigt Bild 8-26.

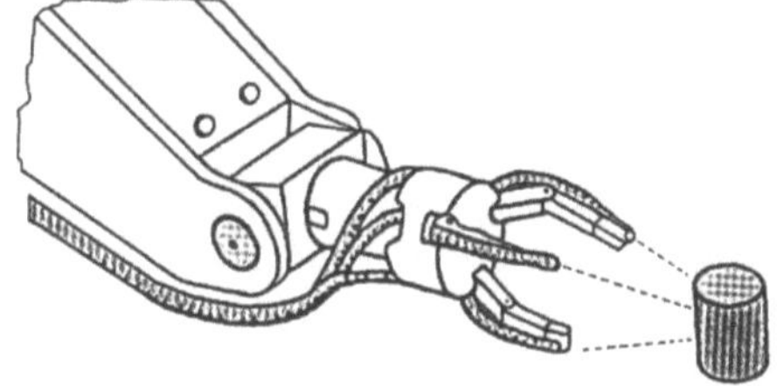

Bild 8-26
Greifer mit Lichttastern, die über Lichtwellenleiter
ein Signal vom Greifort erhalten

Weitere Sensorisierungen beim Greifer sind:

- Einbau von Rutschsensoren, die das Herausgleiten bereits gegriffener Werkstücke beobachten. Mit diesen Signalen läßt sich dann eine Greifkraftregelung aufbauen.

- Belegung von Greifbackenflächen mit tastempfindlichen Schichten, um Kraftgröße und Druckort zu detektieren. Flächensensoren dieser Art bestehen z.B. aus druckempfindlichen flexiblen Widerstandsschichten zwischen zwei um 90° versetzten Elektrodenscharen. Dadurch ergeben sich Zeilen und Spalten. Am Kreuzungspunkt kommt es zu einer lokalen Widerstandsänderung, die abgefragt werden kann. Das Prinzip wird in Bild 8-27 gezeigt.

- Integration opto-elektronischer Komponenten in die Greiffinger bzw. -backen. Sie dienen der Anwesenheitskontrolle. Werden sie matrixartig angelegt, lassen sich auch Muster erkennen, z.B. Werkstückkonturen an der Griffstelle.

- Einbau binärer Sensoren zur Überwachung von Greifbackenbewegungen. Werden mehrere Sensoren über den Greifweg angebracht, lassen sich daraus Werkstückabmessungen erkennen, z.B. wenn nacheinander mehrere ähnlich große Teile gehandhabt werden sollen.

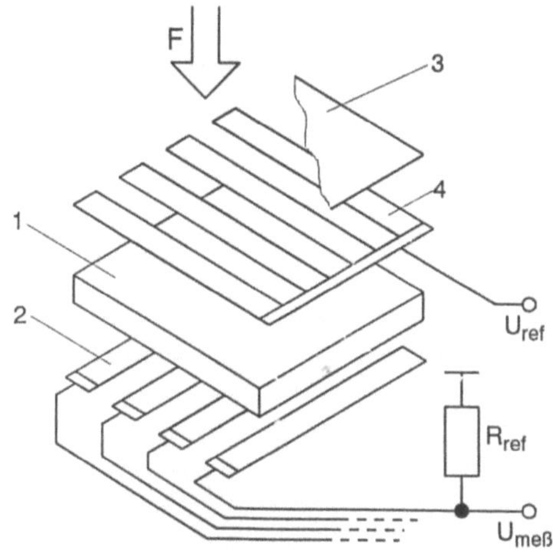

1 piezoresistive Schicht
2 Basiselektrode
3 Schutzbelag
4 Deckelektrode
F Druckkraft
R_{ref} Widerstand
U_i Spannung

Bild 8-27
Prinzipaufbau einer 4 x 4-Matrix mit druckempfindlicher Widerstandsschicht

Gleichzeitig erhält man Quittungssignale für „Greifer auf/zu" und „Werkstück anwesend". Das Prinzip wird in Bild 8-28 gezeigt. Im Fall A sind die Greifbacken maximal geöffnet. Der Fall E signalisiert einen geschlossenen Greifer, ohne daß dabei ein Teil gegriffen wurde. Mit den Stellungen B bis D lassen sich 3 verschiedene Werkstückdurchmesser erkennen.

- Verwendung von Kraft-Momentensensoren. Sie sollen die beim Bearbeiten oder Montieren auftretenden Reaktionskräfte und -momente erfassen. Die rückgeführten Signale werden zur Korrektur von Industrieroboterbewegungen verwendet. Der Anbau erfolgt meistens zwischen Effektor und Roboterflansch. Diese Sensoren sind also in der Regel nicht greiferintegriert.

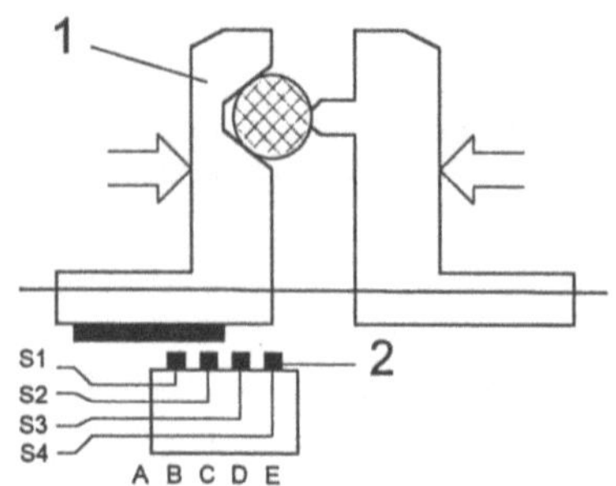

Fall	Schaltpunkt			
	S1	S1	S1	S1
A	0	0	0	0
B	1	0	0	0
C	1	1	0	0
D	1	1	1	0
E	1	1	1	1

1 Greifbacke
2 Sensor

Bild 8-28   Abfragen von Greifbackenbewegungen mit binären Sensoren S1 bis S4

Abschließend sei noch eine ungewöhnliche Greifersensorik vorgestellt. Bei der in Bild 8-29 gezeigten Lösung wird die Anwesenheit eines Werkstücks zwischen den Greiferbacken pneumoakustisch (Ultraschall) festgestellt. Der Ultraschall wird pneumatisch erzeugt, wobei die Luft von der Kolbenluftzuführung abgezweigt wird. Erst wenn ein Werkstück gegriffen wurde, ist die „Ultraschallschranke" unterbrochen und der Empfänger erhält kein Signal mehr. Der Ultraschall entsteht, wenn die Luft auf die im parabelförmigen Abstrahlkegel angebrachte Schneide trifft. Der Greifer wird somit in einer Energieart betrieben.

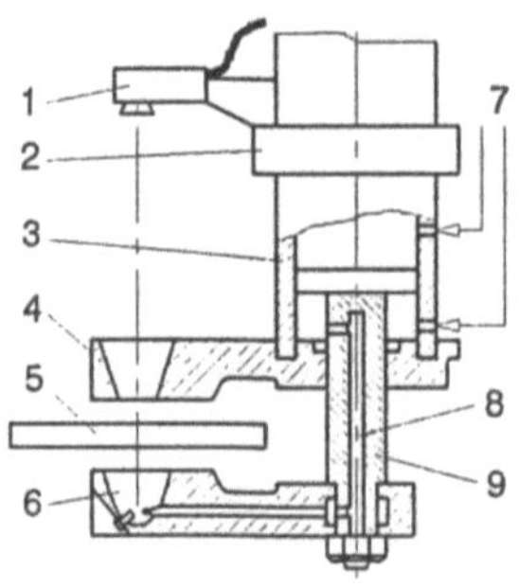

1 Ultraschalldetektor
2 Greifergehäuse
3 Druckluftzylinder
4 feststehende Greifbacke
5 Werkstück
6 pneumatischer Ultraschallgeber
7 Druckluftleitung
8 Druckluftkanal
9 Kolbenstange

Bild 8-29
Greiferintegrierte Ultraschallschranke zur Anwesenheitskontrolle

8.6   Abstandsmessung

Werden abstandsmessende Sensoren über ein Objekt hinwegbewegt oder es wird das Objekt unter dem Sensor durchbewegt, dann erhält man als Meßergebnis einen Höhenprofilschnitt. Hieraus lassen sich dann die Koordinaten von Formelementen berechnen. Der Sensor kann am Greifer angebracht sein. Der Roboter würde dann das Operationsfeld zunächst überstreichen, um genügend Merkmale zu erfassen, ehe er an bestimmter Stelle zugreift. Auch verschiedene Werkstücke lassen sich erkennen. Zur Demonstration wird in Bild 8-30 ein Demonstrationsbeispiel gezeigt. Als Meßeinrichtung können verschiedene Systeme verwendet werden.

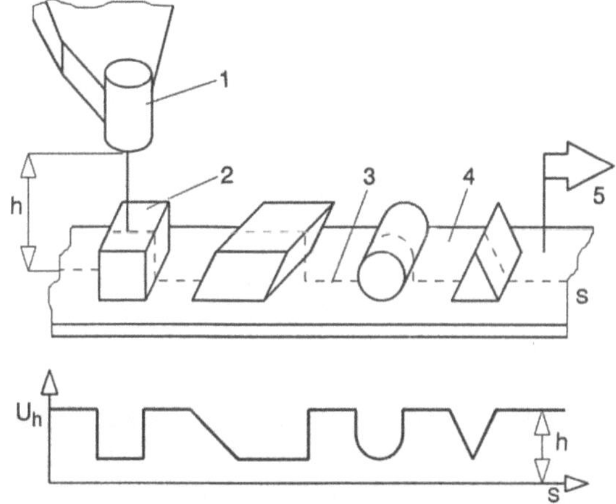

1 Abstandssensor
2 Objekt
3 Meßbahn
4 Förderband
5 Bewegungsrichtung

Bild 8-30
Beispiel für den Höhenprofilschnitt

Der Triangulationssensor ermittelt auf optischem Weg Abstände zwischen Sensor und Werkstückoberfläche. Das Prinzip wird in Bild 8-31 gezeigt. Abstand und Meßwert sind über trigonometrische Funktionen miteinander verknüpft. Es wird die Tatsache ausgenutzt, daß im gleichschenkligen Dreieck bei gegebener Basis und dem Winkel zwischen Basis und Schenkel auch die Dreieckshöhe eindeutig bestimmt ist. Die Objektentfernung steht im geometrischen Verhältnis zu dem Winkel, unter dem der Lichtpunkt am Objekt auf dem Fotodetektor abgebildet wird.

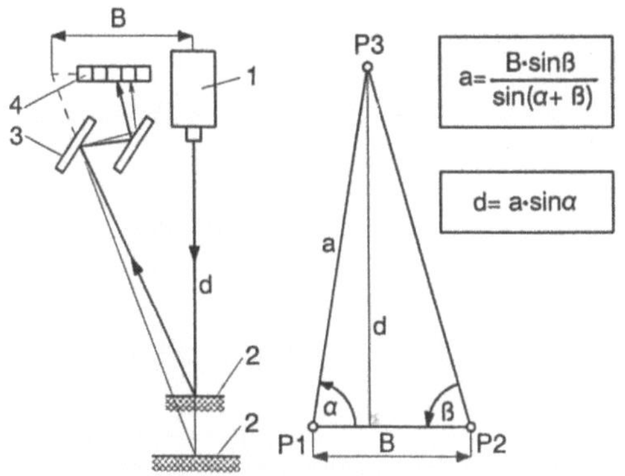

1 Lichtsender
2 Objektoberfläche
3 Spiegel
4 Fotodetektor
B Basisabstand

Bild 8-31
Triangulationssensor und Prinzip der Triangulation

Beim optischen Scanner wird ein Laserstrahl mit Hilfe eines Umlenkspiegels im Verlaufe eines Scanvorganges über ein Objekt geführt, wobei sich eine Abschattung der Fotodiode in der Empfangsoptik ergibt (Bild 8-32). Der Laserstrahl wird dabei mit einer Geschwindigkeit von etwa 125 m/s von oben nach unten bewegt. Ausgewertet wird die Zeit, in der die Fotodiode kein Licht empfängt. Die Durchmesserbestimmung wird also auf eine Zeitmessung zurückgeführt. Ein Roboter, der das Meßobjekt in das Meßfeld hält, muß dabei keineswegs seine Position sehr genau anfahren. Er kann auch nacheinander mehrere Abmessungen prüfen, notfalls mit Zwischenablegen und Umgreifen.

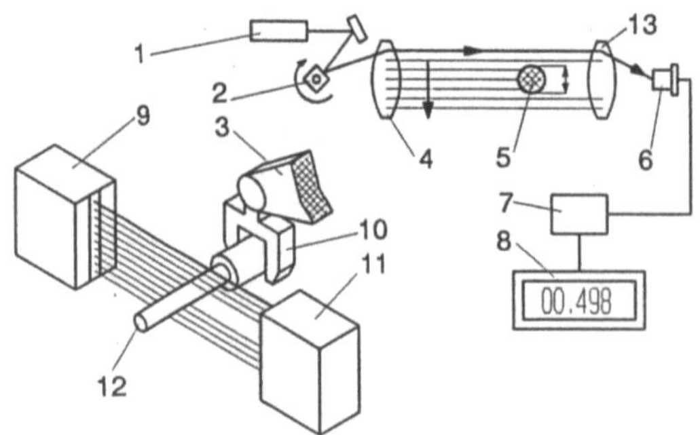

1   HeNe-Laser
2   Polygonspiegel
3   Roboter
4   Kollimatorlinse
5   Durchmesser des Meßobjekts
6   Fotodiode
7   elektronische Auswertung
8   Anzeigedisplay
9   Sender
10 Greifer
11 Empfänger
12 Meßobjekt
13 Sammellinse

Bild 8-32 Prinzip eines Polygonrad-Laserscanners

Beim Verfahren „Codierter Lichtansatz" geht es um die Erkennung von Gegenständen in einer dreidimesionalen Szene mit Hilfe einer Kamera. Die Szene wird mit einem zeitlich aufeinanderfolgenden Licht-Strukturmuster mit Hilfe eines speziellen Projektors beleuchtet. Das Strukturmuster ist mit einer Gray-Codierung belegt, wie man es im Bild 8-33 sehen kann. Aus den verschiedenen Lichtebenen läßt sich dann durch Triangulation das Tiefenprofil bestimmen. Es handelt sich also um eine raum-zeitliche Codierung des Arbeitsraumes. Bei einer Projektion von

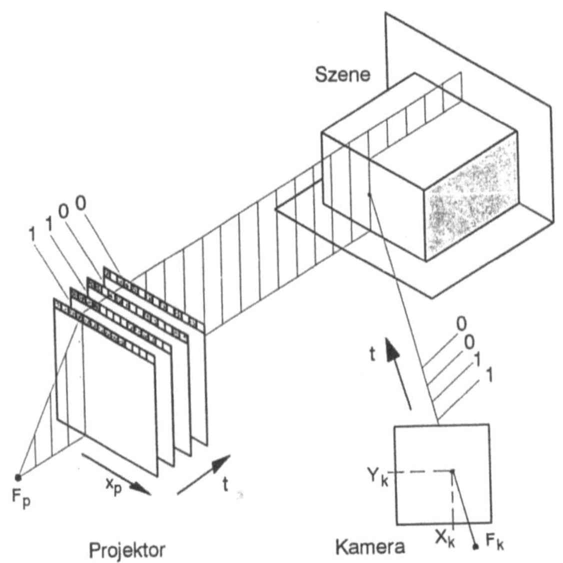

Bild 8-33 Das Meßprinzip des codierten Lichtansatzes

n codierten Streifenmustern ergeben sich 2n unterschiedliche Projektionsrichtungen, die jeweils durch eine charakteristische Hell-Dunkel-Sequenz eindeutig gekennzeichnet sind. Objektraum, Kamera und Projektor sind im Dreieck zueinander angeordnet. Bei bekannter Position von Kamera und Projektor lassen sich durch Triangulation die 3D-Koordinaten der beobachteten Szenenpunkte berechnen.

Für Abstandsmessungen werden auch Ultraschallsensoren verwendet, die z.B. nach dem Pulsechoverfahren oder nach dem Prinzip der Relativmessung durch Differenzbildung arbeiten. Man setzt sie u.a. für den räumlichen Kollisionsschutz an fahrerlosen Transportsystemem ein. Reflexion und Tastweite können aber zu Auswerteproblemen führen, denkt man z.B. an Kurvenfahrten.

9 Aktuelle Robotertypen und Anwendungen

9.1 Auswahl von Robotern

Die einfachen Handhabungsgeräte (Pick-and-Place) für das Beschicken und Zuführen werden zehn- bis zwanzigmal häufiger eingesetzt als Industrieroboter. Das liegt daran, daß zum einen die Anforderungen nicht unbedingt den Roboter erfordern, zum anderen werden Roboter häufig für Sonderanwendungen spezialisiert, wie z.B. Farbspritzen oder Schweißen. Für die zu absolvierenden Bewegungsmuster sind die Art der Objekte, die Handhabungsaufgabe und diverse Bewegungs- und Randbedingungen ausschlaggebend. Danach kann man die industriellen Handhabungsvorgänge gemäß Bild 9-1 grob klassifizieren [90, 175].

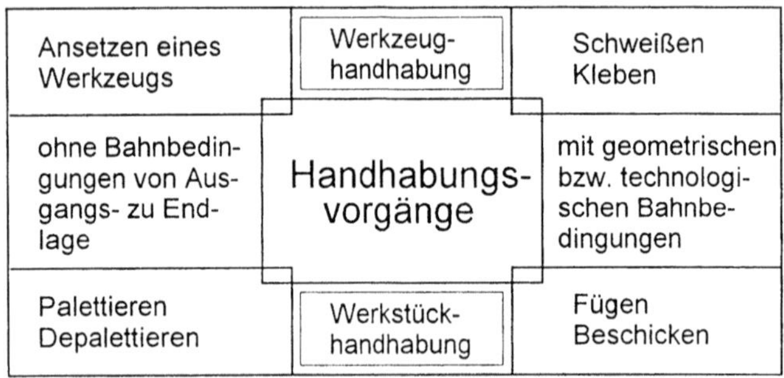

Bild 9-1   Grobklassifizierung technisch-industrieller Handhabungsvorgänge

Für die Auswahl und für Vergleiche hat man eine große Anzahl von Kenngrößen (mehr als 80) festgelegt. Als erstes interessiert, wenn man einen Einsatz in Betracht zieht, welche Reichweite, Tragkraft und Anzahl von Bewegungsachsen gebraucht wird. Grundsätzlich reichen 3 Bewegungsachsen aus, um jeden Punkt im Arbeitsraum zu erreichen. Wenn weitere Anforderungen stehen, wie die Orientierung eines Werkzeugs, z.B. ein Schweißbrenner zur Naht oder das „Greifen um die Ecke", dann können weitere Grund- und Handachsen erforderlich werden. Liegt ein konkreter Anwendungsfall vor, kann man die wichtigen Kenngrößen erstmal einschränken. Als erstes informiert man sich über das Bewegungsverhalten, d.h. die achsspezifischen kinematischen Kennwerte. Das Verhalten ergibt sich aus der Art der Steuerung (Bahn-, Punkt-, Multipunktsteuerung). Als nächstes wird man die Aktions- bzw. Reaktionskräfte beurteilen, die sich bei der Ausführung einer Arbeitsaufgabe ergeben. Es handelt sich also um die Interaktion des Roboters mit seiner Umgebung. Dann werden die anwendungsspezifischen Kennwerte herangezogen. So spielt z.B. das Eckenverhalten eine bedeutende Rolle, wenn Werkzeuge (Fräser, Schweißbrenner, Klebstoffpistolen) eingesetzt werden. Ungünstiges Überschwingen kann zum Bruch des Werkzeugs oder zum Ausschuß beim Werkstück führen.

Man kann die Merkmale eines Roboters auch in zwei Gruppen einteilen. Zum einen sind sie vom Layout eines Arbeitsplatzes abhängig, zum anderen sind es die betriebsspezifischen Wunschvorstellungen hinsichtlich der Geräteausführung. Die Aufgabe besteht somit darin, aus den etwa 300 Industrierobotern, die auf dem deutschen Markt angeboten werden, u.a. durch Vergleich von Leistungsmerkmalen den am besten geeigneten Roboter zu finden. Das ist sehr zeitintensiv, weshalb man in den Stufen Vorauswahl, Grobauswahl und Feinauswahl vorgehen sollte.

Wichtige Einsatzkriterien für den Robotereinsatz sind:

- Arbeitsraum, Stellfläche, modulare Bauweise,

- Greifer-/Nebenachsen, Hauptachsen (Beweglichkeit, Achsenanzahl und Ausführung),

- Tragfähigkeit des Armes,

- Geschwindigkeit und Beschleunigung,

- Steuerungsfunktionen, Bedienungs- und Steuerungskomfort,

- Wiederholgenauigkeit, Genauigkeit allgemein,

- Steifigkeit (Federkonstante, Eigenfrequenz),

- statischer Massenausgleich,

- Betriebssicherheit und Wartungsfreundlichkeit.

Die Eigenheiten eines Prozesses sind sehr unterschiedlich. Das erfordert dann auch Industrieroboter mit unterschiedlicher Qualifikation. Eine erste Orientierung wird in der Tabelle nach Bild 9-2 gegeben.

Arbeitsaufgaben	Positioniergenauigkeit			Geschwindigkeitsart			Geschwindigkeit			Bewegungsform				Programmverlauf		
Anforderungsprofil	klein > 1 mm	mittel 0,2 bis 1 mm	groß < 0,2 mm	einstufig	mehrstufig	stufenlos	klein < 0,1 m/s	mittel 0,2 bis 1 m/s	groß > 1 m/s	punktuell	linear	definierte Bahn	undefinierte Bahn	kontinuierlich	diskontinuierlich	zufallsbedingt
Be- und Entladen		■		■	■				■	■					■	
Palettieren	■			■	■				■	■					■	
Punktschweißen	■				■				■	■					■	
Zusammenlegen			■		■		■					■			■	
Abspritzen	■			■				■				■		■		
Sandstrahlen	■			■				■				■		■		
Gußputzen	■			■				■				■	■			■
Dampfreinigen	■			■				■				■	■			■
Härten	■					■	■	■		■		■		■	■	
Röntgenprüfen	■			■	■		■	■		■		■		■	■	
Beschichten	■					■		■				■		■		
Brennschneiden	■					■	■					■		■		
Schmelzschweißen		■					■	■	■			■		■		
Schleifen		■					■	■				■		■	■	
Polieren		■			■			■				■	■	■		
Entgraten		■					■	■				■		■		
Ausgießen	■							■					■			■
Nähen			■					■				■		■	■	
Montieren			■					■				■		■		

Bild 9-2   Typische Arbeitsaufgaben und die Anforderungen an die Handhabungseinrichtung [67]

Daraus ergeben sich in erster Näherung folgende Fragen:

- Welche Flexibilität wird benötigt?

- Welcher Roboter paßt im Vergleich zum Leistungsprofil?

- Welche Funktionen sollten in die Peripherie verlagert werden?

- Sind Anpaßkorrekturen an die Arbeitsaufgabe erforderlich bzw. empfehlenswert?

Hohe Handhabungsgeschwindigkeiten wirken sich z.B. auf die Greifkraft aus, aber auch auf die Kinematik des Führungsgetriebes. Definierte Bahnen implizieren eine Bahnsteuerung. Undefinierte Bahnen kommen zustande, wenn der Roboter nach Sensorinformationen vom Prozeß selbst geführt wird.

In den folgenden Abschnitten werden einige Anwendungen beispielhaft besprochen [166, 172].

9.2   Punktschweißroboter

Der Robotereinsatz zum Punktschweißen in der Automobilindustrie hat wesentlich dazu beigetragen, die Robotik voranzubringen. Bis dahin hat man zum Karosserieschweißen inflexible Vielpunkt-Schweißvorrichtungen eingesetzt. Erst der Roboter brachte in diesen Prozeß ein hohes Maß an Flexibilität. Das Rationalisierungspotential ist beachtlich, denn je Rohkarosse werden mehrere tausend Schweißpunkte gesetzt. Eine BMW-Rohkarosserie wird z.B. von 4700 Schweißpunkten zusammengehalten. Anfänglich gab es Probleme, die erforderliche Genauigkeit zu erreichen. Vorteilhaft war, daß das Verfahren selbst technisch ausgereift war. Das Bild 9-3 zeigt eine typische Anwendung.

Die oft komplex geformten Automobilteile erfordern eine ausreichende Orientierungsfähigkeit der Punktschweißzange. In der Regel wird eine 6-Achsen-Konfiguration gebraucht. Bei der Steuerung muß beachtet werden, daß eine Überbestimmung des Endeffektors vorliegt, wenn die Achsen 4 und 6 miteinander fluchten. Für diesen Fall ist eine eindeutige Zuordnung der beiden Achsendrehungen zu gewährleisten (siehe dazu auch Bild 3-7).

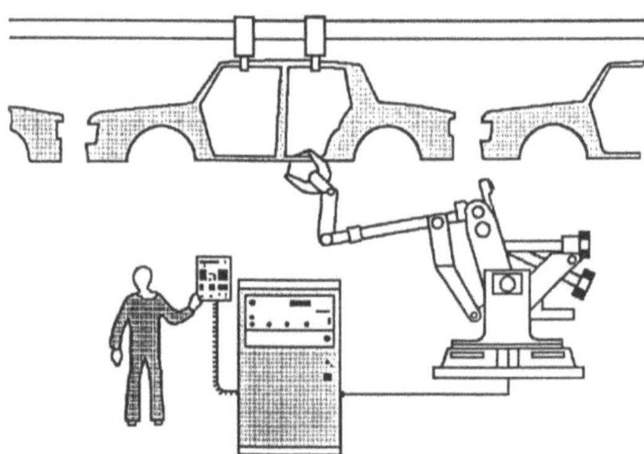

Bild 9-3   Karosserielinie mit Punktschweißroboter beim Auspunkten einer Karosse

Eine Punktfolge wird in Bild 9-4 am Beispiel des Punktens der Seitengruppe einer PKW-Karosserie gezeigt.

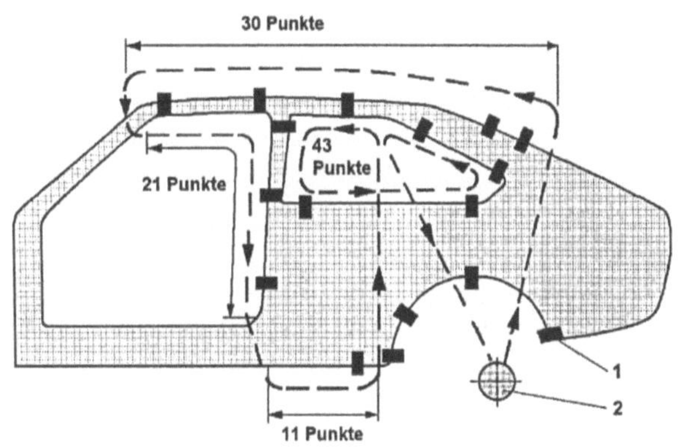

1 Spannelement
2 Industrieroboter-Startposition

Bild 9-4
Karosserie-Seitenteil mit
Schweißpunkten

Innen- und Außenhaut werden mit 105 Schweißpunkten verbunden. Die Teile befinden sich in einer Spannvorrichtung. Beim Programmieren kommt es darauf an, die Spannelemente zu umfahren und einen Gesamtweg zu finden, der zeitminimal ist. Anwendungsbezogene Testmethoden (Bewegungsfolgen, typische Anwendungen) für das Punktschweißen mit dem Industrieroboter werden in der ISO/TR 11032 (1994) vorgestellt.

Roboter für das Widerstands-Punktschweißen müssen hohe Beschleunigungen realisieren können, bei Traglasten im Bereich von 60 bis 150 kg. Die Punktschweißzangen, das Bild 9-5 zeigt ein Beispiel, können groß (bis 1000 mm) und schwer (bis 240 kg) sein. Es werden etwa 20 bis 50 Punkte je Minute gesetzt.

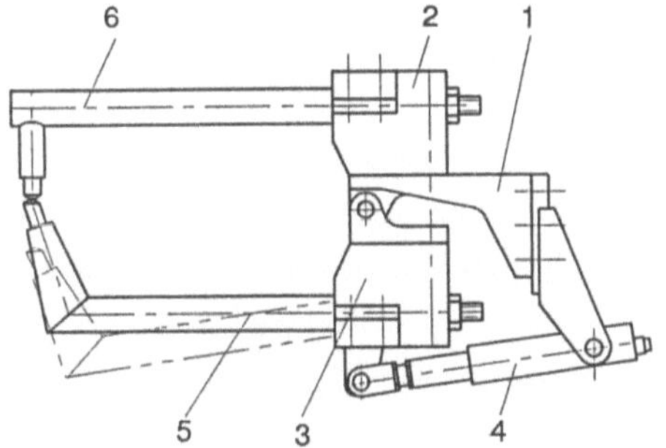

1 Gelenk
2 Oberarmaufnahme
3 Unterarmaufnahme
4 Druckzylinder
5 unterer Elektrodenarm
6 oberer Elektrodenarm

Bild 9-5
Prinzip einer Scheren-Punktschweißzange

In Gebrauch sind auch Schiebezangen (Bild 9-6), die als Einzel- oder Doppelelektrodenzange ausgebildet sein können. In der Doppel-Ausführung kann der Elektrodenabstand fest vorgegeben oder auch einstellbar sein. Die Zangenschließzeit liegt im Bereich von 60 bis 140 Millisekunden.

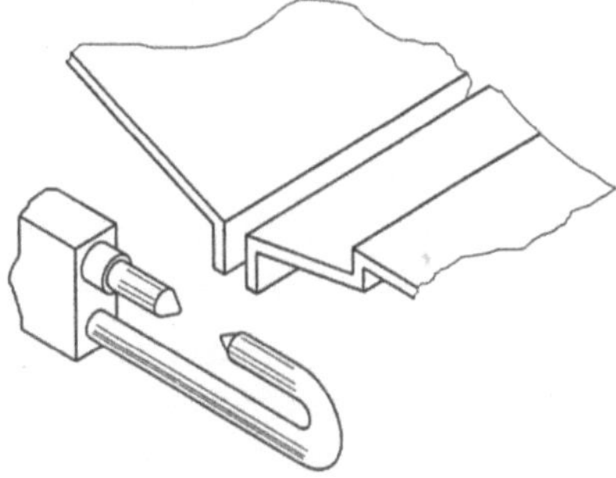

Bild 9-6
Schiebezange für das Punktschweißen

An sichtbaren Nähten soll der Schweißpunkt nicht mehr als ± 1 mm von der Soll-Position abweichen. Bei nicht sichtbaren Nähten genügen oft Punktgenauigkciten um die ± 3 mm. Die Verfahrzeit zwischen zwei 30 mm entfernten Schweißpunkten soll kleiner als 0,5 Sekunden sein. Ein faszinierendes Bild bieten Schweißstraßen für Autokarosserien, wie es Bild 9-7 zeigt. Hier arbeiten auf engem Raum viele komplizierte Mechanismen. Das geht nur gut, wenn die Komponenten der Straße, somit auch die Roboter, in hohem Maße zuverlässig sind. Im VW-Konzern waren 1987 bereits 1190 Punktschweißroboter im Einsatz.

Bild 9-7   Widerstandspunktschweißen von Rohkarosserien mit dem Roboter (KUKA)

Bei der Gestaltung von Punktschweißzellen ist der Roboter auf Flexibilität auszurichten. Das bedeutet, daß er auch den Schweißzangenwechsel automatisch ausführt. Dazu ist in der Peripherie ein Zangenmagazin nötig. Bei wassergekühlten Schweißzangen (Kühlung der stromführenden Teile) ist dann auch der Koppelmechanismus für das Kühlmedium in den Wechselflansch einzubeziehen. Ein kompletter Wechselvorgang dauert nicht länger als 5 bis 10 Sekunden. Von Zeit zu Zeit müssen auch die Elektrodenenden nachgearbeitet werden, was ebenfalls in einen automatischen Ablauf einzubinden ist. Die Probleme, die mit der Schweißausrüstung in Zusammenhang stehen, bestehen in der Transformatoranbringung und der Sekundärkabelführung. Ein Hänge- oder Standtrafo erfordert ein langes Sekundärkabel zur Schweißzange. Diese führen aber zu hohen Energieverlusten und großen Kabelverschleiß. Außerdem ergeben sich ziemliche Zug- und Druckkräfte auf die Handgelenkachsen, was wiederum der Wiederholgenauigkeit abträglich ist. Der andere Weg besteht darin, den Trafo direkt am Roboter unterzubringen. Das Sekundärkabel wird dann kurz, erfordert aber eine besondere Kabelführung. Diese Lösung wird in Bild 9-8 gezeigt.

Eine technisch elegante Lösung ist die Zange mit integriertem Trafo. Die Zange wird dadurch deutlich schwerer. Die Energieeinsparung ist hoch. Die Handgelenkachsen müssen auf die höhere Momentenbelastung abgestimmt sein. Alle Zuleitungen werden in einem Kabelpaket zusammengefaßt. Die Kabelführung muß Kabelquetschungen und -brüche ausschließen.

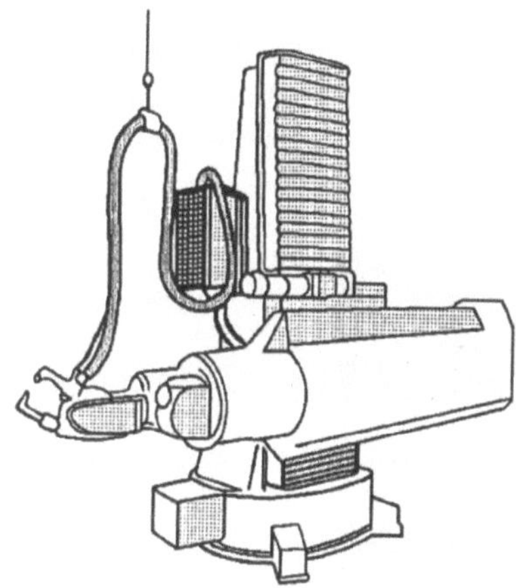

Bild 9-8
Punktschweißroboter mit angebautem Transformator
(SCIAKY)

Am Rande sei vermerkt, daß beim Widerstandspunktschweißen von Stahlblechen die Härte im Schweißpunkt stark zunimmt. Das führt zu Spannungskonzentrationen und damit zur Minderung der Festigkeit. Deshalb werden einige Verbindungen bereits durch Kleben hergestellt.

Zu beachten ist, daß die Standzeit der Kupferelektroden niedriger liegt, wenn verzinkte Stahlbleche bearbeitet werden, weil Zinkpartikel in die Kupferoberfläche der Elektroden diffundieren, was zur Messingbildung führt. Dadurch kommt es zum „Kleben" der Elektroden.

9.3   Roboter zum Schmelzschweißen

Das Schmelzschweißen mit Roboter hat große Verbreitung in der Industrie gefunden. Es findet in der Regel in „Wannenlage" statt, wodurch ein Lichtbogen von sehr großer Intensität zum Abschmelzen des Zusatzwerkstoffes verwendet werden kann. Mit menschlicher Arbeitskraft ist ein Lichtbogen mit mehr als 200 Ampere Stromstärke auf Dauer nicht beherrschbar, weil Auge und Konzentration durch die ständige Beobachtung des Schweißprozesses überfordert sind. Roboter können also mit höherem Schweißstrom und daher mehr Abschmelzleistung arbeiten, als jemals beim manuellen Schweißen möglich ist.

Während beim Widerstandsschweißen hauptsächlich die geometrischen Randbedingungen das Gelingen der Schweißung beeinflussen, sind es beim Schmelzschweißen vor allem die fertigungstechnischen Belange. Dazu gehört z.B. eine schweißrobotergerechte Gestaltung der Bauteile [4, 91]. Beim mehrlagigen Schweißen ist die Sensorik zum Nahtfinden und -verfolgen von entscheidender Bedeutung.

Für das Lichtbogenschweißen (Bild 9-9) werden Roboter gebraucht, die konstante Schweißgeschwindigkeiten (etwa 2 m/min) realisieren können, auch in den Ecken. Zustellbewegungen müssen bedeutend schneller ablaufen (etwa 1 m/s). Die Wiederholgenauigkeit soll < 0,2 mm sein. Die Toleranzen in der Nahtvorbereitung sollten den Wert 0,1 bis 0,2 × Blechdicke nicht überschreiten. Die Steuerung muß die Einbindung von Sensorsignalen gewährleisten und externe Achsen, z.B. einen Drehtisch, steuern können. Die Tragfähigkeit wird durch Brenner, Sensor und Zugkräfte des Schlauchpaketes geprägt. In der Regel sind das Traglasten zwischen 5 und 10 kg. Vom Programmiersystem wird ein hoher Programmierkomfort verlangt und zwar bezüglich der Bahnfahrt und der frei wählbaren Einstellung der Schweißparameter. Dazu zählen Drahtvorschub-Geschwindigkeit, Schweißstromstärke, Lichtbogenspannung, Schutzgasdurchfluß und Brennerkühlwasserdurchfluß. Die Programmierzeit muß in einem freundlichen Verhältnis zur produktiven Nutzungszeit des Roboters stehen. Da sich Schweißfugen durch den Wärmeeintrag verziehen können und Bauteiltoleranzen immer vorhanden sind, kann eine sensorisierte Nahtverfolgung notwendig werden.

Bild 9-9   Schutzgasschweißen von Gerüstbauteilen aus Aluminium (KUKA)

Eine Nahtverfolgung mit einem Visionssystem ist heute kein Problem mehr. Es werden die gebräuchlichsten Schweißnähte berührungslos erkannt, wie Oberlapp-, Stoß-, Kehl-, Kanten- und I-Naht, ebenso Spalte bis herunter zu 0,1 mm. Somit ist die Größe einer Lücke per Programm berechenbar. Danach lassen sich die Menge des benötigten Schweißmaterials und die Vorschubgeschwindigkeit steuern. Beispiele zur Schweißrobotersensorik sind in Abschnitt 8.4 enthalten.

Für lange Schweißnähte werden gern Roboter eingesetzt, die sich auf einem Fahrständer oder Portalbalken längs zur Naht bewegen können (Bild 9-10). Bei einer Mehrseiten-Anordnung (Bild 9-10d) ergibt sich eine Schweißzelle, mit der ein gehäuseförmiges Objekt gleichzeitig an 3 Seiten geschweißt werden kann. Die typischen Komponenten eines Robotersystems für das Schutzgasschweißen zeigt Bild 9-11. Man sieht, daß doch etliche Geräte in der Peripherie untergebracht werden müssen. Zusätzlich kann ein Brennerwechselsystem noch hinzukommen.

Die Abschmelzleistung kann mit einer Tandem-Schweißdüse erhöht werden, d.h. man arbeitet mit 2 von getrennten Stromquellen gespeisten Drahtelektroden. Durch zwei einzeln und unabhängig steuerbare Lichtbögen kommt man so auf Schweißgeschwindigkeiten bis 6 m/min. Verwendet wird dafür ein speziell konzipierter Schweißbrenner.

Einige Firmen bieten heute betriebsfertige Roboterschweißzellen an, die bei nur geringem Installationsaufwand alle erforderlichen und aufeinander abgestimmten Komponenten enthalten. Typischerweise werden für die Schweißteilpositionierung Drehtische mit zwei Bereichen verwendet, die durch eine Blechschutzwand voneinander getrennt sind (Bild 9-12). Die Zelle enthält alle notwendigen Sicherheitseinrichtungen. Die Steuerung besitzt Schnittstellen für den Fall, daß z.B. Sensoren (Kontaktrohrsensor, Lichtbogenpendelsensor u.a.) nachgerüstet wer-

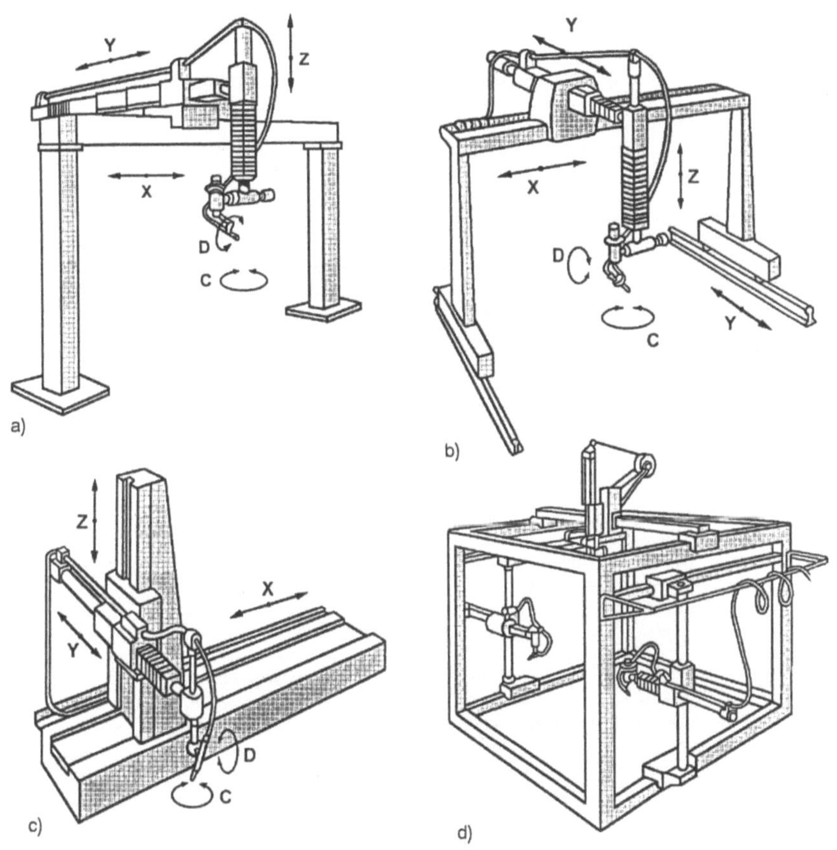

Bild 9-10 Typische Roboterkonfigurationen für das Lichtbogenschweißen
a) Portalausleger, b) fahrbares Portal, c) Ständerbauform, d) Schweißzelle mit 3-Seiten-Bearbeitung

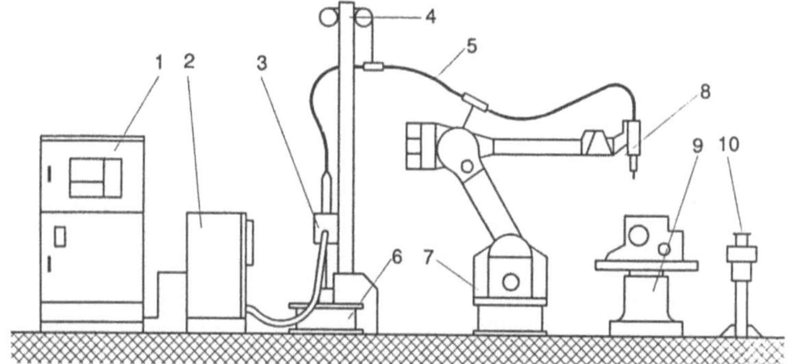

1 Robotersteuerung	6 Schweißdrahtgroßspule
2 Schweißgleichrichter	7 Industrieroboter
3 Drahtförder-Vorantrieb	8 Brennerkopf mit Drahtförder-Hauptantrieb
4 Schlauchpaket-Aufhängung	9 Schweißtisch
5 Schlauchpaket	10 Brenner-Reinigungsgerät

Bild 9-11 Schweißausrüstung für einen Roboterarbeitsplatz zum MIG/MAG-Schweißen

den. Gleiches gilt für die Nachrüstung des Schweißdatenüberwachungssystems zum Soll-Ist-Vergleich aller Prozeßgrößen. Ergänzend zur schweißtechnischen Ausrüstung enthält die Standard-Roboterschweißzelle ein programmierbares Drahtvorschubgerät und eine Brennerreinigungsvorrichtung. Steuerungsmäßig werden solche Funktionen geboten, wie Online-Positionskorrektur und Schweißparameteränderung, Mehrlagenschweißtechnik, 6D-Programmverschiebung und Prozeßdatenerfassung (Lichtbogenbrennzeit, Schweißnahtlänge, Zykluszeit, Stückzahl, Schweißgas und Drahtvorschubparameter).

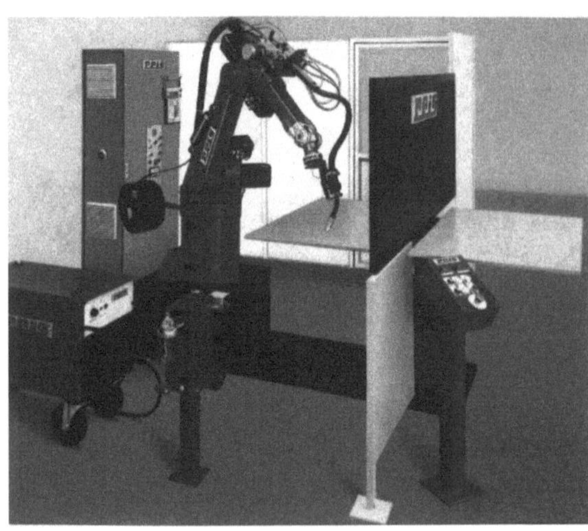

Bild 9-12 Komplette Roboterschweißzelle als betriebsfertige technologische Einheit (REIS)

Kenndaten, Begriffe und Leistungsangaben zum Schweißen mit einem Industrierobotersystem sind vom Deutschen Verband für Schweißtechnik in den Vorschriften DVS 0922 (1986-1992) - Schutzgasschweißen, DVS 0929 (1988) - MIG-/MAG-Schweißen, DVS 0939 (1991) - MSG-Schweißen und DVS 2937 (1990) - Widerstandsschweißen festgelegt worden.

9.4   Ultraschallschweißen

Industrieroboter lassen sich mit einen Ultraschallschweißkopf als Effektor ausrüsten, womit dieser frei programmierbar Kunststoffverbindungen herstellen kann. Das Bild 9-13 zeigt das Roboterwerkzeug. Es besteht aus einer Schwingerkombination, dem stationären Ultraschallgenerator, einer pneumatischen Vorschubeinheit und einem Werkzeugwechselsystem. Das Werkzeug kann auch mit Gegenhalter ausgestattet werden, ähnlich wie bei einer Punktschweißzange. Dadurch schließt sich der Kraftfluß im Werkzeug und belastet nicht das Greiferführungsgetriebe.

Über die pneumatische Vorschubeinheit wird die Sonotrode zugestellt und je nach Anwendungsfall wird der Schall ein- bzw. abgeschaltet. Die thermoplastischen Bauteile werden durch die definierte Anpreßkraft und die mechanischen Schwingungen im Ultraschallbereich an den Kontaktstellen lokal erwärmt. Dadurch kommt es zu einer Plastifizierung und nach kurzer

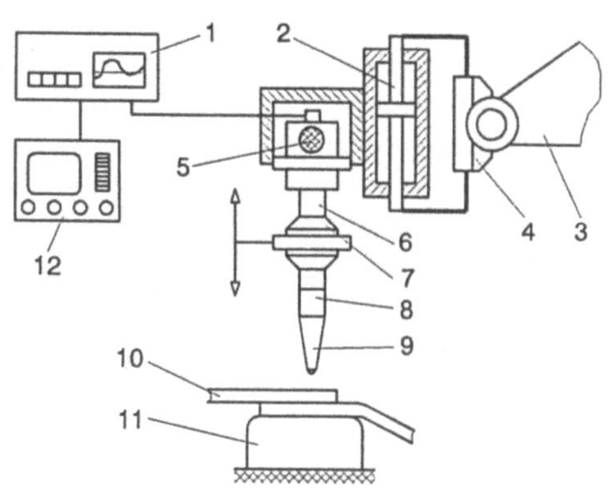

Bild 9-13
Teilsysteme eines
Ultraschallschweißeffektors [92]

Abkühlzeit erhält man eine Schweißverbindung hoher Festigkeit. Die Sonotroden werden dem Anwendungsfall angepaßt. So ist z.B. die Herstellung gasdichter Schweißbahnen ebenso möglich, wie das Einbetten von Gewindebuchsen, das Punktschweißen von Bauteilen und das Nieten.

9.5 Heftschweißen mit Industrieroboter

Unter Heftschweißen versteht man ein Schweißverfahren zur relativen Lagefixierung eines Schweißteils, z.B. ein Bolzen, zur Basis-Schweißbaugruppe. Es ist eine Vorarbeit für das anschließende Fertigschweißen. Das Heftschweißen kann vom Roboter ausgeführt werden [93]. Das Bild 9-14 zeigt den Verfahrensablauf. Der Industrieroboter fährt die Heftposition an, gleichzeitig wird der Greifer mit dem Hub $x1$ voll ausgefahren (a). Dann setzt der Roboter das Schweißteil auf die Basisteiloberfläche (b). Dabei gibt der Linearhub des Heftgreifers nach (c). Damit werden Form- und Lagetoleranzen aufgefangen. Schweißbaugruppen können Fehler von ± 5 mm und mehr aufweisen. Das System muß sich den toleranzbedingten Fehler $x2$ merken. Nun wird der Haltedruck aufgebracht und der Schweißvorstrom fließt über die Greiferbacken.

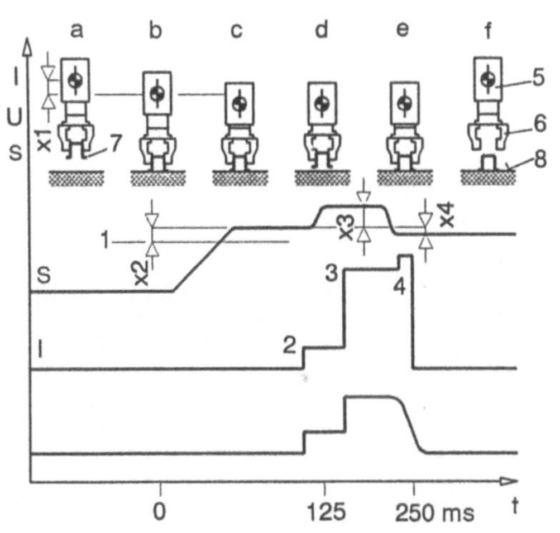

Bild 9-14
Verfahrensablauf beim servogeregelten
Heftschweißen (TRW Nelson, System Tack)

Dann wird das Anschweißteil um den Schweißhub $x3$ zurückgezogen, wodurch ein ortsfester Lichtbogen entsteht (d). Dadurch schmelzen Anschweißteil und Basisteil auf, begleitet von einer entsprechenden Schweißstromregelung. Nun wird das Schweißteil gegen das Basisteil gedrückt, wobei der Lichtbogen erlischt und ein Kurzschlußstrom fließt (e). Das Andrücken geschieht servogeregelt. Nach kurzer Haltezeit für das Erstarren des Schweißbades öffnet der Greifer und das Heftaggregat wird zurückgefahren. Der Heftvorgang dauert zwischen 50 und 500 Millisekunden.

9.6   Mechanische Montage

Das allgemeine Problem der Montage besteht darin, daß ein Roboter in der Feinorientierung und -positionierung soviel Geschick entwickelt, daß er das Zusammensetzen von Teilen auch erfolgreich ausführt, wenn Winkel- und Positionsfehler vorliegen. Diese Aufgabe ist in Bild 9-15 dargestellt. Hieraus leiten sich folgende handhabetechnischen Aktionen ab:

- Grobbewegungen mit dem gegriffenen Teil bis zu einem Punkt nahe der Wirkstelle mit möglichst großer Verfahrgeschwindigkeit,

- Absenken der Geschwindigkeit und Ausgleich von Lateral- und Angularfehlern im Feinbereich durch aktive oder passive Fügehilfen,

- Fügeoperation ausführen, z.B. Einstecken eines Teiles.

Die erforderlichen Funktionen können auf verschiedene Funktionsträger verteilt sein [155, 156]:

- Der Montageroboter ist mit einem Fügemechanismus (Fügehilfe) ausgestattet, der gesteuert oder ungesteuert ausgleichend wirkt.

- Der Montageroboter ist nicht kräftig genug, weshalb ihm ein externes Gerät beigestellt wird, z.B. eine Presse.

1 Fügeteil
2 Montagebasisteil

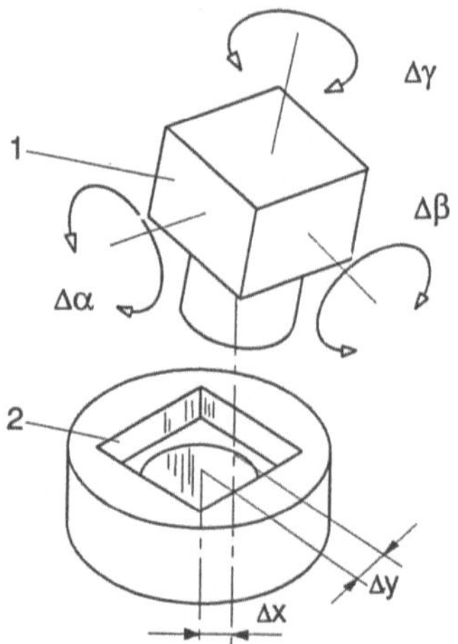

Bild 9-15
Der allgemeine Montagefall: Fügen durch Einstecken

Der Erfolg des Montierens mit automatischen Mitteln hängt ganz wesentlich von der Übereinstimmung der Fügeachsen ab. Die verschiedenen Möglichkeiten der Orientierung der Fügepartner zueinander sind in Bild 9-16 dargestellt. Die Lösungen sind in 2 Gruppen eingeteilt,

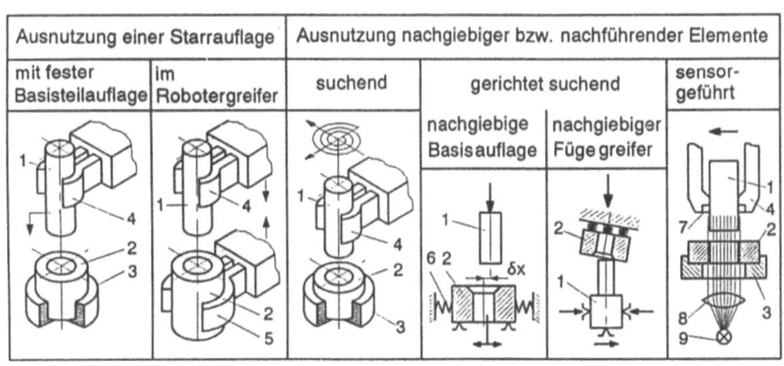

Bild 9-16 Möglichkeiten zum Erreichen der Fügeachsenübereinstimmung beim Montieren

einmal mit feststehendem unverrückbarem Basisteil und zum zweiten mit „schwimmender" Bereitstell-Lage des Basisteils. Bei feststehendem Basisteil muß folgende Bedingung erfüllt sein, wenn der Fügevorgang erfolgreich ablaufen soll:

$$S \geq x + x_1 + x_2 + E_1 + E_2$$

Es bedeuten:

E_1 Exzentrizität von Formelementen des Fügeteils,

E_2 Exzentrizität von Formelementen des Basisteils,

S garantiertes Spiel zwischen Fügeteil (Bolzen) und Basisteil (Bohrung),

x Positionierfehler des Montageroboters,

x_1 Bereitstellfehler des Basisteils in der Aufnahme,

x_2 Aufnahmefehler des Fügeteils im Robotergreifer.

Ist dieses Spiel nicht vorhanden, lassen sich Fügehilfen verwenden. Der Fügekopf des Roboters kann suchende Bewegungen vornehmen, wobei sich die Oberflächen der Fügepartner bereits berühren. Stimmen die Achsen in einer bestimmten Position überein, kommt es zur Verbindung (Bolzen „schnappt" in Bohrung). Nachgiebige oder suchende (gesteuerte) Bewegungen können sowohl vom Fügeteil als auch vom Basisteil ausgeführt werden. Die Suchbewegungen können chaotisch (zufällig), geplant (spiralig, mäanderförmig u.a.) oder sensorgeführt ablaufen (Bild 9-17). Es gibt auch noch andere Suchmuster als die dargestellten. Sie müssen keineswegs durch Schwingungen erzeugt werden. Man kann auch Mechanismen, die den Greifer in fest vorgegebenen oder auch programmierbaren Bahnen führen. So hat man auch schon den Roboterarm mit einer Zitterbewegung (Wobbeln) beaufschlagt, um beim Fügen Achsfehlertoleranzen auszugleichen.

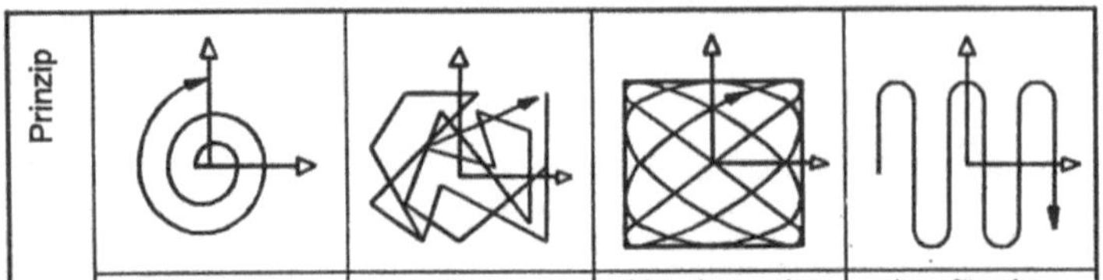

Prinzip	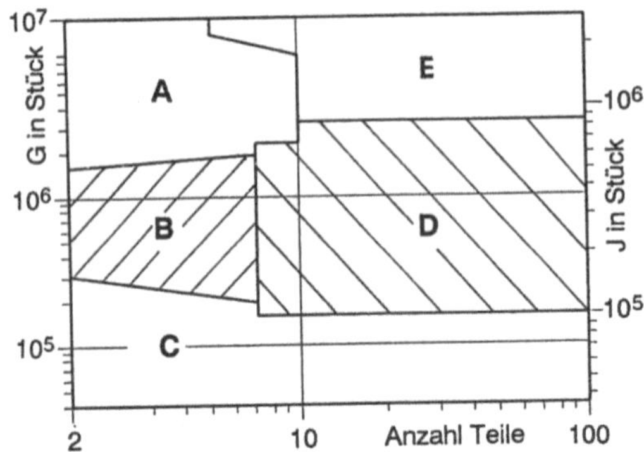				A maximale Erreger- frequenz B ausgleichende Wirkung C kleinstmögliche Fügespiele D maximale Suchzeit
	spiralige Bewegung	chaotische Bewegung	Lissajoussche Figuren	sinusförmige Bewegung	
A	etwa 20 Hz	etwa 400 Hz	etwa 200 Hz	etwa 100 Hz	
B	etwa 5 mm	etwa 2 mm	etwa o,5 mm	etwa 0,5 mm	
C	etwa 0,1 mm	etwa 0,2 mm	etwa 0,001 mm	etwa 0,01 mm	
D	etwa 3 s	zufällig	größer als 1 s	etwa 1 s	

Bild 9-17 Beispiele für schwingungserregte Suchbewegungen beim automatischen Fügem [94]

Welches Technisierungsniveau für die Montage ins Auge gefaßt werden kann, ist weitgehend eine Funktion der Jahresstückzahl und der abzuschätzenden Laufzeit des Produkts. Im Groben wird der Zusammenhang in Bild 9-18 dargestellt [95, 96].

A taktender Montageautomat
B Montageroboter im Einstationenbetrieb
C manuelle Montage
D Montageroboter im Mehrstationenbetrieb
E spezialisierte Transfermaschine
G Gesamtproduktionsvolumen
J Produktionsvolumen im Jahr im Zweischichtbetrieb

Bild 9-18 Wirtschaftlichkeit verschiedener technischer Lösungen in der Montage als Funktion der Anzahl von Einzelteilen je Baugruppe (nach Boothroyd)

Es wird auch in Zukunft noch Handmontagen geben. Ebenso werden für höchste Stückzahlen von Massenteilen, wie z.B. Rollenkettenglieder oder Schmiernippel, Rotorautomaten und -linien, die ohne schaltenden Takt laufen, eingesetzt. Für einfache Montagen im Großserienbereich werden Pick-and-Place-Einheiten verwendet, die meistens aus Modulen zusammengesetzt sind (Bild 9-19). Man erkennt bei der dreiachsigen Einheit auch die Dämpfer für die Endlagenstellung. Wird freie Programmierbarkeit verlangt, dann müßten servopneumatische Linearachsen vorgesehen werden (siehe Abschnitt 6.2.2).

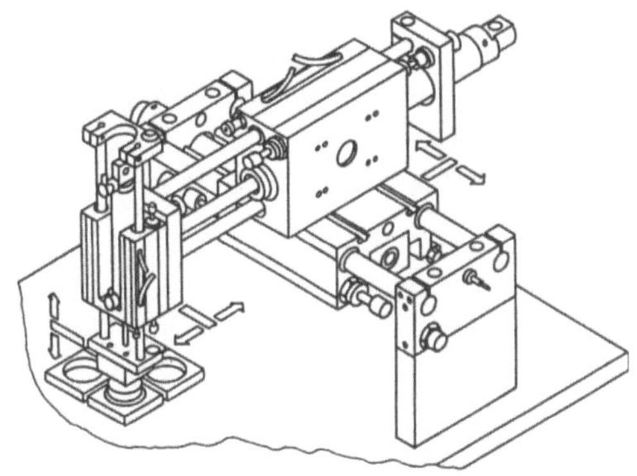

Bild 9-19
Typischer Aufbau einer Pick-and-Place-Einheit
aus pneumatischen Standardmodulen (FESTO)

Welche Ausrüstungskomponenten im allgemeinen für die verschiedenen Lösungen zur automatischen Montage eingesetzt werden, gibt die Übersicht in Bild 9-20 an.

Montagetechnik / Ausrüstungskomponenten — Verwendbarkeit (Zellen-Symbole: ████ = Vollfeld, ██░░ = Halbfeld, █░░░ = Viertelfeld, ░░░░ = Leerfeld):

Ausrüstungskomponenten	Montagezelle	Montagelinie		Montageautomat	
	Zelle mit Montageroboter	manuelle Montagelinie	Montagelinie mit Roboter	Hybridlinie mit Roboter	Taktautomat ohne Roboter	Taktautomat mit Roboter
SCARA-Roboter	████	░░░░	████	████	░░░░	█░░░
Senkrechtgelenkarm	████	░░░░	████	████	░░░░	████
Linienportalroboter	█░░░	░░░░	█░░░	░░░░	░░░░	██░░
Flächenportalroboter	██░░	░░░░	██░░	█░░░	░░░░	░░░░
Bewegungsmodule	██░░	█░░░	████	████	████	████
Verkettungsmittel	░░░░	████	████	████	██░░	██░░
Fügemodul	██░░	░░░░	████	████	████	████
Fügestationen	████	██░░	██░░	████	░░░░	░░░░
Fügeautomaten	████	██░░	██░░	████	░░░░	░░░░
Werkstückträger	░░░░	█░░░	████	████	█░░░	██░░
Handhabungsmodule	████	██░░	████	████	████	████
Einzweckgreifer	█░░░	░░░░	████	████	█░░░	████
Mehrzweckgreifer	█░░░	░░░░	████	████	░░░░	██░░
Greiferwechselsystem	████	░░░░	█░░░	█░░░	░░░░	░░░░

Legende:

Vollfeld	=	üblich und funktionsmäßig erforderlich
Halbfeld	=	in spezifischer Form angewendet
Viertelfeld	=	nicht unbedingt typisch aber verwendbar
Leerfeld	=	nicht erforderlich

Bild 9-20 Verwendbarkeit von Komponenten in der Montagetechnik

Eine wichtige Voraussetzung für automatisches Montieren ist die möglichst praktische Bereitstellung von Bauteilsortimenten [99 bis 103]. Wie man aus Bild 9-21 erkennt, hat das auch Auswirkungen auf die erforderliche Beweglichkeit der Handhabungseinrichtung. Ebenso sind die logistischen Bedingungen zu beachten. Eine Anlieferung in Werkstückträgermagazinen erfordert eine andere Peripherie als die Teileentnahme durch die Handhabungseinrichtung aus einem Gleitbahnmagazin. In diesem Fall gibt ein Zuteiler ein Teil frei und der Zugriff reduziert sich unter Umständen trotz verschiedener Teile auf einen Fixpunkt. Letztlich ist die Bereitstellung auch eine Frage der Werkstückgröße, -masse und -form. Die Lösungen nach Bild 9-21a und b sind für Robotermontagezellen typisch und die nach Bild 9-21c und d eher für Zellen mit Pick-and-Place Geräten, sofern ausreichend hohe Stückzahlen zu bewältigen sind.

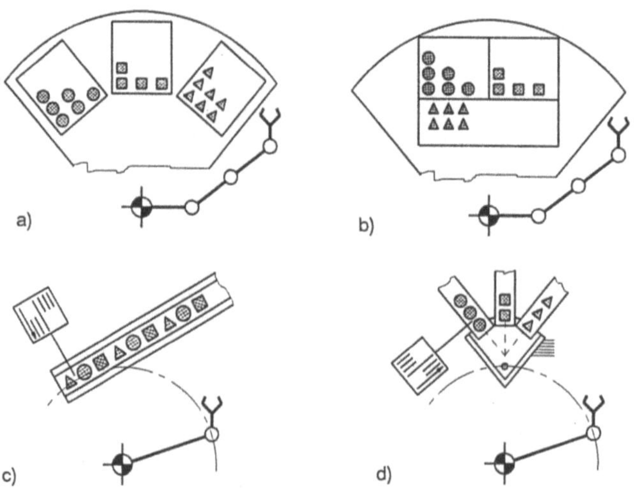

Bild 9-21 Präsentation von Werkstücken mehrerer Sorten

a) Bereitstellung in Einzelspeichern, b) Vielfaltspeicherung (kommissioniert), c) Sequenzspeicher, einkanalig, d) Sequenzspeicher, mehrkanalig

In Bild 9-22 wird ein Beispiel für die Kleinteilmontage gezeigt.

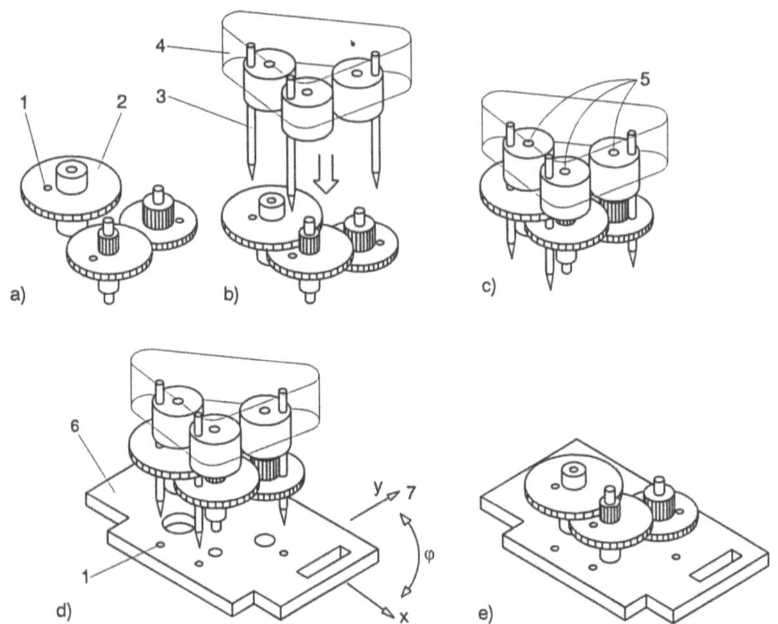

1 Suchbohrung	5 Vakuum
2 Zahnrad	6 Uhrwerkträgerplatte
3 Zentriernadel	7 Nachgiebigkeit des Basisteils z.B. durch Auflage
4 Greifkopf	auf luftgelagerter Platte

Bild 9-22 Uhrwerkmontage mit Hilfe zentrierender Nadeln

a) Einzelteile, b) Aufnehmen und Vormontage im Greifer, c) Halten mit Saugluft, d) Montieren
e) fertige Baugruppe

Die Zahnräder eines Uhrwerks werden beim Aufnehmen in der Peripherie mit Zentriernadeln genau orientiert und am Greifkopf mit Saugluft gehalten. Es findet im Greifer eine Vormontage statt [104]. Dann wird die vormontierte Baugruppe mit der Uhrwerkträgerplatte verbunden. Dabei dienen die Zentriernadeln wiederum zum Finden der genauen Position. Die Trägerplatte (Basisteil) ruht luftgelagert auf einer Montageplatte, so daß eine Nachgiebigkeit in x, y und j vorliegt. Diese Lösung kommt ohne Sensoren aus.

Ein ganz anderer Weg wird bei der Montagezelle nach Bild 9-23 beschritten. Der Roboter fügt die Baugruppe nach Informationen, die ein Sichtsystem an die Steuerung liefert. Das Verschrauben erfordert den automatischen Wechsel von Greifer und Schraubwerkzeug. Die Verbindungsteile werden in einem Magazin bereitgestellt.

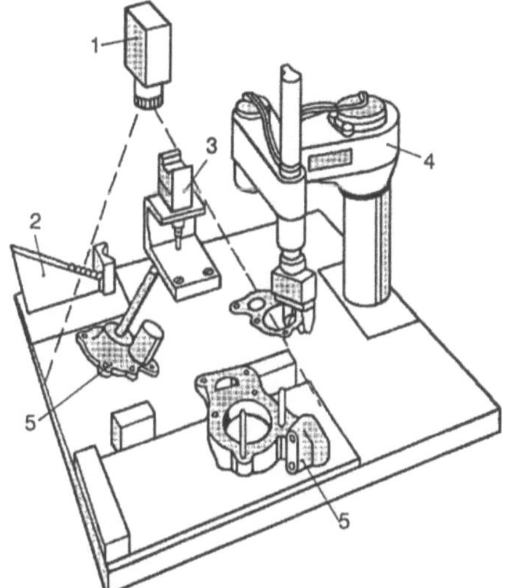

1 Kamera
2 Bauelementezuführung
3 Montagewerkzeug oder Greifer
    zum Wechseln
4 Montageroboter
5 Montagekomponenten

Bild 9-23
Montageplatz

In Bild 9-24 ist das sensorgestützte Anschrauben von PKW-Rädern zu sehen. Dabei sind folgende Tätigkeiten auszuführen:

- Erfassung der Geschwindigkeit des Hängeförderers. Sie ist veränderbar und eine Verstellung wird dem Roboter nicht mitgeteilt. Vielmehr geschieht eine Messung mit einem externen Tachogenerator. Danach werden Fahrzeug- und Roboterbewegung miteinander synchronisiert.

- Auswahl des gerade benötigten Rades in der Peripherie. Es können verschiedene Felgen und Reifengrößen bereitgestellt werden.

- Aufnehmen der Schrauben und des Rades (Übergabestation mit Radausrichtvorrichtung).

- Erkennung der Drehlage des Nabenlochbildes. Die vorher eingelernten Lochdaten werden mit den Flächen- und Konturliniendaten der Schraubenlöcher verglichen. Es müssen mindestens 2 Löcher und der Nabenmittelpunkt (Position in y und z) erkannt werden.

- Drehung der Roboterhand mit dem Greifer nach dem realen Lochbild am PKW.

- Ansetzen des Rades und Festschrauben. Eine Drehmomentenprüfung im greiferintegrierten Mehrfachschrauber überwacht dabei den sicheren Sitz des Rades.

- Je nach Montagetechnologie kann einer der beidseits der Transferstrecke aufgestellten Roboter noch mit dem Einbau des Ersatz- bzw. Notrades beauftragt sein.

Bild 9-24　Anschrauben von PKW-Rädern mit dem Industrieroboter (KUKA)

Das Radanschrauben wird in Bild 9-25 nochmals als Layout gezeigt. Für ein Paar Räder wird eine Zykluszeit von 48 Sekunden angegeben. Die Montagelinie läuft mit 75 Automobilen je Stunde Transportgeschwindigkeit. Im Beispiel sind die Räder auf dem Zuführsystem in ihrem Lochbild einheitlich ausgerichtet. Werden beliebige Drehlagen und Anlieferpositionen zugelassen, dann ist eine zweite Kamera senkrecht über dem Bereitstellplatz nötig.

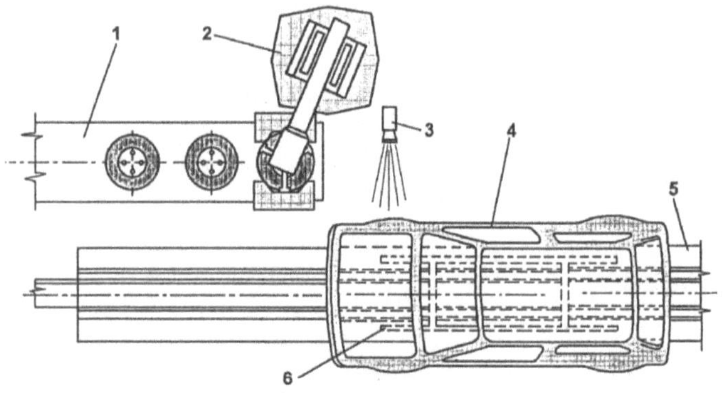

Bild 9-25　Radanschrauben mit dem Roboter in der Draufsicht (COMAU)

Um mit der Robotermontage in den Bereich der kleinen Losgrößen vordringen zu können, gibt es verschiedene Ansätze, rüstfreie Montagezellen zu schaffen. Darunter versteht man das möglichst automatische Umrüsten der Peripherie eines Montageplatzes. Eine solche Lösung zeigt das Bild 9-26. Man sieht links den Bereitstellplatz für die Montageteile, rechts ist die Peripherie auf einer Palette aufgebaut. Dazu gehören Montage-, Prüf- und Preßvorrichtungen. Jedes Peripherieelement ist auf einer modulartigen auswechselbaren Grundplatte aufgebaut. Beim Austausch von Komponenten werden über vereinheitlichte Koppelstellen auch Signal- und Energieflüsse automatisch gekoppelt. Erhalten die Komponenten Griffelemente, an denen der Roboter mit seinem Greifer anfassen kann, dann erledigt der Roboter per Programm auch das Umrüsten. Montageteile wie Peripheriekomponenten werden über fahrerlose Transportsysteme automatisch angeliefert.

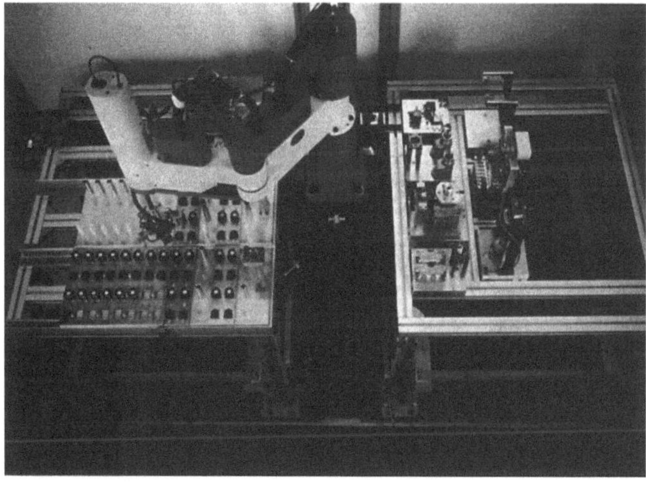

Bild 9-26 Rüstflexible Montagezelle mit SCARA-Roboter (iwb München)

Soll ein Roboter beim Fügen durch Längspressen größere Kräfte aufbringen, dann ist er zumindest als „Freiarm-Gerät" überfordert. Deshalb hat man Spezialroboter entwickelt. Der in Bild 9-27 gezeigte Parallelroboter ist nach dem Hexapode-Prinzip ausgeführt, allerdings auf 3 Achsen reduziert. Dadurch kann der Roboter ungewöhnlich große Preßkräfte entwickeln (siehe auch Bild 2-34). Er läßt sich deshalb als sich selbstbeschickende Montagepresse einsetzen.

Bild 9-27 Parallelroboter TRICEPT HP1 als Montagepresse (COMAU/NEOS)

9.7 Farbspritzen

Der Einsatz von Farbspritzrobotern ermöglicht das völlige Herauslösen des Menschen aus der gesundheitsschädigendem Umwelt und wird seit Mitte der sechziger Jahre betrieben. Es werden meistens hydraulische Drehgelenkroboter der Struktur DDD (D = Drehen) verwendet. Aber auch einfache Linearspritzeinheiten werden benutzt, wenn einfache ebene, großflächige Teile zu beschichten sind.

Bei Beschichtungsaufgaben, wie sie z.B. in vollautomatischen Lackierstraßen vorliegen, stellen sich besondere Anforderungen an die zeitliche und räumliche Koordinierung der Einzelachsen, denen mit einer entsprechenden Steuerungsstruktur Rechnung getragen werden muß. Der Einsatz von Beschichtungsrobotern wird durch folgende Gegebenheiten beeinflußt:

- Beschichtungsaufgabe (Werkstücksortiment, Art der Beschichtung),

- Arbeitsbereich und Bewegungsablauf des Roboters,

- periphere Einrichtungen (Förderer, Absaugung, Raumverhältnisse, Sicherheitstechnik) und

- Spritztechnik (Sprühstrahltechnik, Farbenumschaltung, Zuführung der Beschichtungsstoffe).

Da der Roboter nur den reinen Spritzvorgang automatisiert, müssen alle Nebenarbeiten wie Auflegen, Anhängen, Drehen, Wenden und Transportieren einer abgestimmten Peripherie übertragen werden, was auch einen räumlichen und zeitlichen Abgleich einschließt.

Das Bild 9-28a zeigt einen Farbspritzroboter, der verschiedene Werkstücke in beliebiger Reihenfolge lackieren kann. Über ein Bildverarbeitungssystem wird vorausschauend die ankommende Werkstückart festgestellt, so daß der Roboter auf das jeweils zutreffende Bewegungsprogramm umschalten kann. Für das Abtasten der Objekte genügt oft schon ein Lichtvorhang, mit dem ebenfalls die Kontur während des Durchlaufs feststellbar ist (Bild 9-28b).

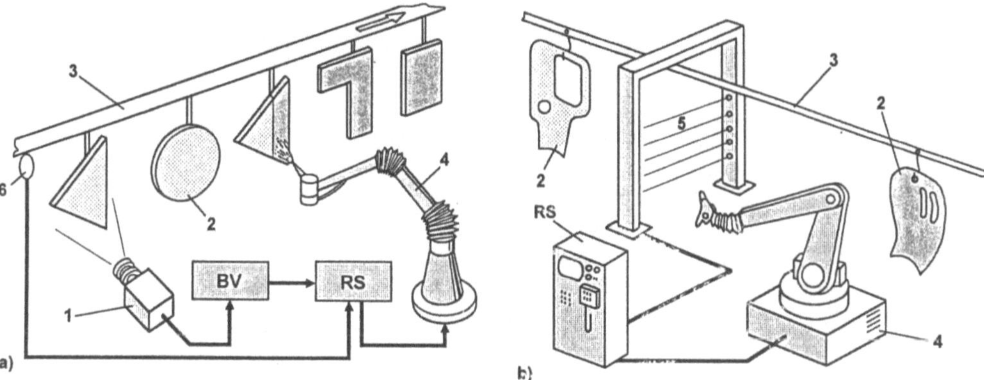

1 Kamera	5 Lichtvorhang
2 Werkstück	6 Tachogenerator
3 Hängeförderer	BV Bildverarbeitungssystem
4 Farbspritzroboter	RS Robotersteuerung

Bild 9-28 Robotisiertes Farbspritzen mit Bilderkennungssystem zur Teileidentifikation

a) Erkennung mit Kamera, b) Erkennung mit Lichtschrankenleiste

Als Transportsystem kommen Kreisförderer, auch Doppelbahnkreisförderer mit Speichermöglichkeit, Schleppkettenförderer, Transportbänder u.a. in Frage. Die Objekte müssen sicher fixiert sein. Pendelbewegungen am Fördermittel sind zu vermeiden, da sonst Fehlbeschichtungen und Farbverluste vorkommen. Die Synchronität der Bewegungsabläufe zwischen Förderer und Roboter muß gesichert sein. Ursachen für unsynchronen Lauf können sein:

- Stromschwankungen beim Antrieb des Förderers,

- Dehnungen im Zugmittel, z.B. durch Anhängelast oder Erwärmung sowie

- ungleiche Reibungs- bzw. Rollwiderstände im Förderer.

Zeitliche Verschiebungen zwischen Roboter- und Fördermittelbewegung werden als Nachlauffehler bezeichnet. Dieser läßt sich verkleinern, wenn für das Spritzen gesonderte Startimpulse ausgegeben werden. Mitunter werden Farbspritzprogramme auch geteilt, wenn am bewegten Objekt gespritzt wird. Der zweite Teil erfordert dann einen erneuten Startimpuls. Sind die Geschwindigkeitsschwankungen nicht zu verkraften, muß ein Geschwindigkeitssensor am Förderer ständig aktuelle Daten liefern. Danach führt die Steuerung die Synchronisation durch.

Beschichtungsfehler bezüglich der Schichtdicke können sich ergeben, wenn das Spritzwerkzeug Abstandsschwankungen beim Bahnfahren unterworfen ist, besonders bei senkrechten Flächen. Fehler beim Fahren einer Ecke können das Spritzergebnis ebenfalls verschlechtern. Wird der Roboter im Playback-Verfahren programmiert, sollen die Bewegungskräfte für das manuelle Führen im gesamten Arbeitsbereich möglichst klein sein, weil sonst das gefühlvolle

Ausführen der technologischen Operation erschwert wird. Immerhin gehen persönliche Erfahrungen des Lackierers mit in das Programm ein. Das Arbeitsergebnis hängt auch stark davon ab, wie es gelingt, Viskosität, Dichte und Temperatur der Spritzflüssigkeit auf gleichbleibenden Werten zu halten. Hilfseinrichtungen werden zur Bereitstellung der erforderlichen Mengen an Beschichtungsmaterial (Pumpe, Speicher) und zur mengengesteuerten Spritzluftbereitstellung gebraucht. Gelegentlich ist der automatische Farbwechsel eine wichtige Ergänzung. Hierbei werden Spritzpistole, Ventile und Leitungen automatisch mit einem pulsierenden Lösungsmittel-Luftgemisch gespült. Das ist in etwa 5 Sekunden ausführbar. Dann liegt die neue Farbe an der Spritzpistole an.

Neuere Vorschläge gehen davon aus, die einzelnen Spritzstellen nicht mehr über eine Ringleitung mit Farbe zu versorgen, sondern Lack-Kartuschen einzusetzen. Über eine Zuführeinheit gelangen diese Kartuschen in das Innere des Roboterarms und stellen Farbe bereit. Damit lassen sich sehr viele Farben mit kurzen Wechselzeiten einsetzen und auch die Farbverluste verringern sich.

Es werden aber nicht nur Außenflächen von Körpern beschichtet. Besonders im Fahrzeugbau sind auch Innenräume zu spritzen. Dazu benötigt man Roboter mit hochbeweglichem Unterarm, so daß auch „rückwärts" gespritzt werden kann, besonders wenn der Roboter über Öffnungen von außen in den Körper eindringt (Bild 9-29).

Bild 9-29
Farbspritzen des Innenraums eines PKW (HALL)

Für Spezialaufgaben kann man auch ein problemangepaßtes Führungsgetriebe einsetzen, wie es in Bild 9-30 am Beispiel des Innenraumspritzens bei einem Transportfahrzeug zu sehen ist.

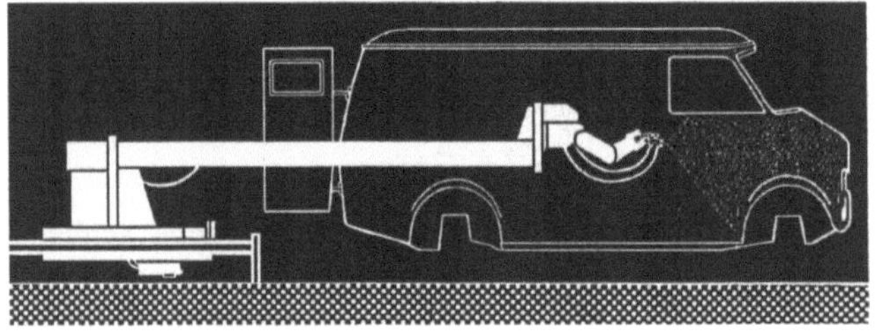

Bild 9-30 Langer Ausleger für das Spritzen von Fahrzeuginnenräumen (HALL)

9.8   Dualarmroboter

Zweiarmige Roboter haben den Vorteil, daß Handhabungsoperationen parallel ablaufen können, was die Zykluszeiten senkt. Die Dualarmroboter (manchmal sind es auch nur Einleger)
werden meistens für das Beschicken von Maschinen eingesetzt. Das Bild 9-31 zeigt einige Ausführungen. Die Arme können nur gemeinsam bewegt werden. So lassen sich z.B. Zuführen
einer Ronde zur Presse P1 und Weitergeben eines Ziehstücks von Presse P1 nach P2 in einem
Zyklus ausführen, wie es in Bild 9-32 dargestellt wird. Die Pressen müssen aber entsprechend
aufgestellt sein, im Beispiel kreisförmig. Es wurde also Presse P1 mit Presse P2 verkettet.

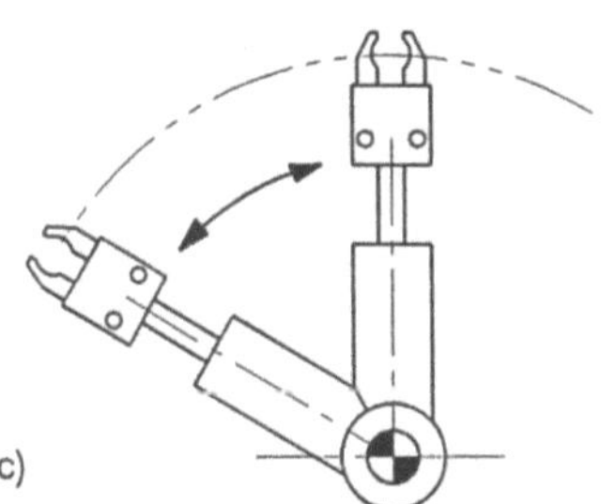

Bild 9-31
Dualarmroboter (Draufsicht)

a) Wechselarm mit 180° Drehung, b) Portal-Doppelarm,
c) Doppelschwenkarm

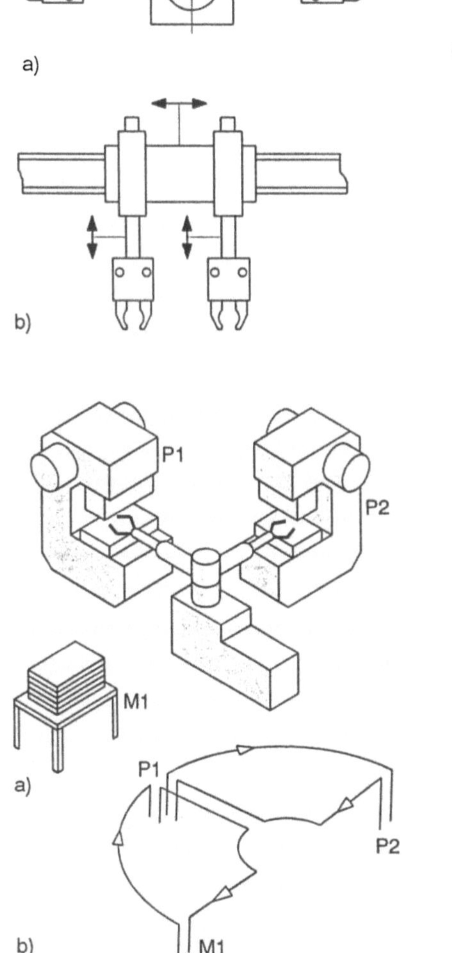

P   Presse
M   Bereitstellmagazin für Zuschnitte

Bild 9-32
Bewegungsablauf beim Einsatz einer zweiarmigen
Handhabungseinrichtung

a) technologisches Schema
b) Verkettungsvariante

Eine Verkettung kann auch innerhalb einer Maschine nötig sein. So kann der Dualroboter nach Bild 9-33 verwendet werden, um im Arbeitsraum einer Schmiedepresse mit mehreren Gesenken die Teile von einem Gesenk zum nächsten weiterzugeben. Oft verbleiben dabei die Greifer im geöffneten Zustand in der Presse, um z.B. nach dem Stauchvorgang sofort wieder zupacken zu können.

Das Bild 9-33 zeigt einen solchen Anwendungsfall. Das Rohteil kommt aus einem Induktionsofen und wird von einem Handhabungsgerät in das Werkzeug I eingelegt. Nach dem Pressen wird das Teil ins Werkzeug II befördert, gleichzeitig wird ein Teil aus dem Gesenk II entnommen und zum Abgratewerkzeug III gebracht. Dort wird es von einem Handhabungsgerät oder einem Roboter entnommen und in der Peripherie abgelegt.

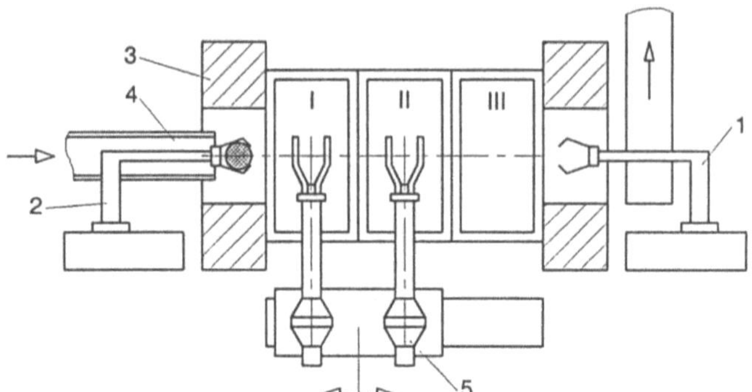

1 Entnahmegerät
2 Eingeber
3 Presse
4 Zuführeinrichtung
5 Dualroboter

Bild 9-33
Schnitt durch eine Schmiedepresse

In der Großserienfertigung wird freie Programmierbarkeit der Arme oft gar nicht gebraucht, so daß Doppelarm-Einleger genügen. Es gibt sie auch als Anbaugerät.

Einen vorderen Platz nehmen bei der Maschinenbeschickung Portalroboterlösungen ein. Bei Verfahrwegen bis 30 m und Werkstückmassen bis 500 kg werden Wiederholgenauigkeiten erreicht, die bei etwa ± 0,2 mm liegen, was im allgemeinen ausreichend ist. Bei den in Bild 9-34a und c dargestellten Einrichtungen arbeiten die einzelnen Arme auf einen Greifpunkt (V-Anordnung). Dadurch können das Fertigteil entnommen und das neue Rohteil eingegeben werden, bei nur einmaliger Anfahrt der Wechselposition. Bei der Lösung nach Bild 9-34d wird der äußere Arm dagegen erst in der Endphase der Abwärtsbewegung durch eine Kulissenführung in die V-förmige Bahn gebracht. Mitunter sind nicht alle Achsen freiprogrammierbar, so daß die Definition eines Roboters nicht erfüllt wird. Das entwertet diese Einrichtungen aber nicht.

Bei technologisch symmetrischen Operationen kann man mit 2 Roboterarmen bzw. selbständigen Roboterköpfen arbeiten. Das wird in Bild 9-35 am Beispiel des Schmelzschweißens gezeigt. Hierbei sind die Bewegungen von 3 Einrichtungen zu koordinieren. Das Prinzip der Vervielfachung ist beim Schweißen durchaus öfters zu beobachten: Doppeldrahtschweißen, Schweißen mit 2 und mehr Schweißpistolen, Schweißen mit mehreren Roboterköpfen bzw. Robotern.

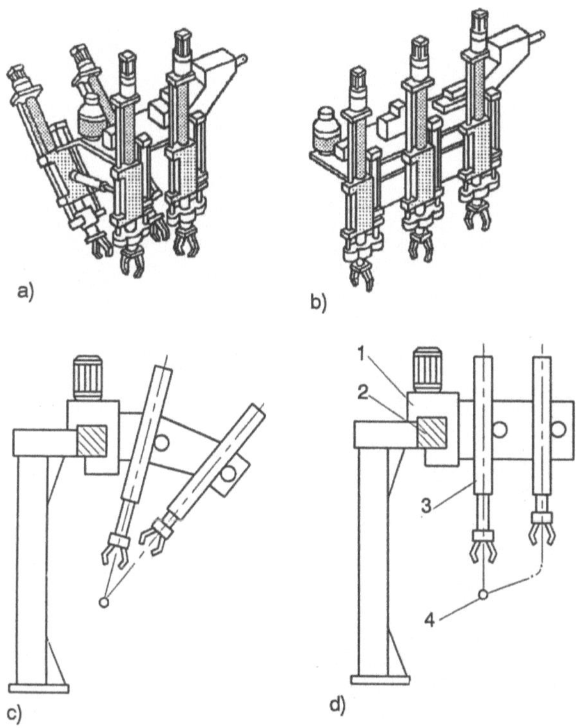

Bild 9-34 Portalgreifereinrichtungen

a) Portalwagen mit 4 Armen in V-Anordnung, b) Portalwagen mit 3 Vertikaleinheiten, c) Prinzip der V-Anordnung, d) Kulissenführung,

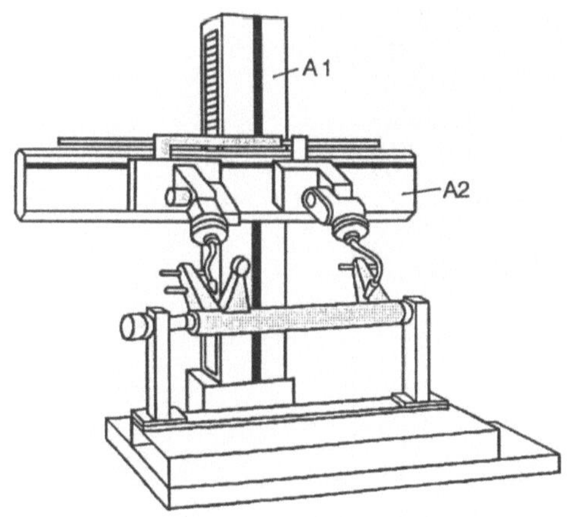

Bild 9-35
Portalschweißanlage mit zwei Roboterarmen auf gemeinsamen Linearachsen A1 und A2

9.9   Maschinenbeschickung

Die Beschickung von Maschinen (Laden, Entladen) gehört zu den klassischen Aufgaben in der Handhabungstechnik. Streng genommen handelt es sich um einen Fügevorgang und zwar Fügen durch Zusammenlegen, wobei eine Werkstückaufnahme oder eine Spannvorrichtung als Basisteil gelten kann. Beim Bewegen eines gegriffenen Werkstücks muß die Bahn nur grob eingehalten werden. Start- und Zielposition sind dagegen genau anzufahren. Bedeutsam ist auch der Freiraum um den Greifer, damit Spannstelle, Wendevorrichtung und Werkstückmagazin kollisionsfrei erreicht werden. Das Bild 9-36 zeigt, daß trotz Außengriff die Greiforgane nur wenig die Außenkontur des Werkstücks überragen. Es geht um die Bereitstellung von Fahrzeugfelgen mit einem Drehgelenkroboter. Der Greifer ist modular aufgebaut und zentriert das Werkstück. In der Ablageposition erfolgt eine Lage- und Typerkennung mit einem Bildverarbeitungssystem.

Bild 9-36 Handhabung von Fahrzeugfelgen bis 100 kg (KUKA, BOLL, GMG)

Der Innengriff oder das Anfassen von Teilen mit dem Vakuumsauger ergibt übrigens meistens die kleinstmögliche Hüllkontur von Effektor und Werkstück.

Ein besonderes Problem kann auftreten, wenn ein Werkstück in der Maschine gespannt wird, während es der Greifer noch festhält. In diesem Moment wird die offene Kinematische Kette zur geschlossenen Kinematischen Kette.

Da stets Positionierfehler vorkommen, kann es zu einer Überlastung des Roboters durch Überbestimmung kommen, wenn dieser in eine andere Position gedrängt wird. Abhilfe schafft da ein nachgiebiges Handgelenk (Feder, Gummielemente) oder die beanspruchten Achsen des Roboters werden „weich" geschaltet, d.h. sie geben nach und versuchen nicht mit der Kraft der Antriebe ihre „Genauposition" laut Programm zu erreichen.

Nur etwa ein Drittel aller Roboter ist für die Werkstückhandhabung eingesetzt. Das hängt mit den Eigenheiten der Werkstücke zusammen, die Greifer und Peripherie stark beeinflussen und höhere Stückzahlen voraussetzen. Meistens ist die Bedienung einer einzigen Maschine nicht rentabel, weshalb man die Mehrmaschinenbedienung anstrebt und dafür haben sich Portalroboter gut eingeführt. Das Bild 9-37 zeigt einen Ausschnitt aus einer Arbeitslinie. Mit dem Doppelgreifer werden kleine Span-zu-Span-Zeiten geschafft. Die Wendevorrichtung nimmt bei Bedarf Werkstücke auf, legt sie auf einem kleinen Förderband ab und die zweite Greifeinheit stellt das Teil, nun gewendet, wieder auf, damit es der Portalroboter erneut für die Bearbeitung der zweiten Seite abholen kann. Im Beispiel genügt ein Linienportal, weil man die Werkzeugmaschinen werden ebenfalls „in line" aufstellen kann.

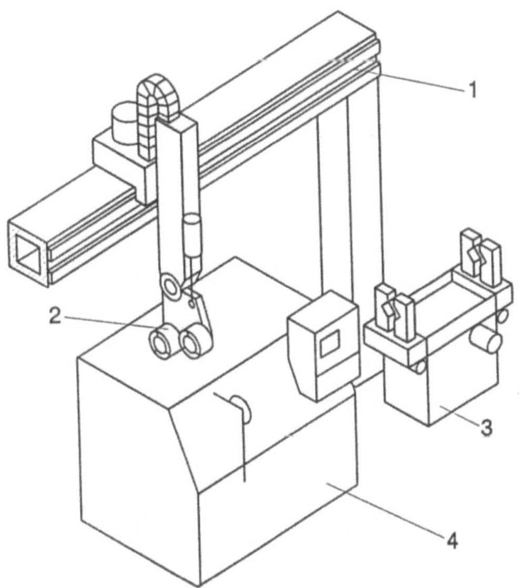

1 Portalroboter
2 Doppelgreifeinheit
3 Wendeeinrichtung
4 Werkzeugmaschine

Bild 9-37
Beschickung einer Werkzeugmaschine mit dem Linienportalroboter

Ein anderer Weg wird mit der in Bild 9-38 dargestellten Lösung gegangen.

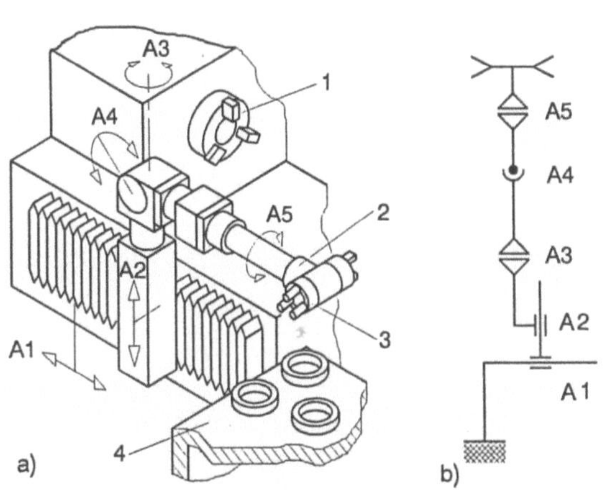

1 Drehfutter
2 Roboterarm
3 Greifer
4 Werkstückmagazin, Bereitstellplatz

Bild 9-38
Beispiel für einen Anbau-Beladeroboter [107]

a) Anbauvariante
b) kinematisches Ersatzbild

Der Beladeroboter ist ein Anbaugerät. Mit der Achse A1 fährt er zum Werkstückmagazin, zur Bedienstelle oder in eine Parkposition. Die gewährleistet freien Zugang zur Wirkstelle, wenn die Maschine einmal manuell zu beschicken ist oder wenn Wartungs- bzw. Rüstarbeiten anstehen. Auch hier ist ein Doppelgreifer möglich und sinnvoll, um Nebenzeiten einzusparen. Diese werden im Vergleich zum Einzelgreifer etwa halbiert. Um eine Komplettbearbeitung zu erreichen, kann der Beladeroboter auch benutzt werden, um Werkstücke umzuspannen. Es ist sogar möglich, im zweiten Greifer ein Werkzeug aufzunehmen, z.B. für das Entgraten.

Der Gedanke liegt nahe, Arbeitsmaschinen so zu gestalten, daß vorhandene Funktionsträger ausgenutzt werden können, um die Maschinenbeschickung mit zu übernehmen. Ein solches Konzept ist die Senkrechtdrehmaschine nach Bild 9-39.

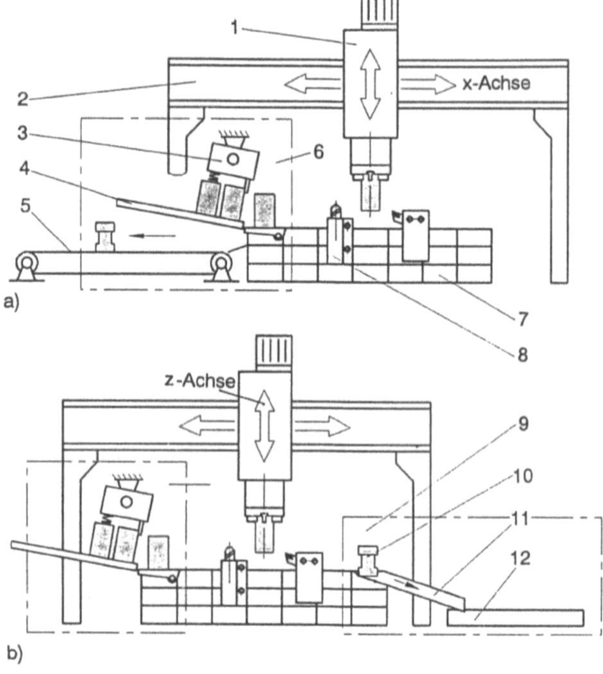

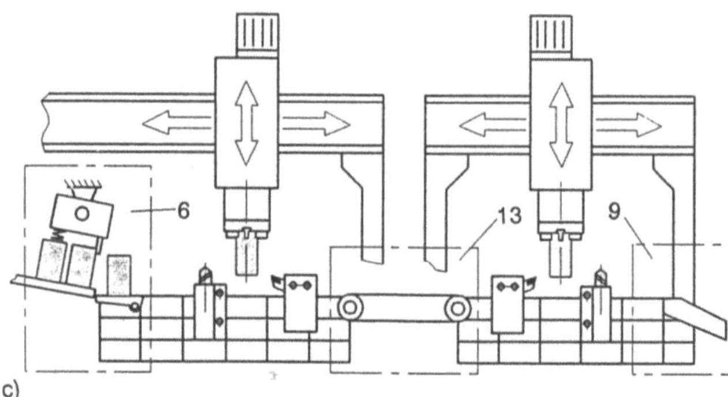

Bild 9-39 Werkstückhandhabung an einer Senkrechtdrehmaschine
     a) Auf- und Abführzone einseitig angeordnet, b) Werkstückfluß von links nach rechts durchlaufend
     c) verkettetes Arbeitssystem

Das Spannfutter dient gleichzeitig als Greiforgan für den Pick-up-Griff und die Kreuzschiebe-einheit als Führungsgetriebe. Die Maschine kann sich ohne Industrieroboter selbst beschicken. Die Beispiele zeigen den Werkstückfluß in typischen Nutzungsvarianten [108]. Da sich die Hauptspindeleinheit bewegen kann, genügt es, wenn die Werkzeuge (Drehstahl, Bohrer, Induktionshärte-Aggregat, Laserstrahlhärten, Fügen u.a.) feststehend angebracht sind. Die Werkstückaufnahme und -ablage kann an derselben Stelle vor sich gehen, aber auch örtlich getrennt ablaufen. Über Verkettungseinrichtungen ist auch ein durchlaufender Werkstückfluß über mehrere Maschinen erreichbar.

Die Beschickung einer Fräsmaschine mit Kleinteilen wird in Bild 9-40 gezeigt. Die Werkstücke werden aus einem nicht sichtbaren Magazin entnommen. Die Spannvorrichtung muß wegen der Späne nach jedem Zyklus freigeblasen werden. Es ist vorteilhaft, wenn trocken zerspant werden kann. Die Beschickungstechnik samt Roboter sollte so aufgebaut werden, daß sie kurzerhand beiseite geschoben werden kann, so daß der Arbeitsraum der Maschine für Rüst- und Wartungs-arbeiten gut zugänglich ist.

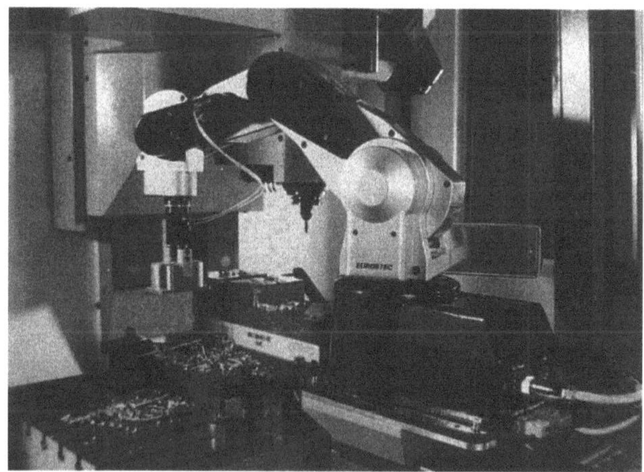

Bild 9-40 Beschickung einer Fräsmaschine mit einem Drehgelenkroboter (EUROBTEC)

Die Arbeit mit einem Doppelgreifer wird nochmals in Bild 9-41 gezeigt. Das Prinzip besteht darin, daß beim Abholen eines Fertigteils durch den Roboter das neue Rohteil bereits mitge-bracht wird. Nach dem Greifen des Fertigteils wechseln die Greifpositionen und das neue Roh-teil gelangt in die freigewordene Spannstelle. Mit einer Makrobewegung des Roboters werden damit zwei Handhabeoperationen erledigt.

In einer Arbeitszelle muß ein Roboter oft viele Bedienstellen erreichen können, denn neben der Bearbeitungsmaschine sind z.B. auch Prüfvorrichtungen, Magazinplätze und Wendeein-richtungen anzufahren. Hieraus erwächst die Aufgabe, den Standort des Roboters richtig auszu-wählen. Nicht immer muß man gleich zur Bildschirmsimulation greifen. Oft genügt schon ein einfaches grafisches Verfahren. Man geht danach wie in Bild 9-42 gezeigt vor. Es wird von jeder anzufahrenden Position aus ein Radius R mit der maximalen Reichweite des Roboters geschla-gen. Es ergibt sich eine gemeinsame Schnittfläche, die mengentheoretisch der Durchschnitt aller Positionsmengen ist. Jeder Punkt innerhalb der Schnittfläche wäre dann ein potentieller Standort. Bei Verwendung von Senkrecht-Drehgelenkrobotern muß außerdem beachtet werden,

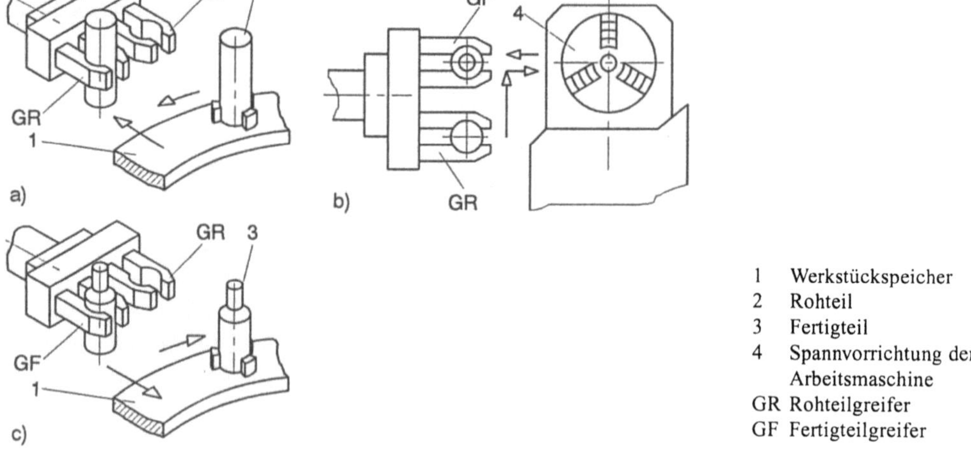

1   Werkstückspeicher
2   Rohteil
3   Fertigteil
4   Spannvorrichtung der
    Arbeitsmaschine
GR Rohteilgreifer
GF Fertigteilgreifer

Bild 9-41 Beschickungsablauf beim Bedienen einer Maschine mit dem Doppelgreifer

a) Rohteil wird vom Werkstückspeicher mit Rohteilgreifer entnommen,
b) Anfahren der Spannstelle, Entnahme des Fertigteils, Beschicken der Spannstelle mit Rohteil,
c) Ablegen des Fertigteils im Fertigteilspeicher

in welcher Höhe sich die Bedienstellen befinden, denn der Greifer beschreibt dann im Gegensatz zu Robotern mit SSS- oder DSS-Struktur (S Schieben, D Drehen) auch in der senkrechten Ebene einen Bogen. Die grafische Methode müßte dann gegebenenfalls nochmals in der Seitenansicht angewendet werden.

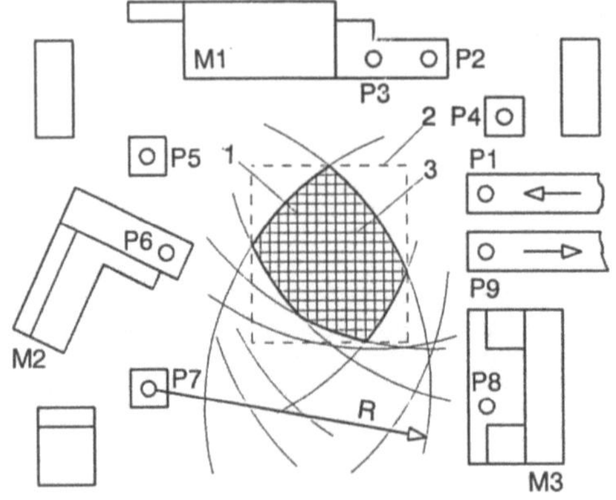

1   gemeinsame Schnittfläche
2   umgrenzendes Rechteck
3   Maßraster für Planungszwecke
Pi anzufahrende Bedienposition
Mi Arbeitsmaschine
R maximale Reichweite des Roboters

Bild 9-42
Graphische Bestimmung des Roboterstandortes

Beispiele für Fertigungszellen mit Roboterbeschickung gibt es für fast alle Bearbeitungsverfahren, wie z.B. Fräsen, Drehen, Schleifen, Verzahnen. Das Bild 9-43 zeigt eine automatische Fertigungszelle für das Schleifen. Die Steuerung umfaßt hier die 5 CNC-Achsen (A1 bis A5) der Arbeitsmaschine, vier freiprogrammierbare Achsen des Portalroboters (A6, A7, A8, A9) und 2 Achsen in der Peripherie, die auch als NC-Achsen ausgeführt sein können (A8, A9, A10, A11). Die Werkstücke werden aus einem Werkstückträgermagazin entnommen und auch dorthin wieder zurückgelegt.

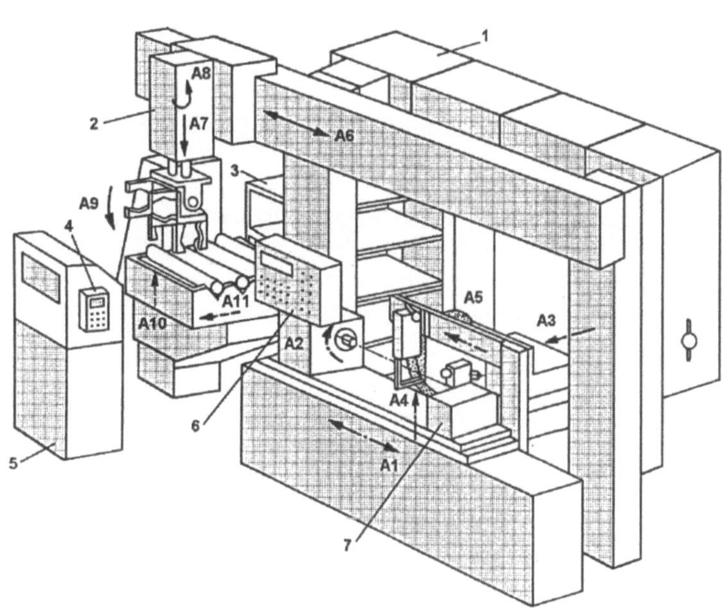

1   Steuerung mit
    Anpassung
2   Portalroboter
3   Palettenmagazin
4   Handbedienpult
5   Meßstation
6   Programmierfeld
7   Schleifmaschine
Ai Achse

Bild 9-43
Automatische Fertigungszelle
für das Schleifen von Wellen

Ein anderer Anwendungsfall wird in Bild 9-44 vorgestellt. Es zeigt die Beschickung einer
Schweißanlage von oben durch einen Portalroboter mit dem Backengreifer. Dieser packt das
Rohr und legt es in die Spannvorrichtung ein.

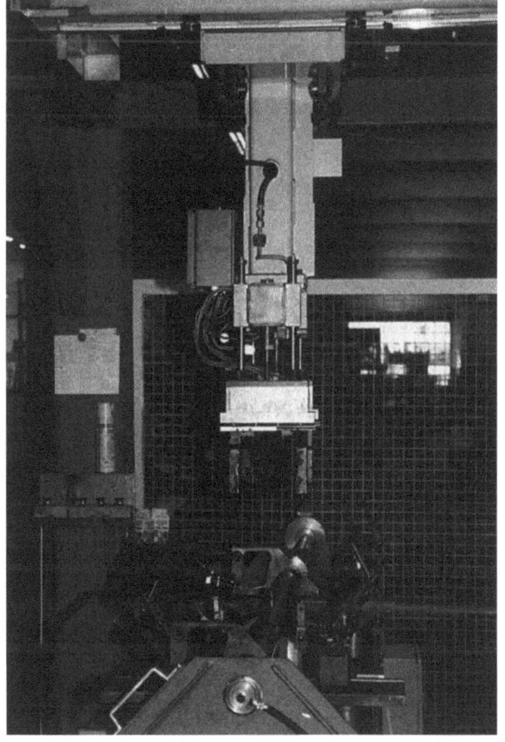

Bild 9-44
Beschicken einer Schweißanlage mit
Rohren (CLOOS, SCHUNK)

9.10 Anbauroboter

Anbauroboter sind Handhabungseinrichtungen, die sozusagen im Huckepackverfahren an Arbeitsmaschinen angesetzt werden. Es sind maschinenintegrierte Industrieroboter. Sie verfügen über keinen eigenen Ständer und sind deshalb nicht autonom verwendbar. Der Platzbedarf ist gering, was ein Vorteil ist. Nachteilig ist die möglicherweise schlechte zeitliche Auslastung sowie die etwaige Übertragung von Schwingungen auf die Fertigungseinrichtung. Einige Geräte dieser Art erreichen allerdings noch nicht den Status eines Roboters, denn oft genügt schon, wenn der Greifer auf einer festen Bahn und parallel zur Basisfläche geführt wird. Dazu zeigt Bild 9-45 einige Lösungen. Das Übersetzungsverhältnis muß hier 1:1 sein.

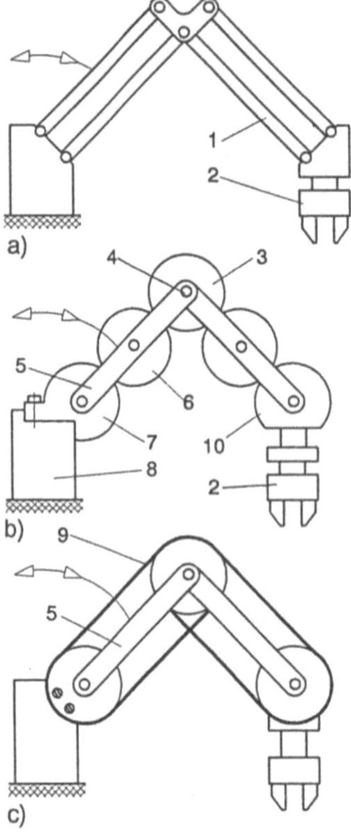

1 Parallelogrammführung
2 Greifer
3 Zahnrad
4 Drehgelenk
5 Armglied
6 Zwischenrad
7 Zahnsegment
8 Antriebseinheit
9 Kette, Synchronriemen
10 Arm-Endsegment

Bild 9-45
Beispiele für die Greiferparallelführung

a) Übertragung mit Koppelstangen
b) Übertragung mit Zahnsegment
c) Bewegungsübertragung mit Zugmittel

Bei den in Bild 9-46 gezeigten Getrieben wurde das Übersetzungsverhältnis so abgestimmt, daß der Unterarm zur Ablageposition hin durchschwenken kann.

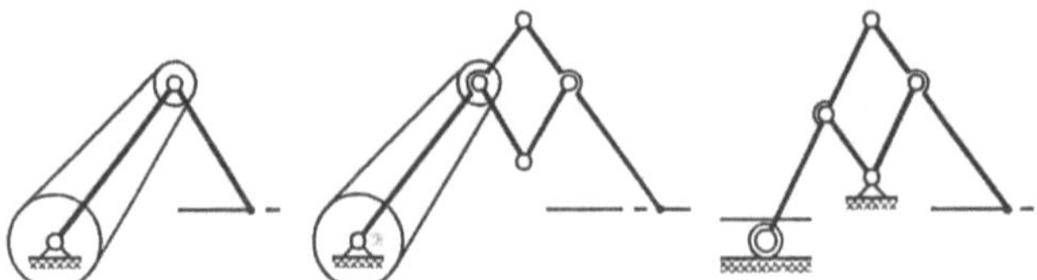

Bild 9-46
Einige Geradführungsgetriebe

Anbauroboter werden hauptsächlich für die Werkstückhandhabung an Arbeitsmaschinen verwendet. Entscheidend ist dabei, welcher Handhabungskanal (Freiraum vom Werkstückmagazin bis zur Spannstelle) zur Verfügung steht. Das Bild 9-47 zeigt verschiedene Anbauvarianten, je nachdem welche Stützebene an der Maschine genutzt werden kann oder bereits vorbereitet zur Verfügung steht. Man verwendet auch gern Doppelgreifer, um das Zeitregime günstiger zu stellen. Solche Anbaulösungen lassen sich auch gut aus Baukastenkomponenten aufbauen.

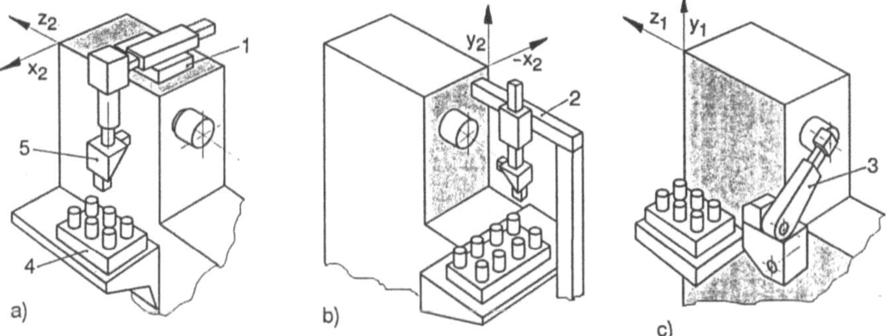

Bild 9-47 Beschickungseinrichtungen aus Baukastenkomponenten
a) DSS/D-Struktur, b) SS/D-Struktur, c) DD/S-Struktur

Eine fast schon legendäre Bauform eines Anbauroboters zeigt das Bild 9-48. Struktur und Achsen (Freiheitsgrad 4) sind auf das Beschicken von Maschinen ausgerichtet. Für das Einstecken von Werkstücken in Spannmittel ist eine kurze Linearachse vorhanden. Weggeschwenkt zur Peripherie dient diese Achse dazu, Teile vom Magazinplatz abzuheben bzw. Fertigteile zurückzubringen. Einen Anbauroboter, dessen Achsen 1 und 2 als Schiebeachsen ausgebildet sind, kann man auch in Bild 9-38 sehen.

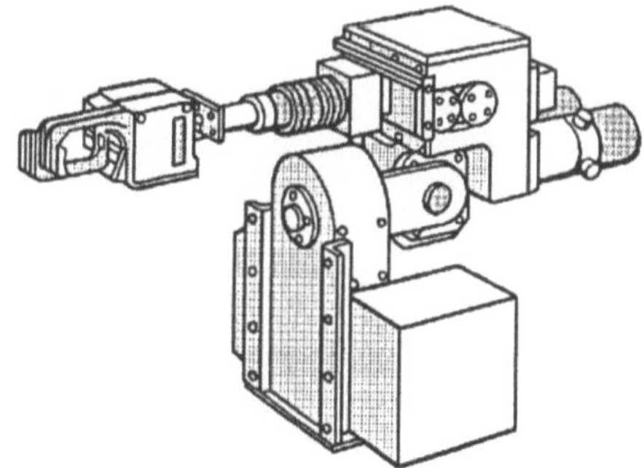

Bild 9-48
Typische Bauform eines Anbauroboters mit 10 kg
Tragfähigkeit (FANUC-0, Japan)

9.11   Mehrrobotersysteme

Beim Einsatz mehrerer Roboter, die an einer gemeinsamen Aufgabe kooperativ arbeiten, kann es zu einer Überlappung der Arbeitsräume kommen, wobei die Bewegungsaktionen sowohl unabhängig voneinander als auch koordiniert geplant werden können. Bei der Trajektorienplanung muß also begleitend eine Prüfung auf Kollision durchgeführt werden, um eine solche zu verhindern. Auch die gemeinsame Manipulation von z.B. sperrigen Gütern wie gebündelte Rohre stellt besondere Anforderungen an die Gleichzeitigkeit von Handlungen. Mehrrobotersysteme erlauben eine Aufteilung der Arbeitsaufgabe und der notwendigen Beweglichkeiten auf zwei Kinematische Ketten (Roboter). Ein Roboter führt das Werkzeug und der andere das Werkstück (Bild 9-49). Für das Montieren käme eine solche Verfahrensweise an die vorrichtungslose Montage heran.

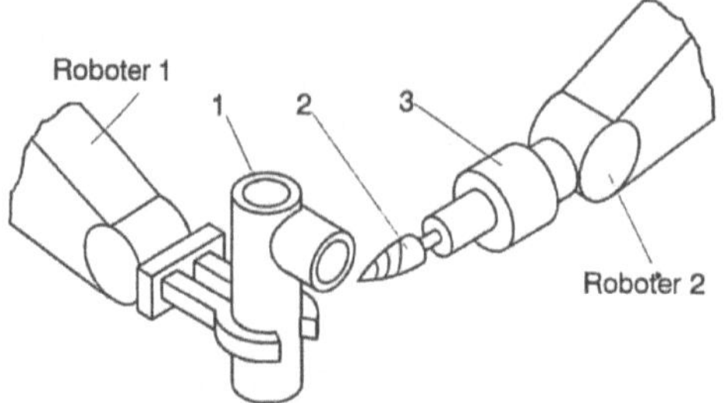

1 Werkstück
2 Werkzeug
3 Hochfrequenzspindel, HSC-
   Spindel

Bild 9-49
Entgraten mit Hilfe kooperierender Roboter

Die innewohnende Bewegungsredudanz trägt auch zu einem verbesserten dynamischen Verhalten bei. Die Dekomposition des Bewegungsverhaltens ist aber nicht einfach und erfordert Programmiersysteme, die Optimierungsstragien enthalten. Zu beachten ist auch die Tatsache, daß die Roboter in der Regel kraftpaarig zusammenarbeiten. Das Gefahrenpotential bei Mehrrobotersystemen besteht allgemein in der Unübersichtlichkeit der Steuerung und den Kollisionsgefahren Roboter-Roboter, Roboter-Umgebung und Roboter-Mensch. Die typische Struktur muß also nach Bild 9-50 angelegt sein.

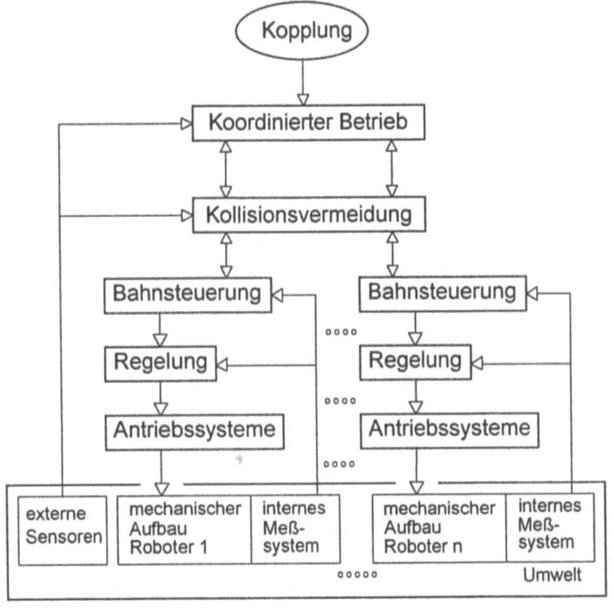

Bild 9-50
Struktur eines Mehrrobotersystems

In der Ebene des koordinierten Betriebs (Interworking) wird das Zusammenwirken der Roboter gesteuert. Meistens genügt das aber noch nicht, denn es müssen auch Maschinen, Werkstückbereitstell- und Transporteinrichtungen mit einbezogen werden. Alle an einem Fertigungs-, Handhabungs- oder Montageprozeß beteiligten Geräte werden dann zu einer Automatisierungseinheit, der Zelle, zusammengefaßt.

Ein Experimentiersystem für die Montage mit kooperierenden Robotern wurde bereits 1980 in Tokio vorgestellt (Bild 9-51). Als praktische Aufgabe hatte man sich den Zusammenbau von Modelleisenbahnzügen ausgesucht. Die Roboter mit jeweils Freiheitsgrad 6 arbeiten nach Sicht und imitieren gewissermaßen das Auge-Hand-System des Menschen. Der Prozessor auf der oberen Ebene hat die Aufgabe, das gesamte System zu überwachen, die Datenverarbeitung durchzuführen, auch Interpolationen und die Koordinatentransformationen. Der nachgeordnete Prozessor war für die Lageregelung der Gelenke zuständig.

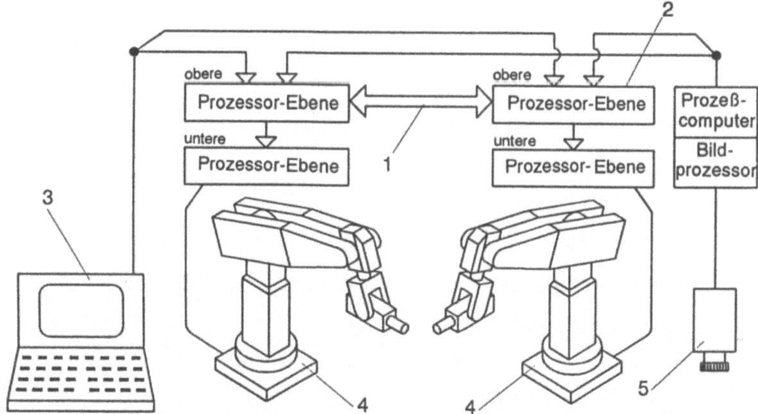

1 Bewegungs-
   koordinierung
2 Steuerungs-
   hierarchie
3 Programmier-
   system
4 Montageroboter
5 Sichtsystem

Bild 9-51
Konfiguration eines Montagesystems mit kooperierenden Robotern (HITACHI)

Es gibt Schweißroboterinstallationen, in denen 2 Roboter auf gleichartigen Schlitten verfahren werden und die gemeinsam an einem durch externe Achsen bewegten Werkstück arbeiten. Die Robotersteuerungen werden dazu miteinander gekoppelt und arbeiten im Master-Slave-Betrieb. Der Masterroboter (einer von beiden) steuert dabei die externe periphere Achse und gibt die Bahngeschwindigkeit vor, auf die der Slave-Roboter in Echtzeit (Transputertechnik) synchronisiert wird [109]. Das Master-Slave-Verfahren (Simultanbetrieb) ist nicht nur wirtschaftlich leistungsfähiger, sondern erbringt auch einen Beitrag zur Qualitätssteigerung, weil die thermische Beeinflussung des zu schweißenden Bauteils gleichmäßiger (an 2 Stellen) erfolgt (siehe dazu auch Bild 9-35).

9.12   Reinraumindustrieroboter

Die Reinraumtechnik hat sich aus den Bedürfnissen der Praxis entwickelt, insbesondere der Mikroelektronik und Feinmechanik. Qualitätsparameter erfordern, daß in einem Milieu höchster künstlicher Reinheit produziert wird. Dazu braucht man auch Industrieroboter, die möglichst wenig Partikel an die Umgebung abgeben. Der Einsatz von Robotern wird in den genannten Branchen auch deshalb forciert, weil der Mensch die größte Partikelquelle darstellt und mit jeder Bewegung für Verunreinigung sorgt.

Die Luftreinheit wird nach der VDI-Richtline 2083 in die Klassen 0 bis 7 eingeteilt und zwar nach der zulässigen Partikelkonzentration unter Beachtung der Partikelgrößen. Die Klassen 1 bis 6 entsprechen den Klassen 1 bis 100000 des U.S.Federal Standards 209D. Dort bezeichnen die Klassen 1, 10, 100, 1000 10000 und 100000 die zulässige Anzahl der Partikel je Kubikfuß bei Partikelgröße 0,5 μm. Roboter werden vor allem durch folgende Maßnahmen reinraumtauglich gemacht:

- Kapselung von Antrieben und Verwendung bürstenloser Motoren. Besonders interessant sind hier Torque-Motoren (Hochmomentmotoren), die als Direktantrieb unmittelbar in ein Drehgelenk eingebaut werden können und ohne Zwischengetriebe auskommen.

- Luftfilter an Lüftungsschlitzen und Einsatz spezieller Dichtungen an den Gelenken,

- Absaugung der Luft aus dem Innenraum des Roboters,

- Verwendung abriebfester und nicht ausgasender Anstriche,

- innenliegende Versorgungsleitungen für Greifer, Sensoren, Energie und Information,

- aerodynamisch günstige Außenform ohne „tote Ecken",

- Verwendung polierter Außenteile und Befestigungsmittel aus Edelstahl,

- Einsatz von Greifern mit gekapselten Achsen,

- Auswahl einer geeigneten Handhabungsstrategie, d.h. Verändern des Bewegungsablaufs in Richtung und Geschwindigkeit (Ausnutzung turbulenzarmer Verdrängungsströmung).

Natürlich muß auch die Peripherie reinraumtauglich sein, was ernsthafte Probleme machen kann. Peripherie und Industrieroboter sollen im Reinraum nur eine möglichst geringe Strömungsstörung der Luft bewirken. Die turbulenzarme Verdrängungsströmung hat die Aufgabe, freigesetzte Partikel möglichst schnell und geradlinig den Stromlinien folgend aus dem Raum zu leiten. Wie das Bild 9-52 zeigt, ist der Mensch an der Gesamtemission von Staubpartikeln mit 35% beteiligt und ein erheblicher Störfaktor, trotz unbehaglicher Reinraumkleidung.

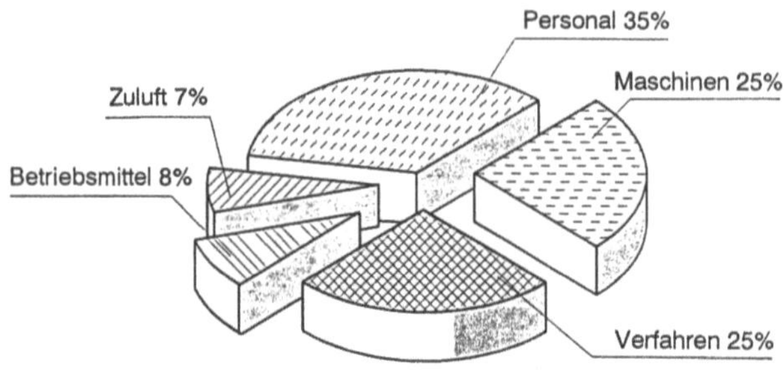

Bild 9-52
Kontaminationsquellen und durchschnittliche Emissionsanteile im Reinraum

9.13 Schneiden mit Hochdruckwasserstrahl

Beim Schneiden mit einem Hochdruckwasserstrahl von etwa 0,1 bis 0,3 mm Durchmesser wird eine hohe Schnittgeschwindigkeit erreicht, ohne nachteilige Beeinflussung des Werkstücks. Es lassen sich ebene Teile aus Platten ausschneiden, aber auch das räumliche Schneiden ist möglich [115]. Stahlblech kann ebenso geschnitten werden, wie z.B. Dämmstoffe oder Verbundmaterialien. Ein besonderer Vorteil ist, daß auch wärmeempfindliche Bauteile bearbeitet werden können. Es wird mit Drücken bis 4500 bar gearbeitet. Beim Schneiden harter Werkstoffe mischt man dem Wasser über eine Dosiervorrichtung Abrasivstoffe (Quarzsand) bei, was allerdings auch zu einem raschen Verschleiß der Schneiddüsen (Standzeit 80 Stunden) führt.

Es werden vorzugsweise kartesische Roboter in Portalbauweise mit Freiheitsgrad 6 eingesetzt. Auch Vertikal-Drehgelenkarme sind gebräuchlich. Wichtig ist eine hohe Steife des Führungsgetriebes, weil hohe Rückstoßkräfte vor allem beim Einschalten abgefangen werden müssen (Strahlgeschwindigkeit 600 bis 900 m/s), die zu zittrigen Vorschubbewegungen führen können. Dreiachsige kartesische Roboter in der Art von Schneidtischen haben z.B. Verfahrwege von 2 m in der x-Achse und 1 m bis 4 m in der y-Achse.

9.14 Bearbeiten mit Laserstrahl

Mit der Steigerung der Strahlleistung hat die Laserbearbeitung in der Industrie zugenommen. Zum Schneiden von Flachmaterialien (Bleche, Kunststofftafeln u.ä.) genügen Portalroboter, die in der x-y-Ebene verfahren. Das Laserschneiden läßt sich besonders im Bereich komplizierter Formen und kleinerer Stückzahlen gut einsetzen. Es lassen sich unlegierte und legierte Stähle bis 20 mm und Edelstähle bis 15 mm Dicke grat- und oxidfrei schneiden. Für eine 3D-Bearbeitung wird eine größere Beweglichkeit gebraucht. Grundsätzlich gibt es zwei Varianten der Bearbeitung:

- Das Werkstück wird vom Roboter an einer stationären Laserbearbeitungsoptik vorbeigeführt.

- Der Roboter ist Bewegungsmaschine für den Laserstrahl und das Werkstück ruht.

Bei letztgenanntem Fall kann das Strahlführungssystem extern sein, d.h. der Roboter hält ein mehrgliedriges oder teleskopisches Führungsrohr in der „Hand", oder die Strahlführung ist im Innern der Armglieder integriert. Für diesen Fall muß der Arm des Roboters hohl sein, ebenso die Gelenke. Dafür hat man Hohlwellen-Servoantriebe entwickelt, die dann in der in Bild 4-14 gezeigten Weise genutzt werden können. Ein solcher Antrieb ist eine sinnvolle Kombination von Harmonic Drive-Topfgetriebe, bürstenlosem AC-Motor und ein Kreuzrollenlager, das große Kippmomente aufnehmen kann.

Die Energieübertragung geschieht optisch. Es besteht somit kein mechanischer Kontakt zum Werkstück. Das Werkzeug „Laser" arbeitet verschleiß- und kräftefrei. Der Laserstrahl hat die Eigenschaften des Lichts, d.h. er kann umgelenkt und geteilt werden. Das nutzt man für den Betrieb mehrerer Bearbeitungsstationen. Es lassen sich Strahlteiler und Strahlumlenker einsetzen (Bild 9-53).

Bei einer Strahlteilung steht je Station nur ein Bruchteil der Strahlleistung zur Verfügung. Wird eine Strahlumlenkung eingesetzt, dann kann mit der gesamten Energie des Laserstrahls an verschiedenen Stationen nacheinander eine Bearbeitung erfolgen. So kann man z.B. auf der ersten Station ein Werkstück bearbeiten, während auf der zweiten das fertige Teil entnommen und die dritte Station gerade neu bestückt wird.   Auf diese Weise läßt sich die Zykluszeit senken   und die Belegungszeit des Lasers maximieren.

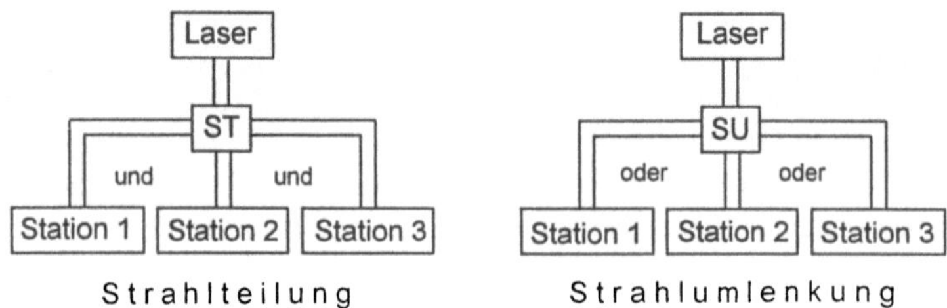

Bild 9-53 Prinzip von Strahlteilung (ST) und -umlenkung (SU)

Eine Laserstrahlanlage setzt sich aus der Laserstrahlquelle mit Gasversorgung und Kühlung, der Strahlführungsmaschine, dem Werkstückhandhabungssystem, der Steuerung und der Sicherheitstechnik zusammen. Ein Anwendungsbeispiel wird in Bild 9-54 gezeigt. Es werden vier Arbeitsstellen von zwei verschiedenen Laserquellen versorgt. An einem Arbeitsplatz führt ein Drehgelenkroboter die Bearbeitungsoptik. Der Roboter soll steif, stabil und dynamisch sein und für das Schneiden von z.B. Bohrungen wiederholgenau positionieren. Für Besäumschnitte und Ausbrüche ist konturpräzises Verfahren des Effektors notwendig.

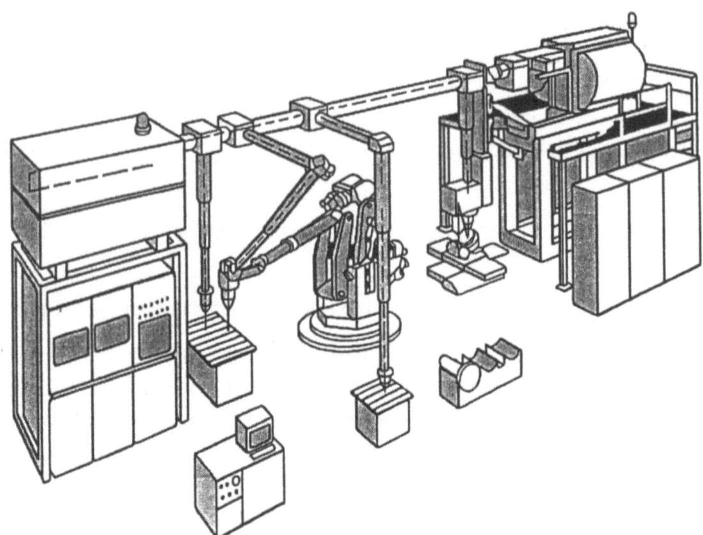

Bild 9-54 Anlage zur Laserstrahlbearbeitung mit mehreren Bearbeitungsstationen und
zwei verschiedenen Lasern (KUKA)

9.15 Nieten mit dem Industrieroboter

CNC-Nietzentren und Nietroboter werden u.a. für das automatische Fügen von Flugzeugrumpf-teilen, Flügeln, Frachtraumkomponenten und Spant-Clip-Verbindungen eingesetzt. Trotz der großen Verfahrwege, z.B. beim Nieten von Flugzeugrumpfschalen oder Waggondächern, müssen dauerhaft Wiederholgenauigkeiten von 0,2 bis 0,3 mm sichergestellt sein. Moderne Anlagen dieser Art benötigen für das Einbringen eines Nietes nicht mehr als 5 Sekunden. Enthalten ist in dieser Zykluszeit Bohren, Senken, Niet einschießen, Stauchen und nächste Position anfahren. Im Flugzeugbau rechnet man mit etwa 10 s je Niet, wobei in dieser Zeit eine selbsttätige Aus-wahl aus 30 Nietsorten mit enthalten ist.

In Bild 9-55 wird gezeigt, wie im zivilen Flugzeugbau Hautplatten, Stringer und Spanten als traditionelle Nietverbindung mit dem Industrieroboter hergestellt werden. Der Nietabstand kann z.B. 25 mm betragen. Die Anzahl der Nietstellen ist somit sehr groß. Inzwischen werden aber auch schon Klebeverbindungen anstelle des Nietens vorgesehen und auch das Laserstrahl-schweißen wird wohl zukünftig zum konkurrierenden Verfahren aufsteigen.

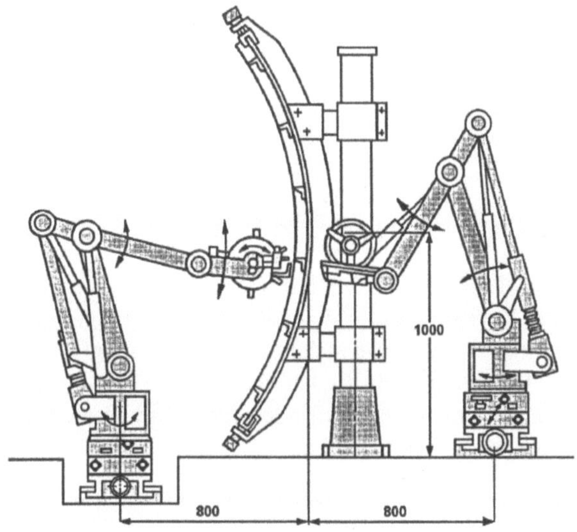

Bild 9-55 Nieten von Aluminium-Leichtbaustrukturen mit dem Roboter

9.16 Handhabung an Druck- und Spritzgießmaschinen

Das Entnehmen von Stücken aus Druckgießmaschinen gehört mit zu den ersten Anwendungs-fällen für Industrieroboter. Hier bietet sich, wie in Bild 9-56 zu sehen ist, die Mehrmaschinen-bedienung an, sofern der Gießvorgang (bei großen Teilen) entsprechend lange dauert. Die ent-nommenen Teile werden unter einer Entgratepresse von Speisern und Zuläufen befreit, ehe sie in einem Sammelbehälter geordnet abgelegt werden. Um alle Stellen bedienen zu können wird der Freiheitsgrad 6 gebraucht. Außerdem müssen sich mehrere Programme aufrufen lassen. Das wird z.B. bei Einmaschinenbedienung gebraucht, wenn die zweite Gießmaschine gerade umge-rüstet wird. Der Greifer kann mit einer Sprüheinrichtung versehen sein, mit der nach der Entnahme des Gußstücks die Form mit Trennmitteln ausgesprüht wird. Vor dem Eingeben in die Abgratepresse kann das Eintauchen in ein Abkühlbad beigeordnet sein.

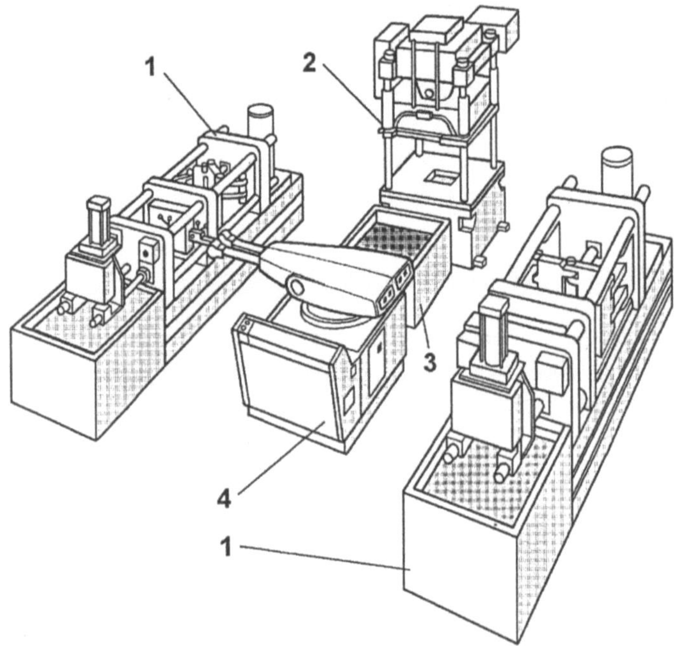

Bild 9-56 Entladen von Druckgießmaschinen mit dem Roboter [110]

Spritzgußteile aus Kunststoff erhalten heute häufig metallische Einlegeteile, wie z.B. Naben. Diese müssen direkt in die Kavitäten des Spritzgießwerkzeuges eingelegt werden. Dieser Vorgang kann ebenfalls von einem 6-Achsen-Knickarmroboter bewältigt werden. Roboter mit weniger Achsen genügen gelegentlich auch. Es kommt auch auf die Art der Bereitstellung der Einlegeteile (Inserts) an. Das können z.B. Laufringe oder sogar komplette Kugellager sein. Die Handhabung kann in folgenden Stufen ablaufen:

- Freigabe der Spritzgießmaschine zum Beschicken der Form,

- Die Fertigteile werden durch Auswerfer entformt und fallen in einen Sammelbehälter.

- Zeitgleich fährt der Roboter zwischen die Formhälften des Spritzgießwerkzeuges.

- Positionierung des Greifers an der düsenseitigen Formhälfte und Eingeben der Einlegeteile,

- Anfahren der beweglichen Formhälfte und prüfen, ob alle Spritzgußteile korrekt entformt wurden. Dazu sind am Greifer entsprechende Sensoren angebaut.

- Rückfahrt des Roboterarmes in die Freigabeposition und Freigabe der Schließbewegung der Spritzgießmaschine,

- Anfahrt der Magazinplätze in der Peripherie und Aufnahme neuer Inserts mit dem Greifer. Bei einem Mehrfachwerkzeug wiederholt sich der Übernahmevorgang entsprechend oft.

Für das Entladen von Druck- und Spritzgießmaschinen hat man auch etliche spezialisierte Anbau-Entnahmegeräte entwickelt. Sie haben einerseits die technisch erforderliche große

Auskraglänge des Greifarms, der in den Innenraum zwischen das Maschinengestell greifen muß, sind aber andererseits auf die absolut notwendigen Funktionen abgespeckt und deshalb preiswerter als ein Universalroboter. Dafür ist die Flexibilität ziemlich eingeschränkt, was vielleicht mehr Peripherieaufwand nach sich ziehen kann.

9.17 Entgraten und Reinigen mit Hochdruckwasserstrahl

Die erfolgreiche Produktreinigung wird von der Wechselwirkung zwischen Chemie, Mechanik, Temperatur und Waschzeit bestimmt. Beim Reinigen mit wäßrigen Medien wird der Reinigungseffekt deutlich durch die Höhe des Spritzdruckes und der Menge des beaufschlagten Waschmittels beeinflußt.

Beim Reinigen und Entgraten von kleinen Stückzahlen ist der Einsatz von Industrierobotern möglich. Ein Aufbaubeispiel wird in Bild 9-57 gezeigt. Ein 6-Achsen-Knickarmroboter wird als „Strahlführungsmaschine" eingesetzt, um den Hochdruckwasserstrahl an die entsprechende Stelle zu bringen.

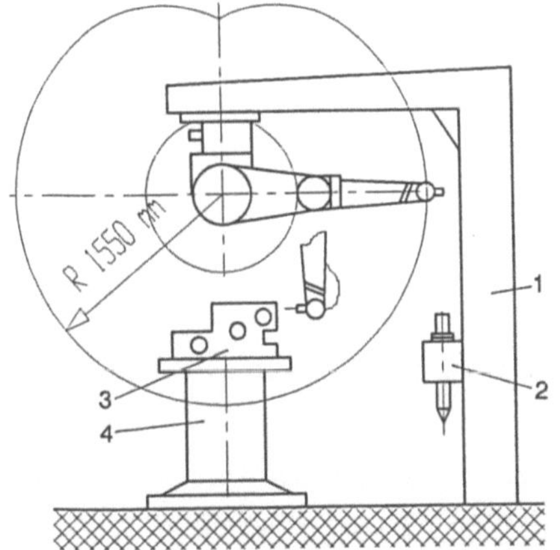

1 Ständer mit Ausleger
2 Düsenmagazin
3 Werkstück
4 Drehtisch

Bild 9-57
Überkopfanordnung eines Drehgelenkroboters für das Entgraten mit Druckwasserstrahl in 5-Seiten-Bearbeitung

Der Aufbau der Zelle würde sich übrigens auch für das Plasmaspritzen gut eignen. Man muß sich dann nur die Plasmakanone noch hinzudenken. Beim Betrieb wäre zu beachten, daß die Plasmaflamme Temperaturen von 15000° C erreicht.

Zurück zum Reinigen. Besonders das Entspänen von Bohrungen und Hinterschneidungen erfordert hohen Spritzdruck, wobei die Gegenstände vor allem von innen nach außen gereinigt werden. Dafür haben sich Düsenlanzen bewährt, die in oszillierender Bewegung in die Hohlräume eindringen (Bild 9-58). Verweildauer und eventuelle Wiederholungsvorgänge sind programmierbar. Düsen und Düsenlanzen können auch zum anschließenden Trocknen verwendet werden, was gewöhnlich mit entölter Druckluft geschieht. Dadurch vermeidet man Korrosion und Restfeuchtigkeit im Werkstück.

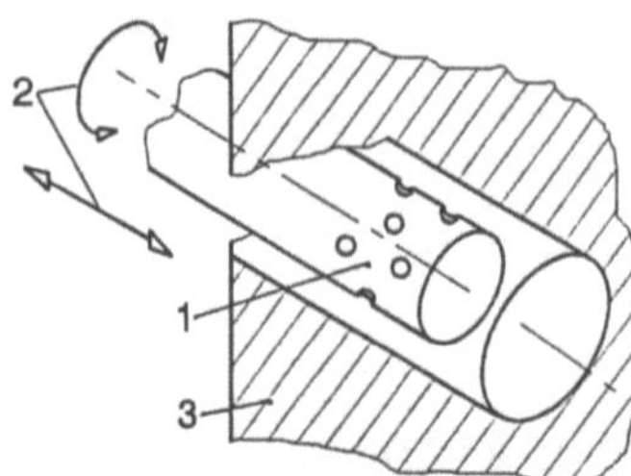

1 Lanze
2 Oszillation
3 Werkstück

Bild 9-58
Spülen einer Bohrung mit robotergeführter Düsenlanze

Die Roboter sollten über ein Offline-Programmiersystem in 3D und mit CAD/CAM-Anbindung erfolgen. Druckwasser wird z.B. bis 15 l/min und bis 4000 bar benutzt. Der Roboter muß an den Gelenken gegen Spritzwasser abgedichtet sein. Prinzipiell besteht auch die Möglichkeit, daß der Roboter das Werkstück führt und eine oder mehrere stationäre Düsenlanzen frequentiert. Man kann den Roboter auch hängend an einem schaltbaren Drehteller befestigen. Das Bild 5-59 zeigt, wie sich dann bei einer 90°-Schaltung die Arbeitsräume rund um das Objekt verteilen und überlagern. Der Einatzbereich des Roboters kann dadurch erweitert werden bzw. man kommt mit einem kleineren Roboter aus.

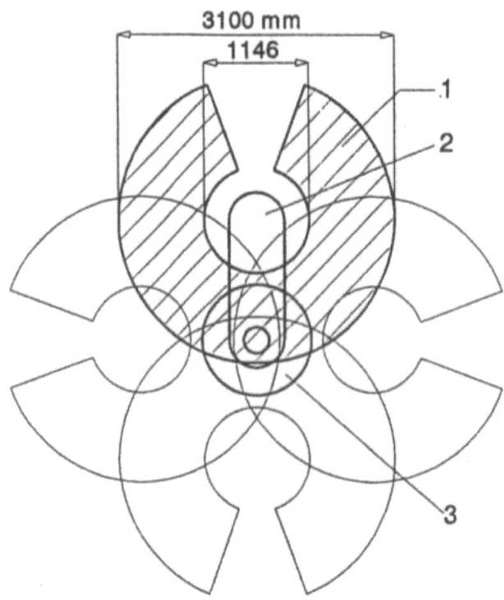

1 Arbeitsraum
2 Ausleger mit
　90°-Schaltung
3 Dreheinheit

Bild 9-59
Arbeitsräume eines Drehgelenkroboters am Auslegerarm in der Draufsicht

9.18　Entgraten mit zerspanenden Werkzeugen

Das Entgraten von Teilen mit dreidimensionalem Gratverlauf mit Hilfe rotierender Werkzeuge ist eine schwierige Aufgabe. Oft ist die Nachgiebigkeit des Roboters zu groß, die Wiederholgenauigkeit nicht gut genug und der Programmieraufwand zu hoch. Der Aufwand hängt auch deutlich davon ab, was man unter Entgraten versteht. Es gibt verschiedene Qualitätsstufen, die in Bild 9-60 angegeben sind. Es werden folgende Fälle unterschieden:

- Keine besonderen Vorschriften, wobei anfallende Grate und Verletzungsgefahren zu vermeiden sind (Bild 9-60a),

- Anforderungen wie schon genannt, jedoch soll die Montierbarkeit unterstützt werden, d.h. es darf kein Material über die Außenkante herausstehen (Bild 9-60b),

- Es steht die Forderung nach minimaler Welligkeit und definierter Rauhigkeit. Die Anfasung wird mit der Breite B vorgeschrieben. Es dürfen keine Sekundärgrate (Bild 9-60c) entstehen.

- Anforderungen wie vorgenannt, jedoch ist die Kante mit dem Radius R zu verrunden (Bild 9-60d).

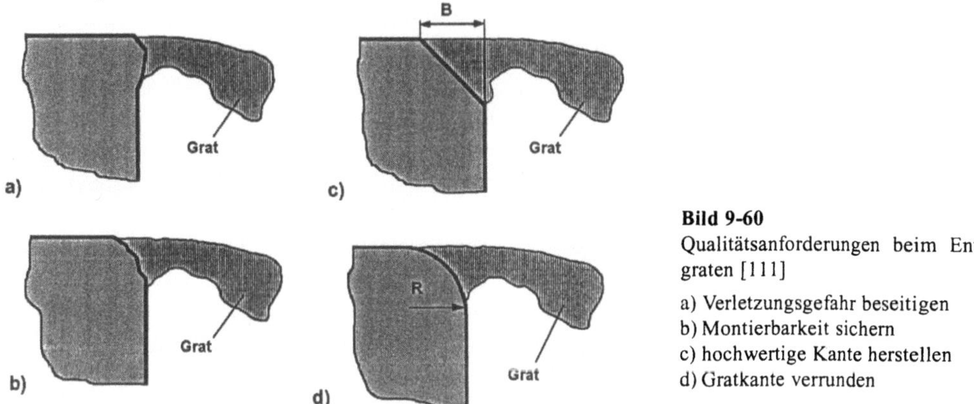

Bild 9-60
Qualitätsanforderungen beim Entgraten [111]

a) Verletzungsgefahr beseitigen
b) Montierbarkeit sichern
c) hochwertige Kante herstellen
d) Gratkante verrunden

Wird der Entgrateplatz als flexible Entgratezelle ausgebildet, dann sind ein vollautomatisches Wechselsystem für Greifer oder Entgratewerkzeuge sowie ein Magazin dafür erforderlich, weil oft schon für ein Werkstück mehrere verschiedene Werkzeuge gebraucht werden. Nach dem Entgraten ist das Abstreifen des Werkstücks an einer Filzwalze günstig, um eine Reinigung zu erreichen.

Die Wahl des Werkzeugs wird stark vom Anwendungsfall beeinflußt. In Bild 9-61 wird ein kugelförmiger Hartmetallfräser gezeigt, der von einer Hochfrequenzspindel angetrieben wird. Er kann in einer Aufspannung die obere und auch untere Kontur abfahren. Das Werkzeug ist federnd an der Roboterhand angebracht. Durch falsch gewähltes Fräswerkzeug oder unpassend gewählte Fräsgeschwindigkeit kann sich ungewollt Sekundärgrat bilden. Das ist zu vermeiden. Der Fräserwechsel muß außerdem ohne „Nachteachen" möglich sein.

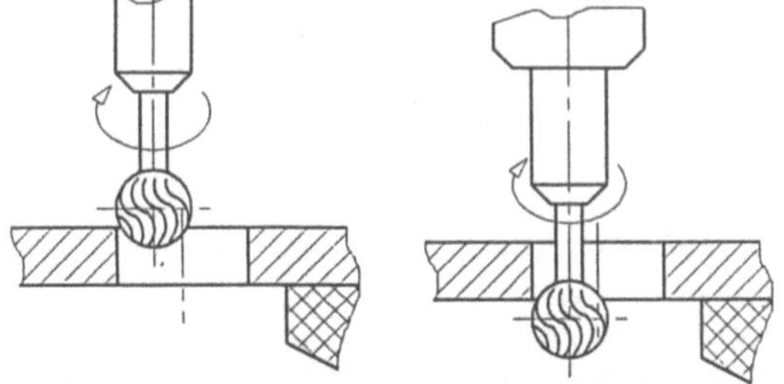

Bild 9-61
Beispiel für das Entgraten einer Bohrung

Aus der Sicht des Roboters ist wichtig, daß die entstehenden Kräfte vom Entgratewerkzeug über die Gelenke hinweg in das Fundament des Roboters abgeleitet werden. Ungleichmäßige Schnittbedingungen durch kommaförmige Späne beim Fräsen und differierende Werkstoffkennwerte innerhalb eines Werkstücks wirken dann noch zusätzlich auf die Gelenke, was den Roboter überdies zu erheblichen Schwingungen anregen kann. Durch nachgiebige Werkzeughalterungen sind die dynamischen Kraftkomponenten während des Entgratens von den Gelenken abzuschirmen. Bei kleineren Teilen kann auch der Roboter das Werkstück führen. In der Peripherie sind dann mehrere Schleif-/Frässpindeln mit Absaugung aufgebaut. Soll das Werkstück vollständig entgratet werden, kann ein Zwischenablegen und Umgreifen nötig werden. Man braucht dann eine Zwischenablage-Vorrichtung und eventuell einen Doppelgreifer für zwei Werkstückkonturen. Es ist natürlich ein handhabetechnischer Vorteil, wenn der Roboter Entnehmen/Beladen von Magazinplätzen und Entgraten in Kombination ausführen kann.

Für den werkstückgeführten Betrieb sollte die maximale Werkstückmasse unter 15 kg liegen, bei einer Variantenzahl, die zehn unterschiedliche Werkstücke nicht übersteigt. Aus wirtschaftlichen Gründen sollten sowohl bei werkstückgeführten wie werkzeugführenden Betrieb eine 1,5-schichtige Auslastung und doppelte Produktivität vorliegen.

Ein Hauptproblem ist beim Entgraten die selbständige Anpassung an die momentanen Belastungsverhältnisse. Das Entgratewerkzeug nutzt sich ab und die Gratkanten können unterschiedlich hoch sein. Es wird adaptives Verhalten gewünscht. In einfachen Fällen genügt eine gefederte Aufhängung des Schleifaggregates oder die Nachgiebigkeit einer Schwabbelscheibe bzw. eines Schleifbandes. So kann man eine Reglerstruktur so einrichten, daß der Motor-Iststrom auf den Lage- bzw. Drehzahlregler in Form einer Mitkopplung aufgeschaltet wird. Der Motorstrom stellt ein direktes Abbild der äußeren Belastung dar, z.B. beim Schleifen einer Gußstückkante. Der Strom steigt proportional zur Belastung an. Durch die Mitkopplung wird solange ein Weg bzw. eine Geschwindigkeit auf den Regler aufaddiert, bis die Belastung und damit der Stromanstieg kompensiert sind.

In Bild 9-62 ist ein Entgrateablauf dargestellt, bei dem der Roboter auf eine Ausweich-Routine im Verfahrweg umschaltet. Steigt die Grathöhe zu sehr an, erhöht sich die Zerspankraft und das Werkzeug wird von seiner Bahn abgedrängt. Liegen entsprechende Sensorsignale an, dann sind zwei Manöver möglich: Verringerung der Vorschubgeschwindigkeit oder Zurücknehmen der Spantiefe. Letzteres bedeutet, daß dann die entsprechende Stelle in mehreren Durchgängen bearbeitet werden muß, bis wieder die normale Grathöhe anliegt.

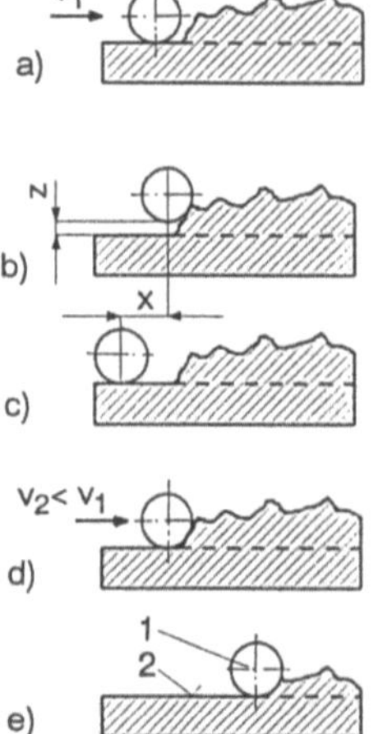

1 Werkzeug, Fräser
2 Werkstückoberfläche

Bild 9-62
Lastadaptives Entgraten

a) programmierter Weg
b) Anzeigen der Abweichung z
c) Rückführung des Werkzeuges um den Betrag x
d) Bearbeitung mit der Geschwindigkeit v_2
e) Bearbeitung wieder mit v_1

Für das Entgraten thermoplastischer Formteile kann auch die Laser-Aufschmelzverrundung [112] genutzt werden. Der Roboter bewegt dann die Gratkanten des Objekts gegen einen ortsfesten unfokussierten Laserstrahl. Die Gratkante wird schmelzflüssig, verrundet sich dabei und hat nach der Wiedererstarrung eine Oberfläche von hoher optischer Qualität.

9.19 Schleifroboter

Kleinste Stückzahlen und großer Gratanteil lassen es nicht zu, einen programmgesteuerten Roboter so ohne weiteres für das Gußputzen einzusetzen. Es gibt spezielle Industriemanipulatoren, bei denen der die Bewegungen vorgebende Werker mit auf der Maschine sitzt. Es ist ein Master-Slave-System. Man kann aber auch einen Universalroboter so ausstatten, daß er als Slave verwendbar ist. Das auch in Anwendung befindliche Konzept zeigt Bild 9-63.

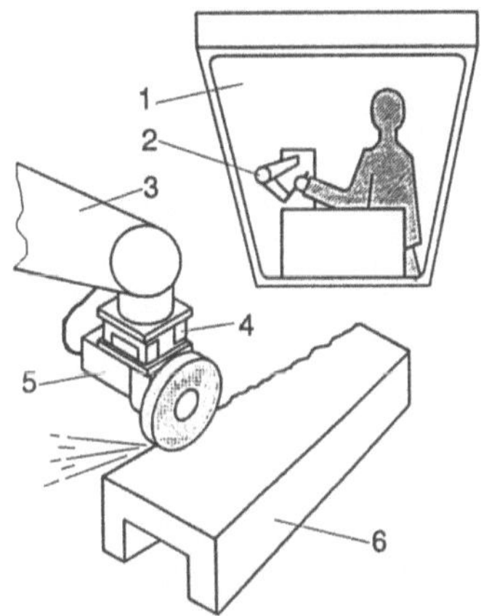

1 Glaskanzel für den Operator
2 Analogsteuerhebel
3 Roboter-Unterarm
4 Sensoreinheit
5 Schleifspindelantrieb
6 Gußstück

Bild 9-63
Steuerung eines Universalroboters für das Schleifen mit einem Master-Slave-System (nach IPEA)

Am Handgelenk sind Kraft-Momentensensoren angebaut, die einen Feedback zum kinematisch analogen Steuerhebel des Bedieners herstellen. Der Roboter kann ein 10 kW-Schleifaggregat führen. Die Bewegungen werden vom Bediener aus der Glaskanzel per Analogsteuerhebel vorgeführt. Um genügend lange Verfahrwege zu bekommen, die bei langen Gußstücken nötig sind, steht der Roboter auf einer Linear-Plattform. Auch drehbare Arbeitstische helfen, alle Seiten des Gußstücks bearbeiten zu können (5-Seiten-Bearbeitung). Das System kann in 3 Betriebsarten genutzt werden:

- Manipulatorbetrieb als Mensch-Roboter-System,

- Automatikbetrieb für das selbständige kraftadaptive Entgraten,

- Interaktionsbetrieb als Kombination zwischen manueller und automatischer Betriebsweise.

Im letztgenannten Fall kann der Bediener in den automatischen Ablauf eingreifen. Der Verschleiß der Schleifscheibe wirkt sich hier nicht aus. Das ist aber anders, wenn der Schleifroboter eine programmierte Bahn abfährt. Dabei sind zwei Anwendungsvarianten möglich:

- Das Schleifaggregat ist stationär und der Roboter handhabt das Werkstück.

- Das Schleifaggregat wird vom Roboter geführt und das Werkstück ist ortsfest.

Die erste Variante eignet sich nur für leichte und wenig sperrige Werkstücke. Zur Kompensation des Scheibenverschleißes kann gegen ein nachgiebiges Schleifband gearbeitet werden oder das Schleifaggregat ist federnd angeordnet. Wird das Schleifaggregat gehandhabt, dann ist dieses in einer oder in mehreren Achsen federnd am Handgelenk anzubringen.

In Bild 9-64 ist der Bandschleifapparat gut erkennbar, der von einem Drehgelenkroboter geführt wird. Das zu schleifende Rahmenteil wird mit Hilfe eines Werkstückträgers in die

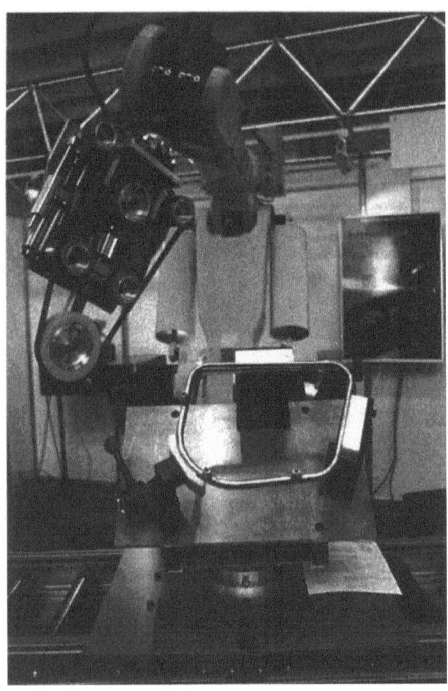

Bild 9-64
Roboter mit Bandschleifaggregat (MÜNCH)

Bearbeitungsposition gebracht. Um alle Seiten zu erreichen wird der Rahmen zwischendurch umgespannt. Allerdings bleiben einige schlecht zugängliche Ecken noch für das Handschleifen übrig. Ist die Standmenge des Schleifbandes erreicht, kann der Roboter selbständig die gesamte Bandschleifeinheit wechseln. Dazu ist ein Werkzeugwechselsystem angebaut.

In der umgekehrten Form, d.h. der Roboter ersetzt den traditionellen Handschleifer am Schleif- bzw. Polierbock, sind an das Schleifaggregat besondere Anforderungen zu stellen, denn es gibt bekanntlich keinen exakt definierten, konstanten Wirkpunkt, wie z.B. bei einem Drehmeißel. Für einen automatisierten Betrieb müssen zudem noch Hilfsfunktionen realisiert werden, wie z.B. eine Anpreßdrucksteuerung, beim Polieren die Schleifpastenversorgung und die Schleifscheibenzustellung. Moderne Schleifanlagen mit Roboter berücksichtigen deshalb grundsätzlich, daß die Werkzeugbewegungen wie z.B. Steuern des Anpreßdrucks, Nachstellen von Polier- und Kontaktscheiben von der Bearbeitungsmaschine aus erfolgen. Das Roboterprogramm wird nicht mehr verändert, wenn es einmal erstellt und optimiert wurde.

9.20 Meßroboter

Für die Erfassung von Qualitätsdaten werden heute auch Roboter eingesetzt. Sie können einer Meßstation innerhalb einer Arbeitslinie zugeordnet sein. Jedes Produkt (Baugruppe, Teil) durchläuft dann die Station. Der Roboter übernimmt in diesem Fall nur das Beschicken z.B. einer konventionellen Vielstellenmeßeinrichtung. In Bild 9-65 wird eine Meßstation gezeigt, bei der der Roboter ein Meßzeug handhabt. In der dargestellten Anordnung ist auch stichprobenweises Messen möglich, da die Haupttransportstrecke an der Meßzelle vorbeiführt. Die Anwendung liegt beim Prüfen von Präzisionsteilen der mechanischen Fertigung, von elektrischen Komponenten und ganzer Produkte kleiner bis mittlerer Baugröße.

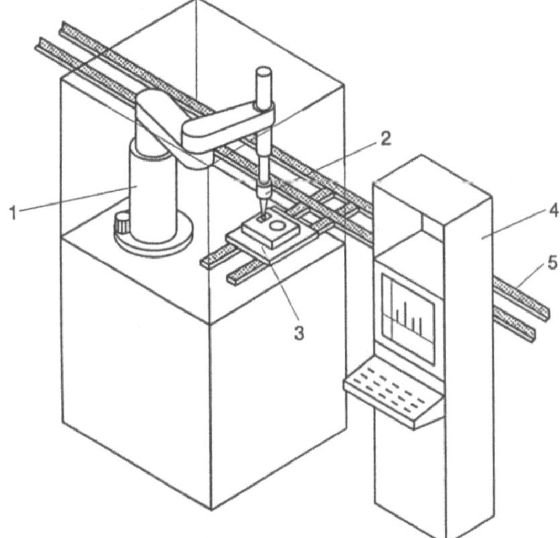

1 Meßroboter
2 Meßzeug
3 Werkstückträger
4 Steuerschrank
5 Doppelgurt-Transfersystem

Bild 9-65
Meßzelle innerhalb einer Fertigungslinie

Flexibel automatisierte Meßzellen stellen ein technisches System dar, das aus Meßvorrichtungen und Industrieroboter besteht. Eingangsgrößen sind Stamm-, Steuerdaten und Werkstücke; Ausgangsgrößen sind Meß-, Steuerdaten und gemessene oder gegebenenfalls sortierte Objekte. Die zeitliche und logische Synchronisation der Zuführ-, Meß- und Handhabungsvorgänge wird von einem Rechner besorgt, der mit allen Teilsystemen verbunden ist. Dabei sind folgende Schwerpunkte zu beachten:

- Art, Umfang und Zeitbedarf für die Meßaufgabe,

- Eigenschaften der automatisierten Meßvorrichtung und ihre Wirkung auf Struktur und Funktion der Zellen sowie

- Meßablauf und Meßstrategie.

Meßzellen werden auch in den Datenfluß einer Fertigungsanlage eingebunden, denn die aufbereiteten Qualitätsdaten sind an vorgelagerte Arbeitsoperationen zu leiten, damit dort in den Herstellungsvorgang korrigierend eingegriffen werden kann. Das geschieht künftig vor allem automatisch. Für eine Roboteranwendung lassen sich folgende strategische Ansätze unterscheiden:

- Der Roboter wird als Meßmittel benutzt.

- Der Roboter ist Bewegungsmaschine für ein Meßmittel.

- Der Roboter handhabt ein Meßobjekt.

Jede Strategie hat größere Auswirkungen auf die konstruktive Gestaltung der beteiligten Einrichtungen. Grundsätzlich sollen die Prüfobjekte prüfgerecht, die Aufnahme- bzw. Meßvorrichtung robotergerecht und bewegliche Meßmittel handhabungs-(greif-)gerecht gestaltet sein. Die Meßvorrichtungen sollen integrationsfähig sein, d.h. sie sind mechanisch und informationstechnisch (Bus, Netzwerkverbindung) koppelbar.

Wird der Roboter als Meßmittel verwendet, dann wird auf die robotereigenen Meßsysteme zurückgegriffen. Das bedeutet, daß eigentlich nur geometrische Größen gemessen werden können. Typische Anwendungen sind Vermessen von Schweiß- und Blechkonstruktionen sowie Kunststoffkörpern. Es wird damit z.B. die Maßhaltigkeit von Formen, Kokillen, Gesenken und Werkzeugen überwacht. Die gemessenen Punkte oder Maße erfaßt man tabellarisch oder sie werden als SPC-Regelkarte ausgegeben. Als Meßzeug kann z.B. ein Mehrkoordinatentaster verwendet werden (Bild 9-66).

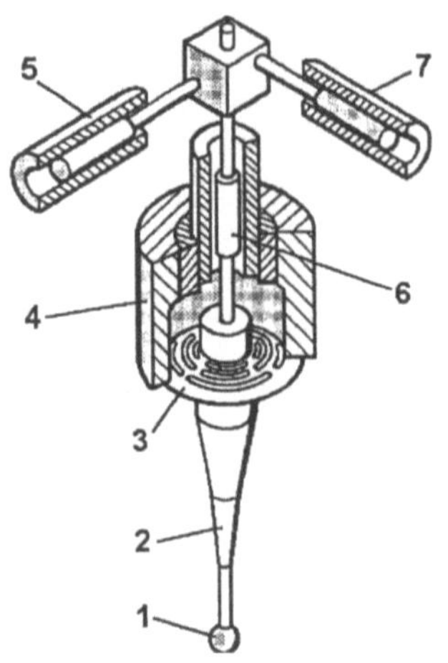

1 Tastkugel
2 Schaft
3 federnde Membran
4 Gehäuse
5 induktives Meßsystem für x-Wege
6 induktives Meßsystem für z-Wege
7 induktives Meßsystem für y-Wege

Bild 9-66
Konstruktionsprinzip eines Dreikomponenten-Meßtasters

Der Meßbereich kann in x-, y- und z-Richtung z.B. ± 100 µm betragen. Mit dieser Art von Meßmitteln kann man z.B. eine Autokarosserie punktweise vermessen und mit den Abmessungen einer Master-Karosserie vergleichen. Das Meßergebnis setzt sich dann aus den einzelnen Achsdaten zusammen. Die Meßunsicherheit ist groß, es sei denn, der Roboter wurde explizit für Meßzwecke optimiert. Prinzipiell sind die Meßköpfe in Nulltaster und Taster zur Abweichungsmessung zu unterscheiden. Dieser Unterschied wird in Bild 9-67 sichtbar gemacht.

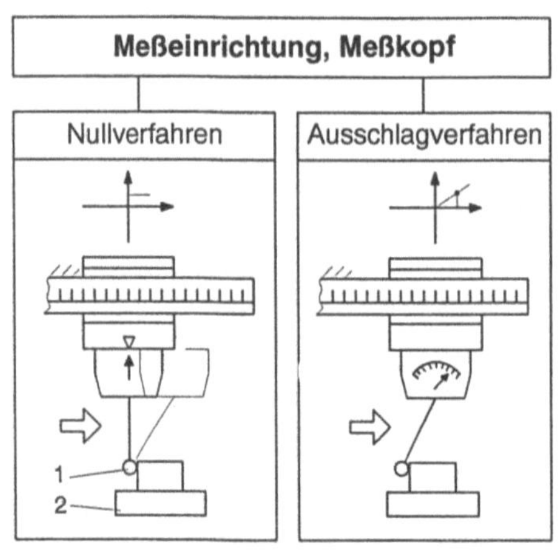

1 Taster
2 Werkstück

Bild 9-67
Meßprinzip bei Meßköpfen

Vorteilhaft zu automatisieren sind berührungslos arbeitende optische Meßverfahren. Nimmt der Roboter einen Prüfling auf, um ihn z.B. in den Strahlengang eines laseroptischen Meßgerätes zu bringen, dann ist er in diesem Fall nicht Bestandteil der Meßkette (siehe dazu Bild 8-32). Die Längenmessung wird in diesem Fall auf eine Zeitmessung zurückgeführt. Die Zeit für die Unterbrechung des Laserstrahls (Abschattungszeit) ist ein Äquivalent z.B. für den Durchmesser des Prüflings. Die tastende Messung eines Werkstücks wird in Bild 6-68 gezeigt. Der Roboter handhabt das Meßzeug und fährt eine Kontur am Werkstück ab.

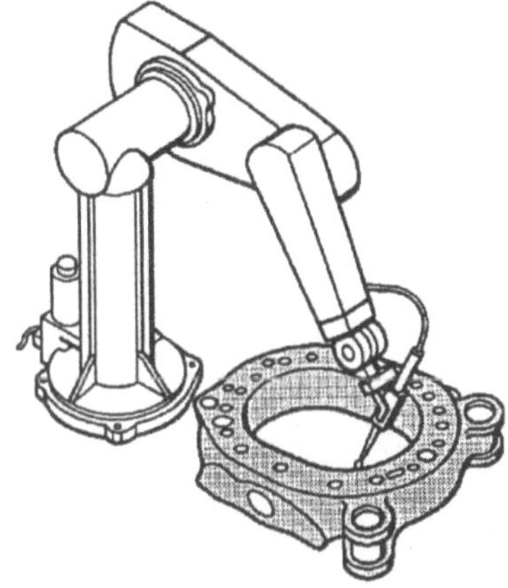

Bild 6-68
Der Roboter PUMA-560 handhabt einen Meßtaster.

Eine Meßzelle kann auch wie in Bild 9-69 gezeigt aussehen. Wird ein Meßautrag ausgelöst, dann fordert die Meßzelle einen Transportroboter an (fahrerloses Transportsystem mit aufge-

Bild 9-69 Meßzelle mit Portal-Feinmeßmaschine und Zuführung der Meßobjekte über einen
Transportroboter (iwb München)

setztem Roboterarm), der das zu messende Werkstück in die Übergabestation bringt. Von dort wird es automatisch einer Meßmaschine zugeführt, d.h. in den Meßraum transportiert. Nun läuft ein spezifisches Meßprogramm ab. Die automatische Weitergabe der Meßinformationen an den Leitrechner zur Fertigungsprozeßüberwachung erhöht die Zuverlässigkeit des Prozeßablaufs bis hin zum aktenkundigen Nachweis der Qualitätsparameter im Rahmen von Qualitätssicherungssystemen.

9.21   Schraubroboter

Das Schrauben nimmt in der Industrie den vordersten Platz nach der Häufigkeit der Verbindungen in Maschinen-, Fahrzeugbau und Feinwerktechnik ein. Der Fügevorgang Schrauben läßt sich in 4 zeitlich aufeinanderfolgende Fügephasen unterteilen [113]:

- Ansetzen der Schraube. Es entsteht ein Einpunkt-Kontakt zwischen den Fügeteilen,

- Andrehen der ersten Gewindegänge (Mehrpunkt- bis Teilflächenkontakt zwischen den Fügeteilen),

- Eindrehen des Gewindes bis zur Kopfauflage (Teilflächenkontakt zwischen den Fügeteilen und

- Festdrehen des Schraubverbundes zur Erzeugung der Klemmkraft (Berührflächenumkehr Gewindeoberflanke/-unterflanke zum Vollflächenkontakt zwischen den Fügeteilen).

Dabei treten undefiniertes Verkippen der Schraube im Werkzeug, Lochlagefehler und Bahnfehler bezüglich Positionierung und Führung des Fügeteils auf. Darauf muß bei der Gestaltung von Schraubeinheiten Rücksicht genommen werden, wie es Bild 9-70 zeigt. Dabei unterscheidet sich das Compliance-Element von den in Abschnitt 5.3 gezeigten Ausführungen. Es wird ein NCC-Element gebraucht (NCC = near collet compliance). Das ist ein passiver Achsenausgleich

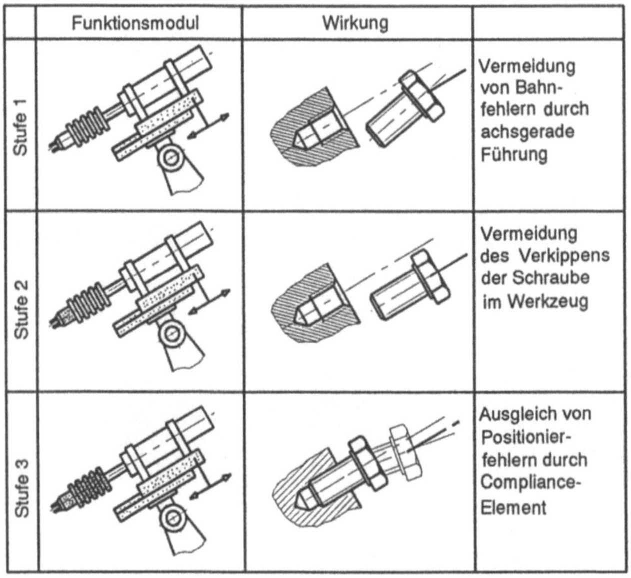

	Funktionsmodul	Wirkung	
Stufe 1			Vermeidung von Bahn- fehlern durch achsgerade Führung
Stufe 2			Vermeidung des Verkippens der Schraube im Werkzeug
Stufe 3			Ausgleich von Positionier- fehlern durch Compliance- Element

Bild 9-70 Fügetechnische Funktionen der einzelenen Moduln beim Schrauben

mit zwar großer Querbeweglichkeit aber trotzdem hoher Verdrehsteife. Das kann in der Bauform eines Metallfaltenbalges ausgeführt sein.

Die von der Schraube erzeugte Reaktionskraft F (Kraft, die die Schraube auf Gewindebohrung und Werkzeug ausübt) hängt vor allem von der Nachgiebigkeit der Schraubernußführung ab. Als Biegebalken betrachtet ergibt sich folgender vereinfachter Rechenansatz:

$$F = \frac{f \cdot 3 \cdot E \cdot I_y}{l_0^{\,3}}$$

Es bedeuten:

E Elastizitätsmodul der Nußführung

f Auslenkung der Nußführung

l_0 Länge des deformierten Teils der Nußführung

I_y Trägheitsmoment der Nußführung.

Im Prinzip kann fast jeder Robotertyp mit Schraubeinheiten zum Setzen von Schrauben, Aufdrehen von Muttern und Festziehen von Schraubteilen ausgerüstet werden. Ein Beispiel ist in Bild 9-71 zu sehen. Es lassen sich Schrauben M8 bis M14 mit einem Anzugsmoment bis 60 Nm eindrehen.

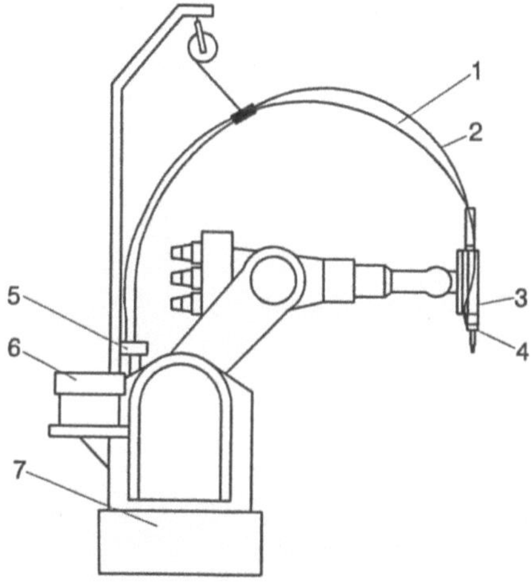

1 Druckluftzuleitung
2 Schraubenzuführschlauch
3 Schrauber
4 Schraubkopf
5 Vereinzeln der Schrauben
6 Vibrationswendelförderer
7 Drehgelenkroboter

Bild 9-71
Industrieroboter für das frei-
programmierbare Schraubeneindrehen
(KUKA)

Es gibt aber auch eigens für das Schrauben hergerichtete Roboter, z.B. in SCARA-Bauart. Dann wird eine Hochgeschwindigkeits-Anzugs-Drehbewegung vorgesehen, das Anzugsdrehmoment kontrolliert und das Speichern von Schraubenmuster-Daten ermöglicht. Das Freischalten (Weichschalten) der Servoachsen in der Schraubposition entlastet die Achsen, weil damit Fehler zwischen Programm- und Ist-Position ausgeglichen werden. Die Art der Schraubenzuführung beeinflußt die Leistungsdaten des Roboters entscheidend.

Zwei Varianten sind möglich:

- Der Roboter holt die Schraube an einer Bereitstellposition ab. Das erfordert eine zusätzliche Verfahrbewegung und erhöht damit die Zykluszeit.

- Dem Schrauber werden die Schrauben über Zuführschläuche bereitgestellt. Das geht sehr schnell. Die Mitführung der relativ langen und steifen Zuführschläuche ist aber problematisch (Biegeradius, Bewegungsfreiheit).

Man hat auch schon Portalroboter für das Eindrehen kleinerer Schrauben mit einer mitfahrenden Zuführeinheit (Vibrationswendelbunker) ausgestattet.

Als Schrauberantrieb setzt man in Europa und in den USA überwiegend auf pneumatische Motoren, während in Japan für den gleichen Zweck elektrische Antriebe bevorzugt werden. Pneumatische Antriebe haben den Vorteil, robust zu sein. Sie können bis zum Stillstand des Motors belastet werden, ohne Schaden zu nehmen. Sie kommen auf weniger Masse und sind in der Baugröße kleiner als Elektroantriebe. Die Energie ist aber teurer.

Oft genügen schon einfache Handlingeinheiten, um das Schrauben zu rationalisieren. Dazu zeigt Bild 9-72 ein Beispiel in kartesischer Bauweise. Es ist ein Tischgerät mit 2 NC-Achsen und einer pneumatischen Hubachse. Die Werkstücke werden von Hand in die Vorrichtung eingelegt. Die Schraube wird im Pick-and-Place Betrieb automatisch aufgenommen. Es ist aber auch möglich, einen Werkstückträgerdurchlauf zu organisieren. Anstelle des Elektroschraubers kann man z.B. auch einen Klebstoffspender oder ein Lötgerät anbauen.

1 Gestell mit Portalachse
2 Elektroschrauber
3 Schraubenzuführeinrichtung
4 Werkstückträger oder
   Einlegevorrichtung

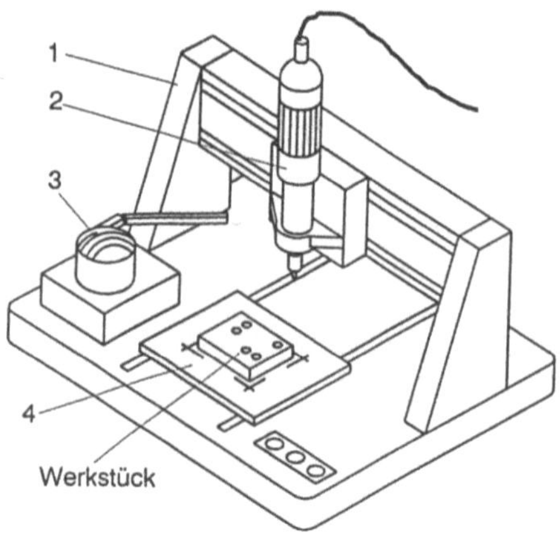

Bild 9-72
Schraubroboter (SONY)

9.22   Kleben mit dem Roboter

Kleben ist ein Vorgang, der Fingerspitzengefühl verlangt. Größere Stückzahlen, lange, nicht-gerade Klebenähte und gestiegene Qualitätsanforderungen haben auch den Roboter mit ins Spiel gebracht. Hauptproblem ist dabei die Dosierung der aufzutragenden Klebe- und Dicht-stoffe. Oft werden kleinste Abgabemengen bei hoher Reproduzierbrkeit gebraucht, wie z.B. in der Elektronikindustrie. Moderne Dosiergeräte sind heute in ihren Parametern frei-programmierbar. Einflußgrößen sind:

- Klebegerechte Konstruktion [4],
- Wahl des richtigen Klebstoffs,
- Maß- und Formgenauigkeit der Fügeteile,
- Vorbehandlung der Klebeflächen,
- Fixieren und Fügen der Bauteile sowie Härten des Klebstoffs und
- Klebstofftransport samt Lagerung und Auftragetechnik.

Für den Klebstoffauftrag und das Aufbringen von Dichtungsmitteln wird ein Roboter benötigt, der eine hohe Bahngeschwindigkeit bei großer Bahntreue erreicht. Es sind sowohl Ständer- als auch Portalroboter im Einsatz, letztere vor allem für großflächige Teile. Für das Kleben und Dichten ist eine Bahnsteuerung erforderlich. Für das Abfahren räumlicher Kurven ist eine 3D-Zirkularinterpolation Voraussetzung. Mit einer „Bahnschaltfunktion" ist es möglich, weg-bezogene Ausgangspositionen festzulegen, insbesondere für den exakten Nahtbeginn, den Nahtauslauf und für Einschnürungen an definierten Stellen. Für die analoge Dosierregelung muß der Roboter die momentane Verfahrgeschwindigkeit als Stellgröße zur Verfügung stellen. Beim Klebstoffauftrag sind sowohl die Werkzeughandhabung, wie auch die Werkstück-handhabung möglich. Beide Varianten zeigt das Bild 9-73.

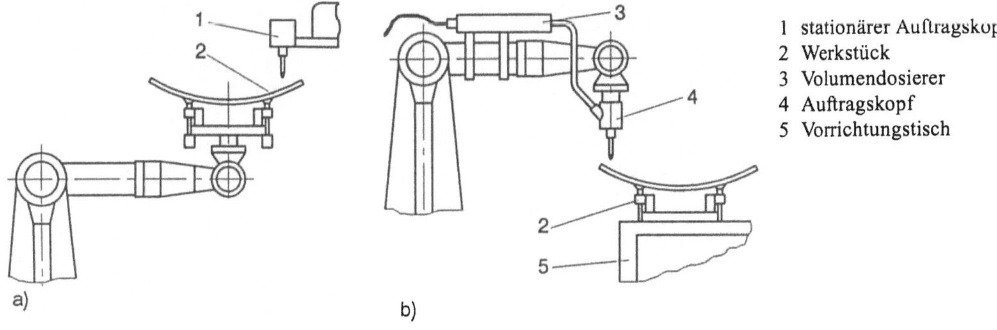

Bild 9-73 Kleben mit dem Roboter

a) Werkstückhandhabung, b) Handhabung der Auftragsdüse

Das vollautomatische Kleben und Dichten hat in der Automobilindustrie eine große An-wendungsbreite erfahren. Besonders beim Verbinden von schweißtechnisch unverträglichen Werkstoffkombinationen aus Metallen und Nichtmetallen erweist sich das Kleben als überlege-nes Verfahren. Mit dem Kleben sind auch erhebliche Gewichts- und Volumeneinsparungen möglich, weil durch Schichtaufbau und lokale Aussteifungen beanspruchungsgerecht konstru-iert werden kann und nicht alle Zonen eines Bauteils gleichmäßig dick sein müssen. Das Bild 9-74 zeigt einige typische Verbindungen aus dem Automobilbau.

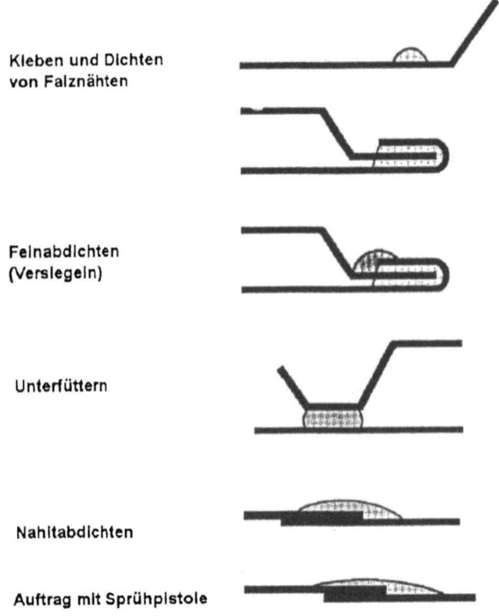

Bild 9-74 Typische Klebe- und Dichtstoffapplikationen im Karosserie-Rohbau

9.23　Mikroroboter

Roboter zur Manipulation kleinster Teile werden in Zukunft für die Mikromontage gebraucht und gegenwärtig entwickelt. Kleine Objekte im Millimeter- und Mikrometerbereich sind vom Menschen nur noch schwer zu handhaben. Die Genauigkeit der menschlichen Hand reicht hier nicht mehr aus. Der in Bild 9-75 gezeigte Roboter ist mobil und hochgenau. Er bewegt sich mit 3 Piezo-Beinchen und hat 2 Greifarme, die ebenfalls mit Piezokristallen angetrieben werden [116]. Aktionsfeld kann z.B. ein Mikro-Montagebereich sein. Die Aktionen werden über Mikroskop und CCD-Kamera verfolgt und in Echtzeit gesteuert. Ein Mikroroboter holt sich die in der Mikromontagezelle montagegerecht magazinierten Kleinstteile und bringt sie zum Fügen

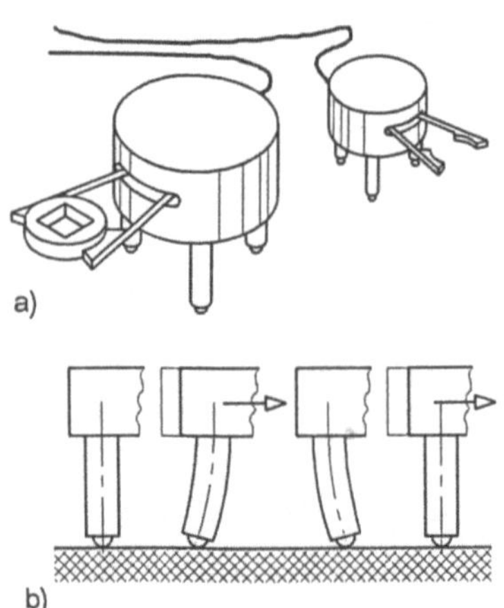

Bild 9-75

Mikroroboter (Labormuster) mit Armen und Beinen und einem Durchmesser von 20 mm

a) Außenansicht
b) 4 Phasen eines Schrittes

zur Montagestelle. Dort werden sie z.B. durch Laserpunktschweißen, Kleben oder Bonden verbunden. Es können auch mehrere Roboter zusammenwirken. Die Genauigkeitsforderungen liegen bei 0,1 bis 20 Mikrometer, also deutlich höher als bei der Uhrenherstellung.

In der Mikrowelt stellt sich das Verhältnis der Kräfte völlig anders dar als in der gewohnten makroskopischen Umgebung. Je kleiner die Bauteile werden, umso geringer wird die Bedeutung der Schwerkraft im Vergleich zum Einfluß von Störkräften, wie elektrostatische Anziehungskräfte, Adhäsionskräfte sowie ferromagnetische, intermolekulare und atomare Anziehungskräfte (Bild 9-76). In der Praxis bedeutet das, daß es z.B. leichter ist ein Objekt zu greifen als es anschließend beim Ablegen wieder loszuwerden. Es muß möglicherweise in der Spannstelle gehalten werden, damit sich die Greiforgane lösen können.

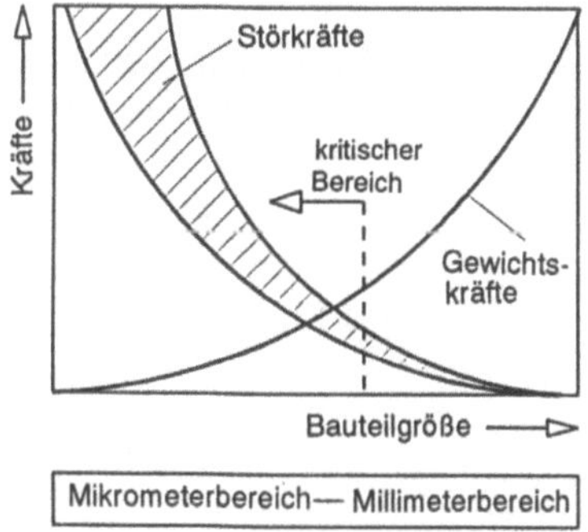

Bild 9-76
Kräfteproblematik beim Handhaben von Kleinstbauteilen

Greiferstrukturen müssen natürlich noch kleiner sein als die Handhabeteile. Ein neues Konzept wird in Bild 9-77 gezeigt. Aus einer 240 µm dicken Siliziumscheibe wurden die Greiferelemente herausgearbeitet [114]. Die Finger liegen frei und sind über elastische Mikrogelenke mit einem Piezotranslator verbunden. Dessen Längenänderungen von einigen Mikrometern wird über die Winkelhebel auf das 10- bis 50-fache vergrößert. Die Greifbackenform läßt sich vielfältig auf das Greifobjekt abstimmen. Das Lösungsprinzip bietet auch gute Möglichkeiten eine Funktionserweiterung von Mikrogreifsystemen durch eine Integration sensorischer Fähigkeiten zu erreichen.

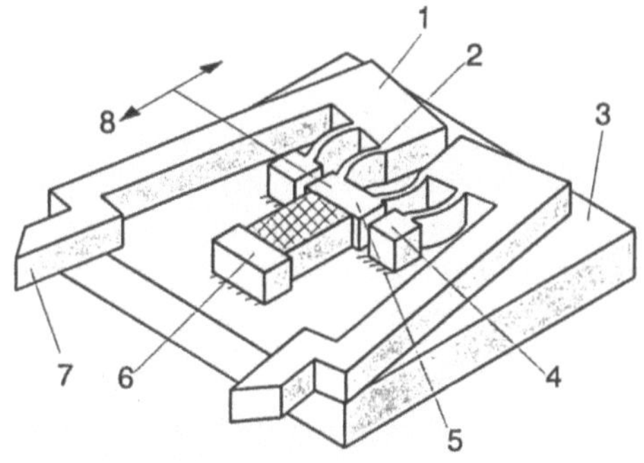

1 Greiffinger
2 elastisches Gelenk
3 Substrat
4 Befestigungsteil
5 Koppelglied
6 Piezotranslator
7 Greiffläche
8 Antriebsbewegung

Bild 9-77
Siliziumgreifer mit Piezotranslator-Antrieb

Einer weiteren Miniaturisierung scheinen keine wirklichen Grenzen gesetzt zu sein, denn in der Diskussion befindet sich mittlerweile auch der Nanoroboter. Das wäre ein winziges Maschinchen auf atomarer Basis mit nur wenigen hundert Atomen. Sie sollen dereinst sogar zur Vermehrung fähig sein.

9.24   Lötroboter

Als Lötroboter können Industrieroboter mit unterschiedlichem kinematischen Aufbau verwendet werden. Man nimmt sowohl kartesische Systeme, aber auch Roboter vom Typ SCARA oder kleine Senkrechtgelenkarm-Roboter. Es kommt also auf das Lötaggregat an. Lötroboter werden für das Herstellen von Lötverbindungen, z.B. auf der Komponentenseite von Leiterplatten, verwendet. Nachlötearbeiten können notwendig werden, wenn sich auf einer Leiterplatte Bauteile von unterschiedlicher Größe bzw. mit unterschiedlicher Wärmekapazität befinden. Wellenlötanlagen werden thermisch nach dem schwächsten Bauteil ausgelegt, so daß eventuell einige Bauteile, wie z.B. Transformatoren, zur Sicherheit visuell geprüft und manuell nachgelötet werden müssen. Das läßt sich auf den Roboter übertragen. Es ist sowohl Kolben- als auch Mikroflammlötung möglich.

Das Bild 9-78 zeigt ein Lötwerkzeug. Der Lötdraht wird mit einem elektromotorischen Reibrollenantrieb von der Rolle abgezogen. Der Vorschub läßt sich programmieren. Der Spulenvorrat wird per Sensor überwacht. Auch die tatsächlich abgeschmolzene Zinnmenge (Röhrenlot mit Flußmittel) wird überwacht. Der Lötkolben ist federnd gelagert und im Winkel von 85° zur Zinnzuführung angeordnet. Der Federweg kann gemessen und von der Steuerung ausgewertet werden. Die Lötspitzen-Andrückkraft kann z.B. im Bereich von 2 bis 20 N liegen.

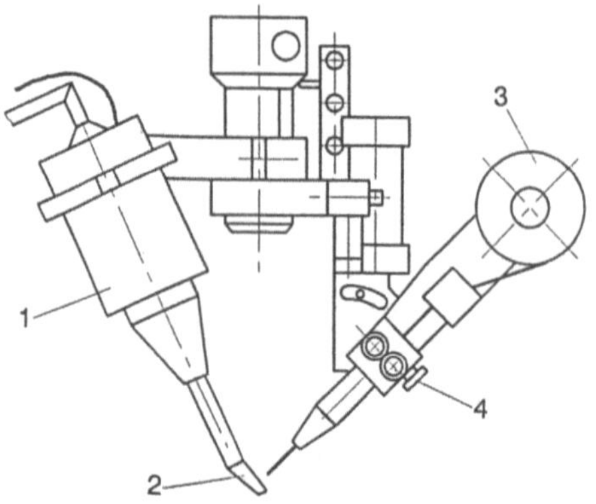

Bild 9-78
Lötwerkzeug für die Führung durch einen Industrieroboter

Lötarbeitsplätze werden meistens als Lötroboterzelle gestaltet. Dazu gehört die Bereitstellung der Basisteile z.B. über ein Fördersystem mit Positionierelementen, ein Reinigungsgerät für die gelegentliche automatische Säuberung des Lötkolbens und die Kapselung des Platzes, der Industrieroboter und die Zellensteuerung. Im Durchschnitt benötigt ein Roboter für eine Lötstelle (Verfahr- und Lötzeit) etwa 2 s oder weniger und 4 s für einen Reinigungsvorgang. Es sind Lötungen z.B. im Rasterabstand bis herunter auf 2,54 mm bei Zykluszeiten bis 1,3 s erreichbar. Es ist günstig, wenn ein Absaugstutzen die entstehenden Dämpfe am Lötwerkzeug absaugt, so daß sie sich dort nicht niederschlagen können. Für das Löten wichtige Parameter können je Lötstelle vom Anwender frei programmiert werden. Dazu zählen:

- Anpreßdruck der Lötspitze an die Lötstelle,

- Temperatur der Lötspitze bis maximal 450° C,

- Zuführgeschwindigkeit des Lötdrahtes von 0 bis 15 mm/s,

- Vorwärm-, Löt- und Nachlötzeit sowie

- Häufigkeit und Dauer von Reinigungsvorgängen.

9.25 Verpacken mit dem Industrieroboter

Ein Industrieroboter wird durch eine branchenspezifische Peripherie und problemangepaßte Greifer zum Verpackungsroboter. Zum Verpacken gehören auch Vorgänge, die dem eigentlichen Vorgang vor- oder nachgeschaltet sind und der Herstellung versandlager- und/oder verkaufsfähiger Packstücke dienen. Häufig geht es hier um das Einlegen von Teilen in die Packmittel. Auch diese müssen gehandhabt werden. Das ist oft schwierig, weil sich die Eigenschaften von der Packmittelaufnahme bis zur Packstückabgabe beträchtlich ändern können, z.B. das Aufrichten eines Faltkartons.

Das Bild 9-79 zeigt einen Absackroboter mit multifunktionaler Aufgabe. Alle Sackhandhabungen vom Aufstecken der leeren bis zum Palettieren der gefüllten Säcke werden vom Roboter erledigt. Das geht nur mit einem spezialisierten Kombinationsgreifer. Die gestapelten leeren Säcke werden durch einen Leersackgreifer aufgenommen und auf dem Weg zum Füllstutzen geöffnet. Zeitlich parallel dazu wird ein bereits an die Füllmaschine angesteckter Sack gefüllt. Der volle Sack wird mit dem Vollsackgreifer vom Stutzen abgezogen und durch eine Schwenkbewegung wird das noch offenstehende Sackventil verschlossen. Beim Schwenken kommt es auch zu einer Egalisierung des Sackinhalts. Der so in seiner äußeren Form geebnete und verschlossene Sack kann nun nach Stapelmuster abgelegt werden [117].

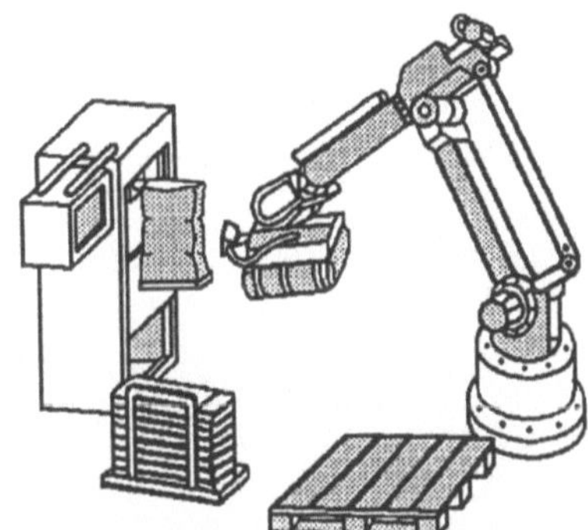

Bild 9-79
Roboterbediente Absackstation

Auch beim Verpacken von Pralinen und Konfekt ist der Greifer ein wichtiger Funktionsträger. Er saugt nacheinander 5 Stücke an, wobei diese am Greifer eine definierte Orientierung annehmen (Bild 9-80).

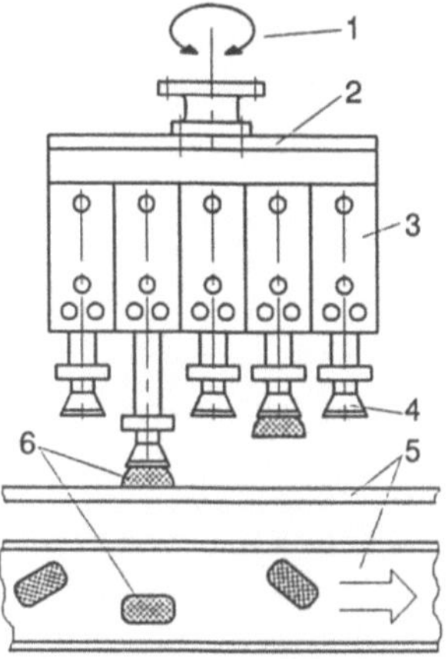

1 NC-Drehachse
2 Aufbauplatte
3 Standardzylinder mit Verdrehsicherung
4 Saugnapf
5 Förderband
6 Greifobjekt

Bild 9-80
Mehrfachsaugergreifer für das Verpacken von Konfekt

Damit das Greifen der nur teilgeordneten Stücke vom Band gelingt, ist der Greifer mit Hilfe der Handdrehachse des Roboters auf beliebige Winkel einstellbar. Position und Orientierung des nächsten zu greifenden Stücks werden von einem Bilderkennungssystem geliefert. Ist der Greifer an allen Saugern belegt, dann wird die gesamte Reihe der Stücke mit einer Bewegung in die Formnester einer nicht mit dargestellten Blisterverpackung eingelegt.

Etwas ähnliches zeigt Bild 9-81. Auch hier geht es um das Einlegen von Teilen in eine Schachtel-Verpackung. Es kommt ein Einzelgreifer zur Wirkung, der von einem Sichtsystem unterstützt wird. Er nimmt ein Teil auf, orientiert es und legt es in die Verpackung ein. Ordnet man viele solcher Stationen zu einer Verpackungslinie an, so lassen sich auch Sortimente verpacken. Per Sichtsystem ist dann auch kontrollierbar, ob alle Plätze in der Verpackung belegt sind. Das Umrüsten auf andere Assortimente ist ziemlich rasch zu machen, besonders wenn man mit einem Saugergreifer arbeitet, der nicht gewechselt werden muß.

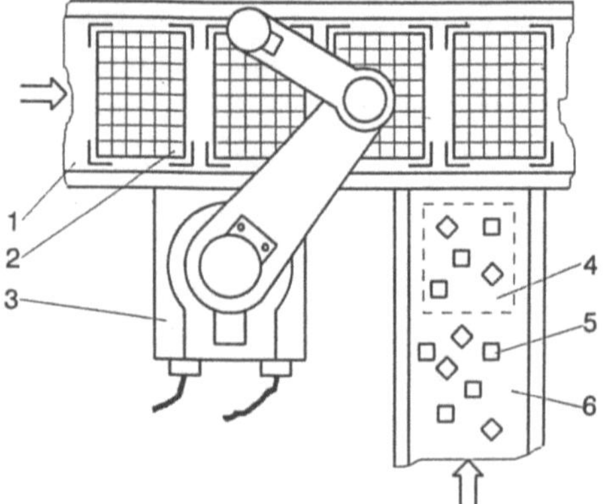

1 Förderband für Packschachteln
2 Packmittel mit Blisterfeld
3 SCARA-Roboter
4 Sichtfeld der Kamera
5 Werkstück
6 Förderband für Werkstücke

Bild 9-81
Einlegestation mit SCARA-Roboter
(Draufsicht)

In der Hohlglasproduktion kann am Ende einer Produktionsstrecke das Verpacken stehen. In Bild 9-82 sieht man, wie ein Roboter das von einer Waschmaschine kommende Stielglas anpackt und in die Fächer eines Pappkartons stellt. Der Roboter macht sich nebenbei über ein Bilderkennungssystem kundig, wo der Karton steht, ob er richtig geöffnet ist, ob noch ein Rasterfeld frei ist und wo das nächste Glas vom Band abzunehmen ist. Es werden 40 Gläser je Minute verpackt, bei einem 3-Schicht-Einsatz der Anlage.

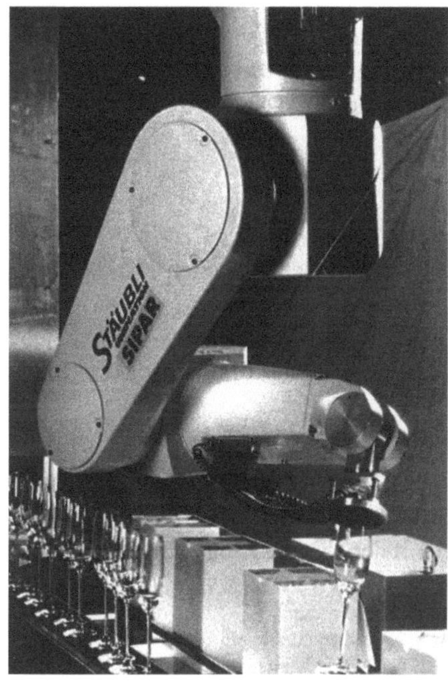

Bild 9-82

Industrieroboter in hängender Installation verpackt
Stielglas in Kartons (STÄUBLI)

9.26   Leiterplattenbearbeitung

Bei der Herstellung von Leiterplatten können sich komplizierte Lötaufgaben ergeben, wenn auf
konstruktive Besonderheiten zu achten ist. Aber auch andere Arbeiten können anfallen, wie
Entgraten von Außenkanten, Bohren, Fräsen und Einsetzen von Sonderbauelementen. Dazu
kann ein Roboterarbeitsplatz gestaltet werden, wie er in Bild 9-83 zu sehen ist. Dem Roboter

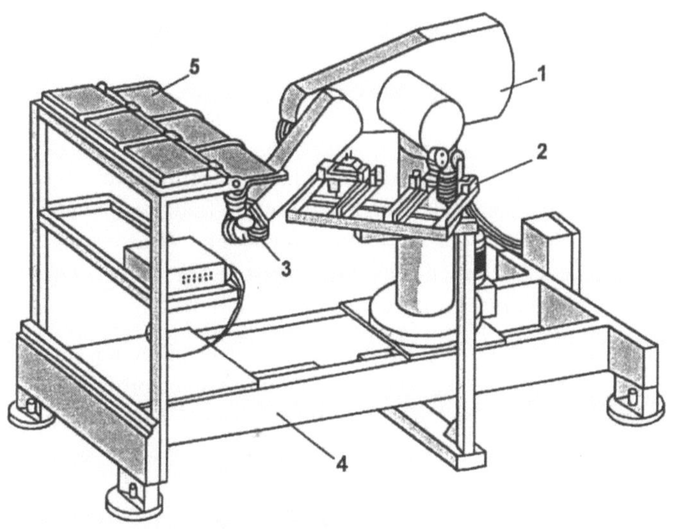

1   Industrieroboter
2   Greiferspeicher
3   Weichlötwerkzeug
4   Unterbau
5   Werkstück

Bild 9-83
Robotisierter Arbeitsplatz zur
Bearbeitung von Leiterplatten

steht ein Vielfachspannplatz für Leiterplatten und ein Effektormagazin zur Verfügung. Der Roboter bearbeitet immer mehrere Werkstücke, ehe er das Werkzeug für den nächsten Arbeitsgang wechselt. Die Lösung ist vor allem für kleine Stückzahlen von Leiterplatten interessant.

9.27　Leiterplattenbestückung

Das automatische Bestücken von Leiterplatten mit eigens dafür entwickelten Handhabungsautomaten wird bereits 1963 in der Fachpresse beschrieben. Eine solche Maschine war die UNIAC (Universal insertion and clinching). Die Leiterplatte wurde auf einem Kreuzschiebetisch positioniert. SMD-Hochleistungsautomaten bringen es heute auf Montageleistungen von 40000 Bauteilen je Stunde.

In Bild 9-84 wird eine SMD-Montage (Oberflächenmontage) im Prinzip gezeigt. Der Greifer nimmt das Bauelement an einer Bereitstellposition auf, fährt zur Montagestelle und preßt das Bauelement auf. Vorher wurde bereits ein Klebstofftropfen gesetzt. Anschließend durchläuft die Leiterplatte ein Lötbad und ist dann elektrisch leitend mit den „Beinen" des Bauelements verbunden.

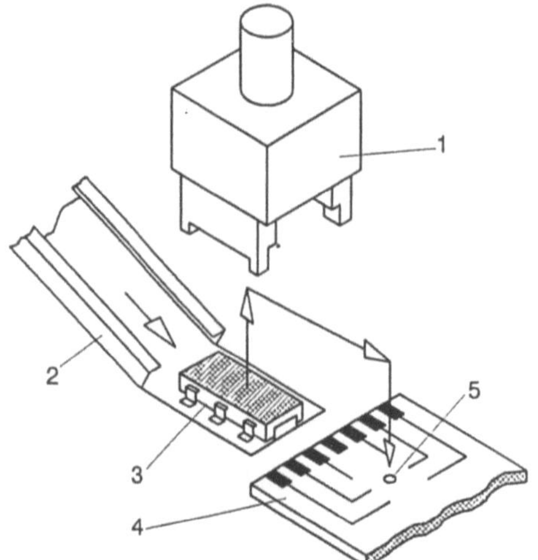

1 Greifer
2 Zuführmagazin
3 Bauelement
4 Leiterplatte
5 Klebertropfen

Bild 9-84
Bestückung einer Platine

Für die Bewegungsausführung werden z.B. servopneumatische Linearmodule zur Handhabungseinrichtung kombiniert, wobei die vertikale Kurzhubachse als Endlagenmodul, also nicht NC-fähig, ausgeführt sein kann. Für den Bereich „Exotenbestückung" (Bestückung von Leiterplatten mit nicht standardisierten Bauteilen) wird meist auch eine freiprogrammierbare Drehachse benötigt, die ebenfalls servopneumatisch sein könnte.

Bestückungsroboter müssen auf Taktzeiten < 2 s kommen, wenn sie wirtschaftlich arbeiten sollen (bei einem Arbeitsraum von z.B. $x = 600$ mm, $y = 400$ mm, $z = 50$ mm). Die erforderliche Wiederholgenauigkeit von $\pm$ 0,02 bis $\pm$ 0,05 mm läßt sich mit servopneumatischen NC-Achsen verwirklichen.

9.28 Pressenverkettung

Von den an Pressen eingesetzten Industrierobotern wird in Anbetracht kurzer Taktzeiten eine hohe Schnelligkeit bei relativ großen zurückzulegenden Wegen verlangt. Vielfach übernimmt der Roboter die Verbindung zwischen zwei Pressen. Zur Verkürzung der Zykluszeit sind einige Handhabungseinrichtungen auch mit zwei Greifern ausgerüstet.

Das Handhaben von Ziehstücken aus Edelstahl in einer Pressenstraße wird in Bild 9-85 gezeigt. Es handelt sich um ein flexibles Sortiment formähnlicher Teile. Für die Verkettung im Werkstückfluß wurden Industrieroboter in Flauraufstellung eingesetzt. Es gibt auch Möglichkeiten, Roboter über Kopf, also hängend, am Pressenständer anzubauen. Die Roboter vom Typ SCARA wurden seitlich in Pressenständernähe aufgebaut, weil damit der Zugang zum Werkzeugraum weitgehend frei bleibt. Beim Werkzeugwechsel wird der Roboterarm in eine wenig störende Parkstellung gefahren. Den Senkrechtgelenkarm-Roboter hat man auf eine Plattform gestellt, so daß er im Bedarfsfall zur Seite gerollt werden kann. Das kann u.a. auch vorteilhaft sein, wenn man die Pressenstraße nicht durchgängig nutzt, sondern nur Teilstücke der Straße oder gar nur einzelne Pressen.

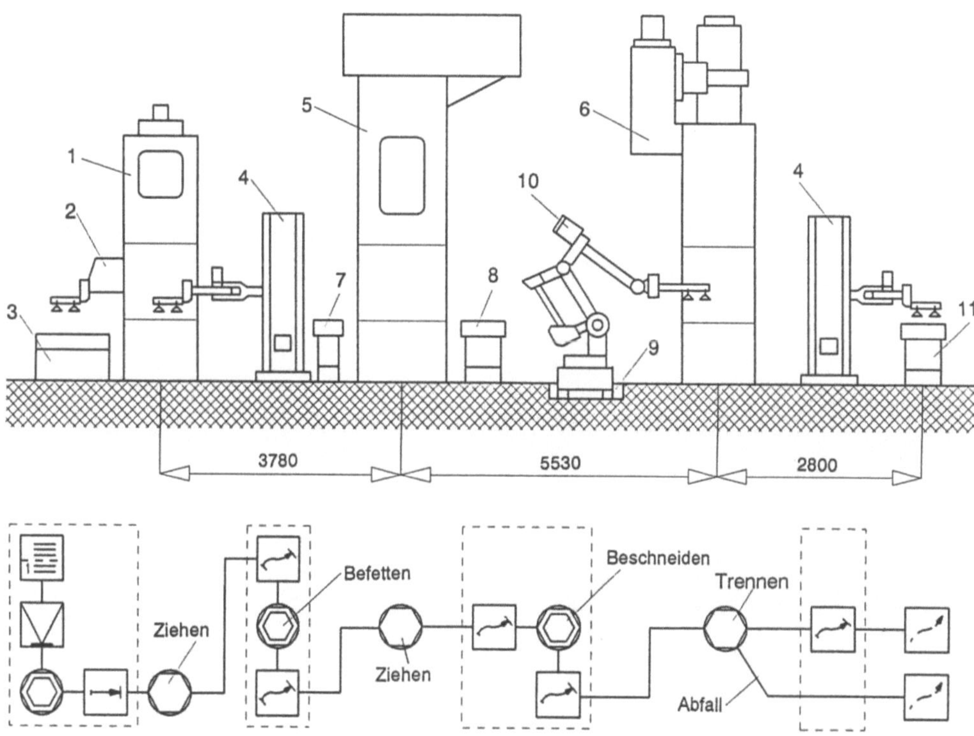

1 Ziehpresse für den 1. Zug	6 Beschneidepresse
2 Feeder	7 partielle Sprühbefettung
3 Zuführen des Zuschnitts	8 Schmierfilz
4 SCARA-Roboter	9 Querverschiebeplattform
5 Ziehpresse für den 2. Zug	10 Senkrecht-Gelenkarmroboter

Bild 9-85 Verkettung von Pressen zur Arbeitslinie (RIEGEL)

Die in den Fußboden eingelassene Grundplatte für den Roboter wird in Bild 9-86 dargestellt. Löst man die Bodenschrauben, dann steht der Roboter sofort auf Rollenleisten. Die Rollen sind gefedert und bringen damit die Anhebekraft auf. Auf diesen Rollen kann der Roboter problemlos von der Arbeits- in die Parkposition bewegt werden. Diese Lösung hat eine sehr niedrige Bauhöhe von nur 200 mm und trägt etwa 2500 kg. Dabei ist sie praktisch wartungsfrei.

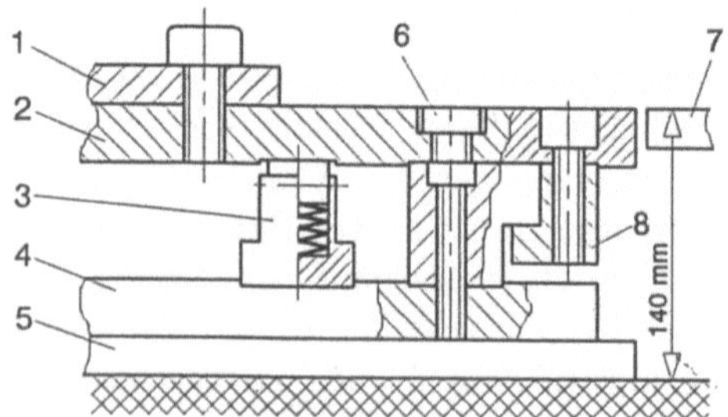

1 Robotergrundplatte
2 fahrbare Plattform
3 Rollblockleiste
4 Grundplatte
5 Bodenplatte
6 Endlagen-Arretierung der Plattform
7 Abdeckung der Fundamentgrube, Flurebene
8 Umgriffführung

Bild 9-86 Fahrbare Plattform für einen sechsachsigen Gelenkroboter

Die Verwendung von SCARA-Robotern erweist sich als günstig, wenn der Pressenabstand nicht größer als 5 m ist. Die Reichweite des Senkrechtgelenkarm-Roboters beträgt im Beispiel 6,5 m, einschließlich der kinematischen Verlängerung, die sich durch den ausladenden Saugergreifer ergibt. Noch größere Pressenabstände lassen sich mit Robotern bewältigen, die auf große Reichweite optimiert wurden. Verschiedene Bauarten wurden dazu in Abschnitt 2.4.3 vorgestellt.

Blechteilegreifer können bei großen unförmigen Blechteilen sehr ausladend sein. In Bild 9-87 sind zwei Klemmbackengreifer an einem Leichtmetall-Profilträger befestigt. Diese Greifeinheit kann im Beispiel automatisch gewechselt werden. Bei der Bewegungsplanung ist eine Kollisionsprüfung unerläßlich, weil sich große Störkantenradien ergeben.

Bild 9-87
Handhabung von Blechteilen mit
ausladend großem Greiferanbau (ABB)

Das reibungslose zeitliche Zusammenspiel an automatisierten Pressen mit Hilfseinrichtungen und Handhabungssystemen erfordert die Berücksichtigung aller Nachlaufwege und Signalverzögerungszeiten. Zweckmäßig ist hier ein „Freigängigkeitsmodell" als Basis für ein Bewegungsregime. Dazu wird in Bild 9-88 ein Beispiel gezeigt. Während bei einer starren Verkettung die Kurbelwelle der Presse zur priorisierten Achse wird und alle Teilbewegungen abhängig vom Kurbelwinkel auslöst, muß es bei flexibler Verkettung anders sein. In diesem Fall startet die Presse einen Bewegungszyklus (1), dessen Teilbewegungen voneinander abhängen und nach verschiedenen Prioritäten angestoßen werden (Freigabe nach Position oder Zeit). Diese Situation wäre z.B. für den Einsatz speicherprogrammierbarer Steuerungen typisch.

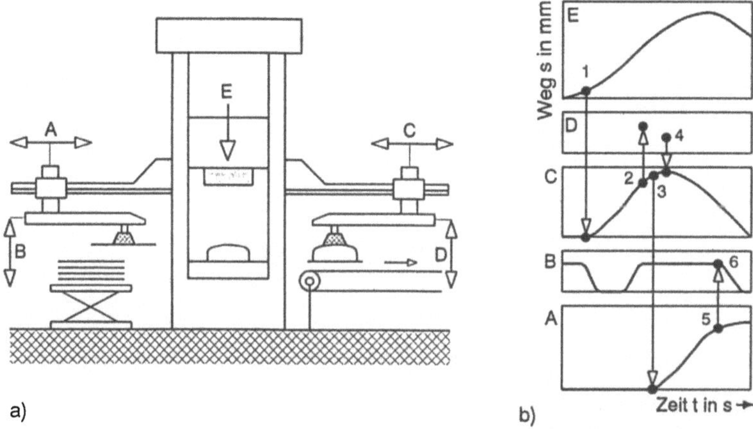

A Verfahrachse zur Werkstückzuführung   C Verfahrachse zur Werkstückentnahme
B Hubachse zum Abnehmen des Werkstücks   D Hubachse zum Ablegen des Werkstücks
                                          E Stößelbewegung

Bild 9-88 Kinematisches Regime an einer automatisierten Presse
a) Automatisierungslösung, b) Ablauf bei flexibler Verkettung und Steuerung nach Position oder Zeit

Feeder sind Zuführeinrichtungen an Pressen und zählen noch nicht zu den Industrierobotern, da sie in der Regel mit zwei gesteuerten Bewegungsachsen auskommen. Oft ist auch eine freiprogrammierbare Steuerung nicht erforderlich. Es sind wertvolle Einrichtungen für die Pressenverkettung. Das Bild 9-89 zeigt die typische Ausführung. Die Horizontalachse wird im Interesse kurzer Zykluszeiten mit Hochgeschwindigkeitsantrieb versehen, z.B. bis 8 m/s Verfahrgeschwindigkeit. Die Vertikalachse besorgt das Ausheben des Blechteils aus einem Werkzeug und das Nachfahren auf die Oberfläche eines sich in der Höhe ständig verändernden Blechstapels. Beim Beschicken kehren sich die Funktionen um. Beim Verketten von Pressen können Pressenabstände bis zu 8 m bewältigt werden. Man erreicht Taktzeiten für einen Be- bzw. Entladezyklus von 3 bis 4s bei Transportlasten von z.B. 30 kg.

In Bild 9-89b wird der Pressenabstand in zwei Schritten überbrückt. Jeder Teilhub wird von einem unabhängigen Feeder bewältigt. Allerdings ist der Bewegungsablauf aufeinander abgestimmt. Die Zwischenablageposition kann auch als Wende-, Richt- oder Befettungsstation ausgebildet werden.

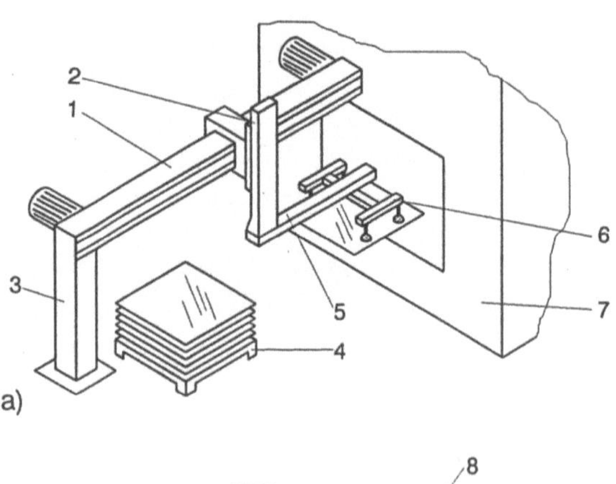

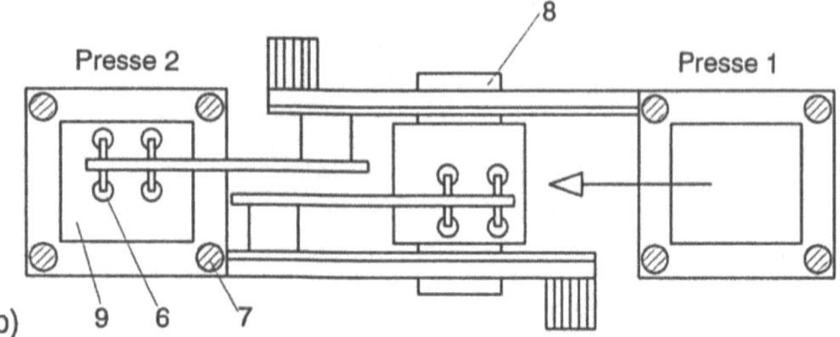

Bild 9-89 Pressenbeschickung mit Feeder

a) Feeder zur Pressenbeschickung, b) Pressenverkettung mit Zwischenablage

In der Maschinenverkettung wird auch mit Bewegungsüberlagerung in der Horizontalen gearbeitet. Ein Beispiel mit dreifacher Horizontalüberlagerung wird in Bild 9-90 gezeigt. Durch Superposition der Bewegungen wird hier der Rechtsausleger (Startposition) im Verlaufe der Verschiebebewegung zum Linksausleger (Zielposition). Das entspricht einer typischen Übergabebewegung z.B. von einem Werkzeug zum Werkzeug der nächsten Presse. Durch die Gleichzeitigkeit der Bewegungen reduziert sich die Übergabezeit.

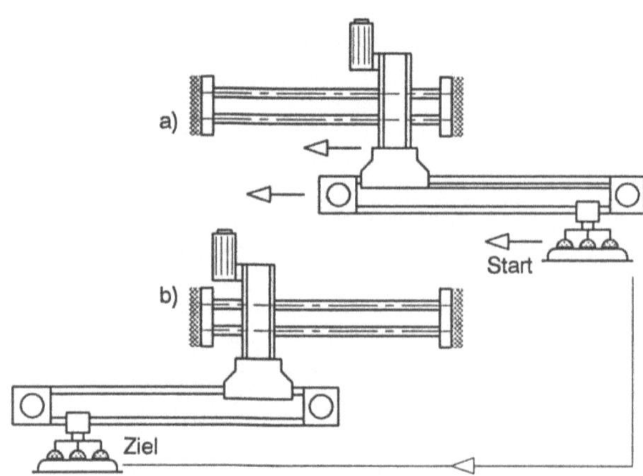

Bild 9-90
Verkettungseinrichtung mit dreifacher Überlagerung der Horizontalbewegung (FIBRO)

a) Aufnehmen in der Startposition
b) Ablegen am Zielort

Betrachtet man eine Pressenstraße, dann sind auch die Handhabungseinrichtungen in das Steuerungskonzept einzubeziehen. Da die erreichbaren Mengenleistungen wesentlich vom zeitlichen Zusammenspiel der Maschinen mit der Handhabe- und Fördertechnik abhängen, versucht man durch bessere Synchronisation der beteiligten Partner zu Zeiteinsparungen zu kommen. Die Komponenten der Pressenstraße werden dazu mit einem eigenen Steuerungsrechner ausgestattet und vernetzt (Bild 9-91).

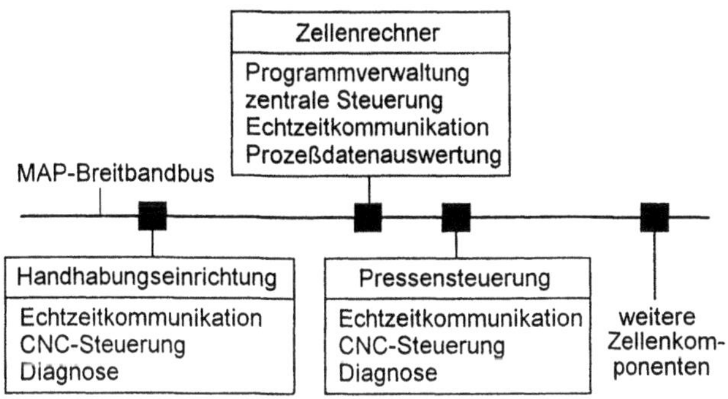

Bild 9-91 Systemkonzept der Pressenautomatisierung

In Bild 9-92 wird die Pressenautomatisierung mit doppelarmigen Handhabungseinrichtungen gezeigt. Sie stehen auf Schienen und können bei Bedarf (Handbeschickung, Werkzeugwechsel) rasch von der Presse weggerückt werden. Die Zuschnitte werden aus einem Zuteilermagazin entnommen und in der Presse 1 eingelegt. Anschließend werden sie auf der Zwischenablage deponiert. Der Abgreifpunkt durch die Handhabungseinrichtung an der Presse 2 ist nicht mit dem Ablagepunkt der Presse 1 identisch. Die Zwischenablage ist eine Vorrichtung, die das halbfertige Teil in die Abgreifposition schiebt und dabei gegebenenfalls auch anhebt. Sie könnte auch als Wendevorrichtung ausgeführt werden.

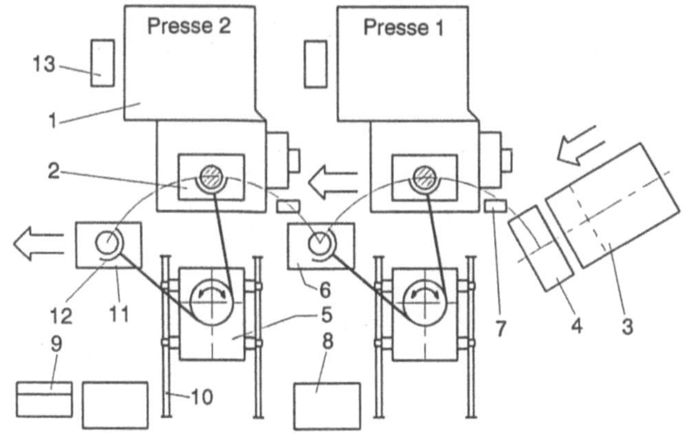

1 Presse
2 Werkzeug
3 Magazin
4 Zuteiler für Zuschnitte
5 Doppelarm-Handhabungseinrichtung
6 aktive Zwischenablage
7 Kontrollanzeige der Presse
8 Robotersteuerung
9 übergeordnete Systemsteuerung
10 Schiene
11 Magazin
12 Flachteilgreifer
13 Pressensteuerung

Bild 9-92 Pressenverkettung mit doppelarmigen Handhabungseinrichtungen (Draufsicht)

Das Entnehmen von Werkstücken an Pressen erfordert bei kurzen Zykluszeiten spezialisierte Handhabungseinrichtungen. Das Bild 9-93 zeigt eine Einrichtung, die bis zu 25 Hübe/min mithält [17]. In der Hubdreheinheit sind Federn eingebaut, die die Bremsenergie am Hubende speichern und ihre Energie nach Erreichen des Umkehrpunktes wieder abgeben. Die Handdrehachse wird über Seil, Kette oder Zahnriemen angetrieben, wobei es sich hier um eine abgeleitete Bewegung handelt. Es ist dafür kein Motor vorhanden. Das Zugmittel ist am Basisteil befestigt.

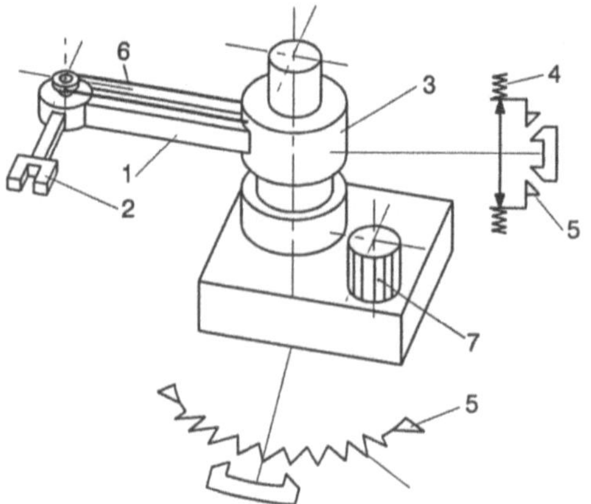

1 Schwenkarm
2 Greifer
3 Hub-Dreh-Modul
4 Energiespeicherfeder
5 Prellanschlag und Festsetzer
6 Zahnriemen
7 Antriebsmotor

Bild 9-93
Handhabungseinrichtung für schnelle Operationen
an Pressen

Je nach Übersetzungsverhältnis führt die Handdrehachse mit dem TCP eine geradlinige Bewegung aus (Bild 9-94a). Das Übersetzungsverhältnis der Räder ist dann $i = 3$. Bei $i = 1$ führt der TCP eine bogenförmige Bewegung aus, ohne daß sich dabei die Orientierung der Hand verändert (Bild 9-94b). Je nach Unterarmlänge und Übersetzungsverhältnis ergibt sich so die Reichweite $L1$ oder $L2$. Das Überbrücken großer Abstände $L1$ erlaubt ihre Anwendung für Verkettungsaufgaben.

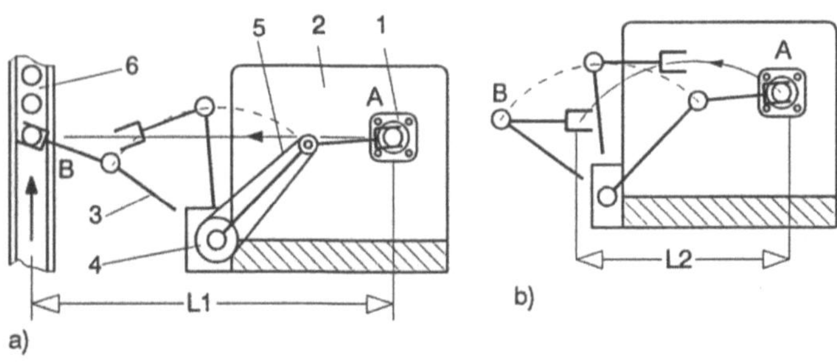

A Startposition
B Ende der Bewegung
1 Umformwerkzeug
2 Presse (Draufsicht)

3 Entnahmearm
4 feststehendes Kettenrad
5 Kette
6 Abführsystem

Bild 9-94 Beispiel für die Werkstückhandhabung an Pressen

a) Entnahme auf geradem Weg b) Entnehmen auf Kreisbahn

9.29 Palettenmanipulation

Nicht nur Werkstücke, sondern auch Paletten in der Funktion von Werkstückträgermagazinen sind bei automatischen Abläufen zu manipulieren. Dafür gibt es verschiedene Moduln und Spezialroboter, die meistens im kartesischen System arbeiten. Mehrere Lineareinheiten realisieren alle erforderlichen Funktionen für folgenden Standardablauf:

- Palette vom Stapel abheben;

- Werkstücke günstig einer Handhabungseinrichtung präsentieren;

- Palette auf Leerpalettenstapel absetzen.

In Bild 9-95 wird ein Palettenwechselsystem gezeigt, bei dem eine Palette der Größe 400 x 600 mm vom Stapel genommen und dann in reihenweisen Schritten einer Handhabungseinrichtung präsentiert wird. Als Transporteinheit sind hier einfache verfahrbare Roller vorgesehen, die manuell gegen Anschläge plaziert werden. Prinzipiell läßt sich das auch automatisch machen, z.B. mit fahrerlosen Transportsystemen.

Ähnlich ist der in Bild 9-96 gezeigte Magazinierer aufgebaut. Er ist ebenfalls aus standardisier-

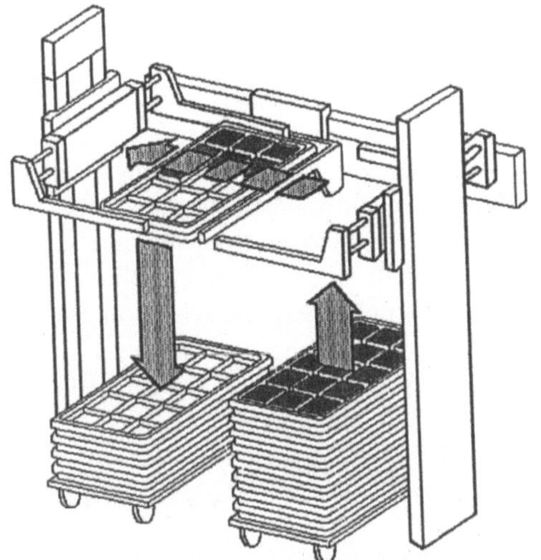

Bild 9-95
Autarke Einheit zur Palettenhandhabung mit Linearmodulen (GRÄSSLIN)

ten Lineareinheiten aufgebaut und stellt das Bindeglied zur innerbetrieblichen Logistik dar. Es werden Behälter bis zur Größe 600 x 800 mm zur Be- oder Entladung automatisch manipuliert. In der Waagerechten ist zeilenweises Takten möglich. Der Ablauf ist programmierbar. Als Antriebe hat man elektrische Schrittmotoren verwendet. Behälterwechselprozeduren nehmen nur 3 bis 5 s in Anspruch.

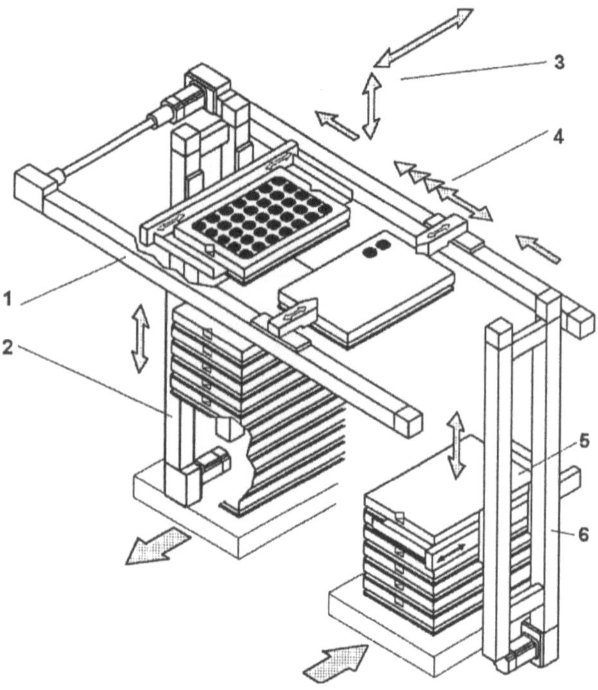

Bild 9-96
Standard-Magazinierer (SIG POSITEC)

Mit einer speziellen Kinematik arbeitet die in Bild 9-97 gezeigte Paletten-Handling Einrichtung. Es genügt eine einzige NC-Drehachse (AC-Servomotor mit Inkrementalgeber), um den gesamten Palettenstapel abzuarbeiten. Das Führungsgetriebe ist mechanisch so verkoppelt, daß sich gerades Abheben und Absetzen trotz Drehantrieb einstellt. In der Überkopfstellung wird die Palette abgearbeitet. Der Motor ist stationär angebracht. Ein Palettenwechsel benötigt weniger als 7 s Wechselzeit.

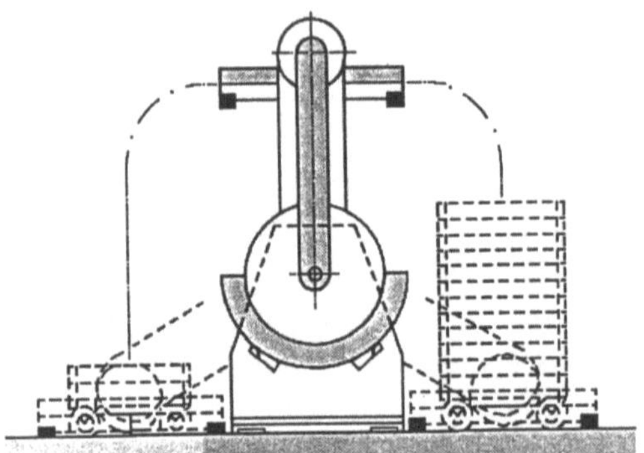

Bild 9-97
Palettenpräsentierer für Stapelpaletten
bis 600 x 800 mm (FELSOMAT)

Die Werkstückpaletten können als Transporteinheit in folgenden Formen vorliegen:

- Frei stehender Stapel mit gegenseitiger Zentrierung der Werkstückträger,

- geführter Stapel mit außenbegrenzenden Elementen, wie z.B. Winkelschienen, zur Ladungssicherung beim Transport und

- magazinierte Paletten in einer Transportbox, wobei jede Palette ihr eigenes Magazinfach hat.

Für die zuerst genannte Variante zeigt das Bild 9-98 eine Bereitstell-Lösung mit Palettierroboter.

Die Anbindung an den Transportfluß des Betriebes geschieht über ein fahrerloses Transportsystem. Es sind mehrere Stapelplätze anlegbar und damit ist auch eine Plazierung von Werkstücksortimenten möglich. Es ist auch möglich, bearbeitete Teile wieder in die Palette zurückzulegen und Fertigteil-Stapel zu bilden.

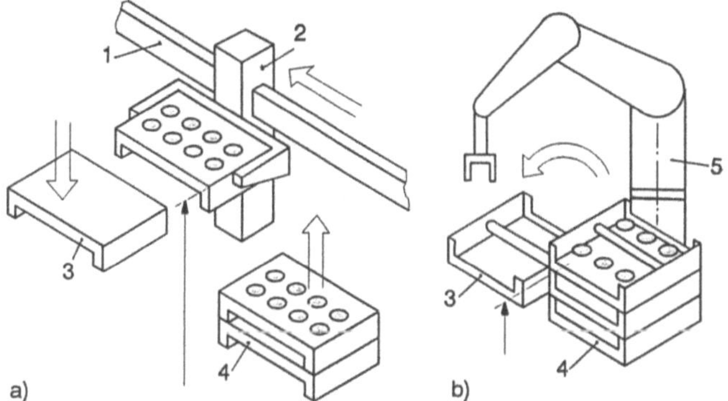

1 Fahrbalken
2 Portalroboter
3 Leer-Palette
4 Vollpalettenstapel
5 Drehgelenkroboter

Bild 9-98
Portalroboter und Palettenhandling-Manipulator als Bereitstellsystem

a) bodennahes Portal
b) mit Drehgelenkroboter

Es gibt aber auch Lösungen, bei denen ein Handhaberoboter die Leerpalette ohne Greiferwechsel handhabt und umsetzt. Die Palette muß dann eine Tragestange haben, an der der Universalroboter anfassen kann. Die Peripherie bleibt dabei völlig passiv. Wie das Bild 9-99 zeigt, sind Griffelement und Greiferbacken geometrisch aufeinander abgestimmt. Die schrägen Griff-Flächen unterstützen eine positions- und winkelgenaue Aufnahme der Palette. In der Regel werden auf diese Weise leere Paletten manipuliert. Wenn der Roboter die dynamischen Wirkungen einer voll beladenen Palette aushält, können auch gefüllte Paletten gehandhabt werden. Alternativ besteht auch die Möglichkeit, die Palette in Durchbrüchen im Boden anzufassen. Sie kann dann allerdings nur dann angefaßt werden, wenn genügend Teile um die Griffstelle bereits entnommen wurden. Als Griffelement kann auch ein im Schwerpunkt angeschraubtes Werkstück bzw. Rohteil dienen.

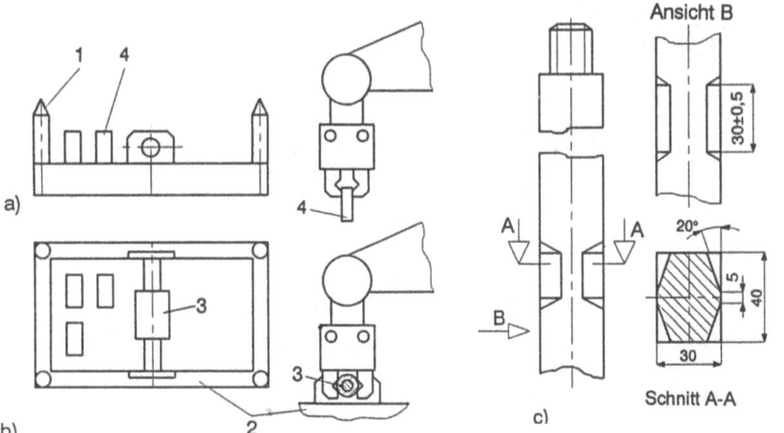

1 Stapelbolzen
2 Palettenrahmen
3 Griffstück mit Stange
4 Werkstück

Bild 9-99 Handhaben von Werkstückpaletten mit dem Universalroboter

a) Greifen eines Werkstücks, b) Greifen der leeren Palette, c) Beispiel für die Griffelementgestaltung

Paletten im Euroformat können auch mit einem fahrerlosen Flurförderzeug bereitgestellt werden. Zum Überwechseln der Paletten vom Transportsystem zu den Palettenplätzen kann das mobile System selbst mit Vorrichtung zum Hereinziehen oder Ausschieben von Paletten ausgerüstet sein. Dieser Vorgang kann aber auch von einer stationären Einrichtung übernommen werden. Das Bild 9-100 zeigt die Phasen eines solchen Andock- und Übergabemanövers.

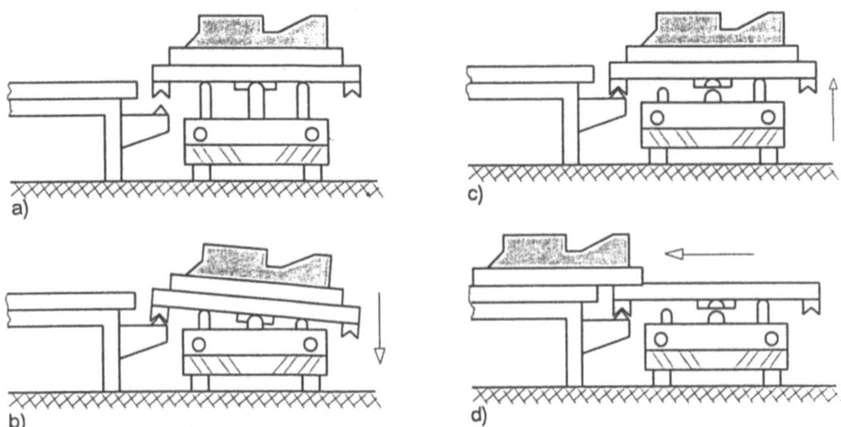

Bild 9-100   Andock- und Übergabemanöver an einer Arbeitsstation

a) Einfahren in die Übergabeposition, b) Absenken der Palette, c) Herstellen einer übergabegerechten Lage, d) Übergeben der Palette

9.30   Palettierroboter

Mit der Rationalisierung der Transportaufgaben ist die Palettiertechnik ständig in der Anwendung gestiegen. Zu palettieren sind Fässer, rund-konische Kunststoffgebinde, Kisten, Eimer, Kartons, Säcke, Walzen, Trommeln u.ä. Palettieren ist arbeitsintensiv, weshalb auch hier zunehmend mehr oder weniger spezialisierte Robotertechnik zum Einsatz kommt.

Das Bild 9-101 zeigt einen Anwendungsfall. In der Regel müssen die Greifer auf das Arbeitsgut abgestimmt sein. Für das Palettieren und Depalettieren werden häufig Saugergreifer verwendet. Es gibt sogar Ovalsauger, bei denen eine Barcode-Leseeinrichtung so eingebaut wurde, daß beim Umschlagen gleichzeitig auch die Warendaten automatisch gelesen und weitergeleitet werden.

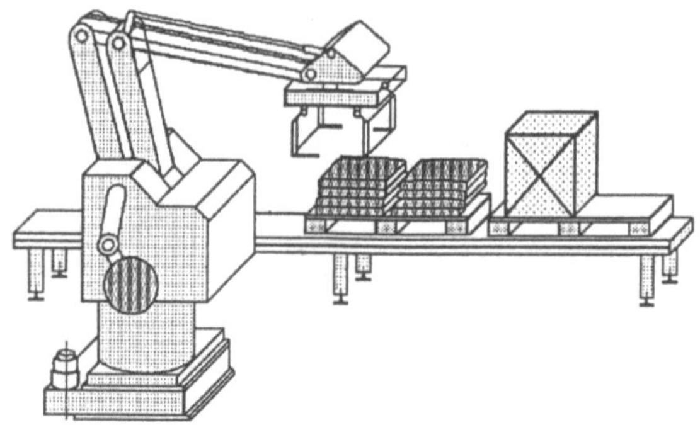

Bild 9-101
Palettierroboter (FUJI ACE)

Bei ungleichartigem Speichergut (Sortenmix) wird es etwas komplizierter. Im Beispiel nach Bild 9-102 werden Pakete ohne Vorsortierung sequentiell vom Roboter gegriffen und auf eine Mischpalette gepackt. Die Pakete kommen in beliebiger Größe. Sie werden zunächst vermessen und gewogen. Diese Daten gelangen dann zur Steuerung. Nun wird das Paket auf einen der 6 Vorratsplätze auf dem querverlaufenden Bereitstellband plaziert. Die Steuerung fordert jetzt ein Paket an, das einen freien Platz auf der Mischpalette am besten ausfüllt. Dieses Paket wird von einem Pusher zum Übergabeplatz geschoben. Dort nimmt es der Roboter auf und legt es auf der Palette ab. Der Algorithmus zum chaotischen Stapeln ist in Grob- und Feinpositionier-Strategien geteilt, was zur Senkung der Rechenzeit beiträgt.

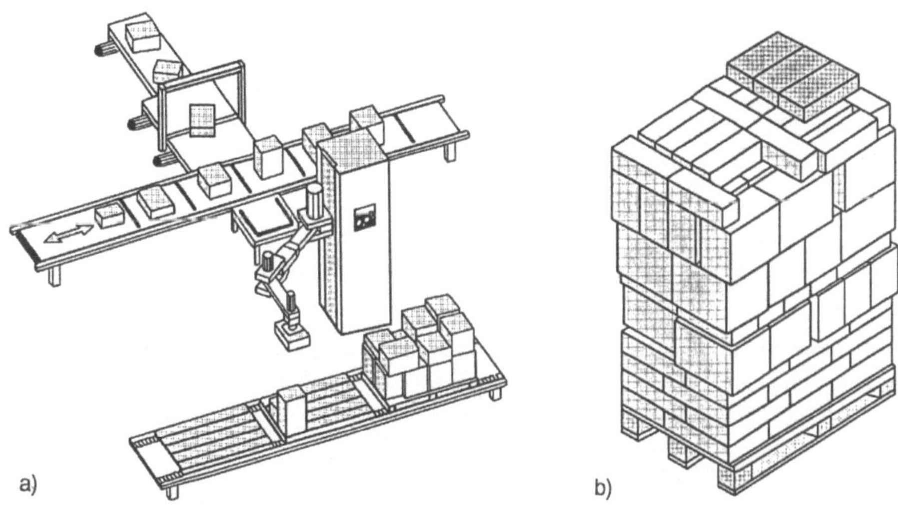

Bild 9-102 Palettiersystem mit wahlfreiem Zugriff (PROLOG, BEUMER)

    a) Gesamtansicht des Systems, b) beladene Mischpalette

Die Flexibilität erhöht sich nochmal, wenn der Roboter mit einem Greiferwechselsystem ausgerüstet wird. Für das Palettieren kann man Portal-, Horizontal- oder Senkrechtgelenkarm-Roboter einsetzen (Bild 9-103). Im Beispiel wurde ein Greifer eingesetzt, der mit verschieden großen Packungsgrößen zurechtkommt.

Beim manuellen Palettieren im Sortenmix wird ein Volumennutzungsgrad (VNG) von etwa 70% erreicht. Ein Palettierautomat erreicht beim nichtchaotischen Stapeln Leistungen von 1500 bis 3000 (6000) Packstücke je Stunde. Mit dem Palettierroboter kommt man auf 400 bis 600 Packstücke als Stundenleistung [118].

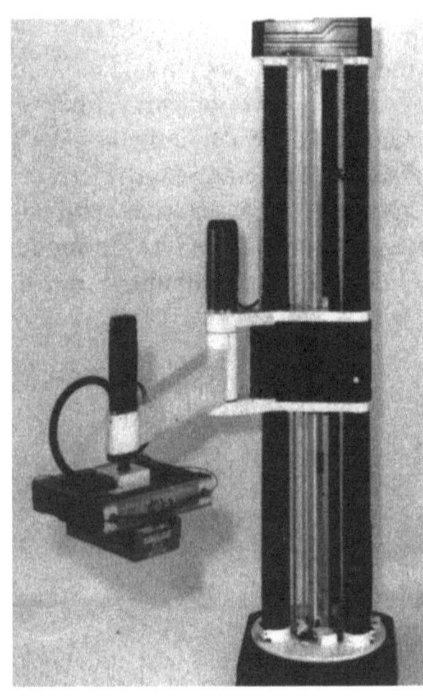

Bild 9-103
Palettierroboter in SCARA-Bauweise (EUROIMPIANTI)

Die Anforderungen an Roboter für das Palettieren unterscheiden sich von denen, die bei der Maschinenbeschickung stehen. Letztere müssen genauer positionieren, während erstere möglichst schnell sein sollen. Eine grobe Einschätzung typischer Kenngrößen zeigt das Bild 9-104.

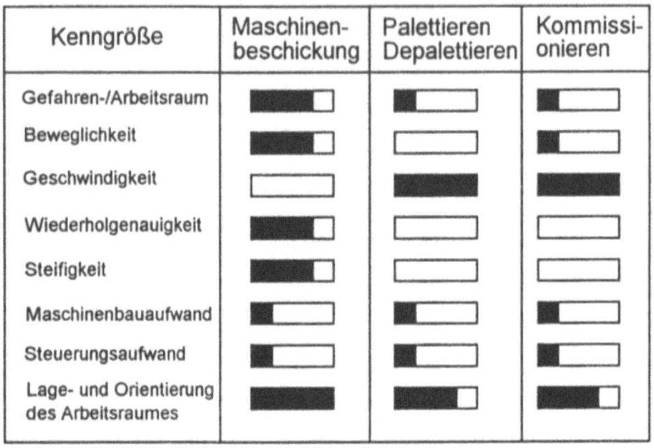

Kenngröße	Maschinen-beschickung	Palettieren Depalettieren	Kommissi-onieren
Gefahren-/Arbeitsraum	▨ ca. 2/3	▨ ca. 1/4	▨ ca. 1/4
Beweglichkeit	▨ ca. 3/4	□ leer	▨ ca. 1/4
Geschwindigkeit	□ leer	▮ voll	▮ voll
Wiederholgenauigkeit	▨ ca. 3/4	□ leer	□ leer
Steifigkeit	▨ ca. 3/4	□ leer	□ leer
Maschinenbauaufwand	▨ ca. 1/3	▨ ca. 1/3	▨ ca. 1/4
Steuerungsaufwand	▨ ca. 1/3	▨ ca. 1/3	▨ ca. 1/3
Lage- und Orientierung des Arbeitsraumes	▮ voll	▨ ca. 3/4	▨ ca. 3/4

Bild 9-104 Beispielhafte Bewertungsfaktoren für eine Nutzwertanalyse der Kinematik von Handhabungseinrichtungen, volles Band = sehr wichtig

Die Verwendbarkeit eines Roboters für das Palettieren wird häufig auch durch die Reichweite entschieden, besonders wenn kommissioniert werden soll. Das Bild 9-105 zeigt, daß sich bei diesem Beispiel 7 Europaletten im Umkreis aufstellen lassen. Die über Förderbänder angelieferten Produkte werden abgenommen und sortenrein oder gemischt abgelegt. Im Umfeld des Roboters wird ausreichend Freiraum gebraucht, damit die Paletten mit Flurförderzeugen abgeholt werden können. Auch Abstellplätze mit Kugelrollflächen sind praktisch, weil dann die Paletten leichter herausgerollt werden können.

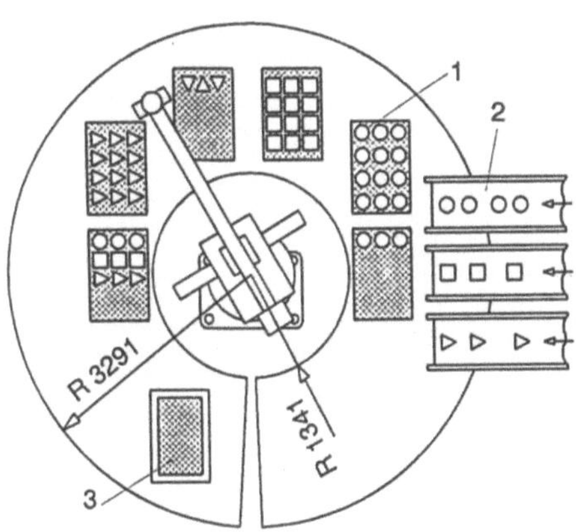

1 Europalette
2 Zuführsystem
3 Stapel mit Zwischenlagen

Bild 9-105
Arbeitsraum eines
Palettierroboters mit großer
Reichweite (MOTOMAN)

Für das Depalettieren mit dem Roboter fehlen meistens Informationen über die Stapelmuster. Außerdem kann es unter dem Einfluß der Transportbeanspruchung zu Verlagerungen kommen. Hinzu kommt, daß immer häufiger nichthomogene Muster verwendet werden, weil dann die Palettenflächen durch wechselnde Packweise besser auszulasten sind (Bild 9-106). Die Packweise wird von der Stellmöglichkeit und den Anforderungen des Packvorganges bestimmt (siehe dazu auch Bild 6-29).

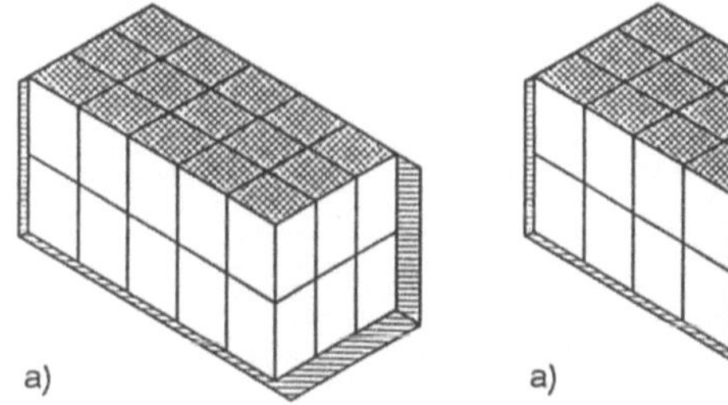
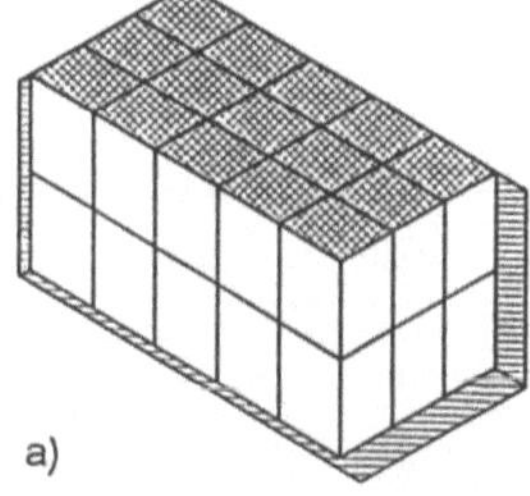

a)   a)

Bild 9-106
Beispiele für Stapelmuster

a) homogene Anordnung mit
   30 Stück, VNG = 88,8%
b) freiorientierte Anordnung mit
   33 Stück, VNG = 97,7%

Informationen über das Stapelmuster (2D-Lagebestimmung) lassen sich mit Hilfe von Bilderkennungsystemen gewinnen. Es werden folgende Daten gebraucht:

- Abstand der obersten Schicht über Flur bzw. zum Sensor,

- x-y-Koordinaten eines Packstücks und seine Orientierung. Dazu müssen die Packstückkanten erfaßt werden.

Wie das Bild 9-107 zeigt, wird das Grauwertbild mit einer Kamera über dem Stapelplatz realisiert. Für den Abstand kann z.B. ein Ultraschallsensor eingesetzt werden. Nach der rechentechnischen Aufarbeitung der Sensordaten wird dem Stapelroboter die Greifposition vorgegeben. Er kann dann ebene Objekte mit einem Saugergreifer aufnehmen.

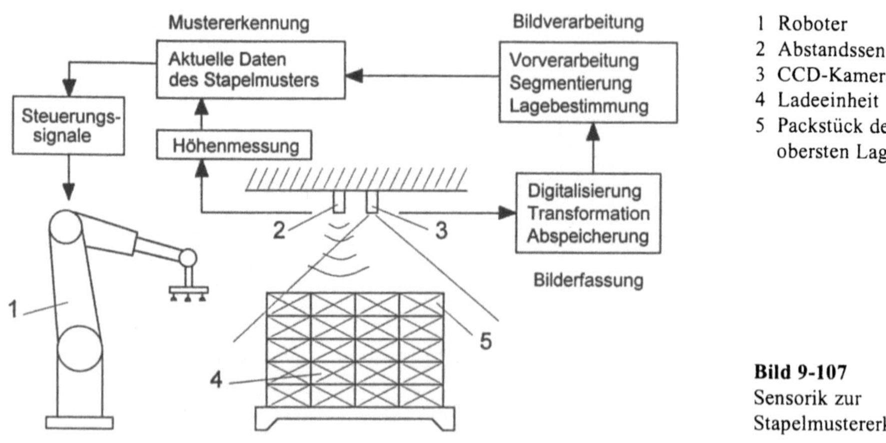

Bild 9-107
Sensorik zur
Stapelmustererkennung

Die Sache wird komplizierter, wenn der Stapel mit Hilfe von Zwischenlagen angelegt wurde. Diese können flächig oder linienförmig sein (Bild 9-108). Bekannt sind vor allem die Prismaleisten aus Gummi oder Kunststoff. Auch profilierte Platten oder bloße Pappen werden verwendet. Bei gestapelten Feinblechen können es Lagen aus Seidenpapier sein. In der Regel wird hier ein Kombinationsgreifer eingesetzt, der mit einem zweiten Greiforgan ausgestattet ist und dieses zeitweilig in Aktion bringen kann (siehe dazu auch Bild 5-34). Die Zwischenlagen werden angefaßt und am Sammelplatz abgelegt. So kann man flächige Gebilde mit einem Sauger abheben oder abziehen.

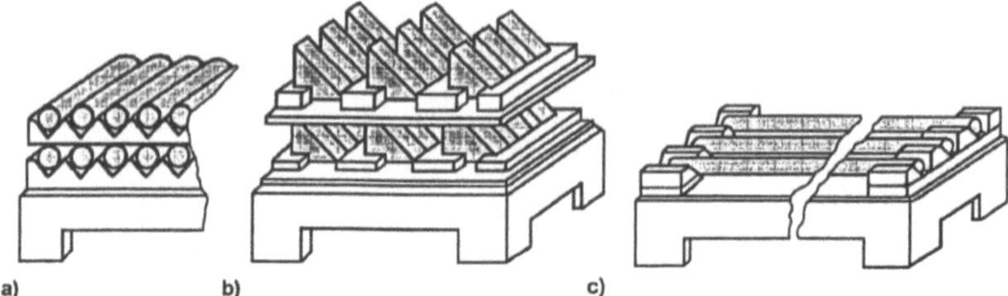

Bild 9-108   Verwendung von Zwischenlagen beim Stapeln

a) kompakte flächige Zwischenlage mit Prismaprofil, b) Zwischenlage mit Lagesicherungselementen, c) leistenförmige Zwischenlage aus Gummi mit prismatischen Formelementen

9.31   Kommissionierroboter

Kommissionieren ist das Zusammenstellen bestimmter Teilmengen aus einer Gesamtmenge auf Grund von Bedarfsinformationen eines abfordernden Systems, wie z.B. eine Montagelinie oder eine Versandabteilung. Dabei gibt es zwei Prinzipe:

- Der Kommissionierer geht zur Ware.

- Die Ware kommt zum Kommissionierer.

Der Kommissionierer kann ein Roboter sein. Er fährt z.B. an mehretagigen Regalen entlang, wie es Bild 9-109 zeigt, und holt die vorgegebenen Artikel von numerierten Speicherplätzen ab. Im Beispiel führt der Roboter einen Sammelkorb mit und gibt später die gesamte Kommission an einer Übergabestelle heraus. Der Saugerarm kann rechts und links zu den Regalplätzen ausfahren. der Nachschub der Objekte geschieht in den Rinnenmagazinen des Regals durch Schwerkraft. Für das Kommissionieren werden auch andere Roboterstrukturen verwendet.

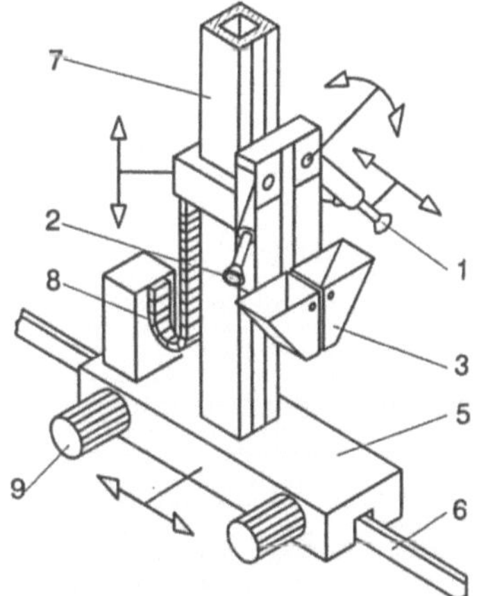
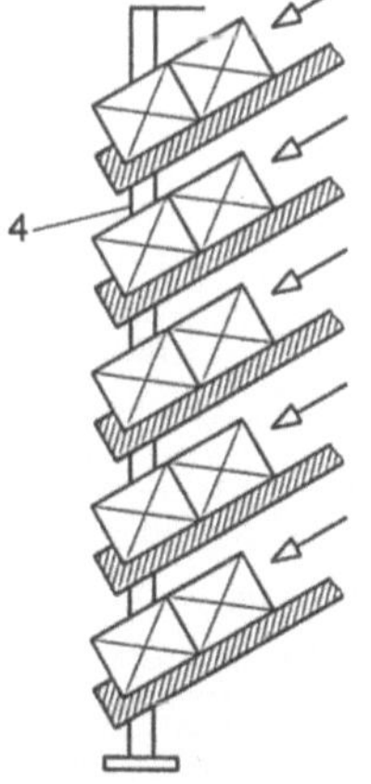

1 Sauger-Greifarm, rechts
2 Saugergreifer links
3 Sammelkorb
4 Regal im Schnitt
5 Schienenfahrwerk
6 Schiene
7 Hubeinheit
8 Energiekette
9 Antriebsmotor

Bild 9-109
Prinzipdarstellung
eines Kommissionierroboters

Soll der Roboter auch Transportpaletten handhaben, dann ist ein Greifer mit „schwimmenden Greifzeug" günstig, der die größeren Positionierfehler bezüglich des Palettenstandortes ausgleichen kann. Das Prinzip ist in Bild 9-110 zu sehen.

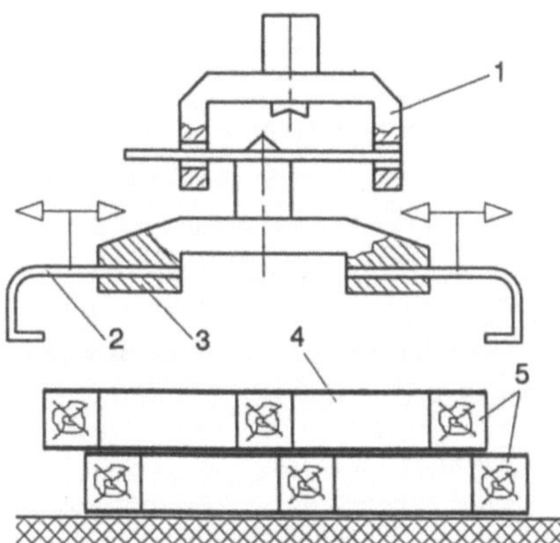

1 Greiferbasis mit
  Zentriereinrichtung
2 Greifklauen
3 Greiferplatte
4 zu greifende Palette
5 Palettenstapel

Bild 9-110
Palettengreifer mit Positionsausgleich

Ein entsprechend großer Greifweg und die zusätzliche Querbeweglichkeit gestatten eine Anpasssung an die Palettenposition. Nach dem Abheben der Palette richten sich die Greiforgane wieder auf Achsmitte aus. Damit ist der Bereitstellfehler kompensiert.

In vielen Fällen rechnet sich der Einsatz von automatischen Kommissionierrobotern jedoch nicht. Dann sind möglicherweise halbautomatische Verfahren besser geeignet. Der in Bild 9-111 gezeigte SCOOTER transportiert schienengeführt den Bediener zu den jeweiligen Einlagerungs- oder Entnahmeplätzen.

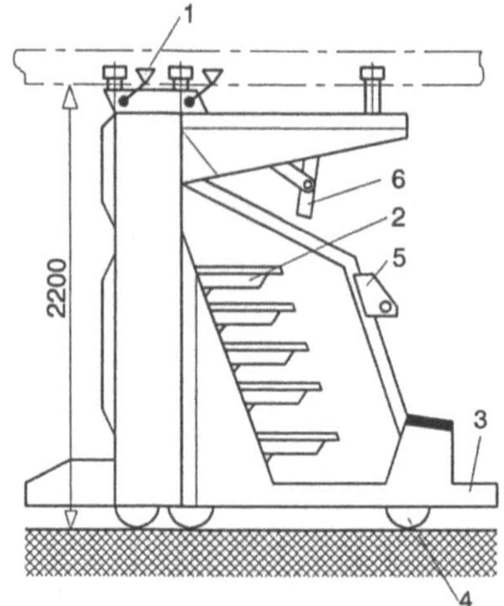

1 Stromabnehmer
2 Stellplatz für Sortenkasten
3 Standplatz für mitfahrende Person
4 Fahrwerk
5 Bedienpult
6 Bildschirm

Bild 9-111
Halbautomatischer Kommissionierroboter (EUROBTEC)

Das geschieht programmgesteuert nach Anweisungen vom Leitrechner, die per Datenfunk oder Infrarot-Datenstrecke übertragen werden. Der Bediener hat einen LCD-Bildschirm vor sich, der ihn mit den aktuellen Daten versorgt. Der Werker fährt auf dem SCOOTER mit und hat 16 Behälter der Größe 450 x 300 mm zur Verfügung, die er füllen kann. Zur Kontrolle der Kommissionen sind Waagen integriert, die Verwechselungen durch Pick-Fehler erkennen und anzeigen. Diese Kontrolle und der mitfahrende Mensch garantieren, daß kostenintensive Nachkontrollen überflüssig werden. Die oft doch recht komplizierten Greifvorgänge verbleiben noch beim Menschen.

9.32   Roboter für die Ausbildung

Der Terminus „Ausbildungsroboter" bzw. „Lehrroboter" (educational robot) wird für solche Roboter gebraucht, die ausschließlich für Lehrzwecke hergestellt sind. Die Anforderungen an die Genauigkeit und Tragkraft sind gering, weshalb man Motoren kleiner Leistung und preiswerte Getriebe einsetzen kann. Das Bild 9-112 zeigt dagegen einen sehr leistungsfähigen Drehgelenkroboter, der u.a. auch für die Ausbildung nutzbar ist. Typisch ist der Tischaufbau, um ihn in Unterrichtsräumen und Laboratorien auf einfache Weise aufstellen zu können. Beim Betrieb treten keine gefährliche Situationen auf, wenn mit reduzierter Geschwindigkeit gefahren wird.

Aufgabe solcher Roboter ist das Vertrautmachen mit Bedienelementen und das Studium der per Programm oder Handbedienpult ausgelösten Aktionen. Auch die Technik des Programmierens läßt sich unterrichten. In bestimmtem Umfang ist auch die Demonstration von Anwendungen

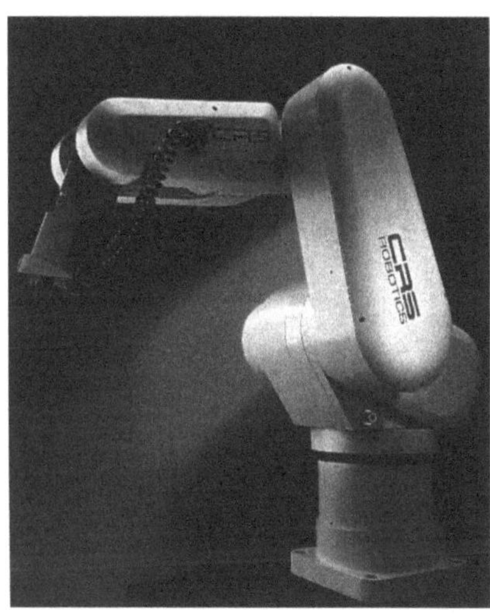

Bild 9-112
Beispiel für einen Tischroboter (CRS ROBOTICS/ISRA)

realisierbar [119, 120, 176]. Es ist üblich, außer Dienst gestellte Roboter, die moralisch verschlissen sind und auch ihre Genauigkeit nicht mehr bringen, an Berufsschulen und in Ausbildungszentren noch für Programmierübungen zu benutzen. Es gibt auch Software, mit der man das Verhalten eines Roboters am Bildschirm simulieren kann. Dann existiert auch das Bedienpult nur virtuell auf dem Bildschirm und kann mit dem Cursor bedient werden.

9.33 Herstellung von Faserverbundteilen

Faserverstärkte Kunststoffe eignen sich auf Grund ihrer hohen gewichtsbezogenen Steifigkeit gut zur Substitution von metallischen Werkstoffen. Sie sind in Luft- und Raumfahrt nicht mehr wegzudenken und setzen sich allmählich auch in anderen Bereichen durch. Von den Verarbeitungsverfahren sind das Wickel- und Tapelegeverfahren besonders gut zur Verarbeitung von Langfasern geeignet.

Das Wickelverfahren (filament winding) dient u.a. zur Herstellung nahtloser hochbeanspruchbarer rotationssymmetrischer Hohlköper für Druckbehälter und Rohre. Dazu werden Rovings oder auch Bänder laufend mit Harz getränkt und auf der Oberfläche eines meistens rotierenden Wickelkerns so abgelegt, daß ein Wickellaminat entsteht. Für die Fadenführung kann man auch Industrieroboter einsetzen, die das Fadenauge in 3 Koordinaten verschieben, während sich der Wickelkern um eine Achse dreht. Das wurde in Bild 9-113 dargestellt. Der Roboter verfügt dazu über 6 Achsen.

Beim Bandablegeverfahren (Tapelegen) werden vorgetränkte Bandmaterialien auf einen Bauteilkern abgelegt und angedrückt. Dazu führt ein 6-achsiger Portalroboter einen Tapelegekopf als Roboterwerkzeug. Außerdem sollte der Bauteilpositionierer noch eine oder mehrere freiprogrammierbare Achsen aufweisen, damit Bauteilstrukturen allseitig belegt werden kön-

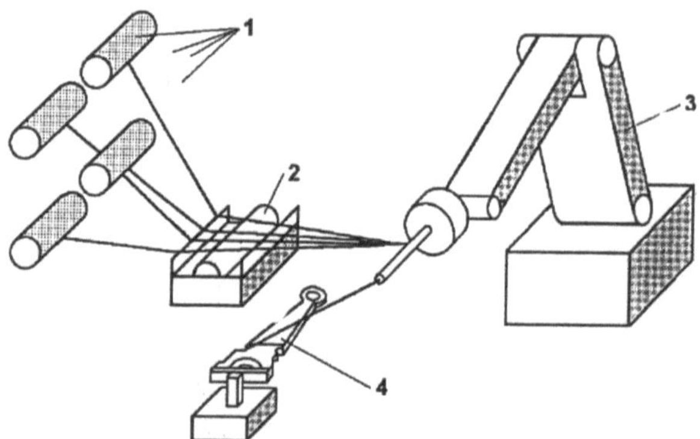

1 Rovingspulen
2 Tränkvorrichtung
3 Roboter
4 Wickeleinheit

Bild 9-113
Wickelroboter (nach Menges,
Ermert, Gellhorn)

nen und dreidimensional verzweigte Geometrien mit konkaven und konvexen Oberflächen erzeugbar sind. Der Tapelegekopf wird am Roboterflansch angesetzt. Er enthält eine Prepreg-Vorratsspule, Bandvorschub, Andruck- und Führungsrollen sowie eine Schneidvorrichtung. Das Bild 9-114 zeigt den Tapelegekopf stark vereinfacht [121].

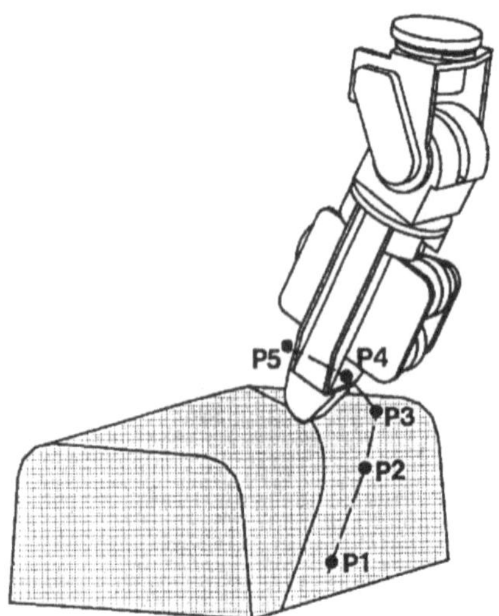

Bild 9-114
Tapelegekopf

Mit entsprechender Software kann die Bahn auf dem Bildschirm abgefahren werden, wobei die Bahnstützpunkte Pi in einer Datei abgespeichert und später zur Generierung eines Bewegungsprogramms verwendet werden. Dabei werden dann verfahrensspezifische Restriktionen, wie die normale Ausrichtung des Tapelegekopfes zur Bauteiloberfläche berücksichtigt.

9.34   Demontage mit dem Roboter

Das Recycling von Gütern nimmt durch die in Umlauf befindlichen Mengen an Geräten, wie z.B. Mikrowellenherde oder Telefonapparate, sowie durch das gesteigerte Umweltbewußtsein (z.B. Elektronikschrottverordnung) an Bedeutung zu. Oft lassen sich auch Baugruppen und Teile wiederverwenden oder regenerieren. Deshalb ist auch die Entwicklung von Demontagezellen im Gange, in denen ein Roboter die aktive Rolle der heute noch überwiegend manuell ausgeführten Tätigkeiten übernimmt. Wesentliche Komponenten einer solchen Zelle sind:

- Industrieroboter zur Handhabung von Werkzeugen und Bauteilen,

- robotergeführte Trennwerkzeuge zum Lösen von Verbindungselementen,

- Demontagevorrichtungen (Halten, Spannen, Drehen, Wenden),

- Werkzeugmagazin zum Wechseln von Werkzeugen bzw. Werkzeugeinsätzen und

- Sammelbehälter für demontierte Materialien in sortenreiner Trennung.

Grundsätzlich gilt: Die Demontage ist nicht die bloße technologische Umkehrung der Montage. Oft müssen z.B. Verbindungsmittel zerstört werden. Es fallen Teile mit großer Materialvielfalt an, die teilweise sogar Giftstoffe enthalten, wie z.B. PCB-haltige Kondensatoren und Flammenhemmer in Kunststoffgehäusen. Es geht also auch um die Schadstoffentfrachtung.

Anlagen für die robotergestützte Demontage, die weitgehend noch Versuchseinrichtungen sind, wurden z.B. für folgende Produktgruppen entwickelt:

- Entstücken von Leiterplatten; Sollen Elektronikkomponenten (Chips, RAMs, EPROMs) wiederverwendet werden, dann sind hohe Anforderungen an den Demontageprozeß zu stellen.

- Zerlegung von Telefonapparaten,

- teilautomatisierte Demontage von Elektrowerkzeugen, -herden und Mikrowellenherden.

Bisheriges Demontieren zeigt, daß eine demontagegerechte Gestaltung von Produkten wesentliche Erleichterungen bringen kann [122, 184]. So lassen sich die häufig verwendeten Schnappverbindungen lösen, wenn der Schnapphaken über eine Durchstoß-Öffnung erreichbar ist (Bild 9-115). Neben recyclinggerechten Verbindungen muß vor allem auch die Produktstruktur (Bauweise) demontagegerecht sein. Verschiedene Kunststoffarten lassen sich besser erkennen, wenn gut sichtbare Werkstoffkennzeichnungen angebracht werden.

ungünstig   **besser**

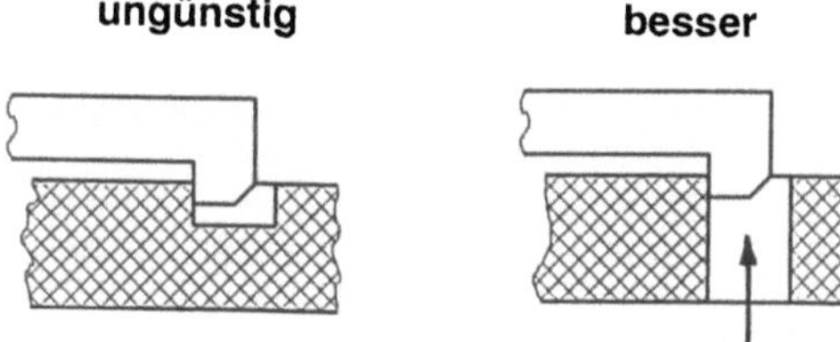

Bild 9-115
Schnappverbindungen sollten demontagegerecht gestaltet werden.

9.35   Qualitätskontrolle von Gummidichtungen

Das Bild 9-116 zeigt eine Kontrollstation für 50 verschiedene Dichtungstypen mit Durchmessern von 15 bis 200 mm. Die Dichtungen werden mit einer Handhabungseinrichtung auf den Lichttisch aufgelegt und nach der Kontrolle wieder entnommen. Um eine optimale Ausnutzung der Kameraauflösung zu bekommen hat man 3 Kameras mit unterschiedlichem Abstand zum Meßobjekt aufgebaut. Bei optischen Systemen bezeichnet man bekanntlich den Kehrwert des kleinsten Abstandes zweier Objektpunkte, deren Bildpunkte noch deutlich getrennt wahrgenommen werden können, als Auflösung. Die Durchmesserbereiche der Prüflinge wurden wie folgt den Kameras zugeordnet: 15 bis 70 mm, 70 bis 130 mm und 130 bis 200 mm. Damit wird eine optimale Genauigkeit des Kontrollverfahrens gewährleistet.

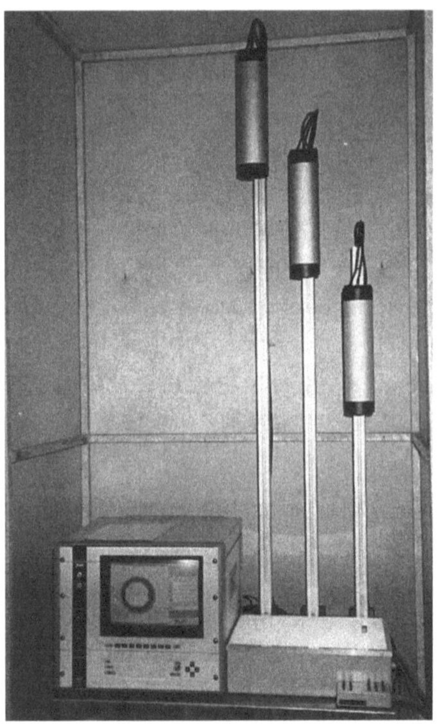

Bild 9-116
Flexible Meßstation mit 3 Kameras (DANFOSS)

Vorzugsweise sollten solche Kontrollen beim Hersteller der Teile erfolgen und nicht im Bereich z.B. einer Montagezelle. An Roboterarbeitsplätzen sollte man nur zu 100% geprüfte Komponenten verarbeiten. Dazu gehören auch Schrauben, die mit vielfältigen Fehlern behaftet sein können.

10 Industrieroboterperipherie

Der Anwender kann mit einem Industrieroboter allein wenig anfangen. Es kommt darauf an, ihm eine günstig gestaltete Peripherie beizugeben. Systemhäuser bieten heute komplette Arbeitsplätze an, die die Peripherie enthalten und die sie auch verantworten. Periphere Lösungen sollten flexibel sein und sich an neue Fertigungsbedingungen anpassen lassen [171].

10.1 Bestandteile der Peripherie

Die Peripherie ist ein bedeutsamer Kostenbestandteil. Bei Schweißanlagen können sich die Kosten von Peripherie und Roboter wie 1:1 verhalten.

Roboterperipherie sind alle Einrichtungen, die fehlende Funktionen des Roboters ergänzen oder kostengünstiger ausführen und mit denen ein Roboter unmittelbar zusammenarbeitet.

Das reale Robotersystem und die dazugehörige Peripherie bestehen aus vielen einzelnen Komponenten, auf denen unterschiedliche Prozesse ablaufen, die zeitlich und logisch im Zusammenhang stehen. Die Synchronisation geschieht über Schnittstellensignale oder über Zähler, die beim Erreichen bestimmter Zählerstände Prozesse anstoßen können. In Bild 10-1 wird gezeigt, welche Verflechtungen sich aus der Definition ergeben.

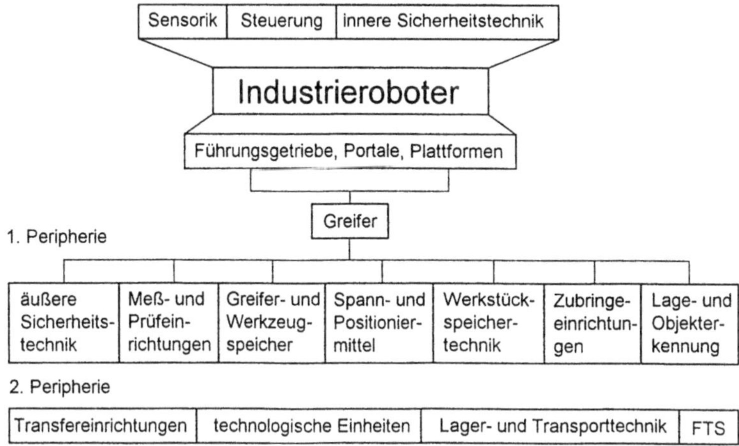

Bild 10-1 Gliederung der Peripherie
FTS = fahrerloses Transportsystem

Es gilt:

- Je weniger ein Roboter kann, desto mehr muß die Peripherie leisten. Allgemein ist für ein gefordertes Automatisierungsniveau die Summe aus Roboter- und Peripheriefunktionen konstant. Was man an Roboterachsen spart, muß man meistens in der Peripherie zusetzen. Als Regel gilt: Spare mit jeder Bewegungsachse!

- Je weniger sich der Roboter an seine Umgebung selbsttätig anpassen kann, desto mehr Fremdanpassung muß von vornherein vorgenommen werden, z.B. Bereitstellung geordneter Teile statt ungeordneter.

- Je mehr Robotertechnik in komplexe Strukturen integriert ist, desto deutlicher verschmelzen Automatisierung, Robotik und Peripherie miteinander.

- Im Laufe der Zeit wird sich beim Roboter immer mehr künstliche Intelligenz ansammeln, was auch die periphere Technik vereinfachen wird.

Vor allen in der Montage werden meistens Zubringeeinrichtungen benötigt, die Kleinteile geordnet bereitstellen, wie z.B. Schrauben, Scheiben und Normteile. Teile mit hohen Ansprüchen an die Qualität der Oberflächen müssen stets magaziniert bereitgehalten werden. Es sind mithin viele Randbedingungen zu beachten. In Bild 10-2 wird im Programmablaufplan aufgeführt, in welchen Schritten man Zubringetechnik auswählt. Nach einer Vorauswahl wird man sich mit den Feinheiten der Lösung befassen.

Während in den Anfängen der Robotereinführung fehlende und preiswerte Peripherie ein ernstes Hemmnis war, gibt es heute für viele Anwendungen ausgearbeitete Lösungen. Manches läßt sich auch in kurzer Zeit aus Baukastenelementen anforderungsgerecht kombinieren. Aller-

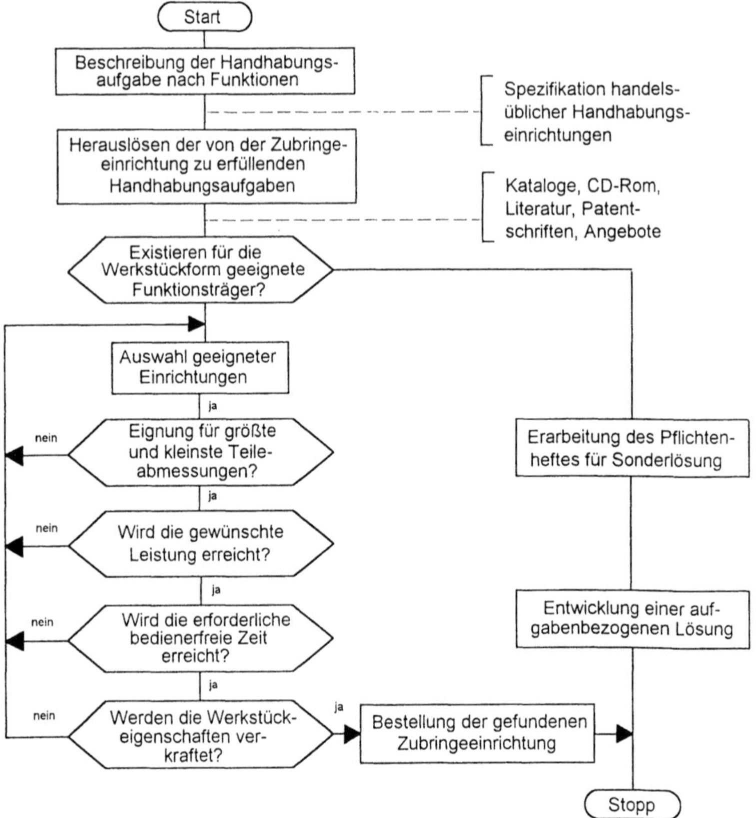

Bild 10-2 Programmablaufplan zur Auswahl von Zubringeeinrichtungen

dings nimmt auch das Systemgeschäft ständig zu. Einige Anbieter können komplette Roboterarbeitszellen als Standardobjekt liefern, wie z.B. eine Schweißzelle. Eingeschlossen sind hier
sogar Umhausungen, Sicherheitstechnik und betriebsfertige Software für die gesamte Zelle.

Es werden aber auch periphere Sonderlösungen gebraucht. Das liegt daran, daß mit der weiteren
Verbreitung der Robotik auch Anwendungen zur Realisierung kommen, für die man bisher keine technischen Lösungen sah. Ein Beispiel mag das Reinigen und Melken von Kühen mit frei-
programmierbarem Gelenkarmroboter sein.

10.2 Ausgewählte Peripherielösungen

Eine isolierte Betrachtung des Roboters führt nicht zum Ziel, weshalb die Roboterhersteller
heute als Systemlieferant auftreten. Es werden zur Komplettierung des Roboterarbeitsplatzes
verfahrensgebundene Einrichtungen gebraucht (z.B. für Schweißen, Kleben, Schrauben),
Werkzeug- und Greiferwechselsysteme, Transporteinrichtungen, Werkstückspeicher, Bereit-
stellsysteme, Sensorik, übergeordnete Steuerungen und letztlich auch Sicherheitseinrichtungen
[40].

10.2.1 Schweißroboterperipherie

Beim Lichtbogenschweißen betragen Hauptzeit (Lichtbogen brennt) und Nebenzeit (Abspan-
nen Fertigteil, Inspektion, Aufspannen Neuteil) häufig je 50%. Mehrfach-Aufspannplätze können somit Hauptzeitreserven erschließen, weil dann die Nebenarbeiten zeitparallel ausgeführt
werden können. Doppelspannplätze sind meist ausreichend. Bei sehr großer Hauptzeit hat man
auch schon Drehtische mit 4 x 90°- oder 3 x 120°-Schaltung eingesetzt. Dadurch vergrößert sich
die bedienerfreie Zeit.

Für das Schweißen werden Ständer- und Portalroboter häufig eingesetzt. Letztere erlauben große Verfahrwege, was bei langen und großen Schweißteilen unverzichtbar ist. Die Portalsysteme
werden häufig auch aus Baukastenkomponenten anwendungsbezogen zusammengestellt. Wird
eine Bewegungsachse der Peripherie zugeordnet, z.B. einem Schweißteilmanipulator, dann erfolgt deren Steuerung von der Robotersteuerung aus. In Bild 10-3 werden Roboterarbeitsplätze
gezeigt, die im Wechseltakt arbeiten. Sie benötigen als Doppelstation auch 2 Schweißvor-
richtungen. Diese sind durch Blend- und Spritzschutzwände voneinander abgegrenzt. Die
Schweiß- und Hilfszeiten sollten möglichst gleich groß sein, um eine gleichmäßige Auslastung
des Bedieners und des Roboters zu erreichen. In der Zeit, in der der Roboter schweißt, entnimmt
der Bediener das geschweißte Teil der Vorrichtung, überprüft die Schweißnahtqualität, legt die
zu schweißenden Teile ein und heftet diese nötigenfalls. Doppelstationen können auch mit verschiedenen Aufnahmevorrichtungen ausgestattet werden, so daß bei kleinen Stückzahlen zwei
unterschiedliche Baugruppen im Wechsel geschweißt werden. Die Steuerung ruft dann das jeweils zutreffende Programm auf.

Werden Schweißplätze mit der technologischen Variante „Einzeltakt" aufgebaut, dann halbiert
sich der Vorrichtungsaufwand. Allerdings muß der Roboter warten, bis der Schweiß-
baugruppenwechsel erledigt ist. Die Gestaltung der Schweißvorrichtung hängt von der Spann-
lage der Schweißteile ab. Bei der Auslegung ist besonders darauf zu achten, daß der Zugang zu
den Schweißnähten nicht eingeschränkt und auch der Teilewechsel ohne Verletzungsgefahr und

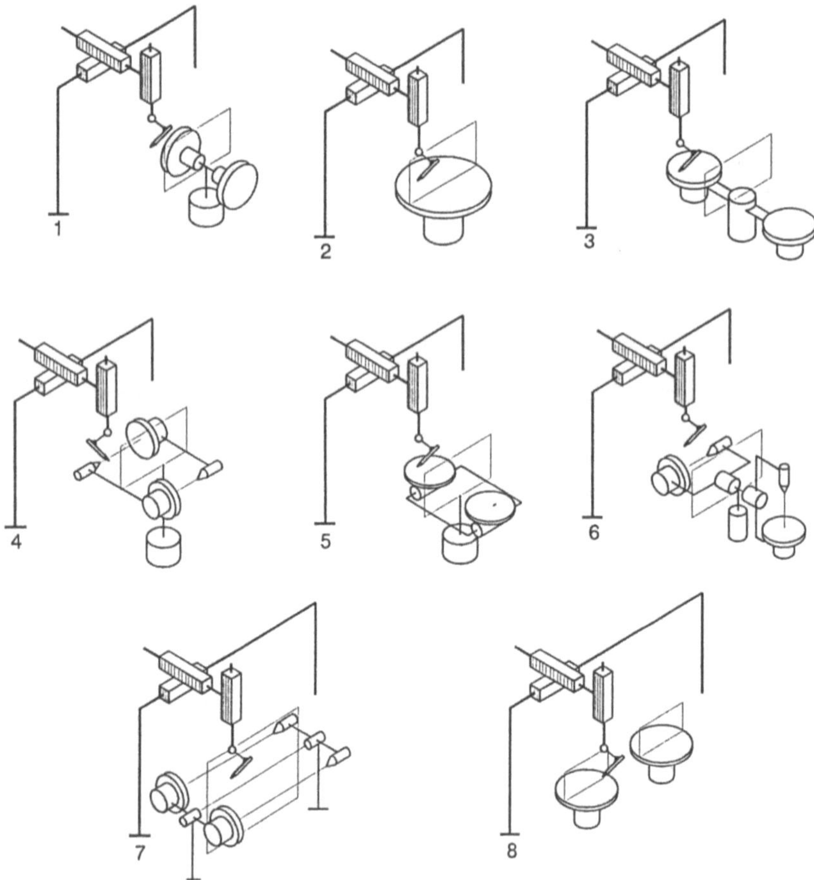

1 Doppeldrehscheibe mit programmierbarer Achse
2 einfacher Drehtisch nur als Wechselstation
3 Doppeldrehtisch mit freiprogrammierbarer Achse
4 Doppeldrehscheibe mit programmierbarer Achse und
  Gegenhaltung beim gespannten Schweißteil
5 Doppeldrehtisch mit zwei programmierbaren
  Drehachsen

6 Doppeldrehtisch mit einzeln ansteuerbarer
  Dreh- und Kippachse
7 Doppeldreheinheit für lange und sperrige
  Schweißbaugruppen
8 Parallelanordnung von Drehtischen mit einer
  gesteuerten Achse

Bild 10-3 Gestaltungsbeispiele für die Peripherie an Portalschweißroboter-Arbeitsplätzen

Umwege ausführbar ist. Auch müssen die Vorrichtungen in der Lage sein, die durch den Wärmeverzug beim Schweißen entstehenden Kräfte aufzunehmen. Man strebt kombinierte Heft- Ausschweißvorrichtungen an. Das Bild 10-4 zeigt die Schweißvorrichtung für einen Fahrradrahmen.

Die Orientierung des Schweißbrenners wird durch Brennerneigungs- und Brennereinstell- winkel relativ zur Schweißnaht festgelegt. Dabei muß man sowohl schweißtechnologische Pa- rameter beachten als auch die Zugänglichkeit der Naht. Die Brennerneigung hängt von der Art der Naht ab und von der Raupenlage, wenn mehrlagig zu schweißen ist. Der Brennereinstell- winkel hängt hauptsächlich von der Nahtart und der Schweißposition ab. Hierbei ist aber immer auch die Stellung des Schweißteilmanipulators (Positionierer) mit in die Planung einzubeziehen.

Bild 10-4 Industrieroboter schweißt einen Fahrradrahmen mit dem Plasma-Pulver-Schweißverfahren (CLOOS)

10.2.2 Flexibler Kleb- und Dichtstoffauftrag

Das lagegenaue Auftragen von Kleb- und Dichtstoffen erfordert neben dem Roboter eine auf den Anwendungsfall zugeschnittene Peripherie. In Bild 10-5 fallen die 200 Liter-Fässer ins Auge, aus denen mit Faßpumpen hydraulisch oder pneumatisch die Zuführung zur Dosiereinrichtung erfolgt. Bei Doppelpumpenanlagen kann ohne Prozeßunterbrechung von einem leeren Faß auf ein volles Faß umgeschaltet werden. Weiterhin sind auf den Anwendungsfall zugeschnittene Werkstückaufnahme-, -positionier- und -zentriereinrichtungen erforderlich. Bei labilen Blechteilen oder stark bombierten Scheiben nimmt man das Werkstück auch mit Saugelementen auf, kombiniert mit Anlagefixpunkt-Elementen. Ähnlich wie beim Lichtbogenschweißen braucht man auch eine Vorrichtung zum gelegentlichen automatischen Reinigen der Auftragsdüse. Mitunter wird die Peripherie mit einem Bilderkennungssystem ergänzt, um die Klebstoffraupen nochmals auf Vollständigkeit und geometrisch richtige Lage zu prüfen.

Typische Aufgaben für das Kleben sind z.B. Einkleben von Fahrzeugscheiben und kombiniertes Druckfügen und Kleben von Blechformteilen.

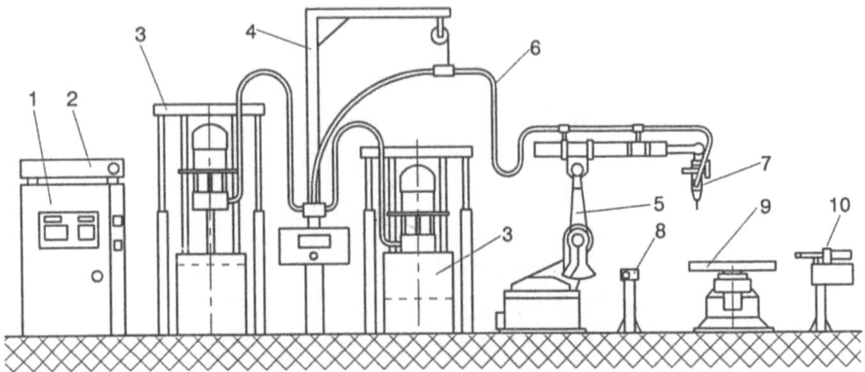

1	Robotersteuerung	6	Schlauchpaket
2	Dosiersteuerung	7	Auftragskopf mit integrierter Dosiereinrichtung
3	Kleb-/Dichtstoffbereitstellung	8	Auftragsdüsen-Kontrolleinrichtung
4	Gestell und Aufhängung für Schlauchpaket	9	Werkstückpositionierer
5	Industrieroboter	10	Auftragsdüsen-Reinigungseinrichtung

Bild 10-5 Auftragen von Klebstoff (KUKA)

10.2.3 Werkstückbereitstellung

Die Bereitstellung von Teilen kann am industriellen Arbeitsplatz auf vielfältige Weise geschehen, je nachdem ob das Arbeitsgut geordnet, teilgeordnet oder ungeordnet verfügbar ist. Hierbei sind Werkstückträgermagazine in der Art von stapelbaren Flachpaletten zum wichtigen Peripheriebestandteil geworden. In Bild 10-6 wird ein Beispiel gezeigt. Der Palettenboden ist hier mit Werkstückaufnahmen aus Kunststoff ausgelegt. Moderne Werkstückträger-Magazine haben mit dem Allerweltsbehälter von einst nur noch wenig zu tun. Sie werden zunehmend auch mit maschinell lesbaren Informationen ausgestattet. Damit können sie in den Datenfluß eines Unternehmens eingebunden werden.

Bild 10-6 Werkstückträgermagazin an einem Roboterarbeitsplatz (LK MECHANIK)

Als Grundsatz gilt für die Werkstückbereitstellung, daß sie in ihrer Art und Weise aus ganzheitlichen Betrachtungen zum Produktionssystem abzuleiten sind. Nur dann können logistische Querschnittsfunktionen optimal gestaltet werden. Für die Auswahl von Werkstückträgermagazinen sind folgende Aspekte wichtig:

- Die erreichbare Speichermenge soll groß sein, ebenso die Ausnutzung der Speicherflächen.

- Die Genauigkeit der Speicherplätze zueinander und zu Indexelementen soll prozeßgerecht sein.

- Die räumliche Orientierung der Werkstücke auf dem Speicherplatz soll möglichst der Bearbeitungslage in der Maschine entsprechen.

- Die Verwendbarkeit soll für Roh- und Fertigteile bzw. Sortimentmix gegeben sein.

- Das Magazin soll zu vorhandenen Transport- und Lagereinrichtungen kompatibel sein.

- Es sollen Elemente zum automatischen Handhaben der Werkstückspeicher vorhanden sein.

- Am Speicherplatz soll genügend Freiraum für den automatischen Zugriff vorhanden sein.

- Die Umbau- und Umrüstbarkeit auf andere Werkstücksortimente kann wichtig sein.

- Zu beachten ist die Stapelfähigkeit und platzsparendes Stapeln von Leerpaletten.

- Das Werkstückträger-Magazin soll sich leicht reinigen lassen und keine toten Ecken aufweisen.

Kann die vorgesehene Handhabungseinrichtung aus Gründen der Reichweite nicht alle Speicherplätze erreichen, dann sind eventuell Vertakteinrichtungen nötig, die die Palette in einer oder in mehreren Achsen bewegen (Bild 10-7, siehe auch Bild 9-43). Ein anderer Weg wäre die Verwendung von Robotern großer Reichweite oder Verfahrbarkeit, wie das z.B. bei Portalrobotern gewährleistet wäre.

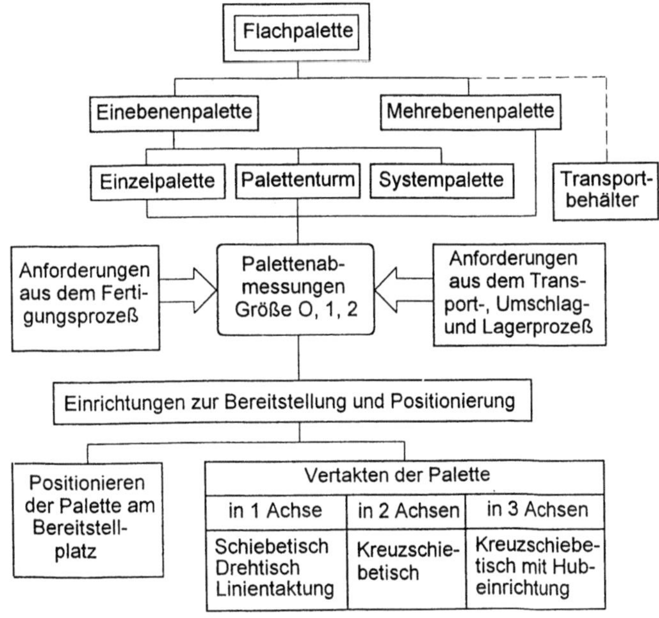

Bild 10-7 Bauformen von Flachpaletten und die Möglichkeiten zur Speicheraktivierung

Nach dem physikalischen Wirkprinzip können Werkstücke kraft-, stoff- und formpaarig auf dem Speicherplatz fixiert werden. Einige technische Möglichkeiten werden im Prinzip in Bild 10-8 dargestellt. Typisch sind auch Kombinationen von Kraft- und Formpaarung. Die Verwendung von Stoffpaarungen ist dagegen selten anzutreffen, sieht man einmal von der Bereitstellung von Klebeetiketten aller Arten ab.

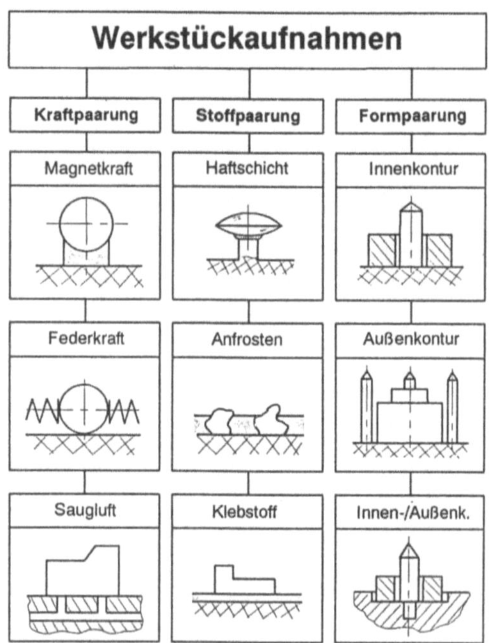

Bild 10-8
Physikalische Wirkprinzipe von Werkstückaufnahmen

Weiterhin ist zu beachten, daß die Werkstückaufnahmen (Lagesicherungselemente) je nach konstruktiver Ausbildung unterschiedlich arbeiten. Spiel bzw. Ablagefehler können sich mehr oder weniger auf die Genauigkeit der Greifposition auswirken. Das wird in Prinzipbeispielen in Bild 10-9 gezeigt. Bei zentrierenden Aufnahmen werden die magazinierten Werkstücke stets auf Mitte ausgerichtet. Das wird aber durch höheren technischen Aufwand erkauft.

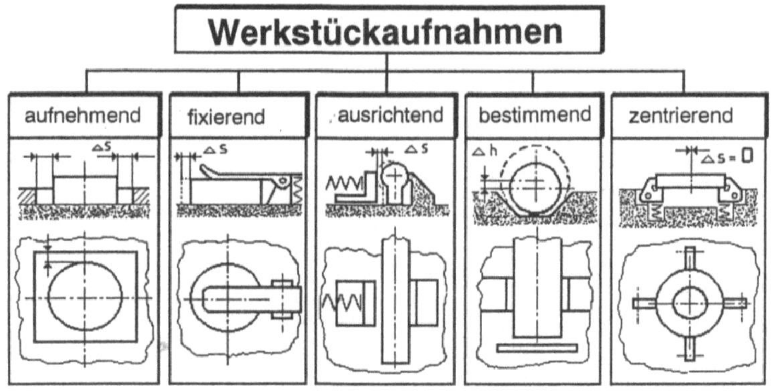

Bild 10-9 Gliederung der Werkstückaufnahmen nach ihrer ausrichtenden Wirkung [32]

Die Bereitstelltechnik wird erheblich durch den Ordnungszustand des Arbeitsgutes beeinflußt.
Danach läßt sich unterscheiden in Systeme die

- Ordnung herstellen und solche, die

- Ordnung erhalten.

Trotz des allgemeinen Grundsatzes, nach dem man im Fertigungsprozeß eine einmal hergestellte Ordnung beibehalten soll, werden heute noch viele Kleinteile vor Ort geordnet, weil es oft relativ einfach und preiswert realisierbar ist.

Einige typische Bereitstell-Lösungen sind in Bild 10-10 aufgeführt. Gegurtete Werkstücke kommen häufig in der Elektronik vor, besonders an Bestückungsautomaten. Schwierig zu handhabende Werkstücke, wie z.B. Drahtfedern die zum Verhaken neigen, kann man auch direkt am Montageplatz herstellen. In einem solchen Fall wird die Vorfertigung gewissermaßen in die Montagelinie integriert. Für die Auswahl der richtigen Technik hat man auch schon wissensbasierte Systeme konzipiert [103].

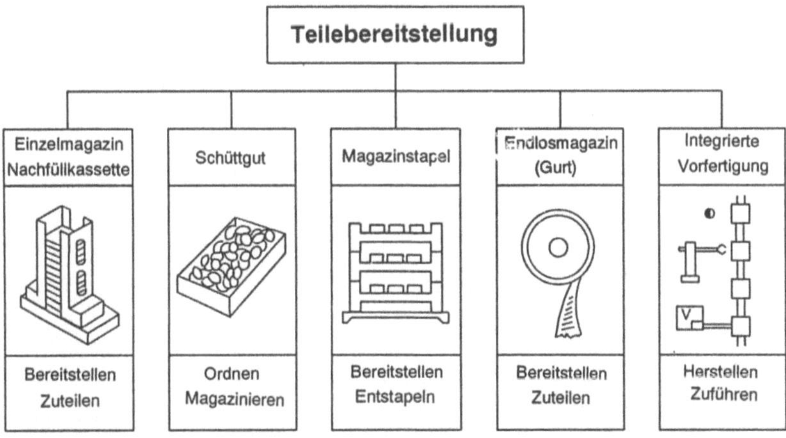

Bild 10-10 Varianten der Teilebereitstellung in Montagesystemen aus der Sicht des Ordnungszustandes

Ein weiterer Gesichtspunkt ist das Ablagemuster der Werkstücke (Bild 10-11; siehe auch die Bilder 6-29 und 9-106). Es kann ein stets einheitliches Ablageraster geben, ohne Rücksicht auf ungenutzte Freiflächen. Der andere Weg besteht darin, Speicherflächen maximal auszunutzen,

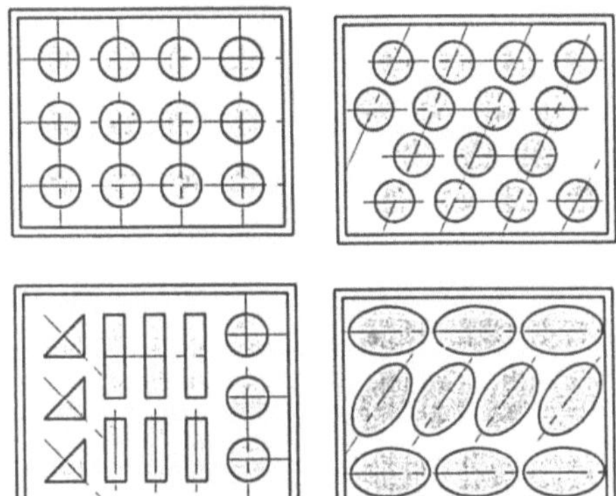

Bild 10-11
Einige Ablagemuster als Beispiel. Die Werkstücke können in orthogonalen, triagonalen und ungleichmäßigen Rastern abgelegt sein.

ohne Rücksicht auf die Gleichmäßigkeit des Ablagerasters. Die heutigen Roboter sind in der Regel so beweglich, daß die Position und Orientierung der Greifmittel keine ernsthaften Schwierigkeiten bereitet [123].

Eine interessante Lösung zur Lagesicherung von Werkstücken auf Flachpalettenböden sind magnetisch gehaltene und im Rastermaß des Palettenbodens setzbare Werkstückaufnahmen. Das Prinzip ist in Bild 10-12 zu sehen. Die Aufnahmen haben einen Magnetfuß und bilden eine

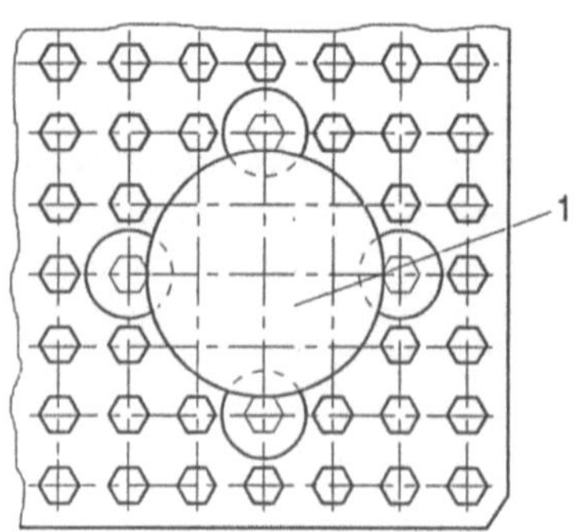
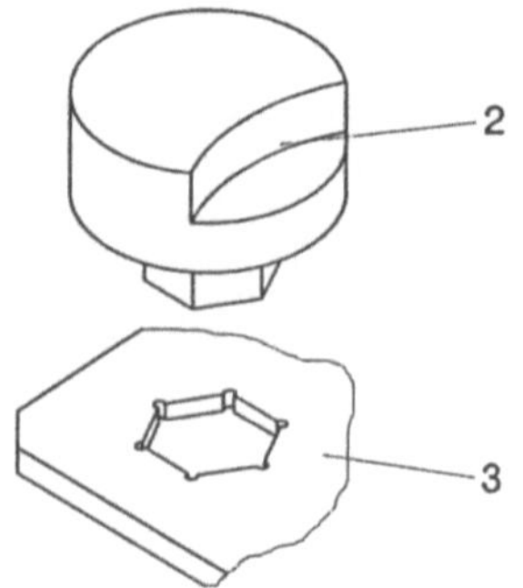

Bild 10-12 Werkstückaufnahme mit Magnetfuß (LK MECHANIK)

universelle Schnittstelle zum Palettenboden. Das Oberteil ist aus Kunststoff. Aus diesem werden die Werkstückformen ausgefräst, so daß man praktisch Teile mit beliebigen Konturen unterbringen kann, wie z.B. die Gegenform zu Zahnradzähnen, Wellen, Scheiben usw. (Bild 10-13). Die Aufnahmen lassen sich jederzeit umsetzen.

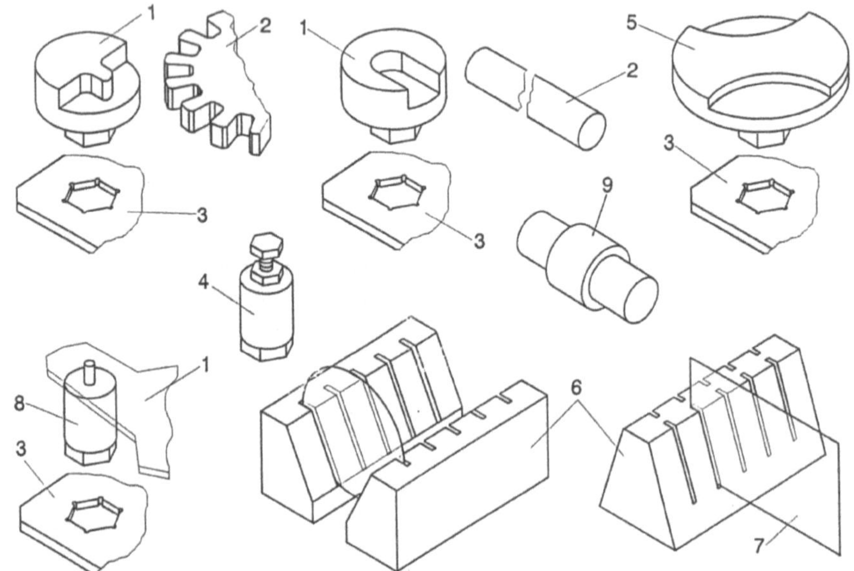

1 Werkstückaufnahme	4 Stütze mit Schraubjustage auf Höhe	7 scheibenartiges Werkstück
2 Werkstück	5 Zweifach-Flanschteilaufnahme	8 Fixierstiftaufnahme
3 Palettenboden	6 Nut-Leiste	9 abgesetztes Werkstück

Bild 10-13 System von Werkstückaufnahmen auf der Basis von Magnetfußelementen (LK MECHANIK)

Man kann auch völlig neue Elemente hinzuerfinden, wenn es die Problemlösung erfordert. Gleichzeitig werden die Werkstücke sehr schonend bereitgehalten, bei ausreichender Bereitstellgenauigkeit. Der magnetische Streufluß ist unbedeutend, weil das Magnetfeld der Permanentmagnete über den Palettenboden geschlossen ist und sich das Werkstück zum Magneten im Abstand von einigen Millimetern (= Luftspalt) befindet. Besonders zweckmäßig ist die Gestaltung von Nut-Leisten für oberflächenempfindliche Scheiben. Jede Leiste trägt an der Unterseite mehrere Magnetelemente. Zur Erhöhung der Variationsmöglichkeiten können auch Palettenböden mit versetztem Lochbild (triagonal statt orthogonal) hergestellt werden. Mit Streifenblechen läßt sich eine Flachpalette auch in Fächer einteilen. Das Kreuzungselement ist dann ein vierseitig mit Schlitzen versehener Zylinder, in die die Fachstreifen eingehängt werden. Das System eignet sich auch sehr gut für die Gestaltung von Paletten, die Einzelteile als Sortenmix aufnehmen sollen, z.B. zur Teilebereitstellung in Robotermontagezellen.

Die Auswahl der richtigen Werkstückaufnahmen erfordert verschiedene Überlegungen. Meistens gibt es mehrere konkurrierende technische Lösungen. Deshalb überprüft man sie in folgenden Schritten:

- Eignung der Aufnahmekonzeption,

- geometrische Eignung,

- greiftechnische Eignung (Greiffreiheit der Teile),

- Akzeptanz der Kippsicherheit beim Transport,

- spezielle problemgebundene Prüfung (Test),

- Entscheidung auf Verwendbarkeit.

Gelegentlich finden sich auch Sonderlösungen, bei denen Handhabungsroboter und Magaziniereinheit eine bauliche Einheit bilden. Man sieht in Bild 10-14 ein Beispiel. Ein Drehtellermagazin mit gestapelten Werkstücken ist mit der Handhabungseinrichtung verschmolzen. Die Werkstückstapel werden in der Abnahmeposition nachgeführt. Die Lösung wurde speziell für die Beschickung von Drehautomaten ausgearbeitet. Der Bewegungsaufwand wurde auf das kleinstmögliche Maß reduziert.

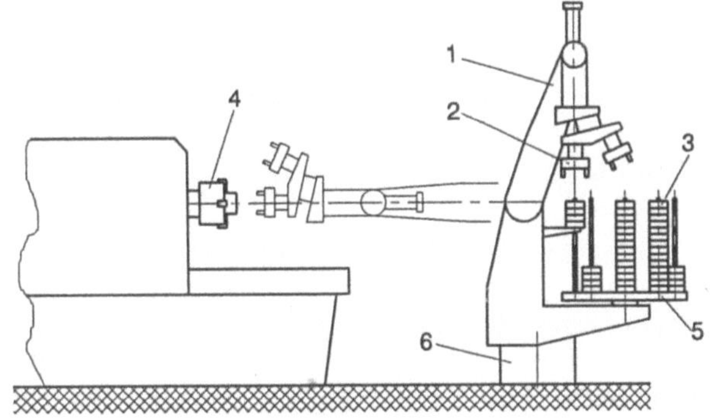

1 Senkrechtgelenkarm
2 Doppelgreifer
3 Werkstück
4 Spannstelle
5 Drehtellermagazin
6 Roboterbasisbaugruppe

Bild 10-14
Industrieroboter mit integriertem Werkstückspeicher

Es handelt sich in diesem Fall um ein aktives Magazin (Freiheitsgrad 2), im Gegensatz zu einem passiven Magazin (Bild 10-15), bei dem alle erforderlichen Bewegungen von der Handhabungseinrichtung erbracht werden müssen. Man erkennt bei den Magazinen übrigens auch gut die Stapelelemente mit Suchzapfen, um Palettenstapel bilden zu können.

Bild 10-15
Stapelflachpaletten mit speziellen
Elementen zum Aufstecken der Werkstücke
(LK MECHANIK)

11 Prüfung von Industrierobotern

11.1 Kenngrößen

Bei der Planung und Auswahl von Robotern für industrielle Automatisierungsvorhaben steht der Anwender vor einem breiten Angebotsspektrum. Um das richtige Gerät auszuwählen sind Leistungsdaten und Kenngrößen erforderlich, die Vergleiche zulassen und eine Abstimmung mit dem Anforderungsprofil unterstützen.

Kenngrößen und Leistungskriterien sind in [124] und [125] festgelegt und es gibt darüber hinaus auch etliche firmenspezifische oder allgemeine Zusammenstellungen. So läßt sich z.B. die Tragfähigkeit eines Roboters in folgende Gruppen einteilen:

- sehr leicht (bis 1 kg): 0,08; 0,16, 0,32; 0,63; 1,0

- leicht (von 1,0 bis 10 kg): 1,25; 2,5; 5,0; 10,0

- mittel (von 10 bis 200 kg): 20; 40; 80; 120; 160; 200

- schwer (von 200 bis 1000 kg): 250; 320; 500; 1000

- sehr schwer (mehr als 1000kg): 1250; 1500; 2000; 3000; 5000; 7500; 10000.

Zur Darstellung charakteristischer Eigenschaften von Industrierobotern ist in der Vorschrift DIN EN 29946/ISO 9946 (1992) einiges festgelegt.

Anwendungsorientierte Kenngrößen sind folgende:

- Geometrische Kenngrößen

  - Größe und Form des Arbeitsraumes (Quader, Zylinder, Kugel, Torus), minimale und maximale Armreichweite,

  - Aufstellflächenbedarf,

  - Sicherheitsraum,

  - Schnittstellenabmessungen für Haupt- zu Nebenachsen und zum Effektor,

  - Angabe von Systemgrenzen,

- Lastkenngrößen

  - Tragfähigkeit (Nutzlast) bei minimaler und maximaler Geschwindigkeit,

  - Zusatzlasten und eventuelle Restriktionen,

  - Durchbiegung und Verdrehung bei statischen Lasten,

- kinematische Kenngrößen

  - Anzahl und Art der Bewegungsachsen,

  - Bahngeschwindigkeitsverhalten in definierten Bahnpunkten (Genauigkeit, Wiederholgenauigkeit, Streuungen),

  - Verfahr- und Zykluszeiten,

- Genauigkeitskenngrößen (statisch)

    - Positionierverhalten (Abweichung, Streuung, Unsicherheit),

    - Orientierungsverhalten (Abweichung, Streuung, Unsicherheit),

    - Einfahrverhalten (Ausschwingzeit, Amplitude),

- Genauigkeitskenngrößen (dynamisch)

    - Bahnverhalten (Position wie Orientierung: Abstand, Streuung, Unsicherheit),

    - Geradenverhalten,

    - Eckenverhalten,

    - Kreisverhalten,

- Sonstige Kenngrößen

    - Temperaturverhalten, zulässige Umgebungstemperatur,

    - Wirkungsgrade.

Eher technische Angaben als Kenngrößen sind:

- Nennanschlußleistungen,

- Programmiermöglichkeiten,

- Eigenschaften der Software,

- Schnittstellenmöglichkeiten und Bedingungen,

- Diagnosefunktionen,

- Zusatzspeicher für die Archivierung,

- Anzahl externer Funktionen,

- sensorische Ausstattung,

- Eigenmasse,

- zulässige Massenträgheitsmomente am Greiferflansch.

Wie verschiedene Kenngrößen aus der Sicht des Bewegungsverhaltens miteinander verbunden sind, wird in Bild 11-1 angegeben.

Für den Anwender ist die Genauigkeit ein zentraler Aspekt. Mit „Genauigkeit" wird allgemein die Fähigkeit eines Roboters bezeichnet, eine gewünschte Zielposition innerhalb des Arbeitsraumes mit dem Endeffektor zu erreichen. Eine Grenze wird durch das Auflösungsvermögen des Wegmeßsystems vorgegeben. Das ist der kleinste auswertbare Weg- bzw. Winkelschritt einer Bewegungsachse, wobei etwaige Maßtransformationen durch Zwischengetriebe mit eingeschlossen sind.

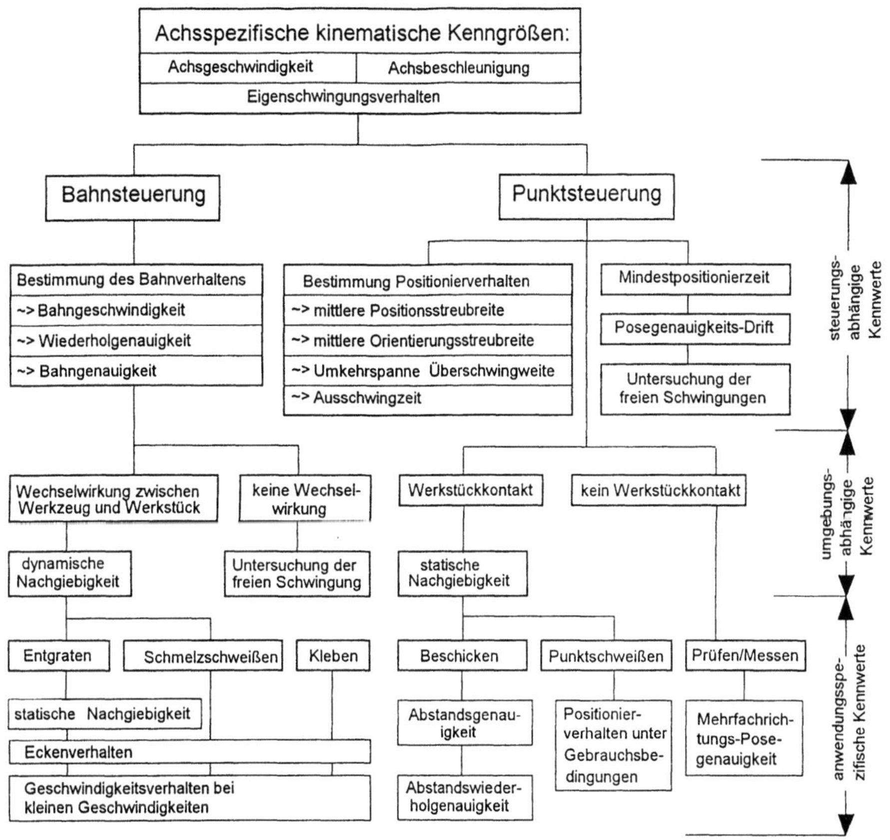

Bild 11-1   Klassifikation einiger wichtiger Industrieroboter-Kenngrößen,
die sich aus dem Bewegungsverhalten ergeben.

Das bedeutet, daß der Positionierfehler bei digitalen Systemen den Wert von $\pm$ 1 Weginkrement nicht unterschreiten kann. Diese Situation wird in Bild 11-2 dargestellt. Die adressierbaren Positionen sind mit P_n bezeichnet. Fehler durch mechanische und dynamische Wirkungen werden hier aber noch nicht berücksichtigt. Die Steuerungsauflösung ist übrigens im Arbeitsraum nicht unbedingt konstant. Bei einem SCARA-Roboter ist sie am Innenrand des Arbeitsraumes am besten, weil dort der bei gleichem Winkel zurückgelegte Bahnbogen viel kleiner ist als außen.

1 Endeffektor
2 Meßnormal einer Bewegungsachse

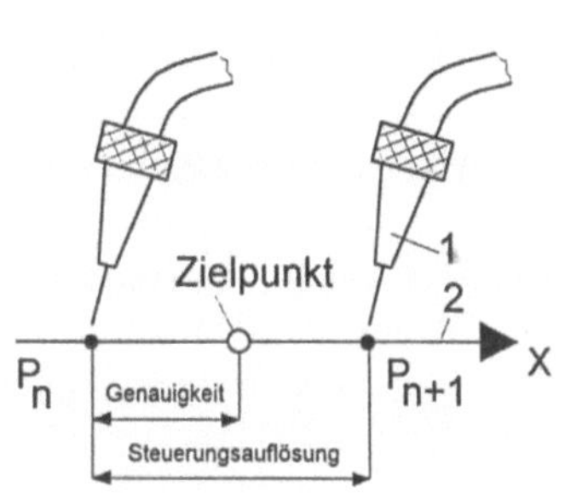

Bild 11-2
Wegauflösung

Bezieht man Spiele in den Gelenken, Verlagerungen, Deformationen unter Last und dynamische Erscheinungen mit in die Positioniergenauigkeit ein und betrachtet mehrere Versuche den Zielpunkt anzufahren, so ergibt sich die in Bild 11-3 gezeigte Häufigkeitsverteilung. Die Positioniergenauigkeit ist somit der mittlere Abstand zwischen der programmierten Zielposition (Sollposition) und den im Durchschnitt tatsächlich angefahreren Punkten. Man sieht, daß die erreichten Istpositionen zufällig sind und nach der Häufigkeit im Idealfall eine Glockenkurve als statistische Verteilung ergeben. Deshalb hat man die Wiederholgenauigkeit als Kenngröße formuliert. Sie gibt an, wie weit die angefahreren Punkte untereinander streuen, wenn man denselben Punkt mehrfach anfährt. Die Wiederholgenauigkeit sagt somit nichts über den Zielpunkt aus und wie genau oder ungenau dieser erreicht wird. Sie ist innerhalb des Arbeitsraumes nicht gleich groß. Bei ausgefahrenem Arm ist sie in der Regel schlechter. Da immer mehrere Bewegungsachsen an der Positionierung beteiligt sind, kann man die Wiederholgenauigkeit als ideale oder verzerrte Kugel darstellen. Innerhalb der gedachten Kugel häufen sich somit die erreichten Istpunkte, die sich durch wiederholtes Anfahren ein- und derselben Position ergeben. Die Roboterhersteller geben die Wiederholgenauigkeit global für den gesamten Arbeitsraum mit $\pm\, r$ an.

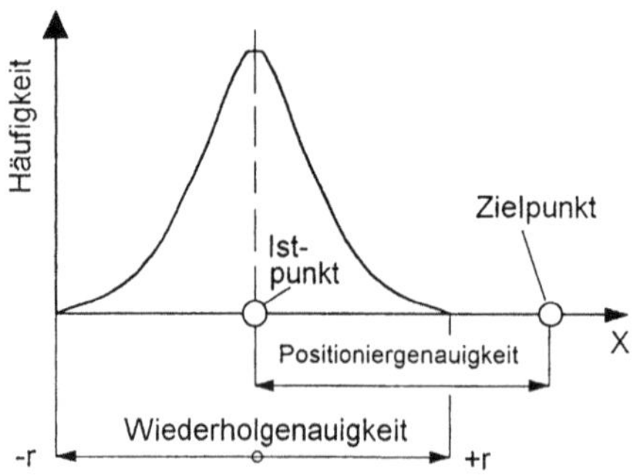

Bild 11-3
Darstellung der Positionier- und Wiederholgenauigkeit

Ein anderer Genauigkeitsbegriff ist die „Posegenauigkeit". Zwischen Pose- und Wiederholgenauigkeit gibt es folgenden Unterschied:

- Wiederholgenauigkeit = Bezeichnung für den relativen Fehler (Streuung), der beim wiederholten unidirektionalen Anfahren einer Position auftritt.

- Posegenauigkeit = Bezeichnung für den absoluten Fehler beim Anfahren einer Pose mit beliebiger Vorgeschichte.

Mit „Pose" (engl.; Stellung) bezeichnet man eine Position mit einer festen Orientierung. Sie wird in kartesischen Koordinaten bezüglich eines raumfesten Koordinatensystems vorgegeben.

In Bild 11-4 werden 5 Punkte (P1 bis P5) auf den Diagonalen der ausgewählten Ebene angeordnet, die zusammen mit den vom Hersteller festgelegten Orientierungen die Prüfposen darstellen. Die Prüfposen werden zyklisch im Punktsteuerungsbetrieb (Pose-zu-Pose-Steuerung) verfahren und sollen wenigstens 30 Zyklen durchlaufen, wobei mit maximaler Nutzlast und maximaler Geschwindigkeit verfahren wird. Dabei wird für jede Pose die Stellung eines Meßobjekts, welches an der mechanischen Schnittstelle des Roboters angebracht ist, exakt vermessen, z.B. mit einem Theodoliten-Meßsystem (siehe dazu Bild 11-7). Daraus werden dann die Posegenauigkeits-Kenngrößen ermittelt. Sie werden bezüglich der 3 Achsen eines kartesischen Koordinatensystem für den Positions- und Orientierungsfehler (Abstand und Winkel) angege-

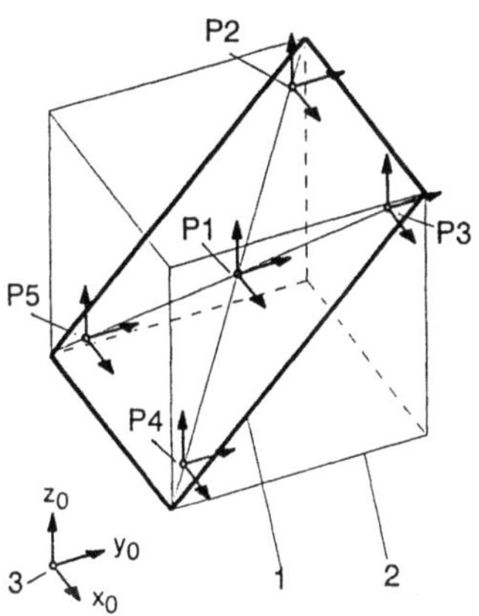

1 Prüfebene,
2 Würfel innerhalb des Arbeitsraumes
3 Basiskoordinatensystem

Bild 11-4
Prüfquader mit 5 gleichorientierten Prüfposen

ben. Die Streuung der Posegenauigkeit kann auch während der Aufwärmphase des Industrieroboters ermittelt werden. Sie wird dann als Drift bezeichnet.

Eine wichtige Sache sind die Abweichungen beim Bahnfahren einer Ecke. Es kommt zu einem Überschwingen beim Richtungswechsel. Das wird in Bild 11-5 dargestellt. Das ist der größte Abstand der Meßbahn von der zweiten Gerade nach einer 90°-Ecke. Als Stabilisierungsbahnlänge bezeichnet man die Wegstrecke, die gebraucht wird, bis die Bahnabweichung wieder innerhalb festgelegter Grenzen liegt. Das Überschwingen ist in starkem Maße geschwindigkeitsabhängig.

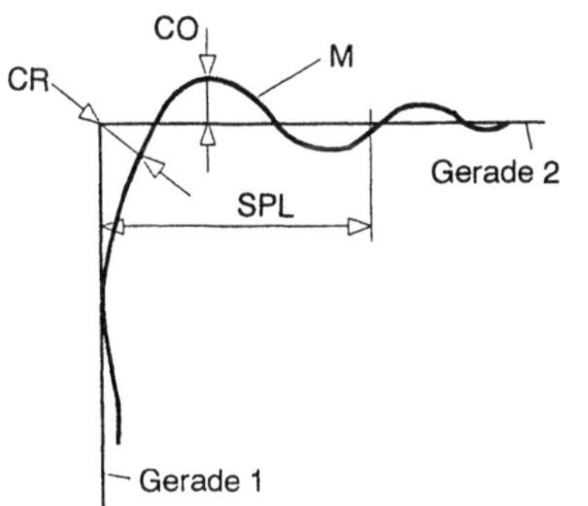

CR   Verrundungsfehler
M   Meßbahn
SPL Stabilisierungsbahnlänge

Bild 11-5 Überschwingen CO an einer Ecke

Die Lastkenngrößen sind für die Auswahl eines Roboters besonders wichtig, aber nicht in einer Zahl darstellbar. Es gilt:

Nutzlast (z.B. Werkstück) + Zusatzlast = maximale Nutzlast

Werkzeuglast (z.B. Greifer) + Nutzlast = Nennlast

Nennlast + Zusatzlast = Maximallast.

Die Angaben beziehen sich meistens auf die Schnittstelle Anschlußflansch/Greifer. Die Nennlast kann von einem Roboter stets ohne Einschränkung bezüglich Geschwindigkeit und Beschleunigung bewegt werden. Die Nutzlast befindet sich aber an einer anderen Stelle. Deshalb geben die Roboterhersteller Belastungskennlinien an. Ein Beispiel zeigt Bild 11-6. Beachtet man solche Anweisungen nicht, kann sehr schnell die zuträgliche Belastungsgrenze überschritten sein, was auf Kosten der Lebensdauer geht. Ähnliche Belastungskennlinien gibt es übrigens auch für Backengreifer. Auch dort kann es zur Überlastung infolge von exzentrisch angreifenden Kräften und Momenten kommen.

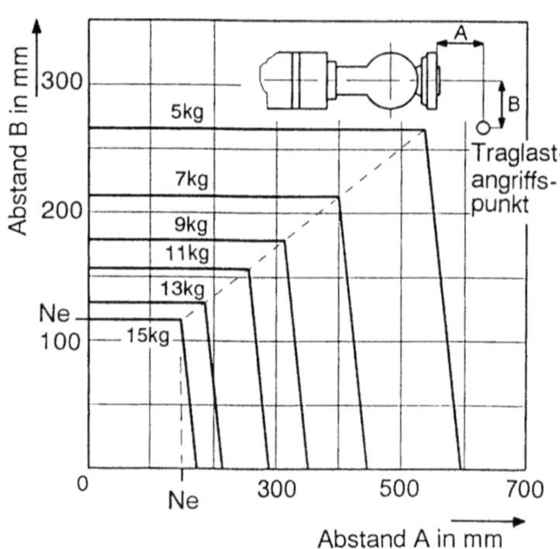

Bild 11-6
Beispiel für eine Traglastkennlinie
eines Industrieroboters mit 15 kg Nennlast

11.2 Prüfverfahren

Die Prüfung von Roboterkenngrößen ist keine einfache Aufgabe, besonders wenn es sich um dynamische Leistungskriterien handelt. Nachfolgend soll einiges zur Positionsmessung gesagt werden.

Zunächst kann man prinzipiell zwischen statischen und dynamischen Meßaufgaben unterscheiden, wobei sich die statische Messung auf eine Messung an einem oder an mehreren Punkten im Arbeitsraum des Industrieroboters bezieht, während die dynamische Messung entlang einer Bahn erfolgt, also während der Bewegung des Roboters. Benötigt werden dazu Meßmittel und Einrichtungen folgender Art:

- Prüfstand für Positions- und Orientierungsmessungen,

- Bahnprüfung über eine Meßkinematik,

- Theodolitensystem oder Tachymeter zur Messung der absoluten Position,

- Schwingungsprüfstand,

- Prüfstand für Modalanalysen,

- Prüfstand zur Durchführung von Diagnosemessungen.

Mit der Modalanalyse lassen sich Schwachstellen der Struktur, der Gelenke und der Antriebsstränge aufdecken. Damit kann man die Konstruktion eines Roboters im Detail verbessern. Schwachstellen können Lagerungen, Verbindungselemente, Antriebselemente und die Regelung des Antriebs sein.

Diagnosemessungen haben das Ziel, Fehler und Schäden zu erkennen, die während der Betriebsdauer des Roboters auftreten. Durch Kalibrierung kann man die für jeden Roboter individuellen Maschinenparameter sichtbar machen, so daß die Robotersteuerung mit diesen Daten eine exakte Positionsbestimmung des Roboter vornehmen kann. Das erhöht die Genauigkeit und ermöglicht überhaupt erst die Offline-Programmierung. Typische Fehlerquellen, die eine Kalibrierung notwendig machen, sind Abmessungsfehler der Roboterachsen, Offset-Fehler der Wegmeßsysteme, Fehler durch Vernachlässigung physikalischer Phänomene (Elastizität, Reibung, Eigenschwingung) und belastungsabhängige Erscheinungen (Durchbiegung bei verschiedenen Werkstückmassen). Auch nach einem Crash oder dem Austausch bestimmter Bauteile kann eine erneute Kalibrierung (vor Ort) notwendig werden. Für die Zukunft besteht das Ziel darin, die Ursachen zwischen Simulation bei der Offline-Programmierung und dem „wirklichen" Roboter zu ergründen und Informationen zur Kompensation von „Unzulänglichkeiten" individuell je Roboter in der Robotersteuerung abzulegen. Das wäre der Weg zum „absolutgenauen" Roboter. Eine Nachbearbeitung von Offline-Programmen könnte dann entfallen.

In Bild 11-7 wird das Prinzip der Messung mit einem geodätischem Verfahren, ein Theodolitensystem, gezeigt. Der Roboter wird als statisches System abgebildet. Eingangsgrößen sind die Werte der Wegmeßsysteme an den Achsantrieben. Ausgangsgröße ist die Position des Effektors. Meßobjekt kann z.B. eine selbstleuchtende Kugel sein.

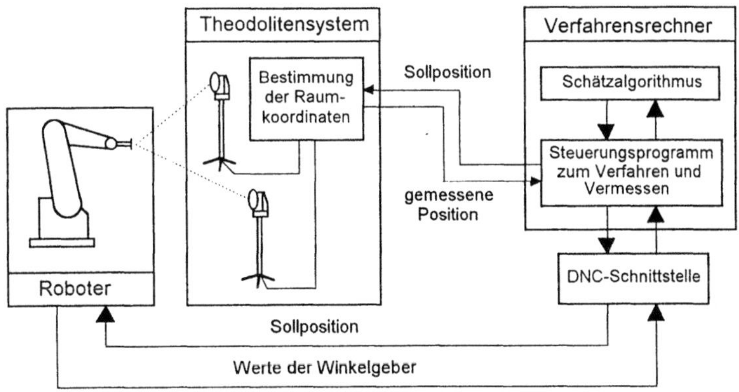

Bild 11-7 Automatisierte Kalibrierung mit Theodolitensystem

Der Roboter fährt eine gewisse Anzahl vorher festgelegter und optimierter Punkte an. In jedem Punkt werden die Positionsdaten automatisch gemessen. Mit den Daten werden mit einem Identifikationsverfahren die Parameter des Modells bestimmt. Die mathematische Grundlage dieses Verfahrens ist die nichtlineare Ausgleichsrechnung. Zur Verifikation der identifizierten Parameterwerte werden die bei Verwendung dieser Parameter im gesamten Arbeitsraum des Roboters noch vorhandenen Positionsfehler bestimmt und statistisch ausgewertet.

Zur Kalibration gehört die Vermessung geometrischer Fehler, die sich nicht beseitigen lassen, die aber als Korrekturwerte in die Steuerung eingegeben werden können. Mögliche Fehler kartesischer Roboter mit 3 Achsen sind z.B.:

- Innerhalb des kartesischen Roboters (Bild 11-8a)

    - Schiefstellung der X- zur Y-Achse,

    - Schiefstellung der Z- zur X-Achse,

    - Schiefstellung der Z- zur Y-Achse.

■ Kartesisches Robotersystem zum Raumsystem (Bild 11-8b)

   – Verdrehung um die X-Achse,

   – Verdrehung um die Y-Achse,

   – Verdrehung um die Z-Achse.

Verschiedene Robotersteuerungen enthalten den Funktionsmodul „Messen". Es geht um ein Messen von Robotergelenkkoordinaten mit erhöhter Präzision. Dazu wird das Signal eines Sensors auf die Steuerung geschaltet, worauf diese die Koordinaten des Punktes abspeichert. Damit lassen sich ebenfalls Korrekturwerte aufnehmen, die dem Vermessen von Anlaufpunkten in der Peripherie zwecks Kalibrierung gleichkommt.

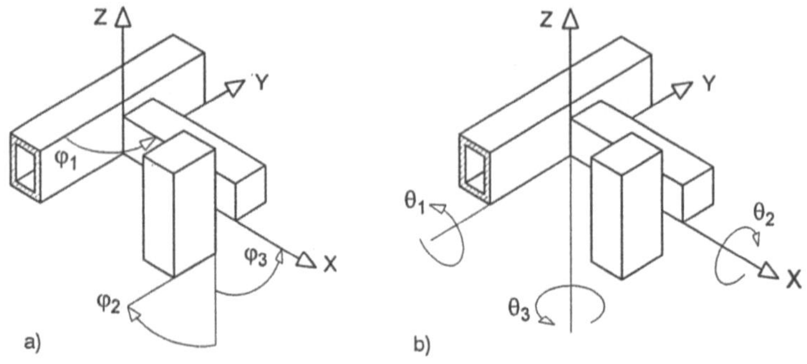

Bild 11-8 Fehler am 3-Achsen-Roboter mit kartesischem Koordinatensystem

       a) Schiefstellungen, b) Verdrehungen zum Raumsystem

Der Meßablauf zur Bestimmung der Posegenauigkeit kann automatisiert werden. In Bild 11-9 wird der logische Zusammenhang dafür angegeben [126]. Die Prüfposen werden von einem Posengenerator (Algorithmus zur Erzeugung von Robotersollstellungen) erzeugt, aufgerufen und der Roboter verharrt in dieser Stellung, bis die Messung erfolgt ist.

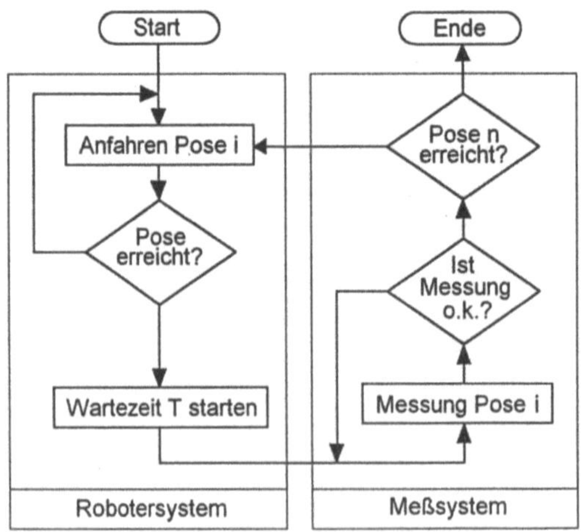

Bild 11-9 Logischer Ablauf bei einer statischen Messung

Zum Bestimmen von Positionierfehlern des Endeffektors kann auch eine Meßanordnung nach Bild 11-10 gewählt werden. Auf einer Meßfläche befinden sich 3 Referenzpunkte A, B und C, die nicht auf einer Linie liegen. Ebenso sind am Endeffektor 3 Kontrollpunkte a, b und c festgelegt. Die Punkte können Senkbohrungen sein, in die kugelgelenkartig ein Meßelement eingesetzt werden kann. Die Länge von Stützkugel zu Stützkugel wird gemessen. Im Bild wird eine Meßuhr lediglich als Beispiel gezeigt. In der Darstellung lassen sich 3 Pyramiden als unabhängige geometrische Figur finden. Das sind die Figuren aABC, baBC und cabC. Hat der Roboter die programmierte Position erreicht, werden nacheinander die Längen l_1 bis l_6 festgestellt [17]. Durch rechentechnische Aufarbeitung der Daten kommt man zum Positionierfehler. Die Anzahl der Messungen sind entsprechend oft und an verschiedenen Punkten im Arbeitsraum auszuführen. Die Messung ist berührend und damit mit den daraus resultierenden Fehlern behaftet.

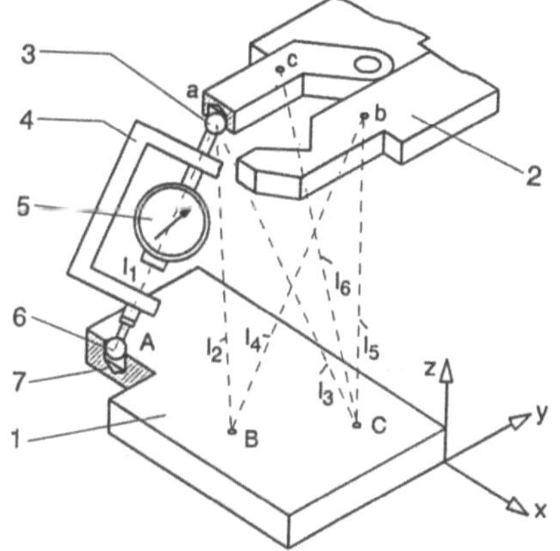

Bild 11-10
Positionsmessung mit Hilfe von Referenzpunkten

In der klassischen Art wird für geometrische Messungen vom Roboter ein Referenzwürfel geführt und in eine Position im Meßbereich eines 3D-Meßkopfes gebracht (Bild 11-11a). Der Meßkopf ist drehbar und meistens kardanisch aufgehängt, damit verschiedene Positionen einrichtbar sind. Das gewährleistet eine Orientierungsänderung des Meßkopfes, ohne daß sich der Schnittpunkt der Sensorachsen verändert. Als Sensoren können z.B. induktive Meßgeber verwendet werden.

Bei Bahnmessungen längs eines Meßlineals (Bild 11-11b) führt der Roboter einen 2D-Meßkopf, mit ebenfalls berührungslos arbeitenden Sensoren. Im Programmierbetrieb wird dieser Meßkopf mit definiertem Abstand am Lineal entlanggeführt und die Abstandskurven aufgezeichnet. Anschließend wird die Bewegung im Automatiklauf wiederholt, bei gleichzeitiger Gewinnung der Abstandskurven. Im Vergleich mit den Programmierkurven ergibt sich eine Aussage, wie genau der Roboter die Bahn reproduzieren kann.

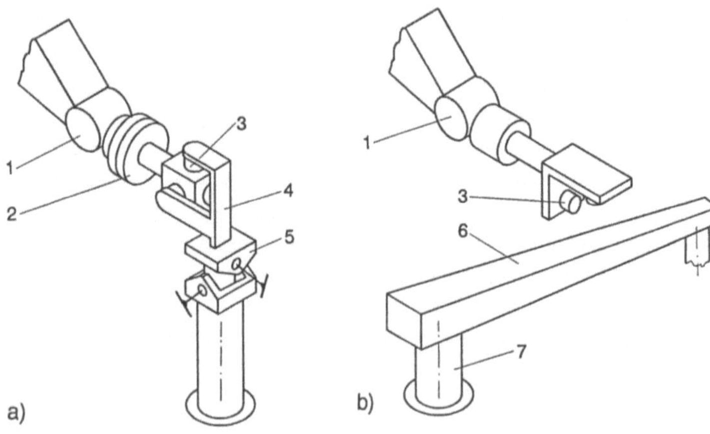

1 Industrieroboter	4 Halterung
2 variable Nennlast (Scheibengewichte)	5 einstellbares Gelenk
3 Sensor	6 Meßlineal

Bild 11-11 Meßköpfe für geometrische Messungen

a) Punktmessung mit 3D-Meßkopf, b) Bahnmessung mit 2D-Meßkopf

Roboterpositionen lassen sich schon mit mehreren Seil-Weggebern ausreichend genau vermessen. Die Seilgeber werden am Greiferflansch befestigt und das Seil wird während einer Roboteraktion unterschiedlich ausgezogen (Bild 11-12). Durch Dreiecksberechnungen werden die jeweils erreichten Positionen bestimmt. Über einen Triggerimpuls wird gesichert, daß die Daten gleichzeitig erfaßt werden, z.B. mit einer Meßrate von 1 Hz bis 100 Hz. Die Meßgenauigkeit liegt bei 250 ppm der Seillänge.

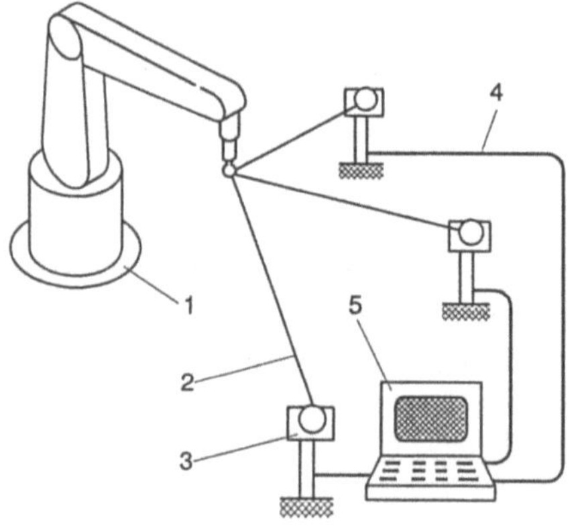

1 Roboter
2 Seilzug eines Seil-Wegmeßsystems
3 Wegmeßsystem
4 Meßleitung
5 Auswerterechner

Bild 11-12
Seil-Vermessungssystem

Das Prinzip ist auch für fahrerlose Flurförderzeuge verwendbar, die frei fahren. Ein Beispiel wird in Bild 11-13 gezeigt.

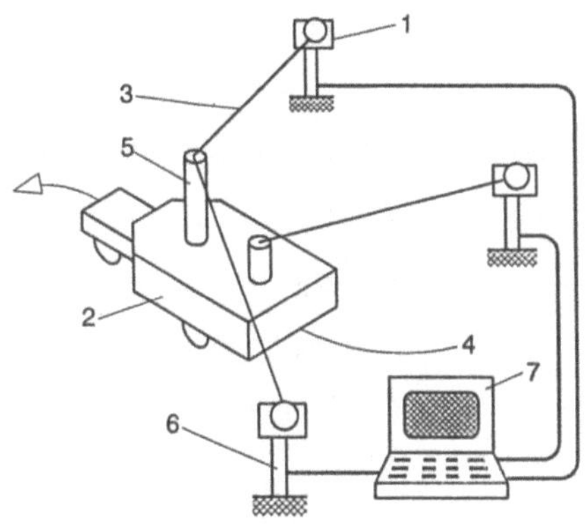

1 Seil-Weggeber
2 mobiler Roboter
3 Seil
4 Fahrweg
5 Befestigungsstab
6 Ständer
7 Auswertesystem

Bild 11-13
Vermessung von Bahndaten bei einem mobilen
Roboter

So lassen sich Positionierfehler ermitteln, die sich u.a. aus folgenden Einflüssen ergeben können:

- Spurbreiten- und Radstandsfehler,

- Raddurchmesserschwankungen,

- Nichtlinearitäten oder andere Sensorfehler,

- Einfluß der Beladung,

- Form und Beschaffenheit des Fahrweges,

- Abnutzungserscheinungen.

In ähnlicher Weise läßt sich die Kalibrierung eines Handhabungsroboters vornehmen, im Zusammenhang mit seiner Aufgabe innerhalb einer Roboterarbeitszelle.

Zur Parameteridentifikation kann man schließlich auch eine nachgeführte Koordinatenmeßeinrichtung einsetzen. Das Bild 11-14 zeigt das im kinematischen Schema. Die Meßeinrichtung wird mit dem Greiferflansch verbunden und macht die Bewegungen des Endeffektors mit. Dabei werden am Meßgerät die Gelenkwinkel festgestellt. Daraus kann man dann die Positionen und Orientierungen berechnen. Auch Beschleunigungen und Geschwindigkeiten lassen sich so feststellen, wenn eine entsprechende sensorische Instrumentierung vorgenommen wurde. Nachteilig ist, daß die bewegten Massen der Meßeinrichtung zu Fehlern führen kann und auch Gelenkspiele die erreichbare Genauigkeit begrenzen. Die Genauigkeit des Meßsystems soll um etwa eine Zehnerpotenz besser sein als die Wiederholgenauigkeit des zu untersuchenden Robo-

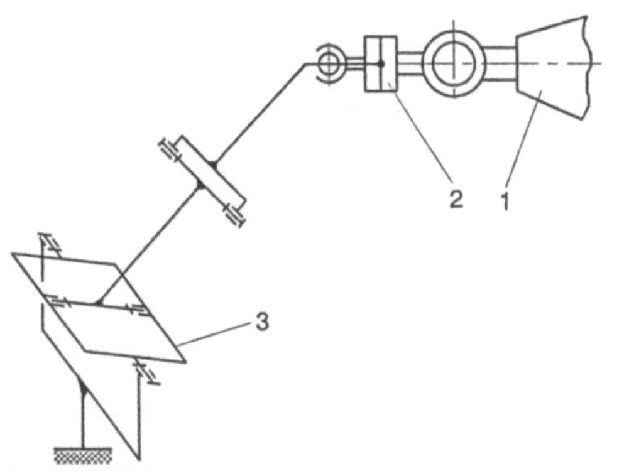

1 Industrieroboter
2 Greiferflansch
3 Meßgerät-Kinematik

Bild 11-14
Koordinatenmeßgerät für Industrieroboter
(3 Achsen)

ters. Man ist immer bestrebt, solche Messungen berührungsfrei auszuführen, um eine Interaktion zwischen Meßsystem und Meßobjekt auszuschließen.

Berührungsloses Vermessen ist mit dem Laser-Tracking-System nach Bild 11-15 sechsdimensional möglich [194].

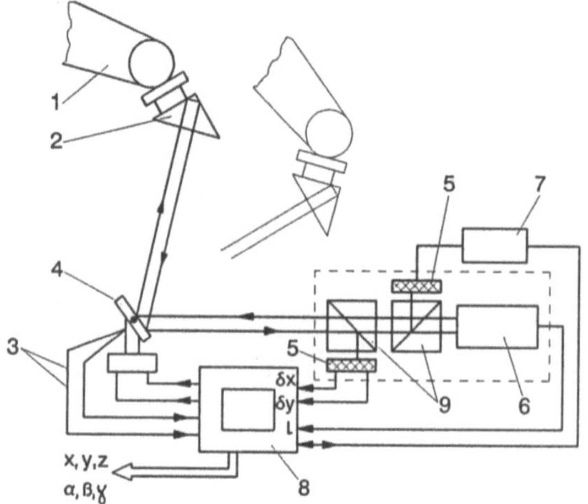

1 Roboterarm
2 Retroreflektor
3 Antriebe und Winkelsensoren
4 Umlenkspiegel
5 positionsempfindliche
   Diode (PSD)
6 Interferometer
7 Bildverarbeitung
8 Regelung
9 Strahlteiler

Bild 11-15
Funktionsprinzip des Laser-Tracking-Verfahrens

Ein Laserstrahl wird über einen kardanisch gelagerten Spiegel dem TCP des Roboters nachgeführt, der in diesem Fall durch einen Retroreflektor repräsentiert wird. Dieser reflektiert den eintretenden Laserstrahl parallel. Wird der TCP genau getroffen, so wird der Strahl in sich reflektiert. Aus der Stellung der vertikalen und horizontalen Spiegelachse und dem Abstand zwischen TCP und Spiegel kann die kartesische Position des TCP berechnet werden. Weil sich der Roboterarm aber bewegt, trifft der Laserstrahl den Mittelpunkt des Retroreflektors nicht genau. Es kommt zu einer Parallelverschiebung des Strahls, die gemessen wird. Diese wird von der Spiegelnachlaufsteuerung als Verfolgungsfehler ausgewertet und ermöglicht das Nachführen des Spiegels entsprechend der Roboterbewegung. Der reflektierte Laserstrahl wird über einen Strahlteiler außerdem auf eine CCD-Kamera gelenkt. Dort entsteht ein Schattenbild, aus dessen Auswertung man die Orientierung des Retroreflektors und damit der Greiferhand erkennt.

12 Sicherheit an Roboterarbeitsplätzen

Bei der Installation von Industrierbotern werden mit großem Erfolg gesundheitsschädliche und körperlich belastende Tätigkeiten auf die Maschine verlagert. Andererseits verbleiben nach Art und Umfang unterschiedliche manuelle Tätigkeiten oder sie ergeben sich neu. Das sind Tätigkeiten der Materialbereitstellung, Anlagenführung, Prozeßüberwachung, Nacharbeiten, Einrichten, Programmieren und Testen von Programmen, Inspektion, Wartung, Instandsetzung und Umrüstung, wie z.B. ein manueller Greiferwechsel. Deshalb sind Arbeitsschutz und Sicherheit mit besonderer Akribie zu behandeln [145, 146, 173, 177].

12.1 Verordnungen und Bestimmungen

Vorschriften zur Sicherheit dienen dem Schutz von Personen und Einrichtungen. Die Wirksamkeit ist unterschiedlich. Oft sind verschiedene Maßnahmen zu kombinieren. Mit abnehmender Priorität kann man folgende Maßnahmen angeben:

- Beseitigung der Gefahr,

- Entfernung der Personen,

- Abschirmung der Gefahr,

- Schutz der Person und

- Verhaltensregeln.

Wichtige Vorschriften sind:

- Akustische Gefahrensignale, DIN EN 457 (1992)

- Ausrüstung von Starkstromanlagen mit elektrischen Betriebsmitteln, DIN VDE 0160 (1990)

- Automatisierte Fertigungssysteme, Sicherheitsanforderungen, DIN VDE 0660-206 (1991); VDI 2854 (1991)

- Berührungslos wirkende Schutzeinrichtungen, DIN EN 50100 Teil 2, VDE 0113 Teil 202 (1994), ZH 1/597 (1979)

- Elektromechanische Verriegelungseinrichtungen, ZH 1/153 (1995)

- Industrieroboter: Sicherheit, DIN EN 775/ISO 10218 (1993)

- Kraftbetriebene Arbeitsmittel, Arbeitsschutz, VGB5 (1993)

- MSR-Schutzeinrichtungen, Grundlagen, DIN V 19250 (1994)

- Nichttrennende Schutzeinrichtungen, prEN 954

- Not-Aus-Einrichtungen, Sicherheitsanforderungen, DIN EN 418 (1993)

- Prinzipien der Ergonomie, DIN V EN V 26385, ISO 6385 (1990)

- Risikobetrachtung, prEN 1050

- Sicherhcit von Maschinen, DIN VDE 0113-103 (1996), DIN EN 60204-1/VDE 0113 (1993)

- Sicherheitsabstände, EN 294

- Sicherheitsgerechtes Gestalten, Leitsätze, DIN VDE 1000/DIN 31000 (1979)

- Sicherheitsgerechtes Gestalten technischer Erzeugnisse, Schutzeinrichtungen, DIN 31001 (1984)

- Sicherheitsgerechtes Gestalten technischer Erzeugnisse, Verriegelungen, Kopplungen, DIN 31005

- Sicherheitskennzeichnungen, DIN 4844 (1980), VGB 125 (1995)

- Sicherheitsprogramm, VDI 4003 (1986)

- Sicherheitstechnische Anforderungen an Bau, Ausrüstung und Betrieb von Industrierobotern, VDI 2853 (1987)

- Sicherheitstechnische Anforderungen an automatisierte Fertigungssysteme, VDI 2854 (1991)

- Trennende Schutzeinrichtungen, prEN 953

- Unfallverhütungsvorschrift Arbeitsmaschinen, VGB 7n (1993)

12.2 Sicherheitstechnik

Sicherheitseinrichtungen müssen an Industrieroboterarbeitsplätzen drei wichtige Bestandteile enthalten:

- Sensorik zur Erkennung von Personen in gefährlicher Nähe eines Roboters (Sicherheit beim Programmieren, bei der Wartung, im automatischen Betrieb und bei Ausfall und Wiederkehr der Energie),

- Steuersystem, welches Alarmsignale empfängt und an das Antriebs- und Bremssystem weiterleitet und

- ein Kraft- und Bremssystem an Roboterarm und Greifer.

Welche Gefahrenbereiche lassen sich benennen?

Durch den Einsatz von Industrierobotern gelingt es, Arbeitskräfte aus kurzzyklischen Abläufen herauszulösen, schwere Hebetätigkeiten zu beseitigen und das räumliche Zusammentreffens mit unmittelbaren Gefahrenstellen (Engen, Quetschstellen, Funken-, Späneflug) zu vermeiden. Allerdings treten dabei wieder neue Gefährdungen anderer Art auf, wie es in der Technikgeschichte oft zu beobachten ist. Sie sind pysikalisch bedingt und fordern entsprechende Vorkehrungen [127, 128]. Es wirken vor allem folgende Faktoren:

- Selbständige, im Verhältnis zum Gerätevolumen großräumige und schnelle Bewegungen im Raum,

- hohe Trägheitsmomente manipulierter Werkstücke durch große Bewegungsgeschwindigkeiten,

- sich in Abhängigkeit von der Stellung des Führungsgetriebes verändernde Kollisionsräume.

Hinzu kommt, daß es sich beim Roboter samt Steuerung um sehr komplexe technische Gebilde handelt, deren funktionales Zusammenspiel von „außen" nicht ohne weiteres abzuschätzen ist. Nichtgeschulte Arbeitskräfte verfallen deshalb oft in folgende Denkfehler [129 bis 131]:

- Verharrt ein Roboterarm im Stillstand, dann wird angenommen, daß er sich auch später nicht bewegen wird. Dabei verbleibt er z.B. nur in einer programmierten Warteposition.

- Die stetige Wiederholung einer Bewegungssequenz führt zu der Vermutung, daß sich dieser Ablauf andauernd wiederholt. Das muß aber nicht sein. Der Roboter kann z.B. plötzlich abschwenken, um nach n-Schweißzyklen die Schweißdüse zum Reinigungsaggregat zu bringen.

- Wenn sich ein Roboterarm langsam bewegt, wird geglaubt, es bliebe bei dieser Geschwindigkeit. Diese kann sich aber sprunghaft ändern, wenn z.B. ein Servoventil in der Hydraulikanlage nicht mehr ordnungsgemäß arbeitet.

- Wird dem Roboterarm ein Befehl erteilt, so wird erwartet, daß er sich auch wirklich in der gewünschten Richtung bewegt. Das braucht aber nicht zu sein. Ganz profane Bedienungsfehler können etwas anderes bewirken.

Aus solchen Fehleinschätzungen ergeben sich drei Hauptgefährdungen, denen Programmierer und Bedienungspersonal ausgesetzt sind. Diese sind:

- Zusammenstoß mit bewegten Elementen,

- Einklemmen gegen feststehende Elemente,

- Sekundärgefahren durch Roboterwerkzeuge, wie z.B. Hochdruckwasserstrahlkopf oder Winkelschleifer.

Die Gefährdungen für den Menschen an Industrieroboterarbeitsplätzen hängen von der Aufgabe des Personals und den Betriebszuständen der Handhabungsmaschine ab. Eine Gliederung der Gefährdungsfaktoren enthält das Bild 12-1. Als Unbeteiligte sollen hier Arbeitskräfte an Nachbararbeitsplätzen oder Transportpersonal verstanden werden.

Personenkreis	Bediener Programmierer Instandhalter			Unbeteiligte Besucher		
Gefährdungsfaktor	Aut	Ein	War	Aut	Ein	War
Bewegliche Mechanismen und Arbeitsmittelteile	□	◨	□	□	□	□
In Bewegung befindliche Werkstücke und Greifer	□	◨	◨	□	□	□
Herabfallende und sich lösende Teile	◨	■	□	◨	◨	□
Versagen von Konstruktionselementen	◨	■	◨	◨	◨	□
Gefährliche Engen und Quetschgefahrenstellen	□	■	■	□	□	□
Plötzliche Druckänderung von Medien	◨	■	◨	◨	◨	◨
Scharfe Kanten, Grate und rauhe Oberflächen	□	◨	◨	□	□	□
Schlechte Sicht- und Einsehbedingungen	◨	◨	□	□	□	□

Aut   Automatikbetrieb   War   Wartung und Instandhaltung
Ein   Einrichtebetrieb

Bild 12-1 Gefährdungen bei verschiedenen Betriebszuständen

Eine Einteilung des Roboterarbeitsplatzes in Schutzzonen und Gefahrenbereiche wird in Bild 12-2 vorgestellt.

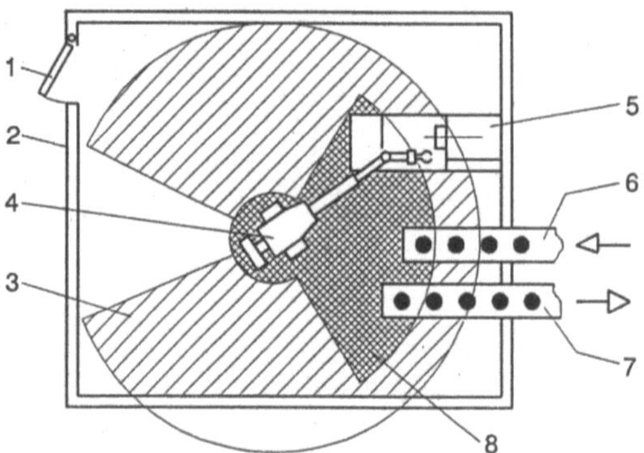

1 Zugangstür
2 Schutzzaun
3 nicht begrenzter Bewegungsraum des
   Industrieroboters
4 Industrieroboter
5 Arbeitsmaschine
6 Zuführmagazin
7 Fertigteilspeicher
8 Gefahrenbereich (anwendungsspezifisch
   begrenzter Bewegungsraum des Roboters)

Bild 12-2
Schutzzone und Gefahrenbereich (VDI 2853)

Typische Gefahren gehen vom bewegten Greifer aus. Das betrifft nicht nur das Verbot, Werkstücke manuell zu übergeben oder zu übernehmen, sondern auch das Wegwerfen von Teilen in der Bewegung. Die wirksamen Haltekräfte können starken Schwankungen unterliegen, die besonders beim reibpaarigen Halten durch Veränderungen des Reibungskoeffizienten und durch überlagerte Schwingungen zustandekommen. Man kann hier z.B. durch Abknicken der Greiferhand eine Formpaarung erreichen (Bild 12-3a) oder an geschlossene Greiferkonstruktionen denken (Bild 12-3b). Letztere sind allerdings wegen ihrer Sperrigkeit nicht gut verwendbar. Wenn irgend möglich, sollte der Greifer mit Fremdenergie geöffnet und durch Eigenenergie (Feder) geschlossen werden. Bei Energieausfall werden die Teile dann trotzdem gehalten.

Bei kleinen leichten und wenig wertvollen Teilen kann dieser Aspekt entfallen.

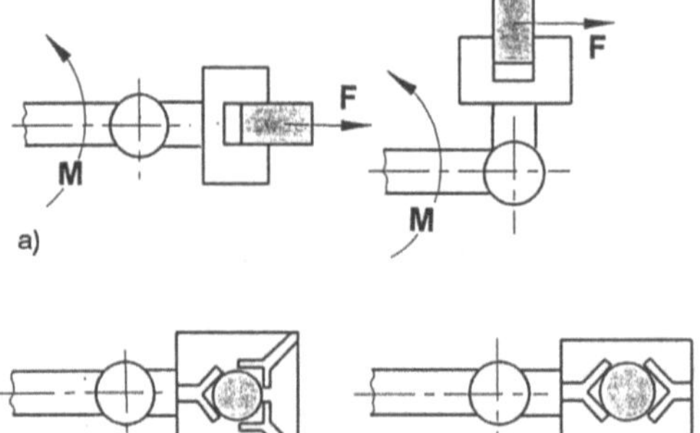

F Fliehkraft
M Moment

Bild 12-3
Greifsituationen

a) Erreichen der Formpaarigkeit durch
   Abwinkeln der Hand
b) Formpaarigkeit durch geschlossene
   Greiferkonstruktion

Zum Schutz des Programmierers verfügt sein Handprogrammiergerät über einen Zustimmungsschalter. Das sind Taster, die man zusätzlich zu anderen Schaltern bzw. Tasten betätigen muß, um eine Bewegung auszulösen, die möglicherweise gefahrbringend sein kann. Das ist beim Programmieren im Teach-in Verfahren typisch. Es gibt 2- und 3-stufige Zustimmungsschalter (Bild 12-4). Der Programmierer muß bei seiner Tätigkeit den Schalter ständig auf „Zustimmung" halten, damit der Roboter Bewegungsaktionen ausführt. Ein Loslassen führt zum Stillsetzen der Anlage. Damit dient der Zustimmungsschalter als Schutz vor unbeabsichtigten oder überraschenden Bewegungen. Mit dem Zustimmungsschalter allein können keine Steuerbefehle eingeleitet werden [169].

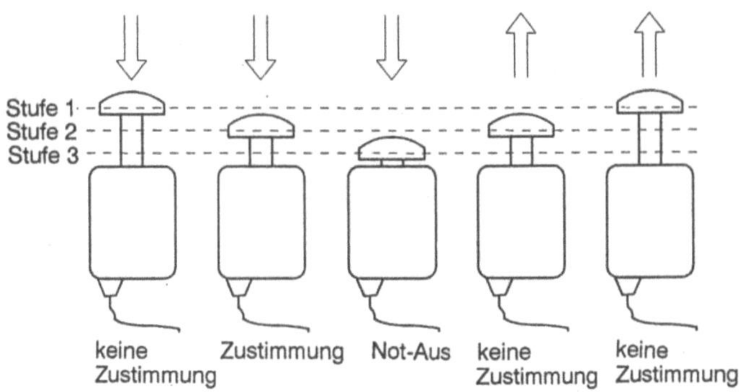

Bild 12-4 Zustimmungsschalter

Die Einleitung eines NOT-AUS erfordert natürlich auch ein entsprechendes Bremsverhalten des Roboters, d.h. geringe Nachlaufwege. Diese sind (leider) umso größer, je höher die Verfahrgeschwindigkeit ist, aus der heraus abgeschaltet wird. Mithin ist zu fordern, daß der Roboter bei NOT-AUS auf gleichbleibende und vorhersagbare Art reagiert.

Eine Roboterarbeitszelle ist vor unbefugtem Betreten zu sichern. Für diesen Personenschutz sind optische Halbkreisdistanzsensoren gut verwendbar. Es sind oft Laserscanner, die ständig ein relativ großes Schutzfeld beobachten. In Bild 12-5 wird ein Beispiel gezeigt.

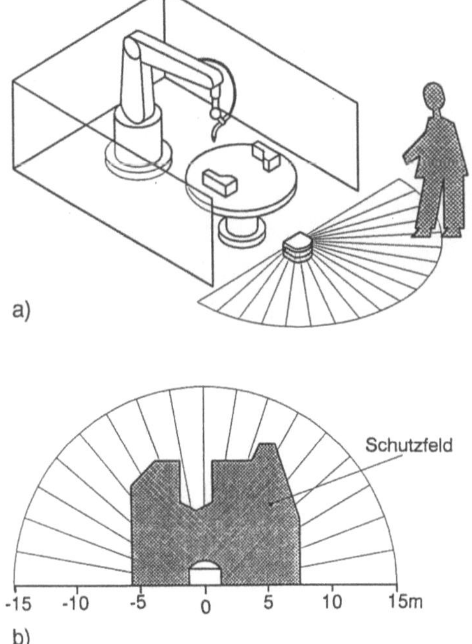

Bild 12-5
Roboterarbeitsplatz mit flächendeckendem Distanzsensor

a) Arbeitszelle
b) Beispiel für eine Schutzfeldkontur

Die Reichweite des Laserstrahls, der über rotierende Spiegel ständig die Fläche abtastet, liegt bei 15 m. Für die Personenschutzfunktion sind 6 m Distanz zugelassen. Mit dieser Zulassung ist verbunden, daß die Prozessorstruktur zweikanalig ist und über Routinen zur Eigenüberwachung verfügt. Die Funktion eines solchen optischen „Flächenradars" wird in Bild 12-6 dargestellt.

Der Laserstrahl wird über Spiegel 10mal je Sekunde über die zu beobachtende Fläche geführt. Aus Abstrahlwinkel und Laufzeit eines Lichtimpulses werden die Koordinaten des „geschenen" Objekts errechnet und mit dem Schutzfeld verglichen. Dieses kann man nach örtlichen Gegebenheiten programmieren. Damit kann man in diesem Bereich ständig befindliche unbewegliche Objekte berücksichtigen, die ja sonst als „Eindringling" erkannt würden. Das System ist also belehrbar. Erkannt werden im 6-Meter-Bereich Objekte mit einer Mindestgröße von 70 mm Durchmesser.

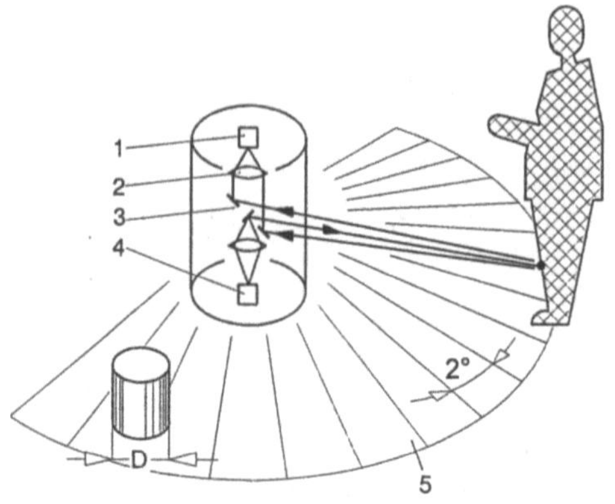

1 Empfänger
2 Optik
3 Spiegel
4 Laser
5 Erkennungsbereich

Bild 12-6
Prinzip des Scanners

Optische Flächenradare lassen sich auch an mobilen Robotern anbringen, gewissermaßen als „vorauseilende" Stoßstange. Sie müssen dann in Höhe von 15 cm über Flur arbeiten, damit sie auch eine im Fahrweg liegende Person, die mit 20 cm Höhe angenommen wird, noch erkennen. Die Fahrgeschwindigkeit des mobilen Roboters darf nur so groß sein, daß bei einem plötzlich notwendigen Stopp die Gefahrenstelle nicht erreicht wird.

Andere Möglichkeiten zur Zugangssicherung von Roboterarbeitszellen sind optische Sicherheits-Lichtgitter. Dazu zeigt das Bild 12-7 ein Beispiel. Man kann solche Lichtgitter mit bis zu 60 Strahlen zur Sicherung von Gefahrbereichen einsetzen. Personen können den Zugang nicht über-

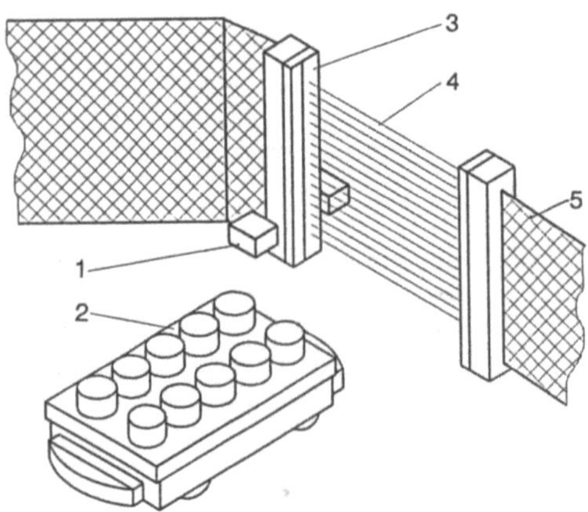

1 Muting-Sensor
2 fahrerloses Transportsystem
3 Lichtgitter-Schranke
4 Strahlenbündel
5 Zaun

Bild 12-7
Roboterarbeitsplatz mit Zugangssicherung

winden. Muß zu bearbeitendes Material eingeschleust werden, wie im Bild gezeigt, dann werden zusätzliche Sensoren gebraucht, die zwischen Mensch und Maschine unterscheiden können. Das Lichtgitter muß also kurzzeitig für den Materialtransport überbrückt werden. Diese Eigenschaft des Schutzsystems bezeichnet man als Muting-Funktion. Durch Software-Routinen, die logisches Verhalten und Zeitabläufe untersuchen, wird verhindert, daß eine Person gleichsam im „Schatten" des Transportroboters mit hindurchschlüpfen kann.

Um möglichst alle Gefahrenquellen zu erfassen, können Fragespiegel eine gute Unterstützung sein. Die folgenden Fragen lassen sich aber durchaus noch um betriebsspezifische Details ergänzen.

1   Besitzen die für Einrichten, Bedienen und Instandhalten vorgesehenen Personen die erforderliche Ausbildung und Eignung ?

2   Ist das Nachfüllen von Magazinen oder das Bereitstellen von Werkstückspeichern ohne Gefährdung möglich ?

3   Wird der Hauptstromkreis unterbrochen und der Roboter stillgesetzt, wenn der Arbeitsraum des Roboters betreten wird ?

4   Ist gesichert, daß durch Verriegelungen der Arbeitsablauf nicht versehentlich wieder in Gang gesetzt werden kann ?

5   Wird der stromlose Zustand bei Wartungs- und Instandsetzungsarbeiten durch Schlüsselschalter zuverlässig aufrechterhalten ?

6   Bestehen, insbesondere bei Senkrechtgelenkarmen, Hilfen zur Sicherung einer mechanisch stabilen Lage des Führungsgetriebes bei der Wartung und Instandsetzung ?

7   Wurden gefährliche Engen vermieden und hat ein Bediener im Notfall Ausweichmöglichkeiten ?

8   Sind die Not-Aus-Taster gut sichtbar und leicht erreichbar ?

9   Ist der Hallenfußboden im Bedienbereich tritt- und standsicher ?

10   Wurden alle sinnvollen Möglichkeiten zur Fehlerdiagnose ausgeschöpft ?

11   Sind Gefahrenmomente, die mit einem Energieausfall bzw. der Energiewiederkehr zusammenhängen, ausgeschlossen ?

12   Sind Überlastschutzelemente, insbesondere am Handgelenk des Roboters, erforderlich und vorgesehen ?

13   Wird der Roboter durch spezifische Schutzmittel vor schädlichen Einwirkungen seiner Umgebung (Farbnebel, Metallspritzer) ausreichend geschützt ?

14   Ist ein Kollisionsschutzsystem, insbesondere bei stochastisch auftauchenden Gegenständen in der Arbeitsumgebung bzw. mobilen Robotern, notwendig und vorhanden ?

15   Wurde eine größere Anlage in mehrere einzeln betreibbare Schutzkreise aufgeteilt ?

16   Ist der Greifer so beschaffen, daß er Schutz gegen das Wegschleudern von gegriffenen Werkstücken bietet ?

17   Sind die dem Bediener zugedachten Umrüstarbeiten im Bereich der Handhabungs-
     maschine ohne Gefährdung ausführbar ?

18   Entspricht der Nachlauf aktiver Bewegungsachsen beim Not-Aus den Erfordernissen ?

19   Sind ausreichende Möglichkeiten und Hilfsmittel vorhanden, um Personen aus Ge-
     fahrenbereichen notfalls befreien zu können ?

20   Ist gesichert, daß sich Roboterachsen nur mit reduzierter Geschwindigkeit bewegen
     können, wenn die Wirkung bestimmter Schutzeinrichtungen aufgehoben wird ?

21   Werden die Bewegungstasten des Bedienfeldes einer Steuerung außer Betrieb gesetzt,
     wenn mit dem Programmierhandgerät gearbeitet wird ?

22   Wurden die Eingriffsorte, z.B. für den manuellen Greiferwechsel, so konzipiert, daß
     sie außerhalb des Gefährdungsbereiches liegen ?

23   Wurden die mit dem Prozeß verbundenen Gefährdungen, wie z.B. Laserstrahlung oder
     Explosionsschutz, vorschriftengemäß berücksichtigt ?

24   Gibt die Anlage bei Erreichen gefährlicher Systemzustände Vorwarnsignale ab ?

Literaturverzeichnis und Quellen

[1] Erler, F. u.a.: Revolution der Roboter – Untersuchungen über Probleme der Automatisierung, München, Isar Verlag 1956

[2] Asimov, I.; Frenkel, K.A.: Roboter-Maschinen wie Menschen, Bergisch-Gladbach, Bastei-Verlag 1987

[3] Naumann, I.: Der englische Fachwortschatz der Robotertechnik – Spezifik, Stratifikation und semantische Relationen, Diss. TU Dresden 1988

[4] Hesse, S.: Montageatlas – Montage- und automatisierungsgerecht konstruieren, Wiesbaden, Vieweg Verlag 1994

[5] Andreasen, M.M.; Kähler, S.; Lund, T.: Montagegerechtes Konstruieren, Berlin, Heidelberg u.a., Springer Verlag 1985

[6] Bäßler, R.: Montagegerechte Produktgestaltung für eine wirtschaftliche Montageautomatisierung, Ehningen: expert Verlag

[7] Redford, A.; Chal, J.: Design for Assembly, London, McGraw-Hill Book Company 1994

[8] Herve, J.M.; Sparacino, F.: Methodical design of new parallel robots via the lie group of displacements. Universität Mailand, Italien, In: Proceedings of Romansy 10. Berlin, Heidelberg u.a. Springer Verlag 1995

[9] Freund, E.; Dierks, F.; Roßmann, J.: Untersuchungen zum Arbeitsschutz bei Mobilen Robotern und Mehrrobotersystemen, Bremerhaven, Verlag für neue Wissenschaft 1993

[10] Knieriemen, T.: Autonome mobile Roboter, Mannheim, Leipzig, Wien, Zürich, BI Wissenschaftsverlag 1991

[11] Schwinning, S.: Mobile Roboter auf der Basis automatischer Flurförderzeuge, Köln, Verlag TÜV Rheinland 1990.

[12] Martin, H.I.; Kuban, D.P.; Williams, D.M.; Herndon, J.N.; Hamel, W.R.: Recommendations for the Next-Generation Space Telerobot System. Oak Ridge National Laboratory TM-9951, April21, 1986

[13] Automation and Robotics Plan, WP-02, MDC H 2036, McDonell Douglas Astronautics Company, Dec 1985

[14] Lauffs, H.-G.: Bediengeräte zur 3D-Bewegungsführung, Braunschweig, Vieweg Verlag 1991

[15] Groover, M. P., Weiss, M., Nagel, R.N., Odrey, N. G.: Robotik umfassend, Hamburg, McGraw-Hill Bock Company 1987

[16] Keler, M.: Kinematische Analyse räumlicher und ebener Getriebe und Roboter, Werkstattblätter 635, 639, 645, Darmstadt, Hoppenstedt Verlag 1989

[17] Korendjaseva, A.I.: Handhabungsroboter-Systeme (russ.), Moskau, Verlag Maschinenbau 1989

[18] Kaufmann, J.M.; Andre, P.; Lhote, F.; Taillard, J.-P.: Les Robots – Constituants Technologiques, Paris, Hermes Publishing 1983

[19]   Warnecke, H.-J.:; Fischer, G.E.: Automatische Montage-Industrieroboter übernimmt Einpreßvorgänge, Düsseldorf, VDI-Zeitschrift 129(1987)1, S. 54-56

[20]   Hertel, H.: Biologie und Technik-Struktur, Form, Bewegung, Mainz, Krausskopf Verlag 1963

[21]   Hesse,S.; Schmidt, H.: Rationalisieren mit Balancer und Hubeinheit, Renningen, expert Verlag 1997

[22]   Volmer, J. (Hrsg.): Industrieroboter – Funktion und Gestaltung, Berlin, München, Verlag Technik 1992

[23]   Meyer, M.: Das Sterben der Dinosaurier, Industrieanzeiger 114(1992)Nr. 36, S. 64-68

[24]   Randow, G. von: Roboter – Unsere nächsten Verwandten. Reinbek, Rowohlt Verlag 1997

[25]   Gerstmann, U.; Livitov, P.: Systemverhalten von Industrierobotern mit massereduzierten Strukturen, Düsseldorf, VDI-Zeitschrift 135(1993)4, S. 99-104

[26]   Müssener, C.: Servotechnik – ein Modul von CIM, Q-Magazin (1994)1, S.41-46

[27]   Raab, H.H.: Handbuch Industrieroboter, Braunschweig, Vieweg Verlag 1981

[28]   Carrara, G.; De Paulis, A.; Tantussi, G.: SSR:a mobile robot on ferromagnetic surfaces, Automation in Construction, Elsevier Science Publishers Amsterdam 1(1992), S. 47-53

[29]   Philippow, E. (Hrsg.): Taschenbuch Elektrotechnik Band 4, Berlin, Verlag Technik 1990

[29]   Hesse, S.: Greifer-Praxis, Würzburg, Vogel Buchverlag 1991

[30]   Hesse, S.: Lexikon Greifertechnik, Esslingen, FESTO KG 1997

[31]   Kato, I.: Mechanical Hands – Illustrated Survey, Tokyo 1982

[32]   Hesse, S.: Atlas der modernen Handhabungstechnik, Wiesbaden, Vieweg Verlag 1992

[33]   Seegräber, L.: Greifsysteme für Montage, Handhabung und Industrieroboter, Ehningen, expert Verlag 1993

[34]   Cardaun, U.: Systematische Auswahl von Greiferkonzepten für die Werkstück-handhabung, TU Hannover, Diss. 1981

[35]   Pham, D.T.; Heginbotham, W.B.: Robot Grippers Berlin, Heidelberg u.a., Springer Verlag 1986

[36]   Bühler, G.; u.a.: Automatische Handhabung textiler Gebilde, Zeitschrift Maschenindustrie 45(1995)3, S. 225 ff

[37]   Hammerschmidt, C., Schwanitz, V., Herfter, D., Butschke, R.: Fügemechanismen für die Montageautomatisierung mit Robotern, Chemnitz, Wissen. Schriftenreihe der Technische Universität Chemnitz, Nr. 1/1988

[38]   Riese, K.: Klipsmontage mit Industrierobotern, Berlin, Heidelberg u.a., Springer Verlag 1988

[39]   Schugmann, R.: Nachgiebige Werkzeugaufhängungen für die automatische Montage, Berlin, Heidelberg u.a., Springer Verlag 1990

[40]   Hesse, S. (Hrsg.): Industrieroboterperipherie, Berlin und Heidelberg, Verlag Technik und Hüthig-Verlag 1990

[41]   Fricke, A.; Schwanitz, V.: Ungesteuerter Fügemechanismus mit internem Antrieb für die Werkstückmontage, Patentschrift B23 PWP 270 191/2

[42]   Tittel H.; Winkler, W.: Hydraulische und pneumatische Antriebe für Industrieroboter, Berlin, Verlag Technik 1986

[43]   XChange Wechselsystem, Firmenschrift der Applied Robotics (USA)

[44]   Ahrens, U.: Fortschritte in der Industrierobotersteuerungs- und Sensortechnik, Industrieroboter und Arbeitssicherheit, Heft 34, Essen, Rheinisch-Westfälischer TÜV 1986

[45]   Pritschow, G.; Spur, G.; Weck, M. (Hrsg.): Roboteranwendung für die flexible Fertigung, München, Hanser Verlag 1994

[46]   Kreuzer, E.J.; Lugtenburg, J.-B.; Meißner, H.-G.; Truckenbrodt, A.: Industrieroboter – Technik, Berechnung und anwendungsorientierte Auslegung, Berlin, Heidelberg u.a., Springer Verlag 1994

[47]   Schlitt, H.: Regelungstechnik, Würzburg, Vogel Buchverlag 1988

[48]   Desoyer, K.; Kopacek, P.; Troch, I.: Industrieroboter und Handhabungsgeräte, München, Wien, R. Oldenbourg Verlag 1985

[49]   Tauber, A.: Modellbildung kinematischer Strukturen als Komponente der Montageplanung, Berlin, Heidelberg u.a., Springer Verlag 1990

[50]   Schrüfer, E. (Hrsg.): Lexikon der Meß- und Automatisierungstechnik, Düsseldorf, VDI-Verlag 1992

[51]   Mason, M.T.: Compliance and Force for Computer Controlled Manipulators. IEEE Trans. on Systems, Man and Cybernetics, Vol. SMC-11, No. 6, June 1981, pp. 418-432. Reprint in: Brady,M., Hollerbach, J.M.; Johnson, T.L.; Lozano-Perez, T.; Mason, M.T. (editors): Robot Motion: Planning and Control. Cambridge, Massachusetts: MIT Press 1982, pp. 373-404

[52]   Craig, J.J.: Introduction to Robotics Mechanics and Control, Reading Addison-Wesley 1986

[53]   Müller, M.: Roboter mit Tastsinn, Wiesbaden, Vieweg Verlag 1993

[54]   Schwarz, W.; Zecha, M.; Meyer, G. (Hrsg.): Industrierobotersteuerungen, Berlin, Verlag Technik 1985

[55]   Keppeler, M.: Führungsgrößenerzeugung für numerisch bahngesteuerte Industrieroboter, Berlin, Heidelberg u.a., Springer Verlag 1984

[56]   Olomski, J.: Bahnplanung und Bahnführung von Industrierobotern, Fortschritte der Robotik Band 4, Braunschweig, Vieweg Verlag 1989

[57]   Wloka, D.: Robotersysteme; Band 1: Technische Grundlagen, Band 2: Graphische Simulation, Band 3: Wissensbasierte Simulation, Berlin, Heidelberg u.a., Springer Verlag 1992

[58]   Paul, R.P.: Robot Manipulators: Mathematics, Programming, and Control, Cambridge, The MIT Press 1981

[59]   Stiller, A.: Prädikative Regelung von Handhabungsgeräteantrieben. VDI-Fortschrittsberichte, Reihe 8, Nr. 414, Düsseldorf, VDI-Verlag 1994

[60]   Zimmerman, U.: Regelung gekoppelter Handhabungsgeräteachsen, DI-Fortschrittsberichte, Reihe 8, Nr. 206, Düsseldorf, VDI-Verlag 1994

[61]   Rigoll, G.: Neuronale Netze, Renningen, expert Verlag 1994

[62]   Gibilisco, S.: The McGraw-Hill Illustrated Encyclopädia of Robotics & Artificial Intelligence, New York, McGraw-Hill 1994

[63]   Tschiesche, T.: Direkte Regelung von Industrierobotern. Fortschrittsberichte, Reihe 8, Nr. 283, Düsseldorf, VDI-Verlag 1992

[65]   Güsmann, G.: Einführung in die Roboterprogrammierung, Wiesbaden, Vieweg Verlag 1992

[66]   Zabel, A.: Werkstückorientierte Programmierung von Industrierobotern für automatisiertes Lichtbogenschweißen, Wiesbaden, Vieweg Verlag 1993

[67]   Spur, G.; Auer, B.H.; Sinning, H.: Industrieroboter, München, Hanser Verlag 1979

[68]   Dillmann, R.; Huck, M.: Informationsverarbeitung in der Robotik, Berlin, Heidelberg u.a., Springer Verlag 1991

[69]   Kovacs, P.: Rechnergestützte symbolische Roboterkinematik, Wiesbaden, Vieweg Verlag 1993

[70]   Denavit, J.; Hartenberg, R.S.: A Kinematic Notation for Lower-Pair Mechanismus Based on Matrices. ASME Journal of Applied Mechanics (1955) S. 215-222

[71]   Schmieder, L.: Die Kinematik von rechnergesteuerten Manipulatoren und Industrierobotern, Gräfelfing, Resch Verlag 1983

[72]   Ameling, W.; u.a.: Flexible Handhabungsgeräte im Maschinenbau: Grundlagen, Komponenten, Applikationen, Weinheim, VCH Verlagsgesellschaft 1996

[73]   Hesse, S.; Seitz, G.: Robotik, Grundwissen für die berufliche Bildung, Wiesbaden, Vieweg Verlag 1996

[74]   Liepert, B.; Schmidt, W.: Immer in der richtigen Lage, Roboter, Landsberg 13(1995)3, S. 38,40,41

[75]   Blume, C.; Jakob, W.: Programmiersprachen für Roboter, Würzburg, Vogel Verlag 1983

[76]   Flaig, T.; Neugebauer, J.-G.: Flexibel beim Abfüllen, Process (1994)6, S. 104-107

[77]   Müglitz, J.: Steuerungsspezifischer Dialekt, Industriebedarf, (1993) 8, S. 468-472

[78]   Gehlert, K.: Roboter-Crash. Kollisionsschäden verhindern bei Handhabungsgeräten mit einer Überwachungseinrichtung, Maschinenmarkt, Würzburg, 98(1992)13, S. 54-59

[79]   Harsch, T., Nolzen, H., Adolphs, P.: Schnelle kollisionsvermeidende Bahnplanung für einen Roboter mit 6 rotatorischen Freiheitsgraden, Robotersysteme, Berlin, 7(1991) S. 185-192

[80]	Adolphs, P.: In Millisekunden – Industrieroboter vermeiden Kollisionen mit Hilfe geeigneter Bahnsteuerungen, Maschinenmarkt Würzburg, 97(1991)40, S. 108-110

[81]	Wollstadt, H.: Zunehmend mehr fahrerlose Transportsysteme in der Fertigung, Werkstatt und Betrieb, München, 126(1993)1, S. 40 bis 42

[82]	Koch, T.: Vier Barrels huckepack, Materialfluß 17(1986)11

[83]	Naht, B.: Bordautonome Ortungsverfahren zur Führung von Roboterfahrzeugen, Diss. Universität Kassel 1990

[84]	Hesse, S.: Lexikon Sensoren in Fertigung und Betrieb, Renningen, expert Verlag 1996

[85]	Hesse, S.: Lexikon Handhabungseinrichtungen und Industrierobotik, Renningen, expert Verlag 1995

[86]	Eißler, W.; Knappmann, R.-J.: Praktischer Einsatz von berührungslos arbeitenden Sensoren, Ehningen, expert Verlag 1989

[87]	Dilthey, U.: Sensortechnik für Schweißroboter: Entwicklungsstand und Tendenzen, Bänder/Bleche/Rohre (1988)7, S.2-5

[88]	Schmidt, I.: Ordnen von Werkstücken mit programmierbaren Handhabungsgeräten und Werkstückerkennungssensoren, Berlin, Heidelberg u.a., Springer Verlag 1985

[89]	Schweigert, U.: Sensor-Guided Assembly, Sensor Review 12 Vol. 12, Nr. 4 1992, pp. 23-27

[90]	Wrba, P.: Simulation als Werkzeug in der Handhabungstechnik, Berlin, Heidelberg u.a., Springer Verlag 1990

[91]	Bode, K.-H.: Konstruktionsatlas, Wiesbaden, Vieweg Verlag 1996

[92]	Wagner, T.: Ultraschallschweißen von Kunststoffen mit Roboterwerkzeugen, Maschinenmarkt Würzburg 102(1996)26, S.32-35

[93]	Ilch, H.; Kreider, H.: Auch das Heftschweißen läßt sich flexibel automatisieren, Praktiker, (1994) H. 4

[94]	Warnecke, H.-J.: Kein Verkanten-Toleranzausgleich mit Vibrationsunterstützung ermöglicht automatisches Montieren mit kleinstem Fügespiel, Maschinenmarkt Würzburg 96(1990)43, S. 94-100

[95]	Konold, P.; Weller, B.: Flexible Montagesysteme – Konzeption und Feinplanung durch Kombination von Elementen, Berlin, Heidelberg u.a., Springer Verlag 1985

[96]	Hesse, S.: Montagemaschinen, Würzburg, Vogel Buchverlag 1993

[97]	Goedecke, W.-D.: Vergleich servopneumatischer und elektrisch angetriebener NC-Linearachsen für den Einsatz in der Handhabungstechnik, In: Peeken, H., Troeder, C. (Hrsg.), Antriebstechnisches Kolloquium 89, S. 334-350 Köln, Verlag TÜV Rheinland 1989

[98]	Backe, W.: Einsatz von servo-pneumatischen Antrieben für flexible Handhabungssysteme, Robotersysteme, Berlin 1(1985)1

[99]	Hesse, S., Mittag, G.: Handhabetechnik, Berlin, Verlag Technik 1989 und Heidelberg, Hüthig-Verlag 1989

[100] Steinsiek, E.: Zuführungssysteme zur Fertigungsautomatisierung, Eschborn und Köln, RKW-Verlag und Verlag TÜV Rheinland 1989

[101] Hesse, S.; Zapf, H.: Verkettungseinrichtungen, München, Hanser Verlag 1971

[102] Frank, H.-E.: Handhabungseinrichtungen, Mainz, Krausskopf-Verlag 1975

[103] Strohmayr, R.: Rechnergestützte Auswahl und Konfiguration von Zubringeeinrichtungen, Berlin, Heidelberg u.a., Springer Verlag 1993

[104] Höhn, M.: Wachstum ins Kleine, Fertigung/Die neue Fabrik, Landsberg 25(1997)1/2, S. 84-86

[105] Weidemann, H.-J.: Dynamik und Regelung von sechsbeinigen und natürlichen Hexapoden, Diss. TU München 1993

[106] Braitenberg, V.: Vehikel, Experimente und künstliche Wesen; Reinbek, Rowohlt Verlag 1993

[107] Braitinger, H.: Mit Industrierobotern be- und entladen, Werkstatt und Betrieb 127(1994)1-2, S. 57-60

[108] Kleiner, M.: Umkehrung des Bewegungsablaufs rationalisiert das Drehen, Werkstatt und Betrieb 126(1993)9, S. 527-529

[109] Arnold, S.: Konzeption und Realisierung einer transputerbasierten Robotersteuerung. Technisch wissenschaftlicher Bericht Nr. 20, Prozeßsteuerung in der Schweißtechnik RWTH Aachen 1993

[110] Engelberger, J.F.: Industrieroboter in der praktischen Anwendung, München, Hanser Verlag 1981

[111] Sulzer, T.R.: Roboterentgraten, Werkstattstechnik 80(1990) S. 629-632

[112] Haverkamp, H.; Alvensleben, F.; Thürk, O.: Entgraten ohne Feile, Laser-Praxis, Hanser Verlag, Juni 1997, S. LS 34

[113] Fischer, G.E.: Montage von Schrauben mit Industrierobotern, Berlin, Heidelberg u.a. Springer Verlag 1990

[114] Salim, R.; Wurmus, H.: Kleinste Objekte im Griff, Feinwerktechnik/Mikrotechnik/Mikroelektronik München 104(1996)9, S. 637-640

[115] Engemann, B.K.: Schneiden mit Laserstrahlung und Wasserstrahl-Anwendung, Erfahrungen, Ausblick, Renningen, expert Verlag 1993

[116] Santa, K.; Magnussen, B.; Fatikow, S.: Miniroboter für Präzisionsarbeit, Feinwerktechnik/Mikrotechnik/Mikroelektronik, München 104(1996)9, S. 632-634

[117] Graefenstein, T.: Komplexität der Handhabung – Aufbau des Greifsystems bestimmt Anwendungsmöglichkeiten von Robotern beim Verpacken, Maschinenmarkt Würzburg 96(1990)21, S. 30-37

[118] Strommer, W.M.: Verfahren zum automatischen Palettieren von quaderförmigen Packstücken im beliebigen Sortenmix, Berlin, Heidelberg u.a., Springer Verlag 1992

[119] Fischer, M.; Lehrl, W.: Industrieroboter, Entwicklung und Anwendung im Kontext von Politik, Arbeit, Technik und Bildung, Bremen, Donat Verlag 1991

[120] Georgi, W.: Einführung in Industrieroboter, München, Lexika-Verlag 1991.

[121] Zender, H.: Einsatz von CATIA zur Simulation des Tapelegeprozesses und zur automatischen Generierung von Robotersteuerprogrammen. Sonderschau META 90, IPT Aachen

[122] Wimmer, D.: Recyclinggerecht konstruieren mit Kunststoffen. Darmstadt, Hoppenstedt Verlag 1992

[123] Severin, H. G.: Eimerförmige Gebinde vollautomatisch palettieren, Fördern und Heben, 41 (1991)12, S. 1002-1008

[124] VDI 2861: Kenngrößen für Industrieroboter, Mai 1988, Berlin, Beuth Verlag

[125] ISO 9283: Manipulating industrial robots; Performance criteria and related test methods. Dec. 1990

[126] Grethlein, M.; Ueckerdt, R.: Meßtechnische Leistungskriterien für Industrieroboter: Verläßlichkeit des Standards ISO 9283, Technisches Messen 61(1994)3, S. 122-132

[127] VDI/VDE 3541, Steuerungseinrichtungen mit vereinbarter gesicherter Funktion

[128] VDI/VDE 3542, Sicherheitstechnische Begriffe für Automatisierungssysteme

[129] Hunt, V.D.: Industrial Robotics Handbook, New York 1983

[130] McCloy, D., Harris, D.M.: Robotertechnik, Weinheim, VCH Verlagsgesellschaft 1989

[131] Bonney, C.; Yong, Y.F.: Robot Safety. Internal Trends in Manufacturing Technology , Berlin, Heidelberg u.a., Springer Verlag 1985

[132] Schraft, R.D.; Volz, H.: Serviceroboter, Berlin, Heidelberg u.a., Springer Verlag 1996

[133] Blume, C.; Dillman, R.: Frei programmierbare Manipulatoren, Würzburg, Vogel Verlag 1981

[134] Warnecke, H.-J.; Schraft, R.D.: Industrieroboter, Mainz, Vereinigte Fachverlage 1973

[135] Köhler, G.W.: Typenbuch der Manipulatoren – Manipulator Type Book, München, Hanser Verlag 1981

[136] Regh, J.: Introduction to Robotic, Englewood Cliffs, New Jersey 1985

[137] Coy, W.: Industrieroboter: Zur Archäologie der zweiten Schöpfung, Berlin, Rotbuch Verlag 1985

[138] Vukobratovic, M.: Introduction to Robotics, Berlin, Heidelberg u.a., Springer Verlag 1989

[139] Snyder, W.E.: Introduction to Robotics, Wiesbaden, VCH Verlagsgesellschaft 1989

[140] Waldman, H.: Dictionary of Robotics, New York 1985

[141] Warnecke, H.-J.; Schraft, R. D. (Hrsg.): Industrieroboter – Handbuch für Industrie und Wissenschaft, Berlin, Heidelberg u.a., Springer Verlag 1990

[142] Aleksander, I.; Burnett, P.: Die Roboter kommen, Basel, Boston, Stuttgart, Birkhäuser Verlag 1984

[143] Kämpfer, S.: Roboter – Die elektronische Hand des Menschen, Düsseldorf, VDI-Verlag 1984

[144] Dorf, R.C. (Hrsg.): International Encyclopedia of Robotics, Vol. 2, New York u.a.: John Wiley & Sons 1988

[145] Nikolaisen, P.; Kaun, R.; Krockenberger, O.: Gestaltung von Industrieroboterarbeitszellen und -bereichen, Bremerhaven, Verlag für neue Wissenschaft 1992

[146] Weck, M.; Dammertz, R.; Thiel, J.: Arbeits- und Technikgestaltung von Industrieroboterarbeitszellen und -bereiche, Bremerhaven, Wirtschaftsverlag NW Verlag für neue Wissenschaft 1997

[147] Vukobratovic, M.; Potkonjak, V.: Dynamics of Manipulation Robots, Theory and Application, Berlin, Heidelberg u.a., Springer Verlag 1982

[148] Pfeiffer, E.; Rreithmeier, E.: Roboterdynamik, Stuttgart, B.G.Teubner 1987

[149] Rosheim, M.E.: Robot Wrist Actuators, New York, John Wiley & Sons Inc. 1989

[150] Zühlke, D.: Offline-Programmierung numerisch gesteuerter Industrieroboter, Düsseldorf, VDI-Verlag 1983

[151] Dittrich, G.; Schopen, M.: Auswahl optimierter kinematischer Strukturen von Handhabungsgeräten anhand charakteristischer Merkmale, VDI-Fortschrittsberichte, Reihe 8, Nr. 643, Seite 1 bis 21, Düsseldorf, VDI-Verlag 1994

[152] Husty, M.; Karger, A.; Sachs, H.; Steinhilper, W.: Kinematik und Robotik – Bibliographie, Berlin, Heidelberg u.a., Springer Verlag 1997

[153] Milberg, J.; Götz, R.: Sicher greifen mit niedrigem Druck, Schweiz. Maschinenmarkt, Goldach 92(1992) Nr.7, S. 22-27

[154] Braun, D.: Industrieroboter – Auslegung von pneumatischen Flächengreifern, Köln, Verlag TÜV Rheinland 1989

[155] Redford, A.; Lo, E.: Montageroboter, Weinheim, VCH Verlagsgesellschaft 1992

[156] Schraft, D. u.a.: Industrierobotertechnik, 2.Aufl. Ehningen, expert Verlag 1990

[157] Steinhilper, R.; Schuler, J.; Klug, H.: Selbstfahrender Industrieroboter zur Automatisierung vielfältiger Aufgaben in der Teilefertigung, VDI-Zeitschr., Düsseldorf, 125(1983)Nr. 8, S. 271 bis 275

[158] Hoppen, P.: Autonome mobile Roboter, Mannheim, Leipzig u.a., BI-Wissenschaftsverlag 1992

[159] Horn, J.; Bott, W.; Freyberger, F.; Schmidt, G.: Kartesische Bewegungssteuerung des autonomen, mobilen Roboters MACROBE, Robotersysteme, Berlin 8(1992) S. 33-43

[160] Naber, H.: Aufbau und Einsatz eines mobilen Industrieroboters mit unabhängiger Lokomotions- und Manipulationskomponente, Berlin, Heidelberg u.a., Springer Verlag 1991

[161] Rembold, U.: Autonome mobile Roboter, Technica, Zürich, 36(1987)21, S. 61-69

[162] Drews, P.; Strunz, U.: Systemkomponenten mobiler Roboter, VDI-Zeitschrift 135-(1993)7, S. 74-78

[163] Raibert, M.H.; Craig, J.J.: Hybrid Position/Force Control of Manipulators. Trans. ASME J. Dynamic Systems, Measurement and Control 102(6/1981), pp. 126-133. Reprint in: Brady, M.T.; Hollerbach, J.M.; Johnson, T.L.; Lozano-Perez, T.; Mason, M.T. (editors): Robot Motion: Planning and Control. Cambridge, Massachusetts: MIT Press 1982, pp. 419-438

[164] Adler, A.: Rechnerunterstützter Robotereinsatz, Heidelberg, Hüthig Verlag 1988

[165] Lee, M.H.; Intelligente Roboter, Weinheim VCH Verlagsgesellschaft 1990

[166] Appleton, E.; Williams, D.J.: Industrieroboter, Anwendungen, Weinheim, VCH Verlagsgesellschaft 1991

[167] Cardaun, U.: Erfahrung vorausgesetzt; Off-line-Programmierung von Lackierrobotern, Roboter Landsberg 13(1995)5, S. 16-18

[168] Heinemeier, H.-J.: Programmiergerechte Gestaltung von roboterintegrierten Montagezellen, München, Hanser Verlag 1993

[169] Koch, T.: Zustimmungsschalter, Bremerhaven, Wirtschaftsverlag NW Verlag für neue Wissenschaft 1993

[170] Kroth, E.: Fehlersuche als Computerspiel – Expertensystem zur Roboterdiagnose, Roboter Landsberg 8(1990)1, S. 32, 33

[171] Plitt, J.: Ein Beitrag zur gesamtheitlichen Planung von Industrieroboterarbeitszellen, Fortschritts-Berichte, Reihe 20, Nr. 126, Düsseldorf, VDI-Verlag 1994

[172] Naval, M.: Roboter-Praxis, Würzburg, Vogel Buchverlag 1989

[173] Weck, M.; Schönbohm, H.: Sicherheitseinrichtungen für Handhabungsgeräte-Industrieroboter, Bremerhaven, Wirtschaftsverlag NW Verlag für neue Wissenschaft 1986

[174] Wieland, E.: Anwendungsorientierte Programmierung für die robotergestützte Montage, Berlin, Heidelberg u.a., Springer Verlag 1995

[175] Jordan, G.: Wissensbasierte Entscheidungsunterstützung bei der Auswahl von Industrierobotern, Berlin, Heidelberg u.a., Springer Verlag 1991

[176] Altmann, G.: Einführung in die Bedienung der IBM-Industrieroboter 7545 und 7547, München, Lexika-Verlag 1991

[177] Dicke, W.; Kuhn, K.: Alles über sichere Industrieroboter, Bremerhaven, Wirtschaftsverlag NW Verlag für neue Wissenschaft 1993

[178] VDI Richtlinie 2860: Montage- und Handhabungstechnik. Handhabungsfunktionen, Handhabungseinrichtungen, Begriffe, Definitionen, Symbole, Berlin, Beuth Verlag 1990

[179] ISO 8373 Industrieroboter-Wörterbuch; Definitionen und Benennungen, 1994

[180] Brady, M.; Paul, R. (Hrsg.): Robotics Research, Cambridge, MIT Press 1984, S. 279-301

[181] Jähne, B.; Massen, R.; Nikolay, B. u.a.: Technische Bildverarbeitung – Maschinelles Sehen, Berlin, Heidelberg u.a., Springer Verlag 1995

[182] Schmid, R.: Industrielle Bildverarbeitung, Wiesbaden, Vieweg Verlag 1995

[183] Klette, R.; Koschan, A.; Schlüns, K.: Computer Vision – Räumliche Information aus digitalen Bildern, Wiesbaden, Vieweg Verlag 1996

[184] Kahmeyer, M.; Rupprecht, R.: Recyclinggerechte Produktgestaltung, Würzburg, Vogel Verlag 1996

[185] Campo, M.: Kollisionsvermeidung in einem Robotersimulationssystem, Wiesbaden, Vieweg 1992

[186] Glavina, B.: Planung kollisionsfreier Bewegungen für Manipulatoren durch Kombination von zielgerichteter Suche und zufallsgesteuerter Zwischenzielerzeugung, Diss. TU München 1991

[187] Hesse, S.: Handhabungsmaschinen, Würzburg, Vogel Buchverlag 1993

[188] Hesse, S.: Praxiswissen Handhabungstechnik in 36 Lektionen, Renningen, expert Verlag 1996

[189] Hesse, S.; Nörthemann, K.-H.; Krahn, H.; Strzys, P.: Vorrichtungen für die Montage, Renningen, expert Verlag 1997

[190] Dutra, M.: Bewegungskoordination und Steuerung einer zweibeinigen Gehmaschine, Diss. Universität Duisburg 1995

[191] Vukobratovic, M.: Schreitroboter und anthropomorphe Mechanismen (russ.), Moskau, Verlag MIR 1976

[192] Spur, G. (Hrsg.): Produktionstechnisches Zentrum Berlin, Fraunhofer-Institut 1989

[193] Schnell, G.: Sensoren in der Automatisierungstechnik, Wiesbaden, Vieweg Verlag 1993

[194] Gander, H.; Prenninger, J.P.; Vincze, M.: Ein Meßsystem zur sechsdimensionalen Bahnvermessung von Industrierobotern, 2. Internationales Symposium Flexible Automation, Strbske Pleso 1991

Sachwortverzeichnis

Bezugsquellenverzeichnis

Antriebe und Motoren

Harmonic Drive Antriebstechnik GmbH
Hoenbergstraße 14
65555 Limburg
Tel.: (06431) 50080
Fax: (06431) 5008-13

Handhabungseinrichtungen

Grässlin Automationssysteme GmbH
Hagenmoosstraße 2
78112 St. Georgen
Tel.: (07725) 933-5
Fax: (07725) 933-440

Liebherr Verzahntechnik GmbH
Kaufbeurer Straße 141
87437 Kempten
Tel.: (0831) 786-0

Linear- und Dreheinheiten

Harmonic Drive Antriebstechnik GmbH
Hoenbergstraße 14
65555 Limburg
Tel.: (06431) 50080
Fax: (06431) 5008-13

Grässlin Automationssysteme GmbH
Hagenmoosstraße 2
78112 St. Georgen
Tel.: (07725) 933-5
Fax: (07725) 933-440

Robert BOSCH GmbH
Geschäftsbereich Automationstechnik
Postfach 302004
70442 Stuttgart
Fax: (0711) 811-24530

Präzisionsgetriebe

Harmonic Drive Antriebstechnik GmbH
Hoenbergstraße 14
65555 Limburg
Tel.: (06431) 50080
Fax: (06431) 5008-13

Robotersysteme und Programmierung

Adept Technologie, Inc.
Otto-Hahn-Straße 23
44227 Dortmund
Tel.: (0231) 758940
Fax: (0231) 7589450

Carl Cloos Schweißtechnik GmbH
Industriestraße
35708 Haiger
Tel.: (02773) 85-0
Fax: (02773) 85-275

Hirata Robotics GmbH
Am Sägewerk 7
55124 Mainz
Tel. (06131) 94130
Fax: (06131) 941313

Motoman robotec GmbH
Kammerfeldstraße 1
85391 Allershausen
Tel.: (08166) 900

Robert BOSCH GmbH
Geschäftsbereich Automationstechnik
Postfach 302004
70442 Stuttgart
Fax: (0711) 811-24530

KEBA GmbH
Gewerbepark Urfahr
Postfach 111
A-4041 Linz
Tel.: (0043) 73270903167

Zuführ- und Bereitstelltechnik

Robert BOSCH GmbH
Geschäftsbereich Automationstechnik
Postfach 302004
70442 Stuttgart
Fax: (0711) 811-24530

Handhabungstechnik mit Robotertechnik

Funktion, Arbeitsweise, Programmierung

von Jörg Bartenschlager, Hans Hebe und Georg Schmidt

1998. X, 358 S. mit 324 Abb. und 45 Tab. + CD mit Daten zu
Greifersystemen. (Viewegs Fachbücher der Technik)
Br. DM 52,00
ISBN 3-528-03830-6

Aus dem Inhalt: Grundlagen der Steuerungstechnik mit SPS -
Funktionen und Funktionsträger - Sensorik - Programmierung

In anschaulicher Weise wird der Einsatz moderner
Methoden der Automatisierungstechnik mit Robotik und
SPS gezeigt. Anhand von komplexen Arbeitsprojekten
wird die Analyse von Steuerungsaufgaben und das Erar-
beiten des Steuerungsprogramms für die Handhabungstechnik vermittelt.

Über die Autoren:
Die Autoren sind erfahrene Lehrer an berufsbildenden
Schulen und haben den Lehrplan Automatisierungstech-
nik/Robotik in Rheinland-Pfalz maßgeblich mitgestaltet.

Abraham-Lincoln-Str. 46,
Postfach 1547,
65005 Wiesbaden
Fax: (06 11) 78 78-4 00,
http://www.vieweg.de